Bernd W. Wirtz/Olaf Göttgens (Hrsg.)

Integriertes Marken- und Kundenwertmanagement

Bernd W. Wirtz/Olaf Göttgens (Hrsg.)

Integriertes Marken- und Kundenwertmanagement

Strategien, Konzepte und Best Practices

GABLER

Bibliografische Information Der Deutschen Bibliothek
Die Deutsche Bibliothek verzeichnet diese Publikation in der Deutschen Nationalbibliografie; detaillierte bibliografische Daten sind im Internet über <http://dnb.ddb.de> abrufbar.

Prof. Dr. Bernd W. Wirtz, Lehrstuhl für Allgemeine Betriebswirtschaftslehre, insbesondere Unternehmensführung und Unternehmensentwicklung, Euro Lab for Electronic Commerce & Internet Economics, Deutsche Bank Institut für Familienunternehmen, Private Universität Witten/Herdecke.

Dr. Olaf Göttgens ist Chief Executive Officer (CEO) der BBDO Consulting Europe und Gesamtverantwortlicher der BBDO Gruppe als CEO der BBDO Germany.

1. Auflage November 2004

Lektorat: Susanne Kramer / Renate Schilling

Der Gabler Verlag ist ein Unternehmen von Springer Science+Business Media.
www.gabler.de

Konzeption und Layout des Umschlags: Ulrike Weigel, www.CorporateDesignGroup.de
Druck und buchbinderische Verarbeitung: Wilhelm & Adam, Heusenstamm
Gedruckt auf säurefreiem und chlorfrei gebleichtem Papier
Printed in Germany

ISBN 3-409-12741-0

Vorwort der Herausgeber

Das Management des Markenwertes wie auch des Kundenwertes rücken als wichtige Determinanten des Unternehmenserfolges immer stärker ins Zentrum der Aufmerksamkeit. In den meisten Unternehmen werden das Marken- und Kundenwertmanagement als wichtige Themen behandelt, sie existieren in vielen Fällen jedoch eher konkurrierend nebeneinander. Diese Konkurrenz begründet sich in den Unterschieden der jeweils zugrunde liegenden Zielsysteme. Durch die häufig anzutreffende organisatorische Trennung zwischen Marken- und Kundenverantwortung wird der Konflikt oft noch weiter verstärkt. Der Konflikt zwischen Marke und Kunde kann jedoch eher als positiver Motor der Innovation denn als Bremse der Unternehmensstrategie verstanden werden. Dazu ist jedoch ein bewusstes Management der gegensätzlichen Kräfte erforderlich.

Mit dem vorliegenden Handbuch soll ein Beitrag zur Auseinandersetzung mit diesen Konflikten beim Marken- und Kundenwertmanagement geleistet werden. Es werden Managementansätze sowohl aus wissenschaftlicher als auch aus praxisorientierter, erfahrungsbasierter Perspektive aufgezeigt. Vor diesem Hintergrund gliedert sich das vorliegende Handbuch in vier Kapitel. Nach der Einführung in das Marken- und Kundenwertmanagement werden Aspekte des strategischen sowie des operativen Marken- und Kundenwertmanagements differenziert aufgezeigt. Daran anschließend erfolgen im vierten Teil Untersuchungen zum integrierten Marken- und Kundenwertmanagement anhand von Best-Practice-Lösungen von renommierten Unternehmen aus verschiedenen Branchen.

Bei der Erstellung dieses Buches haben eine Reihe von Personen mitgewirkt, denen unser besonderer Dank gebührt. Dieser richtet sich zunächst an die zahlreichen Autoren aus Wissenschaft und Praxis, die sich die Zeit genommen haben, einen Beitrag zu diesem Handbuch zu leisten. Durch ihre Beiträge gelang es, vier Themengebiete differenziert und kompetent zu durchdringen. Darüber hinaus danken wir besonders Herrn Dipl.-Kfm. Jens Giere, Herrn Dipl.-Kfm. (FH) Philipp Schwemmer sowie Frau Dipl.-Verw.Wiss. Simone Wastl für die tatkräftige Unterstützung und Hilfestellung bei der Umsetzung und Fertigstellung des Handbuches. Unser Dank gebührt auch dem Gabler Verlag für die gute Zusammenarbeit bei der Drucklegung des Buches.

Die wissenschaftliche Entwicklung eines Themenbereiches lebt wesentlich von der kritischen Auseinandersetzung und Diskussion der Konzepte. Vor diesem Hintergrund sind wir für Anregungen sehr dankbar.

Witten/Herdecke, Düsseldorf, im August 2004

BERND W. WIRTZ, OLAF GÖTTGENS

Inhaltsverzeichnis

Erster Teil

Einführung in das integrierte Marken- und Kundenwertmanagement

Zweiter Teil

Strategisches Marken- und Kundenwertmanagement

Dritter Teil

Operatives Marken- und Kundenwertmanagement

Vierter Teil

Integriertes Marken- und Kundenwertmanagement – Branchen Best Practice

Autorenverzeichnis

Dr. Zoltàn Bakay, Jahrgang 1969, absolvierte sein wirtschaftswissenschaftliches Studium an der Universität Augsburg. Nach einer mehrjährigen Tätigkeit als Unternehmensberater promovierte er am Institut für Unternehmensentwicklung und Organisation der LMU München zum Thema Kundenbindung. Er ist Autor zahlreicher Publikationen mit Fokus empirische Marketingforschung und Unternehmensberater.

Prof. Dr. Hans H. Bauer, Jahrgang 1947, studierte Betriebswirtschaftslehre an der Universität Erlangen-Nürnberg. Anschließend arbeitete er als wissenschaftlicher Mitarbeiter von Prof. Dr. Dr. h. c. Erwin Dichtl an der Universität Erlangen-Nürnberg und an der Universität Mannheim. Nach der Promotion folgten die Tätigkeit als Mittelbau-Assistent an der Universität Mannheim sowie die Ausübung von Lehraufträgen an den Universitäten Karlsruhe und Kaiserslautern. 1986 wurde ihm die Venia Legendi für Betriebswirtschaftslehre durch die Universität Mannheim verliehen. In der Folgezeit war er Inhaber des Lehrstuhls für Allgemeine Betriebswirtschaftslehre, insbesondere Marketing, an der Wissenschaftlichen Hochschule für Unternehmensführung – Otto-Beisheim-Hochschule – Koblenz, sowie deren Prorektor. Seit September 1993 ist er Inhaber des Lehrstuhls für Allgemeine Betriebswirtschaftslehre und Marketing II an der Universität Mannheim und Direktor des Instituts für Marktorientierte Unternehmensführung (früher „Institut für Markenführung"), Universität Mannheim. Neben seiner akademischen und wissenschaftlichen Tätigkeit übernimmt er auch Vortrags- und Beratungsaktivitäten in Unternehmen und öffentlichen Institutionen. Er ist Autor bzw. Herausgeber zahlreicher Veröffentlichungen – insbesondere in den Arbeits- und Forschungsschwerpunkten Electronic Commerce, Automobilmarketing und Pharmamarketing.

Dipl.-Inf. Achim Berg, Jahrgang 1964, begann nach dem Studium der Wirtschaftsinformatik seine berufliche Laufbahn beim französischen Computerhersteller und Systemintegrator Bull AG. Weitere wichtige Stationen seines Werdegangs waren Vertriebsdirektor beim Hersteller von PC-Systemen DELL Computer GmbH, Geschäftsführer Deutschland der Fujitsu Siemens Computers GmbH und Sprecher des Vorstands der Software-Firma guideguide. Zum 1. Mai 2002 wurde Berg zum Bereichsvorstand T-Com berufen. Er verantwortet seitdem das nationale Geschäft der T-Com und ist zuständig für Marketing und Vertrieb.

Dipl.-Kfm. Lars Blinda, M.A., Jahrgang 1977, studierte an der Universität Bremen und der University of Victoria, Kanada, Betriebswirtschaftslehre mit den Schwerpunkten Internationales Marketing und strategisches Management. Während dieser Zeit absolvierte er in Deutschland und Kanada Praktika in der Lebensmittel-, IT-, und Beratungsbranche. Im Jahr 2001 nahm er parallel zur Betriebswirtschaftslehre ein englischsprachiges Studium zum Master of Arts in Business Studies an der Universität Bremen auf, welches er 2002 erfolgreich abschloss. Herr Blinda ist seit Oktober 2002 als wissenschaftlicher Mitarbeiter am Lehrstuhl für innovatives Markenmanagement tätig und gehört damit zum

Gründungsteam des Lehrstuhls. Seine Forschungsschwerpunkte liegen in der identitätsbasierten Markenführung und hier vor allem in der Forschung zur geografischen und institutionellen Markenherkunft.

Prof. Dr. rer. pol. Manfred Bruhn, Jahrgang 1949, Ordinarius für Betriebswirtschaftslehre, insbesondere Marketing und Unternehmensführung am Wirtschaftswissenschaftlichen Zentrum der Universität Basel. Akademische Ausbildung an der Westfälischen Willhelms-Universität Münster. Von 1983 bis 1995 Inhaber des Lehrstuhls für Marketing und Handel an der European Business School, Private Wissenschaftliche Hochschule (Oestrich-Winkel). Seit 1995 Inhaber des Lehrstuhls für Marketing und Unternehmensführung der Universität Basel. Zahlreiche Publikationen zu den Schwerpunkten Strategische Unternehmensführung, Dienstleistungsmanagement, Relationship Marketing, Kommunikationspolitik, Markenpolitik, Qualitätsmanagement, Internes Marketing.

Dipl.-Kfm. Andreas Burkhart, Jahrgang 1965, ist Director Marketing Business Unit Mercedes-Benz Trucks. Er studierte nach der Ausbildung zum Bankkaufmann Wirtschaftswissenschaften an der Universität Stuttgart-Hohenheim mit den Schwerpunkten Marketing, Finanzierung/Rechnungswesen und Bankbetriebswirtschaft. 1993 begann Andreas Burkhart seine Karriere bei der Mercedes-Benz AG im operativen Verkauf von Nutzfahrzeugen. 1996 folgten mit dem Wechsel in den Geschäftsbereich Lkw mehrere leitende Aufgaben im strategischen Marketing und diverse Projekte in den Bereichen Produktentstehung, Business Development, Controlling und Vertriebssteuerung. Neben seiner Verantwortung für das Produktmanagement beschäftigte er sich intensiv mit der konsequenten Ausrichtung des Geschäftsbereichs Lkw am Markt und Kunden. Mit der strategischen Kundensegmentierung legte er den Grundstein für diverse Produktprojekte, den CRM-basierten Vertriebsansatz und die Neuausrichtung des Preis- und Kommunikationsmanagements innerhalb der zentralen Vertriebsverantwortung. In 2002 übernahm Andreas Burkhart die Leitung des Marketings Mercedes-Benz Lkw – die Definition der Markenpositionierung Mercedes-Benz Lkw und deren interne und externe Implementierung wird durch ihn unternehmensweit gesteuert.

Univ.-Prof. Dr. Christoph Burmann, Jahrgang 1962, studierte Betriebswirtschaftslehre an der Universität Münster mit den Schwerpunkten Marketing und Bankbetriebslehre. Er arbeitete 1985 und 1986 bei der amerikanischen Werbeagentur Ogilvy & Mather in Kapstadt/Südafrika in der Marketingplanung und Marktforschung. Seit 1989 war er Mitarbeiter von Professor Dr. Dr. h.c. mult. Heribert Meffert am Institut für Marketing des Marketing Centrums Münster (MCM), wo er 1993 promovierte. Im Februar 2002 schloss er seine Habilitation an der Universität Münster im Fach Betriebswirtschaftslehre ab. Neben Aufgaben in Forschung und Lehre hat er zahlreiche Fachbeiträge zu einem breiten Spektrum an Marketingfragestellungen publiziert. Darüber hinaus hat er seit Anfang der 90er Jahre an zahlreichen Beratungsprojekten mit mittelständischen Unternehmen und internationalen Konzernen in leitender Funktion mitgewirkt. Seit dem 1. Oktober 2002 ist Prof. Burmann Inhaber des Lehrstuhls für innovatives Markenmanagement (LiM) am Fachbereich Wirtschaftswissenschaft (FB 7) der Universität Bremen. Der

Lehrstuhl wurde von den Markenartikelunternehmen Kraft Foods Deutschland, Masterfoods, Brauerei Beck & Co, Kelloggs Deutschland, Frosta und BaslerSecuritas Versicherungen gestiftet.

Dipl.-Kfm. Wolfgang Chur, Jahrgang 1947, ist seit 1.7.1999 Geschäftsführer der Robert Bosch GmbH. Zu seinem Verantwortungsbereich gehören der Technische Verkauf, die Verkaufsorganisation Handel, der Geschäftsbereich Automobiltechnik Handel, Bosch und Siemens Hausgeräte sowie die zentralen Funktionen Verkauf Kraftfahrzeugtechnik, Marketing, Werbung und Gewerblicher Rechtsschutz. Nach dem Abitur (1966) und zwei Jahren bei der Bundeswehr studierte er Betriebswirtschaftslehre an der Universität Nürnberg. 1973 legte er das Examen zum Diplom-Kaufmann ab. Seine berufliche Karriere begann bei der Braun AG, Kronberg/Taunus, bei der er bis 1977 als Produktmanager beschäftigt war. Seine Stationen in der Bosch Gruppe sind: Geschäftsbereich Elektrowerkzeuge (1977), Leiter Produktabteilung Industriewerkzeuge (1978), Leiter Verkauf Europa (1980), Geschäftsleiter Tochtergesellschaft in Frankreich (1983), Verkaufsleiter weltweit (1987), Geschäftsleiter Verkauf/Marketing (1990), Sprecher der Geschäftsleitung und Geschäftsleiter Verkauf, Geschäftsbereich Car Multimedia (Blaupunkt GmbH) (1997).

Dr. Mark Esser, Jahrgang 1963, ist Managing Partner bei BBDO Consulting. Dort verantwortet er seit Anfang 2002 die Kompetenzfelder „Financial Services“ und „Monetäre Markenbewertung“. Zuvor arbeitete er sechs Jahre bei McKinsey & Company, wo er zuletzt das europäische Kompetenzcenter „Marketing und Branding bei Finanzdienstleistern“ vertrat. Nach dem Studium der Betriebswirtschaftslehre in Köln war er zunächst sechs Jahre im Marketing bei der Henkel KGaA tätig.

Prof. Dr. Franz-Rudolf Esch, Jahrgang 1960, Universitäts-Professor für Betriebswirtschaftslehre mit dem Schwerpunkt Marketing sowie Direktor des Instituts für Marken- und Kommunikationsforschung an der Justus-Liebig-Universität Gießen.

Dipl.-Kfm. Adel Gelbert, Jahrgang 1969, studierte Betriebswirtschaftslehre an der European Business School, Schloss Reichartshausen am Rhein. 1995 begann Adel Gelbert seine Karriere im Markenmanagement von Procter & Gamble, Schwalbach, wo er mit strategischer und operativer Führung verschiedener Marken (Lebensmittel, Papierprodukte) betraut war. 1998 wechselte Adel Gelbert dann auf die Beratungsseite zu A.T. Kearney in Frankfurt, wo er mit der funktionalen Spezialisierung auf Marken- und Kundenwertmanagement Projekte für unterschiedliche Industrien (Automobil, Informationstechnologie) durchgeführt hat. Seit 2000 ist Adel Gelbert bei BBDO Consulting. Dort ist er verantwortlich für die Leitung der Practice Group Brand Equity Management sowie für die Leitung des Münchner Büros. Seit Anfang 2002 ist er Managing Partner der BBDO Consulting.

Dr. Dominik Georgi, Jahrgang 1971, ist wissenschaftlicher Mitarbeiter am Lehrstuhl für Marketing, Wirtschaftswissenschaftliches Zentrum der Universität Basel. Studium an der European Business School, Private Wissenschaftliche Hochschule (Oestrich-Winkel), der Ecole Supérieure de Commerce, Dijon, Frankreich sowie der „Thunderbird“ American Graduate School of International Management, Glendale/Arizona, USA. Von 2000 bis 2002 Senior Consultant bei der CRM Group, München. Zahlreiche Publikationen zu den Themen Dienstleistungsqualität, Kosten-Nutzen-Analyse des Qualitätsmanagements, Relationship Marketing und Kundenbindungsmanagement.

Peter Gerard, Jahrgang 1947, wurde nach beruflichen Stationen bei IBM in den Bereichen Research, Vertrieb und Marketing in USA, Frankreich und Deutschland, bei der Deutschen Bank als Generalbevollmächtigter und Bereichsvorstand und als Vorstandsmitglied der Mannesmann AG im Oktober 2000 zum Vorstandsmitglied der KarstadtQuelle AG in Essen berufen. Er verantwortet heute die Bereiche Dienstleistungen, Neue Medien, Touristik, IT, Treasury, Controlling, Einkauf, Auslandsbüros und Logistik. Darüber hinaus ist er Vorstandsvorsitzender der KarstadtQuelle New Media AG.

Dipl.-Kfm. Jens Giere, Jahrgang 1975, ist seit Mai 2002 Doktorant am Lehrstuhl für Unternehmensführung des Deutsche Bank Instituts für Familienunternehmen an der Privaten Universität Witten/Herdecke. Zuvor absolvierte er nach einer Banklehre ein Studium der Betriebswirtschaftslehre an der TU Bergakademie Freiberg sowie der RMIT University Melbourne, Australien.

Dr. Olaf Göttgens, Jahrgang 1965, studierte Betriebswirtschaftslehre mit den Schwerpunkten Marketing, Handel und Wirtschaftsinformatik an der Universität Saarbrücken, wo er mit „summa cum laude“ promovierte. Seine Dissertation trägt den Titel „Kritische Erfolgsfaktoren in stagnierenden und schrumpfenden Märkten“ (Gabler-Verlag). Er erhielt ein Doktorandenstipendium des deutschen Staates. 1991 Beginn seiner Berufslaufbahn bei der Deutschen Gesellschaft für Mittelstandsberatung in München. 1994 Wechsel zu Andersen Consulting, von dort 1999 Einstieg in die BBDO Group Germany. Gründung der Management Beratung BBDO Consulting als Mitgesellschafter und Geschäftsführer zum 1. Januar 2000. Heute ist Dr. Olaf Göttgens Chief Executive Officer (CEO) der BBDO Consulting Europe und seit 1. April 2004 Gesamtverantwortlicher der BBDO Gruppe als Chief Executive Officer (CEO) der BBDO Germany.

Dipl.-Kfm. Alexander Granz, Jahrgang 1973, ist seit Anfang 2003 für BBDO Consulting tätig. Dabei bearbeitet er insbesondere Projekte aus dem Bereich „Financial Services“ sowie das Themenfeld „Monetäre Markenbewertung“. Zuvor studierte er an der Universität Bayreuth Betriebswirtschaftslehre mit den Schwerpunkten Marketing, Steuerlehre und Wirtschaftsprüfung und sammelte Praxiserfahrungen auf den Gebieten Werbung und Investitionsplanung.

Dr. Mark Grether, Jahrgang 1972, vertrat nach seiner Promotion an der Universität Mannheim die Professur für Allgemeine Betriebswirtschaftslehre und Marketing im Fachbereich Tourismus/Verkehrswesen an der Fachhochschule Worms. Seit September 2003 ist er der Koordinator Vorstandsprojekte der KarstadtQuelle AG in Essen.

Dr. Rüdiger Grube ist seit September 2002 Vorstandsmitglied der DaimlerChrysler AG und in dieser Funktion verantwortlich für das Ressort Konzernentwicklung. Darüber hinaus ist er Mitglied des ‚Board of Directors' der Mitsubishi Motors Corporation (MMC) und der Hyundai Motor Company (HMC). Dr. Grube studierte Fahrzeugbau und Flugzeugtechnik sowie Berufs- und Wirtschaftspädagogik in Hamburg und promovierte 1986 an den Universitäten Hamburg und Kassel.

Dipl.-Volkswirt Franz Peter Hennemann, Jahrgang 1943, ist verantwortlich für das Knowledge Management im Marketing des Unternehmensbereiches Waschmittel der Henkel KGaA in Düsseldorf. Nach seinem Volkswirtschaftsstudium in Münster startete er 1969 seine berufliche Laufbahn bei Henkel im Produktmanagement Waschmittel. Bis 2001 hatte er im Marketing die Verantwortung in unterschiedlichen Funktionen für Marken und Produktgruppen.

Dr. phil. Matthias Hüsgen, Jahrgang 1973, Senior Consultant bei der BBDO Consulting GmbH in München, begleitet Projekte in den Bereichen Brand Management und Marketing Budgetierung. Nach einer kaufmännischen Lehre und einem Studium der Wirtschaftswissenschaften mit den Schwerpunkten Marketing und Organisationspsychologie an der Universität Freiburg i. Ue. (Schweiz) promovierte er bei Professor Hans-Dieter Schneider (Freiburg i. Ue.) und Professor Lutz von Rosenstiel (München) im Fach Organisationspsychologie. Sein Forschungsvorhaben wurde gefördert mit Mitteln des Bundesbildungsministeriums. Vor dem Einstieg bei der BBDO Consulting GmbH sammelte Matthias Hüsgen praktische, internationale Erfahrungen in den Bereichen Management-Consulting und Vertrieb und war nebenbei als Seminarleiter tätig.

Dipl.-Kfm. Udo Klein-Bölting, Jahrgang 1962, studierte nach einer Lehre zum Industriekaufmann in der Automobilzulieferindustrie Betriebswirtschaftslehre an der Westfälischen Wilhelms Universität Münster, Schwerpunkt Marketing und Statistik. 1990 Einstieg bei BBDO in Düsseldorf als Trainee; ab 1994 Mitglied der Geschäftsleitung. 1996 Wechsel nach Frankfurt/Main zu J. Walter Thompson als Geschäftsführer und Managing Director des Frankfurter Head-Office. 1999 Rückkehr an die Königsallee, Gründung der Management Beratung BBDO Consulting als Mitgesellschafter und Geschäftsführer zum 1.1.2000. Seit 2001 Gesellschafter der deutschen BBDO Gruppe und heute Chief Development Officer (CDO) der BBDO Germany GmbH.

Claus Koch, Jahrgang 1949, studierte Grafik-Design bei Prof. Kurt Weidemann in Stuttgart. Seine berufliche Laufbahn startete Claus Koch bei McCann in Frankfurt. Es folgten Stationen in leitender Funktion bei Team/BBDO, R.W. Eggert und J. Walter Thompson, mit Aufenthalten in sechs europäischen Büros, außerdem in San Francisco, Detroit, New York und Tokio. 1993 gründete er Claus Koch Corporate Communications. Zu seinen Auftraggebern gehören namhafte Unternehmen und bekannte Institutionen wie Allianz Group, BaFin, Bayer, BMW Financial Services, Deutsche Telekom, Dresdner Bank, E-Plus, Handelsblatt, Kunstsammlung NRW (K20/K21), Mercedes Benz Nutzfahrzeuge, Münchener Rück und Wella. Claus Koch ist berufenes Mitglied des Art Directors Club für Deutschland, des Art Directors Club New York und des Type Directors Club New

York sowie des British Design und Art Direction London. Bis 2003 war er Vorstandsmitglied des Deutschen Designer Clubs. Seine Arbeiten wurden vielfach ausgezeichnet und entsprechend publiziert. Von 2000 bis 2003 hatte Claus Koch eine Professur an der FH Mainz für Corporate Design und Corporate Identity inne. Seit April 2002 ist er Partner und Member of the Board der BBDO Group Germany.

Dipl.-Kfm. Andreas von Loeper, Jahrgang 1971, hat Betriebswirtschaftslehre an der European Business School in Oestrich-Winkel sowie in den USA und Argentinien studiert. Seine berufliche Laufbahn hat er bei der Unternehmensberatung Accenture (ehemals Andersen Consulting) begonnen, wo er im Bereich Strategic Services Projekte im Bereich Vertrieb und Marketing, hauptsächlich in der Automobilindustrie betreute. Seit 2003 ist er als Senior Consultant Mitglied der Automotive Practice bei BBDO Consulting in München.

Dipl.-Kfm. Michael Maskus, Jahrgang 1948, startete seine Karriere 1975 als Vorstandsassistent beim Pharmaunternehmen Schering in Berlin. 1979 wechselte er zu Beiersdorf AG nach Hamburg als Group Product Director Cosmed Europe. 1985 bis 1992 arbeitete er als Marketing- und Vertriebsleiter bei Johnson & Johnson Medical in Hamburg. Seit 1992 ist Michael Maskus Leiter des Corporate Marketing der Allianz Gruppe in München. Seit 2001 ist er als Head of Group Marketing verantwortlich für das Markenmanagement der Allianz Gruppe.

Dirk Miller, Jahrgang 1962, leitet seit Oktober 2000 als Vice President die Abteilung Corporate Marketing Communications der Siemens AG und ist mit seinem internationalen Team u. a. für Global Media, Corporate Sponsoring und weltweite Marken- und Imagekampagnen verantwortlich. Er ist seit vielen Jahren in unterschiedlichen Marketingfunktionen für Siemens tätig und beschäftigte sich in unterschiedlichen Geschäftsbereichen mit produktnahen und strategischen Marketingthemen. Er war unter anderem drei Jahre Key Account Manager bei Siemens-Nixdorf.

Dipl.-Kfm. Thorsten Möll, Jahrgang 1975, ist wissenschaftlicher Mitarbeiter am Lehrstuhl für Marketing und Projektmitarbeiter am Institut für Marken- und Kommunikationsforschung an der Justus-Liebig-Universität Gießen.

Dr. Klaus Morwind, Jahrgang 1943, ist Mitglied der Geschäftsführung und persönlich haftender geschäftsführender Gesellschafter der Henkel KGaA in Düsseldorf. Nach seinem Studium an der Hochschule für Welthandel in Wien und der TH Wien folgte eine dreijährige Tätigkeit an wissenschaftlichen Instituten. Nach seiner Promotion in Handelswissenschaften 1969 kam er zur Persilgesellschaft in Wien, einer Tochtergesellschaft der Henkel Gruppe. Er machte hier eine klassische Marketingkarriere vom Brand Manager zum Marketing Director, bevor er 1983 internationale Verantwortung in der Henkel-Zentrale in Düsseldorf übernahm. Seit 1991 ist er Mitglied der Geschäftsführung und zuständig für den Unternehmensbereich Wasch- und Reinigungsmittel. Dr. Klaus Morwind hat in der Marketingfachpresse zahlreiche Artikel veröffentlicht, die sich schwerpunktmäßig mit der Analyse moderner Business-Techniken im Verhältnis zur praktischen Umsetzung beschäftigen.

Dipl.-Kfm. Tharek Murad Aga, Jahrgang 1972, studierte Betriebswirtschaftslehre an der Universität Bielefeld sowie der Copenhagen Business School, Kopenhagen, Dänemark. Der Dipl.-Kfm. mit den Schwerpunkten Marketing und Internationales Management begann seinen Berufsweg bei Capital Call Centers in Edinburgh, Schottland, im Databased Marketing. Im August 2000 wechselte er zu BBDO Consulting in Düsseldorf. In dieser Zeit arbeitete er im strategischen Markenmanagement für führende Unternehmen der Branchen Finanzdienstleistungen und Utilities. Schwerpunkte seiner Beratungstätigkeit sind Marken- und Produktportfoliostrategien sowie Markencontrolling. Darüber hinaus arbeitet er im Brand Equity Team der BBDO Holding an der Entwicklung und Publikation zum Thema Markenbewertung in Kooperation mit der Wissenschaft („BBDO Brand Equity Excellence").

Dipl.-Kfm. C. Christian Rätsch, Jahrgang 1972, studierte Betriebswirtschaftslehre mit den Schwerpunkten Marketing und Unternehmensführung an der Humboldt-Universität zu Berlin. Erstes praktisches Know-how im Bereich Marketing und Werbung eignete er sich als Werbekaufmann bei den Düsseldorfer Werbeagenturen Grey und Euro RSCG an. Nach zwei Jahren selbständiger Beratungstätigkeit arbeitet C. Christian Rätsch heute als Manager bei BBDO Consulting, Düsseldorf – vorwiegend im Bereich Brand Equity Management.

Dipl.-Kfm. Jan Eric Rempel, Jahrgang 1976, ist wissenschaftlicher Mitarbeiter am Lehrstuhl für Marketing und Projektmitarbeiter am Institut für Marken- und Kommunikationsforschung an der Justus-Liebig-Universität Gießen.

Betriebswirt (BA) Jürgen Riesner, Jahrgang 1964, ist Referent im Zentralbereich Produkt- und Marktplanung für den Unternehmensbereich Kraftfahrzeugtechnik der Robert Bosch GmbH, Stuttgart. Bis 2001 war er Vertriebs- und Marketingleiter des Produktbereichs Mobile Anlagen im Geschäftsbereich Car Multimedia (Blaupunkt GmbH). Nach Abitur (1985) und Grundwehrdienst begann er eine Ausbildung zum Betriebswirt BA bei der Blaupunkt GmbH in Hildesheim. Neben seiner Ausbildung zum Industriekaufmann absolvierte er ein begleitendes Studium an der Leibniz-Akademie in Hannover. Ein Schwerpunkt seiner derzeitigen Arbeit ist die Entwicklung und Einführung eines Marketing Prozess-Managements für den Unternehmensbereich Kraftfahrzeugtechnik der Robert Bosch GmbH.

MMag. rer. soc. oec. Katharina Roth, Jahrgang 1979, ist seit 2003 Doktorandin am Lehrstuhl für Unternehmensführung des Deutsche Bank Instituts für Familienunternehmen an der privaten Universität Witten/Herdecke. Zuvor absolvierte Frau Roth das Studium der Handelswissenschaften und der Betriebswirtschaft an der Wirtschaftsuniversität Wien sowie den Master of International Management mit Austauschprogramm auf der HEC Paris.

Dipl.-Kfm. Oliver Schilke, Jahrgang 1979, ist seit 2003 wissenschaftlicher Mitarbeiter und Doktorand am Lehrstuhl für Unternehmensführung des Deutsche Bank Instituts für Familienunternehmen an der Privaten Universität Witten/Herdecke. Zuvor absolvierte er ein Studium der Betriebswirtschaftslehre an der Handelshochschule Leipzig (HHL).

Dr. Andreas Schmidt, Jahrgang 1956, ist Wirtschaftsprüfer und Steuerberater und seit mehreren Jahren Partner bei Ernst & Young in Stuttgart im Bereich Transaction Advisory Services und Mitglied des Management Teams von Ernst & Young Deutschland im Bereich Transaction Services. Seine Arbeitsschwerpunkte liegen in der Beratung bei Unternehmenstransaktionen und der Bewertung von Unternehmen und immateriellen Vermögenswerten. In diesem Zusammenhang beschäftigt sich Herr Dr. Schmidt insbesondere auch mit der Bilanzierung von immateriellen Vermögenswerten nach internationalen Bilanzierungsvorschriften. Herr Dr. Schmidt ist Mitglied des Arbeitskreis Unternehmensbewertung beim Institut der Wirtschaftsprüfer.

Dipl.-Kfm. Thilo Schotte, Jahrgang 1969, hat Betriebswirtschaftslehre an den Universitäten Saarbrücken und Toulouse studiert. Seine berufliche Laufbahn startete er als Berater bei der IDS Scheer AG, für die er Vertriebsprozessprojekte in Deutschland, der Schweiz und den USA betreute. Später wechselte er zur Unternehmensberatung Accenture (ehemals Andersen Consulting), wo er für den Bereich Strategic Services über 6 Jahre internationale Beratungsprojekte im Bereich Vertrieb und Marketing, vornehmlich in den Industrien Automotive und Travel & Tourism, leitete. Seit dem Jahr 2002 leitet Thilo Schotte nun als Principal die Customer Equity Mangement Practice bei BBDO Consulting in München.

Dipl.-Kffr. Kirsten Schüttler, Jahrgang 1964, Principal bei BBDO Consulting, studierte Betriebswirtschaftslehre mit den Schwerpunkten Marketing und Internationales Management an den Universitäten München und Mannheim. Ihre Berufslaufbahn begann sie 1995 bei der Henkel KGaA in Düsseldorf, wo sie zuletzt im Internationalen Brand Management die strategische Führung und den europäischen Roll-Out internationaler Marken verantwortete. 1999 wechselte sie als Mitglied des Gründungsteams zu BBDO Consulting, wo sie heute innerhalb der Practice Group Financial Services den Bereich Insurance verantwortet. Ihre Themenschwerpunkte sind Markenportfolioanalyse, Markenpositionierung und Markenaufbau.

Prof. Dr. Manfred Schwaiger, Jahrgang 1963, seit 1998 Vorstand des Instituts für Unternehmensentwicklung und Organisation (EFOplan) an der Fakultät für Betriebswirtschaft der Ludwig-Maximilians-Universität München. Kann auf langjährige Erfahrungen im internationalen Beratungsgeschäft und auf Tätigkeiten als Aufsichtsrat in deutschen Aktiengesellschaften verweisen. Forschungsaktivitäten und Publikationen erhältlich unter www.efoplan.de.

Dr. rer. pol. Percy Smend, Jahrgang 1975, Schulzeit in Japan, England und Deutschland; Studium der Betriebswirtschaftslehre an der Universität Münster; Gründung und Marketingleitung efinum AG; seit 2000 Berater bei der BBDO Consulting GmbH am Standort Düsseldorf mit den Branchenschwerpunkten Automobil und Telekommunikation; 2003 Promotion zum Dr. rer. pol. an der Universität Mannheim.

Dipl.-Kffr. Alexandra Valtin, Jahrgang 1976, studierte Betriebswirtschaftslehre an der Universität Mannheim und an der University of Victoria in British Columbia, Kanada, mit den Schwerpunkten Marketing, Organizational Behavior und Psychologie. Seit 2001 arbeitet sie als Doktorandin und wissenschaftliche Mitarbeiterin am Lehrstuhl für Allgemeine Betriebswirtschaftslehre und Marketing II an der Universität Mannheim. Ihre Forschungsgebiete sind Markenmanagement, Luxusgütermarketing und Kommunikationsmanagement. Sie arbeitet an zahlreichen Praxisprojekten, u. a. an der von BBDO Germany herausgegebenen Reihe „Brand Equity Excellence", mit.

Prof. Dr. Bernd W. Wirtz, Jahrgang 1964, studierte Betriebswirtschaftslehre in Köln, London und Dortmund. Es folgte eine Promotion im Bereich strategisches Management im Medienmarkt und eine Habilitation zum Thema Erfolgsfaktoren des Geschäftsbeziehungsmanagements an der Universität Zürich. Er war als Unternehmensberater für Roland Berger & Partners in München und als Manager für Andersen Consulting, Strategic Competency Group, Frankfurt tätig. Seit 1999 ist Bernd W. Wirtz Inhaber des Lehrstuhls für Allgemeine Betriebswirtschaftslehre, insbes. Unternehmensführung und -entwicklung an der Universität Witten/Herdecke sowie Privat-Dozent für Betriebswirtschaftslehre an der Universität Zürich.

Dr. Rainer Zimmermann, Jahrgang 1956, studierte nach Abitur und Zivildienst Germanistik, Philosophie, Soziologie und Publizistik in Münster. Abschluss als Magister Artium und Promotion zum Dr. phil. Parallel zum Studium Volontariate bei Rheinischer Post und Westdeutscher Zeitung sowie Lektoratstätigkeiten für verschiedene Verlage. 1988 Einstieg als Public Relations Junior Consultant bei ABC/Eurocom, Düsseldorf. Seit 1992 Geschäftsführer, seit 1994 geschäftsführender Gesellschafter und seit 1995 Agenturchef von KohtesKlewes, der größten europäischen PR-Agentur. Seit 1999 geschäftsführender Gesellschafter und Chief Executive Officer der BBDO Germany, dem marktführenden Kommunikationsunternehmen in Deutschland mit rund 3.600 Mitarbeitern. Mitglied des Worldwide Board der BBDO, New York. Seit 1. April 2004 Director BBDO Europe und europaweit für das Geschäftsfeld Public Relations verantwortlich, parallel CEO der ECC Group, Deutschland und Österreich. Mitglied des Vorstandes des Düsseldorfer Kunstvereins (Rheinland), der Westdeutschen Akademie für Kommunikation (Köln). Stellvertretender Präsident des Gesamtverbandes Kommunikationsagenturen GWA. Dozent für marktorientierte Kommunikationspraxis an der Westfälischen-Wilhelms-Universität Münster, Institut für Kommunikationswissenschaften, und an der Johannes-Gutenberg-

Universität, Mainz. Herausgeber des „Handbuchs der Unternehmenskommunikation" (1996ff.). Zahlreiche Publikationen und Vorträge zu Themengebieten der Kommunikation und des Marketings.

Dipl.-Kfm. Markus Zinnbauer, Jahrgang 1973, studierte Betriebswirtschaft an der Universität München. Derzeit ist er Mitarbeiter am Institut für Unternehmensentwicklung und Organisation der Ludwig-Maximilians-Universität München. Er publiziert regelmäßig in Fachzeitschriften und hat zahlreiche Beratungsprojekte für nationale und internationale mittlere und große Unternehmen durchgeführt.

Erster Teil

Einführung in das integrierte Marken- und Kundenwert-management

Olaf Göttgens und Thilo Schotte

Integriertes Marken- und Kundenwertmanagement als unternehmerische Herausforderung

1. Marke oder Kunde – Wie ist das Unternehmen ausgerichtet?

„Wert ist das höchste Quantum der Macht, das der Mensch sich einzuverleiben vermag.“
Friedrich Nietzsche

Werte zu schaffen und Werte zu verkörpern liegen nah beieinander. Das gilt für den einzelnen Menschen ebenso wie für ein Unternehmen. Gleichzeitig ist es das wahrscheinlich ultimative Ziel des Menschen im Verlaufe seines Lebens – und ebenso auch das des Unternehmens in seiner Entwicklung.

Ohne der Vermessenheit zu erliegen, den Grundgedanken Nietzsches eins zu eins auf das strategische Marketing zu übertragen, lassen sich doch einige Parallelen ziehen. Marken- und Kundenwertmanagement sind strategische Ansätze zur Erreichung von Marktmacht – der Macht, im Absatzmarkt unternehmerische Kernziele durchzusetzen. Im engeren Sinne bedeutet Marktmacht, Preise variieren zu können, ohne dass Kunden abwandern. Das bedeutet, das Unternehmen erreicht im Markt eine Präferenzbildung, die eine hohe Zahlungsbereitschaft impliziert. Doch womit lässt sich diese Präferenzbildung im Markt erzeugen? Marken- und Kundenmanagement als Instrumentarien des entsprechenden Wertmanagements können dazu Antworten geben. Bevor wir im Verlaufe des Buches auf die operativen Instrumente eingehen, soll hier die konzeptionelle Grundlage zur Einordnung von Marke und Kunde erfolgen.

Marke und Kunde können als abstrakte Konstrukte verstanden werden, an denen sich das Unternehmen ausrichtet. Doch die Ausrichtung erfolgt in der Regel nicht wie selbstverständlich integriert und harmonisch, sondern eher konfliktär. Auf den ersten Blick mag diese Perspektive etwas verwirrend sein, doch beleuchtet man die beiden Konstrukte in ihren Charakteristika, so lässt sich ein Spannungsfeld erkennen, das von den wenigsten Unternehmen bewusst aufgelöst wird. Wir möchten an dieser Stelle zunächst die Extreme der Ausrichtung des unternehmerischen Selbstverständnisses auf entweder die Marke oder den Kunden beleuchten, um die daraus resultierenden Konsequenzen bewerten zu können.

Die *Marke* repräsentiert das Angebot des Unternehmens.[1] Sie symbolisiert als Schlüsselinformation alle intendierten emotionalen und rationalen Angebotsmerkmale. Im Sinne der Ressource-based-Theory bündelt die Marke somit alle spezifischen tangiblen und

---

[1] Ein Unternehmen kann natürlich auch über mehrere Marken verfügen (siehe z. B. das Markenportfolio der Henkel KGaA). In der Folge wird hier jedoch nur von der Marke gesprochen.

intangiblen Unternehmensfähigkeiten und macht sie für den Markt sichtbar.[2] Trotz der marktbezogenen Aufgabe der Marke entsteht sie doch primär von innen aus dem Unternehmen heraus, eben basierend auf den Kompetenzen des Unternehmens und der Validierung der Relevanz auf der Nachfrageseite. Insofern orientieren sich auf die Marke ausgerichtete Unternehmen tendenziell an einem Self-Selection-Modell: Basierend auf den Fähigkeiten und emotionalen/rationalen Differenzierungsmerkmalen des Angebotes entscheidet sich der Konsument, ob genau dieses Angebot seinen Bedürfnissen entspricht. Dies trifft grundsätzlich auch dann zu, wenn Zielgruppen nur selektiv mit der Marke konfrontiert werden (z. B. über Print-Anzeigen in Fachmagazinen).

Der *Kunde* repräsentiert dagegen die Nachfrageseite für das Unternehmen. Kunden sind ein Portfolio von Nachfragern, die durch unterschiedlichste Bedürfnisse, Wertemuster und Lebenssituationen gekennzeichnet sind. Das von ihnen gewählte Angebot ist immer der bestmögliche Kompromiss, in der Regel aber nicht die denkbar beste Lösung für die Anforderungen ihrer Bedürfnisse. Ein Unternehmen, das sich primär am Kunden ausrichtet, muss dieser heterogenen Nachfrage Rechnung tragen. Im Gegensatz zum Self-Selection-Modell der rein markengetriebenen Denkweise ist das kundengetriebene Unternehmen dadurch geprägt, dass das Leistungsversprechen und die dahinterliegende Leistung im Extremfall für jedes Kundensegment unterschiedlich ausfallen und im Dialog mit dem Kunden gegebenenfalls angepasst wird.

Zum besseren Verständnis ist es hilfreich, weitere Charakteristika und Ziele der Ausrichtung auf die Marke bzw. auf den Kunden, wie in Abbildung 1 zusammengefasst, genauer zu betrachten.

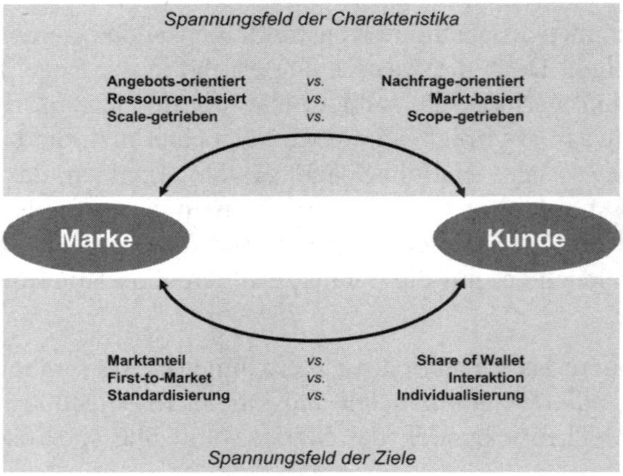

Abbildung 1: Ausrichtung auf Marke und Kunde im Spannungsfeld

2 Vgl. Besanko/Dranove/Shanley (1996), S. 542 ff.

Ein wichtiger Erfolgsfaktor einer starken Marke ist der klare Fokus im Leistungsversprechen, der im Zeitverlauf konsistent und stabil bleibt. Insofern zielt die Markenführung auf eine Standardisierung der Botschaften im Sinne des Aufbaus eines klaren Markenbildes. Für das Modell ist also charakteristisch, dass Skaleneffekte erzielt werden sollen: eine Marke bzw. ein Leistungsversprechen soll eine möglichst große Zahl von Kunden gewinnen. Der Erfolg lässt sich am Marktanteil ablesen. Dagegen ist der Erfolgsfaktor des am Kunden ausgerichteten Unternehmens die Durchdringung des einzelnen Kunden (Share of Wallet).

Standardisierung steht diesem Erfolgsfaktor entgegen, da letztendlich nur die Individualisierung des Angebots[3] anhand der heterogenen Bedürfnisse einzelner Kunden oder Kundengruppen eine weitreichende Abdeckung der Anforderungen in dieser Kategorie ermöglicht und insofern die Bereitschaft des Kunden steigert, alle Ausgaben in der relevanten Kategorie auf das eine Unternehmen bzw. die eine Marke zu vereinen. Insofern zielt das Unternehmen in diesem Fall eher auf Scope-Effekte, die durch die Differenzierung eines oder mehrerer Leistungsversprechen und der Zusammenfassung zu Leistungsbündeln realisiert werden können.

Auch der Faktor Zeit spielt eine Rolle bei der Beschreibung des Spannungsfeldes. Eine Dominanzposition mit einhergehender Marktmacht lässt sich im Falle der Ausrichtung auf die Marke nur mit Geschwindigkeit erreichen. Die Besetzung einer Markenposition und der damit verbundenen Markenwerte ist immer auch verknüpft mit der Frage danach, wer diese Position als erster besetzt und das auch kommuniziert. Die Marken Tempo und Nivea sind gute Beispiele dafür, wie das im Extremfall sogar zur partiellen Substitution der Kategoriebezeichnung durch den Markennamen führen kann. Dagegen spielt im Falle der Ausrichtung auf den Kunden Geschwindigkeit eine untergeordnete Rolle. Hier kommt es auf Interaktion an. Die Gewinnung von Kundenverständnis steht im Vordergrund und die bewusste Erkenntnis des Kunden, dass eben dieser Anbieter die Bedürfnisse optimal erfüllen kann.

Die Beschreibung des Spannungsfeldes zeigt eher theoretisch, dass sich die Ausrichtung des Unternehmens auf Marke oder Kunde erheblich im Marktauftritt und letztendlich im Geschäftsmodell widerspiegeln kann. Im folgenden Abschnitt soll nun untersucht werden, inwiefern diese Ausrichtung in der Praxis tatsächlich zu unterschiedlichen Konsequenzen im Management von Marken- und Kundenwert führen kann.

---

3 Angebot ist hier zu verstehen als Summe aller Leistungsbestandteile, also auch z. B. Services im After Sales.

2. Konsequenzen für das Management von Marken- und Kundenwert in der Praxis

Wie vorab erläutert, sind Marke und Kunde konkurrierende Konstrukte, deren Konflikte als Resultat für das Selbstverständnis des Unternehmens sich nicht ohne weiteres auflösen lassen. Auf Ebene der Instrumente dagegen müssen und können sie integriert werden. Dazu dienen uns die Disziplinen des Marken- und Kundenwertmanagements, unter denen die entsprechenden Instrumente zusammengefasst sind:

- Unter *Markenwertmanagement* verstehen wir den Einsatz von Marketinginstrumenten zur Maximierung des monetären Wertes der Marke oder des Markenportfolios als Ergebnis von profitabilitätsrelevanten Kundentransaktionen, Entwicklungspotential und dem Markenimage als Wert an sich.[4]
- Unter *Kundenwertmanagement* verstehen wir den Einsatz von Marketinginstrumenten zur Maximierung des monetären Wertes der Kundenbasis als Ergebnis der Akquisition attraktiver Kunden, der gezielten Durchdringung der Kunden und der langfristigen Bindung der Kunden an Leistungen des Unternehmens. Aus diesen Definitionen lassen sich drei Ebenen des Marken- und Kundenwertmanagements ableiten (siehe Abbildung 2).

Abbildung 2: Ebenen des Marken- und Kundenwertmanagements

4 Vgl. BBDO Consulting (2002), S. 14 ff.

Grundsätzlich ist den beiden Disziplinen nach dem Verständnis von BBDO Consulting gemein, dass sie auf die Erzeugung von Wert für das Unternehmen abzielen. Marken- und Kundenwert sind also zentrale Erfolgsindikatoren für das strategische Zielsystem des Unternehmens. Wie in Abbildung 3 dargestellt, werden Marken- und Kundenwert durch konkrete Treiberdimensionen bestimmt, die sich als Kennzahlen der Marktbearbeitung erheben lassen. Mit dem Brand Equity Evaluation System BEES[5] bietet sich zum Beispiel eine Methodik zur kontinuierlichen Messung der Zielerreichung in den einzelnen Dimensionen des Markenwerts.

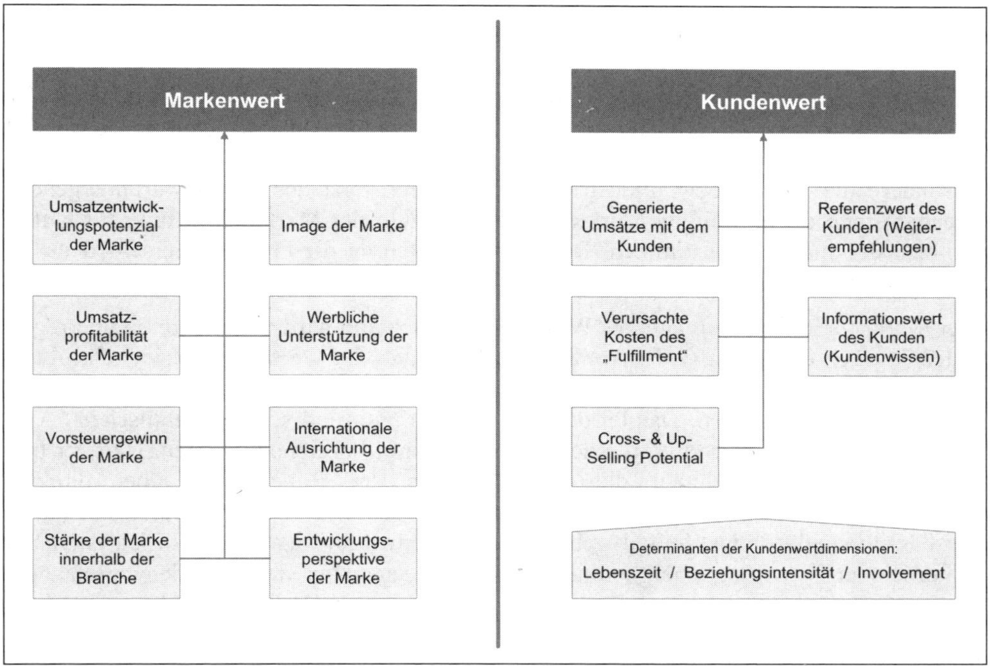

Abbildung 3: Dimensionen des Marken- und Kundenwerts

Aus den Dimensionen wird deutlich, dass sich Marken- und Kundenwert aufgrund der in Abschnitt 1 erläuterten konkurrierenden Charakteristika auch an unterschiedlichen Perspektiven ausrichten.[6]

5 Vgl. BBDO Consulting (2003a), S. 4 ff.

6 Vgl. auch Bauer/Hammerschmidt/Brähler (2002).

Jedoch korrelieren Marken- und Kundenwert positiv miteinander. Letztendlich ist ein starker Markenwert auch als Treiber des Kundenwerts anzusehen, und umgekehrt hat auch der Wert der Kundenbasis einen positiven Einfluss auf den Markenwert. Somit wird erkennbar, dass die eingangs beschriebenen Extremfälle der eindimensionalen Ausrichtung auf entweder die Marke oder den Kunden in der Regel keine Anwendung finden können. Jedoch lassen sich in der Praxis Unterschiede in der Priorisierung erkennen. Einfach ausgedrückt:

- Die Instrumente des Kundenwertmanagements dienen dem primären Ziel der Maximierung des Markenwertes, oder
- Die Instrumente des Markenwertmanagements unterstützen das Primärziel der Maximierung des Wertes der Kundenbasis.

Ein systematisches und bewusstes Management des Konfliktes im Sinne einer der beiden Priorisierungen muss in Abhängigkeit der Rahmenbedingungen erfolgen, in denen sich das jeweilige Unternehmen im Markt bewegt. Zu diesen Rahmenbedingungen zählt insbesondere die Markt- bzw. Industrielogik. Darunter verstehen wir die grundlegenden Mechanismen des jeweiligen Marktes, die die Regeln der Marktbearbeitung für Unternehmen der Industrie bestimmen. Beispielhaft sollen an dieser Stelle verschiedene Industrien hinsichtlich der Industrielogik beschrieben werden.

Der Markt für kohlensäurehaltiges Wasser in Deutschland wird von mehreren überregionalen Marken dominiert (z. B. Apollinaris, Bonaqua oder Gerolsteiner), jedoch gibt es eine große Zahl kleiner regionaler Player, die in ihrem Absatzgebiet signifikante Marktanteile aufweisen können. Das Produkt selbst kann aufgrund seiner „technischen" Austauschbarkeit als Commodity in einem Volumenmarkt bezeichnet werden. Darüber hinaus verfügen Unternehmen dieser Branche in der Regel nicht über direkten Kundenkontakt und können somit den Markt nur „anonym" bearbeiten. Insbesondere diese Kriterien der Industrielogik geben dem Markenwertmanagement als Zielsystem der Unternehmenssteuerung übergeordnetes Gewicht gegenüber dem Kundenwertmanagement. Vor allem gilt dies auch für Unternehmen, die eher als Herausforderer im Markt anzusehen sind.

Anders stellt sich die Situation zum Beispiel in der Commercial Aviation Industrie dar. Das Produkt, also die Flugleistung, ist durch unterschiedliche Flugpläne, Preise und zusätzliche Serviceleistungen im Wettbewerbsvergleich sehr viel weniger austauschbar. Ein Großteil der Leistung hat Dienstleistungscharakter mit direktem Kundenkontakt. Dementsprechend haben Fluggesellschaften auch ein vergleichsweise hohes individuelles Kundenwissen. Betrachtet man beispielsweise die Lufthansa als etablierten Player, so zeichnet sie sich weiterhin durch eine ausgeprägte ABC-Kundenverteilung aus – eine relativ kleine Kundengruppe vereinigt auf sich also einen weit überproportional großen Umsatzanteil. Die Erfüllung dieser unterschiedlichen Kriterien bedeuten für Unternehmen wie Lufthansa, dass das Kundenwertmanagement eine weitaus größere Bedeutung im unternehmerischen Zielsystem einnimmt. Das Geschäftsmodell ist im Vertrieb und

Marketing letztendlich primär auf die Prinzipien und Kennzahlen des Kundenwertmanagements ausgerichtet, wie z. B. die weitreichende Differenzierung der Servicelevels nach Status im Bonusprogramm Miles & More zeigt. Im Vergleich dazu ist die Wettbewerbsstellung von Herausforderern, wie z. B. der dba eine andere. Die Charakteristika ihrer Position erzwingen im Ergebnis eine sehr viel ausgewogenere Gewichtung von Marken- und Kundenwertmanagement.

Noch deutlicher ist die Notwendigkeit der Ausrichtung des Unternehmens auf das Kundenwertmanagement in vielen Business-to-Business-Industrien gegeben – insbesondere im Falle komplexer Investitionsgüter. In der Klassifizierungsmatrix in Abbildung 4 ist als Beispiel für ein solches Unternehmen die Heidelberger Druckmaschinen AG abgebildet. In der Abbildung werden auch weitere typische Kriterien aufgeführt.

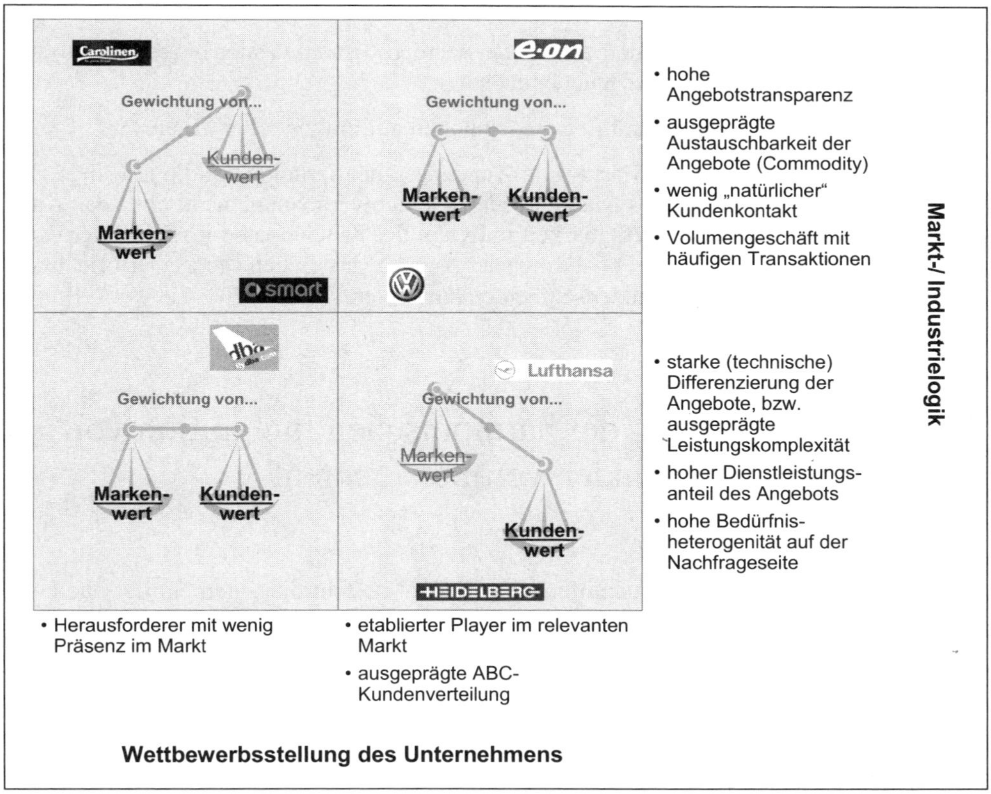

Abbildung 4: Gewichtung von Marken- und Kundenwertmanagement im Unternehmen

Die Gewichtung von Marken- vs. Kundenwertmanagement bringt Implikationen für das operative Marketing auf der Instrumentebene mit sich. Das lässt sich beispielweise an der Erhebung bzw. Erfassung notwendigen Kundenwissens festmachen. Für die Marktbearbeitung sowohl im Sinne des Marken- als auch Kundenwertmanagements ist die Segmentierung auf Basis verfügbaren Kundenwissens essentiell. Doch wie detailliert dieses Kundenwissen sein sollte, bestimmt sich aus der vorangehend beschriebenen Industrielogik. BBDO Consulting unterscheidet zwei grundsätzliche Segmentierungen:[7]

1. Marktsegmentierung

- Anonyme Segmentierung des Gesamt- oder Teilmarktes z. B. nach Bedürfnissen oder Erwartungen
- Positionierung der Unternehmensmarken innerhalb der Segmente

2. Kundensegmentierung

- Identifikation interessanter und attraktiver Kundensegmente (oder Einzelkunden) auf Basis anonymer individueller Kundendaten
- Definition von Interaktion und Leistungsinhalten auf individueller Ebene

Die Unterscheidung zwischen Markt- und Kundensegmentierung zeigt die jeweilige Bedeutung für die Instrumente des Marken- oder Kundenwertmanagements. Für das Kundenwertmanagement ist die Verfügbarkeit individueller Kundendaten im Sinne der Kundensegmentierung letztendlich unabdingbar. Nur so lässt sich eine wertorientierte Migration von Kunden oder Kundensegmenten anwenden.[8]

3. Herausforderung der harmonischen Integration von Marken- und Kundenwertmanagement

Wie in den vorangehenden Abschnitten beschrieben, besteht die unternehmerische Herausforderung des integrierten Marken- und Kundenwertmanagements in der stringenten Ausrichtung des Unternehmens auf den adäquaten Leitgedanken Marke und / oder Kunde. Daraus entwickelt sich das Zielsystem mit den Dimensionen des Marken- und Kundenwertes. Aufgabe des operativen Marketings ist es, die Instrumente harmonisch aufeinander abzustimmen.

---

7 Vgl. BBDO Consulting (2003b), S. 25 ff.

8 Eine ausführliche Untersuchung des erforderlichen Kundenwissens in Abhängigkeit der Industrielogik findet sich im Band 1 der Customer Equity Excellence Buchreiche von BBDO Consulting anhand von fünf Beispielindustrien. Vgl. auch BBDO Consulting (2004).

Grundsätzlich ist allen Industrien gemein, dass den Instrumenten des Marken- und Kundenmanagements im Verlauf des Kaufentscheidungszyklus des Kunden eine unterschiedlich große Bedeutung zukommt. Unterschiede lassen sich in Abhängigkeit der Industrie und der individuellen Situation feststellen. Im Allgemeinen lassen sich demnach drei Verhaltensweisen abgrenzen:[9]

- Das *extensive Entscheiden* nutzt umfangreiche Informationen in einem langwierigen abwägenden Entscheidungsprozeß. Typisch ist dieses Verhalten z. B. beim Autokauf.
- Das *vereinfachte Entscheiden* beschränkt die Informationssuche auf Schlüsselinformationen wie z. B. den Preis oder Kernwerte der Marke.
- Das *gewohnheitsmäßige Entscheiden* nutzt kaum mehr neue Informationen. Der Entscheidungsprozeß läuft in Sekunden ab. In der Regel handelt es sich um häufig wiederkehrende Kaufvorgänge mit niedrigem Risiko wie z. B. bei Zahncreme oder beim Tanken.

Doch unabhängig von den Charakteristiken des jeweiligen Entscheidungsverhaltens, gilt grundsätzlich folgende Regel: In den Phasen Kaufentscheidung (Aufmerksamkeit, Image) haben die Instrumente des Markenwertmanagements besondere Bedeutung, währen im weiteren Verlauf (Kauf, Loyalität) die Bedeutung der Instrumente des Kundenwertmanagements zunimmt. Der Grund für die unterschiedliche Wichtigkeit der Instrumente über den Kaufzyklus liegt vor allem im Involvement des Konsumenten begründet (siehe Abbildung 5).[10] Die typischen Markenmanagement-Instrumente wie klassische Werbung aktivieren das Involvement auf Basis von Reizen.

Über dieses „künstlich" geschaffene Involvement lassen sich Markenbotschaften in der Wahrnehmung des Betrachters verankern. Treffen die Botschaften und die damit vermittelten Markenwerte auf deckungsgleiche Einstellungen und Motivationen des Konsumenten (Treiber des persönlichen Involvements), so wird die Marke positiv wahrgenommen, und Kaufbereitschaft kann entstehen. Der tatsächliche Kauf wird darüber hinaus jedoch in starkem Maße von situationsabhängigen Einflüssen bestimmt.

Insbesondere kann das der aktuelle Bedarf sein. Hat sich eine Person gerade ein neues Auto gekauft, kann die Werbung für eine andere Marke zwar ein positives Image aufbauen, sie wird kurzfristig in der Regel jedoch nicht zum Kauf führen. Aufgabe des Kundenmanagements ist es dementsprechend, situatives Involvement zu identifizieren (z. B. den avisierten Kaufzeitpunkt des Autokunden), um dann auf Basis des Wissens über das persönliche Involvement den individuellen Bedürfnissen entsprechend zu kommunizieren.[11]

---

9 Vgl. Howard (1977), S. 10 ff.

10 Vgl. Kroeber-Riel/Weinberg (2003), S. 372 ff.

11 Vgl. Schotte (2003), S. 24. ff.

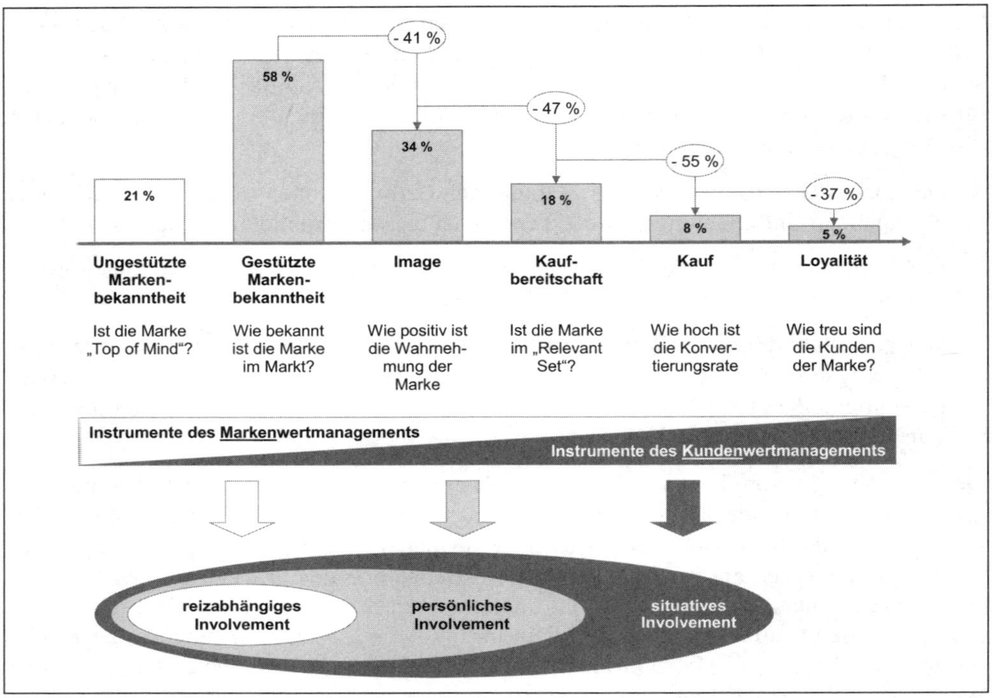

Abbildung 5: Bedeutung der Instrumente entlang des Brand Screen

Somit wird deutlich, dass für die wenigsten Unternehmen eine einseitige Beschränkung auf entweder Marken- oder Kundenmanagement sinnvoll ist. Für die Harmonisierung sind jedoch verschiedene Grundsätze zu beachten, die heute in der Praxis noch nicht in ausreichendem Maße Anwendung finden. Diese Grundsätze lassen sich in inhaltliche und organisatorische gliedern.

1. Inhaltliche Grundsätze des integrierten Marken- und Kundenwertmanagements:

- *Marke als stabile Identität*
  Die Marke muss als verlässlicher Kern des Unternehmensangebots verstanden werden. Je fokussierter und konturierter die Markenwerte sind, desto besser kann der Kunde diese Identität als Sinnstiftung im Prozess seiner Präferenzbildung aufnehmen. Dieser Kern muss zeitlich stabil in allen Kommunikationsmaßnahmen verkörpert werden.

- *Vermeidung einer Markenüberdehnung*
  Die Fokussierung der Marke bedeutet gleichzeitig, dass der vom Kunden wahrgenommene Nutzen für ihn spezifisch sein muss. Die Aufladung der Marke mit einer Vielzahl von Nutzenversprechen für unterschiedliche Bedürfnisse lässt die Value

Proposition jedoch bis zur Unkenntlichkeit verschwimmen. Die Aufgabe, den Markenfokus mit zusätzlichen Argumenten anzureichern, sollte vornehmlich den dialogorientierten Instrumenten des Kundenmanagements obliegen. Einer Überdehnung der Marke kann auch durch den Aufbau und das Managements eines Portfolios mehrerer Unternehmens- bzw. Leistungsmarken entgegengewirkt werden.

- *Integration der kommunizierten Inhalte*
  Gleichzeitig dürfen die über Instrumente des Kundenmanagements vermittelten Inhalte aber auch nicht im Widerspruch zur Marke stehen. Vielmehr müssen sie den Raum der Markenidentität nutzen, um einzelne Markenwerte zu betonen oder im Sinne der Kundenbedürfnisse widerspruchsfrei zu interpretieren. Schließlich beeinflusst jede Kundeninteraktion die Markenwahrnehmung des Einzelnen. Somit sollten alle Kommunikationsinstrumente im Sinne einer integrierten Kommunikation inhaltlich aufeinander abgestimmt sein. Die Wiedererkennbarkeit von Basisidee, Tonalität und formalen Gestaltungselementen verbessert die Wirksamkeit aller Instrumente erheblich.

- *Kundenwissen als Richtungsindikator*
  Die Instrumente des Kundenmanagements produzieren kontinuierlich Kundenwissen. Dieses Wissen muss als essentielles Kapital des Unternehmens verstanden werden. Häufig liegt das Wissen jedoch brach und wird nicht in ausreichendem Maße genutzt. Insbesondere wird es nicht zurückgespielt in das Markenmanagement oder auch die Produktentwicklung. Dabei sollte das Kundenwissen zentrale Hinweise auf Potentiale für Marke und Produkt geben.

2. Organisatorische Grundsätze des integrierten Marken- und Kundenwertmanagements:

- *Aufbrechen organisatorischer Silos*
  Häufig ist in Unternehmen eine strikte organisatorische Trennung von Above-the-Line (als wichtigste Instrumente des Markenmanagements) und Below-the-Line (als wichtigste Instrumente des Kundenmanagements) etabliert. Eine solche Trennung ist kontraproduktiv für die Integration der kommunizierten Inhalte. Auch wird so die Konkurrenz der beiden beschriebenen grundsätzlichen Denkweisen in einer Konkurrenz um Budgets manifestiert. Vielmehr sollte jedoch die Integration auch organisatorisch vollzogen werden – mit einer klaren Festlegung der Lead-Funktion, wie in Abschnitt 2 beschrieben.

- *Klare Rollendefinition*
  Das Unternehmen muss sich über die intendierten Aufgaben der einzelnen Instrumente bewusst sein und diese auch als Rollenbeschreibung festschreiben. Die Rollen können z. B. anhand der Phasen des Brand Screen festgelegt und mit klaren Zielen für die Dimensionen des Marken- bzw. Kundenwerts ausgestaltet werden.

4. Fazit

Aus den Ausführungen dieses Beitrags wurde deutlich, dass Marken- und Kundenwertmanagement in den meisten Unternehmen als wichtige Themen behandelt werden, in vielen Fällen jedoch eher konkurrierend nebeneinander existieren. Diese Konkurrenz begründet sich in den impliziten Unterschieden der jeweils zugrundeliegenden Zielsysteme. Durch die häufig anzutreffende organisatorische Trennung zwischen Marken- und Kundenverantwortung wird der Konflikt oft noch weiter verstärkt.

Im Licht der in diesem Beitrag beschriebenen Einflussfaktoren kann der Konflikt zwischen Marke und Kunde jedoch eher als positiver Motor der Innovation denn als Bremse der Unternehmensstrategie verstanden werden. Dazu ist jedoch ein bewusstes Management der gegensätzlichen Kräfte erforderlich.

Literaturverzeichnis

BAUER, H./HAMMERSCHMIDT, M./BRÄHLER, M. (2002), Kundenwertbasierte Unternehmensbewertung, in: GfK, Jahrbuch der Absatz- und Verbrauchsforschung 4/2002, S. 324-344.

BBDO CONSULTING (2002), INSIGHTS 3, Düsseldorf/München 2002.

BBDO CONSULTING (2003A), Point of View 4, Düsseldorf/München 2003.

BBDO CONSULTING (2003B), INSIGHTS 4, Düsseldorf/München 2003.

BBDO CONSULTING (2004), Customer Equity Excellence 1, Düsseldorf/München 2004.

BESANKO, D./DRANOVE, D./SHANLEY, M. (1996), Economics of Strategy, New York 1996.

HOWARD, J.A. (1977), Consumer Behavior: Application of Theory, New York 1977.

KROEBER-RIEL, W./WEINBERG, P. (2003), Konsumentenverhalten, München 2003.

SCHOTTE, T. (2003), Customer Knowledge Management, in: Beerli, A./Falk, S./Diemers, D. (Hrsg.), Knowledge Management and Networked Environments, New York 2003.

Bernd W. Wirtz und Oliver Schilke

Ansätze des Kundenwertmanagements

1. Einführung

Kundenwertmanagement hat sich im Laufe der letzten Jahre zu einem der am meisten diskutierten Themen in Marketingforschung und -praxis entwickelt. Dies wird sowohl durch die steigende Anzahl an Veröffentlichungen auf diesem Gebiet als auch durch die zunehmende Anwendung entsprechender Konzepte in der Unternehmenslandschaft deutlich.

Die Idee der Berücksichtigung von Kunden beim Management von Unternehmen ist jedoch keineswegs neu. Bereits in den 80er Jahren wurden Kundenbeziehungen, Kundennähe sowie Kundenzufriedenheit intensiv diskutiert.[1] In den 90er Jahren wurde gar von einem Paradigmenwechsel vom Transaktions- zum Relationship-Marketing gesprochen.[2] Während im Transaktionsmarketing die kurzfristige Erhöhung der Neukundenzahl und damit kurzfristige Gewinne und Kundenakquisitionen im Mittelpunkt standen, konzentriert sich das Relationship-Marketing insbesondere auf den Aufbau und die Pflege individueller und langfristiger Kundenbeziehungen. Als Auslöser dieser Umorientierung können die Studien von Reichheld/Sasser gesehen werden, wonach eine Reduzierung der Abwanderungsrate um 5 % eine Gewinnerhöhung um 25 bis 85 % beim Unternehmen zur Folge hat.[3] Parallel zu diesen Entwicklungen im Bereich der Marketingwissenschaften gewann der Shareholder-Value-Ansatz als übergeordnetes Managementkonzept stark an Bedeutung. Danach wird der Erfolg von unternehmerischem Handeln primär an dessen Beitrag zur Steigerung des Unternehmenswerts gemessen.

Als Konsequenz dieser beiden Entwicklungslinien bildete sich das Kundenwertmanagement heraus, welches das reine Beziehungsmarketing um die Wertkomponente ergänzt. Damit wurde der Erkenntnis Rechnung getragen, dass nur manche Kundenbeziehungen einen positiven Wertbeitrag erwirtschaften, während andere als wertvernichtend einzustufen sind. In diesem Sinne wird die Kundenbeziehung als Investitionsobjekt aufgefasst, dessen Vorteilhaftigkeit im Rahmen einer Bewertung ermittelt wird. Somit fungiert der Kundenwert als zentrale Steuerungsgröße, welche ausschlaggebend dafür ist, ob Kundenbeziehungen etabliert, ausgebaut oder beendet werden. Heutzutage gilt das Kundenwertmanagement als eines der wichtigsten Forschungsthemen der Marketingwissen-

---

1 Vgl. Oliver (1980), S. 460 ff.; Peters/Waterman (1982), S. 32 ff.; Berry (1983b), S. 25.

2 Vgl. Webster (1992), S. 1; Backhaus (1997), S. 19 ff.; Meffert (1999), S. 423.

3 Vgl. Reichheld/Sasser (1990), S. 110.

schaften. Dies wird nicht zuletzt daran deutlich, dass das renommierte Marketing Science Institute zum wiederholten Male das wertorientierte Kundenmanagement zu den so genannten Top-Tier-Priority-Topics zählt.[4]

Auch in der unternehmerischen Praxis wird zunehmend die Notwendigkeit einer differenzierten Bearbeitung einzelner Kundensegmente erkannt. Inzwischen gilt der Kundenwert als eine der wichtigsten Kenngrößen zur Planung, Steuerung und Kontrolle von Marketingentscheidungen. So gaben in einer empirischen Untersuchung 70 % der befragten deutschen Unternehmen an, dass sie eine Kundenwertermittlung als wichtig erachten.[5] Aufgrund der hohen Relevanz für den unternehmerischen Gesamterfolg ist konsequenterweise das Kundenwertmanagement zu einem Top-Management-Thema geworden. Bei einem Großteil von Unternehmen ist die Kundenanalyse entweder in der Vertriebs- und Marketingleitung oder der Geschäftsbereichsleitung verankert, von wo aus die Geschäftsführung als letztendlicher Entscheidungsträger des Kundenwertmanagements mit relevanten Informationen versorgt wird.[6]

Trotz der sehr hohen Bedeutung, die Manager dem Kundenwertmanagement beimessen, haben viele Unternehmen noch immer nicht die entsprechenden Voraussetzungen geschaffen, um ein konsequentes wertorientiertes Kundenmanagement zu praktizieren. Laut Untersuchungen nimmt beispielsweise nur etwa jedes sechste Unternehmen eine valide Kundenwertberechnung vor, während in den meisten Unternehmen nur eine kurzfristige Einschätzung des Kundenpotenzials anhand periodenbezogener Umsatzanalysen zur Anwendung kommt.[7] Die meisten Unternehmen haben bisher noch nicht im ausreichenden Maße die Fähigkeiten entwickelt, die für ein fundiertes Kundenwertmanagement notwendig sind.

Mögliche Erklärungsansätze dafür können sowohl im unzureichenden Wissen über geeignete Kundenbewertungsverfahren und Möglichkeiten zur Steuerung des Kundenwerts als auch in Problemen bei der Implementierung des Kundenwertmanagements liegen. Schließlich besteht auch immer noch hinsichtlich der Begriffe Kundenwert und Kundenwertmanagement konzeptioneller Klärungsbedarf. Daher soll im Folgenden zunächst eine Einordnung und Begriffsabgrenzung stattfinden, bevor ein Überblick über Messverfahren des Kundenwerts sowie über die Steuerungsinstrumente des Kundenwertmanagements und dessen Implementierung gegeben wird. Abschließend werden Aspekte des Kundenwertmanagement-Controlling und zukünftige Perspektiven dargestellt.

---

4 Vgl. Marketing Science Institute (2003).

5 Vgl. Bruhn et al. (2000), S. 169.

6 Vgl. Rudolf-Sipötz (2001), S. 63 ff.

7 Vgl. Krafft/Marzian (1997), S. 106; Tomczak/Rudolf-Sipötz (2001), S. 145.

2. Einordnung und Abgrenzung des Kundenwertmanagements

Im einschlägigen Schrifttum findet sich eine Fülle von Definitionen rund um den Kundenwert und das Kundenwertmanagement. Dabei werden die einzelnen Begriffe nicht immer einheitlich und konsistent ausgelegt bzw. voneinander abgegrenzt. Aus diesem Grunde soll zunächst eine Klärung der relevanten Begrifflichkeiten und eine diesem Beitrag zugrunde liegende Abgrenzung von Kundenwertmanagement vorgenommen werden. Dazu wird zuerst der Terminus Kundenwert ausführlich abgegrenzt und anschließend der hier verwendete Managementbegriff erläutert, um diese beiden Teile zu einem Kundenwertmanagementbegriff zusammenzuführen.

Bezüglich des Terminus Kundenwert kann hinsichtlich unterschiedlichster Kriterien, wie beispielsweise der Bewertungseinheit, des Zeithorizonts oder der berücksichtigten Erfolgsgrößen, differenziert werden.[8] Besonders oft wird jedoch zwischen dem Kundenwert aus Nachfragersicht und dem aus Anbietersicht unterschieden. Bei dem Kundenwert aus Nachfrager- bzw. Kundensicht, häufig „Customer Value" genannt, geht es primär um die Erwartungen und Bedürfnisse des Kunden. Aus dieser Perspektive stellt Customer Value „die vom Kunden wahrgenommene Diskrepanz zwischen dem (mehrdimensionalen) wahrgenommenen Nutzen und den (mehrdimensional) wahrgenommenen Kosten im Vergleich zur Konkurrenz dar."[9]

Der wahrgenommene Nutzen beinhaltet dabei sowohl den Gebrauchsnutzen des Produkts als auch den Nutzen aus damit in Verbindung stehenden Rabatten, Serviceleistungen oder anderen Nutzenarten.[10] Unter den vom Kunden wahrgenommenen Kosten sind nach weitgehender Auffassung nicht nur die Kosten für die Leistung selbst, sondern z. B. auch Transaktionskosten, wie der Informationsbeschaffung, zu fassen. Dieser Definition zur Folge ist der Kundenwert aus Nachfragersicht umfassender als z. B. Kundenzufriedenheit, welche ausschließlich das Ausmaß der Erfüllung von Erwartungen berücksichtigt.

An dieser Stelle soll allerdings der Kundenwert primär aus dem Blickwinkel des Anbieters betrachtet werden. Diese Sichtweise bietet für die wertorientierte Unternehmensführung den Vorteil, dass eine stärkere Berücksichtigung von Effizienzgesichtspunkten beim Unternehmen ermöglicht wird.[11] Es ist aber evident, dass die beiden Größen kei-

---

8 Vgl. Helm/Günter (2001), S. 9.

9 Matzler (2000), S. 290.

10 Vgl. Best (1997), S. 99 f.

11 Vgl. Tewes (2003), S. 58 f.

neswegs als völlig unabhängig voneinander anzusehen sind, sondern sich vielmehr in weiten Teilen gegenseitig beeinflussen und bedingen.[12] Im Folgenden wird jedoch immer auf die Anbieterperspektive rekurriert, wenn von Kundenwert gesprochen wird.

In den ersten Publikationen zum Themenbereich finden zumeist die Begriffe „Kundenprofitabilität“ und „Kundenrentabilität“ Anwendung, die in diesem Zusammenhang oft synonym verwendet werden. Im eigentlichen Sinne des Wortes bezieht sich Profitabilität jedoch auf den Gewinn als absolute Größe, während Rentabilität auf eine relative Gewinnbetrachtung abstellt. Die beiden Begriffe bezeichnen dabei die Differenz zwischen kundenspezifischen Erlösen und Kosten.[13] Dieses Begriffsverständnis ist insbesondere dadurch zu charakterisieren, dass ausschließlich monetäre Größen berücksichtigt werden und eine statische und periodenbezogene Betrachtung stattfindet.

Um eine dynamische Komponente erweitert wird diese Auffassung im Konzept des „Customer Lifetime Value“, das der Investitionstheorie nahe steht. Danach liegt der Wert eines Kunden in dem Barwert aller vom Kunden ausgelösten Ein- und Auszahlungen während der gesamten Geschäftsbeziehung.[14] Von der grundsätzlichen Idee her sehr ähnlich, jedoch eher an die Optionstheorie angelehnt, kann der Wert des Kunden auch als die Summe der Kaufoptionen über die Beziehungsdauer aufgefasst werden.[15] Hierbei wird nicht nur das Gewinnpotenzial, sondern auch die Kaufwahrscheinlichkeit eines Kunden beachtet. Die Betrachtung rein monetärer Größen bei der Klärung des Begriffs Kundenwert wird in der Literatur häufig als zu beschränkt und nicht der Komplexität der Kundenbeziehung gerecht werdend kritisiert.[16] Daher haben sich verschiedene Begriffsauffassungen etabliert, die weitere, auch qualitative Komponenten in die Kundenwertbetrachtung integrieren.

Diesem multidimensionalen Ansatz zuzuordnen ist der so genannte „monetäre Kundenwert“. Er beinhaltet neben dem Deckungsbeitrag auch akquisitorische und informatorische Elemente. Dementsprechend ist der monetäre Kundenwert umso größer, je intensiver der Kunde das Unternehmen weiterempfiehlt (akquisitorisches Element) und je mehr er durch Information gegenüber dem Anbieter dazu beiträgt, dass dieser, z. B. durch entsprechende Produktverbesserungen, Abwanderungen von Kunden entgegenwirken kann (informatorisches Element).[17]

---

12 Zur Integration von Kundenwert aus Nachfrager- und Anbietersicht vgl. Cornelsen (2000), S. 282 ff.; Eggert (2001), S. 49 ff.; Franz (2001), S. 375 f.

13 Vgl. Shapiro et al. (1987), S. 102; Cooper/Kaplan (1991), S. 93.

14 Vgl. Bhote (1996), S. 60; Dwyer (1997), S. 7; Berger/Nasr (1998), S. 18 f.

15 Vgl. Levett et al. (1999), S. 282.

16 Vgl. Mass (2001), S. 45.

17 Vgl. Gierl/Kurbel (1997), S. 176.

Noch etwas weiter wird der Bezugsrahmen beim „mehrdimensionalen Kundenwert" gesteckt.[18] Die Bedeutung eines Kunden entspricht dabei dem Wert aller Ressourcen, die dieser dem Unternehmen zur Verfügung stellt. Hierbei schlägt sich der Kundenwert neben den rein monetären Aspekten auch in den Bereichen Referenz-, Innovations- und Synergiepotenzial nieder.

Die Liste existierender Definitionen des Terminus Kundenwert ließe sich nahezu beliebig erweitern. Allen bisher aufgeführten Auslegungen gemeinsam ist jedoch, dass nicht sämtliche relevanten Aspekte der Kundenbeziehung berücksichtigt werden können, sondern in weiten Teilen insbesondere für die nichtmonetären Bestandteile nur Beispiele geliefert werden. Diesem Kritikpunkt begegnet die weit verbreitete Definition des Kundenwerts als Beitrag zur Zielerreichung eines Unternehmens.[19] Der Kundenwert gilt dabei als Maßstab für die Bedeutung eines Kunden bzw. dessen Beitrag zur Zielerreichung des Anbieters. Im Sinne dieser Definition stellt der Kundenwert ein subjektives Maß dar, da ein und derselbe Kunde für verschiedene Unternehmen je nach deren unternehmensspezifischer Zielfunktion auch unterschiedliche Kundenwerte aufweisen kann.[20] Einen Überblick über die vorgestellten Begriffe bietet Tabelle 1.

Anknüpfend an die Erläuterung des Kundenwertbegriffs gilt es, ein grundlegendes Verständnis des Kundenwertmanagements zu entwickeln. Auffallend hierbei ist, dass der Ausdruck als solcher zwar sehr häufig Verwendung findet, eine explizite Definition jedoch selten erfolgt. Andererseits findet sich wie beim Kundenwertbegriff eine große Anzahl semantisch ähnlicher Begriffe. Beispielhaft seien hier etwa wertorientiertes Kundenbindungsmanagement, Relationship Marketing und Customer Relationship Management erwähnt.

Generell kann Management im Sinne von Unternehmensführung als die Gesamtheit jener Handlungen der verantwortlichen Akteure verstanden werden, welche die Gestaltung und Abstimmung (Koordination) der Unternehmen-Umwelt-Interaktion im Rahmen des Wertschöpfungsprozesses grundlegend beeinflussen.[21] Der Begriff Management kann dabei auf zwei grundlegende Arten verwendet werden, nämlich im Sinne von Management als Institution oder als Funktion.[22] Management als Institution beschreibt die Personen bzw. Personengruppen, die Managementaufgaben wahrnehmen sowie deren Tätigkeiten und Rollen. Die funktionsorientierte Sichtweise des Managements beschreibt die Prozesse und Funktionen, die in arbeitsteiligen Institutionen zur Steuerung des Leistungsvollzugs notwendig sind. Dem Kundenwertmanagement liegt nach dem hiesigen Verständnis vor allem der funktionale Managementbegriff zugrunde.

---

18 Vgl. Plinke (1989), S. 316 f.

19 Vgl. Schemuth (1996), S. 19; Blattberg/Thomas (1998), S. 362; Cornelsen (2000), S. 43; Eberling (2002), S. 36.

20 Vgl. Rudolf-Sipötz (2001), S. 22 f.

21 Vgl. Macharzina (2003), S. 45.

22 Vgl. Staehle (1999), S. 80 f.

Perspektive	Dynamik/ Dimensionalität	Bezeichnung	Definition	Autor (Bsp.)
Kundenperspektive	Statisch/ multidimensional	Customer Value	Vom Kunden wahrgenommene Diskrepanz zwischen dem (mehrdimensional) wahrgenommenen Nutzen und den (mehrdimensional) wahrgenommenen Kosten im Vergleich zur Konkurrenz	Matzler (2000)
Anbieterperspektive	Statisch/ eindimensional	Kundenprofitabilität/ -rentabilität	Differenz zwischen kundenspezifischen Erlösen und Kosten	Cooper/Kaplan (1991)
	Dynamisch/ eindimensional	Customer Lifetime Value	Barwert aller vom Kunden ausgelösten Ein- und Auszahlungen während der Geschäftsbeziehung	Berger/Nasr (1998)
	Dynamisch/ multidimensional	Monetärer Kundenwert	Wert aus eigener Nachfrage sowie akquisitorischer und informatorischer Wert	Gierl/Kurbel (1997)
		Mehrdimensionaler Kundenwert	Wert aller Ressourcen, die der Kunde dem Unternehmen zur Verfügung stellt	Plinke (1989)
		Beitrag zur Zielerreichung	Maß für die ökonomische Bedeutung eines Kunden, d. h. dessen direkten und/oder indirekten Beitrag zur Zielerreichung eines Anbieters	Cornelsen (2000)

Tabelle 1: Darstellung des Begriffsfelds Kundenwert[23]

Die einzelnen Managementfunktionen können in Form eines Managementregelkreises dargestellt werden (siehe Abbildung 1). Dieser umfasst die wesentlichen Managementfunktionen Planung, Steuerung und Kontrolle. Auch die Durchführung wird regelmäßig in den Managementregelkreis aufgenommen, obwohl sie keine originäre Funktion des Managements darstellt. Dies erfolgt aus formallogischen Gründen, da die Durchführung erstens zeitlich zwischen der Steuerung und der Kontrolle liegt und zweitens unabdingbare Voraussetzung für die Kontrolle ist, da sie die zu kontrollierenden Ergebnisse liefert. Die Darstellung der Managementfunktionen in Form eines Regelkreises beruht auf der Annahme, dass die Kontrolle auch eine Abweichungsanalyse zwischen geplanten und realisierten Ergebnissen umfasst, die wiederum eine neue Planung und somit einen neuen Managementzyklus notwendig macht.[24]

23 In Anlehnung an Rudolf-Sipötz (2001), S. 21.

24 Vgl. Wirtz (2003a), S. 11 f.

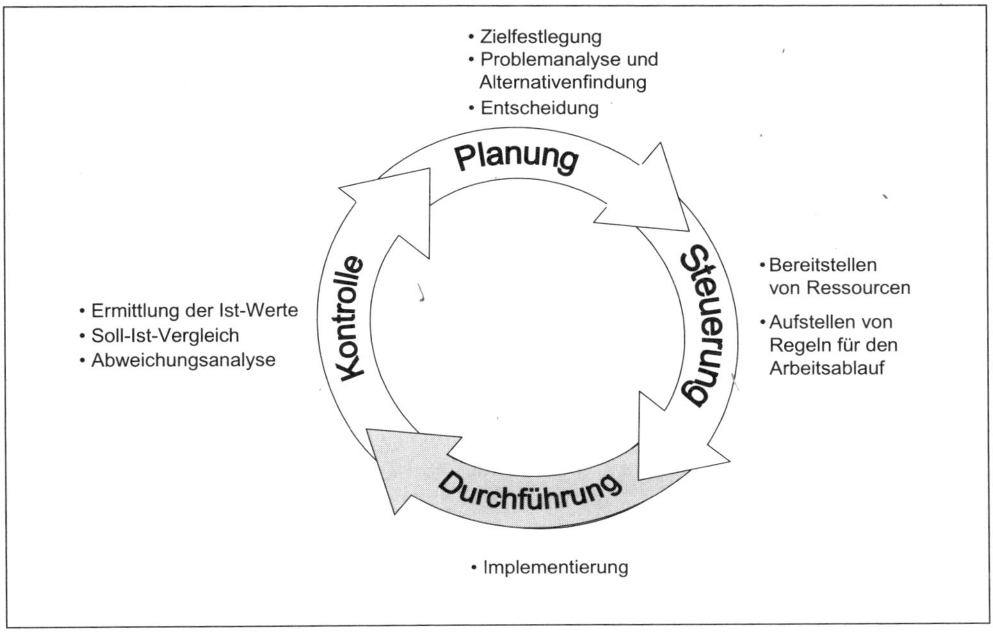

Abbildung 1: Der Regelkreis des Managements[25]

Grundsätzlich ist das Kundenwertmanagement an der Schnittstelle zwischen markt- und wertorientierter Unternehmensführung angesiedelt.[26] Zum einen wird eine Ausrichtung am Kunden und seinen Bedürfnissen gefordert, zum anderen ist eine starke Orientierung am Unternehmenswert notwendig. Diese beiden Ansprüche werden im Kundenwert vereint und operationalisiert. Der Kundenwert ist als die zentrale Steuerungsgröße des Kundenwertmanagements anzusehen.[27]

Vereint man die vorherrschende Auffassung des Kundenwertbegriffs als Beitrag zur unternehmerischen Zielerreichung und zentralen Steuerungsgröße mit dem zugrunde liegenden funktionalen Managementverständnis, ergibt sich für das Kundenwertmanagement folgende Definition:

25 In Anlehnung an Wirtz (2003a), S. 11.

26 Vgl. Tewes (2003), S. 48.

27 Vgl. Giloth (2003), S. 18.

Definition Kundenwertmanagement
Unter Kundenwertmanagement wird die Planung, Steuerung, Implementierung und Kontrolle aller auf den aktuellen und potenziellen Kundenstamm gerichteten Aktivitäten mit dem Ziel, den Kundenwert aus Unternehmenssicht zu optimieren, verstanden.

Damit ist das Kundenwertmanagement klar vom Kundenbindungsmanagement abzugrenzen, das alleine auf die Verringerung der Wechselbereitschaft existierender Kunden abzielt. Ebenfalls hinsichtlich der Bezugsgruppe abzugrenzen ist es vom reinen Beziehungs- bzw. Relationship-Marketing, das sich im Gegensatz zum Kundenwertmanagement ebenfalls mit weiteren Zielgruppen, wie beispielsweise Wettbewerbern oder Shareholdern, beschäftigt.[28] Vom viel zitierten Customer Relationship Management (CRM) ist Kundenwertmanagement schließlich durch seinen starken Bezug zum wertorientierten Management und die Betonung der Steuerungsgröße Kundenwert zu unterscheiden.

Aufgabe des Kundenwertmanagements ist es, Geschäftsbeziehungen mit besonders wertvollen Kunden auf- und auszubauen, während Beziehungen mit unprofitablen Kunden nicht weiter gefördert bzw. sogar gezielt abgebrochen werden.[29] Demnach gilt es, in einem ersten Schritt eine eingehende Analyse bestehender und potenzieller Kunden hinsichtlich Ihres Werts für das Unternehmen vorzunehmen. Auf Basis dieser Ergebnisse kann eine differenzierte Mittelallokation bezüglich der Kundenselektion, -gewinnung und -bindung vorgenommen werden.

In Anlehnung an den Managementregelkreis können folglich auch im Kundenwertmanagement vier Phasen identifiziert werden. In der ersten Phase der *Planung* findet die eigentliche Kundenbewertung statt. Sie gilt als Fundament des gesamten Managementprozesses und als Voraussetzung für die *Steuerung*, der zweiten Phase. Hier werden die Ressourcen für die Kundenbearbeitung zugewiesen. Anschließend werden während der *Implementierung* die nötigen Voraussetzungen für die Umsetzung im Unternehmen geschaffen und die ausgearbeiteten Strategien in konkreten Maßnahmen umgesetzt. Schließlich wird in der letzten Phase die *Kontrolle* des Kundenwertmanagements vorgenommen. Zunächst sollen die einzelnen Verfahren der Kundenbewertung, die in der Planungsphase zur Anwendung kommen, erläutert werden.

28 Vgl. Meffert (2003), S. 129 f.

29 Vgl. Tomczak/Reinecke/Finsterwalder (2000).

3. Bestimmung des Kundenwerts

Die Verfahren zur Messung des Kundenwerts lassen sich hinsichtlich dreier Kriterien klassifizieren.[30] Zunächst ist zwischen heuristischen und quasianalytischen Messverfahren zu unterscheiden. Erstere basieren auf Regeln und Annahmen, die nur vorläufig aufgestellt, jedoch nicht als tatsächlich bzw. endgültig betrachtet werden. Sie führen daher letzten Endes nicht zur Herleitung idealer Entscheidungen, wohl aber zu handhabbaren Lösungswegen und einem effektiven Suchverhalten. Quasianalytische Messverfahren hingegen beruhen auf mathematischen Berechnungen, die einen quantitativen Vergleich von Kunden auf Basis numerischer Werte bzw. Punktwerte erlauben, sodass theoretisch optimale Entscheidungen möglich sind.

Auf einer zweiten Ebene kann zwischen monetären und nichtmonetären Verfahren unterschieden werden. Monetäre Kundenbewertungsverfahren, die Größen wie Umsatz und Kosten einbeziehen, übernehmen die benötigten Inputs zumeist direkt aus dem Rechnungswesen des Unternehmens. Bei den nichtmonetären Methoden wird auf eine exakte Quantifizierung der Wertbeiträge verzichtet. Sie beschränken sich vielmehr auf eine vorrangig qualitative Bewertung der Kundenbeziehung.

Schließlich ist ein drittes Differenzierungskriterium in Form der Unterscheidung zwischen statischen und dynamischen Verfahren gegeben. Statische (oder auch periodenbezogene) Verfahren legen in der Regel den gleichen Betrachtungszeitraum wie das Rechnungswesen, zumeist ein Jahr oder Quartal, zugrunde. Im Gegensatz dazu beziehen dynamische (oder auch periodenübergreifende) Ansätze alle Perioden einer Kundenbeziehung in die Berechnung mit ein.[31] Tabelle 2 stellt die verschiedenen Methoden zur Kundenwertmessung überblickartig dar, wobei lediglich auf die gängigsten Verfahren eingegangen wird.

---

30 Vgl. Bruhn et al. (2000), S. 169.

31 Vgl. Homburg/Schnurr (1998), S. 175 ff.

Heuristisch	Statisch	Dynamisch
Nichtmonetär	• Demografische und ökonomische Segmentierung • Klassifikationsschlüssel • Positiv Cluster • Kundenportfolio	• Loyalitätsleiter
Monetär	• ABC-Analyse	• ABC-Analyse mit dynamischen Werten • Kundenlebenszyklusanalyse
Quasianalytisch	**Statisch**	**Dynamisch**
Nichtmonetär	• Scoring-Tabelle • Scoring-Tabelle mit mikrogeografischen Daten	• Scoring-Tabelle mit Potenzialwerten (RFMR-Tabelle)
Monetär	• Kundendeckungsbeitragsrechnung • Kundenbezogene Rentabilitätsrechnung (ROI)	• Kundendeckungsbeitragspotenzial • Customer Equity Test • Customer Lifetime Value

Tabelle 2: Methoden zur Messung des Kundenwerts[32]

- Demografische und ökonomische Segmentierung

Die demografische und ökonomische Segmentierung dient einer differenzierten Einstufung existierender und potenzieller Kunden mit dem Ziel, attraktive Kunden mit hohem Potenzial von weniger attraktiven Kunden zu trennen.[33] Die einzelnen Kunden werden anhand relevanter demografischer und ökonomischer Größen wie Geschlecht, Alter, Beruf, Einkommen oder Vermögen differenziert, wobei versucht wird, anhand der individuellen Charakteristika Aussagen über das Kundenverhalten zu treffen.

- Klassifikationsschlüssel

Ein Klassifikationsschlüssel stellt verschiedene Informationen über einen Kunden in Form eines Schlüssels dar. Die erfassten Kriterien sind dabei höchst unterschiedlich. Beispielhaft wäre eine Erfassung der geografischen Verteilung (nach Postleitzahlengebiet), der Kundenbedeutung (nach Umsatzklassen, z. B. 10 für unter 10.000 €/Jahr, 20 für unter 20.000 €/Jahr) und der Ortsgröße (10 für Orte unter 50.000 Einwohner, 11 für

32 In Anlehnung an Bruhn et al. (2000), S. 170.

33 Vgl. Gronover/Bach (2000), S. 8.

Orte mit 50.000 bis 250.000 Einwohnern etc.) möglich.[34] Kundenklassifikationsschlüssel bewähren sich besonders für kundengruppenspezifische Aktionen, z. B. spezielle Verkaufsaktionen für vermögende Kunden in ländlichen Gebieten.[35]

- Positiv Cluster

Positiv Cluster repräsentieren ein Merkmalsprofil besonders erfolgversprechender Kunden. Basierend auf Kundenstrukturanalysen werden sie als Vergleichsmaßstab herangezogen, mit dessen Hilfe insbesondere das Potenzial neuer Kunden evaluiert werden kann. Stimmen die neuen Kunden hinsichtlich relevanter Merkmale mit dem Positivprofil überein, so besteht nach dem Positiv-Cluster-Konzept eine überproportionale Erfolgsaussicht.[36]

- Kundenportfolio

Eine besondere Form der Bewertung anhand bestimmter Kundenmerkmale ist die Kundenportfolioanalyse. Hierbei werden die Kunden im Hinblick auf ihre Investitionswürdigkeit anhand zweier, möglichst unähnlicher Dimensionen beurteilt. Oftmals werden dazu die Kriterien Kundenattraktivität und eigene Wettbewerbsposition herangezogen. Erstere gibt darüber Aufschluss, wie interessant der Kunde an sich ist. Die Wettbewerbsposition des Unternehmens beschreibt die eigene Erfolgswahrscheinlichkeit beim Kunden im Vergleich zur Konkurrenz. In Abhängigkeit der ermittelten Werte werden die Kunden in der Matrix positioniert und entsprechend ihrer Position klassifiziert.[37] Mithin ist ein Kunde als umso investitionswürdiger anzusehen, je weiter er sich oben rechts in der Kundenportfoliomatrix befindet.

- Loyalitätsleiterkonzept

Im Rahmen des Loyalitätsleiterkonzeptes werden die aktuellen und potenziellen Kunden eines Unternehmens nach ihrer Nähe bzw. Bindung zum Unternehmen kategorisiert. Dabei veranschaulichen die einzelnen Leitersprossen zwischen den beiden Extrema Stammkunde und Nicht-Verwender ohne Verwendungskenntnis die Kaufwahrscheinlichkeit der entsprechenden Kunden. Die einzelnen Stufen stellen dabei unterschiedliche Ansprüche an Inhalt, Art und Intensität der Kundenansprache.[38]

---

34 Einem Kunden könnte in diesem Beispiel folglich der Klassifikationsschlüssel 58448-20-11 zugeordnet werden.

35 Vgl. Eggenschwiler (2003), S. 2.

36 Vgl. Link/Hildebrand (1997a), S. 22 f.

37 Vgl. Velte (1987), S. 128 ff.; Link/Hildebrand (1997b), S. 167.

38 Vgl. Kreutzer (1990), S. 106; Link/Hildebrand (1997b), S. 161.

- ABC-Analyse

Ein weiterer Ansatzpunkt zur Klassifikation von Kunden ist die ABC-Analyse, ein Instrument zur Bildung einer Rangordnung der relativen Bedeutung von Kunden. Dabei findet eine grobe Kundenklassifizierung in A-, B- und C-Kunden zumeist anhand des vom Kunden generierten Umsatzes statt. Hierbei wird häufig auf die 80:20-Regel abgestellt, wonach auf 20 % der Kunden 80 % des Gesamtumsatzes entfallen.[39]

- ABC-Analyse mit dynamischen Werten

Um einer unzweckmäßigen Verzerrung der Bewertung entgegenzuwirken, kann das Konzept der ABC-Analyse auch um periodenübergreifende, zukunftsbezogene Schätzungen erweitert werden. Dies entspricht dem Gedankengut einer ABC-Analyse mit dynamischen Werten.[40]

- Kundenlebenszyklusanalyse

Die Kundenlebenszyklusanalyse untersucht die Geschäftsbeziehung als Ganzes, von der Kontaktaufnahme bis zur Beendigung. Die Grundannahme besteht ähnlich der des Produktlebenszyklus darin, dass die Kundenbeziehung verschiedene Phasen in einer bestimmten Reihenfolge durchläuft. Oftmals werden dabei die Phasen Kennenlernen, Start, Penetration, Reife, Krise und Trennung unterschieden.[41] Empirische Untersuchungen haben einen s-förmigen Verlauf der dynamischen Umsatzkurve über die einzelnen Lebenszyklusphasen weitgehend bestätigt.[42] Daher ist es im Rahmen der Kundenbewertung möglich, anhand der aktuellen Position des Kunden mithilfe verschiedener quantitativer und qualitativer Verfahren Prognosen über das zukünftige Umsatzpotenzial abzugeben.[43]

- Scoring-Tabelle

Der Grundgedanke von Scoring-Modellen besteht in der Kombination verschiedener quantifizierter, kaufverhaltensrelevanter Merkmale. Dazu werden die Kunden anhand zuvor definierter Kriterien (wie beispielsweise Kaufhäufigkeit, Umsatz, Retourenhäufigkeit etc.) mit Punkten, z. B. von 1 bis 5, bewertet. Diese Punktbewertungen werden in eine Scoring-Tabelle eingetragen und unter eventueller Berücksichtigung von Gewichtungsfaktoren zu einem Kunden-Score summiert. Generell gilt: Je höher das Punktekonto, desto höher die Bedeutung des Kunden für das Unternehmen. Darüber hinaus können noch Knock-out-Kriterien in Form von Mindestwerten, bei deren Unterschreitung der Kunde allenfalls als uninteressant gilt, festgelegt werden.[44]

---

39 Vgl. Homburg/Daum (1997), S. 395; Plinke (1997), S. 129.

40 Vgl. Eberling (2002), S. 169.

41 Vgl. Rudolf-Sipötz (2001), S. 42 f.

42 Vgl. Diller/Lücking/Prechtel (1992), S. 9.

43 Für eine Übersicht entsprechender Prognoseverfahren vgl. Krüger (1997), S. 135 ff.

44 Vgl. Köhler (2003), S. 404.

- Scoring-Tabelle mit mikrogeografischen Daten

Ein Problem des Scoring-Verfahrens liegt insbesondere im B2C-Bereich in der Verfügbarkeit von Kundendaten beim Unternehmen. Abhilfe kann hier die Generierung von Regio-Typen schaffen. Die Basishypothese dabei ist, dass Menschen mit ähnlichem Status und Lebensstil und demgemäß gleichartigem Lebensstil in geografischer Nachbarschaft wohnen bzw. umgekehrt (Neighbourhood-Effekt). Daher werden mikrogeografisch lokalisierbare Marktsegmente (Regio-Typen) anhand bestimmter Konsumcharakteristika zu einem gemeinsamen Datenprofil verdichtet. Dies ermöglicht insbesondere eine umfassende Ergänzung der Kundendatenbanken und eine spezifischere Kundenansprache im Direktmarketing.[45]

- Scoring-Tabelle mit Potenzialwerten (RFMR-Tabelle)

Eines der ältesten, jedoch auch heute noch Verwendung findendes dynamische Scoring-Verfahren ist die RFMR (Recency, Frequency, Monetary Ratio)-Methode. Sie wurde bereits in den 30er Jahren von einem US-amerikanischen Versandhaus entwickelt. Dabei wird ein Kunde als umso attraktiver eingestuft, je kürzer sein letzter Kauf zurückliegt (Recency), je öfter er bisher gekauft hat (Frequency) und je höher der jeweilige Umsatz pro Transaktion war (Monetary Ratio). Ein Punkteabzug findet statt, wenn durch das Unternehmen eine Investition in den Kunden vorgenommen wird (z. B. intensive Verkaufsberatung, Katalogzusendung etc.).[46]

- Kundendeckungsbeitragsrechnung

Auf Basis der Kundendeckungsbeitragsrechnung ist es möglich, den Beitrag jedes Kunden zum Periodengewinn zu ermitteln. Es findet eine monetäre Messung des Kundenwertes durch eine verursachungsgerechte Zuordnung von Erlösen und Kosten statt. Dadurch lässt sich explizit darstellen, welchen Beitrag einzelne Kunden zum Unternehmenserfolg leisten.[47]

- Kundenbezogene Rentabilitätsrechnung

Kundenbezogene Rentabilitätsrechnungen beurteilen auf Basis eines kundenbezogenen ROI (Return on Investment), wie erfolgreich das in die Kundenbeziehung investierte Kapital eingesetzt wurde. Hierbei ist das dem Kunden zuzuordnende Betriebsergebnis den „investiven" Kosten gegenüberzustellen.[48]

---

45 Vgl. Martin (1991), S. 461 ff.; Link/Hildebrand (1997b), S. 170.

46 Vgl. Homburg/Schnurr (1998), S. 179 f.; Köhler (2003), S. 405.

47 Vgl. Link/Hildebrand (1997b), S. 163; Schirmeister/Kreuz (2001), S. 295 f.

48 Vgl. Palloks (1998), S. 267.

- Kundendeckungsbeitragspotenzial

Der Ansatz des Kundendeckungsbeitragspotenzials berücksichtigt auch die zukünftige Entwicklung der Kundenbeziehung. Es ist als Summe aus dem aktuellen Deckungsbeitrag und den prognostizierten zukünftigen Deckungsbeiträgen zu interpretieren. Dies ermöglicht es, auch eine Kundendeckungsbeitragsberechnung für Neukunden oder potenzielle Kunden vorzunehmen.[49]

- Customer Equity Test

Das auf die Autoren Blattberg und Deighton zurückgehende Verfahren des Customer Equity Tests versucht eine Antwort auf die Frage zu finden, wie ein optimales Gleichgewicht zwischen Kundenakquisition und -bindung realisiert werden kann. Dem Modell liegen folgende Annahmen zugrunde:

- Die Aufwendungen für Kundenakquisition und -bindung weisen einen abnehmenden Grenznutzen auf.
- Es existiert ein maximales Level an hinzuzugewinnenden bzw. aufrechtzuerhaltenden Kundenbeziehungen, welches auch bei unendlich hohen Aufwendungen nicht überschritten werden kann (Acquisition-Rate-Limit bzw. Retention-Rate-Limit).

Inputs für das individuelle Modell sind bisherige Erfahrungswerte des Unternehmens bezüglich Ausgaben und Erfolgsraten der Kundenakquisition und -bindung sowie eine Abschätzung der oben genannten Limits. Unter Einbezug der durchschnittlichen Marge pro Transaktion lässt sich mithilfe mathematischer Formeln der Wert eines Kunden bestimmen. Das optimale Akquisitionsbudget ist dort lokalisiert, wo der Kundenwert sein Maximum besitzt. Analog zum Akquisitionsbudget kann das optimale Budget für die Kundenbindung kalkuliert werden.[50]

- Customer Lifetime Value

Bei dem Customer-Lifetime-Value-Verfahren handelt es sich um eine Methode, die Prinzipien der Investitionsrechnung auf die Kundenbeziehung überträgt. In seiner ursprünglichen Form basiert es auf der Kapitalwertmethode. Dabei besteht der Wert eines Kunden aus den abdiskontierten, direkt zurechenbaren Einzahlungsüberschüssen während der gesamten Kundenbeziehung.[51] Verfeinert werden kann dieses Verfahren unter anderem durch den Einbezug von Retention Rate (Wiederkaufwahrscheinlichkeit) und Interaktionswerten. Dadurch soll dem Risiko von Kundenabwanderung sowie den nichtmonetären Wertbestandteilen eines Kunden (z. B. seinem Referenzpotenzial) Rechnung getragen werden.[52]

49 Vgl. Link/Hildebrand (1997b), S. 163.

50 Vgl. Blattberg/Deighton (1996), S. 138 ff.; Wortman (1998), S. 7.

51 Vgl. Link (1995), S. 110.

52 Vgl. Bruhn et al. (2000), S. 171 ff.

Eine Empfehlung hinsichtlich eines universell zu favorisierenden Bewertungsverfahren abzugeben, fällt schwer. Generell gilt: Je komplexer ein Messverfahren, desto höher sind die Anforderungen an dessen Durchführung sowie an das betriebliche Rechnungswesen als Lieferant erforderlicher Daten. Letzten Endes muss situativ kritisch überprüft werden, welcher Aufwand als gerechtfertigt erscheint. Nicht zuletzt ist die Selektion eines Bewertungsverfahrens auch davon abhängig, welche konkreten Aufgaben und Entscheidungen es zu unterstützen hat. Mögliche Kriterien, die im Einzelfall zur Beurteilung und Selektion einer Bewertungsmethode herangezogen werden können, sind in Abbildung 2 zusammengestellt.

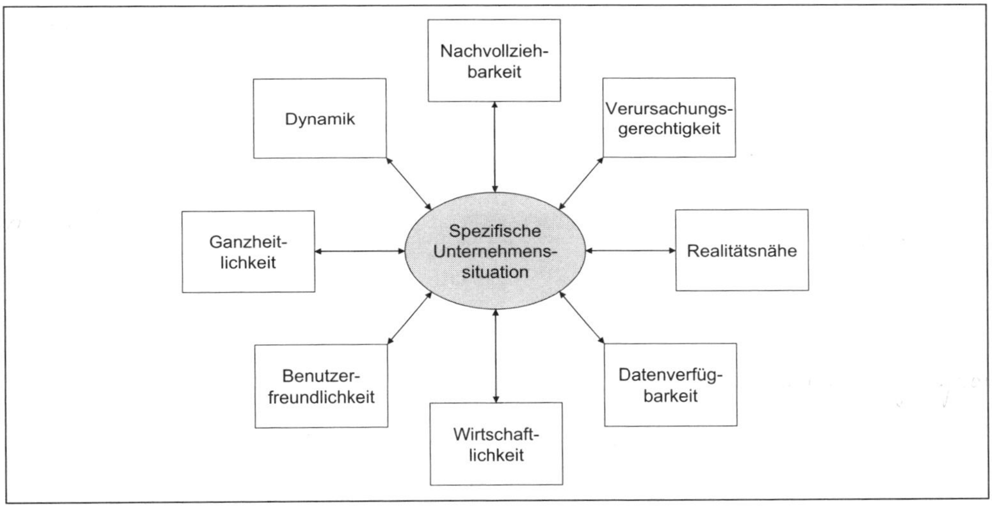

Abbildung 2: Beurteilungskriterien für Kundenbewertungsmethoden[53]

In der Unternehmenspraxis haben sich bisher insbesondere reine Kundenzufriedenheitsanalysen sowie umsatzbasierte Verfahren etabliert. Jedoch zeigen die Ergebnisse einer empirischen Untersuchung im Bekleidungshandel, dass der jeweilige Einsatz der Methoden höchst unterschiedlich und unter anderem von der Vertriebsform abhängig ist. Werden im Versandhandel im sehr starken Maße Kundenbewertungsmethoden eingesetzt und auch aufwendigere Verfahren wie Scoring-Modelle und Kundendeckungsbeitragsrechnungen intensiv verwendet, ist die generelle Bedeutung von Verfahren zur Kundenbewertung und der Einsatz kostenintensiver Methoden im stationären Einzelhandel weitaus geringer (vgl. Abbildung 3). Ursächlich hierfür ist wohl vor allem, dass im statio-

53 In Anlehnung an Eberling (2002), S. 163.

nären Einzelhandel noch immer keine umfassende Erhebung personenbezogener Daten insbesondere qualitativer Natur stattfindet, die für den Einsatz vieler Kundenbewertungen als Voraussetzung anzusehen sind.[54]

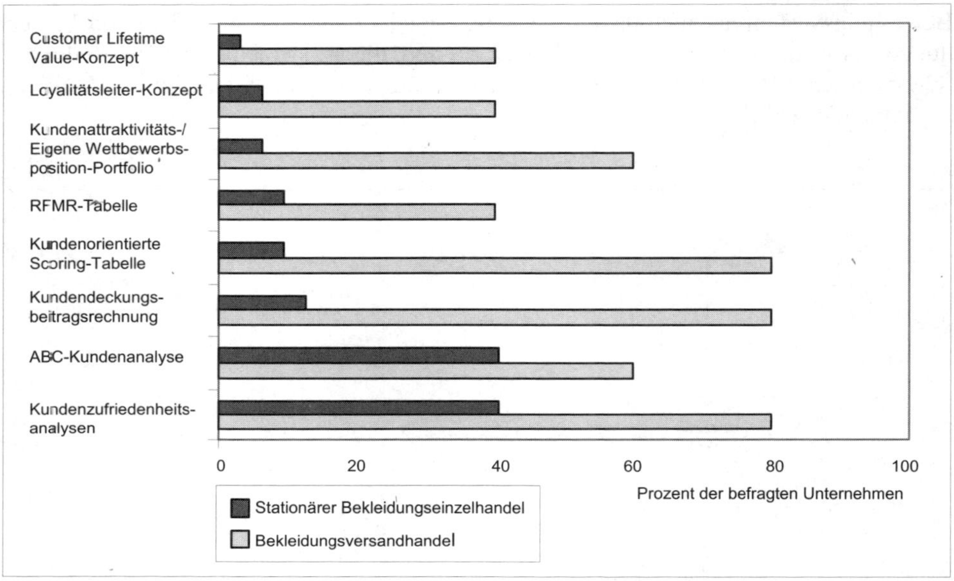

Abbildung 3: Einsatz von Kundenbewertungsverfahren im Bekleidungsversandhandel und stationären Bekleidungseinzelhandel[55]

4. Steuerung von Kundenbeziehungen

Nachdem die Bewertung der Kundenbeziehungen vorgenommen und ein entsprechendes „Kundenranking" erstellt wurden, gilt es, die Steuerung der zur Verfügung stehenden Marketingmaßnahmen vorzunehmen. Der Kundenwert dient dabei als Allokationsmaßstab für die knappen Mittel des Unternehmens und als Hauptkenngröße zur Optimierung der Kundenstruktur. Es wird demzufolge ein selektives Kundenmanagement betrieben,

54 Vgl. Schröder/Schettgen (2002), S. 22 ff.

55 In Anlehnung an Schröder/Schettgen (2002), S. VIII.

das sich auf wertsteigernde Kunden fokussiert und wertvernichtende außen vor lässt. Zu diesem Zweck bedarf es einer effizienten Ressourcenallokation auf Maßnahmen zur Kundenakquisition und -bindung, den Kernaufgaben der Kundenbeziehungssteuerung.[56]

Unter dem Begriff Kundenakquisition werden Maßnahmen subsumiert, die dazu führen, dass ein Kunde erstmalig beim betreffenden Anbieter kauft.[57] Kundenbindung hingegen beschäftigt sich mit jenen Aktivitäten des Unternehmens, die das bisherige Kauf- und Weiterempfehlungsverhalten sowie auch die zukünftigen Wiederkauf-, Zusatzkauf- und Weiterempfehlungsabsichten bestehender Kunden beeinflussen.[58]

Neben Kundenakquisition und -bindung ist auch prinzipiell die Alternative des Kundenabbaus bei wertvernichtenden Kunden denkbar. Derartige Eliminationsentscheidungen sind jedoch sehr sensitiv zu behandeln. Besondere Berücksichtigung müssen Synergiepotenziale zu anderen existierenden Kunden finden. Diese sind in den meisten Kundenbewertungsansätzen nicht explizit berücksichtigt. Ferner kann es möglicherweise der Unternehmensphilosophie widersprechen, Kundenbeziehungen explizit zu kündigen.

Als Ausweg kann ein selektiver Rückzug des Unternehmens gesehen werden. Dabei werden z. T. Aufträge abgelehnt oder besondere Standards auferlegt. Insbesondere wird die Intensität absatzpolitischer Maßnahmen mit dem Kundenwert abgestimmt. Je nach Attraktivität des Kunden werden die einzelnen Maßnahmen intensiv oder weniger intensiv gestaltet. Im Extremfall kann dies bis zur Vernachlässigung unerwünschter Kunden führen.[59] Hierdurch sollen eine verbesserte Kundenstruktur und eine optimierte Kosten-Nutzen-Relation der Marketingmaßnahmen erreicht werden.

Im Bereich der Kundenakquisition lassen sich generell zwei Grundstrategien unterscheiden.[60] Zum einen kann versucht werden, bisherige Nichtverwender von den Leistungen des eigenen Unternehmens zu überzeugen. Bei dieser Strategie stehen vor allem die Verdeutlichung des spezifischen Nutzens, der Aufbau von Vertrauen und positiven Erwartungen sowie die Reduktion des wahrgenommenen Risikos im Mittelpunkt. Zum anderen kann das Unternehmen beabsichtigen, Kunden von der Konkurrenz abzuwerben. Hier muss vor allem angestrebt werden, die psychologischen und ökonomischen Wechselbarrieren abzubauen und auf diese Weise den Kunden von einem Wechsel zu überzeugen. Im Allgemeinen scheint die Strategie der Akquisition von Nichtverwendern besonders in fragmentierten Wachstumsmärkten erfolgversprechend, während die Abwerbung von Kunden von der Konkurrenz vor allem in konzentrierten und rückläufigen Märkten als einzige Alternative bleibt.

---

56 Vgl. Cornelsen (2003), S. 664.

57 Vgl. Karg (2001), S. 8.

58 Vgl. Meyer/Oevermann (1995), Sp. 1341 f.

59 Vgl. Rudolf-Sipötz (2001), S. 183.

60 Vgl. Karg (2001), S. 19 ff.

Bezüglich der Kundenbindung, die auf bereits bestehende Kunden abzielt, lässt sich ebenfalls hinsichtlich zweier Basisalternativen differenzieren.[61] Einerseits können bestehende Potenziale erhalten werden, indem Kundenmigration zur Konkurrenz verhindert wird. Andererseits können bestehende Potenziale durch Interaktion mit dem Kunden sowie zusätzliche Geschäftstätigkeit weiter ausgebaut und optimiert werden.

Ziel / Marketing-Mix-Bereich	Kundenakquisition	Kundenbindung
Price	▪ Werbeprämien ▪ Subventionierte Anfangsinvestion	▪ Mengenabhängiges Pricing ▪ Treueabhängiges Pricing ▪ Preisbündelung ▪ Mehrpersonen-Pricing ▪ Langfristiges Pricing
Product	▪ Innovativität der Produkte ▪ Warenproben	▪ Individualisierung ▪ Just-In-Time ▪ Kernleistungsbezogene Zusatzleistungen
Promotion	▪ Verkaufsaußendienst ▪ Direct Mailing	▪ Beschwerdemanagement ▪ Call-Center ▪ Kundenforen ▪ Kundenzeitschriften ▪ Personalisierung
Place	▪ Ubiquität des Vertriebes	▪ Kundennahe Standorte ▪ Efficient Replenishment ▪ Langfristige Verträge ▪ Abonnements

Tabelle 3: Exemplarische Instrumente der Steuerung von Kundenbeziehungen

Ansatzpunkte zur Umsetzung der generischen Kundenbindungsstrategien sind in den einzelnen Marketinginstrumenten zu finden. Generell stehen dem wertorientierten Kundenmanagement alle 4 Ps des Marketing-Mixes zur Verfügung.[62] Um eine sinnvolle Einschränkung auf die relevantesten Marketingmaßnahmen vorzunehmen, sollen an dieser Stelle nur jene Instrumente vorgestellt und diskutiert werden, die im besonderen Ma-

61 Vgl. Dittrich (2000), S. 138 ff.

62 Vgl. Homburg/Krohmer (2003), S. 779. Zu einer ausführlichen Erläuterung der 4 Ps des Marketing vgl. Kotler/Bliemel (2001), S. 149 ff.

ße auf die Kundenakquisition und -bindung als Kernaufgaben der Kundenstrukturoptimierung abstellen. Diese werden in Tabelle 3 überblicksartig dargestellt und anschließend erläutert.

- Price

Preispolitische Maßnahmen gelten als klassische Instrumente für Kundenakquisition und -bindung. Durch ihren Einsatz werden für den Kunden monetäre Anreize geschaffen, die für ihn ein Grund sein können, eine Geschäftsbeziehung einzugehen bzw. aufrechtzuerhalten.

Zur Akquisition werden speziell in der Printmedienbranche häufig Werbeprämien für die Anwerbung neuer Kunden als indirekte Form des Preisnachlasses angewendet. Dabei ist davon auszugehen, dass derartige Prämien den neuen Kunden teilweise oder ganz zugute kommen. Ähnlich wird im Mobilfunkmarkt vorgegangen, wo die Hürde der Anfangsinvestition durch einen stark subventionierten Endgerätepreis gesenkt wird. Besonders kritisch sind bei Preisvorteilen zur Kundenakquisition potenzielle Mitnahmeeffekte zu prüfen, die zu hohen Kosten, nicht aber zur angestrebten nachhaltigen Kundenakquisition führen. Oftmals ist zu beobachten, dass die Neukunden zwar die anfängliche Prämie ausnützen, aber bereits nach Ablauf der vertraglichen Mindestdauer kündigen und nicht mehr die Leistungen des Unternehmens nachfragen. Im Mobilfunkbereich ist es sogar eher die Regel als die Ausnahme, dass Kunden nach Ablauf der zumeist zweijährigen Vertragslaufzeit eine erneute Subventionierung in Anspruch nehmen.[63]

Im Kontext der Kundenbindung können insbesondere fünf Pricing-Ansätze identifiziert werden:[64]

- Mengenabhängiges Pricing: Rabatte bei Abnahme großer Mengen bzw. bei Generierung eines hohen Umsatzes sollen Kunden dazu veranlassen, höhere Stückzahlen zu beziehen und damit den Share of Wallet für das Unternehmen zu erhöhen.
- Treueabhängiges Pricing: Die Gewährung differierender Preise in Abhängigkeit von der Dauer der Kundenbeziehung kann als besondere Honorierung der Kundenloyalität aufgefasst werden. Hier ist beispielsweise an Treuerabatte und Bonusprogramme zu denken.
- Preisbündelung: Mittels günstiger Paketpreise soll der Kunde ermuntert werden, eine höhere Anzahl unterschiedlicher Produkte vom Unternehmen nachzufragen. Durch die Bedarfskonzentration auf das eine Unternehmen soll nicht nur der Share of Wallet, sondern auch die Kundenbindung erhöht werden.

63 Vgl. Krafft (2002), S. 229 f.

64 Vgl. Simon/Tacke/Buchwald (2003), S. 339.

- Mehrpersonen-Pricing: Einer zweiten oder weiteren Person, die das gleiche Gut wie die erste kauft, wird ein Preisnachlass angeboten. Über den Erstkunden wird versucht, weitere Personen an das Unternehmen zu binden.
- Langfristiges Pricing: Speziell im Industriegüterbereich spielen langfristig bindende Preise in Form von Preisgleitklauseln (Anpassung des Preises über die Laufzeit des Vertrages nach genau festgelegten Kriterien) und Preisgarantien (Fixierung des Preises für einen bestimmten Zeitraum) eine wichtige Rolle.

Grundlegende Basisinformationen für eine Optimierung des Kundenbindungs-Pricing ist die Preiselastizität von Kunden bzw. Kundensegmenten. Sie gibt die Reaktion auf Veränderung einzelner Preiskomponenten an. Erst auf Basis dieser Kenntnis kann das Preissystem optimal ausgestaltet werden. Außerdem müssen juristische Beschränkungen eingehend geprüft werden. Gerade für marktbeherrschende Unternehmen mit einem Marktanteil von über 33 % bestehen bezüglich der Preisbildung gesetzliche Richtlinien, die berücksichtigt werden müssen.[65]

- Product

Die Produktpolitik kann insbesondere die Kundenzufriedenheit positiv beeinflussen und damit auch zu einer Verringerung der Attraktivität alternativer Angebote beitragen. Dies kann sowohl durch eine Verbesserung des Leistungsspektrums als auch durch eine Aufwertung des Services geschehen.

Produktpolitische Maßnahmen werden vornehmlich im Zusammenhang mit der beabsichtigten Steigerung von Kundenbindung diskutiert. Doch auch für den Bereich Kundenakquisition lassen sich Beispiele für produktpolitische Maßnahmen aufführen. So kann beispielsweise ein Unternehmen besonders hohe Aufmerksamkeit durch sehr innovative Produkte und Dienstleistungen auf sich ziehen, die nicht von anderen Anbietern geboten werden. Außerdem können Warenproben als produktpolitische Maßnahmen der Kundenakquisition aufgefasst werden.[66]

Als Kundenbindungsmaßnahme bietet sich zunächst eine Individualisierung des Leistungsangebotes an. Verschiedene theoretische und empirische Arbeiten proklamieren, dass eine auf die Bedürfnisse des einzelnen Kunden zugeschnittene Produktgestaltung grundsätzlich positiv auf die Kundenbindung wirkt. Erklärt werden kann dies dadurch, dass Individualisierung sowohl die Kundenzufriedenheit als auch das Involvement und Vertrauen der Kunden erhöht sowie Wechselbarrieren aufbaut. Hat ein Kunde positive Erfahrungen mit einem eigens für ihn angepassten Gut gemacht, so existiert eine erhebliche Barriere für einen Anbieterwechsel.[67]

---

65 Vgl. Simon/Tacke/Buchwald (2003), S. 350 f.

66 Vgl. Diller (1995), S. 445.

67 Vgl. Piller/Schaller (2002), S. 445 f.

Daneben können durch eine kooperative Produktentwicklung die Wechselkosten des Kunden als Determinanten der Kundenbindung beträchtlich erhöht werden. Dies ist dadurch begründet, dass der Kunde das Risiko eingehen muss, zum Zeitpunkt der Auftragsvergabe nicht das Resultat des gemeinsamen Entwicklungsprozesses mit Sicherheit zu kennen. Hat er diesbezüglich jedoch schon Erfahrungen mit einem Anbieter gemacht und ist sich über dessen Leistungswillen bzw. -fähigkeit im klaren, reduziert sich bei der nächsten gemeinsamen Produktentwicklung das anfängliche Risiko. Die positiven Auswirkungen auf die Kundenbindung verstärken sich dabei umso mehr, je besser es dem Anbieter gelingt, die während der Kundenintegration aufgeworfenen Problemstellungen zu meistern.[68]

Ein ähnliches produktpolitisches Konzept zur Kundenbindung im B2B-Bereich stellt das Just-In-Time-(JIT)-Konzept dar. Die Reduktion der Durchlaufzeiten von Fertigungsaufträgen und Lagerbeständen erfordert langjährige Verträge, da sowohl aufseiten des Zulieferers als auch des Kunden sunk-cost zur Realisierung des Konzeptes entstehen. Schließlich eignen sich kernleistungsbezogene Zusatzleistungen potenziell zur Kundenbindungssteigerung. Insbesondere in der Nachkaufphase ist es möglich, den Kunden durch Maßnahmen wie Gewährleistungen, Kundendienst und Kundenschulungen langfristig an das Unternehmen zu binden. Oftmals ist das so genannte Nachkaufmarketing zur Loyalitätssteigerung mit dem positiven Nebeneffekt behaftet, ebenfalls einen erheblichen direkten Erfolgsbeitrag zu leisten. So lässt sich beispielsweise mit Instandhaltungsservices nicht nur die Bindung der Kunden an das Unternehmen, sondern auch der Unternehmensumsatz wesentlich erhöhen.[69]

- Promotion

Die Kommunikation soll einen ständigen Informationsfluss zwischen Unternehmen und Kunden sicherstellen. Dazu stehen den Unternehmen eine große Anzahl einzelner Kommunikationsinstrumente zur Verfügung. Speziell für die Akquisition spielt der Verkaufsaußendienst eine beträchtliche Rolle. Seine Aufgabe im Bereich der Kundenakquisition besteht darin, mit potenziellen Abnehmern in Kontakt zu treten und bei persönlichen Besuchen Abschlüsse zu erzielen. Weiterhin kann das Direct Mailing zur Neukundengewinnung dienen. Dabei werden Adressen entweder angemietet oder gekauft und vom Unternehmen angeschrieben. Da es sich als sehr problematisch darstellt, Neukunden mit einem Werbebrief direkt zum Kauf zu bewegen, besteht die vornehmliche Aufgabe oft darin, nur ausgewählte Informationen über das Angebot zu geben, jedoch Interessenten die Möglichkeit zu bieten, weitergehende Informationen anzufordern. Erst im zweiten Schritt wird versucht, die Interessenten (beispielsweise durch das Zuschicken eines Kataloges) in Käufer umzuwandeln.[70]

---

68 Vgl. Kleinaltenkamp (2003), S. 365.

69 Vgl. Krafft (2002), S. 236 f.

70 Vgl. Holland (2004), S. 20 f.

Bei der Kundenbindung steht vor allem die dialogorientierte Interaktion zwischen Kunden und Unternehmen im Vordergrund. Dem Kunden soll die Möglichkeit gegeben werden, seine Wünsche und Probleme an das Unternehmen heranzutragen. Hier kann insbesondere ein systematisches Beschwerdemanagement eingesetzt werden, um die Kundenbindung zu erhöhen. Es soll verhindern, dass wertvolle Kunden unzufrieden werden und ihre negativen Erfahrungen mit anderen teilen bzw. sogar abwandern.[71]

Von besonderer Relevanz zur Erhöhung der Kundenbindung ist das Telemarketing, wobei in jüngster Zeit besonders häufig die Einrichtung von Call-Centern diskutiert wird. Sie stellen ein effizientes Mittel dar, den Kunden möglichst zügig mit den gewünschten Informationen zu versorgen. Neue Möglichkeiten zur Interaktion offeriert das Medium Internet. In diesem Zusammenhang sind vor allem internetbasierte Kundenberatung und elektronische Kundenforen zu nennen. In letzteren diskutieren Unternehmensvertreter und ausgewählte Kundengruppen über Probleme und potenzielle Lösungswege. Auch klassische Kundenzeitschriften können zur Bindung von Kunden eingesetzt werden.[72] Ihr elektronisches Gegenstück sind die so genannten Newsletter – per E-Mail periodisch versendete Nachrichten mit zielgruppenorientierten Informationen.[73] Sie gelten als relativ kostengünstig, medial vielseitig und bezüglich der Kundenbindung vergleichsweise wirkungsvoll.

Ferner werden im Zusammenhang mit dem Vertriebskanal Internet oftmals Personalisierungsmaßnahmen zur Kundenbindung erwähnt. Diese beziehen sich auf die Individualisierung der Darbietung des Leistungsangebotes und der Kommunikation mit dem Kunden. Als Beispiel sei die Anpassung der Website-Inhalte an spezifische Kundencharakteristika und -kaufgewohnheiten genannt. Hierdurch bieten sich für den Kunden nicht nur Zeitvorteile, sondern auch eine höhere Bequemlichkeit und eine zunehmende Ausrichtung auf seine persönlichen Bedürfnisse. Für den Anbieter resultiert eine höhere Spezifität seiner Leistungen und damit ein Aufbau psychologischer Wechselkosten, die den Kunden an das Unternehmen binden.[74]

- Place

Im Bereich der Distributionspolitik können ebenfalls Maßnahmen der Kundenakquisition und -bindung bestimmt werden. Zur Akquisition von Kunden kann beispielsweise eine hohe Ubiquität des Vertriebs dienen. Durch die Konfrontation potenzieller Neukunden mit dem Produkt an möglichst vielen Orten steigt deren Aufmerksamkeit bezüglich der Leistung und damit die Kaufwahrscheinlichkeit. Insbesondere zur Erhöhung der Kundenbindung lässt sich eine Reihe von distributionspolitischen Maßnahmen anführen.

71 Vgl. Krafft (2002), S. 241 f.

72 Vgl. Homburg/Bruhn (2003), S. 21.

73 Vgl. Holtrop/Döpfner/Wirtz (2003), S. 133.

74 Vgl. Riemer (2002), S. 109 f.

So können kundennahe Standorte zur Bindung des Kunden an das Unternehmen dienen, indem dessen Convenience beim Kauf durch die geografische Nähe erhöht und damit seine Wechselbereitschaft reduziert wird.

Innerhalb der einzelnen Vertriebskanäle kann durch Integration bedeutender Kunden in die Vertriebskette eine kundenbindende Wirkung erzielt werden. Vor allem im Handel kommt dem Efficient Customer Response (ECR), das auf einen effizienten Warenfluss zwischen Hersteller und Absatzmittler abzielt, eine besondere Bedeutung zu. Als zentrale Basisstrategie des ECR ist das Efficient Replenishment speziell auf Zeit- und Kostenoptimierung im Bestellwesen ausgerichtet.[75] Dadurch erhöht sich nicht nur die Kundenzufriedenheit des Handels, sondern durch die zum Teil erheblichen notwendigen Investitionen auch die Wechselkosten des Abnehmers.

Langfristige Lieferverträge binden den Kunden in expliziter Form an das Unternehmen. Ein vorzeitiger Austritt aus dem Vertrag wäre für den Kunden mit der Gefahr von Schadensersatzforderungen verbunden.[76] Eine besondere Form langfristiger Verträge sind Abonnements. Sie werden speziell im Medienbereich für den Bezug von Zeitungen, Zeitschriften und Büchern über einen größeren Zeitraum, meist gegen Vorauszahlung, eingesetzt. Als alleinige Wechselbarriere sind langfristige Vertragformen allerdings als besonders kritisch anzusehen, da unzufriedene, unfreiwillig gebundene Kunden reputationsschädigend wirken können und nach Ablauf der Vertragslaufzeit mit hoher Wahrscheinlichkeit auf einen anderen Anbieter wechseln.

5. Implementierung des Kundenwertmanagements

Die Implementierung des Kundenwertmanagements umfasst eine Umwandlung der abstrakten Marketingpläne in aktionsfähige Teilaufgaben. Dabei soll es zur Verwirklichung von Lösungen kommen, die zuvor ausschließlich in konzeptioneller Form vorhanden waren.[77] Hierzu müssen in besonderem Maße die situativen Rahmenbedingungen des Unternehmens, bei dem das Kundenwertmanagementkonzept implementiert werden soll, berücksichtigt werden.

Prinzipiell ist bei der Implementierung des Kundenwertmanagements zwischen zwei zentralen Problemfeldern zu unterscheiden: zwischen der Umsetzung und der Durchsetzung.[78] Bei der Umsetzung geht es vor allem um die Spezifizierung der zuvor festgeleg-

75 Vgl. Meffert (2000), S. 653.

76 Vgl. Shapiro/Varian (1999), S. 116 f.

77 Vgl. Hilker (1993), S. 4; Kotler/Bliemel (2001), S. 1266.

78 Vgl. Kolks (1990), S. 79.

ten Strategie und der damit verbundenen Folgemaßnahmen, während die Durchsetzung auf die Schaffung interner Voraussetzungen im Unternehmen abzielt. Insgesamt bedarf es daher im Rahmen der Implementierung insbesondere technologischer, organisatorischer und kultureller Anpassungen.

- Technologieorientierte Implementierung

Insbesondere seit dem starken Bedeutungszuwachs von IuK-Technologien in den vergangenen Jahren spielt die technologieorientierte Implementierung von Kundenbeziehungsmanagementkonzepten eine herausragende Rolle. Oftmals wurden dabei sogar entsprechende Projekte allein auf die Auswahl und Installation von Hard- und Software reduziert.[79] Heute wird diesem Vorgehen häufig ein IT-getriebener Aktivismus vorgeworfen, dem es an einem klaren Konzept sowie einer ausgeprägten Kunden- und Wirtschaftlichkeitsorientierung mangelte.[80]

Nichtsdestotrotz nehmen technologische Anpassungen auch in einer strategisch ausgerichteten Kundenwertimplementierung einen wichtigen Platz ein. Nur durch den Einsatz von IuK ist heutzutage – insbesondere bei global operierenden Unternehmen mit einer großen Zahl an Customer Touch Points – ein effektives Kundenwertmanagement zu gewährleisten. Daher kann der Technologieeinsatz in den meisten Fällen als notwendige, jedoch nicht hinreichende Bedingung angesehen werden.

Aufgaben der informationstechnologischen Infrastruktur im Rahmen des Kundenwertmanagements sind die Beschaffung, Aufbereitung, Speicherung und Übermittlung relevanter Kundeninformationen. In diesem Zusammenhang wird besonders häufig der Begriff Data Warehouse genannt. Hiermit wird eine Datenbank, in der historische und aktuelle Kundendaten (wie beispielsweise Alter, Geschlecht und Umsatz) aus vielfältigen Datenquellen gesammelt werden, bezeichnet.[81]

Beim Aufbau einer derartigen Datenbank ist zu analysieren, welche spezifischen Informationen erfasst werden müssen. Dies ist nicht nur von Branche und Produkt, sondern speziell auch vom angestrebten Kundenbewertungsverfahren und dessen Informationsbedarf abhängig. Weitere relevante Fragestellungen sind die Häufigkeit der Aktualisierung sowie die Verteilung der Zugriffsrechte.

Außer durch Analysetools wie Data Warehouse wird das Kundenwertmanagement auch zunehmend durch IT-basierte Planungs- und Kontrollsysteme unterstützt. Diese erlauben einen hohen Integrationsgrad von Kundenanalyse, operativer Planung und abschließender Kontrolle. Insbesondere zentralisierte Anwendungen des Kampagnenmanagements und der Sales- und Service-Automation ermöglichen eine effiziente Steuerung kunden-

---

79 Vgl. Böing/Schotte (2003), S. 9.

80 Vgl. Homburg/Sieben (2003), S. 425 ff.

81 Vgl. Hippner/Martin/Wilde (2001), S. 419.

wertgestaltender Instrumente.[82] Die letztendliche Auswahl der geeigneten Hard- und Softwarelösungen kann anhand der spezifischen Anforderungen sowie der Komplementarität und Kompatibilität zu bestehenden Systemen erfolgen.

- Organisationsorientierte Implementierung

Ein weiterer entscheidender Stellhebel ist die Ausrichtung von Aufbau- und Ablauforganisation. Bei der Neuausrichtung der Aufbauorganisation müssen zunächst die Verantwortlichkeiten für das Kundenwertmanagement im Unternehmen definiert und verankert werden. So wird in vielen Fällen der Unternehmensführung die Verantwortung für die Setzung kundenwertbezogener Oberziele und Strategien übergeben, während die Planungs- und Informationsversorgungsaufgaben des Kundenwertmanagements häufig auf untergeordneter Ebene im Marketingbereich angesiedelt werden.[83]

Dabei besteht die Möglichkeit, neue Einheiten zu schaffen, die sich diesen Aufgaben widmen oder vorhandene Organisationseinheiten mit den operativen Aufgaben des Kundenwertmanagements zu betrauen. Zur effizienteren Interaktion mit dem Kunden werden dabei (falls noch nicht vorhanden) Organisationseinheiten wie z. B. Key-Account-Management oder Call-Center neu eingerichtet. Eine auf das Kundenwertmanagement spezialisierte Organisationseinheit stellt das Customer Service Center (CSC) dar. Dieses hat die Integration und Koordination aller Kunden- und Interessentenkontakte als alleinige Aufgabe. Grundsätzlich ist die Realisation eines solchen Centers in Form von Outsourcing, Inhouse oder Mischform möglich.[84]

Auch wenn man sich für die Einrichtung einer zentralen Kundenwertmanagementabteilung entscheidet, handelt es sich beim Kundenwertmanagement immer um ein übergreifendes Managementkonzept, das viele Abteilungen im Unternehmen berührt. Daher müssen Querschnittsaufgaben identifiziert werden, die über mehrere Abteilungen zu integrieren sind. Im Extremfall ist hier eine Neustrukturierung im Sinne einer prozessorientierten Organisation erforderlich.[85]

Voraussetzung hierfür ist eine eingehende Analyse und Modifikation der Ablauforganisation. Dabei sind Prozesse mit besonders hoher Relevanz für das Kundenwertmanagement auszumachen und gegebenenfalls anzupassen. Details über derartige Prozesse kann beispielsweise die Kundenkontaktpunktanalyse liefern – ein Instrument, das die Kundenkontaktpunkte in einem so genannten Kundenpfad darstellt und diesen den entsprechenden Arbeitsschritten im Unternehmen gegenüberstellt.[86] Auf Basis dieser Gegenüberstellung ist eine Analyse und Optimierung entsprechender unternehmensinterner Abläufe möglich.

82 Vgl. Eberling (2002), S. 327.

83 Vgl. Eberling (2002), S. 319.

84 Vgl. Sengpiehl/Göttgens (2000), S. 350 ff.

85 Vgl. Böing/Schotte (2003), S. 12.

86 Vgl. Schuh/Speth/Schwenk (1999), S. 34.

- Kulturorientierte Implementierung

Die Unternehmenskultur spielt speziell in Bezug auf die Durchsetzung von organisationalen Veränderungen im Rahmen der Kundenwertmanagement-Implementierung eine Schlüsselrolle. Bei der Einführung eines Kundenwertmanagementsystems im Unternehmen ist zu prüfen, ob die vorherrschende Unternehmenskultur konform mit den Zielen des Managementansatzes ist. Falls Diskrepanzen bestehen, müssen die Möglichkeiten zur Anpassung der Unternehmenskultur geprüft werden. Zielsetzung einer solchen Anpassung ist die Ausrichtung des Denkens und Verhaltens der Organisationsmitglieder auf die Grundprinzipien des Kundenwertmanagements und dabei im speziellen auf die Etablierung des Kundenwertes als zentrale Unternehmenszielgröße.[87] Insgesamt muss unter den Mitarbeitern die Bedeutung des Kundenwertmanagements bekannt sein und auch anerkannt werden. Nur wenn die Kundenwertmanagementansätze von den Mitarbeitern getragen und mitgestaltet werden und traditionelle Denkmuster (wie z. B. die Orientierung an Umsatzzahlen und Marktanteilen) in weiten Teilen aufgegeben werden, kann die Implementierung dauerhaft erfolgreich sein.

In der Vergangenheit wurde bereits intensiv über die gezielte Gestaltbarkeit von Unternehmenskulturen diskutiert. Inzwischen ist davon auszugehen, dass eine Veränderung der Kultur schwierig, aber in den meisten Fällen in einem langwierigen Prozess möglich ist. Dieser Kulturmanagementprozess lässt sich in die Analyse der Ist-Charakteristika der Unternehmenskultur, die Bestimmung der Soll-Ausprägung sowie das notwendige Change-Management gliedern.[88] Letzteres kann beispielsweise durch Leitlinien zur Kundenwertorientierung, Kulturmodule in Trainingsmaßnahmen oder kundenwertorientierte Anreizsysteme unterstützt werden.[89]

6. Controlling des Kundenwertmanagements

Das Marketing-Controlling ist in jüngster Zeit vor allem im Rahmen einer implementierungsorientierten Perspektive von immer größerer Bedeutung.[90] Dem Controlling des Kundenwertmanagements können dabei vor allem drei Hauptaufgaben zugewiesen werden, wie Abbildung 4 verdeutlicht: Es müssen eine Prämissen-, Ergebnis- und Verfahrenskontrolle durchgeführt werden.[91]

87 Vgl. Eberling (2002), S. 329.

88 Vgl. Wirtz (2003b), S. 314.

89 Vgl. Homburg/Bruhn (2003), S. 27.

90 Vgl. Meffert (2000), S. 1129.

91 Vgl. im Folgenden Eberling (2002), 304 f.; Tewes (2003), 218 ff.

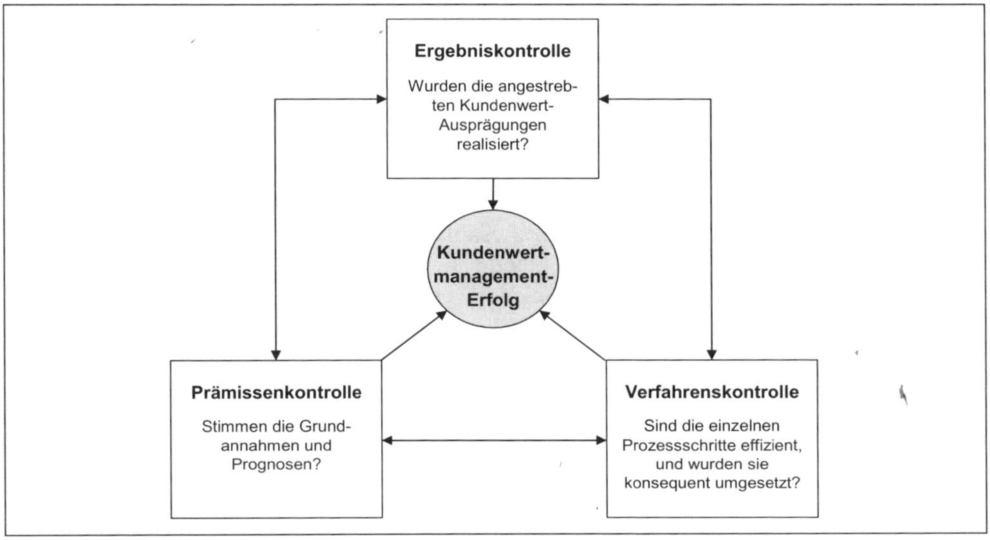

Abbildung 4: Hauptaufgaben des Kundenwertmanagement-Controlling[92]

- Prämissenkontrolle

Im Zuge der Prämissenkontrolle wird eine kritische Überprüfung der Grundannahmen und Prognosen der Kundenwertermittlung vorgenommen. Wie der Abschnitt zur Bestimmung des Kundenwertes zeigte, ist vielen Bewertungsverfahren gemeinsam, dass bestimmte Annahmen (z. B. bezüglich Transaktionsvolumen und -häufigkeit) getroffen werden müssen, die einer ständigen Kontrolle bedürfen. In diesem Zusammenhang empfiehlt sich die vorherige Festlegung besonders kritischer Prämissen – also solcher, die im Falle einer Abweichung zu besonders starken Änderungen des Kundenwertes führen.

- Ergebniskontrolle

Der Ergebniskontrolle kommen im Wesentlichen zwei Aufgaben zu.[93] Zum einen muss ein periodenbezogener Abgleich der in der Planung festgelegten Ziele und Soll-Größen mit den tatsächlich erreichten Ergebnissen stattfinden. Hierbei wird festgestellt, inwieweit der prognostizierte Kundenwert auch tatsächlich realisiert worden ist.

Zum anderen müssen Abweichungsanalysen im Sinne einer Ermittlung der Gründe für eventuelle Abweichungen durchgeführt werden. Derartige Analysen können beispielsweise ergeben, dass die Abweichungen auf unrealistische Ziele und/oder auf eine mangelhafte Ausführung zurückzuführen sind. Bei der Abweichungsanalyse muss eine Dis-

92 In Anlehnung an Eberling (2002), 304 f.

93 Vgl. Weber (1999), S. 158.

aggregation des Kundenwertes auf seine einzelnen Bestandteile stattfinden, um die Abweichungsgründe besser untersuchen zu können. Erst wenn die genauen Ursachen durch die Betrachtung der Teilabweichungen erkannt wurden, können Maßnahmen zur Gegensteuerung eingeleitet werden.

- Verfahrenskontrolle

Einerseits umfasst die Verfahrenskontrolle die Überprüfung, inwieweit die tatsächlich angewandten den vorgeschriebenen Prozessabläufen (beispielsweise der Zielplanung, Kundenwertdiagnose und Maßnahmenplanung) entsprechen. Es handelt sich also auch um eine Verhaltenskontrolle der am Kundenwertmanagement Beteiligten. Im Rahmen dessen ist auch eine Überprüfung der Akzeptanz des Kundenwertmanagements unter den Mitarbeitern zu erwägen. Andererseits ist eine Kontrolle der Prozesseffizienz durchzuführen. Hierbei ist zu überprüfen, ob die einzelnen Verwendung findenden Methoden und Technologien durch effizientere ersetzt werden sollten.

7. Perspektiven

Es ist davon auszugehen, dass zukünftig in der Unternehmenspraxis zunehmend wertorientierte Kundenmanagementkonzepte eingesetzt werden. Speziell vor dem Hintergrund begrenzter Marketingbudgets kann das Kundenwertmanagement einen hohen Beitrag zur effizienten Mittelallokation leisten. Dabei kann angenommen werden, dass der Kundenwert nicht lediglich eine weitere Kennzahl neben vielen anderen darstellen, sondern zur zentralen Marketingzielgröße avancieren wird.

Aller Wahrscheinlichkeit nach werden sich demzufolge Kundenwertanalysen zum Standardmarketingtool entwickeln.[94] Hierbei stellt sich die Selektion eines geeigneten Bewertungsverfahrens als besonders erfolgskritisch heraus. Außerdem gilt es, die zentralen Anforderungen der Kundenbewertung – wie beispielsweise ein hohes Maß an Datenverfügbarkeit oder das Vorhandensein eines gewissen Bewertungs-Know-hows im Unternehmen – zu erfüllen.

Eine besondere Herausforderung für viele Unternehmen wird die ganzheitliche Integration des Kundenwertansatzes ins Unternehmensführungskonzept darstellen. Kundenwertprojekte werden jedoch nur dann langfristig erfolgreich sein können, wenn sie nicht mehr als reine Insellösungen z. B. in Form von IT-Projekten, sondern als holistisches Managementkonzept aufgefasst und von entsprechenden Change-Management-Aktivitäten begleitet werden.

94 Vgl. Cornelsen (2003), S. 667.

Literaturverzeichnis

AHLERT, D./BECKER, J./KNACKSTEDT, R./WUNDERLICH, M. (HRSG.) (2002), Customer Relationship Management im Handel, Berlin 2002.

BACKHAUS, K. (1997), Relationship Marketing – ein neues Paradigma im Marketing?, in Bruhn, M./Steffenhagen, H. (Hrsg.), Marktorientierte Unternehmensführung: Reflexionen – Denkanstöße – Perspektiven, Wiesbaden 1997, S. 19-36.

BERGER, P.D./NASR, N.I. (1998), Customer lifetime value: Marketing models and applications, in: Journal of Interactive Marketing, Vol. 12, S. 17-30.

BERRY, L.L. (1983A), Emerging Perspectives on Services Marketing, Chicago 1983.

BERRY, L.L. (1983B), Relationship Marketing, in: Berry, L.L. (Hrsg.) (1983), Emerging Perspectives on Services Marketing, Chicago 1983, S. 25-28.

BEST, R.J. (1997), Market-based management: strategies for growing customer value and profitability, New Jersey 1997.

BHOTE, K.R. (1996), Beyond Customer Satisfaction to Customer Loyality: the key to greater profitability, New York 1996.

BLATTBERG, R.C./DEIGHTON, J. (1996), Manage Marketing by the Customer Equity Test, in: Harvard Business Review, Vol. 74, July-August, 1996, S. 136-144.

BLATTBERG, R.C./THOMAS, J.S. (1998), The Fundamentals of Customer Equity Management, in: Bruhn, M./Homburg, C. (Hrsg.), Handbuch Kundenbindungsmanagement, Wiesbaden 1998, S. 329-357.

BÖING, C./SCHOTTE, T. (2003), Customer Equity Management – der Ansatz von BBDO Consulting, in: BBDO Consulting (Hrsg.), Insights 4, Düsseldorf 2003, S. 6-24.

BRUHN, M./GEORGI, D./TREYER, M./LEUMANN, S. (2000), Wertorientiertes Relationship-Marketing: Vom Kundenwert zum Customer Lifetime Value, in: Die Unternehmung, 54. Jg., Nr. 3, S. 167-187.

BRUHN, M./HOMBURG, C. (HRSG.) (1998), Handbuch Kundenbindungsmanagement, Wiesbaden 1998.

BRUHN, M./HOMBURG, C. (HRSG.) (2003), Handbuch Kundenbindungsmanagement, 4. Aufl., Wiesbaden 2003.

BRUHN, M./LUSTI, M./MÜLLER, W.R./SCHIERENBECK, H./STUDER, T. (HRSG.) (1998), Wertorientierte Unternehmensführung – Perspektiven und Handlungsfelder für die Wertsteigerung von Unternehmen, Wiesbaden 1998.

BRUHN, M./STAUSS, B. (HRSG.) (2000), Dienstleistungsmanagement - Jahrbuch 2000. Kundenbeziehungen im Dienstleistungsbereich, Wiesbaden 2000.

Bruhn, M./Steffenhagen, H. (Hrsg.) (1997), Marktorientierte Unternehmensführung: Reflexionen – Denkanstöße – Perspektiven, Wiesbaden 1997.

Cooper, R./Kaplan, R.S. (1991), Activity Based Costing: Ressourcenmanagement at its best, in: Harvard Business Manager, 13. Jg., Nr. 4, 1991, S. 87-94.

Cornelsen, J. (2000), Kundenwertanalysen im Beziehungsmarketing: Theoretische Grundlagen und Ergebnisse einer empirischen Studie im Automobilbereich, Nürnberg 2000.

Cornelsen, J. (2003), Was ist Kundenbindung wert? – Kundenbindung auf der Grundlage langfristig-monetärer Kundenwerte am Beispiel privater Automobilbesitzer, in: Bruhn, M./Homburg, C. (Hrsg.) (2003), Handbuch Kundenbindungsmanagement, Wiesbaden 2003, S. 643-669.

Dallmer, H. (Hrsg.) (1991), Handbuch Direct Marketing, Wiesbaden 1991.

Diller, H. (1995), Beziehungs-Marketing, in: WiSt, 24. Jg., S. 442-447.

Diller, H./Lücking, J./Prechtel, W. (1992), Gibt es Kundenlebenszyklen im Investitionsgütergeschäft?, Arbeitspapier Nr. 12 des Lehrstuhl für Marketing, Universität Erlangen-Nürnberg, Nürnberg 1992.

Dittrich, S. (2000), Kundenbindung als Kernaufgabe im Marketing, St. Gallen 2000.

Dwyer, F.R. (1997), Customer Lifetime Valuation to Support Marketing Decision Making, in: Journal of Direct Marketing, 11. Jg., Nr. 4, 1997, Fall, S. 6-13.

Eberling, G. (2002), Kundenwertmanagement – Konzept zur wertorientierten Analyse und Gestaltung von Kundenbeziehungen, Wiesbaden 2002.

Eggenschwiler, T. (2003), Kundenklassifikation - Methoden zur Kundenbewertung, http://www.gate.ch/download/Kundenklassifikation_Methoden_zur_Kundenbewertu ng.pdf, Abruf: 10.12.2003.

Eggert, A. (2001), Die zwei Perspektiven des Kundenwertes, in: Günter, B./Helm, S. (Hrsg.), Kundenwert. Grundlagen – Innovative Konzepte – Praktische Umsetzungen, Wiesbaden 2001, S. 39-55.

Franz, K.-P. (2001), Der Kundenwert in Modellen des Wertmanagement, in: Günter, B./Helm, S. (Hrsg.), Kundenwert. Grundlagen – Innovative Konzepte – Praktische Umsetzungen, Wiesbaden 2001, S. 371-384.

Gierl, H./Kurbel, T.M. (1997), Möglichkeiten zur Ermittlung des Kundenwertes, in: Link, J./Brändli, D./Schleining, C./Kehl, R.E. (Hrsg.), Handbuch Database Marketing, Ettlingen 1997.

Giloth, M. (2003), Kundenbindung in Mitgliedschaftssystemen : Ein Beitrag zum Kundenwertmanagement - dargestellt am Beispiel von Buchgemeinschaften, Frankfurt 2003.

Gronover, S./Bach, V. (2000), Kundensegmentierung, http://verdi.unisg.ch/org/iwi/iwi_pub.nsf/wwwPublAuthorEng/7C9526A155F4F3C5C1256BD60029AC35/$file/Kundensegmentierung_09_sgr.pdf, Abruf: 15.12.2003.

Günter, B./Helm, S. (Hrsg.) (2001), Kundenwert. Grundlagen – Innovative Konzepte – Praktische Umsetzungen, Wiesbaden 2001.

Helm, S./Günter, B. (2001), Kundenwert - eine Einführung in die theoretischen und praktischen Herausforderungen der Bewertung von Kundenbeziehungen, in: Günter, B./Helm, S. (Hrsg.), Kundenwert. Grundlagen – Innovative Konzepte – Praktische Umsetzungen, Wiesbaden 2001, S. 3-35.

Hilker, J. (1993), Marketingimplementierung - Grundlagen und Umsetzung am Beispiel ostdeutscher Unternehmen, Wiesbaden 1993.

Hippner, H./Martin, S./Wilde, K.D. (2001), Customer Relationship Management, in: WiSt, Nr. 8, 2001, S. 417-422.

Holland, H. (2004), Direktmarketing, München 2004.

Holtrop, T./Döpfner, M./Wirtz, B.W. (2003), Deutschland Online – Entwicklungsperspektiven der Medien- und Internetmärkte, Wiesbaden 2003.

Homburg, C./Bruhn, M. (2003), Kundenbindungsmanagement - Eine Einführung, in: Bruhn, M./Homburg, C. (Hrsg.) (2003), Handbuch Kundenbindungsmanagement, Wiesbaden 2003, S. 3-37.

Homburg, C./Daum, D. (1997), Die Kundenstruktur als Controlling-Herausforderung, in: Controlling, 9. Jg., Nr. 6, S. 394-405.

Homburg, C./Krohmer, H. (2003), Marketingmanagement. Strategie – Instrumente – Umsetzung – Unternehmensführung, Wiesbaden 2003.

Homburg, C./Sieben, F.G. (2002), Customer Relationship Management (CRM) – Strategische Ausrichtung statt IT-getriebenen Aktivismus, in: Bruhn, M./Homburg, C. (Hrsg.) (2003), Handbuch Kundenbindungsmanagement, Wiesbaden 2003, S. 423-450.

Homburg, C./Schnurr, P. (1998), Kundenwert als Instrument der Wertorinetierten Unternehmensführung, in: Bruhn, M./Lusti, M./Müller, W.R./Schierenbeck, H./Studer, T. (Hrsg.), Wertorientierte Unternehmensführung – Perspektiven und Handlungsfelder für die Wertsteigerung von Unternehmen, Wiesbaden 1998, S. 169-190.

Karg, M. (2001), Kundenakquisition als Kernaufgabe im Marketing, Scheßlitz 2001.

Keuper, F. (Hrsg.) (2002), Electronic Business und Mobile Business, Wiesbaden 2002.

Kleinaltenkamp, M. (2003), Kundenbindung durch Kundenintegration, in: Bruhn, M./Homburg, C. (Hrsg.), Handbuch Kundenbindungsmanagement, Wiesbaden 2003, S. 353-370.

Kleinaltenkamp, M./Plinke, W. (Hrsg.) (1997), Geschäftsbeziehungsmanagement, Berlin 1997.

Köhler, R. (2003), Kundenorientiertes Rechnungswesen als Voraussetzung des Kundenbindungsmanagements, in: Bruhn, M./Homburg, C. (Hrsg.) (2003), Handbuch Kundenbindungsmanagement, Wiesbaden 2003, S. 391-422.

Kolks, U. (1990), Strategieimplementierung – Ein anwendeorientiertes Konzept, Wiesbaden 1990.

Kotler, P./Bliemel, F. (2001), Marketing-Management. Analyse, Planung und Verwirklichung, Stuttgart 2001.

Krafft, M./Marzian, S. (1997), Dem Kundenwert auf der Spur, in: Absatzwirtschaft, 40. Jg., Nr. 6, S. 104-107.

Krafft, M. (2002), Kundenbindung und Kundenwert, Heidelberg 2002.

Kreutzer, R.T. (1990), Die Basis für den Dialog, in: Absatzwirtschaft, 33. Jg., Nr. 4, S. 104-113.

Krüger, S.M. (1997), Profitabilitätsorientierte Kundenbindung durch Zufriedenheitsmanagement: Kundenzufriedenheit und Kundenwert als Steuerungsgröße für die Kundenbindung in marktorientierten Dienstleistungsunternehmen, München 1997.

Levett, P./Page, M./Nel, D./Pitt, L./Berthon, P./Money, A. (1999), Towards an application of option pricing theory in the valuation of customer relationships, in: Journal of Strategic Marketing, Vol. 7, S. 275-284.

Lachnit, L. (Hrsg.) (1998), Zukunftsfähiges Controlling: Konzeption, Umsetzungen, Praxiserfahrungen, München 1998.

Link, J. (1995), Welche Kunden rechnen sich?, in: Absatzwirtschaft, Nr. 10, S.108-110.

Link, J./Brändli, D./Schleuning, C./Kehl, R.E. (Hrsg.) (1997), Handbuch Database Marketing, Ettlingen 1997.

Link, J./Hildebrand, V.G. (1997a), Grundlagen des Database Marketing, in: Link, J./Brändli, D./Schleuning, C./Kehl, R.E. (Hrsg.), Handbuch Database Marketing, Ettlingen 1997, S. 14-35.

Link, J./Hildebrand, V.G. (1997b), Ausgewählte Konzepte der Kundenbewertung im Rahmen des Data Base Marketing, in: Link, J./Brändli, D./Schleuning, C./Kehl, R.E. (Hrsg.), Handbuch Database Marketing, Ettlingen 1997, S. 158-172.

Maas, P. (2001), Von <P> zu <C>: Customer Value als strategischer Fokus für das Management von Dienstleistungsunternehmen, in: Maas, P. (Hrsg.), Integriertes Dienstleistungs-Management: Auf dem Weg zum Customer Value, St. Gallen 2001, S. 44–62.

Maas, P. (Hrsg.) (2001), Integriertes Dienstleistungs-Management: Auf dem Weg zum Customer Value, St. Gallen 2001.

Macharzina, K. (2003), Unternehmensführung – das internationale Managementwissen: Konzepte – Methoden – Praxis, Wiesbaden 2003.

Marketing Science Institute (Hrsg.) (2003), 2002-2004 Research Priorities, http://www.msi.org/msi/rp0204.cfm#managing, Abruf: 10.12.2003.

Martin, M. (1991), Mikrogeographische Segmentierung im Direct Marketing, in: Dallmer, H. (Hrsg.), Handbuch Direct Marketing, Wiesbaden 1991, S. 461-478.

Matzler, K. (2000), Customer Value Management, in: Die Unternehmung, Nr. 4, S. 289-308.

Meffert, H. (1999), Marketing – Entwicklungstendenzen und Zukunftsperspektiven, in: Die Unternehmung, 53. Jg., Nr. 6, S. 409-432.

Meffert, H. (2000), Marketing. Grundlagen marktorientierter Unternehmensführung. Konzepte - Instrumente - Praxisbeispiele, Wiesbaden 2000.

Meffert, H. (2003), Kundenbindung als Element moderner Wettbewerbsstrategien, in: Bruhn, M./Homburg, C. (Hrsg.) (2003), Handbuch Kundenbindungsmanagement, Wiesbaden 2003, S. 125-145.

Meyer, A./Oevermann, D. (1995), Kundenbindung, in: Tietz, B./Köhler, R./Zentes, J. (Hrsg.), Handwörterbuch des Marketing, Stuttgart 1995, Sp. 1340-1351.

Oliver, R. (1980), A Cognitive Model of the Antecedentes and Consequnces of Satisfaction Decisions, in: Journal of Marketing Research, Vol. 17, No. 4, S. 460-469.

Palloks, M. (1998), Controlling langfristiger Geschäftsbeziehungen: Konzeption eines kennzahlengestützten Kundenbindungsmanagement im modernen Beziehungsmarketing, in: Lachnit, L. (Hrsg.), Zukunftsfähiges Controlling: Konzeption, Umsetzungen, Praxiserfahrungen, München 1998, S. 245-274.

Peters, T.J./Waterman, R.H. (1982), In Search of Excellence, New York 1982.

Piller, F./Schaller, C.(2002), E-Loyalty – Kundenbindung durch Individualisierung im E-Business, in: Keuper, Frank (Hrsg.), Electronic Business und Mobile Business, Wiesbaden 2002, S. 439-464.

Plinke, W. (1989), Die Geschäftsbeziehung als Investition, in: Specht, G./Silberer, G./Engelhardt, W.H. (Hrsg.), Marketing-Schnittstellen: Herausforderungen für das Management, Stuttgart 1989, S. 305-326.

Plinke, W. (1997), Bedeutende Kunden, in: Kleinaltenkamp, M./Plinke, W. (Hrsg.), Geschäftsbeziehungsmanagement, Berlin 1997, S. 113-159.

Reichheld, F.F./Sasser, W.E. (1990), Zero Defections: Quality comes to service, in: Harvard Business Review, Nr. 5, 1990, S. 105-111.

Riemer, K. (2002), Personalisierung am Beispiel des Internet-Handels, in: Ahlert, D./Becker, J./Knackstedt, R./Wunderlich, M. (Hrsg.), Customer Relationship Management im Handel, Berlin 2002, S. 103-128.

RUDOLF-SIPÖTZ, E. (2001), Kundenwert: Konzeption - Determinanten - Management, Bamberg 2001.

SCHEMUTH, J. (1996), Möglichkeiten und Grenzen der Bestimmung des Wertes eines Kunden für ein Unternehmen der Automobilindustrie, München 1996.

SCHIRMEISTER, R./KREUZ, C. (2001), Der investitionsrechnerische Kundenwert, in: Günter, B./Helm, S. (Hrsg.), Kundenwert. Grundlagen – Innovative Konzepte – Praktische Umsetzungen, Wiesbaden 2001, S. 293-313.

SCHRÖDER, H./SCHETTGEN, G. (2002), Kundencontrolling im Bekleidungs-Einzelhandel - Eine empirische Analyse im stationären Einzelhandel und im Versandhandel, http://www.marketing.uni-essen.de/praxis/publikationen/download/MH_Arbeitspapier11_Kundencontrolling.pdf, Abruf: 16.12.2003.

SCHUH, G./SPETH, C./SCHWENK, U. (1999), Controlling industrieller Dienstleistungen, in: io management, Nr. 11, 1999, S. 32-39.

SENGPIEHL, J./GÖTTGENS, O. (2000), Customer Relationship Management (CRM) – Die Erfolgsdisziplin zur Sicherung von Wettbewerbsvorteilen im 21. Jahrhundert, http://www.bbdo-interone.de/de/home/bbdo_germany/bbdo_consulting/publikationen/artikel.Par.0022.Link1Download.tmp/crm_als_erfolgsdisziplin_apr_2000.pdf, Abruf: 02.06.2004.

SHAPIRO, B.P./RANGAN, V.K./MORIATY, R.T./ROSS, E.B. (1987), Manage customers for profits (not just sales), in: Harvard Business Review, Vol. 65, September/October, 1987, S. 101-108.

SHAPIRO, C./VARIAN, H.R. (1999), Information Rules – A Strategic Guide To The Network Economy, Boston 1999.

SIMON, H./TACKE, G./BUCHWALD, G. (2003), Kundenbindung durch Preispolitik, in: Bruhn, M./Homburg, C. (Hrsg.) (2003), Handbuch Kundenbindungsmanagement, Wiesbaden 2003, S. 337-352.

SPECHT, G./SILBERER, G./ENGELHARDT, W.H. (HRSG.) (1989), Marketing-Schnittstellen: Herausforderungen für das Management, Stuttgart 1989.

STAEHLE, W. (1999), Management, München 1999.

TEWES, M. (2003), Der Kundenwert im Marketing. Theoretische Hintergründe und Umsetzungsmöglichkeiten einer wert- und marktorientierten Unternehmensführung, Wiesbaden 2003.

TIETZ, B./KÖHLER, R./ZENTES, J. (HRSG.) (1995), Handwörterbuch des Marketing, Stuttgart 1995.

TOMCZAK, T./REINECKE, S./FINSTERWALDER, J. (2000), Kundenausgrenzung, in: Bruhn, M./Stauss, B. (Hrsg.), Dienstleistungsmanagement - Jahrbuch 2000. Kundenbeziehungen im Dienstleistungsbereich, Wiesbaden 2000, S. 399-421.

TOMCZAK, T./RUDOLF-SIPÖTZ, E. (2001), Bestimmungsfaktoren des Kundenwertes: Ergebniss einer branchenübergreifenden Studie, in: Günter, B./Helm, S. (Hrsg.), Kundenwert. Grundlagen – Innovative Konzepte – Praktische Umsetzungen, Wiesbaden 2001, S. 127-154.

VELTE, M. (1987), Steuern Sie Ihre Kunden-Besuche „erfolgs"-orientiert. Die Portfolio-Analyse bietet sich an, in: Marketing Journal, 20. Jg., Nr. 2, S. 128-132.

WEBER, J. (1999), Einführung in das Controlling, Stuttgart 1999.

WEBSTER, F.E. (1992), The changing role of Marketing in the corporation, in: Journal of Marketing, Vol. 56, October 1992, S. 1-17.

WIRTZ, B.W. (2003A), Medien- und Internetmanagement, Wiesbaden 2003.

WIRTZ, B.W. (2003B), Mergers & Acquisitions Management – Strategie und Organisation von Unternehmenszusammenschlüssen, Wiesbaden 2003.

WORTMAN, S. (1996), Measure marketing efforts with customer equity test, in: Marketing News, 32. Jg., Nr. 11, S. 7-8.

Zweiter Teil

Strategisches Marken- und Kundenwertmanagement

Udo Klein-Bölting

Strategic Brand Management Process: Systematische Führung komplexer Markenportfolios

1. Einflussfaktoren und Schlüsselfragen des Managements komplexer Markenportfolios

Der Alltag der Brand Manager in typischen multinationalen Unternehmen besteht meist aus der Steuerung eines umfangreichen Markenportfolios. Dieses ist zumeist etabliert und bekannt, bedarf aber häufig gerade aufgrund seiner Vielschichtigkeit einer permanenten Optimierung. Diese Aufgabe wird von verschiedenen Zuständen beeinflusst:

- Komplexität des Portfolios im Marken- und Marktumfeld des jeweiligen Landes,
- Differenzierung unterschiedlicher Werttreiber in unterschiedlichen Konstellationen,
- Stärke einer lokalen wie internationalen Value Proposition,
- Allokation von Marketinginvestments.

Hieraus ergeben sich Schlüsselfragen, die zum einen den Anstoß für Markenoptimierungsprojekte geben, zum anderen direkt zu Thesen führen, die der Projektarbeit als Leitsätze vorangestellt werden können:

- Wie stark sind die Marken innerhalb des Unternehmensportfolios? Wie stehen sie im Verhältnis zueinander und zum Wettbewerb?
- Welche Markenelemente sind auszubauen? Wo besteht Nachholbedarf?
- Können die bestehenden Value Propositions (sofern sie klar definiert sind) zu einer Value Propostion auf regionaler, nationaler, und/oder globaler Ebene entwickelt werden? Wie grenzt sich diese zur Konkurrenz ab?
- Wie können die erforderlichen Investitionen geplant, gebündelt und koordiniert werden? Was sind die richtigen (= effizienten) Investments? Wie kann das beurteilt werden?

2. Strategic Brand Management Process: In drei Schritten zur Markenklarheit

Als praxisbezogener Managementansatz folgt der Strategic Brand Management Prozess einer dreistufigen Vorgehensweise analog zu Führungs- und Optimierungsmethodiken entlang von Wertschöpfungsketten. Auf die Analyse der Marken folgt die Definition einer verbindlichen Value Proposition. Auf ihr basiert das Marken-Bildungs- oder Optimierungsprogramm und dessen Umsetzung.

Abbildung 1: Strategic Brand Management Process (SBMP)

2.1 Brand Evaluation

Dem Evaluierungsprozess sollte eine genaue Definition der Aufgaben vorhergehen. Was soll eigentlich untersucht, verbessert, verändert werden? Hierzu ist es bei multinational agierenden Unternehmen in der Regel zunächst nötig, sich einen genauen Überblick über die vorhandene Basis zu verschaffen. Welche Marken gibt es in der Gesamtorganisation und in welcher Beziehung stehen diese zueinander? Es müssen alle schon vorhandenen Daten über die Marken gesammelt, strukturiert und aufbereitet werden. Als notwendige Input-Basis für die nachfolgenden Prozessschritte ist eine Reihe von Schlüsseldaten zu ermitteln:

	Beschreibung		Daten Input für Projekt Phasen
Marktdaten	▪ Marktgrößen, Marktentwicklung ▪ Marktsegmente, Größen, Entwicklung ▪ Marktanteile, pro Segment, Entwicklung (Top 10 Marken)	▶	▪ Marken Vorab-Bewertung ▪ Szenarioentwicklung ▪ Aufbau eines Branding Programms
Kundendaten	▪ Verfügbare Informationen über Kundenbedürfnisse, Profile, etc. ▪ Kundenstruktur (b-to-b vs. b-to-c) ▪ Verfügbare Informationen über Kundenfluktuation ▪ Brand awareness	▶	▪ Detaillierte Markenbewertung ▪ Szenarioentwicklung
Firmendaten	▪ Organigramme / Informationen zur Stellenbesetzung der regionalen Marketingabteilungen ▪ Informationen zu den Marketingprozessen ▪ Übergreifende Verknüpfung zur Geschäftsstrategie ▪ Rentabilität	▶	▪ Marken Vorab-Bewertung ▪ Aufbau eines Branding Programms
Werbeausgaben	▪ Allgemeines Werbeumfeld im relevanten Markt ▪ Werbeausgaben der Wettbewerber der letzten 5 Jahre ▪ Informationen zu Störeffekten in den Medien	▶	▪ Kommunikationsanalyse ▪ Szenarioentwicklung ▪ Aufbau eines Branding Programms

Tabelle 1: Datenermittlung in der Brand Evaluation Phase

Im Anschluss an die Datensammlung muss die Frage geklärt werden, wo konkreter Handlungsbedarf besteht. Steht das gesamte Portfolio auf dem Prüfstand oder nur einzelne Marken? Nach welchen Kriterien sollen die Marken ausgewählt werden, die zu bearbeiten sind? Nach Klärung dieser Fragen kann mit der eigentlichen Analyse begonnen werden. Die ausgewählten Marken werden in Hinblick auf ihre Marktstellung, ihre Stärke, ihre Werttreiber und ihr Gesamtprofil untersucht und eingeordnet. Es wird ein Stärken-/Schwächenprofil erstellt, das Hinweise auf Felder gibt, in denen die jeweilige Marke Entwicklungspotenziale haben könnte. Je nach Zielsetzung der Analyse stehen unterschiedliche Werkzeuge zur Markenuntersuchung zur Verfügung:

2.1.1 Brand Equity Analysis

In einem ersten Schritt werden mithilfe einer „Constant Sum Analysis" die Präferenzen der betrachteten Marken und der entsprechenden Wettbewerbsmarken aus Verbrauchersicht festgestellt. Das Verfahren nutzt den paarweisen Vergleich von jeweils zwei Marken, um zu ermitteln, welchem der Vergleichspartner der Verbraucher den Vorzug gibt.

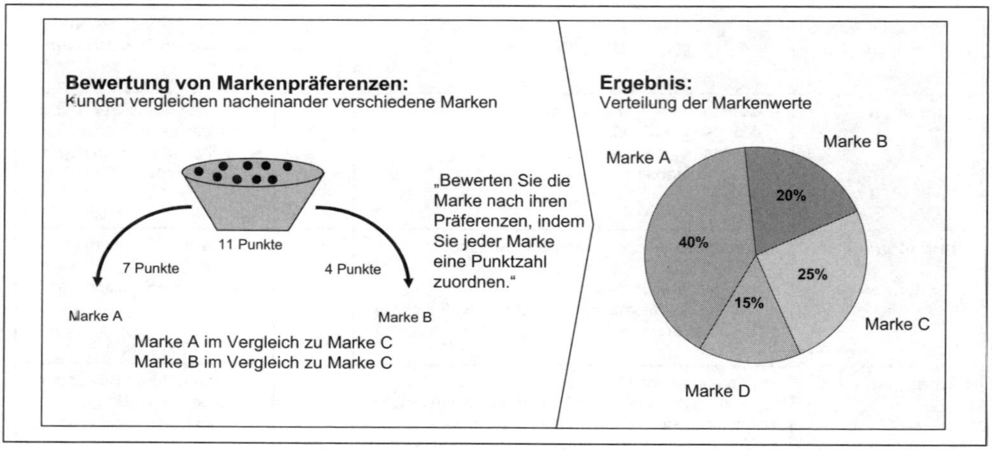

Abbildung 2: Brand Equity Index Methodologie[1]

Dieses Analyseverfahren basiert darauf, dass das Markenkapital durch eine Vielzahl von Assoziationen und Vorstellungen entsteht, welche die Konsumenten von Unternehmen und Marken wahrnehmen. Die Betonung liegt hierbei auf „Wahrnehmung", da sich diese signifikant von der tatsächlichen Position oder Leistungsstärke einer Marke unterscheiden kann. Markenstärke sollte sich komplementär zur tatsächlichen Leistungsstärke eines Produktes oder eines Unternehmens verhalten; sie verhilft zu Leistungs- und Preisspielräumen, wirkt präferenzbildend und schafft Vertrauen. Die Ergebnisse der Vergleichstests werden zu einem „Brand Equity Index" umgerechnet, der die relative Stärke der untersuchten Marke im Vergleich zu ihren Wettbewerbern aufzeigt. Aus der jeweiligen Stellung gegenüber den Wettbewerbsmarken lässt sich dann ein konkreter Handlungsbedarf für die eigene Marke ableiten.

2.1.2 Branding Funnel Analysis

Basierend auf der Brand Equity Analysis lassen sich weitere Untersuchungen vornehmen. Die Branding Funnel Analysis erfasst modellhaft die einzelnen Markenbildungsparameter und leitet spezifische Maßnahmen daraus ab. Die Analyse basiert auf allgemein akzeptierten Markendimensionen, die aufeinander aufbauen. Diese Dimensionen beschreiben den Werbewirkungs- und Markenbildungsprozess, indem sie die unterschiedlichen Qualitäten des Markenkontaktes (Werbung, Produktqualität, Distribution, Kun-

1 Vgl. Research International.

denbeziehung und -zufriedenheit) in einer überschaubaren und prägnanten Art darstellen. Die Analyse setzt bei der Markenbekanntheit an: Kennt der Verbraucher die Marke? Ist die Marke überhaupt „Top of mind“?

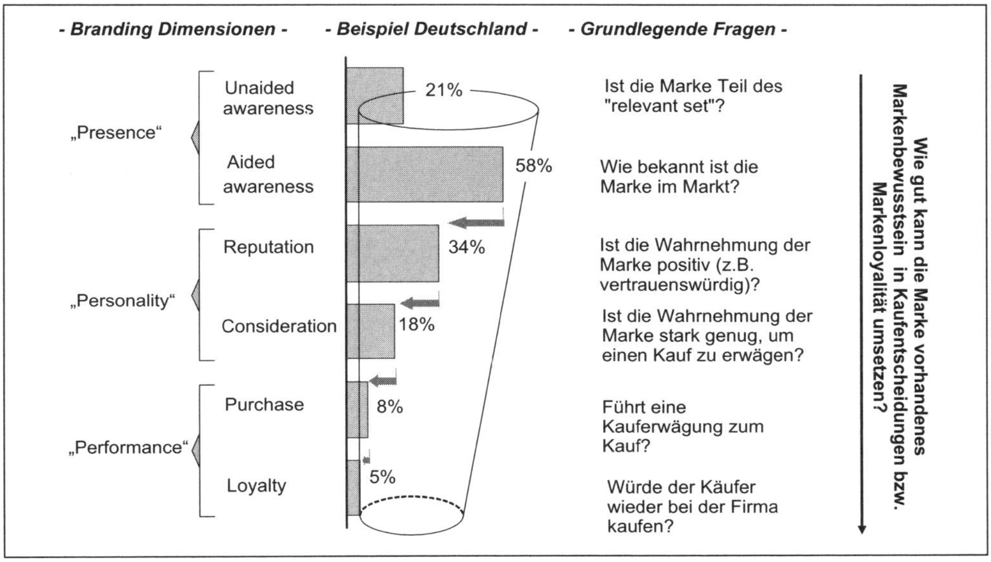

Abbildung 3: Methodologieübersicht Branding Funnel[2]

Markenbekanntheit ist verhältnismäßig einfach zu erreichen: durch entsprechend hohe Media Spendings, also ausreichenden Werbedruck, kann sie „quasi“ erkauft werden.

Bekanntheit ist jedoch noch nicht gleichzustellen mit Markenerfolg in Form von Absatz. Je näher es an den „Point of Sale“ geht, umso mehr Gewicht fällt auf die wirkliche Produktpräferenz des Kunden. Dies bedeutet, der Konsument muss die Marke nicht nur kennen, sondern auch „mögen“. Wesentliche weitere Faktoren neben der Bekanntheit sind daher Sympathie, Kaufbereitschaft und Kaufabschluss. Ist der Konsument mit dem ersten Kauf zufrieden, wird er die Marke wiederkaufen, wodurch er zu einem loyalen Kunden wird. Der Branding Funnel misst die Markenperformance entlang des voraussichtlichen Kaufprozesses. Die Schlüsselfrage lautet: Wie gut gelingt es, Bekanntheit in Konsumentenloyalität umzuwandeln?

Die Branding Funnel Analysis bildet die Leistungsstärke einer Marke aus Kundensicht ab und lässt so sehr gute Rückschlüsse auf erforderliche Maßnahmen zu.

2 In Anlehnung an McKinsey.

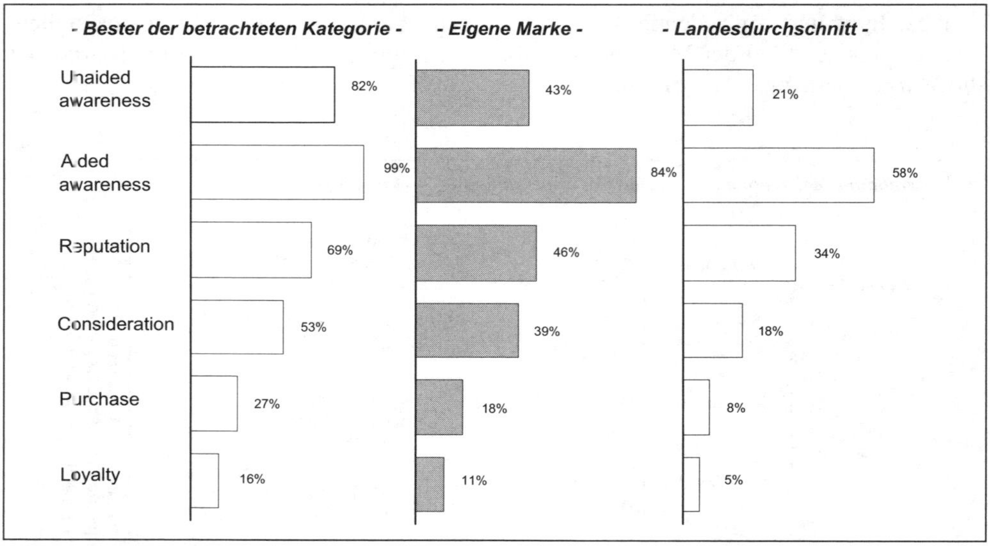

Abbildung 4: Branding Funnel-Beispiel[3]

Das Schaubild stellt illustrativ eine Marke dar, die sich durch eine sehr hohe gestützte Markenbekanntheit auszeichnet, in den weiteren Markendimensionen allerdings klar hinter der „Best in Class" Marke liegt. Durch weitere Analysen, wie z. B. der Werbeinvestments/Share of voice, Vertriebsdichte und -stärke, Produktqualität oder CRM-Maßnahmen kann möglicherweise abgeleitet werden, dass Investitionen in above-the-line Kommunikation zu diesem Zeitpunkt nur bedingt sinnvoll sind. Vielmehr sollte in diesem Beispiel das Augenmerk auf eine Verbesserung der Produkt-, Vertriebs- oder Serviceleistung gelegt werden.

Noch einen Schritt weiter geht die Messung der Branding Key Performance Indicators, die anhand der Veränderung von einer Stufe des Kaufprozesses zur nächsten die relative Markenperformance definieren. Die Veränderungen zeigen die Markenstärke an den verschiedenen Stufen des Kaufprozesses im Vergleich zum Wettbewerb auf.

3 In Anlehnung an McKinsey.

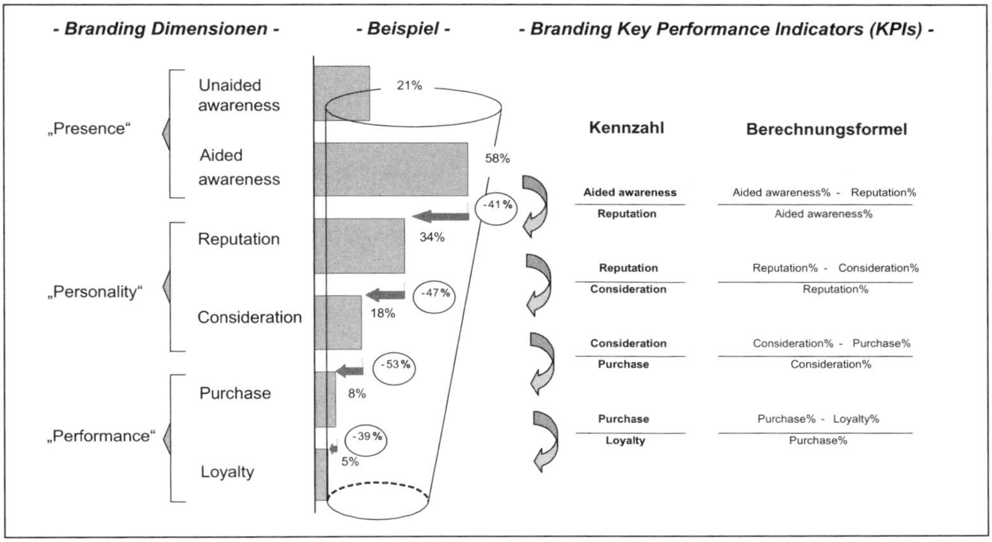

Abbildung 5: Schlüsselindikatoren der Markenperformance entlang des Branding Funnel[4]

2.1.3 Brand Profile Analysis

Die Brand Profile Analysis hilft, das wahrgenommene Profil der Marke besser zu verstehen. Es wird über eine Konsumentenbefragung gewonnen und stellt die relative Stärke der Marke bei emotionalen und funktionalen Attributen in Bezug auf die Wettbewerber dar.

4 In Anlehnung an McKinsey.

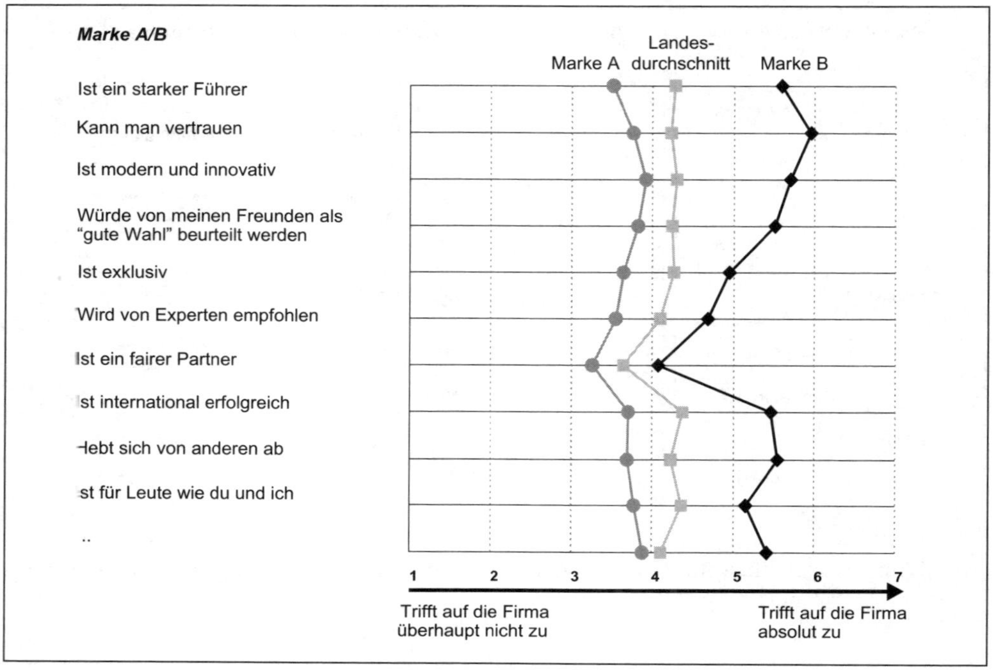

Abbildung 6: Markenprofilanalyse

2.1.4 Communication Analysis

Die „Qualitative Communication Analysis" dient dem tieferen Verständnis der Kommunikationsprozesse von eigenen und konkurrierenden Marken. Für das methodische Vorgehen existieren Standardschablonen. Die Kommunikationsparameter der Wettbewerber können innerhalb dieses Rahmens ermittelt werden. Die Ergebnisse der qualitativen Kommunikationsanalyse lassen sich in einer Marken-Kommunikations-Landkarte verdichten. Sie zeigen den Stand der eigenen Marke und die Vergleichsperformance der Wettbewerber. Die quantitative Kommunikationsanalyse ermittelt den Input für ein zu entwickelndes Werbekonzept.

Analyse-Struktur	Details
▪ Medienlandschaft	▪ Demographisches Profil ▪ Medieneinkauf- und Medienplanungsaspekte
▪ Überblick über den gesamten Werbemarkt	▪ Werbeausgabenverteilung ▪ Durchschnittliches Wachstum
▪ Die 10 Unternehmen/Produktsparten mit den höchsten Werbeausgaben	▪ Produktsparten ▪ Unternehmen
▪ Medienverteilung	▪ Produktsparten im Vergleich zum Gesamtmarkt ▪ Nach Marke
▪ Ausgabendichte	▪ "Top spender" im Vergleich zu den anderen
▪ Kostenvergleich zwischen den einzelnen Medien	▪ Kosten per "GRP" („Gross Rating Point")

Tabelle 2: Inhalte der quantitativen Kommunikationsanalyse

2.2 Brand Building

2.2.1 Value Proposition-Definition

Eine Value Proposition ist das Nutzenversprechen einer Marke und definiert die angestrebten Kernmarkenassoziationen. Die Kernfrage dabei ist: „Wofür soll eine Marke in der Wahrnehmung der Zielgruppe stehen?" Damit definiert die Value Proposition auch die Position der Marke in Relation zum Wettbewerb. Ohne eine klare Value Proposition ist es schwierig, einen hohen Markenwert zu erreichen, selbst wenn eine Marke über eine flächendeckende Bekanntheit und gute Imagewerte verfügen sollte. Eine Value Proposition kann signifikant für die Entwicklung eines ganzen Unternehmens sein, da sie das gesamte Spektrum eines Unternehmens umspannt und daher auch ein ganzes Unternehmen verändern bzw. zu einem begrenzten Maße in eine gewisse Richtung lenken kann.

2.2.2 Ziel der Value Proposition

Ziel ist, die Marke konsistent, differenzierend und präferenzbildend in die Wahrnehmung der Zielgruppe einzufügen. Um dieses Ziel zu erreichen, muss die Value Proposition auf das Unternehmen bezogen ganzheitlich implementiert werden. Die Value Proposition ist ein verbindliches Statement, welches die Vorteilhaftigkeit des Businessmodells aus einer 360-Grad Perspektive beschreiben soll. Daher soll sowohl ein verbindliches Nutzen- oder Leistungsversprechen formuliert werden, das Anspruch und Maßstab für das gesamte zukünftige Handeln und Verhalten in Bezug auf die Marke zusammenfasst, als auch die angestrebten Kernmarken-Assoziationen definiert. Das Versprechen gilt gegenüber allen relevanten Stakeholdern des Unternehmens wie beispielsweise Analysten, Mitarbeitern, Kunden und der Öffentlichkeit. Anlässe für die Entwicklung einer Value Proposition kann es viele geben.

Markenpositionierung notwendig bei	Herausforderungen	Beispiel
Neuschaffung einer Marke	▪ Schaffung von Awareness ▪ Zielkonflikte: Schneller ROI vs. Langfristiger Markenaufbau ▪ Erstpositionierung im Markt	amazon.de
Fusion bzw. Migration einer Marke	▪ Überführung Kundenstamm ▪ Überführung bekannter Marke in neues Umfeld ▪ Bewahrung von Markenwert	Vereinte Krankenversicherung
Nicht mehr zeitgemäß erscheinendem Profil einer Marke	▪ Glaubwürdigkeit d. Repositioning/ Relaunch ▪ Reaktivierung verlorener Kunden	Fanta

Abbildung 7: Anlässe für die Value Proposition-Entwicklung

2.2.3 Value Proposition-Entwicklung

Die Entwicklung der Value Proposition wird durch vier Determinanten beeinflusst: Die bestehende Positionierung der Marke, die bestehende Markenstrategie des Unternehmens als Leitlinie, die gegenwärtige Stellung der Wettbewerber und die Zielgruppe.

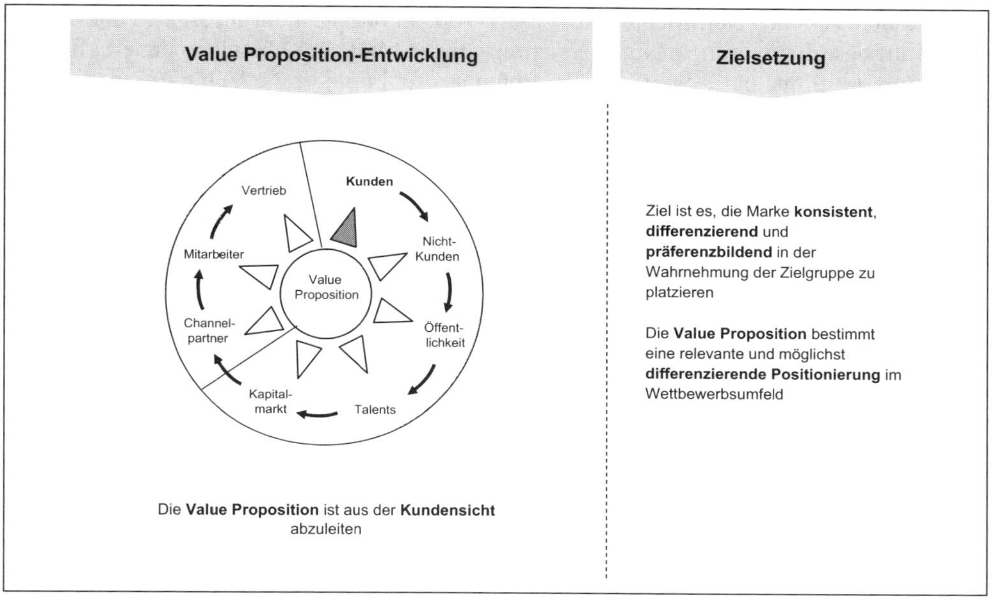

Abbildung 8: Value Proposition-Entwicklung

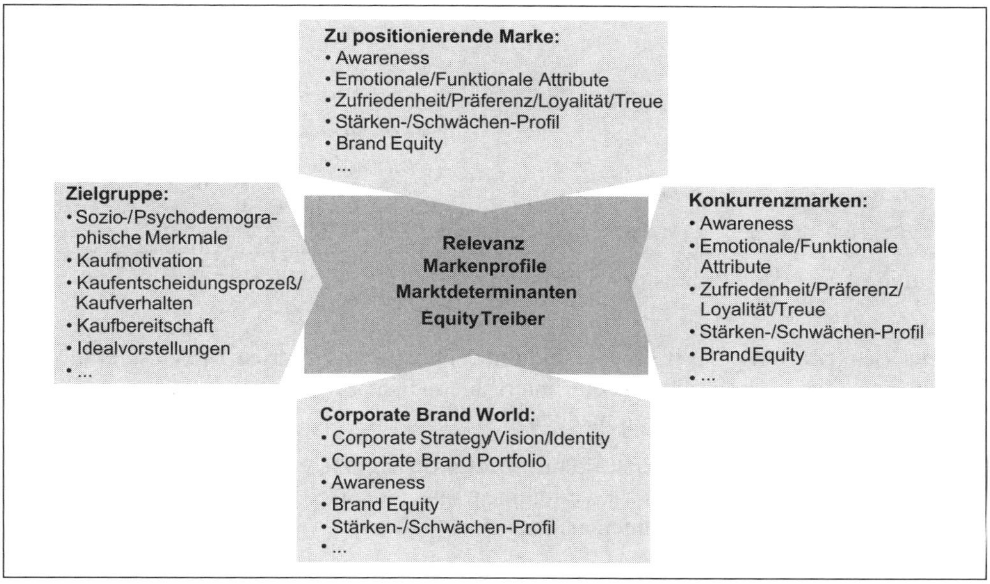

Abbildung 9: Determinanten der Value Proposition-Entwicklung

Nach innen gerichtet verpflichtet die Value Proposition alle Führungskräfte und Mitarbeiter auf das übergeordnete Nutzenversprechen der Marke und bietet so dauerhafte Orientierung. Im Sinne eines Steuerungsinstrumentes funktioniert die Value Proposition auf hochaggregierter Ebene. Sie definiert den Kurs und lässt Abweichungen von der eingeschlagenen Richtung erkennen.

In Bezug auf den Kunden ist eine klare Value Proposition-Struktur zu erarbeiten, die den Kundennutzen beschreibt, die Markeneigenschaften herausarbeitet und ihre emotionalen Attribute festlegt. Alle Elemente müssen eindeutig definiert sein und ineinander greifen, um ein konsistentes Gesamtkonzept auszubilden. Die Struktur muss dabei die Basisfragen beantworten:

- Welches zentrale Nutzenversprechen vermittelt die Marke?
- Worauf liegt der Fokus?
- Welches sind die funktionalen und emotionalen Attribute, die dies unterstützen?
- Wie ist die Markenpersönlichkeit zu beschreiben?

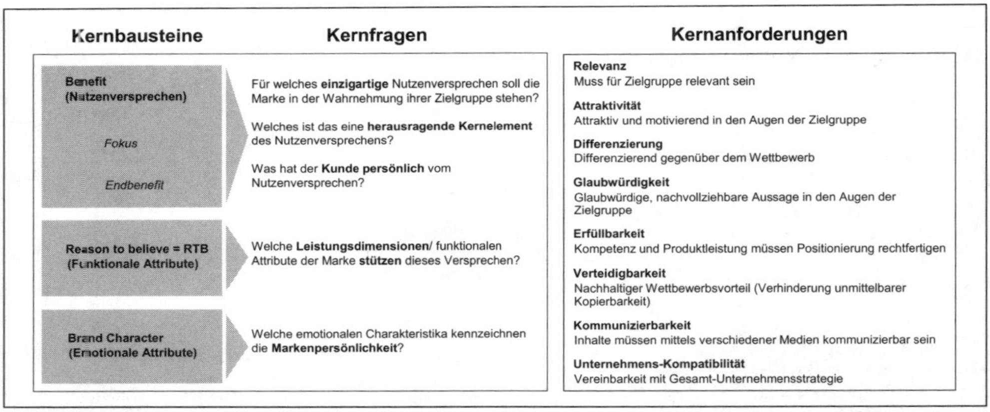

Abbildung 10: Value Proposition-Übersicht

Bei der Beantwortung dieser Fragen sind unterschiedliche Kriterien zur Validierung heranzuziehen, die es ermöglichen, die unterschiedlichen Sichtweisen zu berücksichtigen und Vergleichbarkeit möglich zu machen.

Ist das, was die Marke verspricht, glaubwürdig, differenzierend, relevant und lieferbar? Ist es gegen den Wettbewerb zu verteidigen und gleichzeitig leicht und schlüssig zu kommunizieren sowohl nach innen als auch nach außen?

Eine Value Proposition wird auf Basis von Sekundärmarktforschungsanalysen entwickelt und über Expertenchecks und Verbrauchertests qualifiziert. Dies ist ein mehrstufiger Prozess, der mehrere Monate in Anspruch nehmen kann.

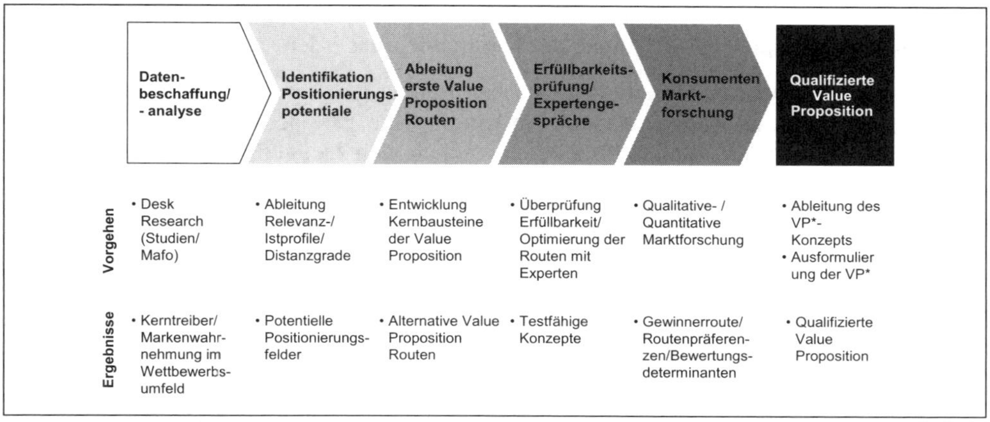

Abbildung 11: Die Praxis: Prozessgestaltung der Value Proposition-Entwicklung

Der Value Proposition-Entwicklungsprozess führt über die Erhebung des benötigten Daten-Inputs bis hin zur Ausformulierung der distinkten Value Proposition und die Übersetzung dieser in ein Equity Statement, bzw. auf Unternehmensebene in ein Mission Statement. Entlang des Entwicklungspfades werden Positionierungsrouten sukzessive bis zu einem finalen Value Proposition-Konzept selektiert und verdichtet.

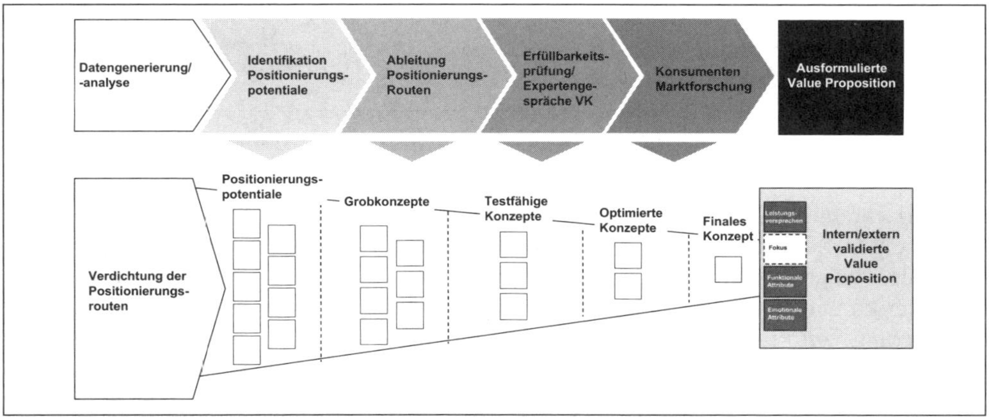

Abbildung 12: Bis zum Zielkonzept: Value Proposition-Entwicklungsprozess

2.2.4 Brand Management Wheel

Die Entwicklung einer Value Proposition verleiht einer Marke eine strategisch ausgerichtete Positionierung. Dem Entwicklungsprozess muss jedoch, damit die Proposition wirken kann, eine Implementierung folgen. Das bedeutet, die Value Proposition muss bekannt gemacht und an alle Stakeholder kommuniziert werden.

Zunächst steht die Transformation in markenstrategische Arbeitspläne innerhalb eines integrierten Markenmanagements an. Nur durch eine präzise operative Planung und Durchführung wird das gesamte Projekt letztendlich zum Ziel geführt.

BBDO Consulting hat zur Überbrückung dieser inhaltlichen wie prozessualen Lücke als Managementlösung das „Brand Management Wheel" entwickelt, das alle relevanten Bestandteile des operativen Markenmanagements inhaltlich abdeckt.

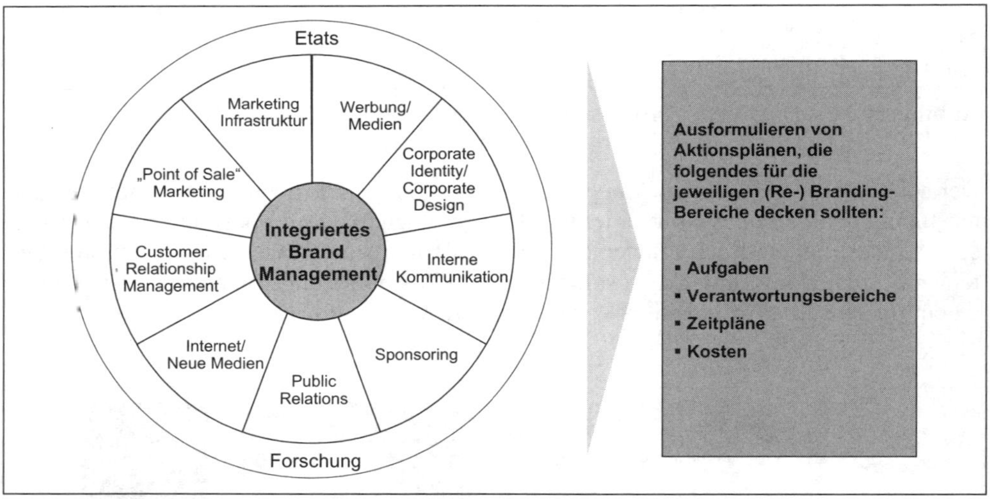

Abbildung 13: "Brand Management Wheel" der BBDO Consulting

Aufsetzend auf bereits vorhandenen Einzelbausteinen wird mit Hilfe des Brand Management Wheels das notwendige Gesamtprogramm für den Brand Roll-Out entwickelt. Für jedes seiner Elemente werden Einzelarbeitspläne erstellt, die zur Definition und Führung der konkreten Implementierungsmaßnahmen dienen. Dieser Prozess dient auch der Etablierung von Prozessroutinen, welche die Stabilität der organisatorischen Infrastruktur verstärken und eine einheitliche Steuerung mit hoher Prozesssicherheit gewährleisten. Häufig wird hierdurch auch eine Qualifizierung der Mitarbeiterfähigkeiten erreicht. In konkreten Projekten konnten durch diese Vernetzung von Inhalt und Prozess Einsparungspotenziale im Marketingbudget von bis zu 20 % ermittelt werden.

2.3 Brand Investment Controlling

2.3.1 Marketingausgaben zunehmend im Fokus des Vorstands

In den meisten Branchen sind die Werbebudgets in den letzten Jahren kräftig angestiegen. So hat etwa die AC Nielsen Werbeforschung ermittelt, dass die Ausgaben für klassische Werbung zwischen 1990 und 2000 um insgesamt 65 Prozent gewachsen sind – über alle von ihr betrachteten Industrien hinweg. Allerdings sind die Entwicklungen in den jeweiligen Branchen sehr unterschiedlich: Während in der Konsumgüterindustrie Marketing traditionell einen hohen Stellenwert einnimmt, was durch entsprechend hohe Marketingausgaben dokumentiert wird, weist der Dienstleistungssektor in den letzten Jahren einen geradezu explosionsartigen Anstieg auf. Besonders stark wuchsen dabei die Ausgaben in den Bereichen Energie, Telekommunikation und Finanzdienstleistungen.

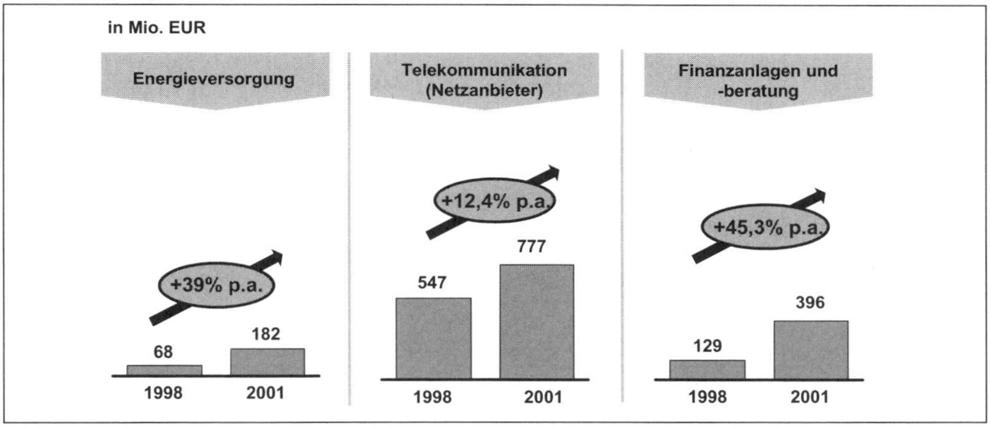

Abbildung 14: Deutliches Wachstum der Werbeausgaben in einigen Branchen[5]

Die Werbeausgaben im Dienstleistungsbereich, die jahrzehntelang vergleichsweise gering waren, wurden zur Einführung neuer Marken und zur Penetration bestehender Marken auf zweistellige Mio. Euro-Beträge angehoben.

Doch um das gesamte Marketingbudget zu erfassen, reicht der alleinige Blick auf die Werbeausgaben nicht aus. Hinzu kommen weitere Kosten – etwa für vertriebsbezogene Marketingmaßnahmen, Direktmarketing oder Sponsoring, etc. Erfahrungsgemäß müssen je nach Branchengegebenheiten noch einmal zwischen 100 und 250 Prozent auf die klassischen Werbeausgaben aufgeschlagen werden, um eine realistische Schätzung des Ge-

5 Datenquelle: ACNielsen.

samtbudgets zu erreichen. Die Folge: In nahezu allen Branchen nimmt das Marketingbudget mittlerweile einen bedeutenden Anteil an den Gesamtkosten der Unternehmen ein – und rückt damit zwangsläufig in den Blickpunkt des Vorstands.

Die durch schwierige konjunkturelle und weltpolitische Rahmenbedingungen gekennzeichneten Jahre 2001, 2002 und 2003 zeigen allerdings auch, dass viele Unternehmen mit Aktionismus auf veränderte Situationen reagieren. So wurden bei zahlreichen Unternehmen quasi Werbeausgaben über Nacht eingefroren und häufig durch aggressive Preisaktionen ersetzt. Im Folgenden sollen einerseits mögliche Gefahren aufgezeigt werden, die durch kurzfristige Reaktionen für das Brand Management entstehen, und andererseits soll auf einen Ansatz zur optimalen Gestaltung des Werbebudgets eingegangen werden.

2.3.2 Wertvernichtung durch pauschale Kürzungen

Die angesprochene Tendenz zu kurzfristigen und pauschalen Reduktionen des Marketingbudgets, wonach etwa „alle Marketingaktivitäten zum nächstmöglichen Zeitpunkt um 15 Prozent zu reduzieren sind", oder „das Marketingbudget auf den Branchendurchschnitt einzustellen ist", ist problematisch und kollidiert mit zwei zentralen Erkenntnissen der effektiven Markenführung:

1. Die eingesetzten Marketinginstrumente wirken nicht nur sehr unterschiedlich, sie weisen auch deutlich voneinander abweichende Schwellenwerte, also Unter- bzw. Obergrenzen der Wirksamkeit, auf. Dieser Sachverhalt wird durch das Konzept der „Marketing S-Kurve" deutlich.

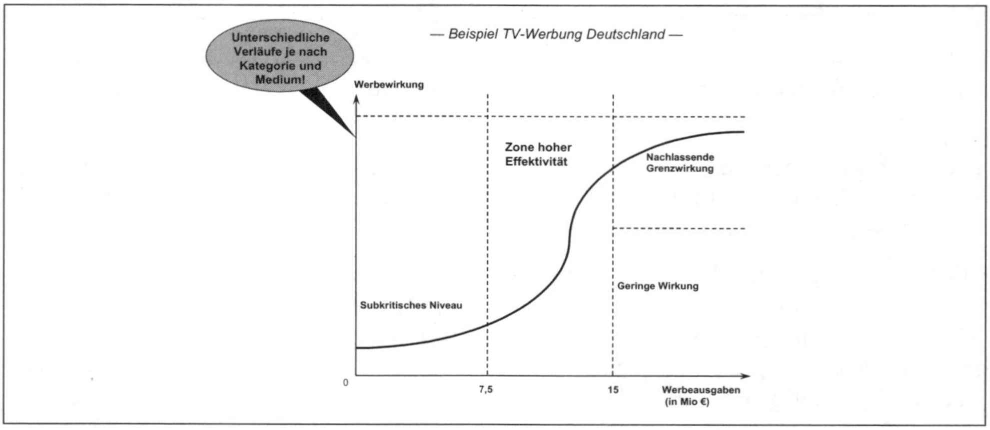

Abbildung 15: Marketing S-Kurve

Zahlreiche empirische Untersuchungen belegen, dass beispielsweise bei der Fernsehwerbung ein Unterschreiten des unteren Schwellenwertes zu überproportionalen Wirkungsverlusten führen kann; die Kampagne geht unter im „Grundrauschen des Werbemarktes“. Für bundesweit angelegte Kampagnen mit einer breiten Zielgruppe wird ein Schwellenwert von etwa sieben Millionen Euro angesetzt. Entsprechend erklärt die S-Kurve aber auch die mangelnde Effektivität von TV-Kampagnen mit zu hohem Budget. Der Schwellenwert liegt hier bei ca. 15 Millionen Euro.

Für andere Kommunikationskanäle gilt diese Mechanik nicht. So liegen etwa die Schwellenwerte beim Direktmarketing deutlich niedriger, da Maßnahmen für spezifische Zielgruppen bereits zu geringen Kosten durchgeführt werden können. Damit wird klar, dass jedes Marketinginstrument individuell getrennt betrachtet werden muss, um die Effizienz der gesamten Marketingaktivitäten zu ermitteln. Diese Detailanalyse kann etwa den Verzicht auf einzelne Maßnahmen bei gleichzeitiger Intensivierung anderer Aktivitäten nahe legen. Bei einer pauschalen Kürzung kann dagegen die Wirksamkeit der gesamten Kommunikation verloren gehen.

2. Das ideale Marketingbudget als allgemein gültige Planungsgröße ist eine Fiktion.

Der notwendige und sinnvolle Umfang von Investitionen richtet sich vielmehr nach dem Status einzelner Marken im Verhältnis zu den relevanten Wettbewerbern. Es steht außer Frage, dass in eine Marke in der Einführungs- und Ausbauphase deutlich mehr investiert werden muss als in eine etablierte Marke. Entsprechend hat ein kurzfristiges Absetzen der Werbeaktivitäten in beiden Fällen völlig unterschiedliche Konsequenzen: Während etablierte Marken kurzfristig weniger sensibel auf schwankende Budgets reagieren, zeigen Werbetracking-Studien, wie schnell mühsam aufgebautes Markenguthaben in der Einführungsphase wieder wegbrechen kann. So können bereits innerhalb weniger Monate Markenbekanntheit oder -sympathie um zweistellige Prozentsätze zurückfallen. Neben der übergeordneten Strategie des Unternehmens, die letztlich über die notwendige Ausstattung des Werbebudgets entscheidet, beeinflussen weitere Faktoren das Marketingbudget:

- Werbedruck in der jeweiligen Branche,
- Anzahl von Geschäftsfeldern, die mit einer Marke abgedeckt werden,
- Aspekte der Zielgruppenstruktur und -erreichbarkeit.

2.3.3 Kritische Erfassung und Bewertung aller Aktivitäten

Sind die unterschiedlichen Wirkungen der jeweiligen Marketinginstrumente bekannt, stehen der praktischen Bearbeitung häufig scheinbar profane Hemmnisse entgegen: In vielen Unternehmen herrscht wenig Transparenz bezüglich der gesamten Marketingaktivitäten. Marketing wird in den Kostenrechnungssystemen häufig unangemessen abgebildet, und Kosten werden auf den unterschiedlichsten Kostenstellen gebucht.

Ungleich schwerer wiegen allerdings strukturelle Aspekte: Oft sind die unterschiedlichsten Abteilungen, Bereiche oder sogar Einzelunternehmen für Marketingthemen zuständig. So verantworten in vielen Unternehmen des Dienstleistungssektors zentrale Marketingeinheiten die allgemeinen Imagekampagnen, während dezentrale Marketingthemen vertriebsnah oder unmittelbar in einer Vertriebseinheit angesiedelt werden. Aufgaben des Direktmarketing oder des E-Marketing werden in vielen Fällen hingegen von Vertriebs/IT-Abteilungen übernommen. Einher mit dieser organisatorischen Disparität gehen zumeist entkoppelte Planungsprozesse. Das bedeutet, die entsprechenden Einheiten gestalten, planen und dimensionieren ihre Marketingausgaben häufig autonom.

Es ist also eine große Herausforderung für nahezu jedes Unternehmen, alle laufenden und geplanten Marketingaktivitäten vollständig abzubilden. Das Ergebnis einer solchen Aufbereitung verschafft dem Top-Management jedoch bereits anhand einfacher Analysen zahlreiche wertvolle Erkenntnisse. Neben der tatsächlichen absoluten Höhe verblüfft häufig die Aufteilung des Gesamtbudgets – sowohl zwischen zentralen und dezentralen Maßnahmen, als auch zwischen vertriebsnahen und -fernen Maßnahmen. Außerdem wird der Anteil langfristiger Aktivitäten deutlich, die ohne Anpassung scheinbar „automatisch weiterlaufen“ und den Gesamtetat belasten.

2.3.4 Neuausrichtung des Marketingbudgets auf reduzierter Basis

Detaillierte Erkenntnisse bringt dann die Gegenüberstellung von Marketingmaßnahmen gegen den tatsächlichen Markenstatus. Das heißt, durchgeführte bzw. geplante Aktivitäten werden den markentechnischen Anforderungen gegenübergestellt. Als wirksamer Bezugsrahmen hat sich dabei der bereits erwähnte „Brand Funnel“-Ansatz erwiesen.

Mit diesem Modell kann anhand von Marktforschungsdaten der Status der Marke anhand einiger zentraler Indikatoren der Markendimension eindeutig bestimmt werden. Dabei werden nicht nur die absoluten Ausprägungen der entsprechenden Indikatoren wie Markenbekanntheit, Image oder Kaufbereitschaft im Verhältnis zu relevanten Wettbewerbsmarken betrachtet. Vielmehr ermöglicht die Evaluation der so genannten „Abschmelzraten“ von Stufe zu Stufe die Identifikation von Optimierungsmöglichkeiten. „An welchen Stellen verliere ich besonders viele meiner potenziellen Kunden, und mit welchen Maßnahmen kann ich diesen Verlusten gezielt entgegenwirken?“ lauten die Fragen für den Markenverantwortlichen.

So ist etwa Imagewerbung nicht geeignet, um eine spürbare Verbesserung der Kaufbereitschaft zu erreichen, während Mailings nicht auf die grundsätzliche Bekanntheit einer Marke einzahlen. Anhand dieser Logik können nun alle Marketingmaßnahmen systematisch bewertet werden. Sind die strategischen Ziele für die zukünftige Marktbearbeitung formuliert, können alle Maßnahmen entlang der beiden Achsen „Beitrag zur Zielerreichung“ und „Investitionsbedarf“ klassifiziert werden.

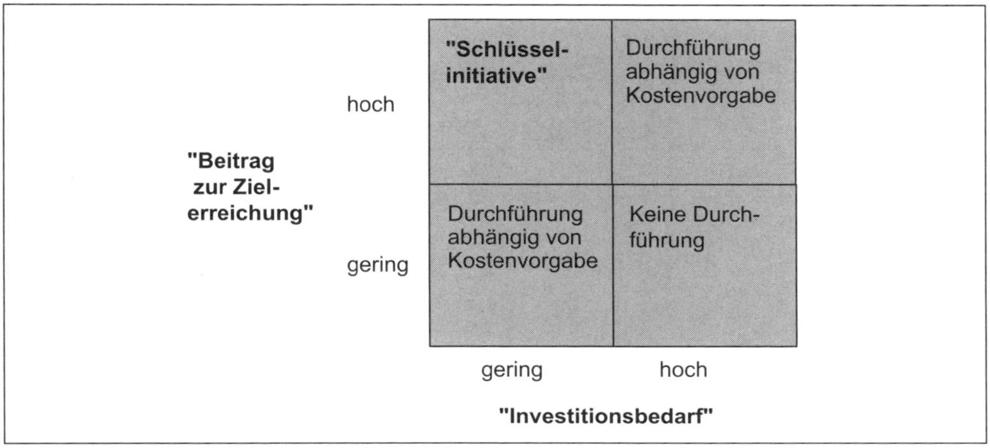

Abbildung 16: Klassifikation der Marketingmaßnahmen

Diese einfache Darstellung erlaubt eine wirksame Priorisierung der Aktivitäten. Je nach unternehmerischer Vorgabe können dabei in vielen Fällen Kosten in Höhe von 15 bis 35 Prozent eingespart werden.

Entscheidend ist jedoch, dass das hier vorgestellte Konzept nicht einseitig auf Kostenreduktion durch den Verzicht auf Marketingmaßnahmen abzielt. Es geht vielmehr darum, die Effektivität des gesamten Marketingprogramms zu verbessern. Zunächst wird analysiert, welche Wirkung sich durch die Stärkung der Marke erzielen lässt, also: Wie viele zusätzliche Erträge können erzielt werden, wenn über eine Erhöhung der Kaufbereitschaft zusätzliche Kunden gewonnen werden? Die Beantwortung dieser Frage zieht häufig eine Neuverteilung innerhalb des Marketingbudgets nach sich. Denn es wird deutlich, welche Kombination der Marketinginstrumente eine optimale Wirkung verspricht. Auf diese Weise kann die relative Markenstärke innerhalb eines Kalenderjahres um bis zu 30 Prozent gesteigert werden. Die folgende Abbildung 17 zeigt am anonymisierten Beispiel einer Dienstleistungsmarke, wie das Endprodukt eines derartigen Vorgehens aussehen kann.

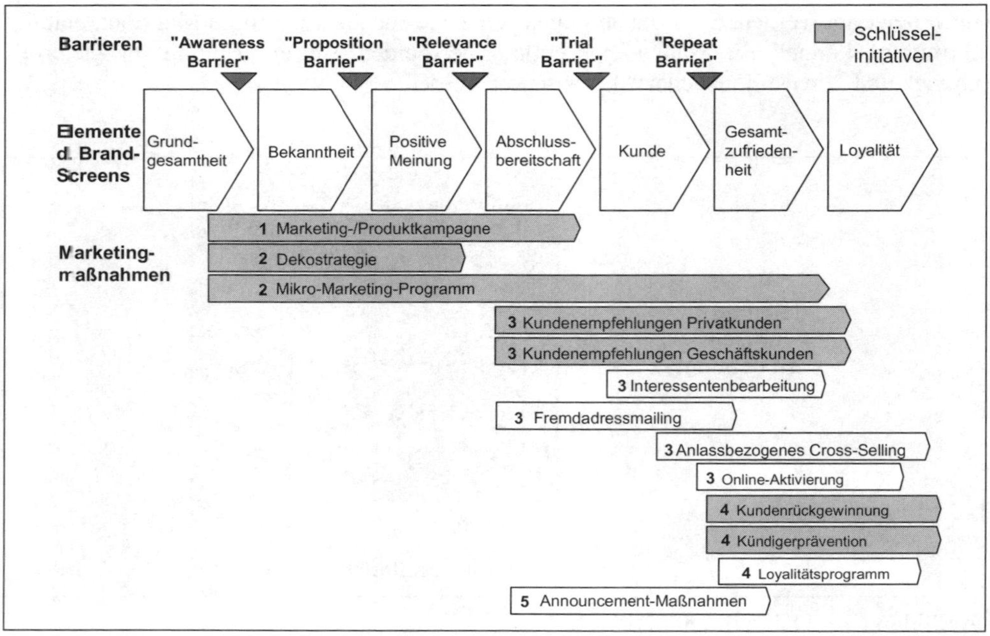

Abbildung 17: Zuordnung relevanter Maßnahmen auf Elemente des Brand Funnels am Beispiel Retail Banking

Neben den genannten unmittelbaren Effekten ergeben sich aber beim Brand Investment Controlling auch weitere Vorteile: Der pragmatische und faktenorientierte Ansatz fördert den konstruktiven Dialog zwischen verschiedenen Fachbereichen und hilft, wechselseitiges Misstrauen abzubauen.

Marketingleiter, die auf Basis robuster Modelle eine Aussage zum Return von Marketinginvestitionen vornehmen können, befinden sich also in einer ungleich vorteilhafteren Verhandlungsposition als diejenigen, die auf rein qualitative Argumentation vertrauen. Brand Investment Controlling bietet einfache Simulationen entlang des faktengestützten Brand Funnels, die die Konsequenzen unterschiedlicher Investitionsentscheidungen deutlich machen. Neben der Simulation der Marketinginvestitionen dient das Brand Investment Controlling insbesondere auch der Etablierung eines gesteuerten Brand Management-Prozesses.

Hinsichtlich der konkreten Implementierung eines derartigen Prozesses erfolgt nach der Analyse bestehender Kommunikationsstrategien und dem Auditing der aktuellen Kommunikationsmaßnahmen die Einrichtung eines zukünftig allgemein verbindlichen Datenspeichers, der die Grundlage für die zukünftige inhaltliche Bewertung aller Kommunikationsmaßnahmen darstellt. Das heißt, dass die Organisation durch die konsistente Ausrichtung an einer verbindlichen und hinreichend robusten Systematik über die Jahre ein pragmatisches Kontrollsystem in Sachen Marketingeffizienz aufbaut.

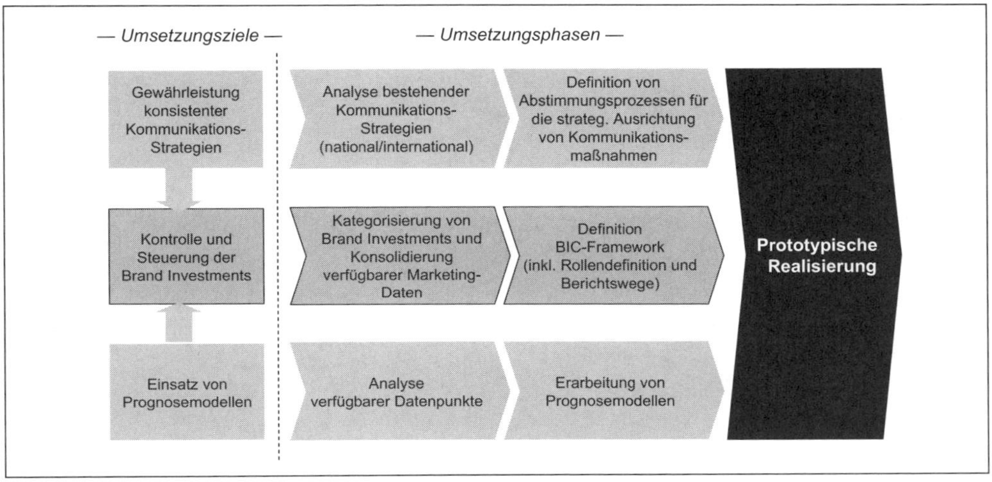

Abbildung 18: Umsetzung des Brand Investment Controlling (BIC)

Die Anforderungen an die Organisation mögen zunächst hoch erscheinen, da Disziplin und durchgängige Faktenorientierung gefragt sind und bestehende Prozesse angepasst bzw. erweitert werden müssen; letztlich ist ein solches Vorgehen auf Grund der ansteigenden Wettbewerbsintensität jedoch unumgänglich. Insbesondere im multinationalen oder multilokalen Bereich müssen die spezifischen Marktbearbeitungsstrategien abgestimmt und verdichtet werden. Geschäftsmodell und Markenmodell müssen sich hierbei sowohl an übergeordneten Erfordernissen als auch an lokalen Gegebenheiten orientieren. Strategische Positionierung des Gesamtunternehmens, die Ausrichtung an zukünftigen Markenszenarien sowie Pragmatismus beim Aufbau neuer Marken müssen mit den Erfordernissen kurzfristiger Vertriebsmaßnahmen in Einklang gebracht werden.

Je nach Reifegrad und Stabilität der Marketingorganisation ist zu empfehlen, bereits in der Konzeptphase konkret die prototypische Realisierung des Brand Investment Controlling-Systems im Rahmen eines Piloten voranzutreiben. So kann es für ein international tätiges Unternehmen sinnvoll sein, Vorteilhaftigkeit und Umsetzbarkeit in einer überschaubaren Landesorganisation zu demonstrieren, bevor man eine flächige Implementierung über alle Länder und Divisionen vorantreibt. Insgesamt kann das Top-Management mit der Implementierung eines Brand Investment Controllings sehr rasch große Wirkung bei Marketingeffizienz und -effektivität erzielen.

Michael Maskus und Kirsten Schüttler

Praktischer Einsatz des Strategic Brand Management Process (SBMP) am Beispiel der Allianz

1. Die Allianz - Ein globaler Finanzdienstleister

Die Allianz Group gehört mit 852 Mrd. Euro Bilanzsumme (Geschäftsjahr 2002) zu den weltweit bedeutendsten Finanzdienstleistungsunternehmen. Mehr als die Hälfte des Umsatzes wird außerhalb Deutschlands erwirtschaftet, gemeinsam mit über 700 Tochter- und Beteiligungsgesellschaften in mehr als 70 Ländern. Insgesamt sind über 100 Marken unter dem Dach der „Allianz Group" zusammengefasst. Diese Vielfalt ist die Stärke der Allianz Group und Teil ihrer Unternehmensphilosophie. Neben Versicherungsleistungen bietet die Allianz Vorsorgelösungen, Vermögensmanagement und, seit der Dresdner Bank Akquisition, auch Banking an.

- Wandlung in einem sich sehr stark verändernden Markt- und Wettbewerbsumfeld

Seit den 90er Jahren hat sich in der Versicherungswirtschaft die Aufgabe des Marketing gewandelt. Die Branche war und ist immer noch stark geprägt durch die Auffassung, dass allein Vertriebsstärke den Geschäftserfolg von Versicherungen bestimmt. Dabei wird leicht übersehen, dass zwar die Vermittleranzahl einen Erfolgsfaktor darstellt, allerdings nur in Verbindung mit einer klaren inhaltlichen und durch den Kunden wahrgenommenen Unternehmens- und Markenpositionierung.

Diese traditionelle Auffassung führte über lange Zeit zur eingeschränkten Funktion von Marketing als reiner Vertriebsunterstützung und wird noch heute oftmals als gleichbedeutend mit klassischer Kommunikation missverstanden. Doch in Zukunft wird Marketing in der Versicherungswirtschaft bei weitem nicht nur darauf beschränkt sein. Zentrale Aufgaben werden die Bewertung und Auswahl des kompetitivsten Markenportfolios und die fokussierte Führung der einzelnen Marken sein.

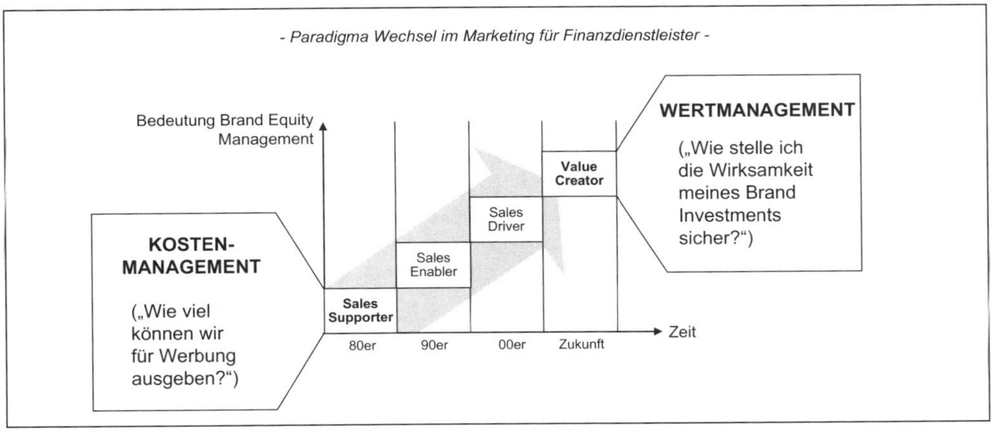

Abbildung 1: Die Rolle von Marketing bei Finanzdienstleistern

Das Allianz Group Marketing kann als einer der Vorreiter dieser Entwicklung gesehen werden. In den letzten 10 Jahren wurden Instrumente in den Bereichen Zielgruppenansprachen, Markenbewertungsmethodik und Brand Investment Management entwickelt, die in der Versicherungsbranche neue Maßstäbe gesetzt haben.

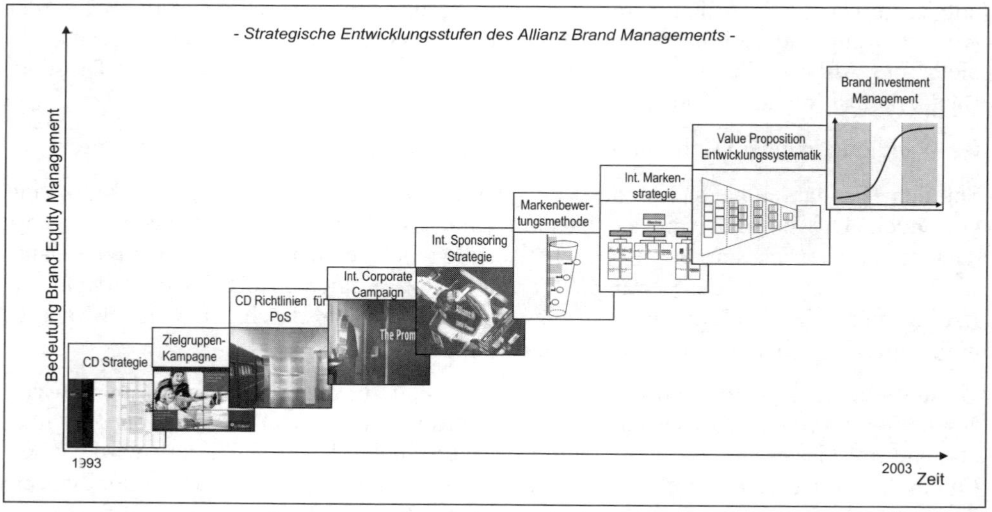

Abbildung 2: Die Rolle von Marketing bei der Allianz

Das Verständnis von Markenmanagement bei der Allianz ist entschieden geprägt worden durch die Herausforderungen, die dem Marketing durch eine veränderte Unternehmensstrategie gestellt worden sind. Die konsequente Neuausrichtung der globalen Strategie der Allianz, die Wandlung von einer nationalen Versicherung hin zu einem globalen, integrierten Finanzdienstleister, hat zu ganz neuen Wettbewerbern und Aufgaben geführt. Insbesondere die Auswirkungen der aktiven, internationalen Akquisitionsstrategie der Allianz auf das eigene Markenportfolio hat zu zentralen neuen Fragestellungen bezüglich der Markenstrategie geführt.

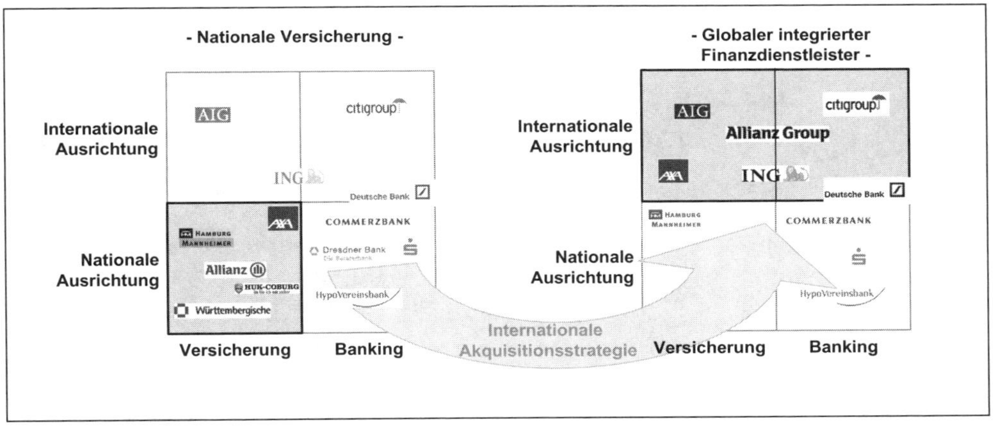

Abbildung 3: Wandel der Allianz zum globalen, integrierten Finanzdienstleister

2. Definition der Markenstrategie

Das Markenportfolio der Allianz war seit Mitte der achtziger Jahre stark gewachsen. Eine große Anzahl von Unternehmen mit neuen Marken wurden akquiriert, von AGF in Frankreich über Fireman`s Fund in den USA, bis zur RAS in Italien. In dieser Situation der Markenvielfalt und mehreren verschiedenen Geschäftsfeldern musste zuerst über die grundlegende Markenpolitik entschieden werden. Sollte das komplexe Portfolio der Marken erhalten werden oder ist die Konzentration auf eine einzige globale Marke, so wie z. B. Axa es praktiziert, notwendig?

Abbildung 4: Markenportfolio der Allianz Group (Auszug) - Stand 2000

Eine globale Monomarken-Strategie hat den Vorteil, dass Synergieeffekte, gerade auch im Bereich Kommunikation und Vermarktung, realisiert werden können. Diese Strategie bedingt eine zentrale Steuerung aller weltweiten Markenaktivitäten, unterstützt durch eine Unternehmensphilosophie, die eine ebenso fokussierte Steuerung des Gesamtkonzerns vorsieht. Die Konzentration auf eine Monomarke führt allerdings aus Sicht der Allianz zu einer Einschränkung der Flexibilität und der Geschwindigkeit des Unternehmens, mit denen auf lokale Besonderheiten und veränderte Marktbedingungen und Konsumentenbedürfnisse nur sehr begrenzt reagiert werden kann.

Eine globale Mehr-Marken-Strategie hingegen erlaubt eine spezifischere Ausrichtung einzelner Marken auf Marktbedingungen. Das vorhandene Markenguthaben wird optimiert und das Portfolio ganz auf die Steigerung des Geschäftserfolges ausgerichtet. Die erfolgreiche Umsetzung basiert auf einer gelungenen Differenzierung der einzelnen Unternehmensmarken. Diese Differenzierung kann geografisch erfolgen, anhand unterschiedlicher Geschäftsfelder und Leistungsangebote (z. B. Versicherung und Vermögensleistungen) oder durch die Ansprache unterschiedlicher Zielgruppen (z. B. Business-to-Consumer-Marken und Business-to-Business-Marken). Neben dem erhöhten Aufwand an finanziellen und managementbindenden Ressourcen zum Aufbau und Erhalt mehrerer Marken kann bei der Mehrmarken-Strategie insbesondere das fehlende Dach der Markenarchitektur ein Nachteil sein. Der vorhandene Wert einer starken Unternehmensmarke und die wahrgenommenen Vorteile für den Konsumenten durch die Kompetenz und Stärke des globalen Finanzdienstleisters können von den einzelnen lokalen Marken nicht genutzt werden.

Nach der Analyse und Bewertung verschiedener Szenarien entschloss sich die Allianz Group für eine neue Strategie, den Aufbau der Allianz zu einer globalen Marke unter gleichzeitiger Respektierung und Nutzung des Wertes von starken lokalen Marken. Für die faktenbasierte Auswahl und die Führung dieser Marken wurde bei der Allianz die Brand Management Systematik entwickelt.

3. Brand Management Systematik der Allianz Group

Die Brand Management Systematik der Allianz zur Steuerung des Markenportfolios basiert auf einem vierstufigen Prozess und bildet mit den dazugehörigen Instrumenten die Grundlage für ein effektives und effizientes Markenmanagement.

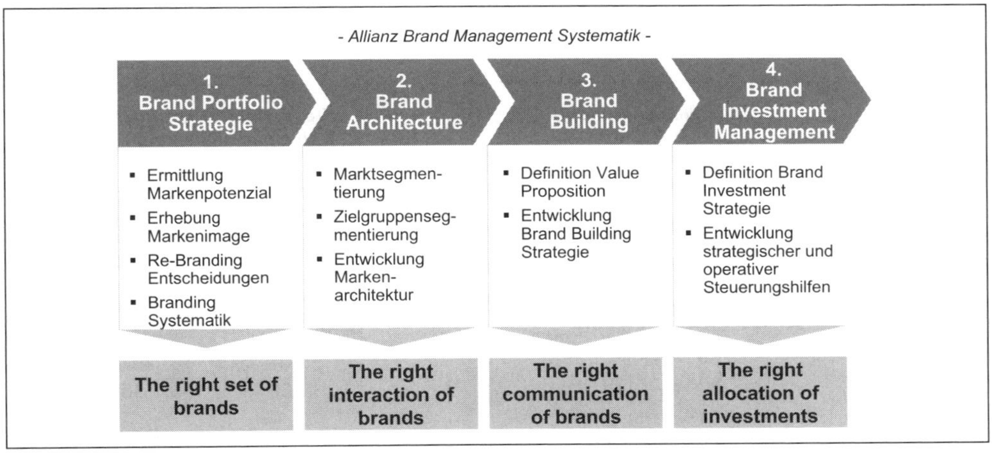

Abbildung 5: Allianz Brand Management Systematik

3.1 Brand Portfolio Strategie

- Brand Evaluation

In einem ersten Schritt wurden in mehreren Ländern Markenevaluierungen durchgeführt. Ermittelt wurde die subjektiv durch die Konsumenten wahrgenommene Markenstärke. Die Analyse erfolgt mithilfe der Constant Sum-Methode. Das Verfahren nutzt den paarweisen Vergleich von jeweils zwei Marken, um zu ermitteln, welchem der Vergleichspartner der Verbraucher den Vorzug gibt. Grundgedanke ist, dass Markenkapital durch eine Vielzahl von Assoziationen und Vorstellungen entsteht, die die Konsumenten mit Marken verbinden. Die Ergebnisse der Vergleichstests werden zu einem „Brand Equity Index“ umgerechnet, der die relative Stärke der untersuchten Marken im Vergleich zu ihren Wettbewerbern aufzeigt.

Diese Ergebnisse haben gezeigt, dass die Allianz z. B. in Deutschland die stärkste Marke in jedem ihrer Geschäftsfelder ist. Es konnte aber auch überprüft werden, in welchen Ländern das Ziel, in den relevanten Märkten zu den Top-5 zu zählen, nicht erfüllt wird. Hieraus gewonnene Erkenntnisse waren eine der Grundlagen für die folgenden Rebranding Entscheidungen.

- Branding Funnel

Die Branding Funnel Analyse bildet die unterschiedlichen Qualitäten des Kundenkontakts (Kommunikation, Produktqualität, Distribution, Kundenbeziehung, -zufriedenheit) entlang des Kaufentscheidungsprozesses ab. Das Wissen über die Kernkompetenz und das Leistungsprofil der verschiedenen Group Marken diente der Allianz als weitere Basis, um Rebranding Entscheidungen zu treffen.

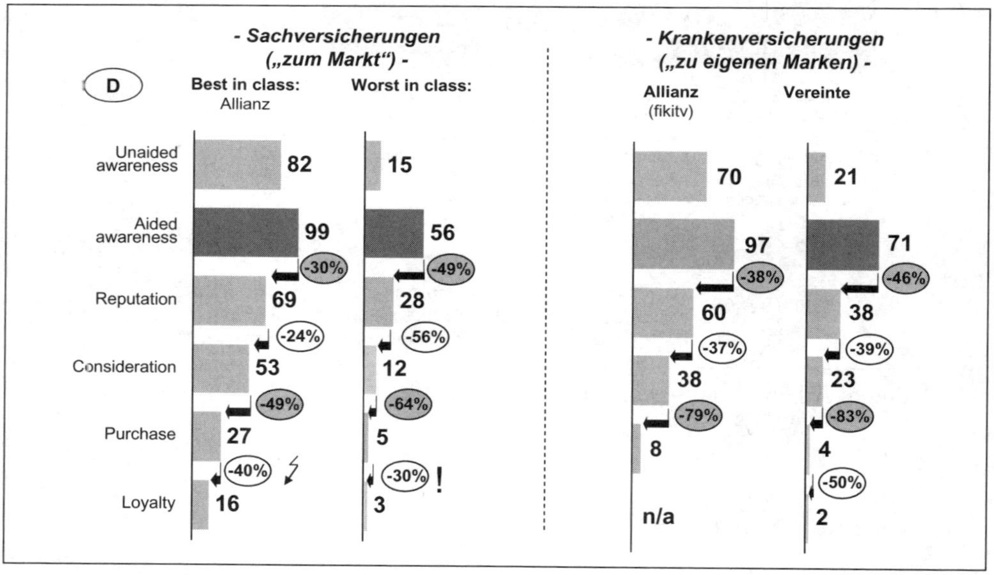

Abbildung 6: Allianz Branding Funnels: Basis für Rebranding Entscheidungen

Die Brand Funnel Analyse ermöglicht unterschiedliche Vorgehensweisen: Zum einen ist es möglich, die Funnel Ergebnisse einer eigenen Marke mit den Funnel Ergebnissen der Wettbewerbermarken zu vergleichen („zum Markt“). Zum anderen kann man die Funnel

Ergebnisse der eigenen Marken gegenüberstellen und miteinander vergleichen (zu eigenen Marken). Am Beispiel der Ergebnisse für die Allianz in Deutschland zeigte sich Folgendes:

- „Zum Markt“: Die Marke Allianz erreichte eine im Vergleich zum Wettbewerb herausragende Markenbekanntheit und ist darüber hinaus bei fast jedem weiteren Parameter des Funnels Best-in-Class
- „Zu eigenen Marken“: Im Bereich Krankenversicherung erzielte die Marke Allianz, die zu diesem Zeitpunkt noch gar nicht in diesem Versicherungssegment vertreten war, deutlich höhere Werte im Vergleich zur bereits seit Jahren am Markt etablierten Krankenversicherungsmarke „Vereinte“

Diese Erkenntnis war der wichtigste Auslöser für die Entscheidung, die Private Krankenversicherung Vereinte in Allianz Private Krankenversicherung umzubranden.

- Implikationen aus der Brand Evaluation

Die Markenevaluierung hat einen genauen Überblick über die Situation der verschiedenen Länderportfolios ermöglicht und führte auch zu weiteren Rebranding-Entscheidungen.

So wurden beispielsweise den traditionellen Landesmarken Berner und Elvia in der Schweiz kein Leadershippotenzial diagnostiziert und daher in die Allianz Suisse migriert. Dadurch konnten notwendige Investitionen auf eine Marke fokussiert werden.

In Italien war die Allianz Group mit drei Marken präsent, von denen zwei zu den Top-5 zählten und sich untereinander in ausreichendem Maße differenzierten und somit die Bedingungen zur Weiterführung erfüllten. Die traditionsreiche, über 100 Jahre alte Marke RAS, einer der Top-Player im italienischen Markt, wurde im Auftritt modernisiert, vereinheitlicht und als sogenannte Stand-Alone-Brand weitergeführt.. Für die zweite starke Marke Lloyd Adriatico wurde ein so genanntes Endorsement Branding gewählt. Der Marke wird durch die Verbindung mit der Allianz Group eine globale Gewichtung gegeben. Die dritte italienische Marke, die Allianz Subalpina, wurde aufgrund mangelndem Potenzial in die Marke RAS eingegliedert und mit neuen CD weitergeführt..

Auch in Ungarn wurden Rebranding-Entscheidungen getroffen. Die größte Versicherungsgesellschaft in Ungarn, die Hungária Bíztositó, wurde nach sorgfältiger Prüfung in Allianz Hungária umbenannt und somit auch die nationale Kennung in die neue Marke übernommen. In den USA wurden die Marken Life USA und Allianz of America unter die Marke Allianz gefasst.

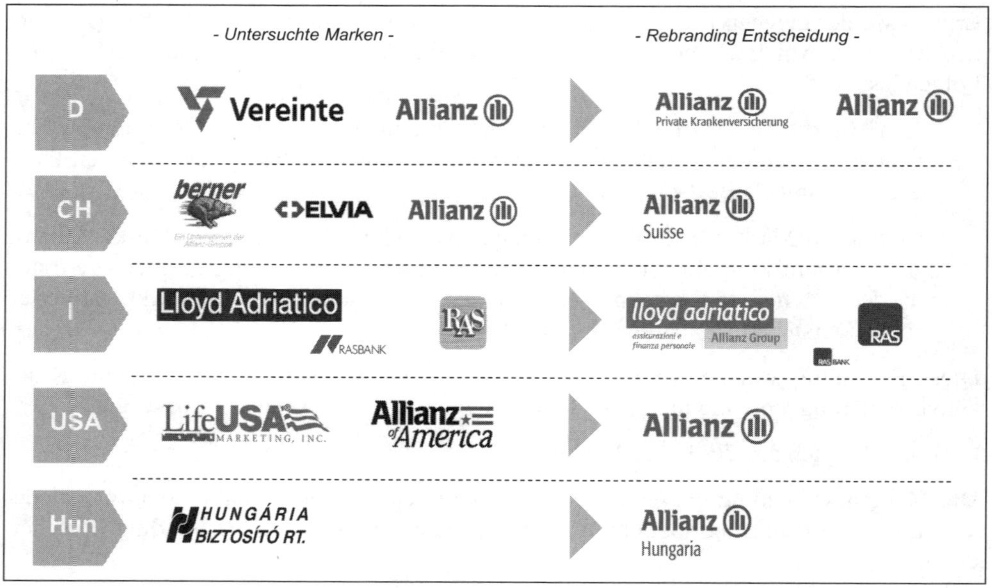

Abbildung 7: Rebranding-Entscheidungen (ausgewählte Länder)

3.2 Brand Architecture

Aufgrund des erweiterten Geschäftsmodells der Allianz Group als integrierter Finanzdienstleister sowie die Akquisition der Dresdner Bank und ihrer Unternehmensmarken, ergab sich die Notwendigkeit zur Erarbeitung einer neuen Markenarchitektur für die Allianz Group in Deutschland.

- Markensegmentierung

Im ersten Schritt wurden die Kernkompetenzen der einzelnen Marken bestimmt, mit dem Ziel, die Vertriebs- und Produktmarken in einem geordneten Zusammenspiel mit unterschiedlichen Geschäftsfeldkompetenzen zu belegen.

- Zielgruppensegmentierung

In einem zweiten Schritt wurden die einzelnen Marken optimal auf die bestehenden Zielgruppenpotenziale ausgerichtet. Durch die Mehrmarkenstrategie auf horizontaler Ebene, können alle relevanten Zielgruppen angesprochen und somit eine maximale Marktausschöpfung erreicht werden.

■ Ableitung der Markenarchitektur

Das Zusammenspiel der starken Einzelmarken auf Ebene der verschiedenen Geschäftsfelder bedurfte laut Konsumentenmarktforschung einer markenstrategischen Klammer. Durch die Kommunizierung der übergreifenden Dachmarke Allianz Group wird das Markenmodell des integrierten Finanzdienstleisters für den Kunden glaubhaft umgesetzt.

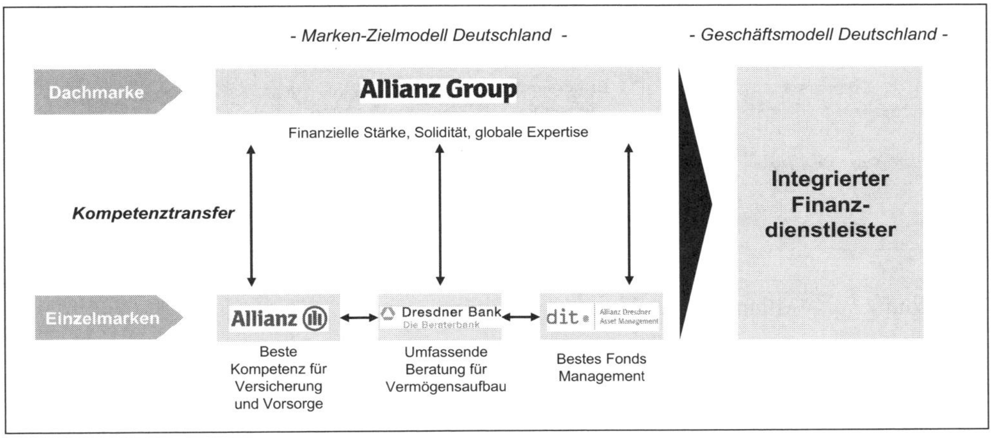

Abbildung 8: Die neue Markenarchitektur Deutschland

3.3 Brand Building

■ Value Proposition Entwicklung

Nach der Definition der Markenportfolio-Strategie und Festlegung der Markenarchitektur erfolgt die konsumentenrelevante Positionierung der Allianz Group Marken. Die Markenpositionierung dient als Ausgangsbasis für die systematische Ableitung von regionalen und lokalen Value Propositions der einzelnen Marken. Die Entwicklung basiert auf extensiver Marktforschung in allen relevanten Ländern. Aus den Ergebnissen werden verschiedene Routen erarbeitet, die anschließend durch „feasibility checks" und Kundenbefragungen validiert werden.

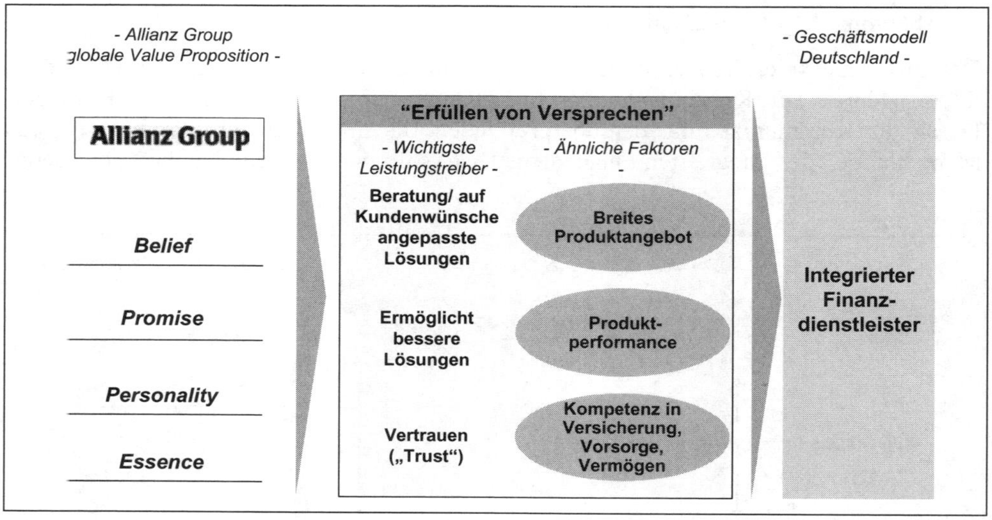

Abbildung 9: Allianz Group Value Proposition

- Brand Building Strategie

Auf Basis der Vorgaben durch die Value Proposition werden entlang des Brand Management Wheels integrierte Brand Building Maßnahmen entwickelt. Dabei stellt das Wheel ein Instrument dar, das die Markenstrategie über die verschiedenen Kommunikationsebenen sowie Gestaltungsvorgaben bis hin zur Marketing Infrastruktur definiert. Die Allianz Group verfolgt hierbei das Ziel einer weltweit integrierten Kommunikation im Sinne einer One-Voice-Strategie über alle Kanäle.

Abbildung 10: Brand Management Wheel

- Allianz Corporate One-Voice-Strategy

Das Ziel der One-Voice-Strategy ist die weltweit einheitliche Kommunikation der Markenpositionierung. Sie stellt einen Dreiklang von Corporate Soul („wer wir sind"), Corporate Design („wie wir aussehen") und Corporate Voice („was wir sagen") dar. Die Corporate One-Voice-Strategy soll einen inhaltlich, formal und prozessual einheitlichen Auftritt der Marke über alle Kommunikationsmaßnahmen und -instrumente sicherstellen, mit denen sich die Allianz nach innen und außen präsentiert. In den Märkten, in denen die Allianz mit gleichnamiger Marke auftritt, trägt sie zur Sicherung und Erhöhung des Marken- und damit auch des Unternehmenswertes bei.

Marken können nur durch Konsistenz im Markenimage effizient und nachhaltig aufgebaut werden. Nur eine Marke, die über ein klares, zu Konkurrenzprodukten differenziertes Image-Profil verfügt und dieses auch in regelmäßigen Abständen an die potenzielle sowie die bereits gewonnene Kundschaft kommuniziert, kann vom Kunden verstanden, eingeordnet und entsprechend gespeichert werden. Ein klares Image verliert jedoch an Klarheit, wenn es nicht einheitlich über alle relevanten Medien kommuniziert wird. Das Brand Management Wheel sichert Konsistenz und kann von den einzelnen Medien als Richtlinie zur Übertragung der Value Proposition auf die Werbebotschaft und das Werbeformat genutzt werden.

Die One-Voice-Strategy wird bei der Allianz über alle additiv wirksamen Medien angewandt: Klassische Werbung, Sponsoring, Außenwerbung, Public Relations, Verkaufsförderung, Online Advertising, Dialogmarketing und Personal Sales.

- Corporate Design

Mit einem modifizierten dynamischen Logo wurde der Grundstein für einen neuen Auftritt der Allianz gelegt. Ein Logo, das die Neuausrichtung des Unternehmens dokumentiert, das erfolgreiche Unternehmenstradition mit Modernität verbindet und so den visuellen Ausgangspunkt für den Aufbau einer globalen Marke darstellt. Diese Modifikation reiht sich in die kontinuierliche Weiterentwicklung des Allianz Logos seit Bestehen des Unternehmens ein.

Abbildung 11: Historie der Allianz Logo-Entwicklung

Auf Basis des Markenlogos wurde das Allianz Corporate Design entwickelt, dessen Ziel ein optisch einheitliches, prägnantes und klares Erscheinungsbild des Unternehmens in der externen und internen Öffentlichkeit ist. Dieses visuelle Erscheinungsbild wird durch die Identität von Unternehmens- und Markenzeichen, Produktdesign (Broschüren, Prospekte), Vertreter- / Agenturauftritt und Außenwerbung erfolgreich umgesetzt.

Das Corporate Design der großen Gruppengesellschaften wurde – unter Beibehaltung der vorhandenen lokalen Logos – dem Corporate Design der Allianz angenähert. Dies ist die visuelle Umsetzung des Konzeptes vom Zusammenspiel der lokalen Kompetenz einzelner Marken und dem globalen Know-how der Allianz.

- Internationale Kommunikation

Die Allianz Group sah sich einer Vielzahl unterschiedlich geführter Gruppengesellschaften in den einzelnen Ländern gegenüber, welche differenzierenden Bezug zur Marke Allianz aufwiesen. Ein Resultat der unterschiedlichen Firmierung der Gesellschaften waren differierende Entwicklungsstadien der Marke Allianz in den verschiedenen Ländern.

Um eine gezielte Marktbearbeitung zu ermöglichen, wurden die Länder in unterschiedliche Cluster eingeteilt. Ausschlaggebendes Kriterium war die Markenreife, die an der Markenbekanntheit der Allianz gemessen wurde. Für die Cluster ergaben sich unterschiedliche Kommunikationsziele und -schwerpunkte.

- Cluster III: Niedrige Bekanntheit der Marke Allianz

  Kommunikationsziel: Brand Building

  Kommunikationsschwerpunkt: Markenname, Markenwerte und Kernkompetenzen
- Cluster II: Mittlere Bekanntheit der Marke Allianz

  Kommunikationsziel: Brand Establishment

  Kommunikationsschwerpunkt: Darstellung der einzelnen Geschäftsfelder und Produktgruppen
- Cluster I: Hohe Bekanntheit der Marke Allianz:

  Kommunikationsziel: Brand Enrichment

  Kommunikationsschwerpunkt: Detaillierte Darstellung von einzelnen Produkten und Leistungsangeboten

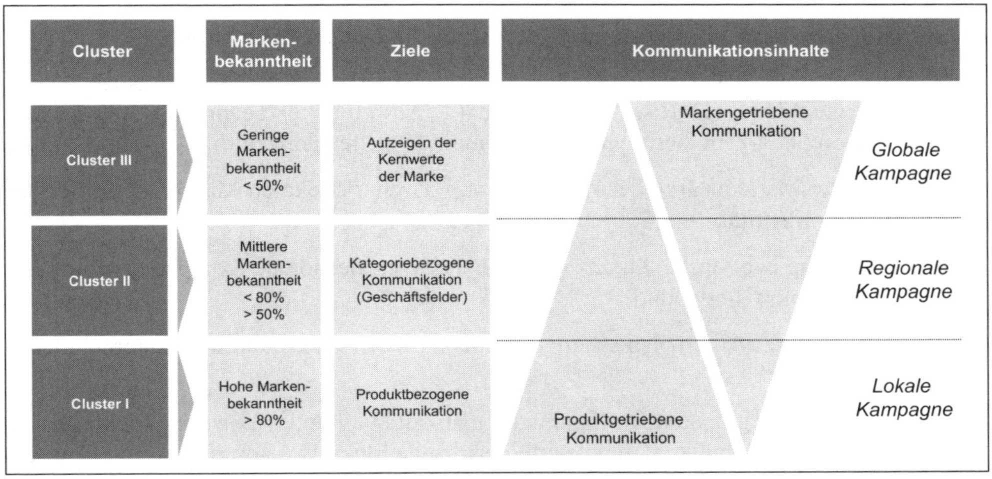

Abbildung 12: Clustersystematik[1]

Der globale Aufbau der Marke Allianz erfolgt in mehreren Schritten, die jeweils unterschiedliche Anforderungen an den Inhalt der Kommunikation stellen: (1) Aufbau von Markenbekanntheit, (2) Kommunikation von Markeninhalten, (3) Erzeugung von persönlicher Relevanz der Marke, (4) Unterstützung von Kaufentscheidung und Abschluss-Goodwill.

1 Datenquelle: ICON, International Advertising Tracking, 03/00.

Die Gesellschaften der Allianz Group mit eigener Marke und einem hohen lokalen Bekanntheitsgrad führen in dem erarbeiteten Kommunikationskonzept die Allianz in die einzelnen Märkte ein. Hierbei wird, um trotz der hohen Anzahl der lokalen Marken eine Fokussierung zu erreichen, eine regionale Differenzierung in Asien, Nordamerika und Europa umgesetzt, die über sämtliche Kommunikationskanäle abgestimmt wird. Dieser Ansatz soll zugleich das internationale Wir-Gefühl im Unternehmen weiter stärken und die Wahrnehmung der eigenen Multilokalität sowie die Vielfalt der Unternehmensgruppe fördern.

- Ziele der internationalen Markenkommunikation

Die zum Zeitpunkt der Kommunikationsentwicklung niedrigen Bekanntheitswerte der Marke Allianz in vielen Ländern erfordert einen Schwerpunkt der Kommunikation auf globaler Ebene im Bereich Brand Building, d. h. Etablierung von Markennamen, Markenwerten und Kernkompetenzen.

Resultierend aus den stark differierenden Situationen in den einzelnen Ländern wurden folgende Ziele der internationalen Markenkommunikation definiert:

- Aufbau globaler Markenbekanntheit der Allianz und der Allianz Group,
- Kommunikation der Leistungsbreite der Allianz Group in fünf globalen Kern-Kompetenzfeldern: (1) Risk-Management (2) Mobility (3) Technology (4) Performance-Kompetenz im Vermögensmanagement (5) Life and Health,
- Nutzung der Markenstärke der Allianz Group durch die lokalen Marken ohne Verlust der eigenen Identität,
- Positionierung der Marke Allianz als Global Player, der lokale Kompetenz mit internationalem Know-how bündelt,
- Identifikation der Allianz Mitarbeiter mit dem Unternehmen und den Unternehmenszielen.

Zur Entwicklung der globalen Kommunikationsinhalte wurde das Leistungsspektrum der Allianz Group fünf globalen Kompetenzfeldern zugeordnet. Die kommunikative Vernetzung und Penetration dieser Kompetenzfelder war Bedingung für die Entwicklung eines globalen Kommunikationsansatzes.

Die Auswahl der weltweiten Zielgruppe basierte auf den global vorhandenen Kompetenzfeldern der Marke unter der Prämisse der psychografischen Differenzierbarkeit sowie der Erreichbarkeit durch fokussierten Medieneinsatz.

- Globale Firmenkampagne

Für die erste Phase der globalen Kommunikation wurde als Kernzielgruppe industrielle Entscheider und Manager definiert. Menschen, die global denken und agieren. Als Kern wurden Top-Manager und Unternehmensinhaber, als erweiterter Kreis das mittlere Management angesehen. Diese Zielgruppe realisierte zugleich die Funktionen eines Early Adopters und eines Meinungsführers im jeweiligen Umfeld.

Für diese Entscheider besteht bereits eine Fülle von spezifischen Kommunikationsangeboten unterschiedlicher Industrien und Branchen, die sich durch ein hohes Maß an Rationalität in der inhaltlichen Argumentation auszeichnen. Einen differenzierenden Ansatz zu finden, der sich von Wettbewerbern unterscheidet und zugleich eine hohe Wirksamkeit erzielt, war die Hauptaufgabenstellung in der Entwicklung einer globalen Kampagne. Die Addition von rationalen und emotionalen Kommunikationsinhalten erschien hier als neuer Weg, der insbesondere im Konsumgüterbereich bereits nachvollziehbare Änderungen des Konsumentenverhaltens bewirkt. Für die Zielgruppen-Ansprache im Bereich der Finanzdienstleistungen war dies ein neuer Ansatz.

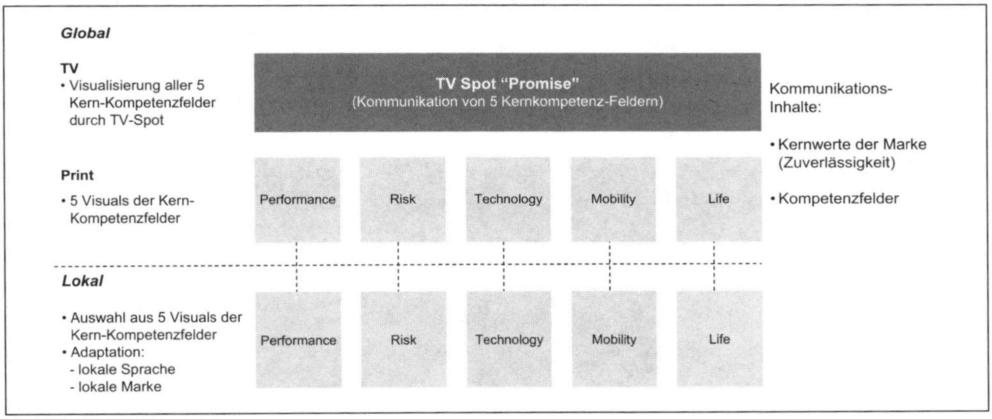

Abbildung 13: Kampagnenarchitektur - Firmenkampagne

In der Firmenkampagne wurden in der ersten Kommunikationsphase der Markenname sowie zentrale Markenwerte kommuniziert. Es wurde bei der Kampagnenentwicklung der Schritt zur Darstellung positiver Leistungswerte, anstatt der bei Versicherungen häufig zu beobachtenden Darstellung von Schadensfällen, vollzogen. Schwerpunkt dabei war die Präsentation der Ergebnisse einer erfolgreichen Betreuung und Beratung in den Bereichen Versicherung, Vorsorge und Vermögensbildung.

Die fünf Kernkompetenzfelder wurden in der TV-Kommunikation durch Leistungsergebnisse präsentiert. Im Bereich des Industriegeschäftes wurde die Tsing Ma Bridge in Hong Kong dargestellt, die während ihrer Konstruktion durch die Industrieversicherung der Allianz versichert war. Die einzelnen Kerngeschäftsfelder wurden in fünf Print-Exekutionen jeweils fokussiert dargestellt. Diese Print-Kommunikationen ermöglichten die gleichzeitige Aussteuerung regional spezifischer Angebotsschwerpunkte der Allianz sowie der Allianz Group. Im Media Einsatz wurde sehr fokussiert in zielgruppenaffine Print-und TV-Medien investiert, wie z. B. CNN, BBC World, CNBC sowie Time, Wall Street Journal und Financial Times.

Neben den internationalen Print-Medien, in denen die Darstellung der Marke Allianz im Mittelpunkt steht, wurden ergänzend ausgewählte nationale Print *Pull-Outs* genutzt. In diesen standen, unter Verwendung identischer Motive, die jeweiligen lokalen Marken im Zentrum der Kommunikation. Die nationalen etablierten Marken konnten so das notwendige *Entree* geben, um die Bekanntheit der Marke Allianz auszubauen und gleichzeitig Wiedererkennungseffekte der globalen Markenkampagnen für die Unterstützung der lokalen Marketingaktivitäten zu nutzen.

Abbildung 14: Firmenkampagne - Beispiel Life (USA)

- Regionale Kampagne – Asia/Pacific

In der Region Asia Pacific hat die Marke Allianz bereits eine gefestigte Position im Markt eingenommen, d. h. sie weist eine mittlere Awareness auf (*Cluster II*), wobei von einer gestützten Markenbekanntheit zwischen 40 und 80 Prozent ausgegangen wird. Kommunikationsinhalte können daher spezifischer, aber noch nicht auf Produktlevel konkretisiert werden.

Für Asia Pacific wurde eine regionale Kampagne entwickelt, die sich inhaltlich auf der Ebene der Geschäftsfelder bewegt. Die Kampagne ist modular aufgebaut und kann für jedes Land, je nach Anforderungen, separat zusammengesetzt werden. Dies ermöglicht es, Module der Kampagne z. B. in Indien, wo unter der Marke Allianz nur Krankenversicherungen verkauft werden, oder in Singapur, wo im Wesentlichen nur große Industrierisiken versichert werden, passgenau zusammenzuschneiden.

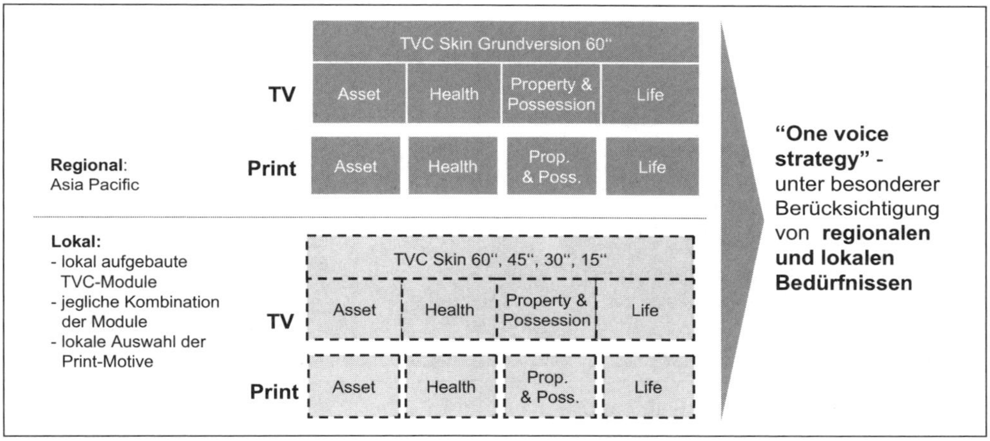

Abbildung 15: Kampagnenarchitektur – Regionale Kampagne Asia/Pacific

Hinsichtlich der kommunizierten Inhalte und der Tonalität wurde bei der regionalen Kampagne für Süd-Ost-Asien, im Vergleich zur globalen Kampagne, der Schwerpunkt leicht verlagert. Neben dem Transport der globalen Markeneigenschaften Kompetenz und Partnerschaft wurde die Marke Allianz auf eine sehr persönliche, verständnisvolle und begleitende Art präsentiert.

Abbildung 16: Regionale Kampagne - Beispiel Life

- Lokale Kampagne - Deutschland

Bei einem hohen Awareness-Grad (*Cluster I*) werden die Konsumenten mit konkreten Produktleistungen vertraut gemacht, was aber aufgrund der in den Ländern teilweise sehr voneinander abweichenden Produktangeboten auf lokaler Ebene kommuniziert werden muss. Beispielhaft für Länder mit hoher Markenreife der Allianz sind Deutschland und Tschechien, in denen die gestützte Markenbekanntheit bei ca. 98 % liegt.

In Deutschland wurde eine Kampagnenarchitektur entwickelt, die auf unterschiedlichen Ebenen arbeitet. Pull-Kampagnen mit Wirkung auf das Markenimage wurden als Dachkampagne sowie auf Geschäftsfeldebene eingesetzt. Aufgrund einer breiten Zielgruppe und beabsichtigter hohen Reichweite dominierte im Mediaplan TV. Auf der Produktebene steht die Push-Wirkung im Vordergrund, d. h. direkt auf den Abschluss zielende Kommunikation. Hier werden, vor allem mittels gezieltem Print-Einsatz, die verschiedenen Zielgruppen bedürfnisadäquat angesprochen.

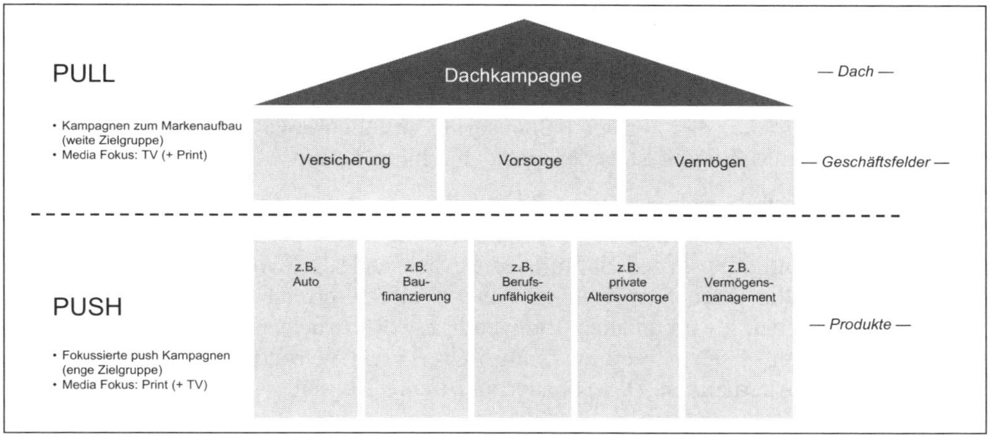

Abbildung 17: Kampagnenarchitektur Allianz Deutschland

Abbildung 18: Kampagnenbeispiele Allianz Deutschland

- Formel-1 Sponsoring

Die Steigerung der globalen Bekanntheit der Marke Allianz war das entscheidende Ziel bei der Entscheidung, ab Mai 2000 als Sponsoring Partner des Formel-1 Teams Williams BMW aufzutreten. Auf das Formel-1 Sponsoring entfallen etwas weniger als fünf Prozent des gesamten Marketing Etats der globalen Allianz Group.

Das Sponsoring erfreut sich zunehmender Beliebtheit bei Anbietern verschiedener Kategorien. In letzter Zeit nutzen auch Finanzdienstleister diese Kommunikationsform vermehrt. Ein wesentlicher Grund dafür ist die wachsende Schwierigkeit, Konsumenten mittels traditioneller Werbeformen in adäquater Weise zu erreichen. Der steigende Werbedruck und die damit verbundenen, notwendigerweise wachsenden Media Spendings zur Erreichung der gleichen Werbewirkung führen viele Werbetreibende auf die Suche nach geeigneten Alternativen. Das Sponsoring ist eine Möglichkeit, diesen Problemen zu begegnen.

Ein wichtiger Aspekt, der bei der Entscheidung für Maßnahmen im Sportsponsoring berücksichtigt werden muss, ist die Begrenzung der Kommunikationsmöglichkeiten. Es lassen sich keine komplexen Produkt- oder Markenbotschaften, wie es in der klassischen Werbung möglich ist, kommunizieren, sondern lediglich Markennamen und Logos. Jedoch zeigen Konsumenten für die klassische Werbung ein begrenztes *Involvement*. Daher ist das Sportsponsoring eine geeignete Möglichkeit, um an die Zielgruppe in einem Umfeld heranzutreten, für das diese ein hohes persönliches Involvement aufweist.

Wesentlich für den Erfolg des Sportsponsoring ist auch die assoziative Verknüpfung einer Marke mit den Imagewerten des Gesponserten. Gelingt diese, d. h., geht das Image der beiden Partner in seiner wirklichen oder beabsichtigten Ausprägung konform (oder liegt zumindest keine Image-Kollision vor), so sind das Erreichen von Imagetransfer sowie eine Steigerung der Markenbekanntheit als realisierbare Ziele anzusehen.

Das BMW Williams Team war hier der ideale Partner für die Allianz, angefangen bei den ähnlichen Firmenfarben bis hin zu den vergleichbaren Markenwerten von BMW und Allianz.

- Integration des Sponsoring in die globale Markenkommunikation

Da das vorrangige Ziel des Sponsoring die Erhöhung der Bekanntheit der Marke Allianz ist, spielt es insbesondere in Ländern mit niedriger Markenbekanntheit eine entscheidende Rolle. Es macht Konsumenten auf die Marke aufmerksam und weckt gleichzeitig ihre Interessen. In Ländern, in denen die Allianz ohnehin bereits eine hohe Bekanntheit besitzt, soll das Formel-1 Sponsoring vor allem der positiven Image-Aufladung der Marke dienen.

Das Formel-1 Motiv wurde in die Firmenkampagne als Schlüsselbild für den Bereich Technologie und Sicherheit integriert. Dadurch wird die Kompetenz der Allianz auf diesem Gebiet effektiv mit der Imagewirkung der Formel-1 verknüpft. Das verbindende

Element stellt hierbei das Allianz Zentrum für Technologie dar, welches im Bereich der Hochtechnologie Sicherheitsstandards gesetzt hat.

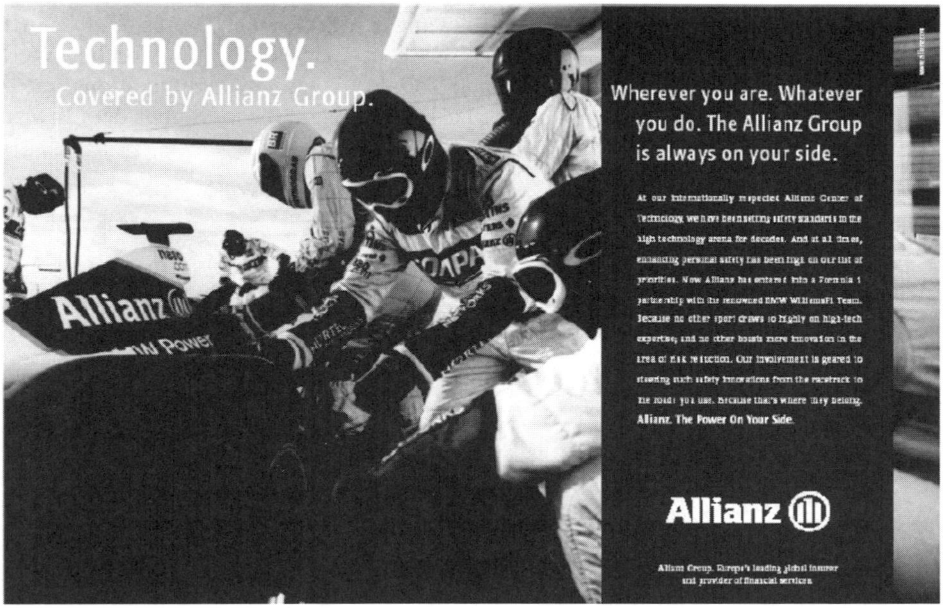

Abbildung 19: Integration des Sponsoring in die Firmenkampagne

- Online-Kommunikation

Innerhalb der Brand Building Tätigkeiten wird ein besonderer Schwerpunkt auf den Kommunikationskanal Internet gelegt. Vorrangiges Ziel hierbei ist die Schaffung einer globalen Kommunikationsplattform, wodurch den verschiedenen Zielgruppen der Zugang zu zusätzlichen Dienstleistungen und Informationen ermöglicht werden soll.

Auch hier wird Kommunikationskonsistenz deutlich: Der „Look and Feel" auf dem globalen Portal ist identisch mit den lokalen Allianz Websites. Gleiches gilt für die Orientierung und Navigation. Die entwickelten Vorgaben, in Form von System- und Style-Guidelines werden in der Regel auch von den anderen Group Brands übernommen.

3.4 Brand Investment Management (Controlling)

Der heutige Wert der Flagship Brand Allianz zeigt die Bedeutung von kontinuierlichen, konsequenten Investitionen für den Markenerfolg. Die Allianz Group strebt für ihre Einzelmarken eine Top 5 Position in allen relevanten Märkten an. Dieses Ziel kann nur durch durchgehend kompetitive Spendings erreicht werden. Kontinuierlicher Werbedruck mit kompetitiven Budgets sind deshalb Teil der Allianz Kommunikationsstrategie. Die Allianz tätigt z. B. in Deutschland Media-Investitionen, die weit über dem Investitionsdurchschnitt liegen.

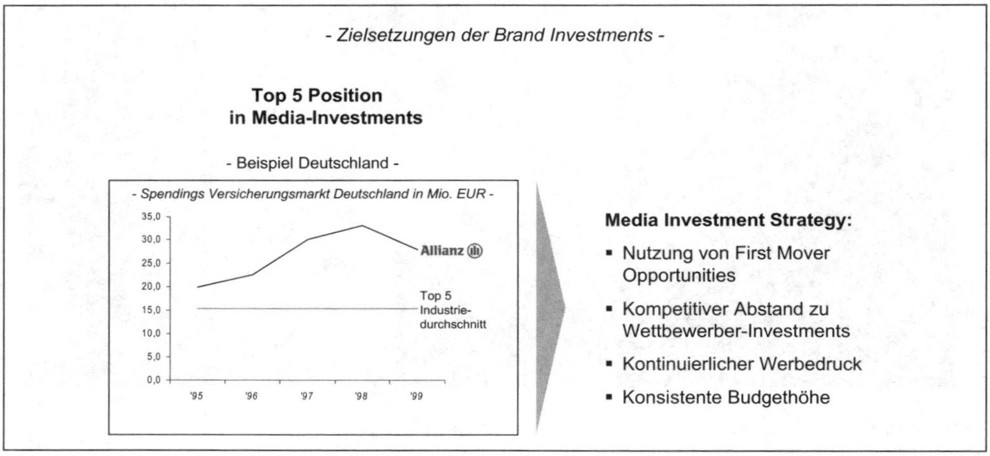

Abbildung 20: Allianz Media Spendings im deutschen Versicherungsmarkt[2]

In Zukunft gilt es Media Investments in gleicher Weise wie andere Investitionen zu *managen* bzw. zu *controllen*, entsprechend ihrer Kosten-/Nutzen-Verhältnisse. Dabei hat sich die Allianz Group die Aufgabe gestellt, Methoden zur Allokation und Steuerung der Budgetmittel zu entwickeln. Um ein kontrollierbares Brand Management sicherzustellen, wurden vier Kernziele definiert:

1. Die Schaffung von Transparenz über die Markeninvestitionen und Markenperformance weltweit,
2. Die Ableitung von gruppenweiten Standards für die Mediaplanung,
3. Die Entwicklung sowohl von strategischen als auch operativen Steuerungshilfen,
4. Die Einbindung in die Allianz Group internen Controlling Betrachtungen, der Economic-Value-Added (EVA) Systematik.

2 Datenquelle: ACNielsen.

Der Fokus bei der Berücksichtigung der EVA Systematik liegt dabei auf der Suche nach der profitabelsten Alternative bei Investitionen in die Marke. Der Sinn dieser Systematik ist folgender: Eine Mediainvestition ist nur dann sinnvoll, wenn die Investition einen höheren Return on Investment (ROI) erreicht als alternative Investitionsformen. Die extrem hohen Mediainvestitionen, denen Unternehmen mit führenden Marken gegenüberstehen, und die oftmals sehr niedrige Effizienz von Kommunikationsaktivitäten verdeutlichen die hohe Bedeutung eines internen EVA Controllingverfahrens.

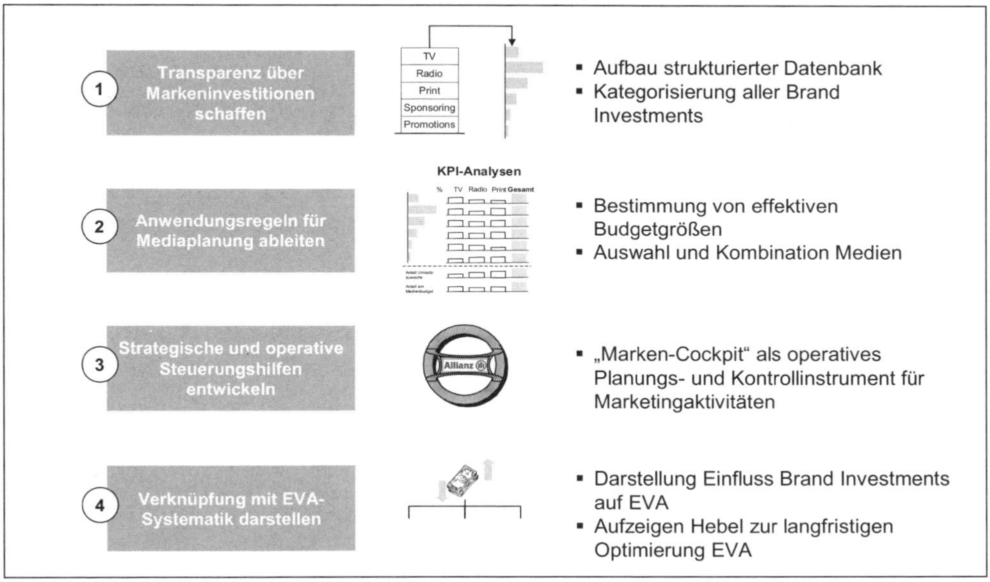

Abbildung 21: Zentrale Aufgaben beim Allianz Brand Investment Management

Um einen Überblick über die Markeninvestitionen in den einzelnen Ländern zu ermöglichen, wurde eine zentrale Datenbank aufgebaut. Auf dieser Plattform, die sowohl dem Group Marketing als auch den lokalen Unternehmen zur Verfügung steht, werden die Daten strukturiert und kategorisiert abgebildet. Zusätzlich werden länderspezifisch effektive Budgetgrößen ermittelt und den lokalen Marketingentscheidern Richtlinien für die Auswahl und Kombination der Medien bereitgestellt.

Die Marketingaktivitäten werden anhand des „Brand Cockpits" gesteuert und kontrolliert.

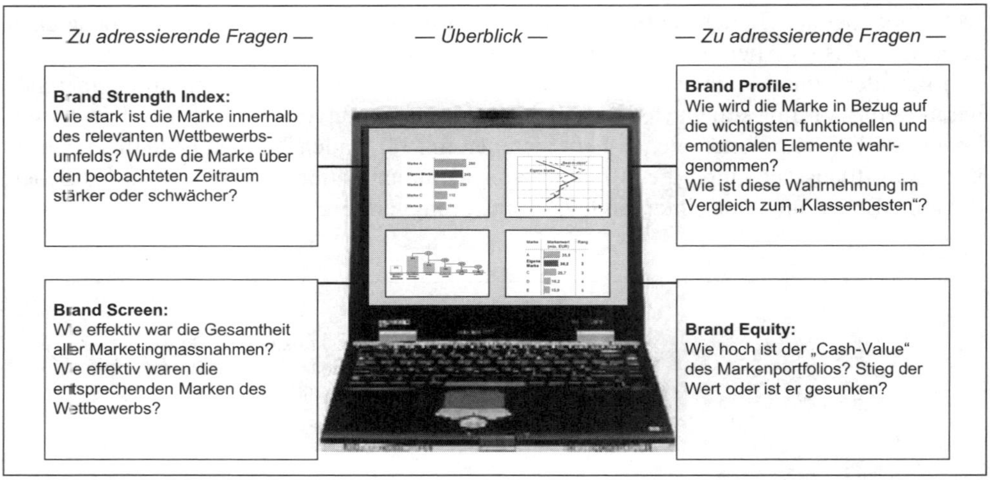

Abbildung 22: Brand Cockpit - Ein elektronisches „tracking" und „monitoring" Tool

Das Brand Cockpit wurde entwickelt als elektronisches „tracking" und „monitoring" Tool. Es besteht aus vier Komponenten, dem „Brand Strength Index", dem „Brand Screen", dem „Brand Profile" und dem „Brand Equity".

Ein Bestandteil dieses Instruments ist z. B. die Qualitätsmessung der Kommunikationsmaßnahmen. Üblicherweise werden sie bei den Allianz Group Marken in der Phase der Kommunikationsentwicklung durch Pre-testing beurteilt. Der Erfolg laufender Kampagnen wird außerdem mittels eines Kampagnen Trackings verfolgt.

Die Allianz Group vertritt die Meinung, dass nur kontinuierliche Investitionen, auch in die Marke, zum gewünschten Unternehmenserfolg führen, und dass die zyklische Verteilung von Media Budget keine Top-Marke aufbauen kann. Media Budgets sind keine disponiblen Parameter, die über eine oder mehrere Perioden nach unten variiert werden können ohne signifikant negative Auswirkungen mit sich zu bringen.

4. Ergebnisse des globalen Aufbaus der Marke Allianz

Das Kernziel des Aufbaus internationaler Markenbekanntheit wurde, insbesondere in der Kernzielgruppe, erreicht. Hierbei lassen sich unterschiedliche Wirkungsweisen je nach Reifegrad der Länder, d. h. je nach Clusterzugehörigkeit, erkennen. Die Leistungsbreite der Allianz Group in den fünf Kern-Kompetenzfeldern sowie die Positionierung der Marke wurde erfolgreich kommuniziert und von der Zielgruppe laut Marktforschungsuntersuchungen angenommen. Marktforschungen weisen auf eine Verbesserung in jeder Ländergruppe (in jedem Cluster) hin. In den Ländern mit niedriger Markenbekanntheit beispielsweise ist die gestützte Bekanntheit zwischen dem Erhebungszeitraum der ersten und zweiten Welle, nach drei Kampagnen, um 14 % gestiegen.

– Aided Brand Awareness Allianz –

	Erste Welle	**Zweite Welle**	**Differenz**
Cluster I Länder Hohe Brand Awareness	99%	99%	+/-0
Cluster II Länder Mittlere Brand Awareness	78%	87%	+9
Cluster III Länder Niedrige Brand Awareness	23%	31%	+14

Abbildung 23: Entwicklung der "Aided Brand Awareness" - Allianz weltweit[3]

Die globale Kampagne hatte ebenfalls einen positiven Effekt auf das Markenimage, und zwar bei allen Kernwerten. In den Augen der Kernzielgruppe hat sich das Image der Marke Allianz besonders in den Dimensionen Vertrauen, Fairness, Sicherheit, Kompetenz und Flexibilität stark verbessert.

Bemerkenswert ist weiterhin der Effekt der Markeninvestitionen auf die Abschlussbereitschaft der Konsumenten. Nach Marktforschungsergebnissen lag die Abschlussbereitschaft der Konsumenten, welche die Kampagne nicht wahrgenommen haben, bei der zweiten Erhebnungswelle bei 2,7 %. Im Gegensatz dazu wiesen diejenigen, die sich ungestützt an die Kampagne erinnern konnten, eine Abschlussbereitschaft von 52 % auf.

Die Gruppengesellschaften nutzen die Markterschließungsmöglichkeiten durch die Firmenkampagne, die internationale Reputation und die Markenstärke der Allianz Group. Kleinere Gruppengesellschaften ohne eigene Kommunikationsbudgets profitierten von

3 Datenquelle: International Advertising Tracking.

ihrer Präsenz in der Firmenkampagne. Die Allianz Mitarbeiter nehmen dank der Firmenkampagne und begleitenden internen Kommunikationsmaßnahmen weltweit den Corporate Spirit erfolgreich an und identifizieren sich mit der Allianz Group und ihren Unternehmenszielen.

Die Allianz Group wird den globalen Aufbau der Marke Allianz weiter verfolgen. Dieses Konzept wird in einem nächsten Schritt insbesondere in die Erarbeitung von regionalspezifischen Markenkampagnen einfließen. Diese Regionalkampagnen, umgesetzt in Regionen mit bereits erfolgreichem Aufbau der Markenbekanntheit, fokussieren sich auf produktorientierte Leistungsversprechen.

Darüber hinaus werden Markenbewertungskonzepte zum weiteren aktiven Management des globalen Allianz Markenportfolios auch zukünftig systematisch genutzt werden. Diese Erkenntnisse werden eine Weiterentwicklung der präzisen Nutzungssystematik von lokalen und überregionalen Marken der Allianz im Sinne der Balance zwischen Globalität und Lokalität gewährleisten, eine effiziente Allokation der Markeninvestments ermöglichen und die Basis für einen kontinuierlichen, konsistenten und koordinierten Markenaufbau schaffen.

Adel Gelbert und Matthias Hüsgen

Unternehmensmarken- und Produktmarkenstrategien

1. Einleitung

Ein männlicher Single legt in einem Supermarkt in Hamburg ein Pfund Jacobs Krönung, ein Glas Miracle Whip, eine Packung Philadelphia, eine Toblerone und eine Stange Marlboro in seinen Einkaufswagen. Ihn interessieren vermutlich Geschmack, Qualität und Image der gewählten Produkte mehr als das Leitbild der Hersteller. Eine Wirtschaftsjournalistin in Tokio interessiert sich jedoch sehr wohl für die Altria Group, die seit Ende Januar 2003 unter dem Kürzel MO an der New York Stock Exchange gehandelt wird. Der Altria Group gehören 100 Prozent des größten Zigarettenanbieters der USA (Philip Morris USA Inc.), 100 Prozent des weltweit führenden Tabakunternehmens außerhalb der USA (Philip Morris International Inc.) und 84 Prozent des weltweit zweitgrößten Markenartikelherstellers in der Lebensmittelbranche. Und zur Altria-Produktfamilie gehören alle Markenprodukte, die im genannten Einkaufswagen liegen. Ein Bewerber in Toronto wiederum interessiert sich für den „Code of Conduct for Compliance and Integrity“ für alle Mitarbeiter der Altria Group und für das Image von Kraft Foods North America als Arbeitgeber.

Das Beispiel Altria illustriert die Vielzahl von Leistungen, Marken, Ziel- und Anspruchsgruppen, die ein Unternehmen auf unterschiedlichen Märkten koordinieren muss. Dem Zusammenspiel von Produktmarke(n) und Unternehmensmarke kommt hierbei eine entscheidende Bedeutung zu. Produktmarke und Unternehmensmarke sind die wesentlichen Eckpunkte der Historie der Markenpolitik.[1] Deren Anordnung, Führung und Steuerung werden unter dem Begriff Markenpolitik zusammengefasst. *Markenpolitik* ist „zentrales Grundprinzip des Marketing“[2] und findet im einfachsten Fall im Dreieck aus Markenname, Markenzeichen und Produkt- bzw. Verpackungsgestaltung statt.[3] In diesem Beitrag sollen auf Basis einer Definition der Begriffe „Produktmarke“ und „Unternehmensmarke“ und der Verdeutlichung ihrer wesentlichen Gestaltungsdimensionen und Herausforderungen zunächst Basisstrategien für die Gestaltung von Markenarchitekturen erläutert werden. Anschließend soll ein strategischer Prozess zur Gestaltung und Steuerung von Markenarchitekturen aufgezeigt werden. Abschließend wird ein Ausblick auf wesentliche Trends in der Markenarchitektur gegeben.

---

1 Vgl. Leitherer (2001); Bruhn (2001), S. 19 ff. Außerhalb des Unternehmenskontextes haben sich jüngst noch Regional- oder Stadtmarken entwickelt.

2 Bruhn (2001), S. 29.

3 Vgl. Esch (2003), S. 153 ff.

2. Definitionen, Gestaltungsdimensionen und Herausforderungen

Die Bedeutung des Werts von Marken in Unternehmen ist heute unbestritten[4]. Auch dürfte die Notwendigkeit strategischer Steuerung von Marken mittlerweile unbestritten sein. Jedoch fehlt nach wie vor häufig das richtige Verständnis von Marken – ein holistisches Markenverständnis ist hierbei unentbehrlich[5]. Um zu einem holistischen Markenverständnis zu gelangen, werden Produkt- und Unternehmensmarke zuerst voneinander abgegrenzt und dann im Konzept der Markenarchitektur verschmolzen. Anschließend werden Herausforderungen und Gestaltungsdimensionen beschrieben.

Produktmarken („Product Brands") sollen dem Kunden und dem Unternehmen einen Nutzen bieten. Dies gilt im Besonderen für extrem wettbewerbsintensive, gesättigte Märkte. Kunden soll die Marke Orientierung, Unterstützung im Kaufprozess und Identifikationspotenzial bieten. Unternehmen möchten ihre Produkte im Wettbewerbsumfeld hervorheben, Informationen und Image codieren, um letztlich Umsatz und Kundenbindung zu erhöhen.[6] Bei der Etablierung und Führung von *Unternehmensmarken* („Corporate Brands") wird beabsichtigt, das Bild des gesamten Unternehmens in den Köpfen der relevanten Anspruchsgruppen abzugleichen mit dem Selbstbild des Unternehmens.[7] Die Unternehmensmarke verkörpert dabei die zentralen Werte des Unternehmensleitbilds („Corporate Mission"). Die Eigenschaften der Unternehmensmarke müssen sich im Wettbewerbsumfeld auf den diversen relevanten Märkten differenzieren, um die Bildung von Präferenzen zu erleichtern. Die Eigenschaften einer Unternehmensmarke spiegeln sich wider in der Gestaltung der Corporate Identity und in Corporate Design-Richtlinien. Eine solche Abstimmung lässt sich am Beispiel der Unternehmensmarke Siemens sehr gut erkennen.[8]

Organisatorische Veränderungen, wie Unternehmensgründung (Neugründung, Spin-off o. ä.) oder Unternehmenserweiterung (Mergers & Acquisitions) oder generell eine strategische Neuausrichtung führen dazu, dass die Unternehmensmarkenstrategie zu überprüfen ist. Beispiele sind: Amazon (Neugründung), Novartis (Zusammenschluss), E-On (Neupositionierung) und Agilent Technologies (Ausgründung). Auch bei der Erschließung neuer Märkte durch eine bestehende Unternehmung ist die Gestaltung der Unternehmensmarke zu überdenken. So musste sich die Deutsche Telekom mit der T-Aktie bei ihrem Going-public erst auf dem Finanzmarkt positionieren. Bei der Gestaltung der

---

4 Vgl. Esch/Möll/Rempel (2004); Wirtz/Roth (2004).

5 Vgl. Klein-Bölting/Gürntke (2002), S. 12 ff.

6 Vgl. Gelbert/Giloth (2003), S. 151 ff.

7 Vgl. Dötz et al. (2003), S. 341; Meffert/Bierwirth (2001), S. 10.

8 Vgl. Dötz et al. (2003), S. 347 ff.; vgl. auch Miller (2004).

Unternehmensmarke wird leicht deutlich, wie wichtig es ist, eine *360-Grad-Stakeholder-Perspektive* einzunehmen (vgl. Abbildung 1). Denn die Unternehmensmarke richtet sich nicht nur an die Eigentümer respektive die Anteilseigner („Shareholder"), sondern an alle Anspruchsgruppen („Stakeholder").

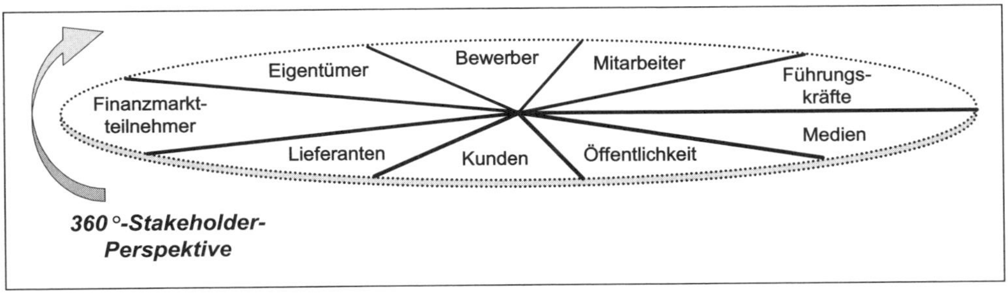

Abbildung 1: Die Adressatengruppen eines Unternehmens in der 360-Grad-Stakeholder-Perspektive

Eine systematische Anordnung und Abstimmung der Unternehmensmarke mit den Marken des Produktportfolios wird als Gestaltung der Markenarchitektur bezeichnet.[9] *Markenarchitektur* tituliert die „Anordnung aller Marken eines Unternehmens zur Festlegung der Positionierung und der Beziehung der Marken und der jeweiligen Produkt-Markt-Beziehungen aus strategischer Sicht"[10]. Die Markenarchitektur umfasst sowohl die Marken des Produkt- oder Leistungsportfolios eines Unternehmens als auch die Unternehmensmarke.

Produktinnovationen, das Angebot von Zusatzleistungen, der Zukauf von Marken und vor allem Markendehnungen tragen häufig dazu bei, dass das Markenportfolio einer Unternehmung anschwillt. Solche Anbauten zerstören häufig die ursprüngliche Architektur und erfordern in zeitlichen Abständen eine eingehende Revision und gegebenenfalls eine Neugestaltung der Produktmarkenarchitektur. Eindrücklich sichtbar wird das an der Bereinigung des Produktmarkenportfolios durch Unilever: Unilever standardisiert über Produktkategorien und Länder die Produktmarken und verschlankt somit die eigene Markenarchitektur erheblich. Ähnlich plakativ ist das Beispiel des Touristikkonzerns TUI, der 2002 aus der damaligen Preussag AG entstanden ist. Doch am Beispiel TUI wird erkennbar, dass eine integrierte Betrachtung von Produktmarkenportfolio und Unternehmensmarke notwendig ist.

Generell lassen sich drei Gestaltungsdimensionen der Markenarchitekturgestaltung identifizieren. Marken lassen sich demnach ausrichten an:

---

9 Vgl. Esch (2003), S. 415 ff.

10 Esch (2003), S. 391.

- Zielgruppen,
- Leistungsfeldern und/ oder
- Regionen bzw. Nationen (geografische Ausrichtung).

Bei der geografischen Ausrichtung sind nach ihrer Reichweite globale von regionalen Marken zu unterscheiden.

Vor diesem Hintergrund wird offensichtlich, dass die zentrale Herausforderung bei der Gestaltung der Markenarchitektur das Ausbalancieren der differenzierten Marktbearbeitung und der Realisierung von Markensynergien darstellt. Ökonomisch gesprochen ist der Trade-off zwischen differenzierender Marktbearbeitung und Nutzung von Markensynergien zu optimieren. Oder anders gesagt: Der Zuwachs des monetären Werts einer weiteren Markendifferenzierung ist dem Aufwand für die Markenführung gegenüberzustellen. Diese Herausforderung lässt sich nur in einer integrierten Betrachtung von Produktmarkenportfolio und Unternehmensmarke bewältigen.

3. Basisstrategien der Markenarchitekturgestaltung

Entsprechend der genannten Gestaltungsdimensionen können folgende horizontale Basisstrategien der Markendifferenzierung vorgestellt werden: zielgruppenorientierte, leistungsfeldorientierte und geografische Ausrichtung.[11] Anhand von *Zielgruppen* unterscheidet zum Beispiel Unilever seinen Markenauftritt. Auf dem Absatzmarkt begegnet Unilever den Konsumenten mit Marken wie OMO, Dove oder Langnese, auf dem Kapitalmarkt den Investoren mit den Marken der beiden Muttergesellschaften Unilever NV (Niederlande) und Unilever PLC (Großbritannien) und auf dem Arbeitsmarkt den Bewerbern mit der Unternehmensmarke Unilever. Anhand der *Leistungsfelder* unterscheidet die Altria Group zwischen Lebensmitteln (Kraft Foods) und Tabak (Philip Morris). *International* vermarktet die britische BP p.l.c. in Deutschland ihren Kraftstoff unter der Marke Aral und in der Schweiz unter der Marke bp.

Die Wahl *einer* horizontalen Basisstrategie birgt die Gefahr der Verengung des Sichtfelds. Daher ist eine ganzheitliche, integrierende Perspektive zu wählen. Die Adressatengruppen einer Unternehmung sind dafür der ideale Maßstab – sie spannen zusam-

---

11 Vgl Weißkopf/Spring (2003), S. 134 ff.

men den markenstrategischen Handlungsrahmen auf.[12] Für die erfolgreiche Gestaltung der Markenarchitektur ist es essenziell, eine *360-Grad-Stakeholder-Perspektive* einzunehmen[13] (vgl. Abbildung 1).

Diese horizontale Ausdehnung des Strategierahmens ist nun um die vertikale Dimension zu erweitern. Vertikal lassen sich die Ebene des Produktportfolios und die Ebene der Unternehmensmarke unterscheiden. Abhängig vom Grad der Überschneidung zwischen Unternehmensmarke und Marken des Leistungsportfolios können in der Vertikale vier strategische Grundtypen sondiert werden: *Separate Branding* (getrennter Markenauftritt), *Endorsed Branding* (Unternehmensmarke unterstützt), *Aligned Branding* (Unternehmensmarke und Produktmarken in enger Verbindung) und *One Firm Branding* (Verwendung von nur einer Marke)[14] (vgl. Abbildung 2). Diese Unterscheidung ist eng verwandt mit der detaillierten Kategorisierung von Laforet und Saunders.[15] Sie identifizieren sechs Markenarchitekturtypen in drei Gruppen:

- Unternehmensmarke dominiert (Corporate Brand und House Brand),
- Relative Gleichberechtigung (Dual Brand und Endorsed Brand), sowie
- Produktmarke dominiert (Mono Brand und Furtive Brand).

Vergleichbar ist auch die Einteilung von Aaker und Joachimsthaler[16]: Branded House, Subbrands, Endorsed Brands und House of Brands. Die Pole dieser Einteilung finden sich ebenfalls in Abbildung 2.

Darüber hinaus sollte der Markenauftritt durch die Organisation eines Unternehmens getragen werden können. Deshalb ist die Organisation eines Unternehmens, also die Organisationshierarchie, abzugleichen mit der *Markenhierarchie*[17]. In diesem Zusammenhang wird auch von *Markenebenen* eines Unternehmens gesprochen.[18] Die oberste Ebene ist die Unternehmensmarke, darunter folgen Markengruppen, Leistungsmarken und Typenmarken. Die Ebene der Markengruppe hat vor allem unternehmensinterne Bedeutung und wird nicht immer nach außen kommuniziert. Dagegen repräsentieren die Leistungsmarken ein Leistungsversprechen gegenüber den Kunden und tragen wesentlich zur Positionierung der Produkte bei.

---

12 Vgl. Gelbert/Giloth (2003), S. 160 ff.

13 Vgl. Klein-Bölting/Gürntke (2002), S. 12 f.

14 Vgl. Dötz et al. (2003), S. 341 f.; Tomczak et al. (2001); Homburg/Schäfer (2001), S. 160 ff.

15 Vgl. Laforet/Saunders (1994) u. (1999); Esch (2003), S. 404 ff.

16 Vgl. Aaker/Joachimsthaler (2000), S.105.

17 Vgl. Keller (2003), S. 534 ff.

18 Vgl. Gelbert/Giloth (2003), S. 158 ff.

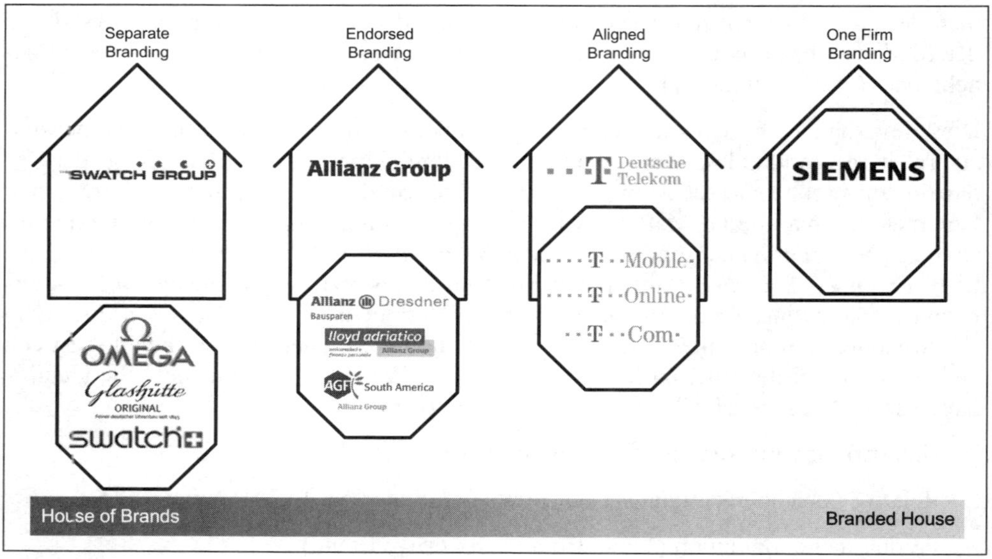

Abbildung 2: Die vertikale Differenzierung zwischen Unternehmensmarke und Marken des Leistungsportfolios

Im Abgleich zwischen Marken- und Unternehmenshierarchie sollte die Unternehmensmarke von der Unternehmensleitung mitgesteuert werden, denn sie adressiert das gesamte Sichtfeld der 360-Grad-Stakeholder-Perspektive – Eigentümer, Mitarbeiter, Führungskräfte, Finanzmarktteilnehmer, staatliche Institutionen und die Öffentlichkeit. Die Unternehmensbereichsmarke entspricht der Ebene der strategischen Geschäftseinheiten und richtet sich besonders an Mitarbeiter, Lieferanten und die Fachpresse.

Die Einzelmarken der Produkte und Leistungen entsprechen der Ebene der strategischen Geschäftsfelder respektive der Produktebene.[19] Eine solche *organisatorische Koppelung* an die Unternehmenshierarchie lässt sich am Beispiel der Volkswagen AG sehr gut nachvollziehen (vgl. Abbildung 3).

19 Vgl. Weißkopf/Spring (2003), S. 134 ff.; Esch (2003), S. 414 f.

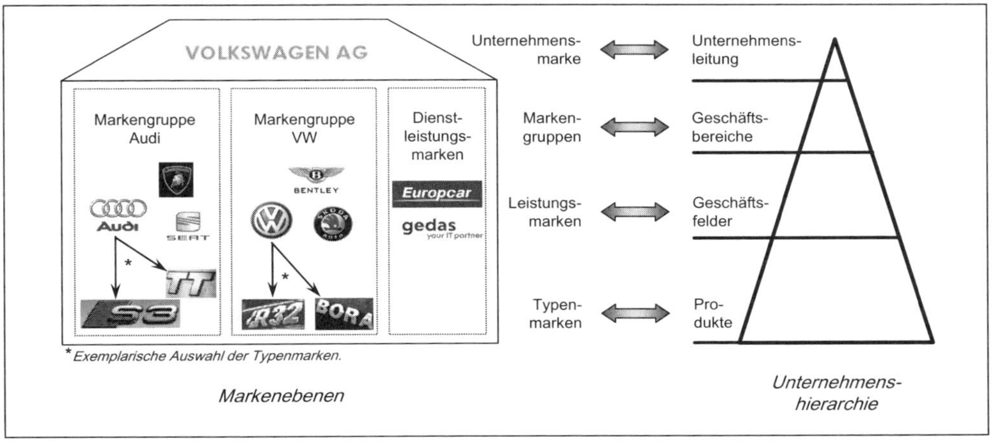

Abbildung 3: Die organisatorische Koppelung der Markenebenen eines Unternehmens an die Organisation

Es wird immer deutlicher, dass die Anordnung und integrierte Steuerung aller Marken eines Unternehmens nicht nur notwendig ist, sondern darüber hinaus einen systematischen und koordinierten Managementprozess erfordert. Dieser strategische Managementprozess der Markenarchitekturgestaltung kann nun vorgestellt werden.

4. Der strategische Managementprozess der Markenarchitekturgestaltung

Die Gestaltung von Markenarchitekturen muss statische mit dynamischen Zielen in Einklang bringen. Ein wesentliches statisches Ziel ist es, für die gegenwärtige markenstrategische Aufstellung das beste Verhältnis aus differenzierter Marktbearbeitung und Nutzung von Markensynergien zu finden. Ein wesentliches dynamisches Ziel ist es, dass die Markenarchitektur Entwicklungsperspektiven des Geschäftes möglichst weit mittragen kann.

Hierzu braucht es einen strategischen Managementprozess nach einem klassischen Managementverständnis.[20] Es können vier *Phasen des strategischen Managementprozesses der Markenarchitekturgestaltung* unterschieden werden[21] (vgl. Abbildung 4):

---

20 Vgl. Müller-Stewens/Lechner (2001); Kohlöffel (2000).

21 Vgl. Klein-Bölting/Gürntke (2002), S. 18 ff.

- Analyse der bestehenden Marken und des strategischen Rahmens („*Brand Analysis*“),
- Entwicklung und Bewertung strategischer Optionen für die Markenarchitektur („*Brand Strategy*“),
- Entwicklung einer Corporate Story und der Product Stories für die einzelnen Stakeholdergruppen, Abgleich mit der bestehenden Marketing-Organisation, sowie Erstellung und Umsetzung konkreter Aktionspläne auf allen Markenebenen und Kommunikation gegenüber jeder Stakeholdergruppe („*Brand Building*“),
- Installation eines holistischen Evaluationssystems und Monitoring des strategischen Rahmens („*Brand Controlling*“).

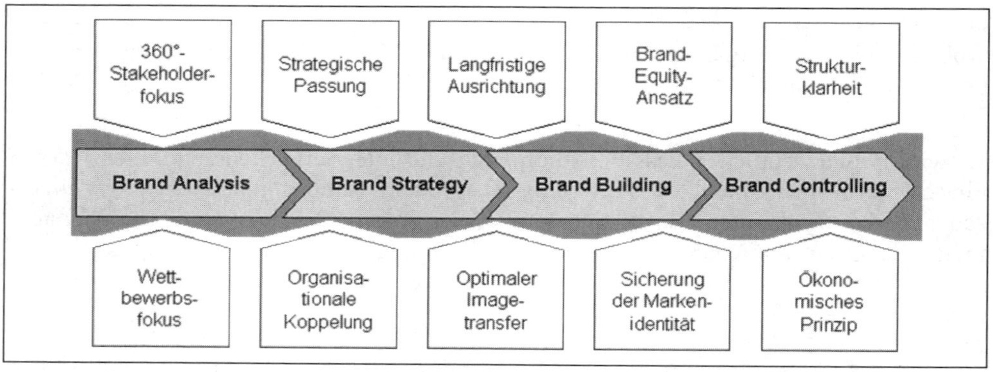

Abbildung 4: Der strategische Managementprozess der Markenarchitekturgestaltung und seine Grundprinzipien

4.1 Die Phase Brand Analysis

Den Sockel der Phase Brand Analysis bildet die Analyse der Märkte, auf denen die Marken positioniert sind. Dabei sollten die Gesetzesmäßigkeiten besonders auf den Absatz- und Beschaffungsmärkten verstanden worden sein. Ein besonderes Augenmerk ist auf die Werttreiber des gewählten Geschäftsmodells zu legen.

Darüber hinaus sind die derzeitigen Profile und der Wert der Marken zu ermitteln. Eine Markenprofilanalyse ermittelt die Gestalt der Marke in den Köpfen der Anspruchsgruppen. Auch für die Markenbewertung existieren erfolgreich erprobte Verfahren, wie z. B.

das *BBDO Brand Equity Evaluation System* (BEES).[22] Eine ergänzende Brand-Screen-Analyse ermöglicht schließlich ein besseres Verständnis der Stärken und Schwächen sowie der Kerntreiber und Verbesserungshebel einer Marke (vgl. Abbildung 5). Das Ziel in dieser Phase ist die Schaffung einer Datenbasis, welche in den folgenden Phasen die zu treffenden Entscheidungen fundiert. Dabei hat es sich als vorteilhaft erwiesen, schon in dieser frühen Phase eine 360-Grad-Shareholder-Perspektive einzunehmen.

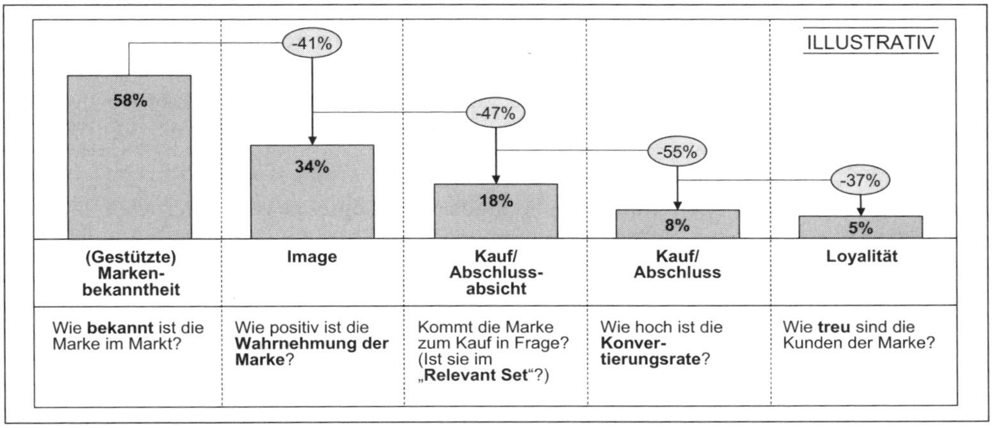

Abbildung 5: Illustrative Darstellung des Kerns der Brand-Screen-Analyse

4.2 Die Phase Brand Strategy

In der Phase Brand Strategy ist – ausgehend von den Ergebnissen der Markenanalyse und unter Berücksichtigung der strategischen Unternehmensziele – die Zusammensetzung des bestehenden Produktmarkenportfolios zu beurteilen. Ebenfalls in dieser Phase sind *strategische Optionen für die Gestaltung der Markenarchitektur* zu entwickeln. Radikale Veränderungen sollten dabei mit modelliert werden, um einen relevanten Bewertungsrahmen aufzuspannen. Dabei muss jeweils das Zusammenspiel von Produkt- und Unternehmensmarke in der Gestaltung des Leistungsversprechens berücksichtigt werden. Dies beinhaltet die eindeutige Bestimmung von Eigenschaften und Profil jeder Marke.[23] Im Vordergrund steht in dieser Phase die Abstimmung zwischen den Produkt-

22 Vgl. Wirtz/Göttgens/Dunz (2001), S. 160 ff.

23 Vgl. Homburg/Schäfer (2001), S. 160.

marken und der Unternehmensmarke respektive den Markenebenen. Dies geschieht auf dem Kontinuum zwischen dem House of Brands und dem Branded House (vgl. Abbildung 2).

Ausgehend von der Unternehmensstrategie, der Datenbasis der ersten Phase, den existierenden Markenidentitäten und eines Strategieentwurfs sind Breite und Tiefe der Markenstrategie[24] einzugrenzen. Zu berücksichtigen sind die strategischen Ziele, die hinter jeder Marke stehen, wie z. B. Schutz einer Premium-Marke, Präsenzerhöhung im Handel oder Cashflow-Quelle. Hierzu gehört auch die Frage der Positionierung des gesamten Produktmarkenportfolios auf einem speziellen Markt. Illustrierend ist das Beispiel der Swatch Group zu nennen (vgl. Abbildung 2), die unterschiedliche Segmente des Markts für Armbanduhren bedient. Um dieses Ziel zu erreichen, wurde das Markenportfolio in der Vergangenheit gezielt durch Zukäufe erweitert, z. B. durch die Marken Tissot, Blancpain oder Omega.

International gesehen liegen die Entscheidungen zum Abgleich von Unternehmens- und Produktmarke sowie Produktmarken untereinander im Spannungsfeld zwischen den Polen Kundenbezogenheit und Standardisierung.[25] Beispielhaft kann Unilever genannt werden, die ihr Produkt Magnum in Deutschland unter dem Leistungsmarkennamen Langnese, in der Schweiz unter Lusso und in Schweden unter GB Glace anbieten. In allen drei Ländern wird jedoch das identische Markenzeichen eingesetzt. Unilever illustriert damit ebenfalls eine gelungene *Markenmigration*[26], also die stufenweise Integration verschiedener nationaler Marken unter eine einheitliche internationale Dachmarke. Bei diesem Beispiel dürfte die Entwicklung noch nicht abgeschlossen sein, denn auf der Produktverpackung wird das Markenzeichen schon ohne den Leistungsmarkenzusatz platziert.

Bei der Entwicklung der strategischen Optionen sollte einerseits der Aufbau einer Corporate Brand[27] berücksichtigt werden, als auch andererseits die Migration zwischen Produktmarke und Unternehmensmarke. Dabei ist das Maß des Imagetransfers zu optimieren. Schließlich ist die Schaffung von Untermarken und die Markendehnung entgegen dem vermeintlich allgemeinen Trend zur Markenkonsolidierung zu berücksichtigen [28] – die möglichen Risiken sind bekannt und handhabbar.[29] Dafür lassen sich im Einzelfall erhebliche Umsatzpotenziale erschließen bzw. Kosten senken. Bei der Entwicklung jeder einzelnen strategischen Option ist die langfristige zeitliche Perspektive aufzuzeichnen. Hierzu gehören Marken-Migrationspfade[30] oder Szenarios der zukünftigen Marktent-

24 Vgl. Keller (2003), S. 524 ff.

25 Vgl. Keller (2003), S. 707 ff.

26 Vgl. Weißkopf/Spring (2003), S. 145 ff.; Keller (2003), S. 663 f.

27 Vgl. Klein-Bölting/Gürntke (2002), S. 12 ff.

28 Vgl. Keller (2003), S. 667 f.

29 Vgl. Sattler (2001).

30 Vgl. Weißkopf/Spring (2003), S. 146 f.

wicklung. Die 360-Grad-Shareholder-Perspektive sollte durchweg eingehalten werden (vgl. Abbildung 6).

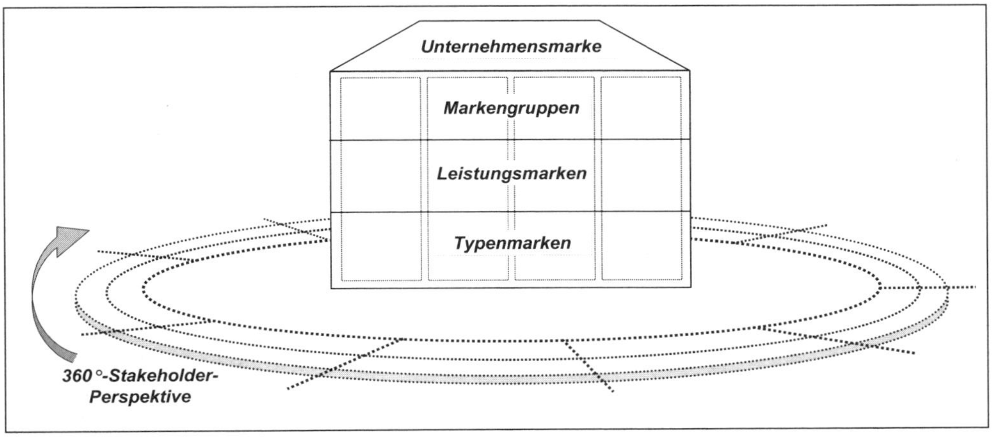

Abbildung 6: Die Markenebenen in der 360-Grad-Stakeholder-Perspektive

Um die verschiedenen markenstrategischen Optionen bewerten und in eine Rangfolge bringen zu können, ist ein *Potenzialcheck* der jeweiligen Optionen erforderlich.[31] Die drei normativen Eckpunkte sind die Unternehmensstrategie, die Anforderungen der Märkte, auf denen das Unternehmen seinen Stakeholdern gegenübertritt, und das ökonomische Prinzip. So ist jede Option erstens hinsichtlich ihrer strategischen Passung („Strategic fit") zu bewerten, zweitens anhand der Erkenntnisse über das Verhalten auf den einzelnen Märkten und drittens aufgrund der resultierenden Kosten, zusätzlichen Einnahmen und möglichen Synergien. Die zentrale Phase Brand Strategy schließt ab mit der Entscheidung für *eine* strategische Option.

4.3 Die Phase Brand Building

Die Phase Brand Building beinhaltet die Entwicklung und Umsetzung von *Teilstrategien*. Aus der übergreifenden Corporate Story werden stakeholderspezifische Ableitungen entwickelt. Innerhalb der Teilstrategie Kommunikation sind aus der abstrakten Value Proposition konkrete Schlüsselbotschaften abzuleiten.[32] Hier ist besonders das

---

31 Vgl. Klein-Bölting/Gürntke (2002), S. 15 ff.

32 Vgl. Klein-Bölting/Gürntke (2002), S. 20.

Prinzip der Kontinuität zu berücksichtigen.[33] Innerhalb der Teilstrategie Produkt geht es um die Produktgestaltung, die z. B. in der Verpackung alle Elemente der Markenidentität transportiert und so das Identifikationspotenzial ausschöpft. Analoges gilt für die Teilstrategien Preis und Absatzkanal.

Darüber hinaus sind in dieser Phase die *organisationalen Koppelungspunkte* zu gestalten. Die Unternehmensorganisation bzw. besonders die Marketingorganisation sind entsprechend der gewählten strategischen Option und der entwickelten Teilstrategien anzupassen. Nur die organisationale Koppelung erhält langfristig die Markenarchitektur. So können beispielsweise Markengruppen ihre Entsprechung finden in Geschäftsbereichen, die eigenverantwortlich die Umsetzung der Markenarchitektur entsprechend den zentralen Vorgaben steuern (vgl. Abbildung 3). Gerade international tätige Unternehmen bewegen sich zwischen den beiden Polen Zentralität versus Dezentralität. Der erfolgreiche Spagat zwischen diesen Polen lässt sich sehr gut am Beispiel Siemens beobachten.[34]

Zusätzlich dominieren diese Phase *Taktik- und Maßnahmenplanung*. Generell werden nun die Stakeholder Stories entlang diverser Disziplinen, wie klassische Werbung, Investor Relations oder Public Relations, in gezielte Stakeholder-Programme übersetzt.[35]. Hilfreich ist die Erstellung eines übergreifenden operativen *Masterplans*, der Timing, Ziele und Budgets aller Aktionspläne definiert. Hilfsmittel können dabei ein Markenführungsrad sein, das die Aufbauprogramme zu den einzelnen Marken integriert, oder ein Markeninvestitionsbaum, der die erforderlichen Mediabudgets in Abhängigkeit des relevanten Wettbewerbsumfelds ermittelt. So wird eine integrierte Steuerung der einzelnen Maßnahmen möglich. Ein derart integriertes Markenmanagement bietet drei Vorteile: inhaltliche Konsistenz, dramaturgische Exzellenz und prozessuale Effizienz.[36]

Schließlich fällt in diese Phase die *Kommunikation der neuen Markenarchitektur* gegenüber allen Stakeholdergruppen, wie jüngst geschehen bei E-On, O2 oder TUI. Imagekampagnen informieren die breite Öffentlichkeit und positionieren besonders die Unternehmensmarke. Roadshows platzieren die Marke bei den Akteuren auf den Finanzmärkten. Die interne Kommunikation informiert die Mitarbeiter. Besonders das Prinzip Strukturklarheit sollte die Kampagnenplanung leiten.

---

33 Vgl. Esch (2001), S. 86 f.

34 Vgl. Miller (2004).

35 Vgl. Klein-Bölting/Gürntke (2002), S. 20 ff.

36 Vgl. Klein-Bölting/Gürntke (2002), S. 20 f.

4.4 Die Phase Brand Controlling

Über den Erfolg der Phase Brand Controlling entscheidet die Qualität des *Brand Equity Management Systems*.[37] Die in der Phase 2 entwickelte Corporate Story übernimmt zwar „als Plausibilitätscheck und Frühwarnsystem eine zentrale reflexive Funktion“[38]. Diese besitzt jedoch eher qualitativen Charakter. Um die Strategie auch quantitativ taxieren zu können, ist der Markenwert in Abständen zu ermitteln. Hierfür existieren eine ganze Reihe unterschiedlicher Ansätze.[39] Ein holistischer Markenbewertungsansatz hat sich dabei als besonders praktikabel erwiesen. Ein solcher Ansatz liegt auch dem *BBDO Brand Equity Evaluation System* (BEES) zugrunde. Generell setzt sich das Brand Equity Management System aus Führungs-, Steuerungs- und Kontrollgrößen zusammen.[40] Führungsgrößen bilden die Unternehmensziele zur Markenführung ab. Steuerungsgrößen beziehen sich auf jeweils einzelne Marken. Kontrollgrößen bilden schließlich den Übereinstimmungsgrad ab. Zentrales Management-Instrument eines Brand Equity Management Systems ist das *Brand Cockpit* – hier werden Kontrollgrößen gesammelt und sichtbar. Diese Brand Scorecard ist Basis für das Monitoring.

Die Phase Brand Controlling umfasst sowohl strategische als auch taktische Aspekte.[41] Dies wird besonders deutlich beim *Monitoring*. Einerseits ist hier die Umsetzung der implementierten Maßnahmen in den Leitplanken der entwickelten Strategie zu steuern und zu kontrollieren. Andererseits ist das Erfolgspotenzial in sich verändernden Märkten zu beobachten und zum richtigen Zeitpunkt der Impuls für die Entwicklung der Markenarchitektur[42] oder gar eine Strategie-Revision zu setzen. Dieser Impuls bedeutet den Wiedereinstieg in Phase 1 des strategischen Managementprozesses für die Markenarchitekturgestaltung. Ein erneuter Zyklus des Managementprozesses beginnt. Jeder Zyklus kann dabei in Tiefe oder Breite differieren, abhängig von der Stärke der externen oder internen Veränderungen bzw. des Umfangs der beabsichtigten strategischen Revision. Ein Zukauf einer Gesellschaft in einem bestimmten nationalen Markt und ihre Integration in die bestehende Markenarchitektur oder eine Produktinnovation erfordert einen „kleineren“ Zyklus als die Fusion mit einem anderen Unternehmen. Die Beschreibung der vier Phasen ist in Abbildung 7 zusammenfassend dargestellt.

---

37 Vgl. Keller (2003), S. 408 ff.

38 Klein-Bölting/Gürntke (2002), S. 20.

39 Vgl. Keller (2003), S. 477 ff.; Hammann (2001), S. 291 ff.

40 Vgl. Hammann (2001), S. 288 ff.

41 Vgl. Hammann (2001), S. 283.

42 Vgl. Homburg/Schäfer (2001), S. 165 ff.

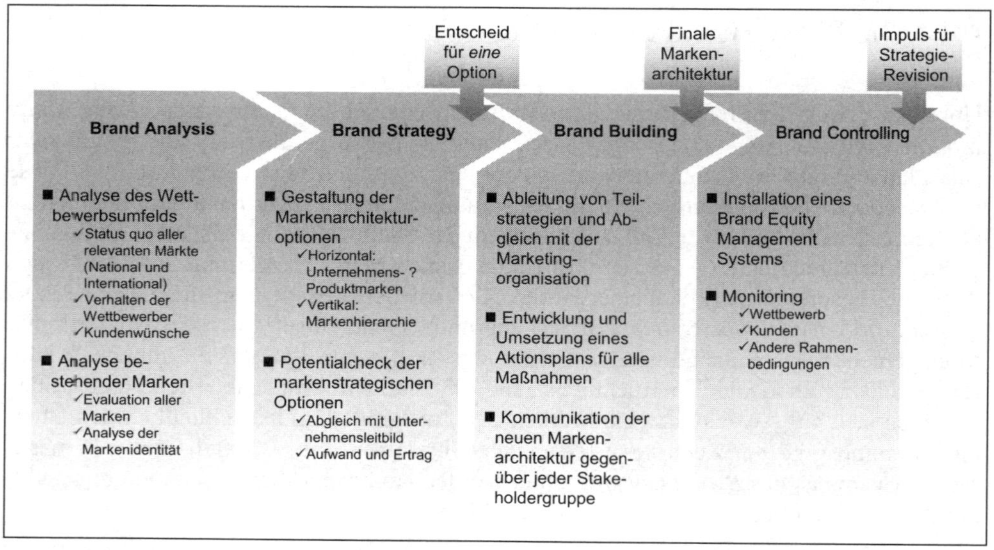

Abbildung 7: Erfolgsfaktoren in den vier Phasen des strategischen Managementprozesses der Markenarchitekturgestaltung

5. Zusammenfassung und Ausblick

Dieser Beitrag sollte einen Überblick über die grundsätzliche Problematik der richtigen Verzahnung unterschiedlicher Marken und Markenebenen in einer konsistenten Markenarchitektur geben. Auch sollte deutlich geworden sein, dass unterschiedliche strukturgebende Dimensionen zur Markenarchitekturgestaltung denkbar sind, z. B. Adressatengruppe, Leistungsfelder oder Geografie. Erstere scheint sich immer mehr als die entscheidende Strukturdeterminante durchzusetzen, nicht zuletzt deshalb, weil die Bedeutung der Kommunikation an Nicht-Kunden für den Marketing- und Kommunikations-Mix stetig wächst, wie z. B. Finanzmarktkommunikation oder auch die Kommunikation an Wertschöpfungspartner.

Damit einhergehend scheint sich der Trend zum Branded House, also zur verstärkten synergetischen Nutzung einer starken Unternehmensmarke für große Teile des Portfolios, auch in Zukunft fortzusetzen. Dies nicht zuletzt deshalb, weil die traditionelle Grenze zwischen dem Marketing an private Endkunden (Business to Consumer) und dem Marketing an institutionelle Kunden immer unschärfer zu werden scheint.

Wie man erfolgreich eine starke Unternehmensmarke aufbaut und diese Markenstärke für die Kommunikation an unterschiedliche Adressatengruppen synergetisch nutzen kann, zeigt eindrucksvoll das Beispiel Samsung. Die Strategie, statt des Aufbaus einer eigenen Marke für das endkundenlastige Elektronikgeschäft auf die Stärkung der Unternehmensmarke zu vertrauen, scheint voll aufzugehen. Samsung ist die Marke mit dem weltweit stärksten Markenwertwachstum der letzten Jahre (vgl. Abbildung 8).

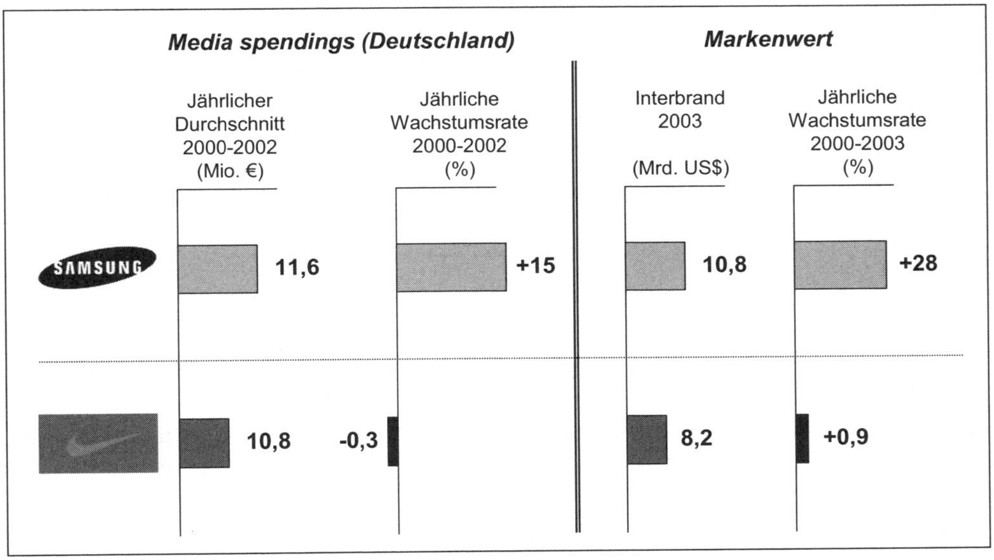

Abbildung 8: Die Entwicklung des Markenwerts einer klassischen B2C-Marke, Nike, im Vergleich zur B2B-Marke, Samsung

Literaturverzeichnis

AAKER, D.A./JOACHIMSTHALER, E. (2000), Brand Leadership, London 2000.

BRUHN, M. (2001), Begriffsabgrenzungen und Erscheinungsformen von Marken, in: Bruhn, M. (Hrsg.), Die Marke. Symbolkraft eine Zeichensystems, (Facetten der Medienkultur; Bd. 1), Bern [u. a.] 2001, S. 13-53.

DÖTZ, W./MILLER, D./GELBERT, A./THUN, S. (2003), Management eines heterogenen Leistungsportfolios unter einem Markendach - das Beispiel Siemens, in: Göttgens, O./Gelbert, A./Böing, C. (Hrsg.), Profitables Markenmanagement: Konzepte, Methoden und Best Practices, Wiesbaden 2003, S. 337-355.

ESCH, F.-R. (2001), Wirksame Markenkommunikation bei steigender Informationsüberlastung der Konsumenten, in: Köhler, R./Majer, W./Wiezorek, H. (Hrsg.), Erfolgsfaktor Marke, Neue Strategien des Markenmanagements, München 2001, S. 71-89.

ESCH, F.-R. (2003), Strategie und Technik der Markenführung, München 2003.

ESCH, F.-R./MÖLL, T./REMPEL, J.E. (2004), Erfolgswirkungen strategischer Markenführung, in: Wirtz, B.W./Göttgens, O. (Hrsg.), Integriertes Marken- und Kundenwertmangement, Wiesbaden 2004, S. 131-160.

GELBERT, A./GILOTH, M. (2003), Trend: Vom House of Brands zum Branded House, in: Göttgens, O./Gelbert, A./Böing, C. (Hrsg.), Profitables Markenmanagement: Konzepte, Methoden und Best Practices, Wiesbaden 2003, S. 149-171.

HAMMANN, P. (2001), Markencontrolling, Motor oder Bremse für die Steigerung des Markenwerts? in: Köhler, R./Majer, W./Wiezorek, H. (Hrsg.), Erfolgsfaktor Marke, Neue Strategien des Markenmanagements, München 2001, S. 281-294.

HOMBURG, C./SCHÄFER, H. (2001), Strategische Markenführung in dynamischer Umwelt, in: Köhler, R./Majer, W./Wiezorek, H. (Hrsg.), Erfolgsfaktor Marke, Neue Strategien des Markenmanagements, München 2001, S. 157-173.

KELLER, K.L. (2003), Strategic Brand Management, Building, Measuring, and Managing Brand Equity, International Edition, 2nd Edition, Upper Saddle River 2003.

KLEIN-BÖLTING, U./GÜRNTKE, K. (2002), Corporate Branding im Zeitalter fundamentaler Unternehmenstransformation, in: Insights, Nr. 2, 2002, S. 6-23.

KOHLÖFFEL, K.M. (2000), Strategisches Management, Alle Chancen nutzen – Neue Geschäfte erschließen, München, Wien 2000.

LAFORET, S./SAUNDERS, J. (1994), Managing Brand Portfolios. How The Leaders Do It, in: Journal of Advertising Research, Vol. 34, Nr. 5, 1994, S. 64-76.

LAFORET, S./SAUNDERS, J. (1999), Managing Brand Portfolios. Why Leaders Do What They Do, in: Journal of Advertising Research, Vol. 39, Nr. 1, 1999, S. 51-66.

LEITHERER, E. (2001), Geschichte der Markierung und des Markenwesens, in: Bruhn, M. (Hrsg.) Die Marke. Symbolkraft eine Zeichensystems (Facetten der Medienkultur; Bd. 1) Bern [u. a.] 2001, S. 55-74.

MILLER, D. (2004), Marken und Kundenwertmanagement in komplexen Konglomeraten - Das Beispiel Siemens, in: Wirtz, B.W./Göttgens, O. (Hrsg.), Integriertes Marken- und Kundenwertmangement, Wiesbaden 2004, S. 499-514.

MÜLLER-STEWENS, G./LECHNER, C. (2001), Strategisches Management, Wie strategische Initiativen zum Wandel führen, Stuttgart 2001.

MEFFERT, H./BIERWIRTH, A. (2001), Stellenwert und Funktionen der Unternehmensmarke – Erklärungsansätze und Implikationen für das Corporate Branding, in: Thexis, Nr. 4, 2001, S. 5-11.

SATTLER, H. (2001), Brand-Stretching, Chancen und Risiken, in: Köhler, R./Majer, W./Wiezorek, H. (Hrsg.), Erfolgsfaktor Marke, Neue Strategien des Markenmanagements, München 2001, S. 141-149.

TOMCZAK, T./WILL, M./KERNSTOCK, K./BROCKDORFF, B./EINWILLER, S. (2001), Corporate Branding – Die zukunftsweisende Aufgabe zwischen Marketing, Unternehmenskommunikation und strategischen Management, in: Thexis, Nr. 4, 2001, S. 2-4.

WEISSKOPF, S./SPRING, D. IM (2003): Grundsätzliche Optionen zur Gestaltung von Markenportfolios und Markenarchitekturen, in: Göttgens, O./Gelbert, A./Böing, C. (Hrsg.), Profitables Markenmanagement: Konzepte, Methoden und Best Practices, Wiesbaden 2003, S. 131-148.

WIRTZ, B.W./GÖTTGENS, O./DUNZ, M. (2001): Markenbewertung als strategischer Erfolgsfaktor, in: Der Markt, 40. Jg., Nr. 159, 2001, S. 159-167.

WIRTZ, B.W./ROTH, K. (2004), Grundlagen der Markenbewertung, in: Wirtz, B.W./ Göttgens, O. (Hrsg.), Integriertes Marken- und Kundenwertmangement, Wiesbaden 2004, S. 267-296.

Franz-Rudolf Esch, Thorsten Möll und Jan Eric Rempel

Erfolgswirkungen strategischer Markenführung

1. Aufbau und Stärkung des Markenwerts als zentrale Zielgröße der Markenführung

1.1 Marke und Markenwert

Das klassische Markenverständnis, wonach eine Marke lediglich ein physisches Kennzeichen der Herkunft des Markenartikels ist und der Konsument so den Hersteller einer Fertigware oder einer Dienstleistung erfährt, ist längst überholt.[1] Die Definition war zu eng gewählt, da heute ebenso auch Vorprodukte, Ideen und Personen einen Markenstatus erlangen können. So wird der Golfprofi Tiger Woods der erste Sportler sein, der durch seinen Sport zum Milliardär wird und dies nicht allein durch Preisgelder, sondern vielmehr durch die hoch dotierten Werbeverträge, die er mit den unterschiedlichsten Unternehmen abgeschlossen hat.[2]

> Nach moderner Auffassung sind Marken Vorstellungsbilder in den Köpfen der Konsumenten bzw. anderer Anspruchsgruppen, die eine Identifikations- und Differenzierungsfunktion übernehmen und das Wahlverhalten prägen.[3]

Somit besteht eine Marke nicht nur aus funktionalen Eigenschaften. Sachqualitäten sind notwendig, oft jedoch nicht hinreichend für eine starke Marke. Es geht vielmehr darum, alle relevanten, mit der Marke verbundenen Vorstellungen zu erfassen, um so die Wirkung von Marken auf den Konsumenten zu erklären. Für den Konsumenten stellt die Marke eine verdichtete Information dar, einen „information chunk“[4] für alle mit ihr verbundenen Assoziationen.[5] Sie liefert ihm weitere Informationen, wie z. B. über die Qualität des Produktes, und verringert so das wahrgenommene Kaufrisiko. Des Weiteren erleichtert die Marke dem Konsumenten die Orientierung in der Vielzahl von Angeboten und schafft Vertrauen. Marken stellen aber auch einen emotionalen Anker dar, vermitteln bestimmte Gefühle und Images und helfen damit dem Konsumenten, sich von anderen abzugrenzen und eigene Wertvorstellungen nach außen zu tragen. Gerade bei starken Marken ist eine große gefühlsmäßige Verankerung bei den Konsumenten zu erkennen. So wird einem eingefleischten BMW-Fan die Beschleunigung von 0 auf 100 km/h eines

---

1 Vgl. Esch (2004), S. 20.

2 Vgl. o. V. (2003).

3 Vgl. Esch (2004), S. 23.

4 Jacoby et al. (1977), S. 209.

5 Vgl. Kroeber-Riel (1992), S. 282.

735i von BMW immer sportlicher und dynamischer erscheinen, als die eines S 350 von Mercedes-Benz, obwohl die Unterschiede bei den objektiven Beschleunigungswerten mit 7,5 Sek. und 7,6 Sek. marginal und kaum wahrnehmbar sind.

Das Ziel der Markenführung ist der Aufbau und der Erhalt einer starken Marke. Der Markenwert ist hierfür die zentrale Steuerungsgröße. Damit auch die Gründe für den Erfolg oder Misserfolg einer Marke in dem Markenwert abgebildet werden, ist eine verhaltenswissenschaftliche Sichtweise zwingend notwendig. Hiernach ist der Markenwert das Ergebnis unterschiedlicher Reaktionen von Konsumenten auf Marketingmaßnahmen einer Marke im Vergleich zu identischen Maßnahmen einer fiktiven Marke aufgrund spezifischer, mit der Marke im Gedächtnis gespeicherten Vorstellungen.[6] Dieser Wert in den Köpfen der Kunden treibt den finanzwirtschaftlichen Markenwert als Barwert aller zukünftigen Einzahlungsüberschüsse, die aus der Marke erwirtschaftbar sind.[7]

Die mit einer Marke assoziierten Vorstellungen werden als Markenwissen in den Köpfen der Kunden gespeichert. Dieses wird in die Dimensionen Bekanntheit und Image operationalisiert (vgl. Abbildung 1).

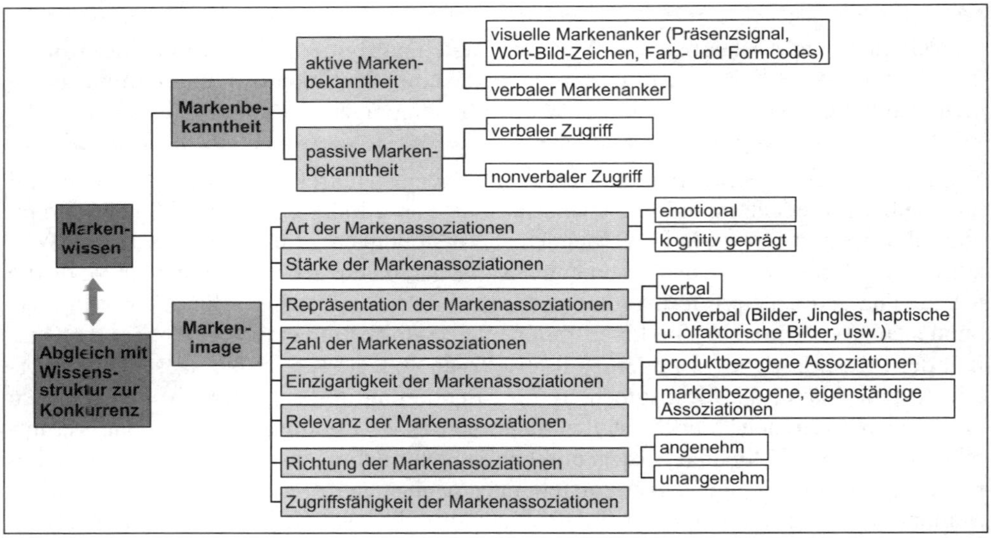

Abbildung 1: Operationalisierung des Markenwissens der Konsumenten[8]

6 Vgl. Keller (1993), S. 1.

7 Vgl. Kaas (1990), S. 48.

8 Esch (2004), S. 70.

Die *Markenbekanntheit* ist die notwendige Voraussetzung dafür, dass der Konsument ein klares Image für eine Marke aufbauen kann. Durch eine entsprechende Markenbekanntheit wird:

- eine Marke überhaupt erst bei einer Kaufentscheidung berücksichtigt,
- ein Anker für die Befestigung markenspezifischer Assoziationen hergestellt und
- Vertrauen und Zuneigung bei den Konsumenten geschaffen.[9]

Die Unterscheidung in aktive und passive Markenbekanntheit ist für die Markenführung von großer Bedeutung, da nur wenige Marken den Kunden spontan in den Sinn kommen. Bei einer passiven Markenbekanntheit (= Markenwiedererkennung) erfolgt eine Berücksichtigung der Marke in der Vorkaufphase eher durch Zufall über Prospektwerbung bzw. erst in der eigentlichen Kaufphase am Point of Sale.

Das *Markenimage* ist die hinreichende Bedingung für den Markenerfolg. Es kann durch acht Ausprägungen beschrieben werden:[10]

1. Die *Art der Assoziationen* sind in emotionale oder kognitive Assoziationen einzuteilen, wobei gerade starke Marken dadurch gekennzeichnet sind, dass mit ihnen viele emotionale Inhalte verbunden werden.
2. Die *Stärke der mit der Marke verbundenen Assoziationen*, denn je enger Assoziationen mit der Marke verbunden sind, desto stärker beeinflussen sie die Markenbeurteilung.
3. Die *verbale oder nonverbale Repräsentation der Assoziationen* der Marken, da mit starken Marken zumeist viele nonverbale Inhalte verbunden werden, die zu einem klaren und lebendigen inneren Bild führen, das eine hohe Erklärungskraft für das Verhalten der Konsumenten aufweist.
4. Die *Anzahl der Assoziationen*, die in der Regel bei starken Marken signifikant höher ist als bei schwachen Marken.
5. Die *Einzigartigkeit der Assoziationen* zeichnet vor allem starke Marken aus.
6. Die *Richtung der Assoziationen* ist bei starken Marken positiver als bei schwachen.
7. Die Assoziationen haben bei starken Marken eine höhere *Relevanz* für den Konsumenten als dies bei schwachen Marken der Fall ist.
8. Die *Zugriffsfähigkeit auf die Assoziationen* muss gegeben sein, das heißt Marken müssen leicht mit bestimmten Eigenschaften und Vorstellungen verknüpft werden können und diese wiederum auch leicht mit der Marke.

---

9 Vgl. Aaker (1992), S. 85.

10 Vgl. Esch (2004), S. 73 ff.

1.2 Bedeutung der Marke als zentraler Wertschöpfer

Marken gelten als die zentralen immateriellen Wertschöpfer der heutigen Zeit. „Menschen und Marken statt Maschinen" war das Ergebnis einer Podiumsdiskussion von Top-Managern auf dem Weltwirtschaftsforum in Davos auf die Frage nach den Erfolgsfaktoren des 21. Jahrhunderts.[11] Starke Marken zeigen gegenüber schwachen immer wieder eine deutliche Überlegenheit in ökonomischen Größen:

- Starke Marken erzielen Mengen- und Preispremien. Miele ist z. B. mit Abstand der mengenmäßige Marktführer bei einem um 70 % höheren Preis als die Wettbewerber.
- Bei einer Untersuchung der Unternehmensberatung McKinsey lag der Total Return to Shareholder bei starken Marken 1,9 % über dem Durchschnitt, während er bei schwachen Marken um 3,1 % darunter liegt.[12]
- Die Klarheit des Markenimages hat einen positiven Einfluss auf die Aktienkaufbereitschaft.[13]
- Mit steigender Reputation der Unternehmensmarke erhöhen sich die Umsätze und die Aktienkurse überproportional. Bei einer schlechteren Reputation liegen sie dagegen signifikant unter den Werten von Unternehmen, deren Reputation im Zeitablauf unverändert bleibt.[14]
- Der Anteil des Markenwerts an der Marktkapitalisierung ist hoch (vgl. Abbildung 2).

---

11 Vgl. Esch (2004), S. 4.

12 Vgl. Court/Leiter/Loch (1999), S. 101.

13 Vgl. Gruner + Jahr (1998), S. 292 ff.

14 Vgl. Gregory/Wiechmann (1997), S. 21.

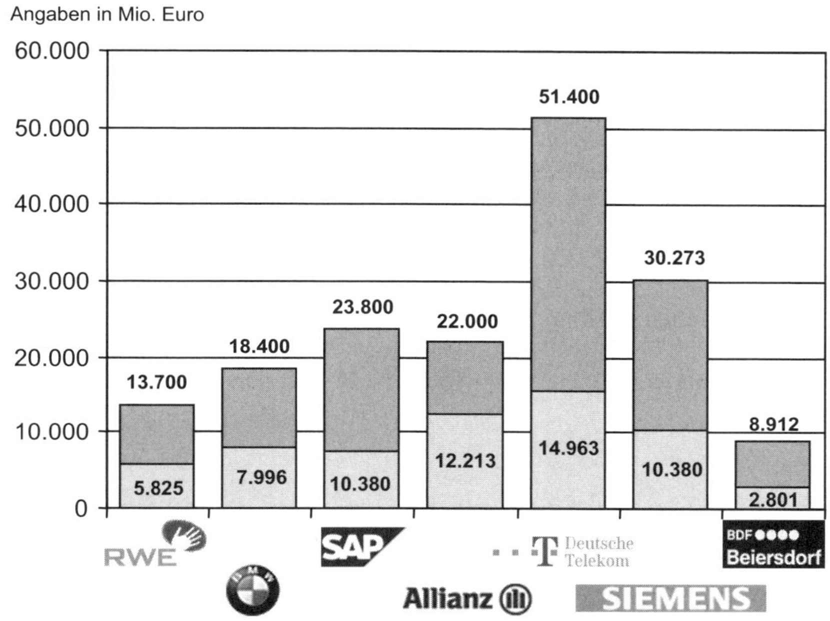

Abbildung 2: Anteile des Markenwerts an der Marktkapitalisierung[15]

1.3 Strategische Markenführung als Voraussetzung für den Erfolg der Marke

Nach Hahn/Hungenberg kennzeichnet eine Strategie die grundlegende Vorgehensweise zur Gestaltung von Richtung, Ausmaß, Struktur und Trägern der Unternehmensentwicklung[16], sie ist also von langfristiger Natur. Strategien werden formuliert, um das oberste Unternehmensziel, die Erhaltung und erfolgreiche Weiterentwicklung des Unternehmens, voranzutreiben. Hierbei kommt den Marken heutzutage eine herausragende Bedeutung zu. Der Aufbau einer starken Marke benötigt eine gewisse Zeit, da erst über entsprechende Lernprozesse Vorstellungsbilder zur Marke in den Köpfen der Konsumenten verankert werden können. Die Markenführung ist deshalb langfristig anzulegen, da ansonsten kein klares Bild von der Marke bei den Konsumenten erzielt und somit auch kein hoher Markenwert aufgebaut werden kann.

15 Vgl. Semion (2002).

16 Vgl. Hahn/Hungenberg (2001), S. 101.

Der Führungsbegriff kennzeichnet einen Prozess der Willensbildung, mit Problemstellungs-, Such-, Beurteilungs- und Entscheidungsphase, und der Willensdurchsetzung, mit Realisations- und Kontrollphase.[17] Die strategische Markenführung kann somit in die Phasen der Planung, Steuerung (Realisation) und Kontrolle aufgeteilt werden und als Managementprozess abgebildet werden.

Die Grundlage für alle Markenentscheidungen bildet die Markenidentität. Sie ist sozusagen das Fundament der Marke. Ist diese festgelegt, schließt sich die Positionierung der Marke im Markt an. Es folgen dann noch die Umsetzung der Positionierung sowie die Kontrolle der Maßnahmen.[18] Während hierbei zunächst der Fokus auf einer Marke liegt, erweitern komplexe Markensysteme die Perspektive auf mehrere Marken. Es werden demnach zwei oder mehrere Marken geführt. Hierbei ist nun auf der Grundlage der Identitäten festzulegen, ob es sinnvoll ist, komplexe Markenarchitekturen zu bilden, oder ob eine Mehrmarkenführung bessere Wirkungen im Markt erzielt (vgl. Kapitel 3.4).

2. Entwicklung eines Leistungsmodells zur Prüfung der Erfolgswirkung der Markenführung

Ein Leistungsmodell zur Markenführung muss alle relevanten Zielgrößen der Markenführung beinhalten. Dabei ist zwischen verhaltenswissenschaftlichen und ökonomischen Zielgrößen zu unterscheiden. Erstere sind quasi Vorläufer der quantitativen Zielgrößen und beeinflussen diese. Darüber hinaus müssen die Beziehungen zwischen den Wirkungsgrößen berücksichtigt werden. Abbildung 3 zeigt ein Modell, das am Institut für Marken- und Kommunikationsforschung an der Justus-Liebig-Universität Gießen entwickelt und überprüft wurde.

17 Vgl. Hahn/Hungenberg (2001), 32 ff.

18 Vgl. Meffert/Burmann (2002), S. 75 f.

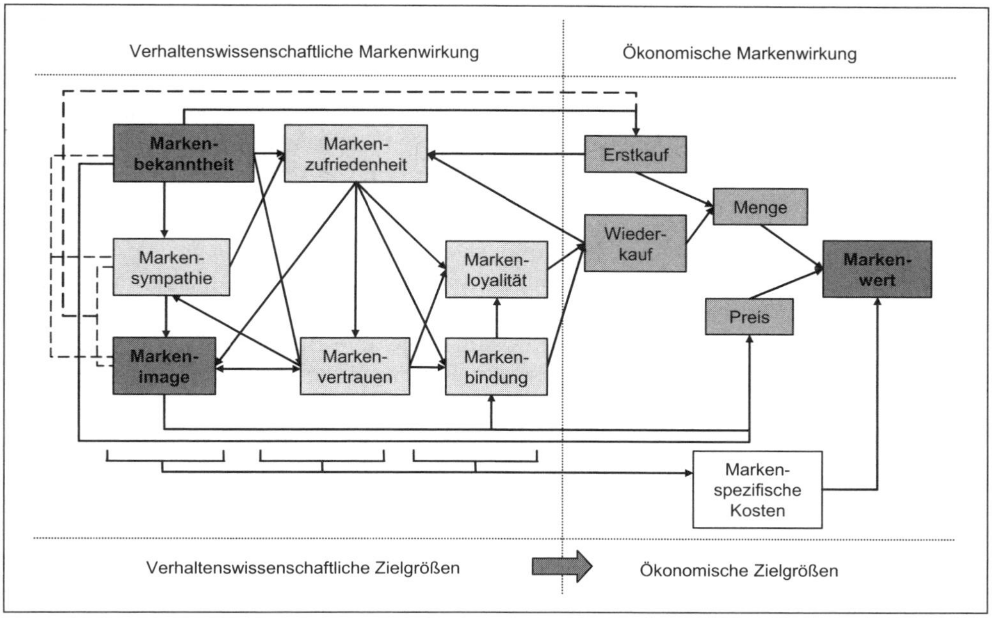

Abbildung 3: Zielsystem zur Markennavigation[19]

Neben der *Markenbekanntheit* und dem *Markenimage* als grundlegende Wirkungsgrößen[20] werden weitere Größen berücksichtigt, die jedoch unmittelbar durch die Markenbekanntheit und das Markenimage beeinflusst werden.[21]

Diese wesentlichen qualitativen Zielgrößen für die Markenführung sind:

- die Markensympathie,
- die Markenzufriedenheit,
- das Markenvertrauen,
- die Markenloyalität und
- die Markenbindung.[22]

---

19 Esch/Geus/Langner (2002), S. 475.

20 Zur Definition beider Begriffe vgl. Kapitel 1.2.

21 Vgl. Esch/Andresen (2001), S. 1083 ff.

22 Vgl. Esch/Wicke (2001), S. 43; Biel (2001), S. 68 f.; Aaker (1992), S. 57; Esch/Geus/Langner (2002), S. 474.

Bei der Operationalisierung des Markenwissens kann die *Markensympathie* als eine Dimension des Markenimages aufgefasst werden. In der Praxis wird dieses Konstrukt oft jedoch getrennt ausgewiesen, da die Markensympathie eine wichtige Zwischenrolle zwischen Markenbekanntheit und Markenimage einnimmt. Denn schon die Bekanntheit alleine führt über den Mere-Exposure-Effekt[23] zu Sympathie und einem gewissen Vertrauen in die Marke. Andererseits kann eine Marke sympathisch wirken, ohne dass man ein klares Image von dieser hat.[24]

Eine weitere zentrale qualitative Zielgröße ist die *Markenzufriedenheit*. Diese entsteht durch einen Vergleich früherer Erfahrungen mit der Marke (= wahrgenommene Leistung) mit den subjektiven Erwartungen (= Soll-Ist-Vergleich) des Konsumenten.[25] Es handelt sich hierbei jedoch um eine hochgradig subjektive Einschätzung, die einer starken Image-Verzerrung unterliegt. Je positiver das Image, desto eher wird die Leistung einer Marke positiv eingeschätzt.[26]

Mit dem *Markenvertrauen* wird das Ausmaß gekennzeichnet, in dem sich der Konsument auf die Marke verlassen kann. Besitzt ein Konsument ein hohes Markenvertrauen so reduziert sich dadurch sein wahrgenommenes Kaufrisiko.[27] Das Markenvertrauen wird im Wesentlichen durch die Markenbekanntheit und das Markenimage, aber auch durch die Zufriedenheit, die durch die Markennutzung entsteht, beeinflusst. Beispiele für sehr vertrauensvolle Marken sind z. B. die Allianz, Asbach, Nokia, Aspirin, Nivea und Lufthansa.[28]

Der Markenloyalität und der Markenbindung kommen eine besondere Bedeutung zu. Die *Markenloyalität* wurde lange Zeit im Sinne einer Markentreue der Konsumenten verstanden, die immer die gleiche Marke kaufen, häufiger andere Produkte der gleichen Marke kaufen, Mund-zu-Mund-Propaganda betreiben und gegenüber anderen Marken weniger aufgeschlossen sind.[29] Des Weiteren sind die Konsumenten bereit, für „ihre Marke" einen Preisaufschlag zu zahlen. Bei dieser engen Definition gilt ein Kunde als markentreu, wenn er wiederholt aus eigener Überzeugung eine Marke kauft. Dieser Gedankengang ist jedoch nicht konsequent zu Ende gedacht, da ein Konsument eine Marke auch ohne echte Markenpräferenz wiederholt kaufen kann. So kann dies z. B. durch die Platzierung der Marke am Point of Sale durch einen hohen Werbedruck oder aber auch aus Mangel an Alternativen geschehen.[30]

---

23 Der Mere-Exposure-Effekt bezeichnet das Phänomen, dass durch das wiederholte Zusammentreffen mit einem Gegenstand, hier der Marke, dieser alleine deshalb positiver beurteilt wird (vgl. Zajonc 1968).

24 Vgl. Esch/Geus/Langner (2002), S. 474.

25 Vgl. Homburg/Giering (2001), S. 1162 ff.

26 Vgl. Esch (2004), S. 79.

27 Vgl. Chaudhuri/Holbrook (2001), S. 82.

28 Vgl. Reader´s Digest (2002), S. 22 ff.

29 Vgl. Aaker (1992), S. 57 f.

30 Vgl. Keller (1998), S. 54.

Daher erweitern Chaudhuri und Holbrook zu Recht das Konzept einer reinen Verhaltensorientierung der Markenloyalität um den Aspekt der Einstellungsdimension.[31] Diese zweite Facette der Markenloyalität wird aufgrund der wachsenden Bedeutung getrennt als *Markenbindung* aufgenommen. Diese ist ein emotionales Konstrukt und gibt die gefühlsmäßige Bindung zu einer Marke wieder. Somit geht die Markenbindung über die klassische Markenloyalität hinaus, denn die Loyalität unterstellt die Nutzung einer Marke. Diese Nutzungsvoraussetzung gilt nicht für die Markenbindung. Sie kann durch reale oder mediale Erfahrungen mit der Marke entstehen. So sind z. B. Ferrari-Fans mit einer starken Markenbindung noch lange keine Ferrari-Eigentümer. Die Markenbindung wird heute immer wichtiger. Dies spiegelt sich in der immer größer werdenden Bedeutung der Marken-Communities wider.[32] So bekommt jeder Käufer einer Harley Davidson eine einjährige Mitgliedschaft in der Harley-Owners-Group. Nach diesem Jahr kann er gegen einen Beitrag von 40 Dollar die Mitgliedschaft jährlich verlängern. Weltweit hat die Harley-Owners-Group derzeit über 800.000 Mitglieder.[33]

Mit der Betrachtung der Verhaltens- und der Bindungsdimension kann sichergestellt werden, dass ein Wiederholungskauf kein zufälliger Kauf ist, sondern der Kauf aufgrund echter Markentreue getätigt wird.[34] Die Markenloyalität und die Markenbindung werden sehr stark von den Größen Markenimage, Markensympathie, Markenzufriedenheit und Markenvertrauen beeinflusst.[35]

Diese verhaltenswissenschaftlichen Zielgrößen sind die Grundlage des ökonomischen Erfolges. Wie aus Abbildung 3 hervorgeht, treiben die verhaltenswissenschaftlichen Größen die ökonomischen. Sie sind die Leistungstreiber, die mit einem zeitlichen Vorlauf gegenüber den ökonomischen Zielgrößen eventuellen Handlungsbedarf signalisieren, bevor dieser aus den ökonomischen Größen ersichtlich ist.

Die ökonomischen Zielgrößen wie der Umsatz, der Marktanteil, der Deckungsbeitrag, der markenspezifische Anteil an den Kosten, der Gewinn, die Rendite und schlussendlich auch der Markenwert resultieren aus den verhaltenswissenschaftlichen Größen.

In einer groß angelegten kausalanalytischen Studie wurde dieses Wirkungsmodell für Produktbereiche mit hohem und niedrigem Produktinvolvement sowie unterschiedlich starken Marken bestätigt (vgl. Abbildung 4).

---

31 Vgl. Chaudhuri/Holbrook (2001), S. 82.

32 Vgl. zur Bedeutung von Marken-Communities Muniz/O´Guinn (2001).

33 Vgl. o. V. (2004).

34 Vgl. Esch (2004), S. 79.

35 Vgl. Chaudhuri/Holbrook (2001), S. 82 f.

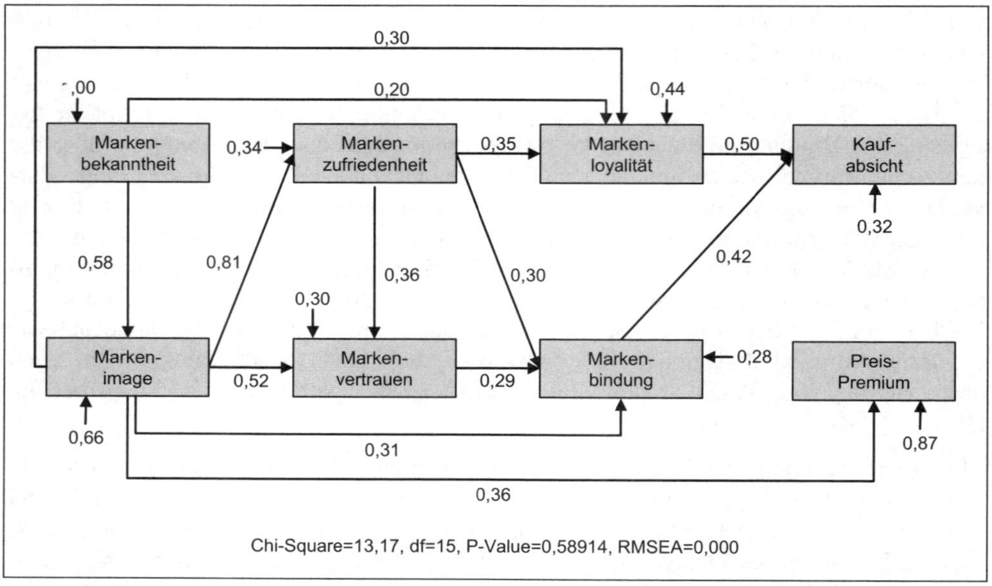

Abbildung 4: Wirkungsmodell der Markenführung[36]

3. Bausteine des Erfolgs strategischer Markenführung

3.1 Baustein 1: Aufbau und Weiterentwicklung der Markenidentität als Fundament

Das Fundament jeder Markenüberlegung bildet die Festlegung der Markenidentität, also der Wurzeln einer Marke, die bei im Markt befindlichen Marken mit Blick auf die künftige Ausrichtung zu wahren bzw. zu modifizieren und bei neuen Marken zu entwickeln ist.[37] Nach Domizlaff verfügt jede Marke über ein Gesicht wie ein Mensch.[38] Damit verweist er auf eine Analogie zur menschlichen Persönlichkeit, die bestimmte Identitätsmerkmale aufweist, ebenso wie eine Marke über bestimmte Identitätsmerkmale verfügt.

---

36 Vgl. Geus (2004).

37 Vgl. auch Aaker/Joachimsthaler (2000), S. 40.

38 Vgl. Domizlaff (1992), S. 97 f.

> Die Markenidentität bringt zum Ausdruck, wofür eine Marke stehen soll. Sie umfasst die essenziellen, wesensprägenden und charakteristischen Merkmale einer Marke.[39]

Der Markenidentität ist das Markenimage gegenüberzustellen. Die Markenidentität ist das Selbstbild einer Marke aus Sicht der Mitarbeiter eines Unternehmens, das Markenimage hingegen das Fremdbild der Marke aus Sicht der relevanten Anspruchsgruppen.[40] Das Selbstbild erfasst nach strategischen Vorstellungen im Unternehmen essenzielle, wesensprägende Merkmale der Marke und beschreibt, wie die Marke gegenüber den verschiedenen Anspruchsgruppen auftreten soll. Diese Merkmale sollen bei den Konsumenten als Wissensstrukturen zur Marke aufgebaut bzw. bewahrt werden.[41] Das Fremdbild hingegen formt sich erst langfristig über entsprechende Lernprozesse bei den Anspruchsgruppen. Dementsprechend hat zunächst die Konzeption der Marke zu erfolgen, bevor sich ein entsprechendes Markenimage bilden kann (vgl. Abbildung 5).[42]

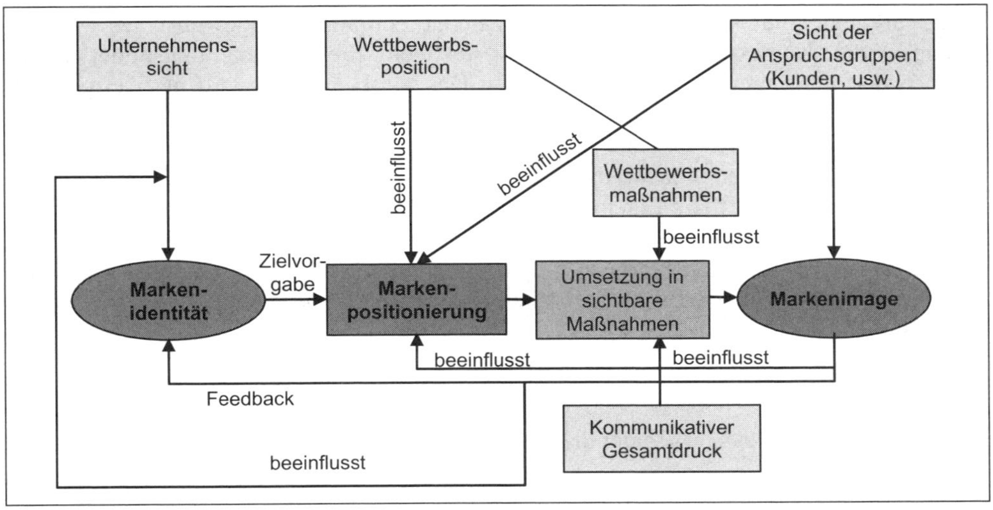

Abbildung 5: Zusammenhang zwischen Markenidentität, Markenpositionierung und Markenimage[43]

---

39 Esch (2004), S. 84.

40 Vgl. Meffert/Burmann (2002), S. 65.

41 Vgl. ähnlich Aaker (1996), S. 68.

42 Vgl. Kapferer (1992), S. 45.

43 Esch (2004), S. 87.

Markenidentität, Markenpositionierung und deren Umsetzung reflektieren aus Unternehmenssicht die Aktionsebene, das Markenimage steht hingegen für die Wirkungsebene.[44] Die Markenidentität dient als Ausgangspunkt für die Markenpositionierung. Diese soll die Identität unter Berücksichtigung relevanter Markt- und Kommunikationsbedingungen durch eine klare Fokussierung auf für Kunden und Anspruchsgruppen wichtige und von der Konkurrenz differenzierende Eigenschaften wirksam umsetzen. Das Markenimage, das sich bei den Anspruchsgruppen formt, ist eine Maßgröße für den mehr oder weniger erfolgreichen Transfer der Markenidentität durch die Positionierung der Marke im Markt. Das Markenimage ist neben der Markenbekanntheit der zentrale Bestandteil des Markenwissens und gilt allgemein als wesentliche Grundlage des Markenwerts.[45]

Für den Erfolg strategischer Markenführung sind aus Unternehmenssicht letztendlich die Bausteine von Relevanz, die sich auf die Aktionsebene beziehen. Dementsprechend werden in diesem Kapitel die Markenidentität, die Markenpositionierung und deren Umsetzung als Stellschrauben des Unternehmens behandelt. Anschließend wird noch auf die Besonderheiten bei komplexen Markensystemen eingegangen.

Die Markenidentität soll sich zu einem späteren Zeitpunkt als gewünschtes Markenimage in den Köpfen der Konsumenten verfestigen. Diese Vorstellungsbilder in den Köpfen der Konsumenten sind vielschichtig: Das Markenwissen wird in zwei getrennten, aber miteinander verknüpften Hirnhälften abgelegt – der linken und der rechten Gehirnhälfte. Die linke ist eher die sprachlich-rationale Hirnhälfte. Sie wird gedanklich stark gesteuert und arbeitet analytisch-sequenziell. Hier manifestieren sich primär rational fassbare und bewertbare Eigenschaften einer Marke. Die rechte Gehirnhälfte ist eher bildhaft-emotional geprägt. Sie ist demnach der Speicher für modalitätsspezifische Eindrücke und für Gefühle zur Marke.[46] Die Erfassung der Markenidentität muss auf diesen abgesicherten, verhaltenswissenschaftlichen Erkenntnissen aufbauen:

> Der Aufbau einer Markenidentität muss in beiden Gehirnhälften erfolgen.

Für die Festlegung der Markenidentität sind folgende Aspekte wichtig:[47]

1. Die rechte Gehirnhälfte gewinnt beim Aufbau starker Marken zunehmend an Bedeutung. So sind starke Marken vor allem durch starke Gefühle, Bilder und andere modalitätsspezifische Eindrücke gekennzeichnet, die sich überwiegend in der rechten Gehirnhälfte manifestieren. Bei der Entwicklung und Festlegung der Markenidentität sind gerade solche „weichen" Faktoren zu berücksichtigen. Auch die hohe wahrge-

44 In Anlehnung an Meier-Kortwig/Stüwe (2000), S. 190.

45 Vgl. im Folgenden Esch (2004), S. 86 sowie Kapitel 1.1.

46 Vgl. Kroeber-Riel (1993), S. 22 ff.

47 Vgl. im Folgenden Esch (2004), S. 90.

nommene Austauschbarkeit zwischen Marken zeigt, dass sachlich-rationale Markeninhalte eine Marke oft nicht hinreichend von Konkurrenzmarken differenzieren. Demzufolge gewinnt die rechte Gehirnhälfte beim Aufbau der Markenidentität immer mehr an Bedeutung.

2. Bei der Festlegung der Markenidentität kann man das Motto der Gestaltpsychologen zugrundelegen: Das Ganze ist mehr als die Summe seiner Teile. Denn auch die Markenidentität ergibt sich nicht durch eine Summation von Einzelkriterien. Sie muss in der Lage sein, das „Big Picture" einer Marke wiederzugeben, statt sich in vielen nebeneinander stehenden Details zu verlieren. Bei der Festlegung der Markenidentität muss man neben ihren einzelnen Merkmalen auch den Zusammenhang zwischen den einzelnen Merkmalen beachten. Die Markenidentität muss das „Big Picture" zur Marke wiedergeben.

Bei der Festlegung der Markenidentität muss man der Logik der beiden Hirnhälften folgen und Ratio und Emotionen sowie verbale und nonverbale Eindrücke beachten.

Das Vorgehen zur Bestimmung der Soll-Markenidentität für eine neue Marke oder eine bereits im Markt befindliche Marke unterscheidet sich nicht grundlegend. Der wesentliche Unterschied besteht darin, dass bei einer neuen Marke noch kein Markenimage bei den Anspruchsgruppen zur Bewertung der bislang im Markt durchgeführten Maßnahmen zur Umsetzung der Markenidentität herangezogen werden kann. Alle anderen Schritte sind hingegen vergleichbar.[48]

1. *Erfassung der Innensicht:* In der ersten Stufe ist die Ist-Markenidentität aus Sicht der Manager im Unternehmen zu entwickeln.
2. *Erfassung der Außensicht:* In der zweiten Stufe ist die Ist-Markenidentität bei den relevanten Anspruchsgruppen zu erheben.
3. *Zusammenführung von Innen- und Außensicht:* In einem dritten Schritt werden die beiden vorab erhobenen Ist-Markenidentitäten zusammengeführt und einer Synthese und Bewertung unterzogen.
4. *Entwicklung der Soll-Markenidentität:* Im vierten Schritt wird schließlich als Ergebnis aus der Synthese und Bewertung der Ist-Markenidentitäten eine Soll-Markenidentität entwickelt.
5. *Ableitung der Markenpositionierung:* Schließlich ist in einem letzten Schritt aus der Soll-Markenidentität die Markenpositionierung als Kern der zukünftigen Ausrichtung in einem Satz festzuhalten.

Allerdings handelt es sich bei der Implementierung einer neuen oder veränderten Markenidentität um einen *Change-Management-Prozess*[49] in den Köpfen der Mitarbeiter und den Strukturen des Unternehmens.[50] Dies trifft vor allem auf Dienstleistungs-, In-

48 Vgl. im Folgenden Esch (2004), S. 112 f.

49 Vgl. zum Change-Management-Prozess Krüger (2002).

50 Vgl. Esch (2004), S. 123.

dustriegüter- und B2B-Unternehmen zu. Dabei ist ein besonderes Augenmerk auf Änderungswiderstände zu legen. Diese können allgemeine Veränderungen betreffen oder sich auf spezifische Umsetzungen der Markenidentität beziehen.[51] Solche Änderungswiderstände müssen identifiziert und konkretisiert werden, um entsprechende Maßnahmen zu deren Überwindung entwickeln zu können.

Änderungswiderstände formieren sich auch oft in Unternehmen bei der Umsetzung einer Markenidentität in unterschiedlichen Ländern oder Geschäftsbereichen. Länderspezifische Modifikationen der Markenidentität werden z. B. aufgrund kulturspezifischer sowie marktspezifischer Unterschiede nötig. Es droht ein Verlust an Freiheiten bei der Gestaltung der Marketingmaßnahmen und des Auftritts des Unternehmens in dem jeweiligen Land oder Geschäftsbereich. Solche länder- und geschäftsbereichsspezifischen Deklinationen der Markenidentität sollten nach dem Prinzip des größten gemeinsamen Nenners erfolgen.

Um eine möglichst hohe Übereinstimmung von Markenidentität und Markenpositionierung zwischen einer Corporate Brand und einzelnen Ländern und Geschäftsbereichen zu realisieren, empfiehlt sich folgendes Vorgehen:[52]

1. Bei der Ermittlung der Soll-Markenidentität sind Studien in allen relevanten Ländern und Geschäftsbreichen durchzuführen.
2. In der Projektgruppe zur Entwicklung der Markenidentität sind frühzeitig Vertreter der verschiedenen Länder und Geschäftsbereiche einzubeziehen.
3. Zur Durchsetzung der Markenidentität im Rahmen eines Change-Management-Prozesses sind unterschiedliche Stufen zu durchlaufen, die durch ein zentrales Umsetzungsteam zu begleiten sind.

3.2 Baustein 2: Markenpositionierung zur Fokussierung auf den Markt

Die Positionierung soll eine Abgrenzung der eigenen Marke von Konkurrenzmarken ermöglichen. Sie zielt auf die aktive Gestaltung der Stellung einer Marke im jeweils relevanten Markt ab.[53] Die gewählten Positionierungseigenschaften müssen dabei den Wünschen und Bedürfnissen der Konsumenten entsprechen und für diese relevant sein. Dies gilt als notwendige Bedingung, die Vermittlung eines aus Sicht der Anspruchsgruppen eigenständigen und unverwechselbaren Profils als hinreichende Bedingung.[54]

---

51 Vgl. Wittke-Kothe (2001), S. 33.

52 Esch (2004), S. 126.

53 Vgl. Brockhoff (1992), S. 880 f. und Esch (1992), S. 10.

54 Vgl. Esch (2004), S. 86.

Die festgelegte Markenidentität wird unter Berücksichtigung der aktuellen und künftigen Positionen relevanter Wettbewerbsmarken sowie der aktuellen und künftigen Bedürfnisse und Wünsche der Anspruchsgruppen weiter spezifiziert und fokussiert. Die Markenpositionierung bedeutet gleichzeitig immer die Fokussierung auf wenige, relevante Merkmale, für die eine Marke im Markt stehen soll. BMW steht für „Sportlichkeit, Dynamik und Freude am Fahren", Apple ist „persönlich, freundlich, modern und jung".[55]

Eine Markenpositionierung zielt darauf ab, dass die Marke

- in den Augen der Zielgruppen so attraktiv ist und
- gegenüber konkurrierenden Marken so abgegrenzt wird,

dass sie gegenüber diesen Konkurrenzmarken vorgezogen wird.[56]

Um eine starke Marke aufzubauen, muss eine Marke über eine klare Positionierung im Markt verfügen, die

- die Besonderheiten der Marke herausstellt,
- zur Marke im weitesten Sinne passt,
- für die Kunden relevant ist,
- eine Abgrenzung von der Konkurrenz ermöglicht und
- langfristig verfolgt werden kann.[57]

Aufbauend auf Positionierungsmodellen lassen sich verschiedene Positionierungsstrategien unterscheiden. Positionierungsmodelle geben räumliche Positionen von Marken aus Sicht der Anspruchsgruppen wieder, ähnlich wie Landkarten die Anordnung von Städten.[58] Es zeigt die subjektiv wahrgenommene Stellung der eigenen Marke, der Konkurrenzmarke und die Idealvorstellungen der Anspruchsgruppen in Bezug auf die relevanten Positionierungseigenschaften.[59]

Ziel der verschiedenen Positionierungsstrategien ist immer die Verringerung des wahrgenommenen Abstandes zwischen einer Idealvorstellung der Zielgruppe und der eigenen Marke.[60] Wie aus Abbildung 6 hervorgeht, kann man im alten Positionierungsraum die Position der Marke beibehalten oder eine Anpassungs- bzw. Beeinflussungsstrategie zur Positionsverbesserung realisieren. Ein neuer Positionierungsraum kann durch eine Anbaustrategie oder durch eine Neupositionierung für eine Marke erschlossen werden.

---

55 Vgl. Esch (2004), S. 86.

56 Esch (2004), S. 134.

57 Vgl. Esch (2004), S. 137.

58 Vgl. Kroeber-Riel/Esch (2000), S. 47.

59 Vgl. Carpenter (1989), S. 1030 f.; Kroeber-Riel (1992), S. 206 ff.; Schobert (1980), S. 146 ff.

60 Esch (2004), S. 145.

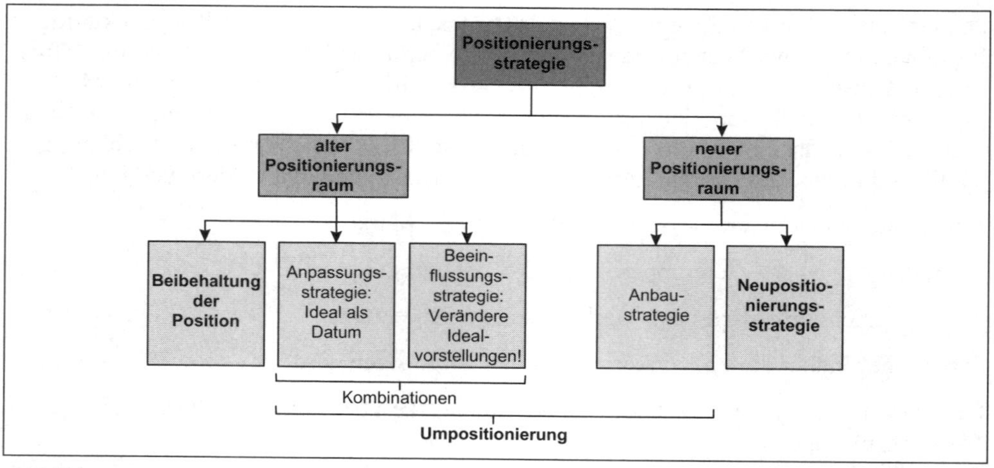

Abbildung 6: Positionierungsstrategien aus der Perspektive des Positionierungsmodells[61]

Im Rahmen einer erfolgreichen Markenführung kann eine Markenposition beibehalten und nur soweit erforderlich dem Zeitgeist angepasst werden. Bei einer Markenumpositionierung bleibt immer ein Teil der alten Positionierung erhalten, der um neue Eigenschaften ergänzt wird. Eine Neupositionierung ist schließlich dann sinnvoll, wenn bisherige Markeninvestitionen keinen Beitrag zum Aufbau des Markenimages geleistet haben und dies auch künftig nicht zu erwarten ist.[62]

3.3 Baustein 3: Umsetzung ist Strategie

Nach Ausarbeitung der Markenpositionierung muss diese anschließend in sichtbare Maßnahmen zur Kommunikation des angestrebten Soll-Markenimages umgesetzt werden. Konkret sind damit Umsetzungen im Produkt-Design, der Massenkommunikation, der Below-the-line-Kommunikation und in andere Instrumente des Marketing-Mix gemeint.

Diese Umsetzung ist ein zentraler Erfolgsbaustein der strategischen Markenführung, denn es gilt: Umsetzung ist Strategie. Allerdings sind die meisten Unternehmen Konzeptriesen und Umsetzungszwerge. Gerade die Umsetzung entscheidet jedoch über den Aufbau klarer Markenimages, denn das Selbstbild der Markenidentität wird für den „Konsumenten erst erfahrbar, wenn es in reale Produkte, Kommunikationsmittel, Archi-

61 Esch (2001), S. 246.

62 Vgl. Esch (2004), S. 146 ff.

tektur etc. umgesetzt worden ist"[63]. Dementsprechend ist die subjektive Wahrnehmung der Konsumenten der Maßstab für die erfolgreiche Umsetzung eines Positionierungskonzeptes.

Im Rahmen der Umsetzung müssen auch externe Einflussfaktoren Beachtung finden, wie z. B. die Wettbewerbsmaßnahmen, der kommunikative Gesamtdruck und das Involvement, mit dem sich die Anspruchsgruppen mit der eigenen Marke beschäftigen. Denn auch von diesen Faktoren hängt es ab, ob durch die Umsetzung tatsächlich das gewünschte Markenimage bei den Anspruchsgruppen vermittelt und verfestigt wird.[64]

Zur wirksamen Umsetzung der Markenpositionierung können die strategischen Dreiecke der Positionierung herangezogen werden. Diese erleichtern es dem Anwender, seine Gedanken bei der Konzeption und Umsetzung einer Positionierung zu ordnen und einen systematischen Prozess der wirksamen Positionierungsumsetzung zu initiieren.

Wie aus Abbildung 7 hervorgeht, kann man zwei strategische Dreiecke voneinander unterscheiden, die in Interaktion zueinander stehen: das der Konzeptebene und das der Realisationsebene.

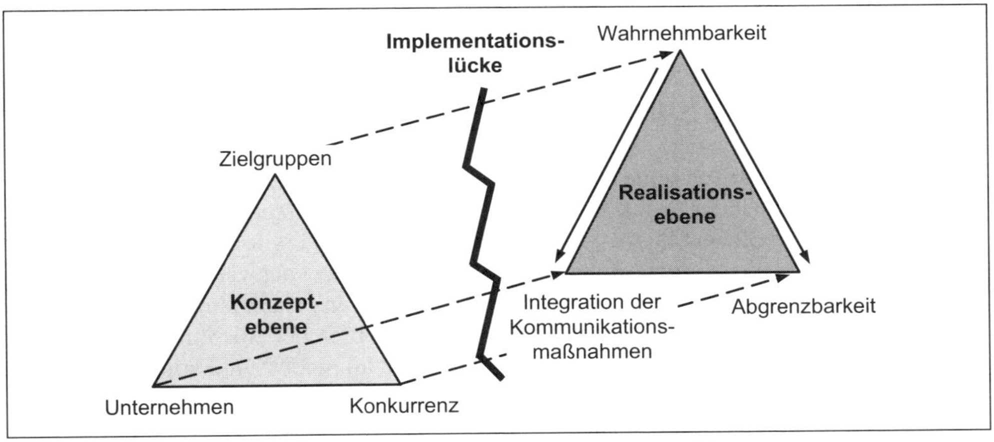

Abbildung 7: Die strategischen Dreiecke der Positionierung[65]

Das Dreieck der Konzeptebene wird durch das Unternehmen bzw. die eigene Marke, durch die Zielgruppe und die konkurrierenden Marken gebildet. Sind die Fragen auf dieser Ebene geklärt und mögliche Hürden bei der Entwicklung schlüssiger Positionie-

63 Meier-Kortwig/Stüwe (2000), S. 190.

64 Vgl. Esch (2004), S. 87 f.

65 In Anlehnung an eine Darstellung von Levermann (1994).

rungskonzepte überwunden, sind die jeweiligen Endpunkte des Konzeptdreiecks anschließend in die korrespondierenden Endpunkte des Realisationsdreiecks zu transformieren. Dementsprechend sind folgende Anforderungen an die Umsetzung einer Positionierung zu berücksichtigen:[66]

- *Wahrnehmbarkeit sichern:* Wird das in den einzelnen Marketinginstrumenten umgesetzte Positionierungskonzept auch zieladäquat von den Zielgruppen wahrgenommen? Also wird z. B. die Positionierung einer Marke als „natürlich" auch tatsächlich in der gewünschten Form wahrgenommen? Um diese positionierungsadäquate Wahrnehmung der Marketing-Maßnahmen sicherzustellen, ist ein zweistufiges Vorgehen zweckmäßig. Zunächst ist zu prüfen, welche Vorstellungen Kunden bzw. Konsumenten mit einer Positionierungseigenschaft wie „natürlich" verbinden. Diese geäußerten Assoziationen dienen dann als Grundlage für erste Umsetzungen der Positionierung. Im zweiten Schritt sind die Umsetzungen dahingehend zu analysieren, ob sie im Sinne der Positionierung wahrgenommen und verstanden werden.
- *Eigenständigkeit erreichen:* Trägt die Umsetzung des Positionierungskonzeptes in den Marketinginstrumenten zur klar erkennbaren Abgrenzung von der Konkurrenz bei? Generell ist zwischen der Austauschbarkeit von Konzept und Umsetzung zu unterscheiden. Dabei ist die eigenständige Umsetzung eines Positionierungskonzeptes für eine eindeutig wahrnehmbare Unterscheidbarkeit des Angebotes von der Konkurrenz von herausragender Bedeutung, unabhängig davon, ob das Positionierungskonzept austauschbar oder eigenständig ist.[67] Der klar erkennbare Auftritt einer Marke prägt deren Image.
- *Integriert auftreten:* Sind die einzelnen Marketinginstrumente entsprechend der Positionierung aufeinander abgestimmt, so dass sich für das Unternehmen die notwendigen Synergieeffekte ergeben? Für Positionierungskonzepte gilt das Motto „Das Ganze ist mehr als die Summe seiner Teile". Die Integration der verschiedenen Marketinginstrumente und damit auch der kommunikativen Maßnahmen verankert die Markenpositionierung schneller und tiefer in den Köpfen der Anspruchsgruppen. Bei dieser Vermittlung eines konsistenten Bildes durch alle Kommunikationsinstrumente handelt es sich um die für den Lernprozess so wichtigen Wiederholungen von ein- und derselben Botschaft.[68]

---

66 Vgl. im Folgenden Esch (2004), S. 154 ff.

67 Vgl. Esch (1992), S. 14.

68 Vgl. Kroeber-Riel (1993), S. 300 ff.; Esch (1998), S. 79 ff.

3.4 Baustein 4: Bausteine bei komplexen Markensystemen

Viele Unternehmen managen in der heutigen Zeit kaum noch überschaubare Markenportfolios, bei denen häufig mehr als eine Marke ein bestimmtes Produkt oder eine bestimmte Dienstleistung markiert. Gerade bei einer solchen Vielzahl vorhandener Marken stellt sich die Frage, ob all diese Marken überhaupt notwendig sind und wie ein mögliches Zusammenspiel zwischen den Marken dem Unternehmen einen zusätzlichen Nutzen oder Kostenersparnisse bringen kann.

Bei den klassischen Markenstrategien, bei denen man zunächst nur zwischen Einzel-, Familien- und Dachmarkenstrategien differenziert, erfolgt die Betrachtung immer aus Sicht einer Marke. Bei einer Einzelmarkenstrategie wird dementsprechend für jedes Produkt eine Marke geführt, bei einer Familienmarke werden alle Produkte einer Produktlinie bzw. eines Produktbereichs zusammengefasst, und im Falle der Dachmarkenstrategie werden zumindest in ihrer Reinform alle Produkte eines Unternehmens unter einer einheitlichen Marke gebündelt. Auch die Mehrmarkenstrategie wird zu den klassischen Markenstrategien gezählt. Es handelt sich hierbei um eine parallele Führung mehrerer selbständiger Marken, die auf denselben Produktbereich ausgerichtet sind.[69] Durch eine – in der Praxis übliche – Kombination klassischer Markenstrategien entstehen komplexe Markensysteme. Bei diesen werden Wechselwirkungen zwischen mehreren Marken auf unterschiedlichen Hierarchieebenen berücksichtigt.

> Unter einer Markenarchitektur versteht man die Anordnung aller Marken eines Unternehmens zur Festlegung der Positionierung und der Beziehung der Marken und der jeweiligen Produkt-Markt-Beziehungen aus strategischer Sicht.[70]

Ziel bei der Gestaltung einer Markenarchitektur ist es, größtmögliche Synergiepotenziale zwischen den Marken bei notwendiger gegebener Eigenständigkeit der Marken zu erzielen, damit sich die Zielgruppen klar und einfach einen Überblick über die jeweiligen Marken verschaffen können. Zur Darstellung der generellen Markenoptionen im Rahmen möglicher Markenarchitekturen kann eine Matrix gebildet werden, die danach gegliedert ist, ob man eine oder mehrere Marken betrachtet und sich auf einer oder mehreren Hierarchieebenen bewegt (vgl. Abbildung 8).

69 Vgl. Meffert/Perrey (2002), S. 206.

70 Vgl. Esch/Bräutigam (2001b), S. 28; Aaker/Joachimsthaler (2000), S. 134 ff.

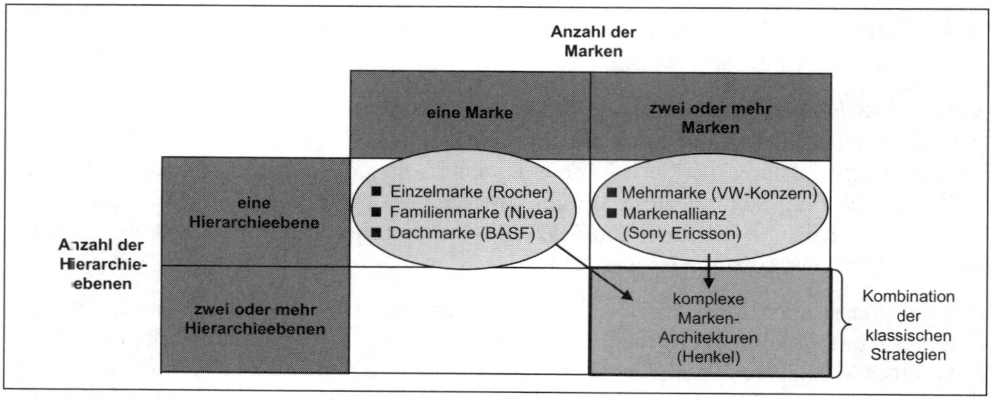

Abbildung 8: Die Markenarchitektur-Matrix[71]

Komplexe Markenarchitekturen lassen sich folglich definieren als

- Markenarchitekturen,
- bei denen zwei oder mehr Marken
- auf unterschiedlichen Hierarchieebenen angeordnet sind.[72]

Zum einen sind komplexe Markenarchitekturen durch die Anzahl der Marken gekennzeichnet. Es werden explizit zwei oder mehr Marken miteinander kombiniert, wodurch sich also die Betrachtungen nicht mehr nur auf eine Marke beziehen. Mit den Hierarchieebenen sind zum anderen die Abstufungen der Marken untereinander gemeint. Im Gegensatz zu Mehrmarkenstrategien und Markenallianzen, die ebenfalls zwei oder mehr Marken umfassen, sind die Marken auf unterschiedlichen Hierarchieebenen innerhalb eines Unternehmens (z. B. Dachmarke vs. Produktmarke) angeordnet. So führt z. B. Unilever auf der nächstuntergeordneten Hierarchieebene die Marke Langnese, die wiederum als hierarchisch untergeordnete Marke unter anderem Cremissimo im Programm hat. Zwischen diesen Marken existieren also Über- und Unterordnungsverhältnisse.

71 Esch/Bräutigam (2001a), S. 715.

72 Vgl. Esch/Bräutigam (2001a), S. 715.

Während bei Mehrmarkenstrategien die Trennschärfe das zentrale Erfolgskriterium darstellt, ist dies bei Markenarchitekturen die Logik der Anordnung.[73]

Im Rahmen der Mehrmarkenstrategien zielt die Differenzierung zwischen mehreren Marken auf einer Hierarchieebene auf die Trennschärfe zwischen den Marken ab, wie dies etwa beim Volkswagenkonzern im Automobilbereich bei den Marken VW, Audi, Škoda und Seat der Fall ist. Bei Markenarchitekturen sind die Logik der Anordnung und die Beziehungen zwischen den Marken die Voraussetzung dafür, dass trotz zunehmender Komplexität klare Vorstellungsbilder zu einer Marke in den Köpfen der Zielgruppe aufgebaut werden können, die eine Identifikations- und Differenzierungsfunktion bewirken und dazu führen, dass eine Marke gegenüber anderen Marken bevorzugt wird.[74]

Erste Erkenntnisse für die Wahl der geeigneten Markenstrategie können auch schon bei der Ermittlung der Markenidentitäten gewonnen werden. Je mehr sich verschiedene Markenidentitäten innerhalb des Unternehmens gleichen, umso eher kann man die Dachmarke dominant einsetzen. Unterscheiden sich jedoch die Markenidentitäten erheblich voneinander, so ist eine stärkere Dominanz von Familien- und Produktmarken sowie eine Mehrmarkenstrategie erfolgsversprechender.

Nur wenn bekannt ist, wie die Wahrnehmung und Wirkung einer Marke auf den Konsumenten durch die jeweils andere Marke beeinflusst wird, können Markenarchitekturen erfolgreich gestaltet und geführt werden. Daher bietet sich eine konsumentenbezogene Klassifikation von „wahrnehmbaren Markenarchitekturen" an.

Komplexe Markenarchitekturen sind nur ein Teil der in Abbildung 9 vorgestellten Klassifikation. Die beiden Extreme auf der ersten Ebene sind jeweils identisch mit einer der klassischen Markenstrategien. So ist der Fall, in dem die Unternehmensmarke dominiert, deckungsgleich mit der Dachmarkenstrategie. Alle Produkte werden ausschließlich durch die Dach- oder Unternehmensmarke markiert, zusätzliche Familien- oder Produktmarken werden nicht geführt bzw. spielen keine Rolle. Am anderen Ende des Spektrums werden mehrere unabhängige Einzelmarken geführt. Eine gemeinsame Klammer in Form einer übergeordneten Unternehmensmarke wird nicht kommuniziert.

73 Vgl. Esch (2004), S. 417.

74 Vgl. Esch/Bräutigam (2001a), S. 716.

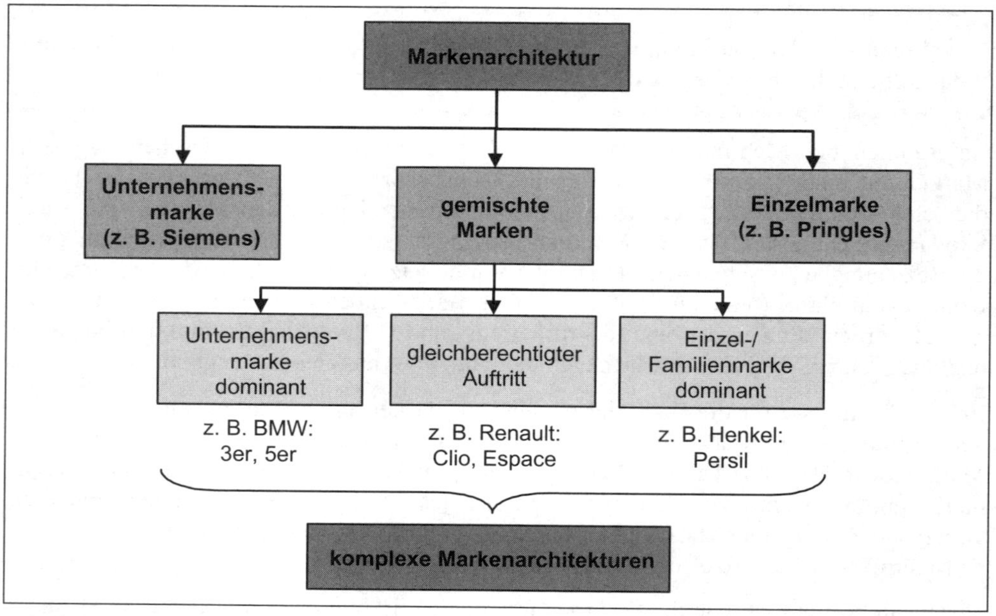

Abbildung 9: Konsumentenbezogene Klassifikation von Markenarchitekturen[75]

Auf der Suche nach Optimierungspotenzialen bei der Gestaltung komplexer Markenarchitekturen geht es im Kern um eine zentrale Frage: Wie müssen die Marken strukturiert werden, um einerseits Synergien zwischen den Marken zu realisieren und gleichzeitig die nötige Eigenständigkeit der Marken zu wahren? Problem hierbei ist, dass die Erzielung von Synergien zwischen den Marken und der notwendigen Eigenständigkeit einzelner Marken konkurrierende Ziele sind (vgl. Abbildung 10). Ein Fine-Tuning auf Basis der zu vermittelnden Elemente der Marke (Markenbekanntheit, Markenimage) ist vorzunehmen.[76]

75 Esch/Bräutigam (2001a), S. 725.

76 Vgl. Esch (2004), S. 429.

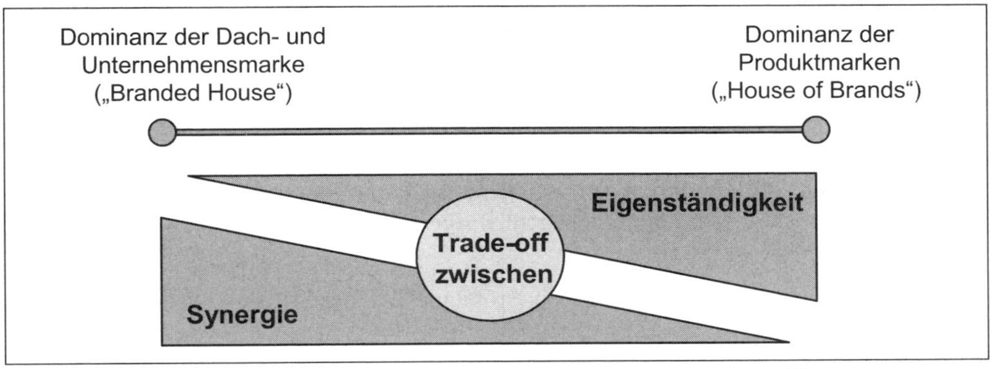

Abbildung 10: Konkurrierende Ziele der Markenarchitekturgestaltung[77]

Vor einer Entscheidung, welche Markenarchitektur die geeignete ist, muss sich jedes Unternehmen zunächst grundsätzlich über diese beiden miteinander verwobenen Zielgrößen klar werden:

1. Dem Ausmaß der zu realisierenden Synergien zwischen zwei oder mehreren Marken und
2. dem Grad der notwendigen Eigenständigkeit zwischen zwei oder mehreren Marken.

Eine Entscheidung für mehr Synergie oder mehr Eigenständigkeit hat unmittelbare Auswirkungen auf die Rolle der Marken innerhalb der Architektur. Je größer der Grad der zu realisierenden Synergien, umso stärker tritt die Unternehmensmarke in den Vordergrund. Eine zusätzliche Marke kann dabei die Unternehmensmarke modifizieren und / oder ergänzen, indem sie weitere Imagefaktoren hinzufügt. Je geringer der Grad der zu realisierenden Synergien und je höher die Notwendigkeit zur eigenständigen Gestaltung, umso mehr übernimmt die Unternehmensmarke eine unterstützende Funktion, die primär dazu dient, Kompetenz und Vertauen auf andere Marken zu übertragen.

77 Esch/Bräutigam (2001a), S. 727.

4. Herausforderungen beim Aufbau eines Markenkontroll-Cockpits zur Prüfung der Erfolgswirkung

Die strategische Markenführung ist zwingend zu kontrollieren. Die beste strategische Planung nützt nichts, wenn hinterher nicht festgestellt werden kann, ob die Umsetzung erfolgreich war.

Es existieren grundsätzlich zwei große Probleme bei der Aufstellung von Zielsystemen:[78]

- das Zurechnungsproblem und
- das Operationalisierungsproblem.

Ein *Zurechnungsproblem* entsteht, wenn es keine direkten Beziehungen zwischen den einzelnen Zielgrößen gibt. So ist z. B. die Vorgabe „Sorge durch die Markenkommunikation dafür, dass der Markenumsatz um 10 % steigt“ nicht praktikabel für die Markenführung. Es besteht zwischen der Werbung für die Marke und der Umsatzsteigerung in der Regel keine direkte Beziehung. Des Weiteren wird die Markenwahl noch durch weitere Größen wie z. B. Produktqualität, Preis oder Konkurrenzmaßnahmen beeinflusst, die aber außerhalb des Einflussbereichs des Markenmanagers liegen.[79] Die Lösung dieses Problems liegt darin, dass bei der Markenführung nicht das Verhalten der Konsumenten an sich als Ziel vorgegeben wird, sondern die vor dem Verhalten liegenden Größen wie die Markenbekanntheit oder das Markenimage.

Da die Ziele über verschiedene Wege und Techniken beeinflusst werden können, gibt es ein *Operationalisierungsproblem*. Es kann versucht werden, der Marke sowohl durch emotionale als auch durch informative Werbung ein bestimmtes Image zu geben. Es müssen also immer der Weg und die Technik angegeben werden, da ansonsten die Maßnahmen nicht hinreichend kontrolliert werden können.[80]

Ein komplexes Markenkontroll-Cockpit muss die folgenden Fragen beantworten können:

1. Warum sind wir im Rahmen der Markenführung mehr oder weniger erfolgreich (= Diagnose)?
2. Wie viel ist unsere Marke bzw. sind unsere Marken aufgrund der vorgenommenen Maßnahmen wert (= Evaluation)?

---

[78] Vgl. Köhler (1971), S. 24 f.; Kroeber-Riel (1972), S. 25 f.; Kroeber-Riel/Esch (2000), S. 31 ff.

[79] Vgl. Esch (2004), S. 81.

[80] Vgl. Krober-Riel/Esch (2000), S. 34.

3. Welche Maßnahmen kann man ergreifen, um die Marken künftig erfolgreicher durch turbulente Märkte zu navigieren (= Therapie)?

Ein solches Markenkontroll-Cockpit setzt demnach ein klares Verständnis über Wirkungszusammenhänge voraus. Es ist in eine übersichtliche Brand-Scorecard zu überführen, in dem alle relevanten Leistungsgrößen übersichtlich erfasst werden.

Neben diesen grundlegenden Aspekten erscheint es sinnvoll, die Markenführung an das Anreizsystem im Unternehmen zu koppeln. Die Zielvorgaben wirken anscheinend nur dann in hohem Maße steuernd im Management, wenn sich ihre Erfüllung beim Management niederschlägt. Gerade die strategischen Ziele der Markenführung scheinen hierfür besonders geeignet zu sein, denn so kann das Unternehmen den langfristigen Erfolg belohnen und fördert nicht die kurzfristige Denkweise vieler Manager.

Literaturverzeichnis

AAKER, D. (1992), Management des Markenwerts, Frankfurt a. M. 1992.

AAKER, D. (1996), Building Strong Brands, New York 1996.

AAKER, D.A./JOACHIMSTHALER, E. (2000), Brand Leadership, New York 2000.

BIEL, A.L. (2001), Grundlagen zum Markenaufbau, in: Esch, F.-R (Hrsg.), Moderne Markenführung, 3. Aufl., Wiesbaden 2001, S. 61-90.

BROCKHOFF, K. (1992), Positionierungsmodelle, in: Diller, H. (Hrsg.), Vahlens Großes Marketinglexikon, München 1992, S. 880-881.

CARPENTER, G.S. (1989), Perceptual Position and Competitive Brand Strategy in a Two-Dimensional, Two-Brand-Market, in: Management Science, Vol. 35, No. 9, S. 1029-1044.

CHAUDHURI, A./HOLBROOK, M.B. (2001), The Cain of Effects from Brand Trust and Brand Affect to Brand Performance, in: Journal of Marketing, Vol. 65, April, S. 81-93.

COURT, D.C./LEITER, M.G./LOCH, M.A. (1999), Brand Leverage, in: The McKinsey Quarterly, No. 2, 1999, S. 100-110.

DOMIZLAFF, H. (1992), Die Gewinnung des öffentlichen Vertrauens: Ein Lehrbuch der Markentechnik, Hamburg 1992.

ESCH, F.-R. (1992), Positionierungsstrategien – konstituierender Erfolgsfaktor für Handelsunternehmen, in: Thexis, 9. Jg. Nr. 4, 1992, S. 9-15.

ESCH, F.-R. (1998), Wirkung integrierter Kommunikation: ein verhaltenswissenschaftlicher Ansatz für die Werbung, Wiesbaden 1998.

ESCH, F.-R. (2004), Strategie und Technik der Markenführung, 2. Aufl., München 2004.

ESCH, F.-R./ANDRESEN, T. (2001), Messung der Markenstärke durch den Markeneisberg, in: Esch, F.-R (Hrsg.), Moderne Markenführung, 3. Aufl., Wiesbaden 2001, S. 1081-1103.

ESCH, F.-R./BRÄUTIGAM, S. (2001A), Analyse und Gestaltung von komplexer Markenarchitekturen, in: Esch, F.-R (Hrsg.), Moderne Markenführung, 3. Aufl., Wiesbaden 2001, S. 711-732.

ESCH, F.-R./BRÄUTIGAM, S. (2001B), Corporate Brands versus Product Brands? Zum Management von Markenarchitekturen, in: Thexis, 18. Jg., Nr. 4, S. 27-35.

ESCH, F.R./GEUS, P./LANGNER, T. (2002), Brand Performance Measurement zur wirksamen Markennavigation, in: Controlling, 14. Jg., Nr. 8/9, 2002, S. 39-47.

Esch, F.-R./Wicke, A. (2001), Herausforderungen und Aufgaben des Managements, in: Esch, F.-R (Hrsg.), Moderne Markenführung, 3. Aufl., Wiesbaden 2001, S. 3-55.

Geus, P. (2004), Wirkungsgrößen der Markenführung. Entwicklung und empirische Prüfung eines verhaltenswissenschaftlichen Wirkungsmodells der Markenführung, Dissertation an der Justus-Liebig-Universität Gießen 2004.

Gregory, J.R./Wiechmann, J.G. (1997), Leveraging the Corporate Brand, Lincolnwood 1997.

Gruner + Jahr (Hrsg.) (1998), Imagery 2. Innere Markenbilder in gehobenen Zielgruppen, Hamburg 1998.

Hahn, D./Hungenberg, H. (2001), PuK: Planung und Kontrolle, Planungs- und Kontrollsysteme, Planungs- und Kontrollrechnung; wertorientierte Controllingkonzepte, Wiesbaden 2001.

Homburg, C./Giering, A. (2001), Messung von Markenzufriedenheit und Markenloyalität, in: Esch, F.-R (Hrsg.), Moderne Markenführung, 3. Aufl., Wiesbaden 2001, S. 1159-1170.

Jacoby, J./Szybillo, G.J./Busato-Schach, J. (1977), Information Acquisition Behavior in Brand Choice Situations, in: Journal of Consumer Research, Vol. 4, No. 3, 1997, S. 209-216.

Kaas, K.P. (1990), Langfristige Werbewirkung und Brand Equity, in: Werbeforschung & Praxis, 35. Jg., Heft 3, S. 48-52.

Kapferer, J.N. (1992), Die Marke – Kapital des Unternehmens, Landsberg/Lech 1992.

Keller, K.L. (1993), Conzeptualizing, Measuring and Managing Costumer-Based Brand Equity, in: Journal of Marketing, Vol. 57, No. 1, S. 1-22.

Keller, K.L. (1998), Strategic Brand Management: Building, Measuring, and Manging Brand Equity, Upper Saddle River/NJ 1998.

Köhler, R. (1971), Operationale Marketing-Ziele im Rahmen des Management by Objectives, in: Neue Betriebswirtschaft und betriebswirtschaftliche Datenverarbeitung, 24. Jg., 1971, S. 64-76.

Kroeber-Riel, W. (1992), Konsumentenverhalten, 5. Aufl., München 1992.

Kroeber-Riel, W. (1993), Bildkommunikation, München 1993.

Kroeber-Riel, W./Esch, F.-R. (2000), Strategie und Technik der Werbung, 5. Aufl., Stuttgart 2000.

Krüger, W. (2002), Excellence in Change: Wege zur strategischen Erneuerung, 2. Aufl., Wiesbaden 2002.

Levermann, T. (1994), Entwicklung eines Expertensystems zur Beurteilung der strategischen Durchsetzung von Werbung, Dissertation an der Universität des Saarlandes, Saarbrücken 1994.

MEFFERT, H./BURMANN, C. (2002), Theoretisches Grundkonzept der identitätsorientierten Markenführung, in: Meffert, H./Burmann, C./Koers, M. (Hrsg.), Markenmanagement, Wiesbaden 2001, S. 35-67.

MEFFERT, H./PERREY, J. (2002), Mehrmarkenstrategien – Identitätsorientierte Führung von Markenportfolios, in: Meffert, H./Burmann, C./Koers, M. (Hrsg.), Markenmanagement, Wiesbaden 2001, S. 201-229.

MEIER-KORTWIG, H./STRÜWE, B. (2000), Gestaltete Werte. Wie die Markenbotschaft erfahrbar wird, in: Absatzwirtschaft, 43. Jg., Sondernummer Oktober, 2000, S. 190-197.

MUNIZ, A.M./O´GUINN, T.C. (2001), Brand Community, in: Journal of Consumer Research, Vol. 27, March, 2001, S. 412-432.

O. V. (2003), Reich und Berühmt – die Top 10 der Sportmillionäre, http://www.faz.net, Abruf: 30.01.2004.

O. V. (2004), http://www.harley-davidson.com/EX/HOG/de/hog.asp?bmLocale=de_DE, Abruf: 30.01.2004.

READER´S DIGEST (2002), Trusted Brand 2002. Zweite europaweite Konsumentenbefragung zum spontanen Markenvertrauen und zur Bewertung von Marken, Düsseldorf 2002.

SCHOBERT, R. (1980), Positionierungsmodelle, in: Diller, H. (Hrsg.), Marketingplanung, 1980, S. 145-160.

SEMION (2002), Markenwert, http://www.semion.de, Abruf: 18.01.2004.

WITTKE-KOTHE, C. (2001), Interne Markenführung – Verankerung der Markenidentität im Mitarbeiterverhalten, Wiesbaden 2001.

ZAJONC, R.B. (1968), Attitudinal Effects of Mere Exposure, in: Journal of Personality and Social Psychology, Vol. 9, June, 1968, S. 1-27.

Hans H. Bauer und Alexandra Valtin

Einsatz der Brand Scorecard im strategischen Markenmanagement

1. Zur Notwendigkeit eines Steuerungsinstruments im Markenmanagement

Das Management von Marken ist in letzter Zeit zunehmend in den Mittelpunkt wissenschaftlichen und unternehmerischen Interesses gerückt. Gründe hierfür liegen u. a. in der gestiegenen Markenvielfalt und -komplexität. Diese ist auf eine zunehmende Segmentierung und Internationalisierung der Märkte sowie auf eine schnellere Produktveralterung durch Verkürzung der Produktlebenszyklen zurückzuführen.[1] Die Vielzahl der am Markt vertretenen Marken bringt zudem eine beachtliche Zunahme der markenbezogenen Kommunikationsmaßnahmen mit sich, was zu einer erhöhten Beanspruchung der Informationsverarbeitungskapazitäten der Konsumenten führt. Vor diesem Hintergrund stellt die Erreichung der eigenen Zielgruppe eine wachsende Herausforderung für den Markeninhaber dar.[2] Darüber hinaus erfordern komplexe Markenportfolios, die im Zuge der gestiegenen Unternehmenskonzentration eine Vielzahl unterschiedlicher Marken in einem Unternehmen vereinen, erheblichen Koordinationsaufwand. Aufgrund dieser unternehmensinternen und -externen Herausforderungen werden Maßnahmen zur Markensteuerung zusehends komplexer und ressourcenintensiver.[3]

Ferner führt die zunehmende Angleichung der Qualität vieler Produkte zu einer steigenden Bedeutung des Zusatznutzens, den eine Marke über den funktionalen Produktnutzen hinaus vermitteln kann.[4] Die Marke leistet somit einen wachsenden Beitrag zur unternehmerischen Wertschöpfung. Infolgedessen hat das Erfolgspotenzial starker Marken bei Unternehmensakquisitionen oft einen großen Einfluss auf die Schätzung des Unternehmenswertes und die Bemessung des Kaufpreises.[5] Aufgrund der wachsenden Bedeutung markenpolitischer Entscheidungen für den Unternehmenserfolg wird dem Markenmanagement ein zunehmend hoher Stellenwert beigemessen. Dies schlägt sich z. T. auch in seiner thematischen Einordnung nieder. Neben der häufigen Zuordnung zur Produktpolitik[6] findet sich auch ein Ansatz, der das Markenmanagement als ein integratives, dem Marketing-Mix übergeordnetes Konzept beschreiben.[7]

---

1 Vgl. Quelch/Farris/Olver (1987), S. 46.

2 Vgl. Esch/Wicke (2001), S. 12 ff.

3 Vgl. Esch/Wicke (2001), S. 51; Kapferer (1992a), S. 83.

4 Vgl. Bauer/Huber (1997), S. 3 f.

5 Vgl. Farquhar/Han/Ijiri (1992), S. 17; Kapferer (1992b), S. 9.

6 Vgl. Bruhn (2002), S. 147 ff.

7 Vgl. Meffert (2000), S. 846 ff.

Allerdings weist die Umsetzung von Markenstrategien in der unternehmerischen Praxis oftmals Defizite auf. Eine einseitige Ausrichtung der markenbezogenen Erfolgskontrolle auf kurzfristige Ergebnisgrößen führt mitunter zur Vernachlässigung strategischer Markenziele in der operativen Markenführung. Vor dem Hintergrund dieser Problematik erscheint die Einführung eines Steuerungsinstrumentes zur Sicherstellung einer effektiven Strategieumsetzung im Markenmanagement notwendig.

Die Balanced Scorecard ist ein Managementkonzept, das die Implementierung von Strategien mittels eines ausgewogenen Berichtssystems unterstützt. Die Anwendung dieses Instrumentes im Bereich des Markenmanagements stellt einen möglichen Lösungsansatz zur Überwindung der genannten Probleme dar. Im Rahmen des vorliegenden Beitrags wird das Konzept der Balanced Scorecard auf das Markenmanagement übertragen. Den Schwerpunkt bildet dabei die Entwicklung eines Referenzansatzes für eine markenbezogene Balanced Scorecard. Zu diesem Zweck werden Erfolgsfaktoren der Markenführung identifiziert. Ferner werden Implikationen für die praktische Umsetzung des Modells beschrieben.

2. Grundlagen der Markensteuerung

2.1 Die Steuerung von Marken im gesamtwirtschaftlichen und organisatorischen Umfeld

Angesichts eines sich wandelnden Verständnisses des Markenmanagements spricht man heute nicht mehr von einem reinen funktions-, image- oder technokratisch-strategieorientierten Ansatz der Markenführung, sondern geht zunehmend von einem *identitätsorientierten Markenverständnis* aus. Die Markenidentität stellt nach Meffert/Burmann „[...] eine in sich widerspruchsfreie, geschlossene Ganzheit von Merkmalen einer Marke dar, die diese von anderen Marken dauerhaft unterscheidet“[8]. Identitätsorientierte Markenführung wird verstanden als ein innen- und außengerichteter Managementprozess mit dem Ziel der funktionsübergreifenden Vernetzung aller markenpolitischen Maßnahmen.[9]

Bedingt durch das sich wandelnde Verständnis des Markenmanagements werden dessen Aufgaben unterschiedlich beschrieben. Nach Riedel sind *operative und strategische Aufgabenbereiche der Markenführung* zu unterscheiden. Aufgaben des strategischen Markenmanagements sind der Aufbau sowie die kontinuierliche und systematische Pflege

8 Meffert/Burmann (2002b), S. 47.

9 Vgl. Meffert/Burmann (2002a), S. 30.

von Marken. Der operative Aufgabenbereich umfasst die Gestaltung und Durchführung konkreter Marketingmaßnahmen im Rahmen des Marketing-Mix mit einem vergleichsweise kurzfristigen Planungshorizont.[10]

Innerhalb der Organisation werden die operativen Tätigkeiten der Markenführung meist dem *Produkt- bzw. Markenmanagement* zugerechnet. Deren Aufgaben liegen zu einem großen Teil in der Planung und Durchführung markenbezogener Aktivitäten (z. B. Werbe- und Promotion-Maßnahmen) sowie der Abstimmung und Koordination zwischen verschiedenen internen Funktionsbereichen. Die organisatorische Einordnung der Marke als strategisches Bezugsobjekt des Markenmanagements erfolgt im Rahmen *strategischer Geschäftseinheiten* (*strategic business units*). Diese können nach Produkt-/Markt-Kombinationen[11] oder nach kundenspezifischen Problemlösungen[12] abgegrenzt werden. Das Markenmanagement kann für verschiedene strategische Geschäftseinheiten bzw. unterschiedliche Marken verantwortlich sein. Kriegbaum fordert jedoch im Sinne einer unternehmens- bzw. markenwertorientierten Steuerung, operative Verantwortungsbereiche an strategischen Geschäftseinheiten auszurichten.[13]

2.2 Probleme bei der Umsetzung und Kontrolle von Markenstrategien

Im Bereich des Markenmanagements bestehen häufig *Defizite bei der Umsetzung und Kontrolle von Markenstrategien*. Hierfür gibt es vielfältige Gründe. So werden Aufbau und Pflege einer Marke oftmals nicht als strategische Führungsaufgabe verstanden und haben eine nachrangige Bedeutung bei der strategischen Planung und Vergabe von Mitteln. Darüber hinaus weist die Umsetzung von Markenstrategien oft einen *Mangel an Konsequenz und langfristiger Orientierung* auf.[14] Der Markenerfolg wird oft an leicht ermittelbaren, finanziellen Kennzahlen wie dem Markenumsatz oder -deckungsbeitrag gemessen. Derartige Kennzahlen sind jedoch vergangenheitsorientiert und bilden den langfristigen Erfolgsbeitrag einer Marke nur unzureichend ab.[15] Die Ausrichtung auf den kurzfristigen Markenerfolg schlägt sich auch in den *Anreizsystemen der Organisation* nieder. Langfristige Zielsetzungen wie die Erhaltung und Pflege des Markenwertes werden im Rahmen von Zielvereinbarungen und Leistungsbeurteilungen nicht hinreichend

---

10 Vgl. Riedel (1996), S. 27 f.

11 Vgl. Eick (1982), S. 93.

12 Vgl. Abell (1980), S. 79 ff.

13 Vgl. Kriegbaum (2001), S. 252.

14 Vgl. Keller (2000), S. 154.

15 Vgl. Aaker (1991), S. 9.

berücksichtigt. Der offenkundige *Zielkonflikt* zwischen kurz- und langfristigen Markenumsätzen führt dazu, dass notwendige Investitionen in das Erfolgspotenzial der Marke vernachlässigt werden.[16]

2.3 Anforderungen an ein Steuerungsinstrument im Markenmanagement

Um die Erzielung langfristiger Erfolge bei der Realisierung von Strategien zu gewährleisten, erscheint es notwendig, ein geeignetes *Steuerungsinstrument* einzuführen.[17] Dieses soll die Strategieumsetzung unterstützen und eine sinnvolle Erfolgskontrolle ermöglichen. Auf Basis der erkannten Defizite lassen sich mehrere Leistungsmerkmale ableiten, die durch ein derartiges Instrument zu erfüllen sind.

So muss es Aufgabe des Steuerungsinstrumentes sein, die Operationalisierung der Strategie zu unterstützen und zur anschließenden Kontrolle der Zielerreichung beizutragen. Dabei ist insbesondere die *Übereinstimmung operativer Maßnahmen mit den strategischen Zielvorgaben* zu kontrollieren.[18] Zudem sollte ein *ausgeglichenes Verhältnis zwischen kurz- und langfristigen Zielen* für den Aufbau und die Absicherung von Erfolgspotenzialen bestehen.[19] Da die Strategie erst in Zukunft zu monetären Ergebnissen führt, ist der Fortschritt der Implementierung ebenfalls anhand von *nicht-monetären Erfolgsgrößen*, die Vorsteuer- bzw. Frühwarncharakter besitzen, zu kontrollieren. Des Weiteren sollte die *Erfolgsmessung* bezüglich der Erreichung strategischer Markenziele an *Anreizsysteme* auf Mitarbeiter- und Abteilungsebene gekoppelt sein, so dass der individuelle Beitrag zur Umsetzung markenstrategischer Ziele als Grundlage für die Entlohnung und für weitere Leistungsanreize der Mitarbeiter dient.[20]

Grundsätzlich darf die Einführung und Nutzung eines Steuerungsinstrumentes nicht isoliert erfolgen, sondern muss auf allen Hierarchieebenen unterstützt werden. Die festgelegten markenstrategischen Ziele sind in das gesamtunternehmerische Zielsystem zu integrieren und konsequent zu verfolgen.[21] Nur so kann verhindert werden, dass sie im Laufe der Zeit zugunsten kurzfristiger Rentabilitäts- und Umsatzziele relativiert oder ignoriert werden.

Im Folgenden wird die Balanced Scorecard als mögliches Konzept für ein derartiges Steuerungsinstrument dargestellt.

---

16 Vgl. Doyle (1990), S. 7.

17 Vgl. Kriegbaum (2001), S. 12.

18 Vgl. Egan/Guilding (1994), S. 459.

19 Vgl. Wiedmann (1994), S. 1319 f.

20 Vgl. Aaker (1991), S. 9.

21 Vgl. Esch/Wicke (2001), S. 40.

3. Die Balanced Scorecard als Steuerungsinstrument

3.1 Die Perspektiven der Balanced Scorecard

Das Konzept der Balanced Scorecard[22] ist aus den Ergebnissen eines Forschungsprojektes entstanden, das 1990 unter der Leitung von Robert S. Kaplan und David P. Norton unter Beteiligung von zwölf US-amerikanischen Unternehmen durchgeführt wurde.[23] Im Rahmen der Studie wurde ein ausgewogenes Kennzahlensystem entwickelt, das bei der Leistungsbeurteilung sowohl monetäre als auch nicht-monetäre Kennzahlen berücksichtigt. Auf der Basis von praktischen Anwendungserfahrungen wurde das Konzept anschließend zu einem Managementsystem weiterentwickelt, das den Prozess der Strategieumsetzung umfassend unterstützt.[24]

Die Balanced Scorecard subsumiert verschiedene Arten von Erfolgsgrößen. Sie ermöglicht eine Operationalisierung von Strategien mittels quantitativer Ergebnisgrößen, die in *vier Perspektiven* unterteilt werden. Auf diesem Wege können finanzielle Ergebnisgrößen durch vorlaufende Leistungstreiber ergänzt werden. In den jeweiligen Perspektiven werden Ziele aus der Strategie abgeleitet und Kennzahlen festgelegt, anhand derer die Zielerreichung gemessen wird. Zudem werden Zielvorgaben für die Kennzahlen definiert und konkrete Maßnahmen festgelegt, die zur Zielerreichung beitragen.[25]

Die *Finanzperspektive* bildet die Ansprüche der Anteilseigner bzw. Kapitalgeber an den Strategieerfolg ab. Die in dieser Perspektive integrierten finanziellen Erfolgsgrößen spiegeln das beabsichtigte Ergebnis der Strategie wider und dienen der Messung ihres Erfolges bzw. Misserfolges. Gleichzeitig sind die Erfolgsgrößen als übergeordnete Ziele für die in den übrigen Perspektiven verankerten Ziele und Messgrößen zu verstehen.[26] Die Auswahl der finanziellen Zielgrößen hängt von den individuellen strategischen Rahmenbedingungen, insbesondere von der Lebenszyklusphase der betreffenden Geschäftseinheit ab.

Die *Kundenperspektive* verankert kunden- und marktbezogene Ziele, deren Erreichung für den Erfolg der Strategie, insbesondere der übergeordneten finanziellen Kennzahlen, notwendig ist.[27] Zu diesem Zweck ist es zunächst erforderlich, eine Segmentierung des angezielten Marktes vorzunehmen, um Prioritäten und Bearbeitungsstrategien für die

---

22 Der Begriff Balanced Scorecard kann mit „ausgewogener bzw. multikriterieller Berichtsbogen" übersetzt werden. Vgl. hierzu Kaufmann (1997), S. 421.

23 Vgl. Kaplan/Norton (1996b), S. VII.

24 Vgl. Kaplan/Norton (1996a), S. 85.

25 Vgl. Kaplan/Norton (1996a), S. 80 ff.

26 Vgl. Horváth & Partner (2001), S. 25 ff.; Weber/Schäffer (1998), S. 343.

27 Vgl. Kaplan/Norton (1996b), S. 64 ff.

individuellen Zielgruppen abzuleiten. Zur Identifikation geeigneter kundenbezogener Kennzahlen werden Kerngrößen, z. B. Marktanteil, Kundenbindung, Kundenrentabilität, und kundenbezogene Wertangebote (*value propositions*) aus den Bereichen Produkt-/ Serviceeigenschaften, Kundenbeziehung und Image unterschieden.

Die *interne Prozessperspektive* bildet erfolgskritische Prozesse ab, die zu realisieren sind, um die finanziellen und kundenbezogenen Ziele erreichen zu können. Zur Identifikation dieser Prozesse ist es zunächst erforderlich, die unternehmensinterne Wertschöpfungskette detailliert zu beschreiben. Obwohl diese in jedem Unternehmen individuelle Eigenschaften aufweist, kann eine generische Wertschöpfungskette als Muster dienen. Grundsätzlich können drei Wertschöpfungsprozesse identifiziert werden, die vielen Unternehmen gemein sind: der Innovationsprozess, der Betriebsprozess und der Serviceprozess.[28]

In der *Lern- und Entwicklungsperspektive* wird die Infrastruktur abgebildet, auf deren Basis die Ziele der vorangegangen Perspektiven realisiert werden sollen. Voraussetzung dafür ist eine wachsende und lernende Organisation. Die Potenziale der Mitarbeiter stehen dabei besonders im Vordergrund. Als übergeordnete Kerngrößen gelten die Produktivität sowie die Bindung und Zufriedenheit der Mitarbeiter. Als untergeordnete Leistungstreiber sind die Mitarbeiterqualifikation, die Informationstechnologie und die Motivation der Mitarbeiter sowie eine geeignete Zielausrichtung zu nennen.[29]

Die beschriebenen Perspektiven dürfen nicht isoliert betrachtet werden. Vielmehr dienen sie der Abbildung von *Ursache-/Wirkungsketten*, die bei der Strategieformulierung unterstellt werden. Zur Formulierung und Operationalisierung einer Strategie ist es zunächst notwendig, übergeordnete, finanzielle Ziele festzulegen. Anschließend sind *Leistungstreiber* zu identifizieren, die zur Erreichung dieser Ziele maßgeblich beitragen. Dabei handelt es sich meist um nicht-monetäre Größen, die in der Kunden-, Prozess- sowie Lern- und Entwicklungsperspektive angesiedelt sind. Anschließend sind Hypothesen über ihre Wirkungszusammenhänge aufzustellen. Dabei werden von der übergeordneten Finanzperspektive ausgehend jeweils die Leistungstreiber in den nachfolgenden Perspektiven identifiziert.[30] Um die Komplexität einer Balanced Scorecard so gering wie möglich zu halten, sollten nur *kritische Erfolgsgrößen* integriert werden, die in besonderem Maße zur Erreichung der übergeordneten Ziele beitragen.[31]

---

28 Vgl. Kaplan/Norton (1996b), S. 92 ff.

29 Vgl. Kaplan/Norton (1996b), S. 126 ff.

30 Vgl Kaplan/Norton (2000), S. 169 ff.

31 Vgl. Bauer/Meeder/Jordan (2001), S. 64 f.

3.2 Der Managementprozess der Balanced Scorecard

Die Balanced Scorecard ist nicht nur als Kennzahlensystem, sondern vielmehr als *strategisches Führungsinstrument* zu verstehen, das eine effektivere Umsetzung von Strategien gewährleisten soll.[32] Vor diesem Hintergrund definieren Kaplan/Norton einen Managementprozess mit vier Teilprozessen, der als strategischer Handlungsrahmen für die Strategieumsetzung mit Hilfe der Balanced Scorecard dient.[33]

Einen ersten Teilprozess stellt die *Übersetzung von Vision und Strategie* dar, die eine grundlegende Voraussetzung für eine erfolgreiche Strategieimplementierung ist. Verständnis und Akzeptanz der Vision auf allen Unternehmensebenen sind dabei von besonderer Bedeutung. Bei der Formulierung einer Strategie auf Basis der Vision sind Verständlichkeit und Umsetzbarkeit daher besonders zu berücksichtigen.[34]

Das *Kommunizieren der Strategie* und ihre Verbindung mit einem Zielvereinbarungssystem sind Gegenstand der zweiten Phase des Managementprozesses. Zur erfolgreichen Implementierung einer Strategie ist es erforderlich, die Mitarbeiter einer Organisation mit der Bedeutung und den operativen Implikationen der Strategie vertraut zu machen. Durch breit angelegte Kommunikations- und Schulungsprogramme werden den Mitarbeitern auf allen Hierarchieebenen die Inhalte und Komponenten der Strategie verständlich gemacht. Ferner sind die Anreizsysteme auf die Erreichung der strategischen Ziele auszurichten. Die Leistungsbeurteilung bzw. die Vergütung der Mitarbeiter sollte von der Erreichung der definierten Ziele der Balanced Scorecard abhängig sein.[35]

In der Phase der *Planung und Festlegung von Zielvorgaben* sind die unternehmensinterne Ressourcenplanung und die Zieldefinition für untergeordnete Unternehmensbereiche mit den Vorgaben aus der Balanced Scorecard zu verbinden. Zielvorgaben sind wirkungslos, wenn die zur Umsetzung erforderlichen Mittel nicht in die entsprechenden Budgets eingestellt werden. Die Planung finanzieller und materieller Ressourcen ist daher eng an der strategischen Stoßrichtung und den verbundenen Zielsetzungen auszurichten.[36] Ambitionierte Ziele können nur dann glaubwürdig vertreten und realisiert werden, wenn operative Teilziele mit ihnen verknüpft sind.

Die Phase *strategisches Feedback, Lernen und Anpassen* umfasst den Prozess der Ergebnisanalyse und die daraus zu ziehenden Konsequenzen für die Strategie. Traditionell wird in vielen Unternehmen eine einfache Kontrolle der Zielerreichung (Single-Loop-Lernen) vorgenommen. Im Zuge des Double-Loop-Lernen werden jedoch die Ziele

---

32 Vgl. Horváth & Partner (2001), S. 9 f.

33 Vgl. Horváth/Kaufmann (1998), S. 41.

34 Vgl. Kaplan/Norton (2000), S. 170.

35 Vgl. Kaplan/Norton (1996b), S. 199 ff.

36 Vgl. Goshal/Bartlett (1995), S. 154.

selbst und die ihnen zugrundeliegenden Prämissen hinterfragt und gegebenenfalls angepasst.[37] Ein derartiges Vorgehen ist von besonderer Bedeutung, da aufgrund der Komplexität und Dynamik der Unternehmensumwelt strategische Prämissen schnell obsolet werden können. Die Balanced Scorecard erscheint als geeignetes Instrument, um Double-Loop-Lernen in einer Organisation zu realisieren, da ihre Funktion nicht auf die eines Kennzahlensystems beschränkt ist.

Die Balanced Scorecard bietet Lösungsansätze für die Probleme bisheriger Performance Measurement-Systeme an und stellt ein umfassendes Konzept zur strategischen Unternehmenssteuerung dar. Trotz konzeptioneller Mängel beinhaltet der Ansatz sinnvolle und praxisorientierte Methoden zur Umsetzung und Kontrolle von Strategien.[38]

Die Frage, inwieweit die Balanced Scorecard auf das Markenmanagement anwendbar ist und den Anforderungen an ein Steuerungsinstrument zur Umsetzung von Markenstrategien entspricht, soll im Folgenden beantwortet werden.

4. Konzeption einer Brand Scorecard

4.1 Anwendung der Balanced Scorecard im Markenmanagement

Der originäre *Anwendungsbereich der Balanced Scorecard* ist das Gesamtunternehmen. Im Falle stark diversifizierter Konzerne kann sich die Einführung einer unternehmensweiten Balanced Scorecard jedoch als äußerst komplex und wenig operabel erweisen. Daher wird in den meisten Fällen eine Einführung auf der Ebene *strategischer Geschäftseinheiten* praktiziert.[39] Die Marke ist in Abhängigkeit von ihrer organisatorischen Einordnung somit grundsätzlich als Bezugsobjekt einer Balanced Scorecard geeignet. Eine *markenbezogene Balanced Scorecard* bezieht sich auf die Strategie einer oder mehrerer Marken, die einer strategischen Geschäftseinheit zugeordnet sind. Es erscheint zweckmäßig, die Einführung und das Management der Balanced Scorecard durch die markenverantwortliche Stelle, mithin das Markenmanagement durchführen zu lassen. Problematisch ist in diesem Zusammenhang die Tatsache, dass das Markenmanagement meist nur begrenzten Einfluss auf die für die Marke relevanten Bereiche der Wertschöp-

---

37 Vgl. Schreyögg (1998), S. 543.

38 Zu den Vor- und Nachteilen des Balanced Scorecard Konzepts vgl. Reinecke/Tomczak (1998), S. 101; Horváth (1999), S. 317 f.; Weber/Schäffer (1998), S. 360 f.

39 Vgl. Kaplan/Norton (1996b), S. 36.

fungskette hat.[40] Die Zielsetzungen einer markenbezogenen Balanced Scorecard sind daher entsprechend daran zu orientieren, inwieweit die Kompetenzausstattung des Markenmanagements eine Zielerreichung auch ermöglicht.[41]

Um dem Problem inadäquater Strategieformulierung entgegenzuwirken, ist in der Phase der markenpolitischen Optionen die *Verständlichkeit und Umsetzbarkeit der Markenstrategie* auf allen Unternehmensebenen zu berücksichtigen. Im Rahmen der Markenimplementierung unterstützt der Managementprozess der Balanced Scorecard insbesondere die unternehmensinternen Maßnahmen. Durch die Kommunikation der strategischen Ziele und ihre Verbindung mit individuellen Zielvereinbarungen kann die Akzeptanz der Markenstrategie verbessert werden. Die Koppelung der markenstrategischen Ziele mit den *Anreizsystemen* begünstigt zudem eine proaktive Umsetzung der Strategie durch die Produktmanager.[42] Im Rahmen des Markencontrollings kann der Einsatz der vier Perspektiven der Balanced Scorecard einen entscheidenden Beitrag zur Abkehr von der ausschließlichen Betrachtung finanzieller Markenergebnisse leisten. *Nicht-monetäre Vorlaufindikatoren* dienen als Messgrößen für den Fortschritt bei der Umsetzung langfristig angelegter markenstrategischer Ziele. Die Ableitung operativer Ziele und Maßnahmen aus der Markenstrategie und ihre Erfolgskontrolle durch das Markencontrolling führen dazu, dass die Balanced Scorecard als *Schnittstelle zwischen der operativen und der strategischen Markenführung* fungieren kann. Darüber hinaus ermöglicht die auf dem Wege des Double-Loop-Lernen durchzuführende Prämissenkontrolle eine kritische *Hinterfragung und Anpassung der strategischen Ziele* auf Basis der bisherigen Implementierungserfahrungen.[43]

Im Rahmen dieser Arbeit wird ein allgemeiner *Referenzansatz für eine Brand Scorecard*[44] entwickelt, der in einem weiteren Schritt auch empirisch validiert werden kann. Bei der Anwendung der Balanced Scorecard auf das Markenmanagement ist zu berücksichtigen, dass dieses Konzept ein individuell zu gestaltendes Instrument ist, das unternehmensspezifisch und in Abhängigkeit von verschiedenen situativen Faktoren in der Praxis umzusetzen ist.[45] Die Implementierungspraxis der Balanced Scorecard zeigt jedoch, dass sich innerhalb bestimmter Anwendungsgebiete *charakteristische Kennzahlensets* entwickelt haben.[46] So beruht auch das Markenmanagement trotz individueller markenspezifischer Gegebenheiten zu großen Teilen auf typischen, allgemein angewandten Prozessschritten. Daher kann die Vermutung angestellt werden, dass eine Brand Score-

---

40 Vgl. hierzu Haedrich/Tomczak (1990), S. 33.

41 Vgl. Szyperski (1971), S. 662.

42 Vgl. Kumpf (2001), S. 248 ff.

43 Vgl. Jenner (1998), S. 63 f.

44 Der Begriff Brand Scorecard ist dem Ansatz von Linxweiler entlehnt und wird im Folgenden synonym für die markenbezogene Balanced Scorecard verwendet. Vgl. hierzu Linxweiler (2001a), S. 112.

45 Vgl. Bauer/Meeder/Jordan (2001), S. 64 f.

46 Vgl. Horváth (1999), S. 314.

card vor allem mit Bezug auf interne Managementprozesse branchenübergreifend ähnliche Erfolgsfaktoren aufweist, während im Falle kunden- und marktbezogener Erfolgsfaktoren vermutlich größere Branchenunterschiede bestehen. Bei der Erstellung des Referenzansatzes ist daher besonders darauf zu achten, dass auch in der Marktperspektive lediglich allgemein gültige Erfolgsfaktoren integriert werden.

4.2 Entwicklung eines Referenzansatzes einer Brand Scorecard

4.2.1 Bestehende Konzepte zur markenbezogenen Balanced Scorecard

Die Anwendung der Balanced Scorecard im Bereich des Markenmanagements findet seit einiger Zeit Berücksichtigung in der Literatur. In diesem Zusammenhang sind die Ansätze von Kriegbaum[47], Meffert/Koers[48] und Linxweiler[49] zu nennen.

Der Beitrag von Kriegbaum beinhaltet einen Vorschlag für eine exemplarische, markenbezogene Balanced Scorecard. Diese ist im Einzelfall an die individuellen Bedingungen anzupassen. Im Rahmen der originären Balanced Scorecard wurden bereits einige markenbezogene Faktoren in die Kundenperspektive integriert, z. B. das Image und die Kundenzufriedenheit.[50] Die integrierten Kennzahlen umfassen u. a. finanzielle Größen des Markenerfolges (z. B. Preisprämie), Kennzahlen der Markenstärke (z. B. Markenbekanntheit) und Kennzahlen zur Messung der Leistungsqualität und der Mitarbeiterqualifikation. Die vier ursprünglichen Perspektiven der Balanced Scorecard bilden den Rahmen dieses Systems.[51]

Auch das Konzept von Meffert/Koers beinhaltet einen Vorschlag für eine markenbezogene Balanced Scorecard, der unternehmensindividuell anzupassen ist. Anstelle der vier generischen Perspektiven der Balanced Scorecard werden jedoch spezifische, an den Erfordernissen des Markenmanagements ausgerichtete Perspektiven hergeleitet. Diese orientieren sich an dem identitätsorientierten Ansatz einer innen- und außengerichteten Markenführung.[52] Zu diesem Zweck wird eine *interne Perspektive* eingeführt, in der die Lern- und Entwicklungsperspektive sowie die interne Prozessperspektive der Balanced Scorecard zusammengefasst werden. In einer *externen Marktperspektive*, die eine Erweiterung der Kundenperspektive darstellt, werden Erfolgsgrößen der Markenleistung nach Kunden, Wettbewerb und Handel kategorisiert. In einer Ergebnisperspektive, die im

47 Vgl. Kriegbaum (2001), S. 317 ff.

48 Vgl. Meffert/Koers (2002), S. 418 ff.

49 Vgl. Linxweiler (2001b).

50 Vgl. Kaplan/Norton (1996b), S. 70 ff.

51 Vgl. Kriegbaum (2001), S. 317 ff.

52 Vgl. Meffert/Koers (2002), S. 415 f.

Wesentlichen der Finanzperspektive entspricht, wird der Markenerfolg aus Unternehmenssicht abgebildet. Der Referenzansatz von Meffert/Koers ist nicht auf eine Darstellung von Kennzahlen beschränkt. Vielmehr werden in den einzelnen Perspektiven *Ziele und Erfolgsfaktoren* genannt, auf deren Grundlage geeignete Messgrößen abgeleitet werden.[53]

Ein umfassendes Konzept für eine markenbezogene Balanced Scorecard findet sich bei Linxweiler, der in diesem Zusammenhang den Begriff der *Brand Scorecard* einführt.[54] Im Gegensatz zur Balanced Scorecard, die lediglich als Instrument zur Strategieumsetzung dient,[55] soll im Rahmen des Brand Scorecard-Modells auch die Analyse und Bewertung der markenbezogenen Ausgangssituation sowie die Ableitung von Markenstrategien erfolgen. Zu diesem Zweck wird ein *Managementprozess* postuliert, der den allgemeinen Balanced-Scorecard-Prozess um die Phasen der Analyse und Strategieformulierung erweitert. Die Perspektiven der Brand Scorecard sind nach Linxweiler einzelfallspezifisch auszuwählen.[56] Im Rahmen eines exemplarischen Modells werden die Perspektiven *Kunden/Zielgruppen, Unternehmen, Handel/Wettbewerber* und *Marke* verwendet.

Im Rahmen der skizzierten Ansätze werden exemplarische Modelle einer markenbezogenen Balanced Scorecard vorgestellt. Allerdings wird meist nicht genauer auf die Herleitung und Bewertung der zugrunde liegenden *Erfolgsfaktoren* eingegangen. Dies soll in dem im Folgenden entwickelten Brand Scorecard-Ansatz berücksichtigt werden.

4.2.2 Auswahl und Beschreibung der Perspektiven

Zur Entwicklung einer Brand Scorecard erscheinen die von Meffert/Koers vorgeschlagenen Perspektiven grundsätzlich geeignet, da sie auf die besonderen Rahmenbedingungen der Markenführung eingehen und gleichermaßen das Prinzip der Ursache-/Wirkungsbeziehungen einer Balanced Scorecard berücksichtigen (vgl. Abbildung 1).

53 Vgl. Meffert/Koers (2002), S. 418 ff.

54 Vgl. Linxweiler (2001a), S. 112.

55 Vgl. Horváth & Partner (2001), S. 18 ff.

56 Vgl. Linxweiler (2001b), S. 109.

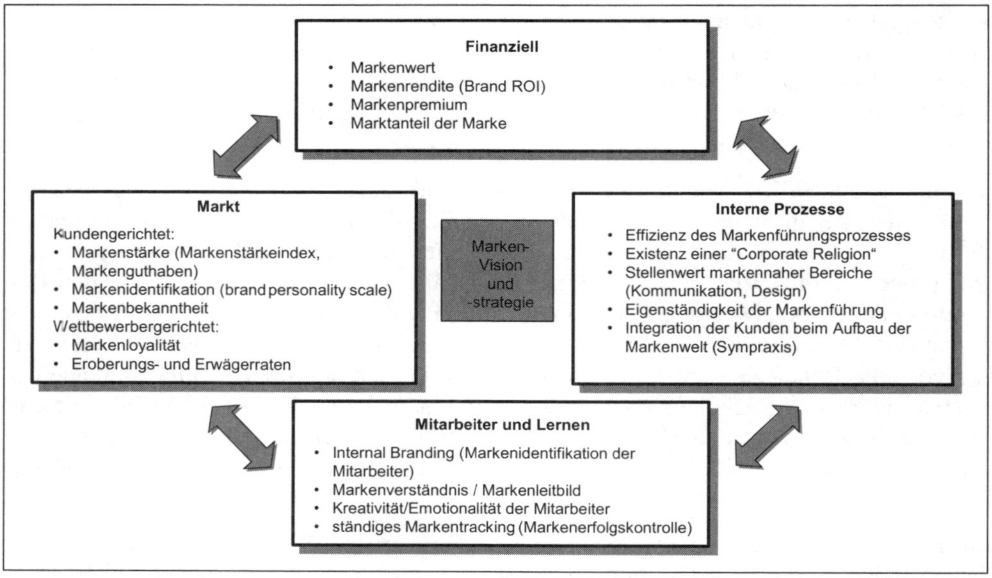

Abbildung 1: Die Brand Scorecard nach Meffert/Koers[57]

Allerdings erscheint es uns sinnvoll, die interne Perspektive differenzierter zu betrachten, da sie sowohl prozess- als auch potenzialbezogene Aspekte umfasst. Bei der ursprünglichen Balanced Scorecard werden beide Aspekte in zwei separate Perspektiven aufgeteilt: in die interne Prozessperspektive sowie die Lern- und Entwicklungsperspektive. Somit wird eine größere *Trennschärfe* zwischen der Optimierung von Prozessen und der Schaffung von Voraussetzungen zu deren Durchführung erreicht. Aus diesem Grunde werden in den Referenzansatz sowohl eine *interne Prozessperspektive* als auch eine *Potenzialperspektive* aufgenommen. Mit Bezug auf die Ergebnisperspektive ist anzumerken, dass markenbezogene Ergebnisse auch durch nicht-finanzielle Kennzahlen gemessen werden können. Die Ergebnisperspektive enthält jedoch ausschließlich finanzielle Erfolgsgrößen. Um eine unmissverständliche Nomenklatur zu gewährleisten, wird daher im Folgenden der Begriff *Finanzperspektive* verwendet.

57 In Anlehnung an Meffert/Koers (2001), S. 306 ff.

4.2.3 Struktur des Referenzansatzes der Brand Scorecard

Den Schwerpunkt der Entwicklung des Referenzmodells bilden die Identifikation und Operationalisierung von Erfolgsfaktoren des Markenmanagements. Zu diesem Zweck bedarf es einer Struktur, die eine übersichtliche und handlungsorientierte Anordnung der Erfolgsfaktoren ermöglicht. Insbesondere sind die unterschiedlichen *Operationalisierungsgrade* der Erfolgsfaktoren sowie deren Wirkung auf übergeordnete Faktoren abzubilden. Eine *hierarchische Anordnung* erscheint daher sinnvoll. Für jede Perspektive wird ein übergeordneter Erfolgsfaktor festgelegt, der den jeweils obersten Hierarchieknotenpunkt bildet. Mit jeder Verzweigung in den darunter liegenden Hierarchieebenen wird ein zunehmender Operationalisierungsgrad der Erfolgsfaktoren erreicht.

Der *Finanzperspektive* kommt in diesem Zusammenhang eine besondere Bedeutung zu, da der Erfolg einer Markenstrategie anhand der Erreichung finanzieller Ziele abschließend beurteilt wird. Aus diesem Grunde wird der übergeordnete Erfolgsfaktor der Finanzperspektive als oberster Knotenpunkt der Gesamthierarchie festgelegt.[58] Beginnend mit der zweiten Hierarchieebene werden die Erfolgsfaktoren der drei übrigen Perspektiven abgebildet, da sie als nicht-monetäre Leistungstreiber zur Erreichung des finanziellen Ziels beitragen. Die allgemeine Struktur des Modells wird durch Abbildung 2 illustriert.

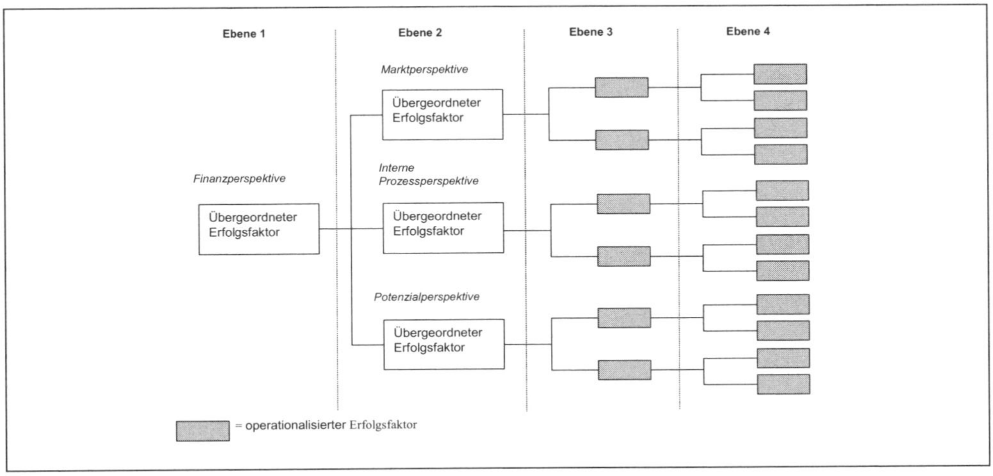

Abbildung 2: Modellstruktur des Referenzansatzes der Brand Scorecard

58 Die Beschränkung auf einen Erfolgsfaktor in der Finanzperspektive erscheint zudem auch im Hinblick auf die Modellkomplexität sinnvoll. Die Operationalisierung dieses Faktors erfolgt im Rahmen der untergeordneten nicht-finanziellen Perspektiven. Die Hierarchie wird ferner im Sinne einer akzeptablen Komplexität auf vier Ebenen beschränkt.

In der Praxis wird der Zielerreichungsgrad jedes Faktors anhand geeigneter Messverfahren ermittelt. Im Vorfeld erfolgt eine Gewichtung der Faktoren entsprechend ihrer jeweiligen geschätzten Erfolgsrelevanz. Um eine zu hohe Komplexität zu vermeiden, werden im vorliegenden Referenzansatz *keine perspektivenübergreifenden Ursache-/Wirkungsbeziehungen* zwischen den Erfolgsfaktoren abgebildet. Es wird z. B. nicht analysiert, welche Wirkung ein Faktor der Potenzialperspektive auf einen Faktor der internen Prozessperspektive ausübt.[59] Vielmehr wird die relative Bedeutung der Erfolgsfaktoren im Hinblick auf die Erreichung des übergeordneten strategischen Zieles ermittelt.

4.2.4 Auswahl und Beschreibung markenbezogener Erfolgsfaktoren

Die im Folgenden dargestellten Erfolgsfaktoren des Markenmanagements und ihre Wirkungszusammenhänge wurden in einer empirischen Studie im Rahmen von *Expertenbefragungen* verifiziert. Auf diesem Wege konnten die Erfolgsfaktoren auf ihre Praxisrelevanz und Verständlichkeit geprüft werden. Im Zuge der Exploration wurden einige der Faktoren dementsprechend angepasst bzw. ergänzt.

- Finanzperspektive

Die Ziele von Marken leiten sich aus den übergeordneten Unternehmenszielen ab.[60] Primäres Ziel des Markenmanagements ist es dementsprechend, zum Erfolgspotenzial des Unternehmens beizutragen, mithin das *Erfolgspotenzial der Marke* zu erhalten und zu steigern.[61] Dieses Erfolgspotenzial wird durch den *Markenwert* ausgedrückt.[62] Aufgrund verschiedener Ansätze zur Bewertung der Marke existiert für diesen Begriff bislang keine einheitliche Definition.[63] Für den hier entwickelten Referenzansatz wird der Markenwert als *monetär quantifizierbare Messgröße* des Erfolgspotenzials einer Marke aufgefasst. Er gilt daher auch als *zentrale Ziel- und Steuerungsgröße* des Markenmanagements.[64]

Zur Abbildung des langfristigen Erfolgspotenzials der Marke und ihres finanziellen Beitrages zu den übergeordneten Unternehmenszielen nehmen wir daher das *„Nachhaltige Wachstum des Markenwertes“* in die Finanzperspektive auf. Die in den folgenden Per-

---

59 Eine perspektivenübergreifende Ursache-/Wirkungskette hängt in zu hohem Maße von der individuellen Markenstrategie und den unternehmensspezifischen Rahmenbedingungen ab. Eine Betrachtung im Rahmen eines Referenzansatzes erscheint daher nicht sinnvoll.

60 Vgl. Haedrich/Tomczak (1990), S. 76.

61 Vgl. Wiedmann (1994), S. 1320.

62 Vgl. Kriegbaum (2001), S. 70.

63 Vgl. Franzen/Trommsdorff/Riedel (1994), S. 372.

64 Vgl. Meffert/Burmann/Koers (2002), S. 8.

spektiven der Brand Scorecard dargestellten nachgelagerten Erfolgsfaktoren werden im Hinblick auf ihren Erfolgsbeitrag zum Markenwert analysiert.

- Marktperspektive

Während die Finanzperspektive den ökonomisch messbaren Markenerfolg aus Unternehmenssicht darstellt, wird in der Marktperspektive die zugrunde liegende Markenleistung aus Sicht der Marktteilnehmer abgebildet.[65] Als zentrale Zielgröße ist demnach ein dem Markenwert vorlaufender, nicht-monetärer Leistungstreiber festzulegen, der die ursächliche Analyse und Steuerung des Markenwertes ermöglicht.[66] Die *Markenstärke* erscheint für diese Zwecke als adäquate Zielgröße. Die Markenstärke gilt als *Voraussetzung* für die Entstehung des monetären Markenwertes. Sie repräsentiert die gegenwärtigen und zukünftigen Potenziale der Marke aus Sicht des Unternehmensumfeldes.[67] Somit kann eine unmittelbare *Erfolgswirksamkeit* der Markenstärke im Hinblick auf den Markenwert unterstellt werden.

Um nachgeordnete Erfolgsfaktoren zur Beeinflussung der Markenstärke in der Marktperspektive festlegen zu können, sind zunächst die *zentralen Einflussfaktoren* der Markenstärke zu identifizieren. Im Rahmen der Expertengespräche wurde die Bedeutung der Nutzungserfahrungen des Konsumenten mit der Marke besonders betont. Diese Auffassung geht mit der häufig vertretenen Meinung einher, dass neben der Markengestaltung und -darbietung auch die konkreten Erfahrungen aus der Produktnutzung das Markenimage prägen und die Kaufgewohnheiten des Konsumenten nachhaltig beeinflussen.[68] Insofern werden zwei Kernaufgaben des Markenmanagements bei der Steuerung der Markenidentität erkennbar. Zum einen ist die Kaufentscheidung des Konsumenten durch das Markenversprechen positiv zu beeinflussen.[69] Zum anderen ist die Erfüllung der aus dem Markenversprechen aufgebauten Erwartungen zu gewährleisten. Vor diesem Hintergrund erscheint es sinnvoll, die Erfolgsfaktoren zur Steuerung der Markenidentität anhand der Kategorien *Markenversprechen* und *Nutzungserfahrung* zu klassifizieren. Zur Umsetzung markenbezogener Ziele schlägt Huber eine Marktbearbeitung anhand der betroffenen Bezugsgruppen *Kunde*, *Wettbewerb* und *Handel* vor.[70] Die Erfolgsfaktoren zur Steuerung der Markenstärke werden analog strukturiert, um alle in der Marktperspektive betroffenen Bezugsgruppen explizit zu berücksichtigen. Die dargestellten Erfolgsfaktoren zur Steuerung der Markenstärke werden in die durch Abbildung 3 dargestellte Hierarchie integriert. Entsprechend ihren Bezugsgruppen werden die Faktoren

65 Vgl. Meffert/Koers (2002), S. 418.

66 Vgl. Esch (2003), S. 65; Horváth/Kaufmann (1998), S. 42.

67 Vgl. Srivastava/Shocker (1991), S. 6.

68 Vgl. Keller (2003), S. 71; Meffert/Burmann (2002b), S. 52.

69 Vgl. Bauer/Huber (1997), S. 7.

70 Vgl. Huber (1988), S. 103.

durch die Hierarchieknotenpunkte *„hohe kundenbezogene Markenstärke“*[71], *„Differenzierung der Marke gegenüber Wettbewerbern“* sowie *„starke Markenpositionierung im Handel“* jeweils zusammengefasst.

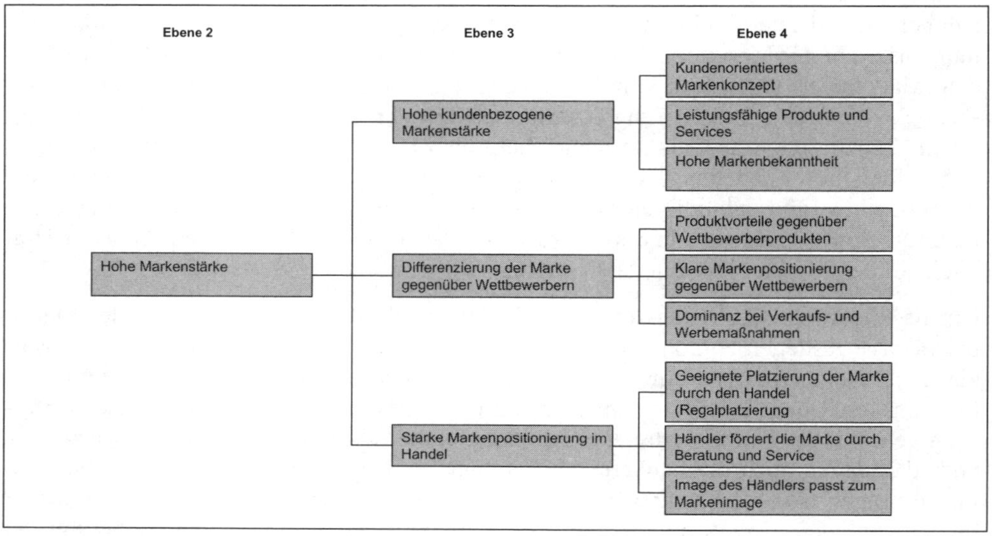

Abbildung 3: Hierarchie der Erfolgsfaktoren in der Marktperspektive

Zusammenfassend kann festgehalten werden, dass die Marktperspektive das Image der Marke aus Konsumentensicht sowie Erfolgsfaktoren zu dessen Steuerung abbildet. Die Markenstärke stellt hierbei das übergeordnete Ziel dar. Anhand der betroffenen Bezugsgruppen Kunde, Wettbewerb und Handel sind auf Basis der zentralen Einflussgrößen der Markenstärke allgemeine operationale Erfolgsfaktoren in die Marktperspektive integriert.

- Interne Prozessperspektive

Die interne Prozessperspektive dient der Abbildung interner Vorgänge, die eine kritische Bedeutung für die Erreichung der marktbezogenen Ziele haben. Sie befasst sich insbesondere mit den unternehmensinternen Aktivitäten zur Steuerung der Markenidentität.

71 Dieser Faktor bezieht sich auf die direkt verbrauchergerichteten Maßnahmen zur Stärkung der Marke. Er ist nicht mit der konsumentenbasierten Markenstärke zu verwechseln, die durch alle drei Handlungsfelder Kunde, Wettbewerb und Handel zu beeinflussen ist. Vgl. auch Srivastava/Shocker (1991), S. 12.

Zur Herleitung von Erfolgsfaktoren im Rahmen der Prozessperspektive sind die erfolgskritischen Phasen des Wertschöpfungsprozesses der Markensteuerung zu identifizieren. Für diesen Zweck erscheint das von Meffert/Burmann entwickelte *GAP-Modell* der identitätsorientierten Markenführung hilfreich. Das GAP-Modell von Meffert/Burmann misst die Diskrepanz zwischen den Erwartungen des Konsumenten an die Marke und dem tatsächlich wahrgenommenen Markenimage.

Eine fehlerhafte Wahrnehmung der Konsumentenbedürfnisse führt zu einer Abweichung zwischen Idealimage und Soll-Selbstbild der Marke[72] schlägt sich im sog. *Wahrnehmungsgap* nieder. Auch bei der praktischen Umsetzung des formulierten Soll-Selbstbildes können Diskrepanzen auftreten, die durch das *Umsetzungsgap* reflektiert werden. Dieses GAP hat zwei Facetten: Zum einen liegt eine mögliche Fehlerquelle in der ungeeigneten Operationalisierung des Soll-Selbstbildes durch inadäquate Formulierung der konkreten Markeneigenschaften. Zum anderen kann es zu Abweichungen zwischen den vorgegebenen Markeneigenschaften und der tatsächlich erbrachten Markenleistung durch fehlerhafte Produktion bzw. mangelnden Service kommen. Im Fall von Abweichungen zwischen der tatsächlich erbrachten und der im Rahmen der marktgerichteten Kommunikation versprochenen Markenleistung spricht man vom *Kommunikationsgap.*[73] Als Konsequenz der genannten Diskrepanzen kann eine Abweichung zwischen der erwarteten und der wahrgenommenen Markenleistung seitens des Konsumenten auftreten. Im Rahmen der Prozessperspektive werden daher Erfolgsfaktoren zur Schließung dieses GAPs beschrieben.

Zur Minimierung des *Wahrnehmungsgaps* ist das Idealimage aus Sicht des Konsumenten zu erheben und mit dem Soll-Selbstbild zu vergleichen.[74] Zu diesem Zweck ist ein kontinuierliches Brand Audit erforderlich, welches die Konsumentenbedürfnisse sowie die interne Sicht auf die Marke regelmäßig erfasst.[75] Hierbei erscheint eine direkte Erfragung der Idealmarke des Konsumenten allerdings problematisch, da sie oft in extremalen Idealausprägungen der Markeneigenschaften mündet und daher kaum Hinweise auf die operationale Ausgestaltung der Markenidentität gibt.[76] Alternativ kann auf indirektem Wege durch Ermittlung von Präferenzdaten auf die abzuleitenden Ausprägungen der Eigenschaften einer Idealmarke geschlossen werden.[77]

Die Schließung des ersten Teils des *Umsetzungsgaps* gestaltet sich insoweit als schwierig, als die unternehmensinterne Kontrolle einer adäquaten Operationalisierung subjektiven Einflüssen unterliegt. Es erscheint daher sinnvoll, eine Einschätzung der Markenei-

72 Das Soll-Selbstbild stellt die vom Markenführer angestrebte Zielidentität der Marke, das Idealimage die Erwartungen des Konsumenten an die Marke, mithin das als ideal empfundene Markenimage dar.

73 Vgl. Meffert/Burmann (2002c), S. 92.

74 Vgl. Koers (2001), S. 199.

75 Vgl. Keller (2000), S. 154 f.

76 Vgl. Koers (2001), S. 199.

77 Vgl. Shocker/Srinivasan (1979), S. 163 ff.

genschaften durch den Konsumenten vornehmen zu lassen. Eine Messung der Akzeptanz der Eigenschaften kann z. B. durch Werbepretests sowie Produkt- und Konzepttests erfolgen.[78] Somit werden gleichermaßen die korrekte Erfassung des Idealimages und dessen adäquate Realisierung durch das Markenkonzept kontrolliert. Beide Aspekte werden daher in dem Erfolgsfaktor „Markenkonzept entspricht den Kundenbedürfnissen" zusammengefasst.

Da der zweite Aspekt der Minimierung des Umsetzungsgaps in der Gewährleistung einer korrekten Umsetzung der zuvor spezifizierten Markeneigenschaften in den tatsächlichen Markenleistungen besteht, ist eine umfassende Qualitätskontrolle unter Einbezug von Mitarbeitern, Zulieferern und Absatzmittlern im Sinne eines markenbezogenen Total Quality Management erforderlich.[79] Die genannten Aspekte werden daher in dem Erfolgsfaktor „Korrekte Umsetzung der geplanten Markenmerkmale" zusammengefasst. Die Messung der Umsetzungsqualität kann im Bereich der Produktion durch *Abweichungsanalysen* erfolgen.[80]

Zur Minimierung des *Kommunikationsgaps* ist eine Übereinstimmung der markenbezogenen Kommunikationsinhalte mit der tatsächlich erbrachten Markenleistung sicherzustellen.[81] Hieraus leitet sich der Erfolgsfaktor „Kommuniziertes Markenversprechen und Produktleistung stimmen überein" ab.

Darüber hinaus ist es erforderlich, Konsistenz zwischen allen Markenbotschaften herzustellen. Diese Forderung beruht auf dem Konzept der *integrierten Kommunikation*, die eine einheitliche Gestaltung der internen und externen Mittel der Unternehmenskommunikation postuliert.[82] Hieraus leitet sich der Erfolgsfaktor „Inhaltliche Abstimmung und einheitliche Gestaltung aller Markenbotschaften" ab. Darüber hinaus ist ein *konsistenter Markenauftritt* durch externe Partnerunternehmen, insbesondere Werbeagenturen, als erfolgskritisch anzusehen. Eine Vermeidung widersprüchlicher oder abweichender Markenbotschaften durch eine zentrale Koordination der Werbeagenturen ist demnach von besonderer Bedeutung. Zudem birgt ein häufiger Wechsel der Werbeagenturen die Gefahr einer regelmäßigen Änderung des Werbekonzeptes und einer damit einhergehenden Verwässerung der Markenidentität.[83] Hieraus leitet sich der Erfolgsfaktor „Korrekte Wiedergabe der Markenbotschaft durch Dritte (z. B. durch Agenturen)" ab.

---

78 Vgl. Esch (2003), S. 476 ff.

79 Vgl. Haynes/Lackman/Guskey (1999), S. 288 ff.

80 Vgl. Haynes/Lackman/Guskey (1999), S. 289 f.

81 Vgl. Meffert/Burmann (2002c), S. 92.

82 Vgl. Bruhn (1997), S. 96.

83 Vgl. Homburg/Schäfer (2001), S. 170.

Abbildung 4 stellt die Hierarchie der Erfolgsfaktoren der internen Prozessperspektive dar. Aufgrund der besonderen Bedeutung der markenbezogen Kommunikation[84] werden die diesbezüglichen Erfolgsfaktoren in einem übergeordneten Faktor „Effektive Markenkommunikation" zusammengefasst. Die Faktoren zur Minimierung des Wahrnehmungs- und des Umsetzungsgaps werden unter dem Faktor „Sicherstellung eines abgestimmten Marken- und Produktkonzeptes" subsumiert. Beide Faktoren werden hierarchisch unter dem übergeordneten Ziel „Effektive Markenmanagementprozesse" eingeordnet.

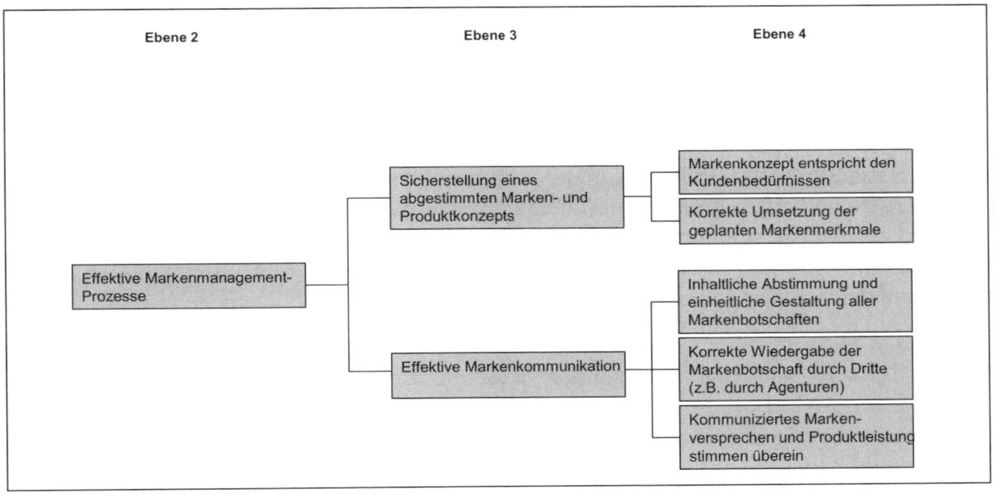

Abbildung 4: Hierarchie der Erfolgsfaktoren in der internen Prozessperspektive

Im Rahmen der Erfolgsmessung bei der Umsetzung der Faktoren können die Ergebnisse der zuvor erwähnten Abweichungsanalysen mit Hilfe von *Punktbewertungsverfahren* quantifiziert werden. Durch Aggregation der gewichteten Ergebnisse kann dadurch ein übergeordneter Indikator zur Messung der Effektivität der Markenmanagementprozesse ermittelt werden.

- Potenzialperspektive

Die Effektivität der Markenmanagementprozesse wird durch die *Potenzialfaktoren* des Unternehmens maßgeblich beeinflusst. Insbesondere den Mitarbeitern und den unternehmensinternen Rahmenbedingungen wird in der Literatur eine besondere Erfolgsrelevanz im Hinblick auf die Implementierung von Markenstrategien zugeschrieben.[85]

84 Vgl. Duncan/Moriarty (1998), S. 1.

85 Vgl. Koers (2001), S. 169; Meffert/Burmann (2002c), S. 92.

Mitarbeiter eines Unternehmens werden in Erfolgsfaktorstudien häufig als allgemeiner Erfolgsfaktor genannt und haben auch für den Bereich des Markenmanagements eine ausgeprägte Relevanz.[86] Die *Markenorientierung* der Mitarbeiter ist hierbei von besonderer Bedeutung und steht im Vordergrund der nachfolgenden Ableitung mitarbeiterbezogener Erfolgsfaktoren.

Die Kenntnis, das Verständnis und die Akzeptanz des Markenselbstbildes durch die Mitarbeiter gelten als entscheidende Voraussetzungen für eine erfolgreiche Umsetzung des Soll-Selbstbildes der Marke.[87] In diesem Zusammenhang kommt der *Identifikation* mit der Marke eine besondere Bedeutung zu. Identifikation entsteht durch kognitive Übereinstimmung und emotionale Bindung an ein Objekt und wirkt sich auf die Denk- und Verhaltensweise eines Mitarbeiters aus. Zudem ist Identifikation eine Voraussetzung für die Übernahme organisationaler Ziele in das persönliche Zielsystem des Mitarbeiters.[88] Die Identifikation der Mitarbeiter mit der Marke hat daher eine besondere Relevanz für den Markenerfolg.[89]

Die Verankerung von Kenntnis und Identifikation auf allen Führungsebenen ist von zentraler Bedeutung, um eine konsequente Umsetzung markenpolitischer Ziele durch die wesentlichen Entscheidungsträger zu gewährleisten.[90] Auf Basis dieser Überlegungen wird der Erfolgsfaktor „Markenkenntnis und Identifikation mit der Marke auf allen Hierarchieebenen" in die Potenzialperspektive aufgenommen.

Eine hohe Markenorientierung ist auch im Rahmen der *Personalbeschaffung* zu gewährleisten.[91] Daher wird der Erfolgsfaktor „Rekrutierung von Mitarbeitern mit hoher Markenorientierung" in die Potenzialperspektive aufgenommen. Die praktische Umsetzung dieses Faktors erfordert die Aufnahme der Markenorientierung in die Anforderungsprofile für neue Mitarbeiter.

Um zudem extrinsische Anreize für ein markenorientiertes Mitarbeiterverhalten zu schaffen, ist eine *Koppelung der Vergütung an markenbezogene Erfolgsgrößen* eine mögliche Maßnahme.[92] Eine markenbezogene Vergütung sollte sich an langfristigen Erfolgsgrößen, z. B. der Markenstärke oder dem Markenwert, orientieren, um eine ausschließliche Berücksichtigung kurzfristiger Umsatzgrößen zu vermeiden. Die o. g. Überlegungen schlagen sich in dem Erfolgsfaktor „Mitarbeitervergütung ist abhängig vom

86 Vgl. Preiß (1992), S. 49.

87 Vgl. Koers (2001), S. 169 f.

88 Vgl. Conrad (1992), S. 1046.

89 Vgl. Meffert/Burmann (2002c), S. 88; Wiedmann (1994), S. 1312.

90 Vgl. Aaker (2002), S. 343; Homburg/Krohmer (2003), S. 520.

91 Vgl. Wiedmann (1994), S. 1312.

92 Vgl. Kranz (2002), S. 438.

Markenergebnis“ nieder. Anzumerken ist, dass die tatsächliche Beeinflussbarkeit der Zielgrößen durch den Mitarbeiter eine zentrale Voraussetzung für eine leistungsabhängige Vergütung ist.

Neben den Mitarbeitern sind auch die *organisatorischen Rahmenbedingungen* erfolgsrelevant für die effektive Umsetzung von Markenstrategien.[93] Die *unternehmensinterne Koordination* markenrelevanter Aktivitäten stellt einen wichtigen Bestandteil der Aufgaben des Markenmanagements dar. Dies erfordert die Einbindung von Unternehmensbereichen in den Prozess der Markenführung, die nach allgemeiner Auffassung keine markenrelevanten Funktionen innehaben, z. B. Forschung und Entwicklung (F&E), Produktion, Logistik, etc.[94] Die o. g. Überlegungen werden durch den Erfolgsfaktor „Enge Zusammenarbeit des Markenmanagements mit anderen Bereichen (z. B. mit F&E, Produktion)“ widergespiegelt.

Zudem erscheint es sinnvoll, Investitionen in Maßnahmen zur Steigerung der Markenstärke (z. B. Imagewerbung) durch ein eigenes Sachmittelbudget der Markenführung sicherzustellen, um mitunter bestehende Zielkonflikte zwischen kurz- und langfristigen Markenzielen zu vermeiden. Ein hohes Maß an *Unabhängigkeit* (von kurzfristen Zielvorgaben des Marketing- und Vertriebsbereiches) und *Eigenständigkeit* der Markenführung ist demnach erfolgsrelevant für die praktische Umsetzung von Markenstrategien.[95] Auf Basis dieser Überlegungen wird der Erfolgsfaktor „Hohe Eigenständigkeit des Markenmanagements in der Marketingorganisation“ in die Potenzialperspektive aufgenommen.

Ferner sollte das Markenmanagement auch *verantwortlich für das Markenergebnis* sein. Der Aspekt der Ergebnisverantwortung weist Parallelen zu dem Faktor der markenbezogenen Mitarbeitervergütung auf. Allerdings ist in diesem Fall die Zurechnungsproblematik weniger ausgeprägt, da das Markenergebnis lediglich zur Organisationseinheit des Markenmanagements zugerechnet werden muss.[96] Die genannten Überlegungen schlagen sich in dem Erfolgsfaktor „Ergebnisverantwortung des Markenmanagements für die Marke“ nieder.

Die zuvor beschriebenen mitarbeiter- und organisationsbezogenen Erfolgsfaktoren werden jeweils durch einen *übergeordneten Faktor* („hohe Markenorientierung der Mitarbeiter“ sowie „hohe Markenorientierung der Organisation“) zusammengefasst. Der Faktor „hohe Markenorientierung des Unternehmens“ stellt den übergeordneten Erfolgsfaktor der Potenzialperspektive dar. Die Hierarchie der Erfolgsfaktoren in der Potenzialperspektive ist in Abbildung 5 dargestellt.

---

93 Vgl. Meffert/Burmann (2002c), S. 94.

94 Vgl. Haynes/Lackman/Guskey (1999), S. 287 ff.

95 Vgl. Meffert/Burmann (2002c), S. 94.

96 Vgl. Esch/Geus/Langner (2002), S. 479.

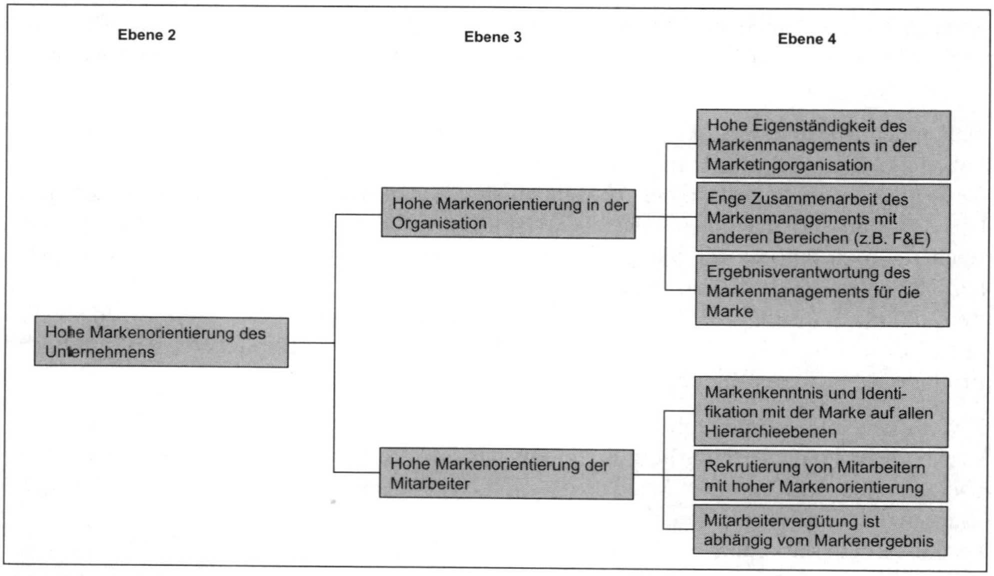

Abbildung 5: Hierarchie der Erfolgsfaktoren in der Potenzialperspektive

Analog zum Vorgehen in der Prozessperspektive können auch hier die Zielerreichungsgrade der jeweiligen Faktoren durch ein *Punktbewertungsverfahren* erfasst werden. Ein übergeordneter Indikator der Markenorientierung des Unternehmens kann durch gewichtete Aggregation der Punktwerte ermittelt werden.

4.2.5 Zusammenfassende Darstellung des Brand Scorecard-Modells

Die in Abbildung 6 dargestellte Hierarchie illustriert den Zusammenhang der übergeordneten Erfolgsfaktoren der jeweiligen Perspektiven. Entsprechend der beschriebenen Struktur ist die Finanzperspektive den anderen Perspektiven übergeordnet, da die abschließende Bewertung markenbezogener Aktivitäten anhand des monetären Beitrages der Marke zu den Unternehmenszielen erfolgt. Damit stellt das nachhaltige Wachstum des Markenwertes sowohl den alleinigen Erfolgsfaktor der Finanzperspektive als auch das Hauptziel der gesamten Hierarchie dar. Auf Ebene 2 der Hierarchie sind entsprechend die übergeordneten Erfolgsfaktoren der drei übrigen Perspektiven eingeordnet.

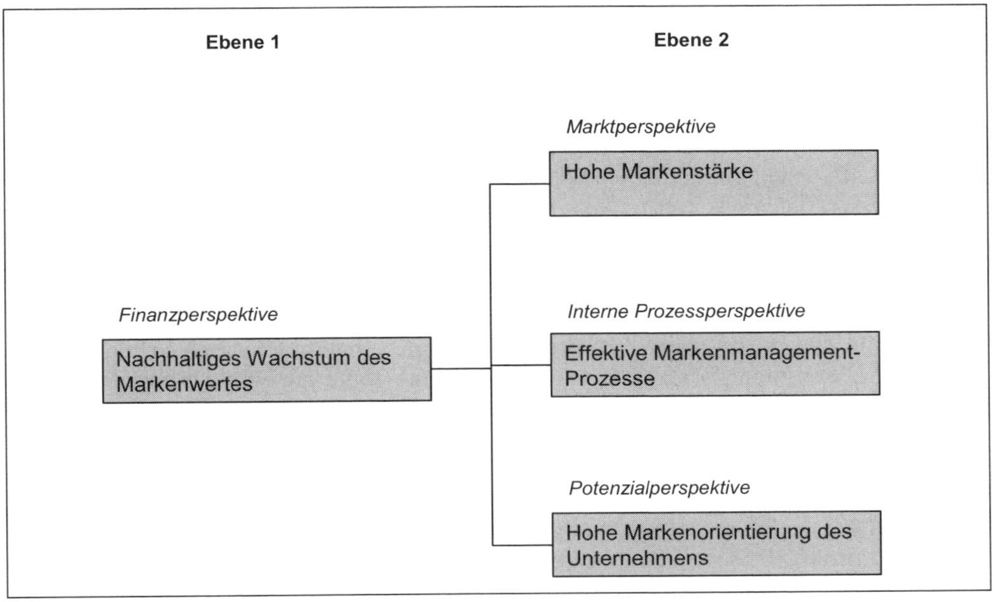

Abbildung 6: Hierarchie der übergeordneten Erfolgsfaktoren

5. Fazit

Bei der im Rahmen dieser Arbeit erstellten Brand Scorecard handelt es sich um einen Referenzansatz, der eine breite Auswahl allgemeiner Erfolgsfaktoren des Markenmanagements enthält. Bei der Anwendung im konkreten Praxisfall ist hingegen eine begrenzte Anzahl relevanter Erfolgsfaktoren einzusetzen, um die Komplexität des Instrumentes möglichst gering zu halten.[97] Zu diesem Zweck sind jene Faktoren aus dem Modell auszuwählen, die auf Basis der unternehmens- und marktbezogenen Ausgangslage als besonders erfolgsrelevant erachtet werden.

Die Ermittlung geeigneter Methoden zur *Quantifizierung und Messung* von Erfolgsfaktoren des Markenmanagements ist offensichtlich eine der größten Herausforderungen bei der Praxisumsetzung einer Brand Scorecard. Dies trifft insbesondere auf die Prozessperspektive und die Potenzialperspektive zu, da die in diesen Bereichen gesetzten Ziele auf-

97 Vgl. Horváth/Gaiser (2000), S. 26 f., Bauer/Meeder/Jordan (2001), S. 64 f.

grund ihres nicht-monetären Charakters z. T. hohe Interpretations- und Manipulationsspielräume aufweisen.[98] Die Auswahl der Kennzahlen sollte unter *Einbezug aller betroffenen Personen und Unternehmensbereiche* erfolgen, um auch im Anschluss an die Implementierung der Brand Scorecard eine möglichst hohe Akzeptanz des Kennzahlensystems auf allen Unternehmensebenen sicherzustellen.[99] Dies ist insbesondere von Bedeutung, wenn die in der Brand Scorecard verankerten Ziele und Messgrößen als Grundlage für ein erfolgsabhängiges *Anreiz- bzw. Vergütungssystem* dienen sollen.

Der Erfolg einer Brand Scorecard hängt maßgeblich von der Unterstützung des Konzeptes durch die *Unternehmensführung* ab. Eine konsequente Umsetzung strategischer Markenziele kann nur erfolgen, wenn die Leistungsbeurteilung des Markenmanagements sich auch an den in der Brand Scorecard festgelegten, nicht-monetären Erfolgsgrößen, z. B. der Markenstärke, orientiert. Zu diesem Zweck sollte die Brand Scorecard in die bisherigen Steuerungssysteme des Unternehmens bzw. Geschäftsbereiches integriert werden. Ein in diesem Zusammenhang bedeutender Aspekt ist die mögliche *Integration* der Brand Scorecard mit einer bereits bestehenden Balanced Scorecard des Unternehmens bzw. Geschäftsbereiches. Durch eine *hierarchische Verknüpfung* von Brand Scorecard und Balanced Scorecard ist es möglich, markenbezogene Ziele auf einem aggregierten Niveau in das Zielsystem der oberen Führungsebene zu integrieren.

Im Hinblick auf die *praktische Anwendung* hängen der Nutzen und die Akzeptanz der Brand Scorecard zu einem großen Teil von den eingesetzten Erfolgsfaktoren und den Verfahren zu deren objektiver Messung ab. Hierbei sind mitunter noch Entwicklungspotenziale erkennbar. So weist das Themenspektrum des Markenwertes ein heterogenes Bild verschiedener Messverfahren auf, deren methodische Eignung und praktische Anwendbarkeit kritisch diskutiert wird. Darüber hinaus existieren nur wenige allgemein akzeptierte Kennzahlen zur objektiven Erfassung von Markenmanagementprozessen. Eine ähnliche Problematik besteht in Bezug auf die Messung der Unternehmenspotenziale. Die unternehmensweite Akzeptanz der eingesetzten Messgrößen ist jedoch eine wichtige Voraussetzung für die konsequente Umsetzung der mit ihnen verbundenen Ziele. Demnach sollte der Ausbau des Konzeptes der Brand Scorecard auch mit einer *Weiterentwicklung* geeigneter Verfahren zur Objektivierung und Messung unternehmensinterner und -externer markenbezogener Erfolgsgrößen einhergehen.

98 Vgl. Pfaff/Kunz/Pfeiffer (2000), S. 43.

99 Vgl. Horváth & Partner (2001), S. 201.

Literaturverzeichnis

AAKER, D.A. (1991), Managing Brand Equity: Capitalizing on the Value of a Brand Name, London 1991.

AAKER, D.A. (2002), Building Strong Brands, London 2002.

ABELL, D.F. (1980), Defining the business: the starting point of strategic planning, Englewood Cliffs 1980.

BAUER, H.H./HUBER, F. (1997), Der Wert der Marke, Arbeitspapier Nr. 120, Institut für Marketing, Mannheim 1997.

BAUER, H.H./MEEDER, U./JORDAN, J. (2001), Werbecontrolling mit der Balanced Scorecard, in: Absatzwirtschaft, H. 1, S. 62-65.

BRUHN, M. (1997), Kommunikationspolitik, München 1997.

BRUHN, M. (2002), Marketing, Wiesbaden 2002.

CONRAD, P. (1992), Identifikation, in: Gaugler, E./ Weber, W. (Hrsg.): Handwörterbuch des Personalwesens, Stuttgart 1992, S. 1043-1054.

DOYLE, P. (1990), Building Successful Brands: The Strategic Options, in: Journal of Consumer Marketing, Jg. 7, Nr. 2, 1990, S. 5-20.

DUNCAN, T.R./MORIARTY, S.E. (1998), A Communication-Based Marketing Model for Managing Relationship, in: Journal of Marketing, Jg. 62, Nr. 2, 1998, S. 1-13.

EGAN, C./GUILDING, C. (1994), Dimensions of Brand Performance: Challenges for Marketing Management and Managerial Accountancy, in: Journal of Marketing Management, Jg. 10, 1994, S. 449-472.

EICK, G. (1982), Segmentierung von Geschäftsfeldern und Geschäftseinheiten, Augsburg 1982.

ESCH, F.-R. (2003), Strategie und Technik der Markenführung, München 2003.

ESCH, F.-R./GEUS, P./LANGNER, T. (2002), Brand Performance Measurement zur wirksamen Markennavigation, in: Controlling, 14. Jg., Nr. 8/9, 2002, S. 473-481.

ESCH, F.-R./WICKE, A. (2001), Herausforderungen und Aufgaben des Markenmanagements, in: Esch, F.-R. (Hrsg.): Moderne Markenführung, Wiesbaden 2001, S. 3-60.

FARQUHAR, P.H./HAN, J.Y./IJIRI, Y. (1992): Brands on the Balance Sheet, in: Marketing Management, Jg. 1, Nr. 1, 1992, S. 16-22.

FRANZEN, O./TROMMSDORFF, V./RIEDEL, F. (1994): Ansätze der Markenbewertung und Markenbilanz, in: Markenartikel, 56. Jg., Nr. 8, 1994, S. 372-377.

GOSHAL, S./BARTLETT, C. (1995), Building the Entrepreneurial Corporation: New Organizational Processes, New Managerial Tasks, in: European Management Journal, Jg. 13, Nr. 2, 1995, S. 139-155.

HAEDRICH, G./TOMCZAK, T. (1990), Strategische Markenführung: Planung und Realisierung von Marketingstrategien für eingeführte Produkte, Bern/Stuttgart 1990.

HAYNES, A./LACKMAN, C./GUSKEY, A. (1999), Comprehensive brand presentation: ensuring consistent brand image, in: Journal of Product & Brand Management, Jg. 8, Nr. 4, 1999, S. 286-300.

HOMBURG, C./KROHMER, H. (2003), Marketingmanagement, Wiesbaden 2003.

HOMBURG, C./SCHÄFER, H. (2001), Strategische Markenführung in dynamischer Umwelt, in: Köhler, R./Majer, W./Wiezorek, H. (Hrsg.): Erfolgsfaktor Marke: Neue Strategien des Markenmanagements, München 2001, S. 157-173.

HORVÁTH, P. (1999), Das Balanced-Scorecard-Managementsystem – das Ausgangsproblem, der Lösungsansatz und die Umsetzungserfahrungen, in: Die Unternehmung, 53. Jg., Nr. 5, 1999, S. 303-319.

HORVÁTH & PARTNER (2001), Balanced Scorecard umsetzen, Stuttgart u. a. 2001.

HORVÁTH, P./GAISER, B. (2000), Implementierungserfahrungen mit der Balanced Scorecard im deutschen Sprachraum – Anstöße zur konzeptionellen Weiterentwicklung, in: Betriebswirtschaftliche Forschung und Praxis, 52. Jg., Nr. 1, 2000, S. 17-35.

HORVÁTH, P./KAUFMANN, L. (1998), Balanced Scorecard - ein Werkzeug zur Umsetzung von Strategien, in: Harvard Business Manager, 20. Jg. Nr. 5, 1998, S. 39-48.

HUBER, W.R. (1988), Markenpolitische Strategien des Konsumgüterherstellers, Frankfurt 1988.

JENNER, T. (1998), Controlling strategischer Erfolgspotentiale, in: Reinecke, S./ Tomczak, T./Dittrich, S. (Hrsg.): Marketingcontrolling, St. Gallen 1998, S. 60-69.

KAPFERER, J.-N. (1992A), Die Marke - Kapital des Unternehmens, Landsberg 1992.

KAPFERER, J.-N. (1992B), Strategic Brand Management: New Approaches to Creating and Evaluating Brand Equity, London 1992.

KAPLAN, R.S./NORTON, D.P. (1996A), Using the Balanced Scorecard as a Strategic Management System, in: Harvard Business Review, Jg. 74, Nr. 1, 1996, S. 75-85.

KAPLAN, R.S./NORTON, D.P. (1996B), The balanced scorecard: translating strategy into action, Boston 1996.

KAPLAN, R.S./NORTON, D.P. (2000), Having Trouble with Your Strategy? Then Map It, in Harvard Business Review, Jg. 78, Nr. 5, 2000, S. 167-176.

KELLER, K.L. (2000), The Brand Report Card, in: Harvard Business Review, Jg. 78, Nr. 1, 2000, S. 147-157.

KELLER, K.L. (2003): Strategic Brand Management: Building, Measuring and Managing Brand Equity, New Jersey 2003.

KOERS, M. (2001), Steuerung von Markenportfolios: Ein Beitrag zum Mehrmarkencontrolling am Beispiel der Automobilwirtschaft, Frankfurt 2001.

KRANZ, M. (2002), Markenbewertung – Bestandsaufnahme und kritische Würdigung, in: Meffert, H./Burmann, C./Koers, M. (Hrsg.): Markenmanagement: Grundfragen der identitätsorientierten Markenführung, Wiesbaden 2002, S. 429-458.

KRIEGBAUM, C. (2001), Markencontrolling: Bewertung und Steuerung von Marken als immaterielle Vermögenswerte im Rahmen eines unternehmenswertorientierten Controlling, München 2001.

KUMPF, A. (2001), Balanced Scorecard in der Praxis: in 80 Tagen zur erfolgreichen Umsetzung, Landsberg/Lech 2001.

LINXWEILER, R. (2001A), Controlling, auf die Marke konzentriert, in: Markenartikel, 63. Jg., Nr. 3, 2001, S. 110-114.

LINXWEILER, R. (2001B), BrandScoreCard: ein neues Instrument erfolgreicher Markenführung, Groß-Umstadt 2001.

MEFFERT, H. (2000), Marketing: Grundlagen marktorientierter Unternehmensführung, Wiesbaden 2000.

MEFFERT, H./BURMANN, C. (2002A), Wandel in der Markenführung, in: Meffert, H./Burmann, C./Koers, M. (Hrsg.): Markenmanagement: Grundfragen der identitätsorientierten Markenführung, Wiesbaden 2002, S. 18-33.

MEFFERT, H./BURMANN, C. (2002B), Theoretisches Grundkonzept der identitätsorientierten Markenführung, in: Meffert, H./Burmann, C./Koers, M. (Hrsg.): Markenmanagement: Grundfragen der identitätsorientierten Markenführung, Wiesbaden 2002, S. 35-72.

MEFFERT, H./BURMANN, C. (2002C), Managementkonzept der identitätsorientierten Markenführung, in: Meffert, H./Burmann, C./Koers, M. (Hrsg.): Markenmanagement: Grundfragen der identitätsorientierten Markenführung, Wiesbaden 2002, S. 73-97.

MEFFERT, H./BURMANN, C./KOERS, M. (2002), Stellenwert und Gegenstand des Markenmanagement, in: Meffert, H./Burmann, C./Koers, M. (Hrsg.): Markenmanagement: Grundfragen der identitätsorientierten Markenführung, Wiesbaden 2002, S. 3-16.

MEFFERT, H./KOERS, M. (2001), Integratives Markencontrolling auf Basis des Balanced Scorecard-Ansatzes, in: Reinecke, S./Tomczak, T./Geis, G. (Hrsg.): Handbuch Marketingcontrolling, Frankfurt/Wien 2001, S. 292-320.

MEFFERT, H./KOERS, M. (2002), Identitätsorientiertes Markencontrolling - Grundlagen und konzeptionelle Ausgestaltung, in: Meffert, H./Burmann, C./Koers, M. (Hrsg.):

Markenmanagement: Grundfragen der identitätsorientierten Markenführung, Wiesbaden 2002, S. 403-426.

PFAFF, D./KUNZ, A./PFEIFFER, T. (2000), Balanced Scorecard als Bemessungsgrundlage finanzieller Anreizsysteme - Eine theorie- und empiriegeleitete Analyse der resultierenden Grundprobleme, in: Betriebswirtschaftliche Forschung und Praxis, 52. Jg., Nr. 1, 2000, S. 36-55.

PREIß, F.J. (1992), Strategische Erfolgsfaktoren im Software-Marketing: ein Konzept zur Erfassung und Gewichtung strategischer Erfolgsfaktoren mit Hilfe quantitativer Verfahren, Frankfurt am Main 1992.

QUELCH, J.A./FARRIS, P.W./OLVER, J. (1987), The Product Management Audit: Design and Survey Findings, in: Journal of Consumer Marketing, Jg. 4, Nr. 3, 1987, S. 45-58.

REINECKE, S./TOMCZAK, T. (1998), Aufgabenorientiertes Marketingcontrolling, in: Reinecke, S./Tomczak, T./Dittrich, S. (Hrsg.): Marketingcontrolling, St. Gallen 1998, S. 90-109.

RIEDEL, F. (1996), Die Markenwertmessung als Grundlage strategischer Markenführung, Heidelberg 1996.

SCHREYÖGG, G. (1998), Organisation, Wiesbaden 1998.

SHOCKER, A.D./SRINIVASAN, V. (1979), Multiattributive Approaches for Product Concept Evaluation and Generation: A Critival Review, in: Journal of Marketing Research, Jg. 16, Nr. 2, 1979, S. 159-180.

SRIVASTAVA, R.K./SHOCKER, A.D. (1991), Brand Equity: A Perspective on Its Meaning and Measurement, in: Marketing Science Institute, Technical Working Paper, Report No. 91-124, Cambridge 1991.

SZYPERSKI, N. (1971), Das Setzen von Zielen - Primäre Aufgabe der Unternehmensleitung, in: Zeitschrift für Betriebswirtschaft, 41. Jg., Nr. 10, 1971, S. 639-670.

WEBER, J./SCHÄFFER, U. (1998), Balanced Scorecard – Gedanken zur Einordnung des Konzepts in das bisherige Controlling-Instrumentarium, in: Zeitschrift für Planung, 9. Jg., 1998, S. 341-365.

WIEDMANN, K.-P. (1994), Strategisches Markencontrolling, in: Bruhn, M. (Hrsg.): Handbuch Markenartikel: Anforderungen an die Markenpolitik aus Sicht von Wissenschaft und Praxis, Bd. 2, Stuttgart 1994, S. 1305-1336.

Rainer Zimmermann und Tharek Murad Aga

Markenwertbasiertes Management von Premiummarken

1. Die Bedeutung von Premiummarken und Herausforderungen für das Markenmanagement

Ein stetig gestiegener Wohlstand in den Industrienationen hat im letzten Jahrzehnt zu dem Phänomen einer „Demokratisierung des gehobenen Konsums“ geführt. Breite Bevölkerungsschichten können sich den Konsum und die Inanspruchnahme qualitativ hochwertiger, hochpreisiger Produkte und Dienstleistungen leisten.

Dieser Trend konnte auch durch die Ende des Jahres 2000 einsetzende weltweite Wirtschaftskrise, die durch die Anschläge vom 11. September 2001 noch verschärft wurde, nicht grundsätzlich negativ beeinflusst werden: Gerade in wirtschaftlich schwierigen Zeiten sehnen sich Konsumenten nach einem gehobenen Konsum und möchten sich etwas Besonderes leisten.

Es werden eher weniger, dafür aber qualitativ hochwertige und beständige Premiumprodukte nachgefragt. Zwar verzeichneten Anbieter in diesen Segmenten kurzfristig starke Umsatzeinbrüche, aktuelle Geschäftsergebnisse zeigen jedoch gerade im Premium- und Luxusmarkt in jüngster Zeit wieder deutlich positive Wachstumstendenzen. So erzielte der Luxuskonzern Louis Vuitton-Moët Hennessy (LVMH) im Geschäftsjahr 2002 ein Umsatzwachstum von 5,4 Prozent und einen operativen Gewinn von 19 Prozent.[1] Auch BMW (inkl. Mini) steigerte 2002 den Absatz um 20 Prozent (die Kernmarke BMW um 5 Prozent). Das Unternehmen erreichte eine Umsatzsteigerung von knapp 9 Prozent auf 42,3 Mrd. € und einen Jahresüberschuss von 2 Mrd. € (2001: 1,87 Mrd.).[2]

Als ein weiterer Trend hat sich ein zunehmend hybrides bzw. multioptionales Konsumentenverhalten herauskristallisiert. Konsumenten kaufen in Abhängigkeit der Situation mal Premiummarken zu hohen Preisen, dann wieder Marken, die lediglich einen Grundnutzen erfüllen. Dem Konsum kommt in diesem Zusammenhang eine grundsätzlich veränderte Funktion zu: Über die reine Befriedigung der Grundbedürfnisse hinaus wird verstärkt eine soziale Funktion eingenommen. Die Markenwahl dient in diesem Zusammenhang dem Ausdruck der eigenen Persönlichkeit und dem eigenen Wertesystem.

Hierbei fördern insbesondere die gestiegene Genussorientierung sowie das Streben nach Selbstverwirklichung die Nachfrage nach höherwertigen Gütern und Marken, deren Hauptnutzen in ihrer Status- und Prestigefunktion sowie ihrer Distinktionsfunktion liegt.

---

1 Vgl. LVMH (2002). Allerdings erlebte LVMH, wie auch andere Luxusgüterunternehmen, im Jahr 2003 bedingt durch SARS einen (kurzfristigen) Umsatzeinbruch.

2 Vgl. BMW Group (2002).

Als Resultat dieses Verhaltens können deutliche Polarisierungstendenzen in Märkten registriert werden. Die Folge ist ein signifikantes Wachstum von Premium- und Billig-Märkten – bei einhergehender Schrumpfung des mittleren Segments.

Für Unternehmen erklärt sich die Attraktivität des gehobenen Segments zusätzlich aus der vermeintlich geringeren Wettbewerbsintensität in den Premiumsegmenten. Premiumkäufer sind weniger preissensibel, dementsprechend kommt dem Preis als Wettbewerbsinstrument eine sekundäre Bedeutung zu. Daher erscheint auch in niedrig- und mittelpreisigeren Produktkategorien eine Positionierung als Premiummarke innerhalb des Segments oftmals sinnvoll, um sich von den Wettbewerbern und den stärker werdenden Handelsmarken abzugrenzen.[3]

2. Das BBDO Brand Equity Drivers© Modell zur Steuerung von Premiummarken - Der Ansatz von BBDO

2.1 Modellstruktur

Im Bereich des Marketings und insbesondere der Markenführung finden sich vielfache Ansätze zur Bestimmung und Verbesserung der Marketingeffizienz. Bestehende Ansätze zur Effizienzsteigerung setzen primär an der Kostenseite, d. h. an der Minimierung der Markeninvestitionen (Inputs), an. Im Unterschied zu diesen Verfahren steht bei dem hier vorgestellten Ansatz die Markenertragsseite im Vordergrund. Ziel ist nicht die Minimierung der Inputs, sondern die Maximierung der Outputs, d. h. des Markenertrags.

Im Mittelpunkt der Untersuchung standen Premiummarken, die – im Gegensatz zu ihren Wettbewerbern – in der Lage sind, ein Preispremium und somit einen höheren Markenertrag zu realisieren. In der Praxis stellt sich die Frage, wodurch sich Premiummarken von Basismarken unterscheiden, insbesondere welche Faktoren für die Durchsetzung eines höheren Preises relevant sind.

Für die Ermittlung der markenseitigen Mechanismen zur Steigerung der Preispremiumakzeptanz wurde das *BBDO Brand Equity Drivers© Modell* konzipiert (vgl. hierzu Band III der *BBDO Brand Equity Exellence©* Schriftenreihe). Die angenommenen Wirkungsbeziehungen zwischen Treibern (*Brand Equity Drivers©*), Markenwert und Preispremiumakzeptanz wurden in einer der umfangreichsten, branchenübergreifenden Konsumentenbefragung zu diesem Thema erstmalig empirisch bestätigt. Durch die differen-

3 Vgl. Vishvanath/Mark (1997), S. 31 ff.

zierte Analyse der *Brand Equity Drivers*© von Premiummarken unter Berücksichtigung branchenspezifischer Unterschiede konnten vielfach verbreitete Meinungen über die Wirkungsweisen bestimmter Treiber kritisch überprüft werden.

Das *BBDO Brand Equity Drivers*© *Modell* ist ein Instrument speziell für die Markensteuerung, das es erlaubt, die Treiber des Markenwertes, ihre Beziehungen untereinander sowie ihre Einflussstärke auf den Markenwert und auf die Akzeptanz eines Preispremiums zu bestimmen. Auf Basis dessen können dann die entsprechenden Stellhebel beeinflusst und die entsprechenden Markenführungsmaßnahmen ergriffen werden, um einen höheren Markenwert und ein nachhaltiges Preispremium zu erreichen. Es gilt, die Frage zu beantworten, was eine Premiummarke von ihren Wettbewerbern im Basissegment unterscheidet. Wieso erlöst bspw. VW trotz gleicher Produktplattform ein Vielfaches des Markenertrags von Seat? Warum sind Nachfrager bereit, für einen Kaffee bei Starbucks 2,90 € zu zahlen?

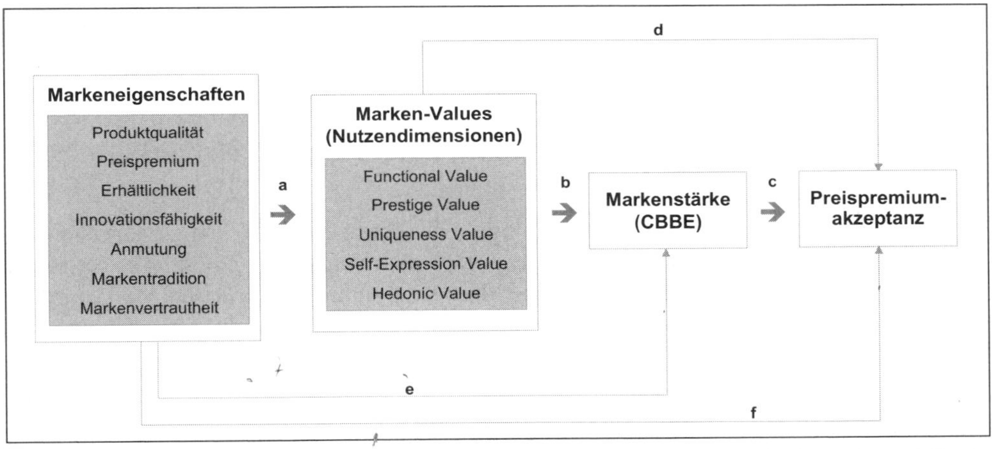

Abbildung 1: Gesamtmodell mit allen relevanten indirekten und direkten *Brand Equity Drivers*©[4]

Der hier modellierte konsumentenbasierte Markenwertansatz für Premiummarken ist ein mehrstufiges Modell. Wahrgenommene, konkrete Markeneigenschaften (z. B. Produktqualität, Markentradition, Produktdesign) wirken auf erwartete Markennutzenkomponen-

4 Die hauptsächlich untersuchten Wirkungsbeziehungen sind diejenigen zwischen Markeneigenschaften und Nutzendimensionen (Wirkungsbeziehungen a), zwischen Nutzendimensionen und Markenstärke (Wirkungsbeziehungen b) sowie zwischen Markenstärke und Preispremiumakzeptanz (Wirkungsbeziehungen c). Allerdings können sich bei der Modellberechnung auch direkte Einflüsse von den Marken-Values auf die Preispremiumakzeptanz (Wirkungsbeziehungen d) und den Markeneigenschaften auf die Markenstärke und die Preispremiumakzeptanz (Wirkungsbeziehungen e und f) ergeben.

ten (Marken-Values). Diese beeinflussen wiederum die Markenstärke.[5] Der Einfluss dieser Größen bzw. der Markenstärke auf reales Konsumentenverhalten, insbesondere die Bereitschaft, ein Preispremium zu bezahlen, wird auf der nächsten Ebene modelliert.

Diese Wirkungsbeziehungen geben Aufschluss über die Bedeutung der verschiedenen *Brand Equity Drivers*©. Auf Basis dieser Ergebnisse können dann Schlussfolgerungen für die Generierung eines starken konsumentenbasierten Markenwerts und einer hohen Preispremiumakzeptanz gezogen werden.

Als Markeneigenschaften (indirekte Treiber) und Marken-Values (direkte Treiber) wurden Faktoren ausgewählt, die allgemein als besonders bedeutsam für Premiummarken erachtet werden und über die eine Differenzierung Preispremium-generierender Marken zu Basismarken prinzipiell am besten realisiert werden kann.

Die empirischen Ergebnisse zeigen, dass das entwickelte Modell zu sehr guten Ergebnissen führt. Es zeigt sich, dass die fünf ausgewählten Marken-Values die Markenstärke (CBBE) äußerst gut erklären, da für sie eine erklärte Varianz von 80 % festgestellt werden kann. Daraus folgt, dass die Marken-Values auf Basis der Theorie und qualitativer Untersuchungen richtig ausgewählt und konzeptualisiert worden sind.

2.2 Markeneigenschaften: Indirekte Brand Equity Drivers©

Wie in der Modellstruktur (vgl. Abbildung 1) beschrieben, wirken die Markeneigenschaften über die Marken-Values indirekt auf die Markenstärke. Zusätzliche Relevanz dieser Treiber ergibt sich aus der Tatsache, dass sie durch den Marketing-Mix vom Unternehmen gestaltet und somit zur Steuerung der Marke herangezogen werden können.

Das prägnanteste Merkmal von Premiummarken ist ihre den Basismarken überlegene *Produktqualität*. Hohe Produktqualität manifestiert sich zum einen in den hochwertigen Materialien bzw. Inhaltsstoffen, die bei der Produktherstellung verwendet werden. Zum zweiten zeigt sie sich in der Sorgfalt und Expertise des Verarbeitungsprozesses und der Vertriebsdienstleistungen. Hohe Produktqualität garantiert den Konsumenten Zuverlässigkeit und Langlebigkeit der Produkte, und der Begriff „Premium" wird oft sogar mit dem Begriff Qualität gleichgesetzt.

Eine weitere ebenfalls hervorstechende Eigenschaft der Premiummarken ist ein realisiertes *Preispremium*. Dieses Preispremium bezieht sich auf den relativ zu Nicht-Premiummarken höheren Preis.[6] Ein Preispremium wird oft als logische Konsequenz einer besonders hohen Produktqualität angesehen. Eine als hervorragend wahrgenommene Lei-

5 Vgl. z. B. Keller (1993), S. 3 ff.; Aaker (1996), S. 78 ff.

6 Bei wirklichen Luxusprodukten, z. B. Autos von Rolls-Royce, Hifi-Anlagen von Burmester, Haute Couture von Chanel, ist darüber hinaus nicht nur der relative, sondern auch der absolute Preis sehr hoch.

stungsqualität legitimiert für die Nachfrager also einen höheren Preis. Umgekehrt fungiert ein (relativ) hoher Preis für viele Konsumenten auch als Qualitätsindikator, d. h. ein hoher Preis gibt ihnen die Sicherheit, ein qualitativ hochwertiges Produkt zu erwerben. Die Eigenschaft „wahrgenommenes Preispremium" darf in diesem Zusammenhang nicht mit der Zielgröße „Preispremiumakzeptanz" aus dem Modell verwechselt werden. Während das Preispremium auf der Ebene der Markeneigenschaften beschreibt, inwieweit die Nachfrager einen höheren Preis bei einer Marke wahrnehmen, bezeichnet die Preispremiumakzeptanz die Bereitschaft der Konsumenten, einen höheren Preis für eine Marke zu zahlen.

Markeneigenschaften	**Beschreibung**
Produktqualität	▪ Wahrgenommene Qualität hinsichtlich verwendeter Materialien/ Inhaltsstoffe und des Verarbeitungsprozesses
Preispremium	▪ Wahrgenommenes Preispremium relativ zu Wettbewerbermarken
Erhältlichkeit	▪ Verfügbarkeit, Distributionsgrad der Marke, Zugänglichkeit
Anmutung	▪ Markenästhetik, Produkt-, Verpackungsgestaltung und -design, Art der Markenpräsentation am Point of Sale
Innovationsfähigkeit	▪ Investition der Marke in technische und stilistische Neuerungen, Entwicklung modischer Trends
Markentradition	▪ Geschichte, Tradition und Herkunft der Marke
Markenvertrautheit	▪ Bekanntheit, Assoziationen mit bzw. Wissen über die Marke

Abbildung 2: Übersicht über die berücksichtigen Markeneigenschaften

Besondere Relevanz hat in diesem Zusammenhang auch die *Erhältlichkeit* einer Marke. Neben hoher Qualität und einem höheren Preis wird mit Premium- und vor allem Luxusmarken auch eine eingeschränkte Verfügbarkeit assoziiert. So sind Premiummarken im Lebensmitteleinzelhandel in der Regel nicht in Discountern, sondern lediglich in gut sortierten Supermärkten erhältlich.[7]

Eine weitere Eigenschaft von Premiummarken ist die so genannte äußere *Anmutung*. Anmutung bezeichnet die ästhetische Gestaltung der Marke, die sich im Produkt- und Verpackungsdesign, in einem charakteristischen Markenstil und einem attraktiven Mar-

7 Luxusmarken werden zudem meist in kleineren Serien, teilweise sogar in manufakturieller Fertigung, hergestellt und lediglich in exklusiven Geschäften vertrieben.

kenauftritt am Point of Sale widerspiegelt. Somit bezieht sich die Anmutung nicht nur auf das Markenprodukt selbst, sondern auch auf die Umgebung, in der die Marke dem Kunden präsentiert wird. Über die Anmutungsleistung einer Marke, d. h. durch Ästhetik- und Designkomponenten, können beim Konsumenten Emotionen wie Vergnügen, Spaß, Genuss und „sensual pleasure" ausgelöst werden.

Ein weiteres Merkmal von Premiummarken ist die so genannte *Markentradition* (Brand Heritage), d. h. die Verankerung der Marke in der Vergangenheit sowie ihre Werte und Tradition. Premium- und Luxusmarken verfügen oft über eine lange Geschichte und sind durch ihren Unternehmensgründer (z. B. Dr. Oetker, Chanel) bzw. Ihren Herkunftsort (z. B. BMW [Bayerische Motoren Werke], Meissner Porzellan, Lange&Söhne aus Glashütte)[8] geprägt.[9] Eine vorhandene Markentradition und damit verbundene Rituale, Traditionen und Werte, die über viele Jahre Bestand haben, tragen zu einer Etablierung der Marke und damit zu höherer wahrgenommener Kontinuität, Authentizität, Glaubwürdigkeit und Kompetenz aus Sicht der Nachfrager bei.[10] Somit beeinflusst Brand Heritage direkt den funktionalen Grundnutzen einer Marke, schafft Vertrauen und führt damit zu einer stärkeren Identifikation der Konsumenten mit der Marke. Schließlich trägt eine markenspezifische Geschichte auch zur Profilierung des Markenbildes und damit zur Differenzierung der Marke gegenüber den Wettbewerbern bei.

Um langfristig Wettbewerbsvorteile und ein Preispremium realisieren zu können, müssen Premiummarken zur Wahrung ihrer Führungsrolle im relevanten Markt fortwährend in technische und stilistische Neuerungen investieren.[11] Diese *Innovationsfähigkeit* ist die Voraussetzung, um sowohl technische Entwicklungen als auch modische Trends aktiv selbst bestimmen zu können. Ein ständiger Innovationsprozess ist erforderlich, um die Konsistenz, Kontinuität und Kompetenz der Marke zu sichern und die Marke gleichzeitig aktuell zu halten. Innovationen sowohl in technischer als auch in kreativer Hinsicht können der Marke einen einzigartigen Benefit bescheren und – zumindest kurz- bis mittelfristig – einen Vorsprung vor anderen Marken im Wettbewerb sichern. Ein innovatives Produkt bietet einen nachvollziehbaren Mehrwert, der der Marke hilft, sich von Handelsmarken abzugrenzen. Es eröffnet ferner die Chance, neue Verwenderkreise anzusprechen. So hat es die Modemarke Escada beispielsweise in den letzten Jahren geschafft, die Marke durch ein neues Shopkonzept (Escada Sport) und innovatives Design erheblich zu verjüngen und eine neue (jüngere) Zielgruppe anzusprechen.

Schließlich übt die *Markenvertrautheit* einen entscheidenden Einfluss auf die Markenstärke (CBBE) aus. Je besser die Nachfrager die Marke kennen und je mehr sie über sie wissen, desto stärker werden ihre mit der Marke verbundenen Einstellungen sein. Bevor

---

8 Vgl. Piron (2000), S. 317.

9 Gerade in den letzen Jahren sind Preispremium-generierende Marken auch ohne eine lange Historie, dafür aber mit klar vermittelten Werten in relativ kurzer Zeit erfolgreich aufgebaut worden, z. B. Nokia.

10 Vgl. Diez (2002), S. 16 ff.

11 Vgl. Lasslop (2002), S. 4, 8 f.

der Konsument sich nämlich für eine Marke entscheiden kann, muss die Marke bereits in seinem „Consideration Set" enthalten, also als Kaufalternative wahrgenommen, sein. Außerdem hat sich gerade bei Low-Involvement Kaufentscheidungen gezeigt, dass die reine Markenbekanntheit, selbst bei Fehlen jeglicher positiver Assoziationen, schon ausreicht, die Kaufentscheidung positiv zu beeinflussen, da die Konsumenten überwiegend bekannte Marken kaufen.[12] Schließlich ist die Markenbekanntheit die Voraussetzung dafür, dass bei den Konsumenten überhaupt Markenassoziationen und ein Markenimage aufgebaut werden. Die Bekanntheit beeinflusst somit auch den Aufbau und die Qualität neuer Markeninformationen und wirkt – so die Annahme – positiv auf den von den Konsumenten wahrgenommenen Markenwert.

2.3 Marken-Values: Direkte Brand Equity Drivers©

Als direkte *Brand Equity Drivers*© (auf die Markenstärke) wirken verschiedene Markennutzenkomponenten, die durch die bereits erläuterten Markeneigenschaften bestimmt werden und sich grundsätzlich aus den Markenfunktionen ableiten. Neben der Erleichterung der Informationsverarbeitung[13] erfüllen Marken vor allem eine Risikoreduktionsfunktion, d. h. sie mindern für den Konsumenten die Gefahr, eine falsche Kaufentscheidung zu treffen.

Der Nutzen, der dem Konsumenten aus der funktionalen Leistungserfüllung entsteht, ist der *Functional Value*. Marken stiften darüber hinaus auch einen ideellen Nutzen. Dieser symbolische Nutzen kann sowohl nach außen, im Sinne einer über die Marke erzielten Selbstdarstellung in der Öffentlichkeit, als auch nach innen, im Sinne des Selbstausdrucks und Identifikation mit der Marke, gerichtet sein. Beide Motive sind natürlich nicht völlig unabhängig voneinander. Speziell für Premiummarken, bei denen dieser ideelle Zusatznutzen nicht nur besonders relevant ist, sondern auch vielfältige Facetten annehmen kann, berücksichtigt diese Studie vier symbolische Nutzenkomponenten. Diese wurden auf Basis von qualitativen Voruntersuchungen konzeptualisiert.

---

12 Vgl. Aaker (1991), S. 64 f.

13 Marken unterstützen Prozesse der Informationssammlung, -verdichtung und -verarbeitung. Somit bezieht sich die Informationseffizienzfunktion von Marken vor allem auf die Entscheidungsvorbereitung und wird hier nicht näher betrachtet. Vgl. Hierzu auch Fischer/Hieronimus/Kranz (2002), S. 19 f.

Marken-Values (Nutzendimensionen)	Beschreibung
Functional Value	▪ Basisnutzen einer Marke ▪ Verkörpert Zweck- und Gebrauchstauglichkeit einer Marke ▪ Risikoreduktionsfunktion: Marke schafft Sicherheit, Kontinuität, Vertrauen
Prestige Value	▪ Sozialer Geltungsnutzen einer Marke ▪ Fähigkeit der Marke, dem Besitzer Status und soziales Ansehen zu bescheren und Zugehörigkeit zu einer bestimmten sozialen Gruppe zu demonstrieren
Uniqueness Value	▪ Differenzierungsnutzen einer Marke ▪ Einzigartigkeit, Prägnanz der Marke ▪ Fähigkeit der Marke, das Bedürfnis nach Individualität zu befriedigen
Self-Expression Value	▪ Identifikationsnutzen einer Marke ▪ Fähigkeit der Marke, als Mittel des Selbstausdrucks und Lebensstils verwendet zu werden
Hedonic Value	▪ Emotionaler, ästhetischer Nutzen einer Marke ▪ Fähigkeit der Marke, polysensorische Erlebnisse, Gefühle wie Genuss, Freude, Vergnügen etc. auszulösen

Abbildung 3: Übersicht der ausgewählten direkten *Brand Equity Drivers*© (Marken-Values), die Einfluss auf den Consumer-Based Brand Equity haben bzw. zur Steigerung dieses Wertes – und somit zur Erhöhung der Preispremiumakzeptanz beitragen

Der erwähnte *Functional Value* stellt einen Basisfaktor dar, der bei allen Markentypen, also sowohl bei Basis- als auch bei Premium- und Luxusmarken, den konsumentenbasierten Markenwert „treibt". Der *Functional Value* wird über die physikalisch-chemisch-technischen konkreten oder abstrakten Markeneigenschaften definiert und kann mit dem Grundnutzen einer Marke gleichgesetzt werden. Er verkörpert die Zweck- und Gebrauchstauglichkeit eines Produkts und bezieht sich in erster Linie auf die Risikoreduktionsfunktion einer Marke, d. h. die Fähigkeit der Marke, für den Nachfrager Sicherheit, Kontinuität und Vertrauen zu schaffen.

Der Wert von Premiummarken wird allerdings nicht nur vom funktionalen Grundnutzen, sondern insbesondere vom symbolischen Zusatznutzen bestimmt. Es kann angenommen werden, dass, je spezifischer der imaginär-symbolische Nutzen ist, desto größer auch sein Einfluss auf die Kaufentscheidung.

Innerhalb der Gruppe von *symbolischen Nutzendimensionen* wird zwischen extrinsischen und intrinsischen Dimensionen unterschieden. Allgemein versteht man unter einem extrinsischen Nutzenwert einen Benefit, der durch das äußere, soziale Umfeld erzeugt wird. Das heißt, dass z. B. einer Person ein Nutzen dadurch entsteht, dass das Fahren eines bestimmten Autos ihr gesellschaftliches Ansehen beschert. Extrinsische Nutzendimensionen spielen vor allem bei öffentlich sichtbaren Gütern wie Autos und Bekleidung eine Rolle.

Ein intrinsischer Nutzen entsteht hingegen ohne äußere Einflüsse im Inneren einer Person. Beispielsweise erfährt eine Person einen Nutzen aus dem Gefühl heraus, sich mit dem Kauf eines exklusiven Kosmetikprodukts oder einem exquisiten Essen etwas Gutes zu tun und sich selbst zu belohnen. Intrinsische Nutzenwerte sind vornehmlich bei privat genutzten Produkten bedeutsam.

Zu der Gruppe der in diesem Ansatz berücksichtigten extrinsischen Nutzendimensionen zählen der Prestige und Uniqueness Value. Das Konzept des *Prestige Values* besagt, dass das individuelle Verhalten, und damit auch das Markenwahlverhalten, durch Bezugsgruppen, an denen sich das Individuum orientiert, beeinflusst wird. Im sozioökonomischen Kontext spricht man vom so genannten „Mitläufer-Effekt" (bandwagon effect), der besagt, dass Konsumenten bestimmte Marken und Produkte nachfragen, um sich als Mitglied einer Gruppe darzustellen.[14] Dabei kann es sich um eine Gruppe handeln, der man tatsächlich angehört, oder aber um eine Gruppe, zu der man gerne gehören würde. Ein hoher Prestige Value drückt also die Fähigkeit einer Marke aus, dem Besitzer zu sozialem Ansehen und Anerkennung anderer zu verhelfen sowie Zugehörigkeit zu einer bestimmten Bezugsgruppe zu zeigen. Die Demonstration von Wohlstand und Status wird durch eine generell hohe Sichtbarkeit und Öffentlichkeit (z. B. Kleidung, Schmuck, Autos) sowie einen hohen Preis, einen exklusiveren Vertrieb und damit der Einzigartigkeit einer Marke (vgl. Uniqueness Value unten) begünstigt.[15]

Ein weiterer extrinsischer Markenwerttreiber, der ebenfalls das soziale Umfeld einbezieht, ist der *Uniqueness Value*, der sich mit dem Bedürfnis der Nachfrager nach Differenzierung und Abhebung von anderen und damit der Herausstellung der eigenen Individualität und Einzigartigkeit begründen lässt und ausdrückt, wie gut eine Marke dieses Bedürfnis erfüllen kann. Dieser Wert geht auf den sozioökonomischen *Snob Effekt* zurück, der den Wunsch der Konsumenten nach Differenzierung und Exklusivität widerspiegelt und dessen Erfüllung nur dann gegeben ist, wenn der Konsum einer betreffenden Marke nur wenigen vorbehalten ist.[16] Konsumenten, die nach Differenzierung streben, sind oft „early adopters" einer neuen Marke, da die Marke zu diesem Zeitpunkt noch von wenigen Nachfragern konsumiert wird. Dementsprechend spielt diese Ziel-

---

14 Vgl. Leibenstein (1950), S. 190 ff.

15 Der Prestigewert von Produkten kann auch als Demonstrations- oder Geltungsnutzen (conspicuous value) bezeichnet werden. Ein Produkt verfügt dann über einen Geltungsnutzen, wenn mit ihm Wohlstand demonstriert und soziales Ansehen erlangt werden kann. Ein ausgeprägtes Geltungsmotiv ist für die steigende Nachfrage nach bestimmten (prestigeträchtigen) Gütern bei steigendem Preis verantwortlich. Das Konzept des Geltungskonsums geht auf Veblen (1998) zurück. Zum Prestigewert von Marken vgl. a. Schuster (1994), S. 108 ff.

16 Vgl. Leibenstein (1950), S. 199 ff.; vgl. auch Vigneron/Johnson (1999), S. 7 f.

gruppe gerade bei der Einführung neuer Premiummarken eine wichtige Rolle, da sie als Multiplikator signifikanten Einfluss auf die Markenbekanntheit hat. Mit zunehmender Markenverbreitung und -popularität im Zeitverlauf verliert die Marke für sie an Attraktivität und wird dementsprechend weniger nachgefragt.

Zusätzlich zu extrinsischen Nutzendimensionen, die eine Demonstrations- und Differenzierungsfunktionen für Konsumenten nach außen erfüllen, haben in den letzten Jahren verstärkt auch die intrinsischen Nutzendimensionen an Relevanz für die Konsumenten gewonnen. Der heutige Konsument fragt Marken und Leistungen nach, denen er sich verwandt fühlt, die seine Wertvorstellungen, seine Persönlichkeit und sein Lebensgefühl ausdrücken. Zu der Gruppe der in diesem Ansatz berücksichtigten intrinsischen Nutzendimensionen zählen der Self-Expression und Hedonic Value.

Der *Self-Expression Value* beschreibt die von Konsumenten wahrgenommene Selbstähnlichkeit und Identifikation einer Marke, d. h. wie sehr sich eine Marke zum Selbstausdruck eignet. Diesem Value liegt die Idee zugrunde, dass mit zunehmender Übereinstimmung von Objekt (Marke) und Individuum (Konsument) eine Wertschätzung des Objekts entsteht, welche sich in einer positiven Einstellung gegenüber diesem Objekt und dem Wunsch, es zu besitzen, ausdrückt. Demnach wird ein Nachfrager eine höhere Wertschätzung für eine Marke empfinden, wenn er sich dieser ähnlich und verbunden fühlt.[17] Dabei muss sich die Übereinstimmung nicht auf die tatsächliche Persönlichkeit des Konsumenten beziehen, sondern sie kann auch darin bestehen, dass die Marke den Konsumenten im Aufbau einer Identität unterstützt, die er gerne hätte.

Eine weitere Nutzendimension, die genau wie der Self-Expression Value in erster Line nach innen gerichtet und weitgehend unabhängig vom Einfluss anderer ist, ist der *Hedonic Value*. Dieser beschreibt die emotionale Nutzendimension einer Marke. Die Tatsache, dass Menschen Produkte in erster Linie nicht nur wegen ihrer funktionalen Leistung, sondern wegen ihrer symbolischen Bedeutung kaufen, macht deutlich, dass Konsumentenverhalten nicht nur von rationalen, sondern auch affektiven, unbewussten Motiven geprägt wird. Emotionale Nutzenerlebnisse haben angesichts der in der jüngeren Vergangenheit verstärkten Genussorientierung an Bedeutung gewonnen. Polysensorisches Vergnügen, ästhetische Schönheit oder freudige Spannung, die mit Marken verbunden werden, können durch einen rein rationalen Ansatz nicht erklärt werden.[18] Von einem emotionalen Nutzenerlebnis (Hedonic Value) für den Konsumenten kann also gesprochen werden, wenn eine Marke Gefühle wie Vergnügen, Spaß, Freude, Genuss und Wohlbefinden vermittelt.[19] Diese Gefühle werden oft durch ästhetische Aspekte, z. B. ansprechende Werbung, Produkt- und Verpackungsdesign, Ladengestaltung bzw. einen spezifischen Markenstil, erzeugt.

---

17 Zu den Motiven der Kongruenzhypoythese, Selbstdarstellung und Selbstkonsistenz, vgl. z. B. die Darstellung bei Bauer/Mäder/Huber (2002), S. 689 ff.

18 Vgl. Hirschman/Holbrook (1982), S. 92 ff.

19 Vgl. Vigneron/Johnson (1999), S. 10.

3. Implikationen für das Management von Premiummarken

Die Ergebnisse der branchenübergreifenden Untersuchung haben deutlich gezeigt, dass der Aufbau einer starken Marke mit einer aus Konsumentensicht hohen Markenstärke (CBBE) eine wichtige Voraussetzung für die Durchsetzung eines Preispremiums ist.

Der funktionale Grundnutzen (*Functional Value*) stellt für Premiummarken einen unerlässlichen Nutzenwert da. Er besitzt den stärksten Einfluss auf den konsumentenbasierten Markenwert und die Preispremiumakzeptanz. Dieser funktionale Markennutzen, der durch hohe Produktqualität, Innovationsfähigkeit und eine ausgeprägte Markengeschichte (Brand Heritage) entsteht, stellt somit eine notwendige Voraussetzung für die Schaffung einer starken Marke und zur Durchsetzung eines höheren Preises dar. Langfristig reicht dies zur Realisierung eines Preispremiums nicht aus.

Zur Schaffung eines starken konsumentenbasierten Markenwerts und einer ausgeprägten Preispremiumakzeptanz sind darüber hinaus die symbolischen Marken-Values notwendig. Insbesondere der eher nach innen gerichtete Identifikationsnutzen (Self-Expression Value), der ausdrückt, inwieweit eine Marke den Lebensstil, die Individualität und die Selbstverwirklichung der Konsumenten unterstützt, stellt einen starken Werttreiber bei Premiummarken dar. Bei Autos und Bankdienstleistungen spielt die Fähigkeit des Selbstausdrucks eine besonders wichtige Rolle für die Markenstärke und die Bereitschaft der Konsumenten, einen höheren Preis zu bezahlen.

Der hedonische Markennutzen besitzt ebenfalls über alle untersuchten Produktgruppen hinweg einen positiven, wenn auch erheblich schwächeren Einfluss auf den konsumentenbasierten Markenwert und die Preispremiumakzeptanz. Die Vermittlung von Markenerlebnissen, die Genuss, Vergnügen und andere Gefühle bei den Nachfragern auslösen sollen, ist vor allem bei Autos und Unterhaltungselektronik erfolgversprechend.

Eines der interessantesten Ergebnisse ergibt sich aus der Tatsache, dass die vielfach verbreitete Annahme, dass Einzigartigkeit (Uniqueness) ein bedeutender Treiber der Markenstärke und Preispremiumakzeptanz ist, nicht bestätigt werden konnte.

Obwohl der Uniqueness Value positiv auf den Prestige- und Identifikationsnutzen wirkt, besitzt er keinen positiven Gesamteffekt auf Markenstärke und Preispremiumakzeptanz bei Premiummarken. Einzigartigkeit stellt also für Konsumenten per se keinen Nutzenwert dar, für den sie bereit wären, einen höheren Preis zu zahlen. Das kann damit begründet werden, dass es zunehmend schwieriger wird, eine einzigartige Marke mit einem wirklichen und nachhaltigen USP (Unique Selling Proposition) aufzubauen, da jeder USP in kürzester Zeit zum Standard wird und sich daher nicht lange zur Differenzierung eignet.

Interessant ist auch der Einfluss von Prestige auf die Markenstärke von Premiummarken. Die Analyse hat gezeigt, dass von Prestige ein negativer Effekt auf diese Zielgröße ausgeht.

Erklären lässt sich der negative Effekt auf die Markenstärke dadurch, dass das Bedürfnis nach Prestige bei Konsumenten im Premiumsegment häufig mit einem negativen Beigeschmack behaftet ist und sie bei Fragen zum wahrgenommenen Prestigenutzen einer Marke dazu neigen, gesellschaftlich/sozial erwünschtere Antworten zu geben. Das bedeutet, dass sie davon ausgehen, dass es gesellschaftlich, zumindest offiziell, nicht akzeptiert ist, sich mit Hilfe von Marken zu inszenieren und den eigenen Platz in der Gesellschaft sichtbar zu machen. Dies ist ein Phänomen, welches gerade in Deutschland (insbesondere im Vergleich zu den USA) noch sehr ausgeprägt ist. Diese Tatsache kann dazu führen, dass die Konsumenten eine Marke zwar als prestigeträchtig wahrnehmen, dies aber angesichts des „sozialen Normendrucks" nicht an- bzw. zugeben.

Ferner legt die Hinwendung zu intrinsischen Nutzenerlebnissen, die anhand der vorliegenden Ergebnisse, bspw. des relativ großen Einflusses des Self-Expression Values, bestätigt werden konnte, die Vermutung nahe, dass die nach außen gerichteten Demonstrations- und Differenzierungsfunktionen von Marken grundsätzlich an Bedeutung verloren haben. Sie werden durch die mehr nach innen gerichteten Nutzenerlebnisse abgelöst.

In gleichem Maße, wie bspw. Self-Expression an Relevanz gewinnt, verliert Prestige an Bedeutung. Allerdings zeigt der positive direkte Einfluss des Prestige Values auf die tatsächliche Verhaltensabsicht, d. h. die Preispremiumakzeptanz, dass der extrinsische Prestigenutzen durchaus bedeutsam für die Konsumenten ist. Obwohl der Prestige Value die Markeneinstellung der Nachfrager negativ beeinflusst (negativer Einfluss auf die Markenstärke), sind sie dennoch bereit, für einen gebotenen Prestige Value einen höheren Preis zu zahlen (positiver Einfluss auf die Preispremiumakzeptanz). Für die Markenführung heißt dies, dass eine subtile Kommunikation des Prestige-Gedankens durchaus sinnvoll sein kann. Gerade eine moderate Vermittlung des Prestige Values – Automobilhersteller im Premiumsegment verfolgen bspw. diese Strategie – kann die Akzeptanz eines Preispremiums bei Konsumenten fördern.

Neben den Marken-Values, die direkte *Brand Equity Drivers*© darstellen, besitzen die wahrgenommene Anmutung und Markentradition neben einem indirekten Effekt ebenfalls einen direkten Effekt auf die Markenstärke und die Akzeptanz eines höheren Preises. Der Anmutungsnutzen beeinflusst diese Größen bei Premiummarken in allen untersuchten Branchen signifikant positiv. Die Markentradition stellt zwar auch einen positiven Brand Driver dar, die Stärke ihres Einflusses hängt jedoch von der Produktgruppe ab. Insbesondere im Bekleidungssektor, aber auch bei Unterhaltungselektronik, Armbanduhren und Mobilfunkgeräten stellt die Markentradition einen starken Werttreiber dar.

4. Fazit

Die Bereitschaft der Konsumenten, für eine Marke ein Preispremium zu zahlen, hängt sehr stark von der Markenstärke ab. Deshalb ist eine genaue Kenntnis der Markenstärke und ihrer Treiber zwingend erforderlich, um schließlich ein Preispremium generieren zu können. Für die Ermittlung der markenseitigen Mechanismen zur Steigerung der Preispremiumakzeptanz eignet sich das *BBDO Brand Equity Drivers© Modell.*

Im Gegensatz zu bestehenden Ansätzen zur Effizienzsteigerung steht bei diesem Verfahren die Markenertragsseite im Vordergrund. Ziel ist somit nicht die Minimierung der Inputs, sondern die Maximierung der Outputs, d. h. des Markenertrags.

Die angenommenen Wirkungsbeziehungen zwischen Treibern (*Brand Equity Drivers©*), Markenwert und Preispremiumakzeptanz wurden in einer der umfangreichsten branchenübergreifenden Konsumentenbefragung zu diesem Thema erstmalig empirisch bestätigt. Durch die differenzierte Analyse der *Brand Equity Drivers©* von Premiummarken unter Berücksichtigung branchenspezifischer Unterschiede konnten vielfach verbreitete Meinungen über die Wirkungsweisen bestimmter Treiber kritisch überprüft werden.

Das *BBDO Brand Equity Drivers© Modell* ist ein Instrument speziell für die Markensteuerung, das es erlaubt, die Treiber des Markenwertes, ihre Beziehungen untereinander sowie ihre Einflussstärke auf den Markenwert und auf die Akzeptanz eines Preispremiums zu bestimmen. Auf Basis dessen können dann die entsprechenden Stellhebel beeinflusst und die entsprechenden Markenführungsmaßnahmen ergriffen werden, um einen höheren Markenwert und ein nachhaltiges Preispremium zu erreichen.

Literaturverzeichnis

AAKER, D.A. (1991), Managing Brand Equity, New York 1991.

AAKER, D.A. (1996), Building Strong Brands, New York 1996.

BAUER, H.H./MÄDER, R./HUBER, F. (2002), Markenpersönlichkeit als Determinante von Markenloyalität, in: zfbf, Jg. 54, Dezember 2002, S. 687-709.

BBDO GROUP GERMANY (2003), Brand Equity Excellence, Band III: Brand Equity Drivers, Düsseldorf 2001.

BMW GROUP (HRSG.) (2002), Geschäftsbericht 2002, München 2002.

DIEZ, W. (2002), Markenprofil aus dem Museum, in: auto-marketingjournal, III/2002, S. 16-21.

FISCHER, M./HIERONIMUS, F./KRANZ, M. (2002), Markenrelevanz in der Unternehmensführung – Messung, Erklärung und empirische Befunde für B2C-Märkte, Backhaus, Klaus et al. (Hrsg.), Arbeitspapier Nr. 1, Marketing Centrum Münster MCM/McKinsey&Company, 2002.

HIRSCHMAN, E.C./HOLBROOK, M.B.(1982), Hedonic Consumption: Emerging Concepts, Methods, and Propositions, in: Journal of Marketing, Vol. 46, Summer 1982, S. 92-101.

KELLER, K.L. (1993), Conceptualizing, Measuring, and Managing Customer-Based Brand Equity, in: Journal of Marketing, Vol. 57, No. 1, S. 1-22.

LASSLOP, I. (2002), Identitätsorientierte Führung von Luxusmarken, in: Meffert, H./Burmann, C./Koers, M. (Hrsg.): Markenmanagement. Grundfragen der identitätsorientierten Markenführung, Wiesbaden: Gabler, S. 327-352.

LEIBENSTEIN, H. (1950), Bandwagon, Snob, and Veblen Effects in the Theory of Consumers' Demand, in: Quarterly Journal of Economics, Vol. 44, S. 183-207.

LVMH (HRSG.) (2002), 2002 annual report, Paris 2002.

PIRON, F. (2000), Consumers' perceptions of the country-of-origin effect on purchasing intentions of (in)conspicuous products, in: Journal of Consumer Marketing, Vol. 17, No 4, 2000, S. 308-321.

SCHUSTER, H.-W. (1994), Prestigegeleitetes Konsumentenverhalten, Teil 1: Typologie des Distinktionskonsums, in: GfK (Hrsg.): Jahrbuch der Absatz- und Verbrauchsforschung, 2/94, S. 108-121.

SWAIT, J./ERDEM T./LOUVIERE, J./DUBELAAR, C. (1993), The Equalization Price: A measure of consumer-perceived brand equity, in: International Journal of Marketing, Vol. 10, 1993, 23-45.

VEBLEN, T. (1998), The Theory of the Leisure Class, New York, 1998.

VIGNERON, F./JOHNSON, L.W. (1999), A Review and a Conceptual Framework of Prestige-Seeking Consumer Behavior, in: Academy of Marketing Science Review [Online], http://www.amsreview.org/amsrev/theory/vigneron01-99.html, Abruf: 6.10.2003

VISHWANATH, V./MARK, J. (1997), Premiummarken richtig führen, in: Harvard Business Manager, 4/1997, S. 31-38.

Christoph Burmann und Lars Blinda

Identitätsbasiertes Markenmanagement

1. Identitätsbasiertes Markenmanagement als Ansatzpunkt eines ganzheitlichen Markenwertmanagements

Für Unternehmen wird es unter den heutigen wirtschaftlichen und wettbewerbspolitischen Rahmenbedingungen immer schwieriger, sich mit ihren Marken gegenüber der Konkurrenz zu differenzieren und beim Kunden Präferenzen aufzubauen. Trotz dieser schwierigen Marktsituation sind einige Hersteller in der Lage, durch ihre Marken Kunden langfristig an sich zu binden und neben hohen Marktanteilen Preisprämien zu erzielen. Beispielhaft können die Marken Mini, Coca-Cola, Puma oder Persil genannt werden. Die organisationale Fähigkeit, Marken erfolgreich zu managen, versetzt Unternehmen in die Lage, langfristig Werte und Arbeitsplätze zu schaffen.

Aus wissenschaftlicher Perspektive kann der Terminus „Marke" wie folgt definiert werden: *„Eine Marke ist* als *„ein Nutzenbündel mit spezifischen Merkmalen (in Form von Kommunikation, Kundendienst, Verpackungsgestaltung, technischen Innovationen, etc.), die dafür sorgen, dass sich dieses Nutzenbündel gegenüber anderen Nutzenbündeln, welche dieselben Basisbedürfnisse erfüllen, aus Sicht relevanter Zielgruppen nachhaltig differenziert"*[1].

Sowohl in der Wissenschaft als auch in der Praxis wird die Frage diskutiert, wie Marken professionell aufgebaut und gepflegt werden können. Wo muss ein Markenmanagement ansetzen, um langfristig erfolgreich zu sein? Der im folgenden beschriebene *identitätsbasierte Markenmanagementansatz* sieht den wesentlichen Ansatzpunkt in der Identität einer Marke.

2. Grundkonzept des identitätsbasierten Markenmanagements

Das Konzept des identitätsbasierten Markenmanagements geht über die einseitige Ausrichtung auf die Wahrnehmung der Marke beim Nachfrager (Fremdbild) hinaus. Diese klassische Outside-in-Perspektive der Marke wird um eine Inside-out-Perspektive ergänzt. Diese analysiert das Selbstbild der Marke aus Sicht der internen Zielgruppen des

---

1 Burmann/Blinda/Nitschke (2003), S. 3 in Anlehnung an Keller (1993), S. 2.

Markeninhabers (z. B. Mitarbeiter, Management, Eigentümer) und die Entwicklungspotenziale der Marke (vgl. Abbildung 1).

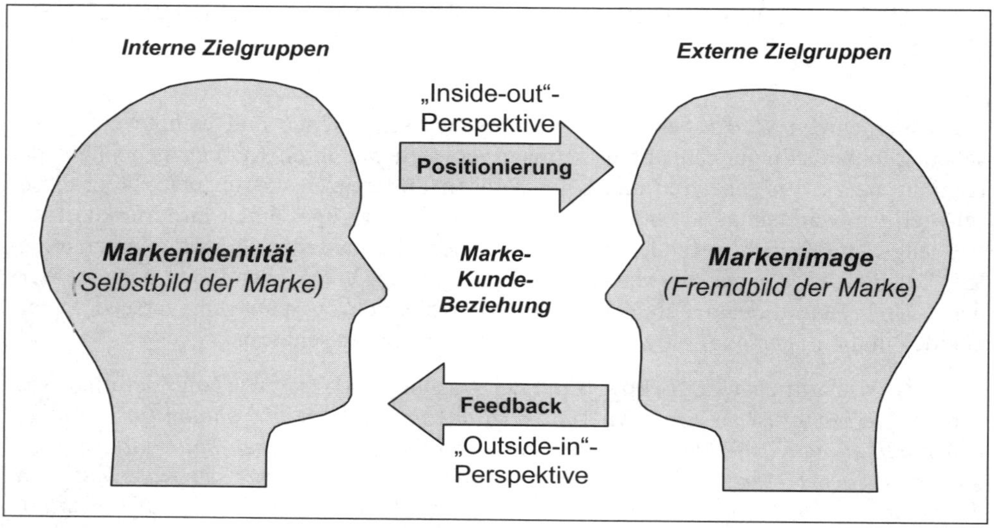

Abbildung 1: Grundidee des identitätsbasierten Markenmanagements[2]

Der identitätsbasierte Markenmanagementansatz versteht die **Markenidentität** als "*diejenigen raum-zeitgleichen Merkmale der Marke, die aus Sicht der internen Zielgruppen in nachhaltiger Weise das Wesen und den Charakter der Marke prägen*"[3]. Die Markenidenidentität bringt die wesensprägenden und charakteristischen Merkmale einer Marke, für die die Marke zunächst nach innen und später auch nach außen stehen soll, zum Ausdruck. Demnach handelt es sich um ein Aussagenkonzept,[4] welches sich jedoch erst durch die wechselseitige Interaktion zwischen internen und externen Zielgruppen der Marke konstituiert. Das Markenimage verkörpert die Sicht externer Zielgruppen von der Marke[5] und ist ein *„in der Psyche relevanter Zielgruppen fest verankertes, verdichtetes Vorstellungsbild von einem Bezugsobjekt"*[6]. Da es sich um ein Akzeptanzkonzept handelt, kann sich ein Markenimage erst durch die externe Vermittlung der intern konzipier-

2 In Anlehnung an Meffert/Burmann (1996), S. 35.

3 In Anlehnung an Ebenda, S. 31.

4 Vgl. Kapferer (1992), S. 44 f.

5 Das Markenimage ist ein mehrdimensionales Einstellungskonstrukt. Vgl. unter anderem Trommsdorff (2002), S. 150. Es beinhaltet *„das Ergebnis der subjektiven Wahrnehmung, Dekodierung und Akzeptanz der von der Marke ausgesendeten Impulse"* Meffert/Burmann (2002a), S. 65.

6 Meffert/Burmann/Koers (2002), S. 6.

ten Markenidentität bilden.[7] Es handelt sich um das Fremdbild der Markenidentität.[8] Grundvoraussetzung für die Bildung eines Markenimages ist die *Bekanntheit einer Marke* (siehe Abbildung 2).

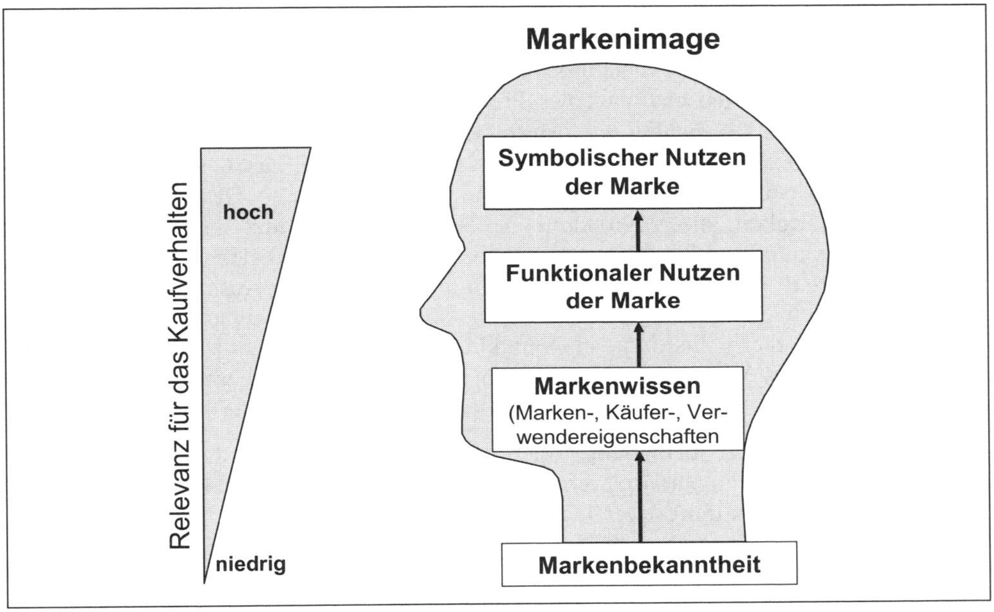

Abbildung 2: Komponenten des Markenimages[9]

Das Markenimage setzt sich aus einzelnen subjektiven Eindrücken von einer Marke zusammen, die vom Konsumenten zu einem ganzheitlichen Vorstellungsbild integriert werden.[10] In Anlehnung an Keller ordnet der identitätsbasierte Markenführungsansatz diese Eindrücke drei Kategorien zu: das Wissen über verschiedene Eigenschaften der Marke, dem hieraus abgeleiteten funktionalen Nutzen der Marke und dem symbolischen Nutzen der Marke für den jeweiligen Nachfrager.[11] Die Relevanz dieser drei Imagekomponenten für das Kaufverhalten nimmt von der Markenbekanntheit bis zum symbolischen Nutzen einer Marke zu. Das Markenwissen repräsentiert sämtliche vom Konsumenten wahrgenommene Merkmale einer Marke. Hierbei kann es sich sowohl um

7 Vgl. Kapferer (1992), S. 45.

8 Vgl. Meffert/Burmann (1996), S. 34.

9 Vgl. Burmann/Blinda/Nitschke (2003), S. 7.

10 Vgl. Trommsdorff (2002), S. 159.

11 Vgl. Keller (1993), S. 17.

Merkmale, die mit der physischen Beschaffenheit (z. B. Farbe, Form, Duft, technische Eigenschaften etc.) in Verbindung stehen, als auch um immaterielle Merkmale (z. B. Preis, Garantie, Herkunftsland, etc.) handeln. Auch die Wahrnehmung typischer Käufer oder Verwender der Marke ist Bestandteil des Markenwissens und prägt das Markenimage. Diese Markeneigenschaften werden vom Konsumenten bewertet und bestimmen schließlich den wahrgenommenen funktionalen und symbolischen Nutzen einer Marke.

Der *funktionale Nutzen* umfasst sämtliche Nutzendimensionen, die sich aus den physikalisch-funktionellen Eigenschaften eines Produktes sowie aus der *Informationsfunktion* der Marke ergeben. Der *symbolische Nutzen* entsteht immer dann, wenn eine Marke neben ihrer funktionalen Nutzenstiftung dem Nachfrager einen zusätzlichen Nutzen stiftet.[12] Hier ist beispielsweise an die Vermittlung von Prestige (= Geltungsnutzen) oder Gruppenzugehörigkeit, die Wahrnehmung der Marke als Mittel zur Selbstverwirklichung, die Verknüpfung der Marke mit individuell wichtigen Erlebnissen und Erinnerungen, die damit aktualisiert werden, die Marke als Mittel zur Ausschöpfung von Beziehungsvorteilen (z. B. aufgrund enger persönlicher Beziehungen an bestimmte Markenrepräsentanten), die Marke als Sinnbild individuell wichtiger Werte oder Lebensstile, die Marke als Vertrauensanker, etc. zu denken.[13] In allen diesen Fällen steht die Marke symbolhaft für wichtige Motivatoren des Käuferverhaltens der Nachfrager.

Die Hauptaufgabe einer identitätsbasierten Markenführung liegt in der Schaffung einer eigenständigen Markenidentität durch eine dauerhaft stabile, konsistente und integrierte Gestaltung und Vermittlung aller Identitätskomponenten und damit der Durchsetzung eines gemeinsamen Vorstellungsbildes in den Köpfen aller internen und externen Zielgruppen der Marke.[14]

3. Prozess des identitätsbasierten Markenmanagements

Der Managementprozess der identitätsbasierten Markenführung dient der *Planung, Koordination und Kontrolle aller Maßnahmen zum Aufbau starker Marken* in der Psyche relevanter Zielgruppen. Ziel ist eine funktionsübergreifende Vernetzung aller mit der Marke zusammenhängenden Entscheidungen.

Der Managementprozess ist in drei Teilbereiche aufgeteilt (vgl. Abbildung 3). Zunächst werden im *strategischen Markenmanagement* die Grundsatzentscheidungen über die Ziele und das Wesen der Corporate Brand und der übrigen Marken eines Unternehmens

12 Vgl. Vershofen (1940), S. 71; Meffert (2000), S. 333.

13 Vgl. Meffert/Burmann/Koers (2002), S. 9 ff.

14 Vgl. Meffert/Burmann (2002b), S. 74.

getroffen sowie die grundlegenden Verhaltenspläne zur Erreichung dieser Ziele festgelegt. Die Planung des strategischen Markenmanagements bewegt sich dabei innerhalb der Vorgaben durch die Unternehmensziele. Das *operative Markenmanagement* hat die Aufgabe der konkreten Ausgestaltung der Markeninstrumente. Die Ausgestaltung leitet sich aus den Vorgaben des strategischen Markenmanagements ab. Den dritten Teilbereich stellt das *Marken-Controlling* dar. Dessen Aufgabe ist die Informationsversorgung aller an der Markenführung beteiligten Personen und die Beurteilung aller Markenmanagementaktivitäten hinsichtlich der Effektivität und Effizienz.

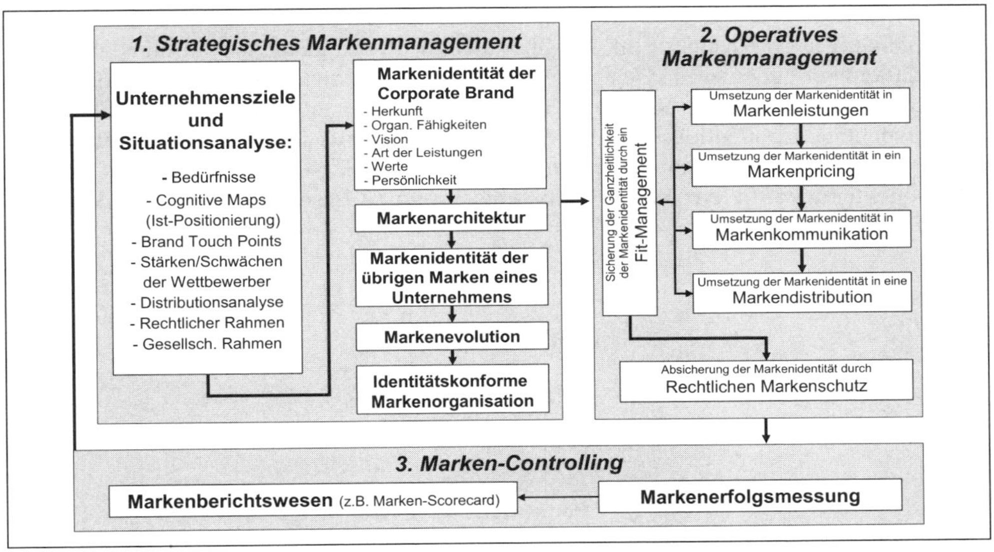

Abbildung 3: Prozess des identitätsbasierten Markenmanagements

3.1 Strategisches Markenmanagement

3.1.1 Unternehmensziele und Situationsanalyse

Ausgangspunkt des identitätsbasierten Markenmanagements ist eine fundierte Analyse der Ausgangssituation. Hierzu gehört eine umfassende Erfassung der aktuellen Kundenbedürfnisse und -trends, die sich aus gesellschaftlichen Entwicklungen ergeben. Im Rahmen der Situationsanalyse ist auch zu untersuchen, wo und in welcher Erscheinungsform die verschiedenen Zielgruppen die Marke erleben bzw. mit dieser in Berührung kommen (Brand Touch Points).

Parallel zur Analyse der externen Unternehmensumwelt muss eine ebenso detaillierte und umfassende Analyse der internen Rahmenbedingungen erfolgen. Dies beinhaltet eine Analyse der organisationalen Fähigkeiten, Ressourcen und der Unternehmenskultur. Nur ein hoher Fit zwischen internen Ressourcen und der Markenidentität ermöglicht eine hohe Glaubwürdigkeit der Marke nach innen und außen sowie ein wettbewerbsüberlegenes Lernen der Marke bzw. des Unternehmens.

3.1.2 Konzeption der Markenidentität

Bereits Domizlaff konstatierte in den 30er Jahren des vergangenen Jahrhunderts, dass jede Marke über ein eigenes „Gesicht" verfügt.[15] Damit verwies er auf eine Analogie zur menschlichen Identität, die sich letztlich aus verschiedenen Facetten konstituiert. Aus der Perspektive des identitätsbasierten Markenmanagements setzt sich eine Marke ebenfalls aus verschiedenen Komponenten zusammen. Es lassen sich sechs konstitutive Komponenten identifizieren, welche eine Erfassung und Beschreibung der Markenidentität ermöglichen.[16]

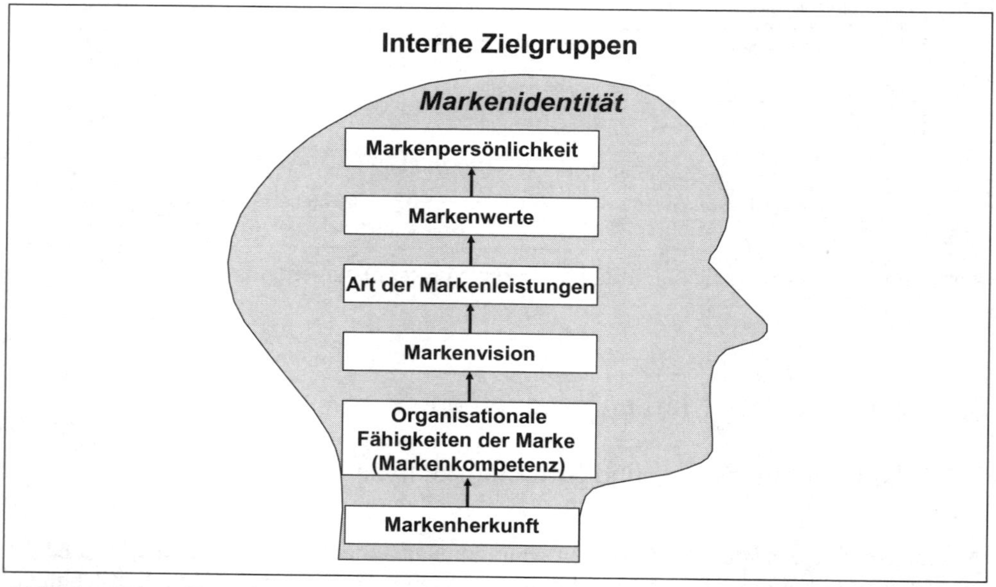

Abbildung 4: Konstitutive Komponenten der Markenidentität

15 Vgl. Domizlaff (1994), S. 701.

16 Vgl. Burmann/Blinda/Nitschke (2003), S. 8.

Die *Markenherkunft* stellt die Basis der Markenidentität dar. Die *organisationalen Fähigkeiten*, welche auf den Ressourcen einer Unternehmung beruhen, begründen den spezifischen Wettbewerbsvorteil der Marke und sichern diesen ab. Die Gestaltung der Identität wird geleitet durch die *Markenvision* und die Markenziele. Die Art der *Markenleistungen* bestimmt, wie eine Marke für den Nachfrager nutzbar wird. Die *Markenwerte* geben wieder, woran die Marke und ihre Repräsentanten glauben. Die Markenpersönlichkeit determiniert den Kommunikationsstil der Marke (vgl. Abbildung 4).

3.1.2.1 Markenherkunft

Die *Herkunft der Marke bildet das Fundament* der Markenidentität. Sie ist eng mit der Historie einer Marke verbunden, welche potenziell ebenfalls einen dominanten Einfluss auf die Markenidentität ausüben kann. Die *Markenhistorie* umfasst sämtliche Ereignisse der Vergangenheit, die mit der Marke in Verbindung gebracht werden. Die *Markenherkunft* ist für die Markenführung von hoher Relevanz, da eine Marke von den internen und externen Zielgruppen zunächst im Kontext ihres *Ursprungs* wahrgenommen und interpretiert wird. Im Idealfall verleiht die Herkunft allen weiteren Aktivitäten des Markenmanagements ein hohes Maß an Glaubwürdigkeit und Authentizität.

Die Markenherkunft umfasst drei Facetten: die regionale Herkunft, die kulturelle Herkunft und die institutionelle Herkunft.[17] Die regionale und die kulturelle Herkunft einer Marke umfassen die Einflüsse, die sich aus den Herkunftsländern und –regionen als kulturelle Reservoirs für die Markenidentität ergeben. Diese können potenziell die Identität einer Marke stark prägen (z. B. Foster's, Mercedes, Coca-Cola). Die institutionelle Herkunft umfasst den Ursprung einer Marke in einer Organisation und die daraus resultierenden Einflüsse auf die Identität einer Marke. Bestimmende Einflussfaktoren können hier vor allem die Unternehmenskultur (z. B. McKinsey, McDonald's) und die Unternehmensgründer sein, da diese die Markenidentität ebenso entscheidend prägen können (z. B. Theo und Karl Albrecht von Aldi, Dr. Hipp der Babynahrungsmarke Hipp). Das Markenmanagement kann durch eine Betonung einzelner Herkunftsfacetten die *wahrgenommene Herkunft* einer Marke ändern. Ebenso kann die Markenherkunft durch Kooperationen und Unternehmensfusionen erweitert und angereichert werden.

3.1.2.2 Organisationale Fähigkeiten

Neben der Markenherkunft basiert die Identität einer Marke vor allem auf den jeweiligen *Kompetenzen* der markenführenden Institution.[18] Sie repräsentieren die spezifischen *organisationalen Fähigkeiten* eines Unternehmens zur marktgerechten Kombination von Ressourcen. Vereinfacht können organisationale Fähigkeiten aus der Perspektive der Markenführung als die Fähigkeit eines Unternehmens verstanden werden, verschiedene

---

17 Vgl. Blinda (2003).

18 Vgl. Meffert/Burmann (2002a), S. 49.

Ressourcen des Unternehmens so zu kombinieren, dass eine an den Marktanforderungen ausgerichtete Marke entsteht, die sich gegenüber den Wettbewerbern behaupten kann. Die Behauptung gegenüber Konkurrenzmarken ist nur möglich, wenn die Marke einen der Konkurrenz *ebenbürtigen* oder *überlegenen* Kundennutzen stiftet.[19] Eine „Fähigkeit" einer Unternehmung, welche diesen Kundennutzen nicht zu stiften vermag, kann nicht als marktrelevant gelten und repräsentiert daher auch keine Markenkompetenz.[20]

Die Markenkompetenz repräsentiert folglich die *Fähigkeit der die Marke tragenden Institution, die Ressourcen, dargestellt mit einer Markierung, so zu kombinieren, dass daraus ein wettbewerbsfähiger Kundennutzen gestiftet wird.* Da Markenkompetenzen auf Wissensvorsprüngen gegenüber dem Wettbewerb basieren, sind sie stets temporär. Es bedarf somit permanenter *Investitionen in die Erneuerung von Kompetenzen*, um Wissensvorsprünge und die mit ihnen verknüpften Wettbewerbsvorteile zu verteidigen.

3.1.2.3 Markenvision

Ein weiterer wesentlicher Bestandteil der Markenidentität ist die *Markenvision*. Sie gibt die langfristige Entwicklungsrichtung (fünf bis zehn Jahre) einer Marke vor. Mittels bildhaft-emotionaler Leitlinien sollen die Bedeutung und Funktion der Marke bei der Realisierung der langfristigen, strategischen Unternehmensziele dargestellt werden. Die Markenvision sollte sowohl die anvisierten Marktsegmente, als auch die grundlegenden Differenzierungsmerkmale gegenüber Wettbewerbern beinhalten. Sie sollte dabei eine langfristig realisierbare Wunschvorstellung zum Ausdruck bringen, um intern Motivations- und Identifikationskraft entfalten zu können.[21] Im Vergleich zur Markenvision sind Markenziele durch einen höheren Konkretisierungsgrad und einen kürzeren Zeithorizont gekennzeichnet (in der Regel ein bis drei Jahre).

3.1.2.4 Art der Markenleistungen

Die Festlegung der grundsätzlichen Form und Art der Markenleistungen basiert direkt auf den Vorgaben durch die Markenvision. Diese Festlegung ist eine unmittelbare Manifestation des funktionalen Kundennutzens einer Marke. Es handelt sich hierbei um die grundsätzliche Form und Ausstattung von Leistungen, die eine Marke anbieten soll. Beispielhaft sei hier auf die Marke Jaguar verwiesen. Eine bewusste, professionelle Festlegung der Markenleistungen, die zu den übrigen Komponenten der Markenidentität passt, hat hier offenkundig nicht stattgefunden. Anders ist die jüngste Erweiterung des Produktprogramms von Jaguar um einen vergleichsweise preiswerten „Einstiegskombi" nicht zu erklären. Der Identitätsfit dieses Fahrzeuges ist eher schwach, sein „Markterfolg" – aus dieser Perspektive – daher sehr zweifelhaft.

19 Vgl. Freiling (2001), S. 27.

20 Vgl. Meffert/Burmann (2002a), S. 39.

21 Vgl. Kapferer (1992), S. 110 f.

3.1.2.5 Markenwerte

Die *Markenwerte* repräsentieren die Grundüberzeugungen von Management und Mitarbeitern. Sie sollen vor allem wichtige emotionale Komponenten der Markenidentität sowie die Wünsche der relevanten Zielgruppen an eine ideale Marke zum Ausdruck bringen. Fokussiert auf wenige Aussagen sollen sie einen Bezug zu dem durch die Marke versprochenen Kundennutzen aufweisen.

Ein geeignetes Beispiel einer Marke mit besonders ausgeprägten Markenwerten ist „The Body Shop". Die Markenführenden von „The Body Shop" haben für ihre Marke klare Werte wie beispielsweise „against animal testing", „defend human rights" oder „protect our planet" formuliert.

3.1.2.6 Markenpersönlichkeit

Im Kontext des identitätsbasierten Markenmanagementansatzes beschreibt die Markenpersönlichkeit den Kommunikationsstil einer Marke gegenüber den internen und externen Zielgruppen. Sie wird sowohl von den typischen Repräsentanten und Verwendern einer Marke, als auch von der kulturellen Verankerung der Marke geprägt.[22] Vor allem über die Markenpersönlichkeit und die Markenwerte kann die Beziehung zwischen der Marke und den Konsumenten emotional aufgeladen und gefestigt werden. Sie beeinflusst in starkem Maße, ob die Marke von den Zielgruppen gemocht wird.[23] Beispielsweise hat „Mini" als Lifestyle-Marke eine junge, moderne Persönlichkeit, die unkonventionell auftritt und versucht, in ihrer Kommunikation die Anspruchsgruppen mit Witz zu überraschen. Dies spiegelt sich in einem entsprechenden Charakter der Markenkommunikation wider.

Aus dem Markenidentitätskonzept ergibt sich die Positionierung der Marke, im Rahmen derer bestimmt wird, welche Assoziationen die externen Zielgruppen mit der Marke verbinden sollen. Mithilfe der Positionierung wird versucht, eine im Vergleich zu Wettbewerbern vorteilhafte Stellung (Position) in der Psyche der externen Zielgruppen aufzubauen. Als erstes sind hierzu die *Positionierungsdimensionen* zu bestimmen, die sich aus den zentralen Kaufentscheidungskriterien der Zielgruppe herleiten. Im zweiten Schritt ist die *Positionierungsstrategie* (so genannte „Points-of-Difference" oder „Points-of-Parity"-Strategie) festzulegen.[24]

---

22 Vgl. Meffert/Burmann (2002a), S. 54, Aaker (1997), S. 348.

23 Vgl. Moser (2003), S. 67 ff.

24 Vgl. Keller (2003), S. 144 ff.

3.1.3 Entwicklung der Markenarchitektur

Während bei den bisherigen Schritten im Managementprozess eine singuläre Markenbetrachtung im Fokus stand, geht es bei der Gestaltung der *Markenarchitektur* um die Koordination eines Portfolios an Marken. Dabei ist die Markenarchitektur in der Praxis oft eher das „zufällige" Ergebnis internen und vor allem externen Wachstums. Eine identitätsbasierte und mit der Unternehmensstrategie konforme Gestaltung von Markenarchitekturen findet bei vielen Unternehmen bislang kaum statt.

Die Markenarchitektur eines Unternehmens kann unter Zuhilfenahme von *drei Dimensionen* differenziert erfasst und gestaltet werden: eine vertikale Dimension zur Darstellung des Integrationsgrades der Markenebenen, eine horizontale Dimension zur Darstellung der Markenstrategie im horizontalen Wettbewerb und eine handelsgerichtete Dimension zur Darstellung der Markenstrategie im vertikalen Wettbewerb (vgl. Abbildung 5).

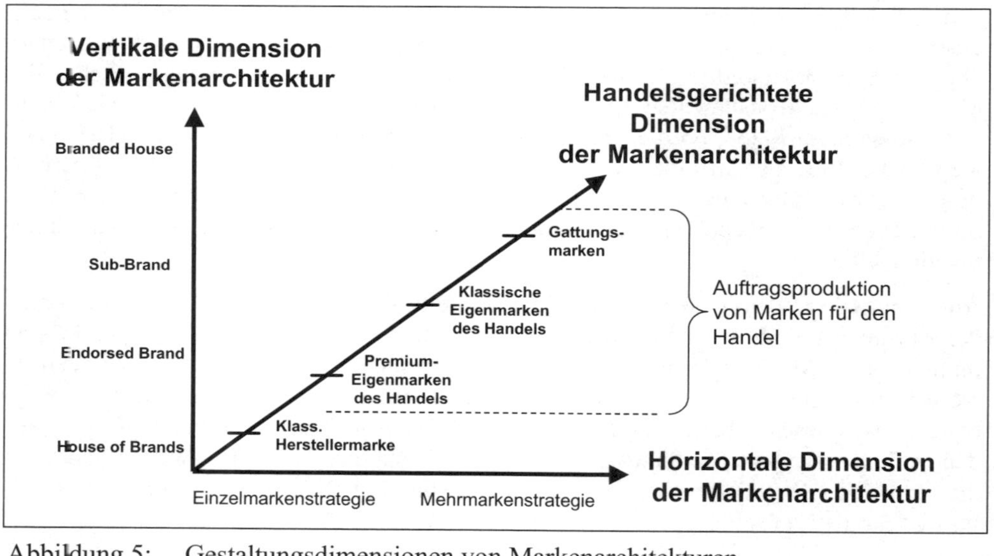

Abbildung 5: Gestaltungsdimensionen von Markenarchitekturen

Der *vertikale Integrationsgrad* bezieht sich auf die Intensität der Verknüpfung der Marken unterschiedlicher organisationaler Ebenen des Unternehmens. Ein maximaler vertikaler Integrationsgrad liegt vor, wenn alle Marken eines Unternehmens unter der Unternehmensmarke geführt werden. Es wird dann von einem so genannten „*Branded House*" gesprochen (z. B. McDonald's, Nokia, Rolex).[25] Bei einem minimalen vertikalen Integrationsgrad tritt nicht die Unternehmensmarke (Corporate Brand) sondern die Produktmarken gegenüber dem Kunden in Erscheinung. Die Unternehmensmarke ist hier für die Nachfrager nicht wahrnehmbar. Diese Option wird als „*House of Brands*" bezeichnet (z. B. Procter & Gamble, Beiersdorf).

Dazwischen gibt es zwei Kombinationen, bei denen sowohl die Unternehmensmarke, als auch die Marken auf untergeordneten organisationalen Ebenen des Unternehmens gemeinsam zur Markierung von Leistungen verwendet werden.[26] Beim *Sub-Branding* dominiert die Unternehmensmarke gegenüber der Produktmarke (z. B. Nivea Beauté, HP Deskjet). Beim *Endorsement-Branding* dominiert dagegen die Produktmarke gegenüber der Unternehmensmarke (Magnum von Langnese, Spee von Henkel).[27]

Die Gestaltung der *horizontalen* Markenarchitektur bezieht sich auf die Anzahl der Marken pro Marktsegment. Bei einer *Einzelmarkenstrategie* wird jede Marke exklusiv auf ein Marktsegment ausgerichtet. Einzelmarkenstrategien bieten sich insbesondere für kleinere Märkte an. Wird ein Marktsegment parallel von zwei oder mehr Marken eines Unternehmens bearbeitet, spricht man von einer *Mehrmarkenstrategie*. Sie ist vor allem zur Bearbeitung größerer und heterogener Marktsegmente empfehlenswert.[28] Die *handelsgerichtete Dimension* der Markenarchitektur betrachtet die Positionierung eines Unternehmens im vertikalen Wettbewerb. Zu entscheiden ist, ob ein Unternehmen seine Produkte ausschließlich als Markenhersteller anbietet oder ob es darüber hinaus den Handel mit Eigenmarken beliefert. In letzteren Fall muss entschieden werden, in welchem Qualitätsniveau der Handel beliefert wird.

3.1.4 Festlegung der Markenidentitäten für die übrigen Unternehmensmarken

Auf Basis der Markenarchitektur werden im nächsten Schritt die Markenidentitäten für die Geschäftsfeld- und Produktmarken (soweit vorhanden) festgelegt. Diese Identitäten werden mithilfe der sechs Markenidentitätskomponenten in Kapitel 2.1.2 operationalisiert.

---

25 Vgl. Aaker/Joachimsthaler (2000), S. 118.

26 Vgl. Laforet/Saunders (1999), S. 51 ff.

27 Vgl. Aaker (1996), S. 243 ff.

28 Vgl. Meffert (2002), S. 137.

3.1.5 Auswahl der Markenevolutionsstrategie

Um langfristig erfolgreich zu sein, müssen Marken im Rahmen einer so genannten *Markenevolution* kontinuierlich den sich ändernden Marktbedingungen angepasst werden. Daher wird bei der Festlegung der *Markenevolutionsstrategien* für jede Marke des Unternehmens die weitere Entwicklung in den kommenden Jahren festgelegt. Im Gegensatz zur Festlegung der Markenarchitektur handelt es sich um eine singuläre Analyse einzelner Marken. Markenevolutionsstrategien lassen sich grundsätzlich in Konsolidierungs- und expansive Strategien unterteilen.

Bei einer *Konsolidierungsstrategie* wird eine Marke vom Markt genommen, um die vorhandenen Unternehmensressourcen effizienter bei anderen, stärkeren Marken des Portfolios zu verwenden. Hier stehen die beiden Optionen einer *sofortigen Elimination* und einer *Abschöpfungsstrategie* zur Verfügung (vgl. Abbildung 6). In letzterem Falle wird die Marke ohne weitere Investitionen so lange am Markt gehalten, wie sie positive Cashflows generiert. Die Abschöpfungsstrategie kann in Form eines abgestuften Rückzugs oder einer Substitutionsstrategie erfolgen. Ein *abgestufter Rückzug* ist dadurch gekennzeichnet, dass die Marke sich in mehreren Schritten, über einen Zeitraum von mehreren Monaten oder sogar Jahren aus einzelnen Teilmärkten und schließlich vollständig aus dem bislang bearbeiteten Markt zurückzieht. Bei einer *Substitutionsstrategie* bleibt das vorhandene Angebotsprogramm am Markt erhalten, aber die Marke ändert sich (z. B. Substitution der Dienstleistungsmarke Arthur Andersen durch Accenture).

Abbildung 6: Markenevolutionsstrategien

Im Rahmen einer *geografischen Expansion* wird das Absatzgebiet einer Marke erweitert. Bei einer *Markenausdehnungsstrategie* wird die Anzahl der unter einer Marke angebotenen Produkte und Dienstleistungen vergrößert. Es werden angrenzende Marktsegmente erschlossen. Im Rahmen einer *Markentransferstrategie* wird die Marke in grundlegend neue Märkte übertragen, die keinen funktionell-sachlichen Zusammenhang mit dem Ursprungsmarkt aufweisen. Durch Markenausdehnungs- und Markentransferstrategien ändert sich die Markenarchitektur. Alle drei Strategien können eigenständig oder durch Dritte (per Lizenzvertrag) umgesetzt werden. Bei expansiven Markenstrategien wirken die organisationalen Fähigkeiten der Unternehmung begrenzend. Verfügt ein Unternehmen in Teilbereichen nicht über die erforderlichen Ressourcen und Kompetenzen, kann die jeweilige Expansionsstrategie gegebenenfalls durch Lizenzierung, Kooperation oder Netzwerke realisiert werden.

3.1.6 Identitätskonforme Markenorganisation

Die Entscheidung über die *identitätskonforme Markenorganisation* als letzten Teilschritt des strategischen Markenmanagements legt die organisationale Verankerung einer Marke im Unternehmen fest. Dazu gehört die Definition der für die Führung einer Marke notwendigen Strukturen, Prozesse, sowie Informations- und Anreizsysteme. Die anzustrebende *Individualität jeder Marke* legt nahe, die organisatorischen Einheiten als Träger der Marke so selbstständig wie möglich zu führen. Gleichzeitig ist jedoch eine möglichst hohe Ausschöpfung von Synergien zwischen den verschiedenen Unternehmensbereichen und -marken sicherzustellen, um die preisliche Wettbewerbsfähigkeit einer Marke zu sichern.

3.2 Operatives Markenmanagement

Im zweiten Teil des Managementprozesses werden die strategischen Vorgaben durch die Ausgestaltung der Marketinginstrumente in konkrete Marketingmaßnahmen umgesetzt. Das Umsetzen der Markenidentität in die *Markenleistungen* stellt einen zentralen Bereich der operativen Marketingpolitik dar. Hier stellt das Unternehmen seine Markenkompetenz unter Beweis. Verschiedene Ressourcen werden zu einem komplexen Bündel nutzenstiftender Eigenschaften (Leistungsbündel) zusammengeführt, die sich letztendlich in der Marke manifestieren. Insgesamt beinhaltet die Markenleistungspolitik alle Entscheidungstatbestände, die sich auf die marktgerechte Gestaltung der vom Unternehmen im Absatzmarkt angebotenen Markenleistungen bezieht.[29]

---

29 Vgl. Meffert (2000), S. 327.

Die Markenidentität muss sich ebenfalls in einer der Marke angemessenen Preispolitik widerspiegeln. Der Rahmen für das *Marken-Pricing* wird häufig bereits über die technisch-qualitative Festlegung der Markenleistung im Rahmen der Identitätsgestaltung gesetzt. Innerhalb der Gestaltung des Marken-Pricings wird festgelegt, zu welchen Konditionen und welchen Lieferbedingungen eine Marke am Markt angeboten werden soll. Eine hohe Preisstellung geht dabei in der Regel auch mit einer niedrigen Verbreitung einher, die zu einer hohen Exklusivität der Marke führt. Vice versa führt eine niedrige Preisstellung zu einer „Vermassung" der Marke. Dies hat unter anderem direkt und indirekt über die Markenverwender Einfluss auf das Markenimage und die Markenidentität.[30]

Die Herausforderung in der *Markenkommunikation* liegt in einer inhaltlich und formal konsistenten Gestaltung der Markenbotschaft bei allen gewählten Kommunikationsinstrumenten. Aufgabe der Markenkommunikation ist dabei zunächst, die Marke bei den relevanten Zielgruppen bekannt zu machen bzw. die Bekanntheit auf hohem Niveau zu halten. Dies stellt die notwendige Bedingung für den Aufbau eines Markenimages.[31] Darüber hinaus hat die Markenkommunikation die Aufgabe, die Markeneigenschaften, den funktionalen Markennutzen und vor allem den symbolischen Markennutzen, der primär die emotionalen Assoziationen der Markenkunden wiedergibt, zu vermitteln. Vor dem Hintergrund der funktionalen Homogenisierung vieler Produkte kommt der emotionalen Aufladung von Markenwelten eine hohe Bedeutung in der Markenkommunikation zu. Die Markenkommunikation greift bei der Ansprache der Kunden auf die gängigen Instrumente der Kommunikationspolitik zurück (Werbung, Sponsoring, Event-Marketing, Verkaufsförderung, Direktkommunikation, Public Relations).[32]

Generell befasst sich die *Markendistribution* mit der Übermittlung von materiellen und immateriellen Leistungen vom Verkäufer zum Käufer. Dabei kann der Aufgabenkreis der Markendistribution in zwei Bereiche aufgeteilt werden. Zum einen müssen Entscheidungen über die *Wahl der Absatzkanäle* getroffen werden. Zum anderen befasst sich die Markendistribution mit dem *logistischen System*, das für die physische Übermittlung von Leistungen zum Endkunden zuständig ist.[33] Bei der Wahl des Absatzkanals ist zu beachten, dass dieser zur Identität der Marke passt. Die Wahl und Gestaltung des Absatzkanals soll die Positionierung der Marken unterstützen und wird durch die Markenidentität beeinflusst und vice versa.

Eine langfristig starke Marke kann nur dann aufgebaut werden, wenn sich alle operativen Markenmanagementmaßnahmen an der Markenidentität ausrichten. Diese angestrebte Konsistenz im gesamten Markenauftritt muss durch ein institutionalisiertes *Fit-Management* sichergestellt werden. Dessen Aufgabe ist die integrative Gestaltung aller

30 Vgl. Meffert/Burmann (2002a), S. 54.

31 Vgl. Sattler (2001), S. 135; Esch (2003), S. 71.

32 Vgl. hierzu beispielsweise Meffert (2000).

33 Vgl. Specht (1998), S. 5 ff.

operativen Markenführungsmaßnahmen und deren engste Abstimmung mit der Markenidentität. Das Fit-Management dient letztendlich dem Durchsetzen eines gemeinsamen Vorstellungsbildes von der Marke bei Endverbrauchern, Händlern, Mitarbeitern, Eigentümern, Lieferanten, etc.

Die Bedeutung des rechtlichen *Markenschutzes* drückt sich in einem separaten Ablaufschritt des Managementprozesses aus. Die Aufgabe des Markenschutzes ist es, schutzfähige Zeichen der Marke vor dem Zugriff und Missbrauch durch die Konkurrenz abzusichern, um die Marke sowohl rechtlich als auch ökonomisch zu schützen.[34] Die Schutzfähigkeit einzelner oder aller Brand-Icons sollte so früh wie möglich überprüft werden, um späteren, kostspieligen Veränderungen vorzubeugen.

3.3 Marken-Controlling

Den dritten Teilbereich des Managementprozesses bildet das *Marken-Controlling*. Dieses stellt die Rationalität und Ergebnisorientierung der Markenführung sicher und hat die Aufgabe, eine zielgerichtete Entscheidungsvorbereitung zur Erhaltung und Verbesserung der Reaktionsfähigkeit der Markenpolitik zu gewährleisten.[35] Es unterstützt das Markenmanagement in allen Planungsschritten und der regelmäßigen Kontrolle der Implementierung operativer Markenführungsmaßnahmen.

Um für das Markenmanagement entscheidungsrelevante Informationen bereit zu stellen, müssen sowohl *quantitative ökonomische Ergebnisgrößen*, als auch *qualitative psychografische Ergebnistreiber* bzw. Vorsteuergrößen erfasst werden. Der Aufbau der Marken-Controlling-Kennzahlen sollte sich dabei an der Grundstruktur der Marken-Scorecard orientieren (vgl. Abbildung 7). Ähnlich einer Balanced Scorecard[36] erfasst sie die Markt- und die interne Perspektive, sowie qualitative und quantitative Indikatoren. Diese stehen in einem Ursache-Wirkungsverhältnis, d. h. die Marken-Scorecard enthält ein ausgewogenes Set an vorgeschalteten („leading") und nachgeschalteten („lagging") Messindikatoren, die ein umfassendes Bild von der Effektivität und Effizienz der Markenführung geben.

---

34 Vgl. zum Markenrecht beispielsweise Baumgarth (2001), S. 17 ff.

35 Vgl. Meffert/Koers (2002), S. 407.

36 Vgl. Kaplan/Norton (1996).

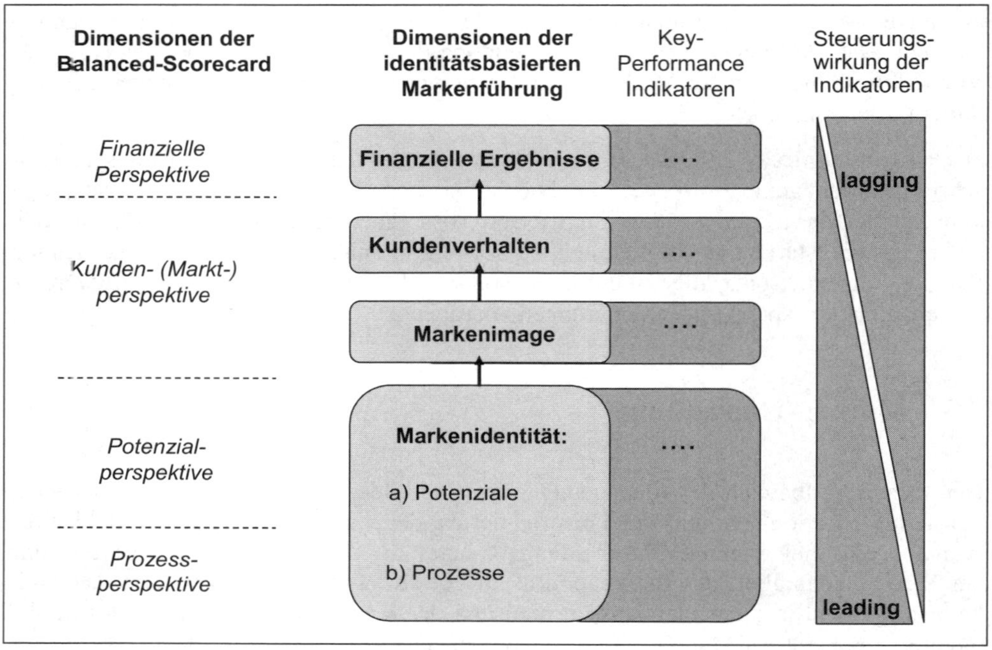

Abbildung 7: Die Marken-Scorecard als Instrument des Markenberichtswesens[37]

Voraussetzung für den Aufbau einer starken Marke ist eine möglichst hohe Übereinstimmung der innengerichteten Markenidentität und des externen Markenimages. Eine identitätsbasierte *Markenerfolgsmessung* muss daher mit einer Ist-Analyse dieser beiden Konstrukte beginnen. Dies bedingt die Zerlegung der Markenidentität und des Markenimages in einen SOLL- und einen IST-Zustand. Durch eine GAP-Analyse können dabei vier wesentliche Konsistenzlücken identifiziert werden, die eine Marke schwächen (vgl. Abbildung 8).[38]

---

37 Vgl. Burmann/Blinda/Nitschke (2003), S. 35.

38 Vgl. Meffert/Burmann (2002b), S. 90.

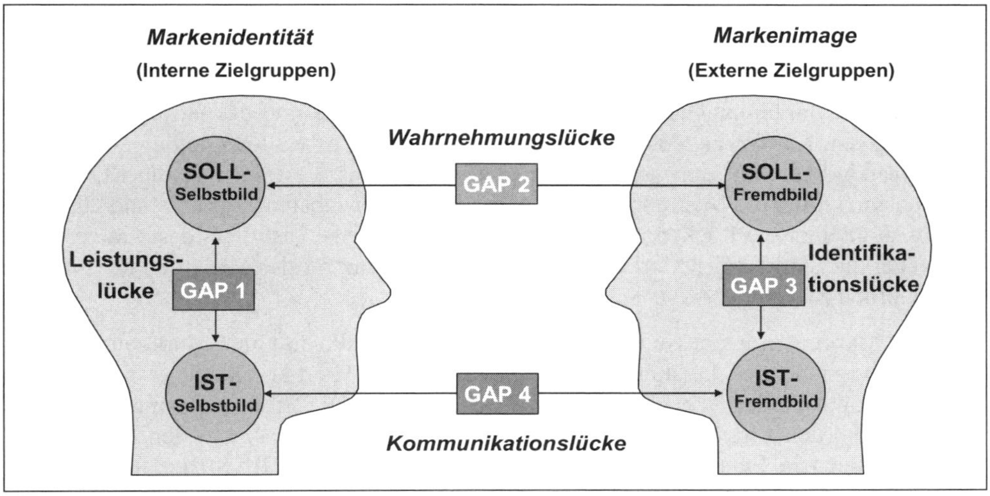

Abbildung 8: GAP-Modell des identitätsbasierten Markenmanagements[39]

GAP 1 kennzeichnet eine Diskrepanz zwischen der herrschenden IST-Identität der Marke und der SOLL-Identität, welche die formulierte Zielvorstellung des Markenmanagements repräsentiert. Gründe für diese unternehmensinterne Leistungslücke können z. B. in mangelhaften organisationalen Fähigkeiten zur Umsetzung von Markenzielen liegen. Bei *GAP 2* handelt es sich um eine Wahrnehmungslücke. Es existieren Abweichungen zwischen den Erwartungen der Nachfrager (SOLL-Markenimage) gegenüber den Erwartungen der internen Zielgruppen (SOLL-Markenidentität). GAP 2 stellt ein fundamentales Defizit dar, da sich die gewünschte Leistungserstellung nicht mehr an den Kundenbedürfnissen orientiert.

Bei *GAP 3*, einer Identifikationslücke, existiert ein GAP zwischen dem SOLL-Markenimage und dem IST-Markenimage. Diese Lücke ergibt sich entweder aus den GAPs 1, 2 und 4 oder aus der Unfähigkeit des Kunden, die Eignung der Marke für seine Bedürfnisbefriedigung beurteilen zu können. Entscheidend ist hier, ob der Kunde die Abweichung als so schwerwiegend beurteilt, dass er die Marke nicht nachfragt. *GAP 4* kennzeichnet eine Kommunikationslücke zwischen der IST-Markenidentität und dem durch die Markenkommunikation evozierten IST-Markenimage. In der Regel tritt dieses GAP auf, wenn geweckte Erwartungen später von der Marke nicht erfüllt werden. Die Existenz kleiner GAPs ist ein qualitativ-psychographischer Indikator für die Markenstärke.

Die *Stärke einer Marke* wird durch die *Verhaltensrelevanz* des Markenimages und der Markenidentität determiniert. Die Verhaltensrelevanz der Markenidentität kann durch eine Messung des internen Marken-Commitments der Markenmitarbeiter überprüft wer-

39 In Anlehnung an Meffert/Burmann (1996), S. 62.

den. Ein hohes Marken-Commitment spiegelt sich in einer hohen emotionalen Bindung gegenüber der Marke wider. Diese äußert sich in einer überdurchschnittlichen, freiwilligen Arbeitsanstrengung der Mitarbeiter, die Markenziele zu erreichen.[40] Die Verhaltensrelevanz des Markenimages kann einerseits durch die Erfassung des tatsächlichen markenbezogenen Kaufverhaltens (z. B. Messung des „share of wallet"), andererseits durch vier Ersatzindikatoren gemessen werden. Diese sind das Vertrauen in die Marke, die Markensympathie, die Markenpräferenz und der Präferenzabstand zur „Second Choice"-Marke. Je kleiner die Lücken im Rahmen der GAP-Analyse ausfallen, desto höher ist in der Regel die Stärke einer Marke im Sinne ihrer Relevanz für das Verhalten der internen und externen Zielgruppen.

Bei der Markenerfolgsmessung werden grundsätzlich alle mit der Markenleistung in Verbindung stehenden Leistungskennziffern analysiert. Hierbei handelt es sich sowohl um eine Kontrolle der *Effektivität* als auch der *Effizienz*. Die Effektivitätsmessung beurteilt lediglich den Erreichungsgrad der gesetzten Ziele, ohne diese mit den eingesetzten Aufwendungen in Beziehung zu setzen. Dies erfolgt in der Effizienzmessung, anhand derer eine wirtschaftliche Beurteilung der Markenzielerreichung erfolgen kann. Die Ergebnisse dieser Kontrollen werden durch das Markenberichtswesen aufbereitet. Die Aufgabe des *Markenberichtswesens* ist es, die ermittelten Daten der Markenerfolgsmessung so aufzubereiten, dass sie als Informationen sowohl vom Top-Management als auch vom Markenmanagement genutzt werden können.

Das hier skizzierte *Marken-Controlling-Konzept* leistet durch die Erfolgsmessung und das Berichtswesen eine Planungsunterstützung beim identitätsbasierten Markenmanagement. Wird im Marken-Controlling ein nicht ausreichender Zielerreichungsgrad oder eine ineffiziente Allokation der Markenbudgets festgestellt, bildet dies im Sinne eines kontinuierlichen Steuerungsprozesses die Basis für den Beginn eines neuen Managementzyklusses.

40 Vgl. Burmann/Zeplin (2004), S. 59 f.

Literaturverzeichnis

AAKER, D. (1996), Building strong brands, New York, NY [u. a.] 1996.

AAKER, J.L. (1997), Dimensions of Brand Personality, in: Journal of Marketing Research, 34 Jg., August 1997, S. 347-356.

AAKER, D./JOACHIMSTHALER, E. (2000), Brand leadership, New York, NY [u. a.] 2000.

BAUMGARTH, C. (2001), Markenpolitik: Markenwirkungen, Markenführung, Markenforschung, Wiesbaden 2001.

BLINDA, L. (2003), Relevanz der Markenherkunft für die identitätsbasierte Markenführung, Arbeitspapier Nr. 2 des Lehrstuhls für innovatives Markenmanagement, Burmann, Chr. (Hrsg.), Universität Bremen, Bremen 2003.

BURMANN, CHR./BLINDA, L./NITSCHKE, A. (2003), Konzeptionelle Grundlagen des identitätsbasierten Markenmanagements, Arbeitspapier Nr. 1 des Lehrstuhls für innovatives Markenmanagement, Burmann, Chr. (Hrsg.), Universität Bremen, Bremen 2003.

BURMANN, CHR./ZEPLIN, S. (2004), Innengerichtetes identitätsbasiertes Markenmanagement – State-of-the-Art und Forschungsbedarf, Arbeitspapier Nr. 7 des Lehrstuhls für innovatives Markenmanagement, Burmann, Chr. (Hrsg.), Universität Bremen, Bremen 2004.

DOMIZLAFF, H. (1994), Grundgesetze der natürlichen Markenbildung, in: Bruhn, M. (Hrsg.), Handbuch Markenartikel, Band 2, Stuttgart 1994, S. 689-724.

ESCH, F.-R. (2003), Strategie und Technik der Markenführung, München 2003.

FREILING, J. (2001), Resource-based View und ökonomische Theorie – Grundlagen und Positionierung des Ressourcenansatzes, Wiesbaden 2001.

KAPFERER, J.-N. (1992), Die Marke - Kapital des Unternehmens, Landsberg/Lech 1992.

KAPLAN, R./NORTON, D. (1996), The balanced scorecard: translating strategy into action, Boston 1996.

KELLER, K.L. (1993), Conceptualizing, Measuring and Managing Customer-Based Brand Equity, in: Journal of Marketing, Vol. 57, January 1993, S. 1-22.

KELLER, K.L. (2003), Strategic brand management: building, measuring, and managing brand equity, 2. Aufl., Upper Saddle River, NJ [u. a.] 2003.

LAFORET, S./SAUNDERS, J. (1999), Managing Brand Portfolio: Why leaders do what they do, in: Journal of Advertising Research, Nr. 39, January/February 1999, 51-66.

MEFFERT H. (2000), Marketing - Grundlagen marktorientierter Unternehmensführung. Konzepte – Instrumente – Praxisbeispiele, 9. Aufl., Wiesbaden 2000.

MEFFERT, H. (2002), Strategische Optionen der Markenführung, in: Meffert, H./Burmann, Chr./Koers, M. (Hrsg.), Markenmanagement. Grundfragen der identitätsorientierten Markenführung, Wiesbaden 2002, 135-165.

MEFFERT, H./BIERWIRTH, A./BURMANN, CHR. (2002), Gestaltung der Markenarchitektur als markenstrategische Basisentscheidung, in: Meffert, H./Burmann, Chr./Koers, M. (Hrsg.), Markenmanagement - Grundfragen der identitätsorientierten Markenführung, Wiesbaden 2002, S. 168-179.

MEFFERT, H./BURMANN, CHR. (1996), Identitätsorientierte Markenführung – Grundlagen für das Management von Markenportfolios, Arbeitspapier Nr. 100 der Wissenschaftlichen Gesellschaft für Marketing und Unternehmensführung e.V. (Hrsg. Meffert, H., Wagner, H., Backhaus, K.), Münster 1996.

MEFFERT, H./BURMANN, CHR. (2002A), Theoretische Grundkonzept der identitätsorientierten Markenführung, in: Meffert, H./Burmann, Chr./Koers, M. (Hrsg.), Markenmanagement - Grundfragen der identitätsorientierten Markenführung, Wiesbaden 2002, S. 36-72.

MEFFERT, H./BURMANN, CHR. (2002B), Managementkonzept der identitätsorientierten Markenführung, in: Meffert, H./Burmann, Chr./Koers, M. (Hrsg.), Markenmanagement - Grundfragen der identitätsorientierten Markenführung, Wiesbaden 2002, S. 73-98.

MEFFERT, H./BURMANN, CHR./KOERS, M. (2002), Stellenwert und Gegenstand des Markenmanagement, in: Meffert, H./Burmann, Chr./Koers, M. (Hrsg.), Markenmanagement - Grundfragen der identitätsorientierten Markenführung, Wiesbaden 2002, S. 3-15.

MEFFERT, H./KOERS, M. (2002), Identitätsorientiertes Markencontrolling – Grundlagen und konzeptionelle Ausgestaltung, in: Meffert, H./Burmann, Chr./Koers, M. (Hrsg.): Markenmanagement - Grundfragen der identitätsorientierten Markenführung, Wiesbaden 2002, S. 403-428.

MOSER, M. (2003), United we brand: how to create a cohesive brand that's seen, heard, and remembered, Boston 2003.

SATTLER, H. (2001), Markenpolitik, Köhler, R./Meffert, H. (Hrsg.), Stuttgart [u. a.] 2001.

SPECHT, G. (1998), Distributionsmanagement, 3. Aufl., Stuttgart [u. a.] 1998.

TROMMSDORFF, V. (2002), Konsumentenverhalten, Köhler, R./Meffert, H. (Hrsg.), 4. Aufl., Stuttgart [u. a.] 2002.

VERSHOFEN, W. (1940), Handbuch der Verbrauchsforschung, Berlin 1940.

Dritter Teil

Operatives Marken- und Kundenwertmanagement

Claus Koch

Marken und Persönlichkeiten

1. Marken und Persönlichkeiten

Wir können davon ausgehen, dass sich soziale Gebilde – Organisationen, Parteien, Verbände und Unternehmen – in ihrem Verhalten und in ihrer Wirkung auf die Umwelt grundsätzlich analog zu Individuen bzw. Personen beschreiben und erklären lassen. Der Begriff Unternehmenspersönlichkeit umschließt sowohl die Innen- als auch die Außensicht: Die Besonderheiten einer Person sind sowohl in der Selbst- als auch in der Fremdbetrachtung erfahrbar. Persönlichkeit wird in der Psychologie definiert als „relativ überdauernde Gesamtheit aller individueller Merkmale ihrer spezifischen Ausprägung". Hierzu zählen, neben der körperlichen Erscheinung, Alter, eigene Geschichte, Selbstbewusstsein und Selbstkonzept, Einstellungen, Haltungen, Gewohnheiten, Werte und Normen, Ziele, Bedürfnisse, Intelligenz, Kenntnisse, Fähigkeiten, Fertigkeiten, Kreativität, Temperament, Emotionalität, soziale Qualitäten.

Die wichtigsten Kennzeichen einer Persönlichkeit sind:

1. ihre individuelle Besonderheit,
2. die Übereinstimmung zwischen äußerer Erscheinung, Worten und Taten sowie dem persönlichen Selbstverständnis,
3. ihre starke Ausstrahlung auf andere.

Ziel der individuellen Entwicklung ist die Person mit ihrer unverwechselbaren, spezifischen personalen Identität, ihrer spezifischen Art, sich selbst und ihre Umwelt wahrzunehmen, in ihr zu agieren, mit ihr zu kommunizieren und sich in ihr so darzustellen. Individuen und Körperschaften, die im Verlauf ihres lebenslangen Entwicklungsprozesses nicht nur ihre personale Identität verwirklichen, sondern darüber hinaus eigenständige Verhaltensstrukturen entwickeln und eventuell richtungsweisende Normen und Orientierungspunkte setzen, gelten als Persönlichkeit. Die gleichen Merkmale, die eine Person zur Persönlichkeit machen, verhelfen nach Meinung der CI-Theoretiker auch einem Unternehmen zu einer Unternehmenspersönlichkeit.

„Nur der Schein trügt nicht" schrieb einmal Paul Klee und gab damit die knappste Begründung für die auf Dauer einzig erfolgreiche Vorgehensweise bei der Realisierung eines positiv wirksamen Unternehmenserscheinungsbildes. „Corporate Design" ist immer optisches Konzentrat eines inhaltlichen, sozialen Konzeptes, einer Weltanschauung, eines gesellschaftlichen Auftrages ... einer Unternehmensphilosophie, kurzum eines formulierten Selbstverständnisses. „Es ist damit lediglich ein – wenn auch sehr umfassendes und wirksames – niemals das einzige Mittel, mit dem sich eine Unternehmensidentität erreichen lässt."

Corporate Design lässt sich definieren als das bewusst geplante und umfassende Designprogramm, das sämtliche Dienstleistungen und Einrichtungen eines Unternehmens mit klaren, prägnanten, einheitlichen – aber nicht unbedingt gleichen – Gestaltungsmerkmalen versieht. Optische Geschlossenheit im Sinne der Corporate Identity resultiert aus dem einheitlichen Zusammenwirken von Marken-, Produkt-, Grafik- und Architekturdesign. Corporate Design ist immer Ausdruck der Unternehmenspersönlichkeit, die Persönlichkeit ersetzen kann es nicht. Ein nach sorgfältiger Selbstanalyse und im Einklang mit den übrigen CI-Komponenten gut geplantes, konsequent gestaltetes und behutsam eingeführtes Gesamterscheinungsbild schließt den gesamten Auftritt des Unternehmens nach innen und nach außen zu einer guten, in sich konsistenten Gestalt zusammen, verleiht ihm Prägnanz, Einprägsamkeit und Attraktivität, macht es auch optisch unverwechselbar.

Ein solches Corporate Design visualisiert die spezifischen Unternehmenskompetenzen, das unternehmensspezifische Selbstverständnis, das Leitbild, die unternehmenspolitischen Grundsätze, die signifikanten Besonderheiten und Eigenschaften der Unternehmenspersönlichkeit. Es gibt dem Unternehmen seine eindeutige, sichtbare Gestalt.

Um seine internen und externen Wirkungen erfüllen zu können, braucht das Corporate Design einerseits Kontinuität. Andererseits bedarf es aber auch eines kontinuierlichen Wandels, synchron mit der sich weiterentwickelnden Unternehmenspersönlichkeit.

Die beschriebenen Ansichten gelten nicht nur für die Gestaltung von Corporate Design-Programmen, sondern in ihrer Essenz nach mehr für die Markengestaltung. Das Markenzeichen ist das erste Signal der Persönlichkeit. Bei der Kreation sind eine Reihe von Faktoren zu berücksichtigen: Das Umfeld, der Wettbewerb, kulturelle und ethische Maßstäbe, die Wahl der Farbe und natürlich die Prägnanz des Logos.

2. Marke und Farbe

2.1 Kulturelle Wirkungen

Unterschiedliche Lebensweisen in verschiedenen Kulturen bedingen unterschiedliche Farbwirkungen. In Europa ist Grün die normale Landschaftsfarbe. Für Wüstenvölker aber ist es die Farbe des Paradieses. Der höchste ägyptische Gott hat eine grüne Hautfarbe. In Kulturen, in denen Grün hohe Werte symbolisiert, gilt es als männliche Farbe. In jeder Kultur gelten die hochgeachteten Farben als männlich, die zweitrangigen sind weiblich. Viele Farbwirkungen haben nationale Besonderheiten. Wenn ein Engländer „blau“ ist, ist er melancholisch, wenn ein Deutscher „blau“ ist, ist er betrunken.

2.2 Politische Wirkungen

Im politischen Bereich haben Farben eine besondere Symbolik. Die alten Wappen- und Flaggenfarben waren die Farben der herrschenden Dynastien. Auch die modernen Flaggen und Wappen signalisieren politische und religiöse Machtverhältnisse. Rot, die Farbe der Revolutionsfahnen, ist die Grundfarbe der Flaggen aller sozialistischen Staaten. Grün, die heilige Farbe des Islam, ist die Grundfarbe der Flaggen aller Staaten islamischen Glaubens. Grün ist auch die Nationalfarbe Irlands, der Grünen Insel. In der Grün-Weiß-Orange gestreiften Flagge Irlands symbolisiert Grün den Katholizismus und Orange den Protestantismus. Orange ist die Dynastiefarbe der protestantischen Oranier. Die Farbkombination Grün-Weiß-Orange führt in Irland zu Assoziationen von Staat und Macht – so wie bei uns die Farbkombination Schwarz-Rot-Gold.

2.3 Individuelle Wirkungen

Die gleiche Farbe wirkt immer wieder anders. Sogar der Farbton, den wir wahrnehmen, wird durch den Kontext definiert. Kann die Hoffnung giftgrün sein? Keinesfalls! antworten die meisten Befragten, die Hoffnung sei zwar grün, aber beispielsweise türkisgrün oder maigrün, keinesfalls jedoch giftgrün. Niemand beschreibt das Grün einer Gurke als Smaragdgrün und das Grün einer Artischocke als Armeegrün. Umgekehrt beschreibt niemand einen Smaragd als spinatgrün, obwohl Spinat tatsächlich smaragdgrün ist. Und wer hätte das Grün, in das der englische Maler George Frederick Watts seine Allegorie der Hoffnung kleidete, als typisches Hoffnungsgrün charakterisiert?

Die Eskimos – das ist schon in die Volksweisheit eingegangen – kennen viele Namen für die Farbe Weiß. Das scheint exotisch, aber verständlich, schließlich müssen sich die Eskimos in einer weißen Welt orientieren. Mit dem Staunen über die fremdartige Eskimowelt scheint man vergessen zu haben, dass es in jeder Sprache viele Bezeichnungen für jede Farbe gibt.

Wie viele Farben jemand kennt, hängt ab von seinem Umgang mit Farben. Ein Kunstmaler kennt mehr Farben und kann die Nuancen genauer beschreiben als ein Zahnarzt. Viele Berufe bedingen die Kenntnis spezieller Farbnuancen. Ein Juwelier sieht viele Abstufungen zwischen Mittelgrün und Dunkelgrün – die Nuance macht den Unterschied im Preis eines Smaragds. Ein Juwelier kann auch die Farbkomponenten eines Grüns genau beschreiben: Das dunkle Grün des Turmalins hat einen stärkeren Gelbanteil als das Grün des Smaragds. Pelz- und Holzhändler können viele Brauntöne nennen. Und wer Schreib- und Zeichenpapiere verkauft, kann ebenso viele Weißtöne unterscheiden wie ein Eskimo.

2.4 Persönliche Wirkungen

Was sagt die Lieblingsfarbe eines Menschen über seinen Charakter aus? Jeder kennt wohl einen der so genannten tiefenpsychologischen Farbtests, bei denen man Farbkärtchen von der Lieblingsfarbe zur unbeliebtesten Farbe gruppiert. Vielen ist es unheimlich, dass die Abfolge einiger Farben das ganze Spektrum der Persönlichkeit aufdecken können soll, wie es diese Tests verheißen.

Tatsache ist: Alle Gefühle, alle Charaktereigenschaften lassen sich mit Farben verbinden. Die vielschichtige Symbolik der Farben gibt Bezugspunkte zu allen Lebensfragen. Tatsache ist aber auch – und das ist für manche enttäuschend: Von der wissenschaftlichen Psychologie werden Farbtests nicht mehr anerkannt, die Ergebnisse gelten als nicht zuverlässig. Weil es viel mehr Gefühle, Charaktereigenschaften, Lebensprobleme als Farben gibt, werden bei diesen Tests zu jeder Farbe zu viele Deutungen angeboten. Und das heißt: Ein und dieselbe Abfolge von Farben kann von unterschiedlichen Testern völlig unterschiedlich interpretiert werden. Die Ergebnisse sind zu vage, um wissenschaftliche Aussagen zuzulassen.

Was sagt die Lieblingsfarbe eines Menschen über seine Farbvorlieben im täglichen Leben aus? Die Frage nach der Lieblingsfarbe ist die Frage nach einer Farbe an sich. In der Realität aber tritt eine Farbe nie ohne Funktion auf. 20 % der Männer und Frauen nennen Rot als Lieblingsfarbe. Aber egal welches Rot – kaum ein Mann will einen roten Anzug, nur wenige Frauen tragen rote Kostüme, noch weniger tragen rote Strümpfe. Rot ist eine warme Farbe – trotzdem sind rote Tapeten unbeliebt. Und wer will einen roten Schreibtisch? Oder einen roten Kühlschrank? Oder eine rote Uhr? Sogar Autofarben spiegeln die statistische Häufigkeit der Lieblingsfarben nicht wider. Für jeden Anwendungsbereich der Farben gibt es typische Farbvorlieben. Jede Farbe ist „schön“, aber jede Farbe verliert ihre Schönheit, wenn sie in falschem Zusammenhang steht, wenn sie mit falschen Bedeutungen kombiniert wird.

Nur wer eine Farbe im ganzen Spektrum ihrer Bedeutungen kennt, kann das schöne Rot vom hässlichen Rot, kann das banale Grün vom extravaganten Grün unterscheiden. Je mehr man über die Bedeutung von Farben weiß, desto besser kann man ihre Wirkung beurteilen.

Um einen Überblick über die Charakterbilder einzelner Farben zu geben, einige Kommentare in Anlehnung an Theroux:[1]

- Rot als Charakterbild

Rot ist die kühnste und frechste Farbe. Sie steht für Mitleid und Martyrium, für Hölle, Liebe, Jugend, Inbrunst und Prahlerei, für Sünde und Buße. Rot ist die beliebteste Farbe, vor allem bei Frauen. Rot ist die erste Farbe, die das Neugeborene erkennt, und die letz-

1 Vgl. Heller (2002); Küthe/Küthe (2003).

te, die wir auf dem Sterbebett sehen. In der Alchimie steht sie für Schwefel, in der Kabbala für Stärke, in der hebräischen Kultur für Gott. Es ist die Farbe der Weihnacht, des Blutes, der Irish Setters, des Fleisches, der Ausgang-Schilder, des hl. Johannes, der Tabascosauce, der Rubine, der Sitze und Teppiche in alten Theatern, des Haltesignals im Straßenverkehr, des Glaubenseifers, der Londoner Busse, glühender Metalle (bei denen wir am ehesten an Eisen denken, das Metall des Krieges); es ist die Farbe der Rotblonden, der Grußkarten zum Valentinstag, der Boxhandschuhe, der Pferde des Propheten Sacharja, der Kohleglut, der Flecken auf dem Jupiter, der Paprikaschoten, der Hochzeitsfackeln, der Gummibälle für Kinder, der Chorizo-Würste, der Muttermale und der Kardinäle in der römisch-katholischen Kirche.

Die Liebe ist rot. Ebenso der Tod, ihr Gegenstück. Rot ist die Farbe des Feuers und der Flamme. Die Brautkleidung in China ist rot. Desgleichen der Knopf auf den Kappen der Mandarine. In China steht Rot für Glück, und wer unter rot gedeckten Dächern wohnt, dem geht es gut. Im Kalender sind die Daten der Sonn- und Feiertage in roten Zahlen gedruckt.

Allein die Wahrnehmung der Farbe Rot soll dafür sorgen, dass der menschliche Stoffwechsel sich um 13,4 Prozent erhöht. In einem Versuch – bei dem die Griffstärke der Hand gemessen wurde – erhöhte sich die Kraft, mit der die Probanden zugriffen, um nahezu 20 Prozent, sobald eine rote Lampe aufleuchtete. An Leidenschaftlichkeit dürfte wohl keine Farbe dem Rot gleichkommen. Und hat nicht Kandinsky gesagt, Rot erinnere an den Klang von Trompeten?

Nach allgemeiner Auffassung besitzt Rot von allen Farben die größte Farbintensität und die stärkste Anziehungskraft.

Rot war in fast allen primitiven Sprachen die erste Farbe, die einen eigenen Namen erhielt.

■ Blau als Charakterbild

Blau ist die Farbe des Himmels. Je tiefer das Blau, desto metaphysischer wird es, d. h. Blau-schwarz bekommt schon den Klang einer großen kosmischen Trauer. Blau ist und wird für uns immer eine rätselvolle Farbe bleiben. Es ist eine kalte Farbe, die stets fern erscheint, die wohl beruhigt, aber in ihrer Ausstrahlung ernst, kalt, sehnsüchtig bleibt, mit einem Unterton von Traurigkeit. Blau macht ein Loch im Bild – sagt der Maler – das bedeutet, dass Blau immer zurückzuweichen scheint. Ultramarinblau ist auch kühl, wirkt aber wohltuend, beruhigend und besänftigend, bestimmt zur Ruhe, weil es sich passiv verhält. Blaugrün – die Mischung aus Blau und Grün – verschmilzt in sich das Zurückhaltende und Sehnsuchtsvolle des Blaus mit der Ruhe und der Frische des Grüns. Blaugrün macht sehnsuchtsvoll, beruhigt aber zugleich.

Blau ist eine geheimnisvolle Farbe, die Farbe der Krankheit und des Adels, die seltenste Farbe in der Natur. Blau steht für zwiespältige Tiefe – des Himmels ebenso wie des Abgrunds. Es ist die Farbe der dunklen Seite, des Wunderbaren und des Unergründlichen, des Begehrens, der Erkenntnis, unserer Blue Movies und schwermütiger Gespräche, rohen Fleisches und exquisiter Steaks, der Melancholie und des Unerwarteten (ins Blaue hinein, aus heiterem Himmel, also blauem Himmel).

Schwefel brennt blau, und eine blaue Kerzenflamme gilt als Indiz für die Anwesenheit von Geistern. Der blau-schwarze Himmel auf Vincent van Goghs Weizenfeld mit Raben aus dem Jahr 1890 scheint den baldigen Tod des Malers anzukündigen. Paradoxerweise ist Blau die einzige Farbe, die mit vollem Recht als enger Nachbar und wesensgleiches Symbol des Dunklen wie des Hellen gelten kann. Man könnte fast sagen, Blau sei eigentlich keine Farbe, sondern eher ein Zustand des Lichts. Und es ist Leere: das uranfänglich Einfache und der unendliche Raum.

■ Grün als Charakterbild

Grün, besonders das frische, als „junges“ angesprochene Grün, ist der Ausdruck für Frühling und Jugend. Das dunklere Grün verliert von dieser Symbolhaftigkeit. Grün ist auch die Farbe des gesunden, vollen Lebens. Jedoch, während Orange der Ausdruck des höheren geistigen Lebens ist, ist Grün der Ausdruck des vegetativen, körperlich vollen Lebens. Grün ist die ruhigste aller Farben und kann deshalb Gegensätze ausgleichen. Grün zieht das Auge an, sättigt und kräftigt es.

Wird das Grün mit Gelb gemischt, dann wird es jugendlicher, lebendiger, aktiver. Mit Braun gemischt bekommt das Grün einen anderen Klang: es wird ernster und schwerer.

Grün ist Energie, der Zündstoff der Natur, die Farbe unzähliger Kräfte und Formen, ein Bote, der zugleich Erneuerung und Fortpflanzung ankündigt und, paradox, Gebrechlichkeit und Krankheit. Grün ist die übernatürlich ambivalente Farbe von Leben und Tod, das Frühlingszeichen der Lebenskraft und die fahle Färbung der Fäulnis, ein „dialektisches Gedicht“.

Die Farbe Grün setzt sich aus Blau und Gelb zusammen, in ihr verbindet sich der Himmel mit der Erde, das kalte blaue Licht des Verstandes (das den Pulsschlag verlangsamt) mit der tiefen Gefühlswärme der gelben Sonne, um Weisheit, Gleichheit, Hoffnung und Auferstehung hervorzubringen. „Grün geht aus Blau hervor und übertrifft es“, sagt ein altes chinesisches Sprichwort.

■ Gelb als Charakterbild

Gelb hat eine stark anregende Wirkung, ohne dabei aufzuregen, wie es die Farbe Rot tut. Das reine Gelb ist die hellste Farbe im Farbkreis und das Symbol für Fruchtbarkeit, Segen, Überfluss und – wenn es sich zum Gold steigert – Ausdruck von Macht, Glorie und Majestät. Je heller das Gelb ist, desto stärker tritt es in den Vordergrund. Gelb hat eine dominierende Wirkung. Dividiert man das Gelb, so nimmt es an Kraft zu, wenn es dunkler wird, verliert aber dafür die Heiterkeit und die Majestät. Je mehr das Gelb andererseits aufgehellt wird, desto mehr verfeinert es sich, wird leichter, zarter, edler und tritt dann optisch mehr zurück.

Gelb ist trotz seiner dramatischen Unveränderlichkeit eine Farbe mit tausenderlei Bedeutung. Die Sonne ist von einem spaßigen Gelb. Gelb ist die Farbe der Feigheit und der Drittplazierten; Gelb sind die Warnflaggen auf unseren Schnellstraßen; Fettgewebe, Teekuchen und Honig, der Heiligenschein, amerikanische Schulbusse, Urin, die Nummernschilder in New Mexico, Krankheit, die Wangen der Pinguine. Ostern ist Gelb. Der Frühling ebenso; und viel von dem, was die Schönheit des Herbstes ausmacht.

Es steht für Weisheit, Erleuchtung, Intuition, Macht und Herrlichkeit, für den Bekenner und die Gottheit, für Großherzigkeit, reifendes Getreide, die Ewigkeit und das Himmelstor. In Ägypten ist Gelb die Farbe für Glück und Wohlstand.

- Violett als Charakterbild

Violett ist die merkwürdigste aller Farben. Sie ist nicht kalt und auch nicht warm. Es haftet ihr aber etwas Mystisches, für manche Menschen auch Bedrückendes an, das ein physisches Unbehagen auslöst. Von Violett werden tief veranlagte, zur Mystik neigende, manchmal schon etwas absonderliche Menschen angesprochen. Ein bestimmter Violettton kann die Menschen tief ergreifen, ja rühren. Auf sehr sinnenfrohe Personen wirkt Violett geradezu betäubend. Sie gehen dem Violett gern aus dem Wege. Ein Violett, in dem das Blau vorherrscht, ist in seiner Wirkung zum Ätherischen, zum Nach-oben-Strebenden noch verstärkt (Ultramarin). Rotviolett, in dem das Rot nur sanft anklingt, wird zarter, je mehr man es aufhellt. Es gibt dann eine feine, zarte, weibliche Strahlung ab. Das dunkle Violettrot jedoch ist würdevoller, es wird zum Bischofspurpur.

- Schwarz als Charakterbild

Schwarz ist mit dem absoluten Dunkel gleichzusetzen. Schwarz ist die materialverkörperte Finsternis. Schwarz hat für uns die Bedeutung des Ernsten, Negativen, Finsteren und der Trauer. Schwarz ist verschlossen und erhaben. Gegen Weiß gesetzt, entsteht der absolute Kontrast.

- Weiß als Charakterbild

Das Weiß ist jenseits von Gut und Böse. Weiß ist auch keine Farbe im Sinne einer Farbigkeit. Es ist der stärkste Gegenpol zu Schwarz. Dieser Kontrast ist in seiner Unbedingtheit jedem sofort vorstellbar. Während Schwarz Trauer ausdrückt, haftet dem Weißen Heiterkeit an. Weiß ist für uns das Symbol für Unschuld und Reinheit. Soll etwas Einfacherers, doch Kraftvolles und Bedeutendes dargestellt werden, so drückt dies der Schwarz-Weiß-Kontrast am besten aus.

3. Marke und Gestaltung

Sympathie, Prägnanz der Gestalt, Attraktivität, die Auswahl der Farbe und – bei bestehenden Marken, die Wiedererkennung – sind entscheidende Erfolgsfaktoren. Mit den Beispielen möchte ich Ihnen unterschiedliche Ausgangspositionen und Ergebnisse vorstellen.

3.1 Allianz Group

Allianz München, größtes Versicherungsunternehmen Deutschlands, hat 1996 eine Neuausrichtung zum globalen Finanzdienstleister vorgenommen. Das Markenzeichen mit Adler im Kreis ist seit 1922 bzw. 1977 nahezu unverändert eingesetzt worden. Zu den positiven Attributen wie Größe, Sicherheit, Solidität kamen auch negative Eigenschaften wie bürokratisch, unmodern, teutonisch. Für eine Internationalisierung sollte das Unternehmen noch mehr Kraft bekommen, offener werden, eine modernere Ausstrahlung erhalten, ohne die bisherigen positiven Eigenschaften zu vernachlässigen. Bei einer mehr als 100 Jahre alten Marke ist die Wiedererkennung der Schlüssel zu weiterem Erfolg. Es sollten nicht nur neue Kunden gewonnen werden, sondern auch die bestehenden in ihrer Loyalität bestätigt werden.

Abbildung 1: Allianz, altes Logo

Die Veränderungen betreffen alle Elemente des Logos. Alle Serifen der einzelnen Buchstaben sind auf der Grundlinie entfallen, die Proportion der Buchstaben wurde schlanker und höher. Die Offenheit im Wortbild erleichtert den Einsatz über alle Medien, und bei gleicher Breite ist die Wortmarke größer und leichter lesbar. Aus dem Adler wurde ein Symbol, das zum einen die bisherige Form widerspiegelt, zum anderen die drei Säulen des Unternehmens (Versicherung, Vorsorge, Vermögen) repräsentiert. Der Konflikt zur

Vergangenheit (Adler) ist somit auch für die internationale Nutzung nicht mehr existent. Außerdem wurde das Blau etwas wärmer und sympathischer, um den Zugang zur Marke zu erleichtern.

Abbildung 2: Allianz, neues Logo

Der Unschärfetest zeigt, dass die Gestalt des Markenzeichens wiedererkennbar ist.

Abbildung 3: Unschärfetest Allianz Logo

3.2 MINI

Was gibt es schöneres, als die Modernisierung eines Klassikers? Den Autodesignern ist sicher ein großer Wurf gelungen, den Kult-MINI wieder aufleben zu lassen. Für uns eine vergleichbare Herausforderung: Alles neu, aber so, dass alle den neuen Entwurf genauso lieben wie das Original.

Der neue MINI sollte kraftvoll, frech, modern, sympathisch werden. Beim letztgenutzten Logo war zu sehen, dass die 70er und 80er Jahre das Design bestimmten. Die Modifikationen sind behutsam und grundlegend. Aus dem Kreis wurde das Oval, um die selbstbewusste Typographie stärker zu betonen. Aus den Engelsflügeln wurden kräftige Schwingen mit einer markanten Außensilhouette. Die Oberfläche im Innenkreis (um das Wort MINI) war verchromt, alle anderen Elemente gebürstet mit matter Oberfläche. Damit wurde ein intensiver Kontrast zwischen glänzendem schwarzen Mittelpunkt und umgebendem Metall gesetzt. Ein Kommentar zur Farbe: Der MINI ist bunt, die Summe aller Farben ist Schwarz, also war Schwarz die Leitfarbe für dieses Logo. Leider wurde diese Variante dann doch nicht realisiert, und so blieb der Traum, den Nachfolger meines geliebten MINI Coopers in die Zukunft zu begleiten.

Abbildung 4: MINI, altes Logo

Abbildung 5: MINI, neu entwickeltes Logo

3.3 ECH Entwicklungs-Compagnie Heiligendamm

Wenn ein neues Logo entsteht, ist für den Gestalter alles offen. Wenn das Unternehmen oder die Unternehmung Geschichte hat, gibt es ein paar kleine Einschränkungen. So auch beim ältesten deutschen Seebad, das von einer Investorengruppe wieder restauriert und mit neuer Grandezza erfüllt werden sollte.

Was aber, wenn nahezu niemand Heiligendamm, die Historie und die unglaubliche Einzigartigkeit und Schönheit dieses Ortes kennt? Dann muss das Markenzeichen die Geschichte erzählen. Die Weite und Unberührbarkeit, das Panorama der Ostsee ist der Mittelpunkt, Dunkelblau mit Gold sind die königlichen Farben und das Wappen (1997 entwickelt), die Hommage an die Geschichte. Sechs Jahre später wurde das Grand Hotel Heiligendamm eröffnet und das Wappen blieb das Qualitätszeichen für den Luxus dieses Ortes.

Abbildung 6: Heiligendamm, Logo

Abbildung 7: SPA, Wappen im Pool

3.4 Stadt Münster

Wie sind wir an die Aufgabe herangegangen, eine Marke zur Bewerbung Münsters als Kulturhauptstadt für Europa 2010 zu schaffen? Das Konzept bestimmte die Form. Das Konzept ist das Wort. Briefe, Liebesbriefe, Briefwechsel. Eine Ode an Münster, und die Inhalte verlangen nach einer Gestaltung, die Botschaft in den Vordergrund zu stellen. Die Wortmarke, das Logo, bildet das Haus: Münster, Kulturhauptstadt für Europa 2010. Eine klare Typographie zeigt Selbstbewusstsein, die Unterstriche schaffen Raum für eigene Gedanken. Auf dekorative Elemente wurde bewusst verzichtet, der Inhalt lebt überall. Ob kulturelle Veranstaltungen, Sympathiebekundungen oder durch die Unterstützung von Sponsoren: Münster macht's.

Münster, Kulturhauptstadt für Europa 2010. Bewusst wurden klare Farben gewählt (Rot/ Weiß/ Schwarz), um die Plakativität zu unterstützen. Im Konzept bekommt nicht nur das Wort seinen Raum, genauso das Bild, die Projekte, die Ideen, die Gedanken.

MÜNSTER_________
_KULTURHAUPTSTADT
FÜR_EUROPA__2010

Abbildung 8: Logo Münster, Bewerbung

3.5 Kunstsammlung Nordrhein-Westfalen

Kunstsammlung
Nordrhein-Westfalen

Abbildung 9: Kunstsammlung NRW, altes Logo

Wie kann man eine Institution multiplizieren? Indem man zwei Mal das Gleiche macht. Doch so einfach war es nicht. Die Kunstsammlung Nordrhein-Westfalen in Düsseldorf am Grabbeplatz sollte einen zweiten Standort bekommen. Auch in Düsseldorf, aber im Ständehaus. Die Ortsbezeichnung als Zusatz würde sich nicht ausreichend differenzieren. Eine Abbildung der Architektur, wie das bisherige Logo, differenziert zwar, beschränkt sich aber auf die Gebäude – und berücksichtigt nicht die Exponate und Ausstellungen. Wir mussten einen anderen Weg gehen: eine neue Marke sollte für beide Museen geschaffen werden. Es entstand K20 und K21 – abgeleitet aus den Inhalten Kunst des 20. Jahrhunderts und früher, und Kunst des 21. Jahrhunderts (Gegenwart und Zukunft).

K20 K21
KUNSTSAMMLUNG NORDRHEIN-WESTFALEN

Abbildung 10: K20K21, neu entwickeltes Logo

Die neue Marke ist auch für internationale Besucher leicht aussprechbar, und diese Bezeichnungen sind von der Stadt, dem Land, den Journalisten und Kritikern sehr schnell angenommen worden. Die Farben haben wir von den Gebäuden abgeleitet: Die schwarze

Fassade des K20 spiegelt sich im kühlen Blauton wider, die Ziegelfassade bestimmte das warme Rot. Auch die Typografie beider Marken ist nicht gleich, um den Unterschieden beider Häuser gerecht zu werden.

Fazit: Markenzeichen brauchen Stabilität und Kontinuität, Stillstand ist aber auch nicht zulässig. Wie sich Persönlichkeiten weiterentwickeln, müssen Marken genauso durchleben. Das heißt Evolution in Gestalt und Farbe. Zur richtigen Zeit behutsam, mit Herz und Verstand.

Literaturverzeichnis

HELLER, E. (2002), Wie Fraben wirken, Reinbeck 2002.

KÜTHE, E./KÜTHE, F. (2003), Marketing mit Farben, Wiesbaden 2003.

Andreas von Loeper und Thilo Schotte

Commitment des Kunden in der Marketingpraxis

1. Die Bedeutung von Commitment als Marketingparameter

1.1 Die Hintergründe des Commitment-Ansatzes

Eine der Kernaufgaben für die Marketingabteilungen besteht darin, die Aktivitäten auf Zielkundensegmente auszurichten und dabei die begrenzten Ressourcen möglichst effektiv einzusetzen. In der Regel werden für identifizierte Zielsegmente Basisstrategien entwickelt, die die grundsätzliche Ausrichtung der Aktivitäten definieren. Unter den üblichen Segmentierungsdimensionen finden sich häufig Dimensionen wie Kundenwert oder Kundenverhalten wieder. Allzu oft liefern diese Segmentierungen jedoch nur bedingten Mehrwert. Die Problematik besteht darin, dass kaum Variablen in die Segmentierung einfließen, die das Kundenverhalten valide vorhersagen können. Dies liegt im Wesentlichen daran, dass in der Wahrnehmung vieler Marketingexperten verhaltensrelevante Variablen, die auch Prognosefähigkeiten mit sich führen, Mangelware sind.

Die Folgen sind Maßnahmen, die ins Leere laufen, und nicht selten ein Verfehlen der im Vorfeld gesteckten Ziele. Um diese Folgen zu vermeiden, benötigt das Marketing bessere verhaltensrelevante Segmentierungen. Einen sehr guten Indikator für zukünftiges Konsumentenverhalten stellt das Konstrukt des Commitment dar. Auch wenn das Commitment-Konzept in Europa bislang nur vereinzelt von Marketingspezialisten verwendet wird, so ist die Idee des Commitment nicht neu. Commitment hat seine Ursprünge in der Religionstheorie. Die Beantwortung der Frage, warum Menschen Mitglieder einer Glaubensgemeinschaft werden bzw. warum sie von einer in eine andere Glaubensgemeinschaft wechseln, hat zu der Entwicklung des Commitment-Ansatzes geführt. Ein unerklärbares Phänomen der religiösen Konversion war, dass der Wechsel in manchen Fällen plötzlich geschah und in anderen sich allmählich entwickelte.

Anfang der 80er Jahre ist es Jan Hofmeyr (Universität Kapstadt) gelungen, ein Modell zu entwickeln, das dieses Verhalten entsprechend erklärte – nämlich den Commitment-Ansatz. Dieser wurde von BBDO Consulting in Zusammenarbeit mit der Katholischen Universität Eichstätt-Ingolstadt operationalisiert und zu einem anwendungsstarken Verfahren mit weitreichenden Implikationen für das strategische und operative Marketing weiterentwickelt.

1.2 Definition des Commitment-Konzeptes

Der Begriff des Commitment ist der neudeutschen Sprache nicht fremd. Man könnte es mit Engagement, Hingabe oder Verpflichtung übersetzen. Diese wörtliche Bedeutung ist jedoch nicht identisch mit dem Konstrukt des Commitment, wie es im Bereich des Marketings verwendet wird. In modernen Marketingansätzen versteht man unter Commitment die persönliche Identifikation des Kunden mit dem Produkt bzw. der Marke. Somit geht Commitment an sich weit über einen bisherigen Schwerpunkt von Marketingabteilungen, nämlich Kundenzufriedenheit, hinaus. Commitment besteht insgesamt aus vier Dimensionen:

1. *Zufriedenheit* mit der Marke/ dem Produkt: Die Zufriedenheit mit einer Marke/ einem Produkt ist eine häufig genutzte Kennziffer, die allein kaum valide etwas über das zukünftige Verhalten des Konsumenten aussagt. Zum Beispiel ist der Kunde in zahlreichen Fällen unzufrieden, hat aber keinen Anlass zu wechseln bzw. empfindet die alternativen Produktangebote als weniger attraktiv und wechselt nicht. Branchenübergreifend wurde festgestellt, dass Kundenzufriedenheit allein kein guter Indikator für zukünftiges Verhalten ist.[1]

2. Der zweite Bestandteil des Commitment-Konstruktes ist die *Attraktivität von Wettbewerbsangeboten*: In jedem Entscheidungsprozess vergleicht der Konsument die Produkte in seinem „relevant set". Sollten die Alternativen für den Verbraucher unattraktiv sein, so gibt es einen weniger ausgeprägten Anreiz, die Marke zu wechseln.

3. Das *Involvement* des Kunden mit der Produktkategorie: Hiermit wird festgestellt, welchen Stellenwert die Produkt-/Markenwahl für den Konsumenten hat. Ohne Involvement ist auch kaum Commitment zu erzielen. Je höher die Bedeutung des Involvements ist, desto höher ist auch die Wahrscheinlichkeit, dass der Verbraucher sich Zeit für die Entscheidung bei der Produkt-/Markenwahl nimmt. Typische Beispiele für Entscheidungen mit hohem Involvement sind Autokauf, Häuserkauf etc.

4. Das *Image* der Marke dient schließlich als vierte Komponente von Commitment. Image ist ein wesentlicher Bestandteil der Markenplattform und somit ein wichtiger Parameter im Verlaufe des Kaufentscheidungsprozesses.

1 Vgl. Hofmeyr (2002), S. 24.

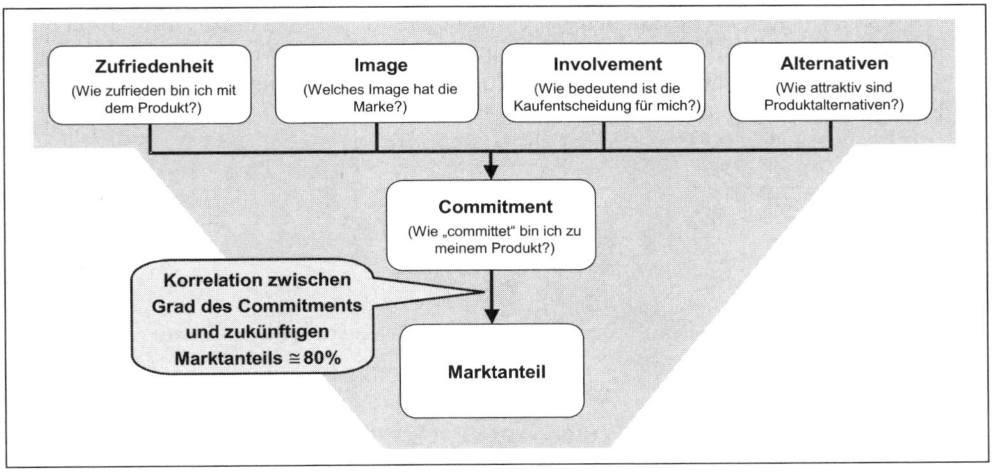

Abbildung 1: Komponenten von Commitment und Erklärungsgehalt

Das Zusammenspiel dieser vier Einstellungsvariablen bietet einen hohen Erklärungsgehalt und korreliert hervorragend mit tatsächlichem Kundenverhalten. Gemäß Hofmeyr/Rice (2002) erklärt Commitment branchenübergreifend zu ca. 80 % zukünftiges Kundenverhalten bzw. den zukünftigen Marktanteil (vgl. Abbildung 1).[2]

Grundsätzlich lassen sich verschiedene Intensitäten von Commitment unterscheiden. Für das Marketing bedeutet das, dass Kunden sowie Nichtkunden in verschiedene Zielgruppensegmente differenziert werden müssen, die jeweils eine eigene Strategie hinsichtlich Positionierung, Pricing und Kommunikation erfordern. Üblicherweise unterteilt man die Kunden/Wettbewerberkunden in (a) begeisterte, (b) zufriedene, (c) tendenziell wechselbereite und (d) stark wechselbereite Kunden/Wettbewerberkunden (vgl. Abbildung 2):

- *Begeisterte Kunden* sind überzeugte Nutzer ihrer Marke mit einer hohen emotionalen Bindung. Diese Kunden haben eine sehr geringe Wechselneigung und sind daher für Wettbewerber unerreichbar.
- *Zufriedene Kunden* sind nur teilweise überzeugte Nutzer ihrer Marke mit einer mittleren emotionalen Bindung. Die Wechselneigung dieser Kunden ist derzeit gering und kann sich mittelfristig bis langfristig erhöhen. Diese Kunden sind für Wettbewerber momentan unerreichbar.
- *Tendenziell wechselbereite Kunden* haben nur eine schwach ausgeprägte emotionale Bindung zu ihrer Marke. Sie besitzen damit eine grundsätzliche Wechselneigung und sind daher für Wettbewerber erreichbar.

2 Vgl. Hofmeyr (2002), S.125.

- *Stark wechselgefährdete Kunden* haben keine emotionale Bindung zu ihrer derzeitigen Marke und werden, im Falle eines attraktiven Alternativangebotes, aller Wahrscheinlichkeit nach abwandern. Diese Kunden sind daher emotional für Wettbewerber sehr leicht erreichbar.

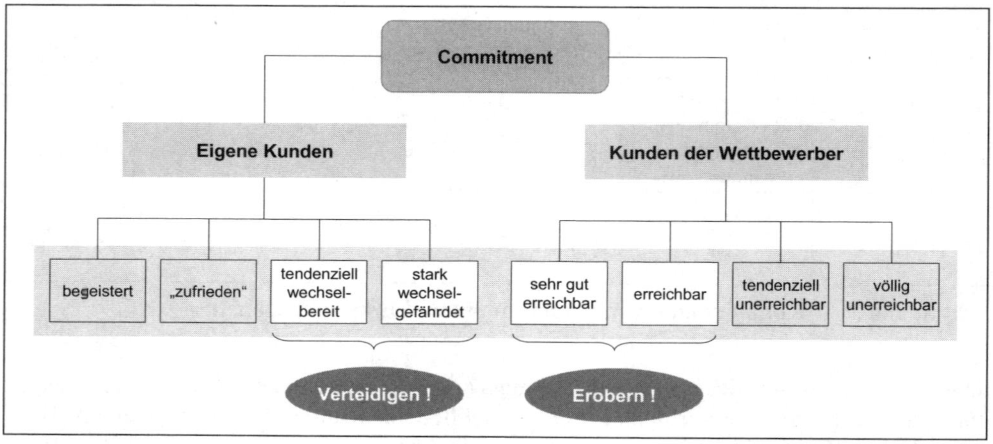

Abbildung 2: Commitment-Segmente nach Grad der Wechselbereitschaft

1.3 Integrativer Charakter von Commitment in Bezug auf Marken- und Kundenmanagement

Die gesamte Wirkung sämtlicher Marketingaktivitäten lässt sich in den einzelnen Stufen des Kaufentscheidungsprozesses abbilden. Ein Leistungsangebot durchläuft in der Wahrnehmung des Konsumenten verschiedene Phasen von Bekanntheit über Image und Kaufbereitschaft bis hin zum Kauf und letztlich zur Markentreue (vgl. Abbildung 3). Im Abrieb über diese Phasen spiegelt sich die vom Kunden wahrgenommene Wirkung des Marketing-Mixes wider. Somit lässt sich durch den Wettbewerbsvergleich der Abriebe zwischen diesen einzelnen Phasen des Kaufentscheidungsprozesses erkennen, wo für ein Unternehmen Handlungsbedarf besteht bzw. welche Prioritäten im Marketing gesetzt werden sollten: Markenaufbau, Marktpenetration oder Loyalisierung. Dies bedeutet, dass man prinzipiell unterscheiden kann, ob Instrumente des Markenmanagements erforderlich sind, um die Markenplattform – also die Dimensionen Bekanntheit oder Image – zu stärken oder ob eher Instrumente des Kundenmanagements zu bevorzugen sind, um Abschlussbereitschaften, Marktanteile bzw. Loyalität zu verbessern. Praktisch stehen dieser Priorisierung jedoch organisatorische Hürden im Weg. Da in den meisten Unternehmen Markenmanagement und Kundenmanagement in unterschiedlichen organisatorischen

Einheiten angesiedelt sind, so erfolgt in der Regel eine isolierte Optimierung der jeweils separat angestrebten Ziele, mit dem Ergebnis, dass suboptimale Ergebnisse erzielt oder Ressourcen verschwendet wurden. „Executives", die eine übergeordnete Perspektive einnehmen sollten, überbrücken leider zu selten das Silo-Denken und behelfen sich bisweilen damit, Reports aus den verschiedenen Abteilungen zu integrieren und zu konsolidieren, um integrativ steuern zu können.

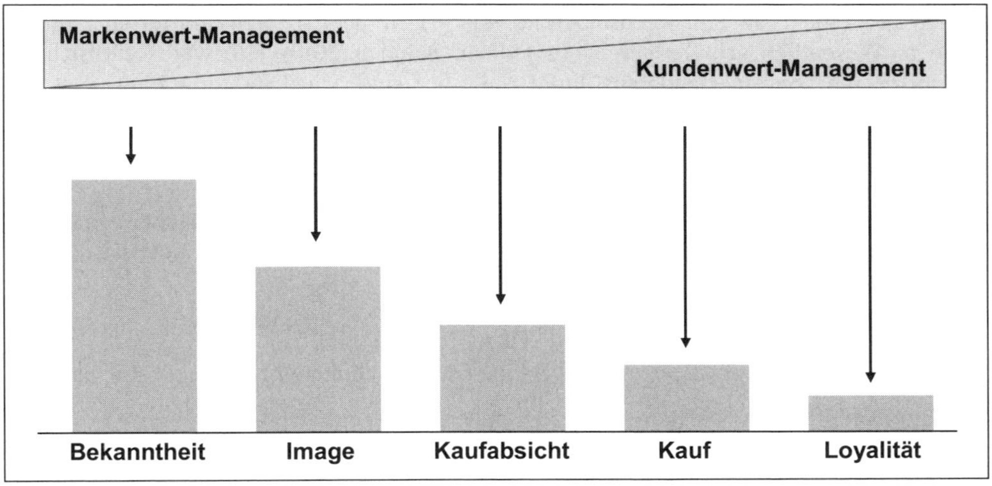

Abbildung 3: Relevanz von Marken- und Kundenmanagement entlang des Kaufentscheidungsprozesses

Commitment könnte stattdessen als übergreifender Steuerungsparameter hinzugezogen werden. Es beinhaltet einerseits mit „Image" eine Zielgröße des Markenmanagements, die neben Markenbekanntheit eine der zentralen Steuerungsgrößen in diesem Bereich darstellt. Andererseits umfasst Commitment mit Kundenzufriedenheit einen wichtigen Steuerungsparameter des Kundenmanagements. Darüber hinaus zielt das Kundenmanagement mit zahlreichen Aktivitäten – wie z. B. mit emotional aufgeladenen Kundenbindungsprogrammen – darauf, das Involvement des Kunden zu beeinflussen, eine weitere Komponente von Commitment.

Das Commitment-Konzept bietet aufgrund seines übergreifenden und integrativen Charakters eine übergeordnete Perspektive und könnte also als ein Steuerungsparameter fungieren, der einem integrativen Marken- und Kundenmanagement dient.

2. Anwendung von Commitment in der Marketingpraxis

„Die Hälfte aller Ausgaben im Marketing sind überflüssig, das Problem ist, ich weiß nicht welche Hälfte.“ ist eine vielzitierte Aussage von John Wanamaker aus dem Jahr 1886. Dem ist insoweit zuzustimmen, als Marketingmanager häufig zu viel Energie darauf verwenden, Kunden zu akquirieren, die für sie überhaupt nicht erreichbar sind. Natürlich ist es nicht einfach, wechselbereite Kunden zu identifizieren und für sich zu gewinnen. Wesentlich schwieriger ist es jedoch, Kunden des Wettbewerbs für sich zu gewinnen, die von einer anderen Marke begeistert sind. Die Erfahrung zeigt, dass die unerreichbaren Segmente wesentlich größer sind als allgemein erwartet (vgl. Abbildung 4). Die direkte Schlussfolgerung lautet, dass Optimierungspotenziale in den Marketingbudgets ebenso deutlich größer sind als von Experten häufig angenommen.

Die Ausrichtung der Marketingaktivitäten auf Commitment kann für manche Unternehmen der entscheidende Schritt zu Wachstum sein. Die Ursache dafür liegt darin, dass committete Kunden:

- eine höhere Kauffrequenz, Cross-buying-Affinität sowie Zahlungsbereitschaft haben,
- höhere Loyalität aufweisen und somit einen deutlich höheren Lifetime Value haben,
- kaum anfällig sind für Akquisitionsaktivitäten von Wettbewerbern,
- als Botschafter der Marke fungieren.

Abbildung 4: Commitment zu der am häufigsten genutzten Marke in den USA (in %)[3]

3 Vgl TNS Intersearch (2003), S. 1.

Dadurch ergeben sich aus der Ausrichtung der Marketingaktivitäten am Commitment der Kunden grundsätzlich in sämtlichen Marketingphasen Anwendungsfelder. In den folgenden Abschnitten werden Anwendungen in der Phase der Angebotsplanung, für Akquisitionsprogramme sowie für Loyalitätsprogramme beispielhaft geschildert (vgl. Übersicht in Abbildung 5).

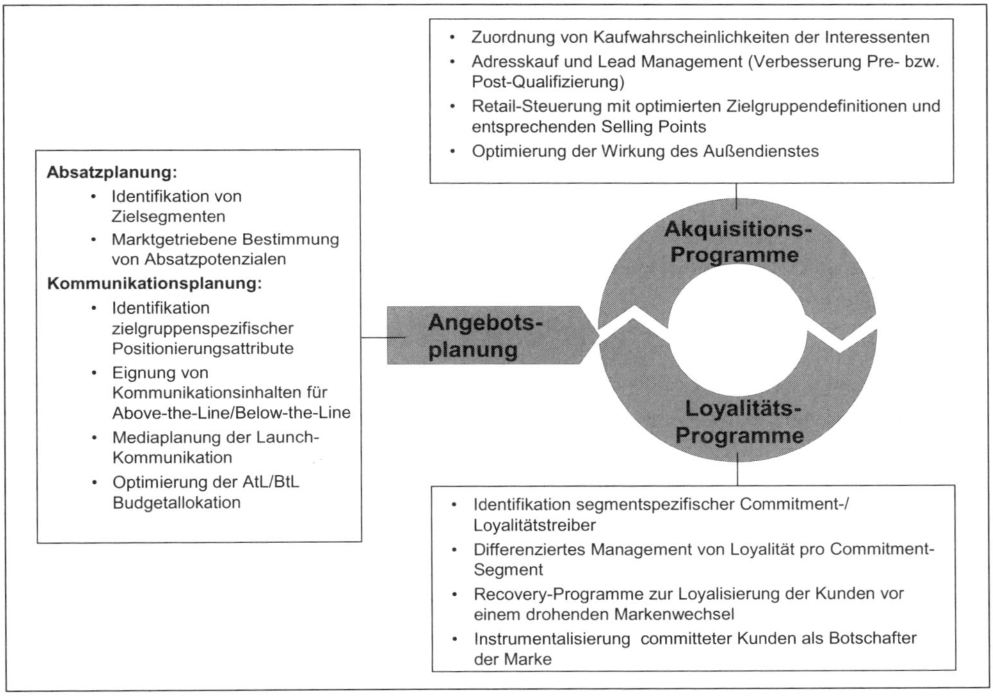

Abbildung 5: Übersicht über Anwendungsfelder von Commitment in der Marketingpraxis

2.1 Angebotsplanung

Die Phase der Angebotsplanung stellt für viele Unternehmen auch im Marketing eine besondere Herausforderung dar, da es mit vielen Unsicherheiten umzugehen gilt. Die wesentlichen Anwendungsbereiche von Commitment liegen hier in der Absatz- sowie in der Kommunikationsplanung.

- Absatzplanung

Ein besonders großes Risiko birgt die Absatzplanung, da weitere Planungen (Einkauf, Produktion, Verkaufsunterstützung, Distribution) in der Regel auf dieser aufsetzen. Daher ist es umso wichtiger, dass der Planung ein Mindestmaß an Genauigkeit innewohnt. Kann der Planer sich an Vergangenheitswerten orientieren, so hilft ihm dies sicherlich. Schwieriger wird es jedoch, wenn man neue Produkte auf den Markt bringt bzw. neue Märkte bedienen will und keine Erfahrungswerte als Planungsgrundlage zur Verfügung stehen. Mit dieser Unsicherheit haben z. B. Automobilhersteller regelmäßig bei der Einführung einer neuen, die Modellpalette ergänzenden Baureihe zu kämpfen. Bisweilen werden jedoch die anvisierten Absatzziele deutlich verfehlt, in Extremfällen mit der Konsequenz, dass Baureihen ein bis zwei Jahre nach der Einführung wieder vom Markt genommen werden müssen. Dies liegt an der mangelnden Prognosegüte traditioneller Planungsansätze.

In der Automobilindustrie werden zum Zwecke der Planung in der Regel quantitative Marktprognosemodelle mit Loyalitätserfahrungswerten (sofern vorhanden) und Händlererwartungen kombiniert. Bei der Ableitung von Absatzzielen spielen darüber hinaus Renditeziele eine Rolle, deren Rahmenbedingungen (insbesondere die Kostenstrukturen) auf die Variablen Preis und Absatzvolumen zunehmenden Druck ausüben. Häufig führt dies zu überzogenen Stretch-Goals. Eine Commitment-basierte Segmentierung des Marktes hingegen ermöglicht durch eine Verknüpfung der Wechselbereitschaft von Wettbewerbskunden mit der Kaufbereitschaft im Markt die *Identifikation von Zielsegmenten*. Die quantitative Bewertung dieser Zielsegmente führt zu einer realistischen *marktgetriebene Bestimmung von Absatzpotenzialen*.[4] Für die Absatzplanung neuer Modelle, die auf die umfangreiche Eroberung von Marktanteilen aus neuen Segmenten abzielen, ergeben sich hieraus signifikante Vorteile. Es kann prognostiziert werden, aus welchen Segmenten Absatz in welcher Höhe erobert werden kann bzw. wie groß die Potenziale insgesamt in welchen Segmenten sind. Das Risiko einer Fehlplanung kann so deutlich reduziert werden.

- Kommunikationsplanung

Über die Identifikation der Ziel-Segmente und der Absatzpotenzialschätzung hinaus, ermöglicht die Abfrage des Commitment die *Identifikation zielgruppenspezifischer Positionierungsattribute*. Im folgenden Beispiel aus dem Markt für Mobiltelefone wird anhand von Samsung und Motorola illustriert, dass die Inhalte der Kommunikation von Ziel-Segment zu Ziel-Segment unterschiedlich sein können. Besitzer von Samsung und Motorola-Handys gelten als Zielsegmente für Akquisitionen von Sony Ericsson. Abbildung 6 zeigt auf, welche unterschiedlichen Kriterien den wechselgefährdeten Besitzern von Handys dieser Marken beim Kauf wichtig gewesen sind:

---

4 Vgl. hierzu Hinzdorf/Thaden/Jullens et.al (2003), S. 15-16.

Für wechselgefährdete Motorola-Kunden sind vor allem *Basis-Dimensionen* von Bedeutung. Basis-Dimensionen umfassen in erster Linie grundlegende Funktionen, die jedes Handy erfüllen sollte. Wichtig wird dann vor allem der Preis. Auf der anderen Seite nehmen die *Designdimensionen* vor allem für Samsung-Besitzer eine gewichtige Rolle ein.

Für Sony Ericsson bietet sich somit eine differenzierte Kommunikations-Strategie an: Bei Motorola-Kunden sollten die günstigen Basismodelle in den Fokus gestellt werden, und bei Samsung-Nutzern sollten vor allem die Design-Dimensionen betont werden. Eine solche differenzierte Ansprache wird zum Beispiel durch entsprechende spitze Below-the-Line-Maßnahmen möglich.

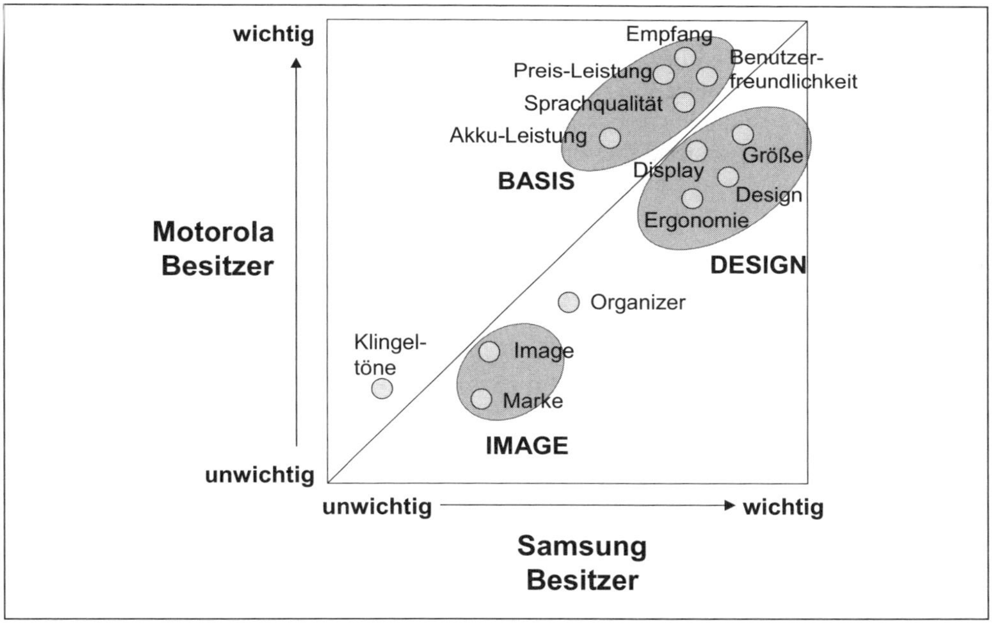

Abbildung 6: Relevanz der Produkteigenschaften für die Kaufentscheidung bei wechselgefährdeten Besitzern von Motorola und Samsung Handys[5]

Gleichermaßen findet sich für die *Mediaplanung der Kommunikation* eine interessante Anwendung. Diese hängt mit der Tatsache zusammen, dass Commitment mit der Aufmerksamkeit des Konsumenten für Kommunikation korreliert. So erreicht klassische Werbung vor allem bereits „committete" Kunden, wohingegen nicht „committete" Kun-

5 Vgl. Spakowski/Thaden (2003), S. 33.

den der Kommunikation sehr viel geringere Aufmerksamkeit widmen (gemessen z. B. in der durchschnittlichen Betrachtungszeit einer Anzeige). Das bedeutet, dass sich mithilfe des Commitments bestimmen lässt, welche Zielgruppen eher mit Above-the-Line (AtL)- und welche eher mit dialogorientierten Below-the-Line (BtL)-Maßnahmen erreicht werden können. Dies hat zur Folge, dass das Verhältnis von Massenkommunikation und Dialogkomponenten optimiert werden kann. Durch eine daraus abgeleitete *Optimierung der AtL/BtL Budgetallokation* können Effizienz und Effektivität von Kommunikationsmaßnahmen deutlich gesteigert werden.

2.2 Akquisitionsprogramme

Weitere Anwendungen für das Commitment-Modell liegen in der Gestaltung von Akquisitionsprogrammen. Insbesondere in vertriebsintensiven Industrien, in denen es wichtig ist, zu verstehen, bei welchen Zielsegmenten sich der aufwendige Akquisitionsprozess rechnet, eröffnen sich durch die Fokussierung auf erreichbare Kunden neue Effizienzpotenziale. Commitment-basierte Zielsegmente lassen die *Zuordnung von Kaufwahrscheinlichkeiten* aufgrund des aktuellen Produktes des Interessenten zu. Im Fall der Automobilhersteller erfolgt dies z. B. durch das aktuelle Fahrzeug.

Auf Commitment-Segmenten beruhende Zielgruppenprofile sind weiterhin deswegen vorteilhaft, weil sie von Beginn an eine höhere Wahrscheinlichkeit für die Erreichbarkeit des Kunden implizieren. Aufgrund des verbesserten Kriterienkatalogs für den *Adresskauf* (Pre-Qualifizierung) ist eine deutlich höhere Response-Rate in dialogorientierten Betreuungsprogrammen zu erwarten, die zwischen 40 % und 100 % höher liegt als bei klassischen Zielgruppenbeschreibungen. Während des *Lead-Management-Prozesses* dient Commitment dann als Qualifizierungskriterium und ermöglicht die Validierung der ex-ante-Abschätzung von Kaufwahrscheinlichkeiten der Interessenten (Post-Qualifizierung). Die erwartete Kaufwahrscheinlichkeit ist vor allem für die Händler bzw. Verkäufer ein wichtiger Hinweis, damit sie abwägen können, wie viel Aufwand sie in die Akquisition des Interessenten investieren sollten. Darüber hinaus können dem Händler z. B. konkrete *„Selling Points"* an die Hand gegeben werden, welche Verkaufsargumente in Abhängigkeit des aktuell gefahrenen Modells des Kunden am vielversprechendsten sind. Somit wird die Commitment-Segmentierung zu einem wichtigen Instrument der *Retail-Steuerung*.

Die Konvertierungsrate von Akquisitionsprogrammen kann aufgrund der Commitment-basierten Profilbeschreibung von Zielsegmenten sowie über die Abfrage des individuellen Commitments im Dialog insgesamt deutlich gesteigert werden (siehe Beispiel in Abbildung 7).

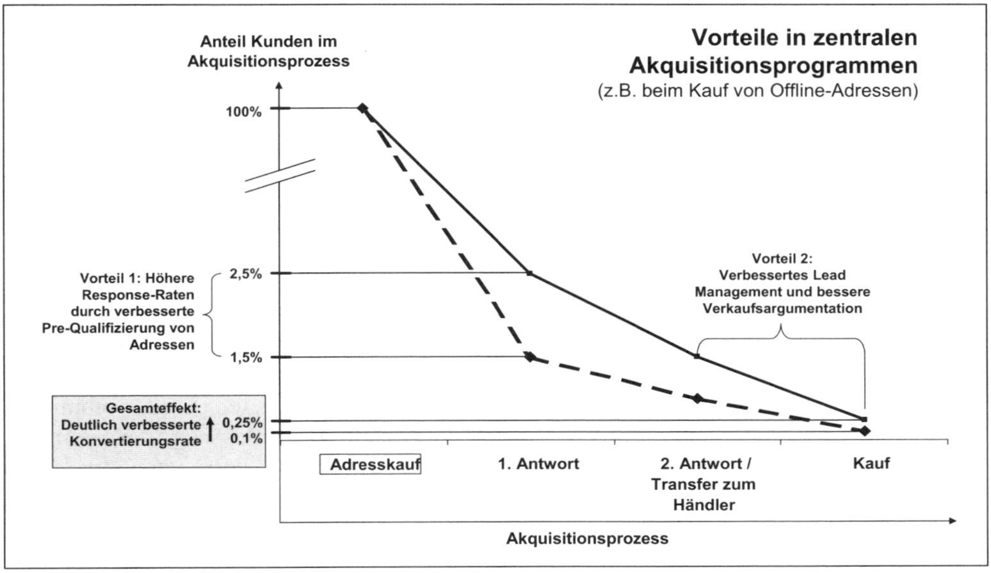

Abbildung 7: Vorteile in zentralen Akquisitionsprogrammen

In Industrien, die für die Betreuung ihrer Kunden einen aufwendigen Außendienst haben, kann aufgrund der Erkenntnisse hinsichtlich des Commitments ihrer Kunden die Besuchsplanung optimiert werden. Ein Beispiel für eine solche Industrie bietet die Pharma-Branche. Im Fall des Vertriebs von Arzneimitteln, bei denen Ärzte zwischen mehreren wirkungsähnlichen Präparaten wählen können, sind die Pharma-Unternehmen auf die Verschreibungsgunst der Ärzte angewiesen. Die Schwierigkeit ist in diesem Fall, zu erkennen, auf welche Ärzte der Mitarbeiter des Außendienstes sich konzentrieren sollte und welchen er weniger Aufwand beimessen sollte. Ein Außendienstmitarbeiter betreut täglich ca. 10-15 Ärzte und hat in den seltensten Fällen mehr als 15 Minuten Interaktionszeit mit dem Arzt, der ihm diesen Zeitabschnitt womöglich nur aus Goodwill zuteilt. Mit der Information über das individuelle Commitment der Ärzte lässt sich die Besuchsplanung komplett neu strukturieren und die *Wirkung des Außendienstes optimieren.*

2.3 Loyalitätsprogramme

Auch in der Konzeption und konkreten Ausgestaltung von Loyalitätsprogrammen bietet der Commitment-Ansatz sinnvolle Anwendungsgebiete. Grundsätzlich sollten Loyalitätsprogramme aufgrund der hohen Korrelation von Commitment und Kaufverhalten darauf ausgerichtet sein, das Commitment des einzelnen Kunden gezielt zu erhöhen. Dazu ist es zunächst wichtig zu verstehen, was Commitment konkret treibt. Daher sollten Loyalitätsstudien, in denen Loyalitätstreiber (z. B. über das Conjoint-Verfahren) ermittelt werden, grundsätzlich Screening-Fragen nach dem Commitment des Befragten enthalten. So lassen sich die konkreten *segmentspezifischen Commitment-/Loyalitätstreiber* identifizieren und Loyalitätsprogramme individuell danach ausrichten. Das Commitment-basierte Loyalitätsmanagement liefert die Möglichkeit der zielgerichteten Adressierung unzufriedener bzw. latent wechselbereiter Kunden, während heutige Loyalisierungsmaßnahmen bisweilen Kunden betreffen, deren Commitment ohnehin bereits sehr hoch ist.

Die Fokussierung auf jene gefährdeten Kunden bzw. die Antizipation von Abwanderungsbereitschaft ermöglicht insbesondere für Branchen mit langer Produkthaltedauer, wie z. B. in der Automobilindustrie, frühzeitige *Recovery-Programme*, bevor der Kunde für die nächste Halteperiode von 3-5 Jahren verloren wird. Aber auch bereits committete Kunden lassen sich sinnvoll ansprechen. So ist die gezielte Beeinflussung ihres Kommunikationsverhaltens mit Peer Groups denkbar, um sie verstärkt als *Botschafter der Marke* zu nutzen.

3. Fazit

Die Ausarbeitungen haben gezeigt, dass die Nutzung von Commitment als Marketingparameter einen Beitrag sowohl zur Effektivität als auch zur Effizienz der Marketingaktivitäten liefern kann. Damit adressiert es wesentliche Kernprobleme der heutigen Marketingpraxis im Marken- und Kundenwertmanagement. Insofern ist davon auszugehen, dass die Konzepte des Commitment-basierten Marketings auch in den Europäischen Marketingabteilungen vieler Industrien vermehrt Anwendungen finden.

Literaturverzeichnis

Hinzdorf, T./Thaden, C.v./Jullens, J. et al. (2003), Commitmentbasierte Segmentierung-Kompass fürs Marketing, in Thexis, o. Jg., Nr. 4, 2003, S. 12-16.

Hofmeyr, J./Rice, B. (2002), Commitment Marketing: Markentreue aus Begeisterung, München 2002.

Spakowski, D/Thaden C.V. (2003), Zufriedene Kunden reichen nicht, in: Marketingjournal, o. Jg., Nr. 5, 2003, S. 30-33.

TNS Intersearch (Hrsg.) (2003), The Indifferent Nature of QSR Consumers, http://www.tns-i.com/restaurants.pdf, Abruf: 22.12.2003.

Bernd W. Wirtz und Katharina P. Roth

Grundlagen der Markenbewertung

1. Einführung

Der Markenwert hat in den letzten Jahren zunehmend an Bedeutung sowohl in der Unternehmenspraxis als auch in der betriebswirtschaftlichen Forschung gewonnen. Für viele Unternehmen ist der Wert ihrer angebotenen Marken, auch „Brand Equity" genannt, der bedeutendste Vermögensgegenstand überhaupt. So schätzten in einer Studie von PriceWaterhouseCoopers/Sattler die befragten Unternehmen für das Jahr 1999 den Anteil des Markenwertes am Gesamtunternehmenswert auf 56 %, wobei in Zukunft noch eine Steigerung dieses Anteils erwartet wird.[1] Da in Ländern wie Deutschland (im Gegensatz zu Großbritannien) eine Bilanzierung des Markenwertes nicht zulässig ist,[2] wird dieser häufig erst bei Unternehmensakquisitionen sichtbar, bei denen für Marken teilweise enorme Beträge bezahlt werden. Ein bekanntes Beispiel hierfür ist die Übernahme von Rowntree Macintosh durch Nestlé, bei dem der Kaufpreis das Dreifache des Börsenwertes und das 26fache der von Rowntree Macintosh erwirtschafteten Erlöse betrug.[3]

Noch offensichtlicher wird die Bedeutung des Markenwertes im Bereich der Markenlizenzierung. Hierbei wird dem Markenlizenznehmer vom Markeninhaber das Recht verliehen, seine Marke (in Zusammenhang mit einem bestimmten Produkt oder einer Region) zu nutzen.[4] Bei vielen Unternehmen ist der Anteil des Markenumsatzes, der auf die Vergabe von Lizenzen fällt, bereits beträchtlich.[5] Darüber hinaus wird mit der zunehmenden Bedeutung des Shareholder Value eine realitätsnahe Abbildung des Unternehmenswertes immer wichtiger. Da der Anteil von immateriellen Vermögensgegenständen am Gesamtunternehmenswert immer höher wird, ist eine systematische Erfassung des immateriellen Markenwertes von zentraler Bedeutung.[6]

Im Rahmen dieses Beitrages wird zuerst eine Definition und Abgrenzung des Begriffs Markenwert vorgenommen sowie die Anwendungsbereiche der Markenbewertung diskutiert. Anschließend werden einige ausgewählte Ansätze zur Markenbewertung vorgestellt und ihre zentralen Vor- und Nachteile besprochen. Abschließend wird eine Gegenüberstellung und Bewertung der einzelnen Verfahren vorgenommen und ihre Eignung für bestimmte Bewertungszwecke diskutiert.

---

1 Vgl. PriceWaterhouseCoopers/Sattler (2001), S. 9 ff.

2 Vgl. Sander/Kartte (2003), S. 48 f.

3 Vgl. Farquhar/Han/Ijiri (1992).

4 Vgl. Esch (2000), S. 941.

5 Vgl. Binder (2000), S. 360 ff.

6 Vgl. Sander/Kartte (2003), S. 45 f.

2. Definition und Abgrenzung des Markenwertes

Der Begriff Markenwert wird in der Literatur nicht einheitlich gehandhabt. Je nachdem, welche Betrachtungsweise für die Bewertung der Marke herangezogen wird, ist eine finanzorientierte, eine konsumentenorientierte und eine kombiniert finanz- und konsumentenorientierte Definition denkbar.[7] Im deutschsprachigen Raum begann die Markenwertdiskussion im investitionstheoretischen Bereich. Dementsprechend wird der Markenwert aus einer finanzorientierten Perspektive als „Kapitalwert abgezinster markenspezifischer Einzahlungsüberschüsse, die der Eigentümer aus der Marke erwirtschaften kann"[8], definiert. Dieser Barwert, sofern er auf den Wert einer Einzelmarke zurückgeführt werden kann, stellt so etwas wie einen „fairen Preis" bei der Transaktion von Markenrechten und Lizenzen dar.[9]

Bei dieser Begriffsdefinition wird jedoch die Wertschätzung einer Marke aus Sicht der Konsumenten außer Acht gelassen. Deshalb wird vor allem von empirisch orientierten Marketingwissenschaftlern der konsumenten- bzw. absatzorientierte Ansatz bevorzugt. Hierbei wird in erster Linie der Konsument als Quelle der Markenwertentstehung angesehen, während in der Folge die Markenkapitalisierung erst bei dem Markeninhaber erfolgt.[10] Brand Equity kann somit als „Attraktivität einer Marke für den Konsumenten, die nicht durch das kurzfristige Marketing-Mix erklärt werden kann"[11] definiert werden.

Im Folgenden sollen beide Perspektiven des Markenwertes Berücksichtigung finden, da für eine umfassende Bewertung des Markenwerts eine kombiniert finanz- und konsumentenorientierte Sichtweise notwendig ist.[12] Hierbei wird der Markenwert definiert „als die durch die Markierung ausgelösten gegenwärtigen und zukünftigen Wertsteigerungen von Leistungen auf Konsumenten- und Unternehmensseite, die ökonomisch nutzbar und in monetären Maßeinheiten zu bewerten sind".[13]

7 Vgl. Esch (2000), S. 953 f.; Irmscher (1996) S. 56 ff.; Maretzki/Wildner (1994), S. 101 f.

8 Kaas (1990), S. 48.

9 Vgl. Diller (1991), S. 44 f.

10 Vgl. Bekmeier-Feuerhahn (1998), S. 34.

11 Maretzki/Wildner (1994), S. 102.

12 Vgl. Sander/Kartte (2003), S. 43; Bekmeier-Feuerhahn (1998), S. 46.

13 Bekmeier-Feuerhahn (1998), S. 46.

3. Anwendungsbereiche der Markenbewertung

Die Markenbewertung kann zu verschiedenen Zwecken vorgenommen werden. So wurden beispielsweise in einer Studie von PriceWaterhouseCoopers/Sattler als Hauptgründe zur Markenbewertung die unternehmensinterne Berichterstattung, der Kauf/Verkauf bzw. die Fusion von Unternehmen(steilen) mit bedeutenden Marken sowie die Steuerung und Kontrolle von Marken genannt (vgl. Abbildung 1).[14] Bei letzterem geht es vor allem um die Ermittlung wesentlicher Bestimmungsfaktoren des Markenwerts, damit daraus Rückschlüsse für die Markensteuerung gezogen werden können.[15]

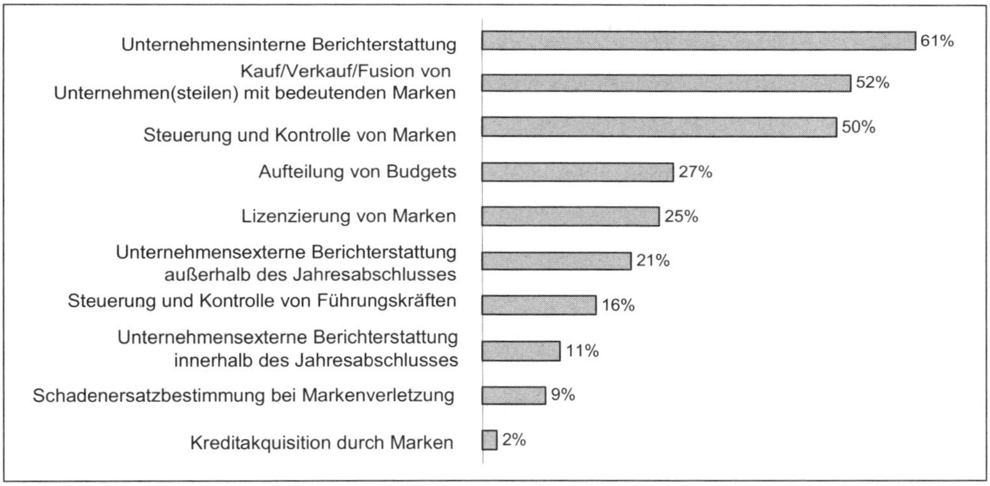

Abbildung 1: Verwendungszwecke bisher durchgeführter Markenbewertungen[16]

Im Hinblick auf die optimale Allokation knapper Ressourcen im Unternehmen kann die Markenbewertung u. a. auch zur Verteilung von Marketingbudgets eingesetzt werden. Sofern der Markenwert auf bestimmte Marketinginstrumente zurückzuführen ist, kann er auch zur Verteilung von Ressourcen innerhalb des Marketingbudgets verwendet werden.[17] Wie oben bereits angesprochen wurde, ist die Markenbewertung auch im Bereich der Markenlizenzierung ein gutes Instrument, um einen „fairen Preis" von Lizenzen zu

14 Vgl. PriceWaterhouseCoopers/Sattler (2001), S. 15.

15 Vgl. Esch (2000), S. 942.

16 In Anlehnung an PriceWaterhouseCoopers/Sattler (2001), S. 15.

17 Vgl. Sattler (1994), S. 665.

ermitteln. Im Zusammenhang mit der steigenden Anzahl von Fällen der Markenpiraterie dient der Wert einer Marke auch als Schadensbemessungsgrundlage. Bekannte Beispiele hierfür sind die Kopie von Lacoste-Kleidung, Louis Vuitton-Taschen und Rolex-Uhren.[18] Der jährliche Schaden durch gefälschte Markenprodukte wurde für das Jahr 2001 von der internationalen Hankelskammer in Paris auf 5-7 % des Welthandels geschätzt, das sind über 359 Mrd. US$.[19]

4. Ansätze zur Berechnung von Markenwerten

So unterschiedlich die Definitionen des Markenwertes sind, so differenziert sind auch die Verfahren zur Messung desselben. Versuche, die Markenbewertungsansätze zu klassifizieren, werden in der Literatur nicht einheitlich gehandhabt. Einige Autoren teilen sie in qualitative und quantitative Methoden sowie in kompositionelle und dekompositionelle Verfahren ein.[20] Hierbei ist unter einem kompositionellen Verfahren die separate Erhebung von Markenwertkomponenten zu verstehen, während bei dekompositionellen Datenerhebungsverfahren eine ganzheitliche Bewertung vorgenommen wird und anschließend eine Zerlegung (Dekomposition) in Einzelgrößen erfolgt.[21]

Eine weitere Möglichkeit, die vielfältigen Ansätze der Markenwertmessung zu strukturieren, ist eine Einteilung in finanz- und verhaltensorientierte Verfahren. Erstere sind quantitativ und gehen hauptsächlich von Betriebsdaten wie Kosten und Erlöse aus. Sie werden allgemein in kostenorientierte, ertragswertorientierte und kapitalmarktorientierte Modelle unterteilt.[22] Ziel dieser Ansätze ist es, einen ökonomischen Markenwert zu ermitteln, der häufig als „Preisprämie, die der Konsument für ein mit einer bestimmten Marke versehenes Produkt gegenüber einem unmarkierten Produkt zu zahlen bereit ist,“[23] definiert wird.

Demgegenüber stellen die verhaltensorientierten Ansätze die Konsumentenbeurteilungen in den Mittelpunkt der Betrachtung. Der konsumentenorientierte Markenwert wird dabei als Markenstärke bzw. -kraft bezeichnet. Mittels Scoring-Modellen wird versucht, ein Verständnis dafür zu entwickeln, wie der Wert einer Marke zustande kommt.[24] Dementsprechend ermitteln verhaltenswissenschaftliche Ansätze häufig nur einen relativen Wert

18 Vgl. Esch (2000), S. 942.

19 Vgl. Martinez (2003).

20 Vgl. Irmscher (1996); Bekmeier-Feuerhahn (1998), S. 69 ff.; Sattler (1999b), S. 8 ff.

21 Vgl. Sattler (2001), S. 155.

22 Vgl. Esch (2000), S. 953.

23 Meffert/Burmann/Koers (2003), S. 8.

24 Vgl. Zimmermann et al. (2001), S. 23.

von Marken bzw. Markenprodukten nach Ansicht der Verwender, Verbraucher oder Experten.[25] Da für eine umfassende Bewertung des Markenwertes sowohl betriebswirtschaftlich-finanzorientierte als auch verhaltenswissenschaftliche Aspekte zu berücksichtigen sind, haben sich in der Praxis zahlreiche Modelle gebildet, die eine Kombination der beiden Ansätze darstellen. Beispiele hierfür sind das Modell von Interbrand, der Brand Performancer von A.C. Nielsen sowie das Brand Equity Evaluation System (BEES)-Modell der BBDO.

Ferner ist eine Einteilung der Markenbewertungsansätze nach dem Aggregationsgrad[26] (Globalmodelle vs. Partialmodelle) bzw. der Stufigkeit[27] (einstufig-direkt vs. mehrstufig-indirekt) sinnvoll. Während einstufige Globalmodelle den Wert der Marke ganzheitlich ermitteln, basieren indikatorgesteuerte Modelle auf einem mehrstufigen Vorgang. Hierbei wird in der ersten Phase die Markenstärke über eine Kriterienliste beurteilt und darauf aufbauend in der zweiten Phase in Geldeinheiten transformiert. Sattler nimmt schließlich noch eine Unterscheidung nach dem Problemfokus (Isolation vs. Prognose markenspezifischer Zahlungen) vor.[28] Da aber die Zuordnung der Verfahren anhand ihrer Lösungsbeiträge nicht überschneidungsfrei vorgenommen werden kann, erfolgt auch bei diesem Verfahren anschließend wieder eine Einteilung in kompositionelle und dekompositionelle sowie monetäre und nicht-monetäre Ansätze.[29]

Nach der Herkunft können die Markenbewertungsmodelle in theoretische vs. praxisorientierte Verfahren eingeteilt werden.[30] Diese Einteilung ist jedoch wenig aufschlussreich, da einerseits die Validität eines Verfahrens anhand von empirischen Studien überprüft wird und andererseits ihre Anwendbarkeit in der Praxis eine Grundvoraussetzung für die Güte eines Verfahrens darstellt. Darüber hinaus hat sich in letzter Zeit eine zunehmende Kooperation zwischen Praxis und Forschung entwickelt.[31]

Aufbauend auf die oben genannten Ansätze zur Strukturierung des Markenwertes wird im Folgenden eine Einteilung der Markenbewertungsansätze in folgende vier Gruppen vorgenommen:[32]

- Finanzorientierte Markenbewertungsmodelle,
- Verhaltensorientierte Markenbewertungsmodelle,
- Kombiniert finanz- und verhaltensorientierte Markenbewertungsmodelle und

25 Vgl. Bekmeier-Feuerhahn (1998), S. 68.

26 Vgl. Franzen/Trommsdorff/Riedel (1994), S. 1381.

27 Vgl. Kriegbaum (2001), S. 89 f.

28 Vgl. Sattler (1999a), S. 633 ff.

29 Vgl. Sattler (2001), S. 156 ff.; Meffert/Burmann (2002), S. 440 f.

30 Vgl. Berndt/Sander (1994), S. 1358 f.

31 Vgl. Meffert/Burmann (2002), S. 441.

32 Vgl. Zimmermann et al. (2001); Sander/Murad-Aga (2003), S. 55.

- Input/Output- und Portfolio-Markenbewertungsmodelle.

Diesen vier Gruppen werden nachfolgend einige ausgewählte Ansätze zugeordnet. Es wird dabei kein Anspruch auf Vollständigkeit gestellt sondern lediglich versucht, stellvertretend insbesondere jene Modelle aufzugreifen, die sich entweder durch ihren hohen Grad an Praxisrelevanz, durch ihre Güte oder durch ihre häufige Nennung in der Literatur auszeichnen.

4.1 Finanzorientierte Markenbewertungsmodelle

Bei den finanzorientierten Verfahren wird eine Bewertung von Marken als immaterieller Vermögensgegenstand analog zur Bewertung herkömmlicher Vermögensgegenstände vorgenommen.[33] Die Markenbewertung kann daher in Analogie zur Firmenbewertung substanzwert- oder ertragswertorientiert erfolgen.[34] Darüber hinaus wird in Anlehnung an Bekmeier-Feuerhahn eine Unterscheidung in kompositionelle und dekompositionelle Verfahren vorgenommen.[35]

- Kostenorientierter Ansatz

Die kostenorientierten Verfahren basieren auf dem Grundgedanken des Substanzwertverfahrens, das insbesondere bei Unternehmensbewertungen angewendet wird und auf der Idee der Rekonstruktion des zu bewertenden Unternehmens beruht. Der Substanzwert des Unternehmens errechnet sich hierbei aus den mit Wiederbeschaffungskosten bewerteten Vermögensgegenständen abzüglich der Verbindlichkeiten sowie der Abschreibungen.[36] In Abhängigkeit vom Zeitpunkt der Kostenbetrachtung ist eine Bewertung nach historischen Kosten oder nach Wiederbeschaffungskosten möglich. Nimmt man eine Bewertung nach historischen Kosten vor, so ergibt sich der Markenwert als Summe aller Investitionen, die in der Vergangenheit zum Aufbau der Marke nötig waren.

Der Wiederbeschaffungskostenansatz versucht hingegen, die Probleme, die sich aus einer Bewertung der Marke nach historischen Werten ergeben, zu umgehen und errechnet sich aus den Kosten, die dem Unternehmen entstehen, um eine Marke gleicher Stärke neu aufzubauen.[37] Zu den kostenorientierten Ansätzen zählt die investititionstheoreti-

33 Vgl. Berndt/Sander (1994), S. 1361.

34 Vgl. Franzen/Trommsdorff/Riedel (1994), S. 1384 f.

35 Vgl. Bekmeier-Feuerhahn (1998), S. 69 ff.

36 Vgl. Heider/Strehlau (2000), S. 502 f.

37 Vgl. Heider (2001), S. 127 f.

sche Restwertbestimmung, die sich aus den bis zum gegenwärtigen Zeitpunkt aufsummierten Markenerträgen abzüglich der bis zum gegenwärtigen Zeitpunkt aufsummierten Markenkosten ergibt.[38]

Positiv anzumerken am kostenorientierten Verfahren ist seine einfache mathematische Methodik, der geringe personelle und zeitliche Aufwand sowie die Vermeidung unsicherer Zukunftsprognosen durch seine Substanzorientierung. Probleme ergeben sich jedoch durch die Beschränkung auf die inputorientierte Sichtweise, wohingegen der Markenwert eher outputorientiert zu betrachten ist, sowie durch die mangelnde Berücksichtigung von Zukunftsaspekten.[39]

- Ertragswertorientierte Ansätze

Bei den ertragswertorientierten Verfahren wird ausgehend von den realisierten Markterfolgen unter Einbeziehung von Prognosemodellen eine Schätzung und Quantifizierung der zu erwartenden Markenerfolge vorgenommen.[40] Typischerweise werden hier Ertragswertansätze verwendet, die auch im Rahmen der Unternehmensbewertung angewendet werden. Eines der ältesten Modelle hierzu ist das Modell von Kern (1962), bei dem die Bewertung einer Marke anhand der mit dieser Marke zukünftig erwirtschaftbaren abgezinsten Reinerträge vorgenommen wird.[41]

Im Zusammenhang mit den ertragswertorientierten Ansätzen wird speziell die Zukunftsorientierung der Methodik positiv bewertet. Typische Kritik an diesem Verfahren wird im Hinblick auf die stark subjektive Einflussnahme des Bewerters auf die entscheidenden Modellkomponenten, z. B. die Prognose der Zahlungsströme, Zeithorizonte und Abzinsungsfaktoren, geäußert.[42]

- Kapitalmarktorientierte Ansätze

Kapitalmarktorientierte Modelle gehen davon aus, dass die Entwicklung des Aktienkurses eines Unternehmens das Zukunftspotenzial einer Marke widerspiegelt. Das bekannteste Markenbewertungsverfahren hierzu ist das Modell von Simon und Sullivan (1993), die den Aktienpreis als Funktion des Markenwertes darstellen. Der Gesamtwert eines Unternehmens wird demnach durch die Multiplikation des Aktienpreises mit der Anzahl der Aktien berechnet und anschließend in materielles und immaterielles Vermögen aufgeteilt. Die immateriellen Vermögensbestandteile werden dann wiederum in markenbezogene und nichtmarkenbezogene Werte aufgeteilt.[43] In diesem Zusammenhang definie-

---

38 Vgl. Zimmermann et al. (2001), S. 34.

39 Vgl. Bekmeier-Feuerhahn (1998), S. 69 f.

40 Vgl. Bekmeier (1995), Sp. 1464.

41 Vgl. Berndt/Sander (1994), S. 1361.

42 Vgl. Esch (2000), S. 953.

43 Vgl. Kranz (2002), S. 442.

ren Simon und Sullivan den Markenwert als Barwert der zukünftigen Gewinne, die sich ausschließlich aus der Markierung einer Sach- oder Dienstleistung mit einem Markennamen ergeben.[44]

Mithilfe dieses Ansatzes ist es möglich, die Wirkung von Marketingmaßnahmen auf den Markenwert darzustellen sowie diesen von anderen Vermögensgütern zu trennen. Durch die Bewertung von Marken aus Sicht des Kapitalmarktes kann das Modell als objektiv eingestuft werden. Probleme ergeben sich durch die ausschließliche Anwendbarkeit auf börsennotierte Kapitalgesellschaften sowie die mangelnde Zuordnungsmöglichkeit des Markenwertes auf einzelne Marken, markenverantwortliche und markenbezogene Aktivitäten. Ferner ergibt sich ein Validitätsproblem des Ansatzes durch die Annahme eines transparenten Marktes, der nur in seltenen Fällen gegeben ist.[45]

- Preisorientierte Markenbewertung

Preisorientierte Verfahren basieren auf der Annahme, dass ein Unternehmen durch die Markierung seiner Produkte ein Preispremium gegenüber unmarkierten Produkten aufgrund von Markeneigenschaften wie Qualität, Bekanntheit, Stärke etc. durchsetzen kann.[46] Der Preisaufschlag kann dabei indirekt durch ex-post-Messung des Markenwahlverhaltens[47] oder direkt mittels Befragung ermittelt werden. Der Wert einer Marke wird durch Multiplikation des Preispremiums mit der Absatzmenge ermittelt. Der Nachteil dieses Ansatzes liegt am direkten Vergleich mit entsprechenden unmarkierten Produkten, der nicht immer durchführbar ist. Des weiteren kann eine Marke auch durch einen reinen Mengeneffekt ohne Durchsetzung eines Preispremiums Werte schaffen.[48]

Ein wesentlich erweiterter Ansatz zur preisorientierten Markenwertmessung stammt von Sander (1994). Grundlage seiner Methodik bildet die hedonische Preistheorie, die Produktpreise durch Produkteigenschaften bzw. deren Ausprägungen erklärt. Dies geschieht mittels multivariater statistischer Verfahren wie der Regressionsanalyse, wobei zur Ermittlung der adäquaten Funktionsform die so genannte Box-Cox-Technik angewandt wird. Nach Bestimmung der hedonischen Preisfunktion kann der auf das Markenzeichen zurückzuführende Erlös berechnet werden. Dieser wird mit der Anzahl der abgesetzten Einheiten multipliziert und ergibt somit den markenspezifischen Umsatz, der nicht hätte erwirtschaftet werden können, ohne im Besitz der Marke zu sein.

Nach Abzug der markenspezifischen Kosten erhält man schließlich den durch die Marke als immateriellen Vermögensgegenstand induzierten Gewinn, der den Wert der Marke aus Sicht des Unternehmens darstellt.[49] Der besondere Vorteil dieser Methodik liegt in der universellen Anwendbarkeit sowie in der theoretisch fundierten Möglichkeit zur Se-

---

44 Vgl Simon/Sullivan (1993), S. 29.

45 Vgl Kriegbaum (2001), S. 622 f.

46 Vgl Sander (1994), S. 78.

47 Vgl Crimmnis (1992).

48 Vgl Kranz (2002), S. 441.

49 Vgl Sander (1995), S. 78.

parierung des Markenwertes vom Wert anderer Produkteigenschaften. Negativ anzumerken sind der hohe Aufwand bei der Durchführung des Verfahrens sowie die Beschränkung auf Preis- und Kostendaten.[50]

Ein ebenfalls preispremiumorientiertes, dekompositionelles Verfahren ist das Modell von Herp (1982). Er geht von der Annahme aus, dass die Marke eines Produktes einen bestimmten Anteil des erzielten Umsatzes generiert, den er als Markenwert definiert.[51] Mittels Conjoint-Analyse[52] wird aus der Gesamtbeurteilung der Konsumenten schließlich ein Nutzenwert für verschiedene Produkteigenschaften ermittelt, sodass die Effekte unterschiedlicher Produktausstattungen und Verkaufsvarianten herausgerechnet werden können und schließlich die Nettoeffekte der einzelnen Markierungen ersichtlich sind. Durch Verknüpfung dieses Nutzenwertes mit der abgesetzten Produktmenge errechnet Herp schließlich den monetären Markenwert.[53] Positiv zu bewerten am Conjoint-Ansatz ist die objektive Nutzenermittlung der Markierung. Probleme ergeben sich bei der Interpretation der Messergebnisse, da das Verfahren nur einen relativen Wert liefert.[54]

Modell/Autor	Ansatz	Verfahren	Zentrale Erkenntnisse
Investitionstheoretische Restwertbestimmung	quantitativ, basierend auf Kosten	kompositionell, global	Markenwert ergibt sich als Differenz aller Markenerträge abzüglich der -kosten
Kern (1962)	quantitativ, basierend auf Ertragswert	kompositionell, global	Bewertung der Marke erfolgt aufgrund der zukünftig erwirtschaftbaren abgezinsten Reinerträge
Simon & Sullivan (1993)	quantitativ, Berechnung d. Börsenwertes	kompositionell, global	Markenwert ergibt sich als Differenz des Marktwertes des Unternehmens u.aller nicht-markenbezogenen Wertpositionen
Crimmnis (1992)	quantitativ, Berechnung d. Preispremiums	kompositionell, global	Wert der Marke wird als Preisprämie gegenüber No-Name-Produkten definiert
Sander (1994)	quantitativ, Berechnung d. Preispremiums	kompositionell, global	Ermittlung des Markenwertes mittels hedonischer Preisfunktion
Herp (1982)	quantitativ, Berechnung d. Preispremiums	dekompositionell, global	Errechnung des Nettonutzenwertes der Markierung mittels Conjoint-Analyse u. Berechnung des Markenwertes durch Multiplikation mit Absatzmenge.

Tabelle 1: Finanzorientierte Markenbewertungsansätze

50 Vgl. Sander (1994), S. 79.

51 Vgl. Herp (1982), S. 31.

52 Vgl. zu diesem Verfahren ausführlich Backhaus et al. (2003), S. 543 ff.

53 Vgl. Bekmeier-Feuerhahn (1998), S. 86 f.

54 Vgl. Herp (1982), S. 141 f.

4.2 Verhaltensorientierte Ansätze

Bei den bisher vorgestellten Markenbewertungsverfahren handelte es sich ausschließlich um finanzorientierte quantitative Methoden, die sich an Größen wie Börsenwert, Ertragswert, Anschaffungskosten oder Preispremium orientieren. Aufgrund der Tatsache, dass sich viele Wertkomponenten wie z. B. Transferpotenzial, Marketingeffizienz sowie deren Zukunftsperspektiven nur in geringem Ausmaß durch eine rein finanzorientierte Sichtweise erklären lassen, haben sich vor allem in den letzten zehn Jahren verhaltensorientierte Markenbewertungsverfahren entwickelt.[55] Sie gehen von einer nachfrageorientierten Komponente aus und untersuchen den Markenwert als qualitatives, mittels Scoring-Werten manifestierbares Konstrukt.[56] Zu diesen Ansätzen zählen u. a. die Modelle von Aaker (1991) und Keller (1993) sowie der Icon-Ansatz von Andresen (1991).

- Der Markenwert-Ansatz von Aaker

Einer der ersten Versuche, den Konsumenten in den Mittelpunkt der Markenbetrachtung zu stellen, stammt von Aaker (1991). Er definiert den Markenwert als „ ... eine Gruppe von Vorzügen und Nachteilen, die mit einer Marke, ihrem Namen oder Symbol in Zusammenhang stehen und den Wert eines Produktes oder Dienstes für ein Unternehmen oder seine Kunden mehren oder mindern."[57] Der Wert einer Marke wird nach Aaker durch fünf Determinanten bestimmt: Markentreue, Bekanntheit des Namens, angenommene Qualität, Markenassoziationen und andere Markenvorzüge wie Patente, Warenzeichen, Absatzwege usw. (vgl. Abbildung 2).[58]

Das Konzept von Aaker ist als erster Versuch zu werten, die an der Markenwertentstehung beteiligten Faktoren aufzuzeigen. Schwierigkeiten ergeben sich in erster Linie in der Messung der markenwertbestimmenden Dimensionen, da sie nicht unabhängig voneinander sind. Darüber hinaus werden messtechnische Anforderungen nicht berücksichtigt, sodass Aussagen über die Gültigkeit des Modells kaum möglich sind.[59]

---

55 Vgl. Heider (2001), S. 144.

56 Vgl. Zimmermann et al. (2001), S. 46.

57 Aaker (1992), S. 31.

58 Vgl. Aaker (1992), S. 31.

59 Vgl. Bekmeier-Feuerhahn (1998), S. 91 f.

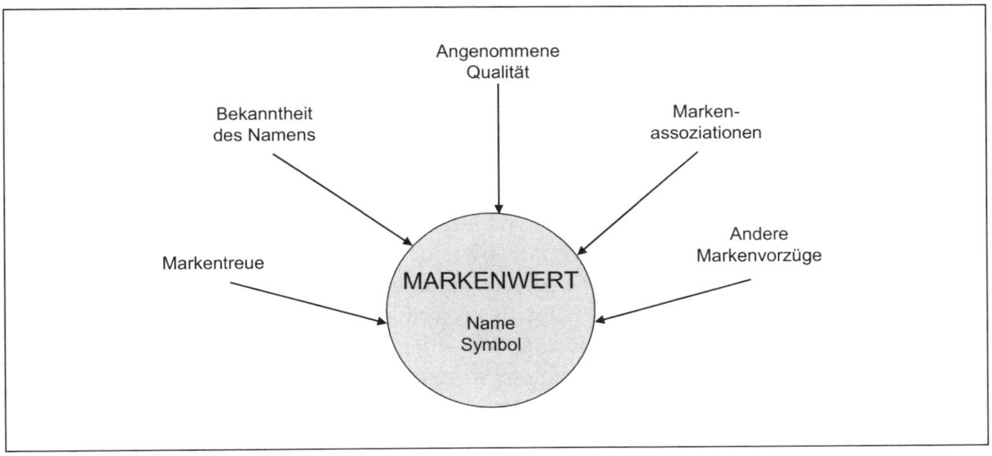

Abbildung 2: Markenwert und Einflussfaktoren nach Aaker (1992)[60]

- Das Modell der Markenwertbestimmung nach Keller

Der Ansatz von Keller (1991, 1993) ist ein stark marketinggeprägter Ansatz, bei dem der Markenwert als „... the differential effect of brand knowledge on consumer response to the marketing of the brand."[61] definiert wird. Gemessen wird er durch unterschiedliche Reaktionen der Konsumenten auf markierte im Vergleich zu unmarkierten Produkten oder Dienstleistungen.[62] Zentrales Element ist hier das konsumentenspezifische Markenwissen, welches sich einerseits aus der Markenkenntnis des Verbrauchers und andererseits aus dem Markenimage des Produktes zusammensetzt. Die Markenbekanntheit kann entweder durch aktive, ungestützte oder passive, gestützte Erinnerung an die Marke gemessen werden. Die Messung des Markenimages erfolgt über einen mehrdimensionalen Messansatz, der sich aus verschiedenen Assoziationen zur Marke zusammensetzt.[63]

Zusammenfassend ist das Modell von Keller eher als heuristischer Ansatz zu bewerten, bei dem einzelne Facetten der Markenwertsteuerung beim Konsumenten sichtbar werden. In Analogie zum Modell von Aaker ergeben sich jedoch Kritikpunkte bezüglich der geringen empirischen Fundierung des Ansatzes, der hohen gegenseitigen Abhängigkeit der Bewertungskriterien sowie der mangelnden Möglichkeit zur Quantifizierung des Markenwertes.[64]

---

60 In Anlehnung an Aaker (1992), S. 32.

61 Keller (1993), S. 8.

62 Vgl. Keller (1998), S. 45.

63 Vgl. Keller (1993), S. 12 ff.

64 Vgl. Bekmeier-Feuerhahn (1998), S. 95 f.

■ Der Brand-Trek-Ansatz von icon

Ein ebenfalls rein verhaltenswissenschaftlich orientiertes Modell ist der Brand Trek-Ansatz von icon Forschung und Consulting.[65] Hier ergibt sich der Markenwert aus dem Markenbild und dem Markenguthaben. Das Modell wird auch oft als Eisberg dargestellt, wobei das Markenbild den sichtbaren Teil des Bergs und das Markenguthaben den unter Wasser liegenden Teil darstellt. Das Markenbild wird durch die Markenbekanntheit, die Klarheit und Attraktivität des inneren Markenbildes, die Eigenständigkeit des Markenauftritts, die Einprägsamkeit der Werbung sowie den subjektiv wahrgenommenen Werbedruck definiert. Als Indikatoren für die unsichtbaren Teile des Eisbergs werden die Markensympathie und das Markenvertrauen verwendet. Der Beitrag der beiden Dimensionen zum Markenwert hängt dabei vom Alter der Marke ab. So wird das Bild einer Marke in den Augen der Konsumenten wesentlich durch kurzfristige Marketing-Maßnahmen wie z. B. Farb- und Formcodes, Logos, Verpackungs- und Werbeelemente beeinflusst. Das Markenguthaben greift hingegen erst bei älteren Marken und hat sich über die Zeit in den Köpfen der Konsumenten gebildet. Es ist nicht direkt durch einzelne Marketinginstrumente, sondern nur indirekt über das Markenbild beeinflussbar.[66]

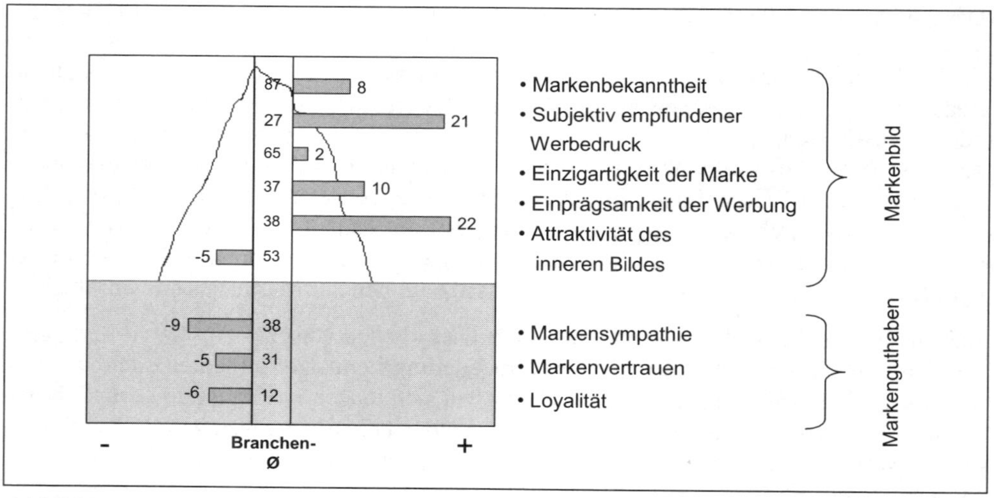

Abbildung 3: Bewertung des Markenwertes eines Schokoriegels nach dem Eisbergmodell[67]

---

65 Vgl. Andresen (1991).

66 Vgl. Esch/Andresen (1994), S. 217 f.

67 In Anlehnung an Esch/Andresen (1994), S. 218.

Zur Bewertung der Marke können die einzelnen Indikatoren mithilfe der icon-Datenbank mit entsprechenden Referenzwerten der jeweiligen Branche verglichen werden. Dadurch wird ersichtlich, welche Stärken und Schwächen die eigene Marke im Benchmark mit dem Branchendurchschnitt hat, und es können konkrete Markensteuerungsmaßnahmen abgeleitet werden. Abbildung 3 zeigt ein Beispiel für die Markenbewertung eines Schokoriegels.[68]

Durch die Stärken-Schwächen-Analyse mit Referenzwerten aus der icon-Datenbank kann der aktuelle Status der Marke ermittelt werden sowie explizite Maßnahmen zur Markensteuerung abgeleitet werden. Problemfelder ergeben sich jedoch aufgrund der hohen Korrelation der einzelnen Faktoren untereinander. Darüber hinaus liefert der Brand-Trek-Ansatz, wie alle verhaltensorientierten Ansätze, nur relative Werte, eine Überführung in betriebswirtschaftlich relevante monetäre Größen wird nicht vorgenommen.[69] Schließlich sei noch dahingestellt, inwieweit es sich beim ermittelten Markenwert um einen markeninduzierten Wert und nicht um einen produktinduzierten Markenwert handelt.[70]

Autor	Ansatz	Verfahren	Zentrale Erkenntnisse
Aaker (1991)	qualitativ, isolierte Messung einzelner konsumentenspezifischer Faktoren	kompositionell, global	Bestimmung des Markenwertes durch Bewertung der Markentreue, Markenbekanntheit, Qualität, Markenassoziationen und anderer Markenvorzüge
Keller (1991)	qualitativ, kombinierte Messung einzelner konsumentenspezifischer Faktoren	kompositionell, global	Festlegung der Markenstärke durch systematische Auffächerung der Dimensionen Markenbekanntheit und Markenimage
Andresen (1991) (Modell von icon)	qualitativ, kombinierte Messung einzelner konsumentenspezifischer Faktoren	kompositionell, global	Messung des Markenwertes anhand einer Einteilung in ein inneres Markenbild und einen inneren Markenwert

Tabelle 2: Verhaltensorientierte Modelle

68 Vgl. Esch (2000), S. 964.

69 Vgl. Franzen/Trommsdorff/Riedel (1994), S. 1383.

70 Vgl. Bekmeier-Feuerhahn (1998), S. 98.

4.3 Kombiniert finanz- und verhaltensorientierte Modelle

Bei der korrekten Bewertung einer Marke sind sowohl ökonomische als auch nachfrageorientierte Kriterien zu beachten. Da die bisher vorgestellten Ansätze eine einseitige Betrachtung des Markenwertes bzw. der Markenstärke vornehmen, haben sich in der Praxis Modelle entwickelt, die sowohl eine finanz- als auch eine verhaltensorientierte Bewertung des Markenwertes vornehmen. Es handelt sich dabei um Indikatormodelle, die im ersten Schritt eine qualitative Bewertung der Marke aus Sicht des Konsumenten durchführen und diese Werte im zweiten Schritt in einen finanziellen Wert transferieren. Die bekanntesten Modelle sind das Interbrand Modell, der Brand Performancer von ACNielsen, das Modell der Semion Brand Broker und das BBDO Brand Equity Evaluation System (BEES).

- Das Interbrand Modell

Ein sehr renommiertes ertragswertorientiertes Indikator-Modell ist das 1989 von der englischen Unternehmensberatung Interbrand entwickelte Markenbewertungsmodell. Der Wert einer Marke wird bei Interbrand als die Gesamtheit aller geistigen und inhaltlichen Eigentumsrechte, die einem Markenartikel zugerechnet werden können, definiert.[71] Zur Berechnung des Markenwertes wird ein vierstufiges Verfahren verwendet. Im ersten Schritt wird mithilfe eines Scoring-Modells die Markenstärke anhand von sieben Hauptkategorien ermittelt, die je nach Branchenzugehörigkeit anhand von 80-100 Kriterien weiter untergliedert werden. Die Hauptkategorien sind in Tabelle 3 dargestellt.[72]

Die einzelnen, die Markenstärke determinierenden Faktoren werden anschließend entsprechend ihrer Gewichtung beurteilt und ergeben somit den so genannten Markenstärkenindikator, der eine Größe von eins bis 100 erreichen kann. Dieser Wert bildet den Ausgangspunkt für die dritte und vierte Phase, der Monetarisierung dieses Wertes. Hierbei wird über eine von Interbrand empirisch ermittelte S-Kurve der Punktwert in einen Multiplikator transformiert, der im Bereich von 0 bis 20 liegt. Dieser wird schließlich mit dem gewichteten Durchschnittsgewinn der Marke über die letzten drei Jahre multipliziert und so zu einem absoluten monetären Wert transformiert.[73]

Beim Interbrand-Modell handelt es sich um ein praktikables Verfahren, was auch an der großen Anzahl der Anwendungen ersichtlich ist: bis 2001 wurde es weltweit für die Bewertung von über 2.500 Marken verwendet.[74] Es stellt einen Ansatz dar, bei dem auf Grundlage eines Punktwertes eine Vielzahl an potenziellen Einflüssen auf den Marken-

71 Vgl. Penrose (1989), S. 33.

72 Vgl. Bekmeier-Feuerhahn (1998), S. 78 f.

73 Vgl. Kriegbaum (2001), S. 119 ff.

74 Vgl. Interbrand (2001), S. 3.

wert berücksichtigt werden. Ferner ist es auch zu Kontrollzwecken anwendbar, da Ist- und Sollwerte der Marke im Rahmen des Scoring-Modells miteinander verglichen werden können.[75]

Hauptkategorie	Beispielhafte Indikatoren	Gewicht
Marktposition/-führerschaft	Marktanteil, Marktposition, Marktanteile der Konkurrenten, Marktsegment, etc.	25%
Markenstabilität (Überlebensfähigkeit)	Alter der Marke, Langlebigkeit, Bekanntheitsgrad, Verbraucherakzeptanz	15%
Markt	Wettbewerbsstruktur, Marktsegment, Größe, Stabilität	10%
Internationalität	Internationale Präsenz, Markteintrittsposition	25%
Trend der Marke	Verkaufsvolumen, Marktanteil, Wachstumspotential	10%
Marketingunterstützung	Werbeaufwendungen, Einsatz der Kommunikationsinstrumente	10%
Rechtlicher Schutz der Marke	Eintragung, Verkehrsgeltung	5%

Tabelle 3: Bewertungskategorien und Gewichte des Interbrand-Ansatzes[76]

Negative Aspekte ergeben sich beispielsweise durch die hohe subjektive Komponente bei der Bewertung der Faktoren. Dies beginnt bei der Auswahl und Gewichtung der Indikatoren, zieht sich weiter bei der willkürlichen Festlegung und Skalierung des Multiplikators und geht schließlich hin bis zur Abgrenzung des Marktes und der im Rahmen der Gewinnermittlung notwendigen Schätzungen. Ferner wird dem Modell eine mangelnde Unabhängigkeit der Faktoren sowie eine fehlende Hierarchisierung der Kriterien vorgeworfen.[77] Schließlich bleibt offen, ob im Rahmen des Scoring-Modells konsumentenspezifische Faktoren ausreichend berücksichtigt worden sind. Dies scheint lediglich bei der Größe „Markenstabilität" ausreichend der Fall zu sein.[78]

- Der Brand Performancer von ACNielsen

Der 1993 von der Firma ACNielsen entwickelte Brand Performancer baut auf die zuvor von der Firma erstellte Markenbilanz auf und besteht aus vier Modulen. Zentrales Element ist der Brand Monitor, ein Scoring-Modell, das die Basis für weitere Analysen bildet. Mithilfe dieses Modells wird die Markenstärke mittels konsumenten-, markt- und

75 Vgl. Sander (1994), S. 79 f.

76 Vgl. Kranz (2002), S. 444; Penrose (1989), S. 37 f.; Bekmeier-Feuerhahn (1998), S. 79.

77 Vgl. Zimmermann et al. (2001), S. 57.

78 Vgl. Kranz (2002), S. 443.

handelsbezogenen Kriterien ermittelt und gewichtet. Die Gewichtung erfolgt hierbei auf Basis kausalanalytischer Untersuchungen, wodurch die Auswahl und Gewichtung der Kriterien objektiviert wird.[79] Die gewichteten Werte werden addiert und in Prozent des maximal erreichbaren Punktewertes von 1.000 Punkten dargestellt.

Die auf diese Weise ermittelte absolute Markenstärke wird anschließend mit der relativen Markenstärke multipliziert, die sich aus der Markenstärke des eigenen Unternehmens in Relation zur summierten Markenstärke aller Konkurrenten errechnet. Abschließend wird noch die Lebensdauer der Marke prognostiziert und in einen Ewige-Rente-Barwertfaktor umgerechnet.[80] Im daran anschließenden Brand Value System wird der monetäre Wert der Marke errechnet, indem man das Umsatzpotenzial der Marke (bestehend aus dem Jahresumsatz der jeweiligen Marke multipliziert mit der Umsatzrendite) mit der relativen Markenstärke multipliziert und schließlich mit dem Ewige-Rente-Barwertfaktor diskontiert.[81]

Der Brand Monitor wird ergänzt durch das Brand Steering System, mit dem überprüft wird, ob die gegenwärtige Position der Marke sich noch im Zielsystem des Unternehmens befindet. Ferner werden die eigenen Marketingaktivitäten einer Stärken-Schwächen-Analyse im Vergleich zu den Wettbewerbern unterzogen. Das Brand Control System ermöglicht schließlich eine zielorientierte Marketingkontrolle, indem die Marketinginvestitionen auf den Erfolg der Marketingmaßnahmen bezogen werden.[82]

Der Brand Performancer von ACNielsen ist ein umfassendes System, mit dem versucht wird, eine konsumenten- und unternehmensorientierte Markenwertbestimmung vorzunehmen. Durch die Anwendung kausalanalytischer Verfahren wird im Gegensatz zu anderen Indikatormodellen auch eine gewisse Reliabilität und Validität garantiert. Mithilfe des Brand Steering Systems und des Brand Control Systems können auch konkrete Handlungsempfehlungen zur Steuerung und Kontrolle der Marke gegeben werden. Neben den genannten Vorteilen existieren jedoch auch zahlreiche Nachteile.

So gibt es auch in diesem Modell subjektive Spielräume, beispielsweise bei der Schätzung der Umsatzrendite oder der Bestimmung des Risikofaktors. Ferner wird durch die ganzheitliche Messung des physischen Markenprodukts eine Separierung des immateriellen Markenwertes nicht ermöglicht.[83] Schließlich wird noch der direkte Zusammenhang zwischen der Markenstärke und dem Erfolgspotenzial in Frage gestellt, da auch manche No-Name-Brands beachtliche Erfolge aufweisen und eigentlich aufgrund der fehlenden Markenbezeichnung eine Stärke von Null aufweisen würden.[84]

---

79 Vgl. Franzen/Trommsdorff/Riedel (1994), S. 1394.

80 Vgl. Bekmeier-Feuerhahn (1998), S. 84 f.

81 Vgl. Zimmermann et al. (2001), S. 60 f.

82 Vgl. Franzen/Trommsdorff/Riedel (1994), S. 1394.

83 Vgl. Bekmeier-Feuerhahn (1998), S. 85.

84 Vgl. Kriegbaum (2001), S. 133.

- Das Modell der Semion Brand Broker

Der Markenbewertungsansatz der Semion Brand Broker basiert ebenfalls auf einem Indikatormodell mit vier Dimensionen, durch die der Markenwert errechnet wird. Diese Faktoren sind: die Markenstärke (definiert durch Marktanteil, Markteinfluss, Marketing-Aktivitäten, Distributions- und Bekanntheitsgrad etc.), das Markenbild (ermittelt aus Verbraucherassoziationen sowie der Imageposition der Marke), der Markenschutz (bestehend aus Markenverzeichnis, Markenumfeld und internationalem Schutz) und der Finanzwert der Marke (errechnet aus Vorsteuergewinn und Gewinnprognose).[85] Der Markenwert wird schließlich durch eine vierstufige Vorgehensweise berechnet: Im ersten Schritt werden die einzelnen Indikatoren der vier Dimensionen festgelegt. Diese werden dann zu einem Gesamtfaktorwert bzw. Gewichtungsfaktor aggregiert. In der dritten Phase wird der durchschnittliche Vorsteuergewinn der letzten drei Jahre ermittelt und anschließend mit dem Gewichtungsfaktor multipliziert.[86]

Ähnlich wie bei den anderen Indikatormodellen sind auch bei diesem Modell subjektive Einflüsse bei der Auswahl der einzelnen Indikatoren und der Gewichtung nicht vermeidbar. Ferner sind die einzelnen Faktoren nicht unabhängig voneinander, sondern beeinflussen sich gegenseitig. Schließlich wird noch die mangelnde Berücksichtigung zukünftiger Erwartungen sowie die aufwendige Erhebung einzelner Dimensionen, besonders des Markenbildes, bemängelt.

- Das BBDO Brand Equity Evaluation System (BEES)

Beim 1999 von der BBDO in Zusammenarbeit mit Prof. Dr. Bernd W. Wirtz entwickelten Brand Equity Evaluation System (BEES) handelt es sich um ein mehrstufiges Indikatorenmodell zur Markenbewertung. Hierbei wird im ersten Schritt über neun Determinanten die Markenstärke ermittelt. Diese sind im Einzelnen: das Umsatzentwicklungspotenzial der Marke, die Umsatzprofitabilität, die Entwicklungsperspektiven der Marke, die internationale Ausrichtung der Marke, die werbliche Unterstützung der Marke, die Markenstärke in der eigenen Branche, das Image der Marke, die Einschätzung der Marke durch die Fachwelt sowie das korrigierte EBIT. Die das Markenumfeld skizzierenden Indikatoren Umsatzentwicklung, Umsatzprofitabilität und Entwicklungsperspektiven werden im zweiten Schritt zum Faktor Markenqualität aggregiert. Darauf aufbauend wird diese Größe mit den verbleibenden Determinanten internationale Ausrichtung, werbliche Unterstützung, Markenstärke in der Branche und Image zu einem Gesamtfaktorwert aufsummiert. Zur Berechnung des monetären Markenwertes wird dieser Wert schließlich mit dem mittleren Vorsteuergewinn der letzten drei Jahre multipliziert, wobei auch das Expertenurteil als Gewichtungsfaktor in der Berechnung berücksichtigt wird.[87]

---

85 Vgl. Esch (2002), S. 546.

86 Vgl. Wirtz/Göttgens/Dunz (2001), S. 161.

87 Vgl. Wirtz/Göttgens/Leach (2003), S. 71 ff.

Das BEES Modell ist ein umfassender Ansatz, der zur Berechnung des Markenwertes sowohl Einflüsse aus dem direkten als auch indirekten Markenumfeld in die Analyse miteinbezieht. Die Vorteile dieses Verfahrens liegen in der allgemeinen Verfügbarkeit und Überprüfbarkeit der erforderlichen Daten sowie in der Integration der Zukunftsbetrachtung. Ferner wird durch dieses mehrstufige Faktormodell bei der Auswahl geeigneter Größen die Möglichkeit zum branchendifferenzierten Vorgehen eröffnet. Durch die Verwendung des Vorsteuergewinns werden Einflüsse des Steuersystems auf den Markenwert eliminiert.[88] Allerdings weist auch dieses Modell gewisse Nachteile auf. Ähnlich wie beim Modell von Interbrand wird auch beim BEES-Ansatz die Markenstärke aus Kundensicht bzw. aus Sicht der Stakeholder ungenügend berücksichtigt. Ferner sind auch hier Korrelationen zwischen den einzelnen Determinanten nicht auszuschließen. Schließlich sind auch bei diesem Ansatz subjektive Einflüsse bei der Auswahl und Gewichtung der Einflussgrößen denkbar.[89]

Modell/Autor	Ansatz	Verfahren	Zentrale Erkenntnisse
Interbrand (1989)	Scoring-Modell mit anschl. monetärer Transformation	kompositionell, indikatororientiert	Überführung von indexierten, den Markenwert beeinflussenden Faktoren in einen Multiplikator anhand einer S-Kurve u. Ermittlung eines monetären Wertes durch Multiplikation mit Ø- Nachsteuergewinn der letzten 3 Jahre
ACNielsen (1993) (Brand Performancer)	Scoring-Modell mit anschl. monetärer Transformation	kompositionell, indikatororientiert	Finanzielle Bewertung, Steuerung und Kontrolle der Marke anhand von vier Modulen
Semion (1996)	Scoring-Modell mit anschl. monetärer Transformation	kompositionell, indikatororientiert	Messung der relativen Markenstärke anhand eines Scoring-Modells und anschließende monetäre Transformation durch Multiplikation mit Ø-Vorsteuergewinn der letzten 3 Jahre
BBDC (1999) (BEES)	Scoring-Modell mit anschl. monetärer Transformation	kompositionell, indikatororientiert	Ermittlung eines Faktorwertes anhand von acht die Marke direkt und indirekt beeinflussenden Größen und anschließende Transformation in einen monetären Wert durch Multiplikation mit durchschnittlichem EBIT der letzten 3 Jahre

Tabelle 4: Zusammenfassende Darstellung kombiniert finanz- und verhaltensorientierter Modelle

4.4 Input/Output- und Portfolio-Markenbewertungsmodelle

Zu den oben bereits erwähnten Verfahren können noch als vierte Kategorie die Input-/Output- oder Portfoliomodelle angeführt werden, die sich besonders zur Bestimmung von Markenpotenzialen eignen. Bei dieser Art von Markenbewertungsverfahren handelt

88 Vgl. Wirtz/Göttgens/Dunz (2001), S. 164 f.
89 Vgl. Esch (2002), S. 547 f.

es sich um so genannte Nachfragerstatus- bzw. Marktstatus-Modelle, bei denen sich der Markenwert allgemein als Output-/Input-Quotient ergibt.[90] Ergebnis ist somit immer ein relativer Wert, der in einer Portfolio-Darstellung mit Konkurrenzmarken verglichen wird. Hieraus können schließlich Aussagen bezüglich des Potenzials der Marke getroffen werden und konkrete Maßnahmen abgeleitet werden.

Das bekannteste Input-/Output-Modell ist der Ansatz von Preißner, der die derzeitige Position einer Marke anhand des Produkt-Preis-Leistungsverhältnis mit Konkurrenzprodukten in Beziehung setzt.[91] Nachfolgend soll jedoch ein neueres Modell vorgestellt werden, das von der Gesellschaft für Konsumforschung im Jahr 1999 entwickelt worden ist.

- Das Brand Assessment System (BASS) der GfK

Dieses Modell basiert auf zwei Komponenten, dem „First Choice Buyer“ und dem „Brand Potential Index“. Erstere wird mithilfe von Paneldaten über die Käufe von „Fast Moving Consumer Goods“ ermittelt. Es handelt sich dabei um diejenigen Käufer einer Marke, die sie als erstpräferiertes Produkt kaufen. Mithilfe des Umsatzanteils, den die „First Choice Buyer“ am Gesamtumsatz beitragen, werden anschließend Aussagen über das Erlöspotenzial und die Stabilität der Marke getroffen. Die zweite Dimension betrifft die Markenstärke, die über den „Brand Potential Index“ ermittelt wird. Es handelt sich dabei um ein Scoring-Modell bestehend aus zehn Komponenten wie beispielsweise Markensympathie, Markenbekanntheit oder Akzeptanz eines Preisprämiums. Diese Indikatoren werden direkt abgefragt und nach ihrer Relevanz gewichtet. Abschließend werden durch den Zusammenhang der beiden Dimensionen „First Choice Buyer“ und „Brand Potential Index“ Aussagen über den Statuts und die zukünftige Entwicklung der Marke getroffen.[92]

Vorteilhaft an Input-/Output-Modellen sind u. a. die Prognostizierbarkeit zukünftiger Entwicklungen, die Einbeziehung der Wettbewerber sowie die anschauliche Darstellung in einer Portfolio-Matrix. Nachteile entstehen durch die mangelnde Möglichkeit zur Monetarisierung des Markenwertes sowie das Problem, dass sich die Ergebnisse nicht allein auf den durch die Markierung generierten Wert, sondern auf das durch den gesamten Marketing-Mix realisierte Potenzial beziehen. Somit sind Aussagen zur konkreten Markensteuerung kaum möglich.[93] Nachdem nun die einzelnen Ansätze klassifiziert und beispielhaft dargestellt worden sind, soll nachfolgend eine Bewertung der wichtigsten Modelle vorgenommen werden.

---

90 Vgl. Sander/Murad-Aga (2003), S. 63 ff.

91 Vgl. Preißner (1990), S. 83 f.

92 Vgl. Twardawa/Hupp (2000), S. 32 ff.; Hupp (2000), S. 20 f.

93 Vgl. Zimmermann et al. (2001), S. 72.

5. Gegenüberstellung und Bewertung der einzelnen Modelle

Die Kriterien zur Beurteilung der Markenbewertungsansätze lassen sich grob in methodische und inhaltliche Voraussetzungen sowie Relevanz des Ergebnisses für die Markensteuerung und das Markencontrolling einteilen. Eine grundlegende methodische Voraussetzung zur Markenbewertung stellt die *Unabhängigkeit der einzelnen Faktoren* dar. Viele Faktoren beeinflussen sich gegenseitig und führen daher zu Ergebnisverzerrungen.[94] Der Grund hierfür liegt in der grundlegenden Tendenz von Scoring-Modellen, mit zunehmender Anzahl von Faktoren Korrelationen auszubilden.[95]

Als nächstes Kriterium wird die Notwendigkeit von *Ursache-Wirkungs-Beziehungen* zwischen der Markenstärke und dem absoluten monetären Markenwert angeführt. Dadurch wird sichergestellt, dass sich im Markenwert die Wirkungen von markenbezogenen Maßnahmen widerspiegeln und eine Verbindung zwischen Indikatoren der Markenstärke und dem Markenwert gezogen wird.[96]

Weitere messtechnische Problemfelder betreffen die Objektivität, Validität und Reliabilität von Ansätzen. Ein Modell kann dann als *objektiv* bezeichnet werden, wenn es frei von subjektiven Einflüssen des Bewerters ist.[97] Unter der *Reliabilität* einer Methode versteht man ihre formale Genauigkeit, d. h. dass ihre Messergebnisse auch zu unterschiedlichen Zeitpunkten und bei unterschiedlichen Personen gleich bleiben.[98] Die *Validität* einer Methode bezieht sich auf die Darstellung des tatsächlichen Sachverhalts. Sie bezeichnet somit den Grad der Genauigkeit, mit dem ein Messverfahren wirklich das misst, was gemessen werden soll bzw. es zu messen vorgibt. Gemessen wird entweder die Plausibilität (Face-Validity) des Ansatzes, oder es wird ein Vergleich mit einem entsprechenden Außenkriterium (Kriteriumsvalidität) angestellt.[99]

Eine notwendige inhaltliche Voraussetzung ist die *universelle Anwendbarkeit* des Ansatzes auf unterschiedliche Branchen, Unternehmen, Produktklassen und Regionen, da andernfalls die Markenwerte unterschiedlicher Firmen nicht miteinander verglichen werden können.[100] Darüber hinaus ist es wichtig, die *Beiträge einzelner Marken* vom Gesamtwert aller Marken des Unternehmens *isolieren* zu können. Auf diese Weise wird sichergestellt, dass das Verfahren auch auf Mehrmarkenunternehmen anwendbar ist. Ei-

94 Vgl. Bekmeier-Feuerhahn (1998), S. 80.
95 Vgl. Backhaus et al. (2000), S. 469.
96 Vgl. Kriegbaum (2001), S. 83.
97 Vgl. Meffert/Burmann (2002), S. 447.
98 Vgl. Gierl (1995), S. 29.
99 Vgl. Erichson (1995), S. 644.
100 Vgl. Franzen/Trommsdorff/Riedel (1994), S. 1388.

ne weitere inhaltliche Voraussetzung stellt die *Trennbarkeit* des reinen Wertes einer Marke von *produktspezifischen Elementen* sowie die tatsächliche fundierte Betrachtung *konsumentenspezifischer Faktoren* dar.[101] Schließlich muss die Markenbewertung noch *wirtschaftlich* und *praktikabel* sein, d.h. der Zeitbedarf und die dadurch entstandenen Kosten müssen wirtschaftlich vertretbar sein. Dies bedeutet auch, dass die dafür erforderlichen Daten verfügbar und nicht mit großem Aufwand ermittelbar sein müssen.[102]

Damit die Markenbewertung relevante Ergebnisse für die zukünftige Steuerung der Marke liefert, muss der Ansatz Prognosen über die *zukünftige Entwicklung* einer Marke miteinbeziehen.[103] Darüber hinaus ist es wichtig, dass die verschiedenen Einflussfaktoren auf die Markenstärke am Ende in einer *monetären Größe* abgebildet werden. Auf diese Weise kann der absolute Wert einer Marke für den Markeninhaber festgestellt und mit Konkurrenzmarken verglichen werden.

Ferner soll durch die Markenbewertung eine *vollständige Abbildung des Erlöspotenzials* einer Marke ermöglicht werden. Hierzu sind vergangene, gegenwärtige und zukünftige Daten zu berücksichtigen.[104] Schließlich ist noch anzuführen, dass durch die Markenbewertung eine *Ableitung von Strategien* zur Markensteuerung ermöglicht werden muss.

Nachfolgend werden die oben vorgestellten Ansätze zur Markenbewertung anhand dieser Kriterien beurteilt und einander gegenübergestellt. Hierzu ist eine Einteilung in Global- und Indikatormodelle sinnvoll. Tabelle 5 fasst die globalen Markenbewertungsansätze nochmals zusammen.

Wie man aus dieser Tabelle erkennen kann, können globale Modelle nur partiell zur Markenbewertung herangezogen werden. Für gewisse Markenbewertungszwecke können sie jedoch durchaus geeignet sein. So ist den quantitativen Verfahren die Abbildung des absoluten Markenwertes als monetäre Größe gutzuhalten. Sie eignen sich somit besonders zur Bestimmung des Geldwertes einer Marke zum Zwecke der Bilanzierung, der Lizenzierung, der Akquisition oder der Schadensbemessung der Markenpiraterie.[105]

101 Vgl. Bekmeier-Feuerhahn (1998), S. 98.

102 Vgl. Kriegbaum (2001), S. 87 ff.

103 Vgl. Sattler (1997), S. 46.

104 Vgl. Palloks (1991), S. 164 f.

105 Vgl. Meffert/Burmann (2002), S. 36.

Kriterien \ Ansatz		Kosten-Ansatz	Ansatz v. Kern	Ansatz v. Simon/Sullivan	Ansatz v. Sander	Ansatz v. Herp	Ansatz v. Aaker	Ansatz v. Keller	Brand-Trek-Ansatz (icon)
Methodische Voraussetzungen	Unabhängigkeit der Faktoren	ja	ja	ja	ja	nur bedingt	nein	nein	nein
	Ursache-Wirkungs-Beziehungen	nein	nein	nur bedingt	nur bedingt	nur bedingt	nein	nein	nur bedingt
	Objektivität	nur bedingt	nein	ja	ja	nur bedingt	nur bedingt	nur bedingt	nur bedingt
	Reliabilität	nur bedingt	nein	ja	ja	nein	nur bedingt	nur bedingt	nur bedingt
	Validität	nein	nein	nur bedingt	ja	nein	nur bedingt	nur bedingt	nur bedingt
Inhaltliche Voraussetzungen	Universelle Anwendbarkeit	ja	ja	nein	ja	nur bedingt	nein	nein	nur bedingt
	Möglichkeit zur Markenwertisolation	ja	ja	nein	ja	ja	ja	ja	ja
	Trennung von Produkt- und Markenzeichen	ja	nein	nur bedingt	nur bedingt	nur bedingt	ja	ja	nein
	Berücksichtigung konsumentenspez. Faktoren	nein	nein	nein	nur bedingt	nur bedingt	ja	ja	ja
	Wirtschaftliche Anwendbarkeit	ja	ja	ja	nein	ja	ja	ja	ja
Ergebnis-relevanz	Zukunftsorientierung	nein	ja	ja	nein	nein	nein	nein	nein
	monetäre Transformation	ja	ja	ja	ja	ja	nein	nein	nein
	Vollständige Abbildung des Erfolgspotentials	nein	nur bedingt	nur bedingt	nein	nein	nein	nein	nein
	Möglichkeit zur Ableitung von Strategien	ja	ja	ja	ja	ja	nur bedingt	nur bedingt	ja

Tabelle 5: Zusammenfassende Bewertung globaler Markenbewertungsmodelle

Finanzorientierte Verfahren können jedoch nur aufzeigen, wie sich ein Markenwert entwickelt, sie geben keine Auskunft über die Ursache für diese Entwicklung. Demgegenüber sind verhaltenswissenschaftlich orientierte Ansätze eher zur konkreten Markensteuerung und -controlling geeignet, da sie an der Wurzel der Markenbewertung, dem Konsumenten, ansetzen. Dadurch ermöglichen sie konkrete Aussagen über das Zustandekommen des Markenwertes.[106] Durch die fehlende anschließende monetäre Transformation ermitteln sie jedoch nur einen relativen und keinen absoluten Wert. Für eine umfassende Berechnung des Markenwertes kommen deshalb nur Modelle in Frage, die beide Ansätze berücksichtigen. Solche Modelle werden in Tabelle 6 zusammengefasst.

106 Vgl. Esch (2002), S. 554 f.

Kriterien / Ansatz		Ansatz v. Interbrand	Ansatz v. Semion	Brand Performancer ACNielsen	BEES BBDO	BASS GfK
Methodische Voraussetzungen	Unabhängigkeit der Faktoren	nein	nein	nur bedingt	nein	nein
	Ursache-Wirkungs-Beziehungen	unklar	ja	ja	ja	ja
	Objektivität	nein	nein	nein	nein	nur bedingt
	Reliabilität	ja	ja	ja	ja	ja
	Validität	nein	-	ja	ja	nur bedingt
Inhaltliche Voraussetzungen	Universelle Anwendbarkeit	ja	ja	ja	ja	ja
	Möglichkeit zur Markenwertisolation	nur bedingt	nur bedingt	ja	nur bedingt	ja
	Trennung von Produkt- und Markenzeichen	ja	ja	nur bedingt	ja	nein
	Berücksichtigung konsumentenspez. Faktoren	nur bedingt	ja	ja	nur bedingt	ja
	Wirtschaftlichkeit	ja	nein	ja	ja	ja
Ergebnis-relevanz	Zukunftsorientierung	nein	nein	ja	ja	ja
	monetäre Transformation	ja	ja	ja	ja	nein
	Vollständige Abbildung des Erfolgspotentials	nein	nur bedingt	ja	ja	ja
	Möglichkeit zur Ableitung von Strategien	nur bedingt	ja	ja	ja	nur bedingt

Tabelle 6: Zusammenfassende Bewertung indikatorgesteuerter Markenbewertungsansätze

Zusammenfassend kann bemerkt werden, dass es das allgemein gültige Modell zur Markenbewertung noch nicht gibt. Vielmehr hängt es davon ab, welcher Zweck durch die Bewertung der Marken erfüllt werden soll, um anhand dieser Kriterien die geeignete Markenbewertungsmethode auszusuchen. Erste Ansätze hierzu zeigen indikatorgesteuerte Modelle wie BEES.

6. Zusammenfassung und Ausblick

Markenbewertungsansätze finden in der Unternehmenspraxis zunehmende Beliebtheit. Ihre große Bedeutung wird beispielsweise bei Unternehmensübernahmen deutlich, wenn vielfach Milliardenbeträge für Marken bezahlt werden.[107] Vor diesem Hintergrund wur-

107 Vgl. Aaker (1992), S. 23.

den in diesem Beitrag bekannte Ansätze zur Markenbewertung vorgestellt und klassifiziert. Hierbei ist allgemein zwischen finanz- und verhaltensorientierten und kombinierten Modellen zu unterscheiden. Eine vierte Kategorie bilden die Input/Output- oder Portfoliomodelle.

Anhand einer umfangreichen Anforderungsliste an Markenbewertungsansätzen wurde gezeigt, dass sich weder rein finanz- noch rein verhaltensorientierte Modelle zur korrekten Markenbewertung eignen.[108] Hierzu sind eher umfassende Modelle geeignet, die in einem ersten Schritt aus Konsumenturteilen und -untersuchungen die Markenstärke ermitteln und schließlich im zweiten Schritt in einen monetären Wert transformieren. Doch auch diese Modelle sind nicht frei von Problemen. Sie besitzen meist die Nachteile von Scoring-Modellen im Hinblick auf die Gewichtung und Aggregation der Indikatoren, die meist nicht unabhängig voneinander sind. Zudem sind viele von ihnen nicht frei von subjektiven Einflüssen.

Vor dem Hintergrund der aufgezeigten Problemfelder darf jedoch nicht die Schlussfolgerung gezogen werden, die Markenbewertung sei nicht sinnvoll. Vielmehr ist die Auswahl eines geeigneten Markenbewertungsmodells stark vom Zweck der Markenbewertung abhängig. So genügen beispielsweise zur Steuerung eines Markenportfolios bereits relative Aussagen zur derzeitigen Position einer Marke im Vergleich zur Konkurrenz.[109] Zudem können einige Modelle anhand von Grundsatzkriterien wie Trennung der markenspezifischen Erträge von anderen Unternehmenserträgen, Berücksichtigung der Markenstärke aus Sicht des Konsumenten, Zukunftsorientierung sowie Möglichkeit zur Ableitung von Strategien zur Markensteuerung ausgewählt werden. Zukünftig ist zu erwarten, dass der Forschungsbedarf an Markenbewertungsmodellen weiter zunimmt.

108 Vgl. Heider (2001), S. 151.

109 Vgl. Esch (2002), S. 554 f.

Literaturverzeichnis

AAKER, D.A. (1992), Management des Markenwerts, Frankfurt am Main [u. a.] 1992.

ANDRESEN, T. (1991), Innere Markenbilder: MAX - wie er wurde, was er ist, in: Planung und Analyse, Nr. 1, 1991, S. 28-34.

BACKHAUS, K. ET AL. (2000), Multivariate Analysemethoden, 9. Auflage, Berlin 2000.

BACKHAUS, K. ET AL. (2003), Multivariate Analysemethoden: Eine anwendungsorientierte Einführung, 10. Auflage, Berlin [u. a.] 2003.

BEKMEIER, S. (1995), Markenwert, in: Tietz, B./Köhler, R./Zentes, J. (Hrsg.), Handwörterbuch des Marketing, 2. Auflage, Stuttgart 1995, S. 1460-1471.

BEKMEIER-FEUERHAHN, S. (1998), Marktorientierte Markenbewertung: Eine konsumenten- und unternehmensbezogene Betrachtung, Wiesbaden 1998.

BERNDT, R./SANDER, M. (1994), Der Wert von Marken - Begriffliche Grundlagen und Ansätze, in: Bruhn, M. (Hrsg.), Handbuch Markenartikel: Anforderungen an die Markenpolitik aus Sicht von Wissenschaft und Praxis, Stuttgart 1994, S. 1353-1372.

BINDER, C.U. (2000), Lizenzierung von Marken, in: Esch, F.-R. (Hrsg.), Moderne Markenführung, 2. Auflage, Wiesbaden 2000, S. 357-378.

CRIMMNIS, J.C. (1992), Better Measurement and Management of Brand Value, in: Journal of Advertising Research, Nr. 4, 1992, S. 11-19.

DILLER, H. (1991), Preispolitik, 2. Auflage, Stuttgart [u. a.] 1991.

ERICHSON, B. (1995), Experimente, in: Tietz, B./Köhler, R./Zentes, J. (Hrsg.), Handwörterbuch des Marketing, 2. Auflage, Stuttgart 1995, S. 639-654.

ESCH, F.-R. (2000), Ansätze zur Messung des Markenwerts, in: Esch, F.-R. (Hrsg.), Moderne Markenführung, 2. Auflage, Wiesbaden 2000, S. 937-966.

ESCH, F.-R. (2002), Strategie und Technik der Markenführung, München 2002.

ESCH, F.-R./ANDRESEN, T. (1994), Messung des Markenwertes, in: Marktforschung - Thexis - Fachbuch für Marketing, 1994, S. 212-230.

FARQUHAR, P.H./HAN, J.Y./IJIRI, Y. (1992), Brands on the Balance Sheet, in: Marketing Management, 1. Jg., Nr. 1, 1992, S. 16-22.

FRANZEN, O./TROMMSDORFF, V./RIEDEL, F. (1994), Markenbewertung und Markenbilanz, in: Bruhn, M. (Hrsg.), Handbuch Markenartikel: Anforderungen an die Markenpolitik aus Sicht von Wissenschaft und Praxis, Stuttgart 1994, S. 1373-1402.

GIERL, H. (1995), Marketing, Stuttgart [u. a.] 1995.

HEIDER, U.H. (2001), Markenbewertung: Die Marke als Quelle der Wertschaffung, München [u. a.] 2001.

HEIDER, U.H./STREHLAU, R. (2000), Markenwert-Controlling, in: Zerres, M. (Hrsg.), Handbuch Marketing-Controlling, 2. Auflage, Berlin [u. a.] 2000

HERP, T. (1982), Der Marktwert von Marken des Gebrauchsgütersektors, Frankfurt am Main 1982.

HUPP, O. (2000), Wie stark sind große Marken wirklich?, in: Markenartikel, Nr. 1, 2000, S. 20-21.

INTERBRAND (2001), Interbrand World's Most Valuable Brand's 2001 Methodology, http://www.appraiser.ru/info/method/interbrand/BrandRankingMetology2001.pdf, Abruf: 5.1.2004.

IRMSCHER, M. (1996), Markenwertmanagement: Aufbau und Erhalt von Markenwissen und -vertrauen im Wettbewerb; eine informationsökonomische Analyse, Frankfurt am Main [u. a.] 1996.

KAAS, K.P. (1990), Langfristige Werbewirkung und Brand Equity, in: Werbeforschung und Praxis, 35. Jg., Nr. 3, 1990, S. 48-52.

KELLER, K.L. (1993), Conceptualizing, Measuring, and Managing Customer-Based Brand Equity, in: Journal of Marketing, 57. Jg., Nr. 1, 1993, S. 1-22.

KELLER, K.L. (1998), Strategic Brand Management: Building, Measuring, and Managing Brand Equity, New Jersey [u. a.] 1998.

KRANZ, M. (2002), Markenbewertung - Bestandsaufnahme und kritische Würdigung, in: Meffert, H./Burmann, C./Koers, M. (Hrsg.), Markenmanagement: Grundfragen der identitätsorientierten Markenführung, 1. Auflage, Wiesbaden 2002, S. 429-458.

KRIEGBAUM, C. (2001), Markencontrolling: Bewertung und Steuerung von Marken als immaterielle Vermögenswerte im Rahmen eines unternehmenswertorientierten Controlling, München 2001.

MARETZKI, J./WILDNER, R. (1994), Messung von Markenkraft, in: Markenpolitik, Nr. 3, 1994, S. 101-105.

MARTINEZ, M. (2003), Faked Out, http://www.inta.org/press/news2003_07.html, Abruf: 8.12.2003.

MEFFERT, H./BURMANN, C. (2002), Theoretisches Grundkonzept der identitätsorientierten Markenführung, in: Meffert, H./Burmann, C./Koers, M. (Hrsg.), Markenmanagement: Grundfragen der identitätsorientierten Markenführung, 1. Auflage, Wiesbaden 2002, S. 35-67.

MEFFERT, H./BURMANN, C./KOERS, M. (2003), Stellenwert und Gegenstand des Markenmanagement, in: Meffert, H./Burmann, C./Koers, M. (Hrsg.), Markenmanagement: Grundfragen der identitätsorientierten Markenführung, 1. Auflage, Wiesbaden 2003, S. 3-13.

PALLOKS, M. (1991), Marketing-Controlling, Frankfurt am Main 1991.

PENROSE, N. (1989), Valuation of Brand Names and Trade Marks, in: Murphy, J. (Hrsg.), Brand Valuation - Establishing a True and Fair View, London 1989, S. 32-45.

PREIßNER, A. (1990), Die Potentiale, in: Absatzwirtschaft, Nr. 3, 1990, S. 83-84.

PRICEWATERHOUSECOOPERS/SATTLER, H. (2001), Praxis von Markenbewertung und Markenmanagement in deutschen Unternehmen, 2. Auflage, Frankfurt am Main 2001.

SANDER, B./KARTTE, D. (2003), Rolle und Bedeutung der Markenbewertung, in: Göttgens, O./Gelbert, A./Böing, C. (Hrsg.), Profitables Markenmanagement: Strategien - Konzepte - Best Practices, Wiesbaden 2003, S. 39-52.

SANDER, B./MURAD-AGA, T. (2003), Methoden der Markenbewertung, in: Göttgens, O./Gelbert, A./Böing, C. (Hrsg.), Profitables Markenmanagement: Strategien - Konzepte - Best Practices, 1. Auflage, Wiesbaden 2003, S. 53-68.

SANDER, M. (1994), Die Bestimmung und Steuerung des Wertes von Marken: Eine Analyse aus Sicht des Markeninhabers, Heidelberg 1994.

SANDER, M. (1995), Markenbewertung auf Basis der hedonischen Theorie: Ein Ansatz zur Bestimmung des finanziellen Wertes von Marken, in: Markenartikel, Nr. 2, 1995, S. 76-80.

SATTLER, H. (1994), Markenbewertung, in: Zeitschrift für Betriebswirtschaft, 65. Jg., Nr. 6, 1994, S. 663-682.

SATTLER, H. (1997), Indikatoren für den langfristigen Markenwert, in: Markenartikel, Nr. 7, 1997, S. 46-50.

SATTLER, H. (1999A), Ein Indikatormodell zur langfristigen monetären Markenwertbestimmung, in: Die Betriebswirtschaft, 56. Jg., Nr. 5, 1999a, S. 633-653.

SATTLER, H. (1999B), Markenbewertung, unveröffentlichtes Diskussionspapier, http://netec.mcc.ac.uk/BibEc/data/jenjenabe.html, Abruf: 8.12.2003.

SATTLER, H. (2001), Markenpolitik, Köln [u. a.] 2001.

SIMON, C.J./SULLIVAN, M.W. (1993), The Measurement and Determinants of Brand Equity: A Financial Approach, in: Marketing Science, 12. Jg., Nr. 4, 1993, S. 28-52.

TWARDAWA, W./HUPP, O. (2000), Die Bedeutung der Werbung für die strategische Markenführung, in: Planung und Analyse, Nr. 3, 2000, S. 32-36.

WIRTZ, B./GÖTTGENS, O./DUNZ, M. (2001), Markenbewertung, in: Der Markt, 40. Jg., Nr. 159, 2001, S. 159-167.

WIRTZ, B./GÖTTGENS, O./LEACH, M. (2003), Regelmäßiges Markenwert-Benchmarking - Markenbewertung der DAX 30 und EURO Stoxx 50-Unternehmen mittels BEES, in: Göttgens, O./Gelbert, A./Böing, C. (Hrsg.), Profitables Markenmanagement: Strategien - Konzepte - Best Practise, Wiesbaden 2003, S. 69-81.

ZIMMERMANN, R. ET AL. (2001), Brand Equity Review, Band 1, Brand Equity Excellence, Düsseldorf 2001.

Olaf Göttgens, Bernd W. Wirtz und Jens Giere

BBDO Brand Equity Evaluation System (BEES)

1. Das Brand Equity Evaluation System BEES

1.1 Hintergründe der Entwicklung des Brand Equity Evaluation System BEES

Längst ist die Marke nicht mehr bloß der Name, unter welchem ein Produkt vertrieben wird oder ein Unternehmen am Markt auftritt. Vielmehr hat sich die Marke zu einer Größe entwickelt, die in der jüngeren Vergangenheit erheblich an Bedeutung gewonnen hat und mittlerweile zu den wichtigsten Erfolgsfaktoren eines Unternehmens zählt.[1] Neuere Studien zeigen, dass über 50 % der betrachteten Unternehmen die Marke zu den wichtigsten Einflussgrößen auf den Unternehmenserfolg rechnen.[2] Die Erfolgsrelevanz der Marke drückt sich vor allem in den für einzelne Marken berechneten monetären Werten aus, welche bei manchen Unternehmen einen erheblichen Anteil des gesamten Unternehmenswertes repräsentieren.

Die wertvollsten Marken werden in diesen Ansätzen mit Summen bewertet, die vor einigen Jahren noch unvorstellbar waren. So ermittelt der Branding Consultant Interbrand für die wertvollste Marke der Welt, Coca Cola, einen Wert von 70,45 Mrd. US$ im Jahr 2003[3], was ca. 62 % der Marktkapitalisierung zum Betrachtungszeitpunkt entspricht. Dieser exemplarische Wert verdeutlicht, welche Bedeutung das Asset Marke für Unternehmen darstellt. Ist dieser Wert bei selbst geschaffenen Marken auch nicht in Deutschland bilanzierbar[4], so wird dennoch offenkundig, was er für eine Rolle vor allem im Bereich von Fusionen und Übernahmen spielt[5]. Die erhebliche Bedeutung der Marke an sich sowie der Markenwert deuten zugleich auf die Signifikanz der Markenentwicklung, der Markenbewertung und der Entwicklung dafür geeigneter Verfahren hin, was zu einem wichtigen Teilgebiet im Rahmen der strategischen Unternehmensführung avanciert ist.

Betrachtet man die veröffentlichten Wertgrößen der Marken, wird jedoch deutlich, dass sich zum Teil erhebliche Abweichungen ergeben. Diese erheblichen Unterschiede in den ermittelten Markenwerten verdeutlicht, wie wichtig es ist, ein anerkanntes und verlässliches Verfahren der Markenbewertung zu entwickeln, um besonders im Hinblick auf die Akquisition fremd geschaffener Marken eine einheitliche und akzeptierte Bewertungsba-

---

1 Vgl. Tollington (1995), S. 58.

2 Vgl. PricewaterhouseCoopers/Sattler (1999), S. 11.

3 Vgl. o. V. (2003), S. 45.

4 Vgl. Kotler/Bliemel (1995), S. 683.

5 Vgl. Esch (2000), S. 939.

sis zu verwenden. Betrachtet man darüber hinaus den oft diskutierten Ansatz der Bilanzierung selbst geschaffener Markenwerte, verdeutlicht dies die Notwendigkeit eines einheitlichen Bewertungsmaßstabes noch weiter.

Tatsächlich existieren jedoch eine ganze Reihe alternativer Bewertungsansätze, welche zu einem Teil aus der wissenschaftlichen Forschung und zum anderen Teil aus der Beratungspraxis stammen. Zudem verfolgen die einzelnen Verfahren unterschiedliche Zielsetzungen. So grenzt man zwischen solchen Ansätzen ab, die den Wert einer Marke nicht monetär, sondern nur in Form von Präferenzwerten, Imagegrößen oder Kennzahlen für die Markentreue ausdrücken, und jenen, welche als Ergebnis der Markenbewertung eine wirklich monetäre Geldgröße errechnen.[6]

Dieses „babylonische Markenwertwirrwar" war Ausgangspunkt für die Entwicklung eines neuen Ansatzes, des BBDO Brand Equity Evaluation Systems BEES. Ziel war es, die Probleme der älteren Ansätze zu überwinden und ihre verschiedenen Vorteile in einem Ansatz zu kombinieren. Dieser Ansatz bietet das Potenzial, eine Standardisierung der Markenbewertung zu erreichen, was die bisherigen Probleme bei der Verwendung von Markenwerten beheben würde.

1.2 Die Methodik

Bei dem BBDO Brand Equity Evaluation System BEES handelt es sich um ein mehrstufiges Faktormodell zur Bewertung von Corporate Brands, welches sich durch eine, bei dafür sinnvollen Größen, branchendifferenzierende Vorgehensweise auszeichnet. Als den Markenwert determinierende Größen wurden in diesem Faktormodell neun Faktoren als relevant identifiziert, bei welchen es sich zum einen um finanzielle Größen und zum anderen um direkt die Marke betreffende Daten handelt. Die einfließenden Faktoren werden in Abbildung 1 dargestellt.

---

6 Vgl. Wirtz/Roth (2004) für einen ausführlichen Überblick der verschiedenen Ansätze zur Markenbewertung.

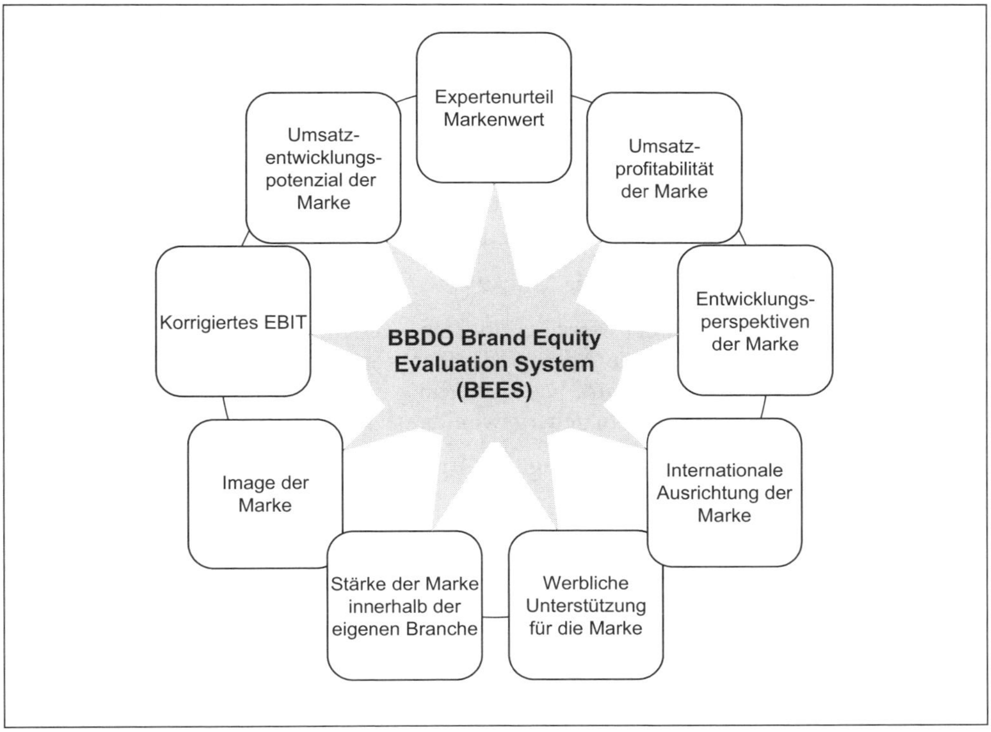

Abbildung 1: Einflussfaktoren auf den Markenwert

- **Umsatzentwicklungspotenzial der Marke**[7]

Diese wird als Indikator für die zukünftige Entwicklung des Absatzpotenzials einer Marke herangezogen. Die Faktorwerte für die Umsatzentwicklung werden dabei in einem branchenübergreifenden Kontext bewertet.

- **Umsatzprofitabilität der Marke**

Dieser Faktor wird als Mittel über die vergangenen drei Jahre betrachtet und dient als aussagekräftige Größe bezüglich der Werthaltigkeit des Umsatzes. Die Bewertung der Faktorwerte erfolgt auch hier aus sachlogischen Gründen wieder branchenübergreifend.

- **Entwicklungsperspektiven der Marke**

Unter der Determinante Entwicklungsperspektive der Marke werden die Meinungen von Analysten zu den Entwicklungsperspektiven der Branche als Indikator für die Wertentwicklung der Marke subsummiert. Dieses Einbeziehen von Expertenurteilen ist bei lang-

7 Für Finanztitel werden entsprechend Bilanzsumme (Banken) bzw. Beiträge (Versicherungen) verwendet.

fristigen Prognosen von erheblicher Bedeutung.[8] Nach der Bestimmung der Analystenempfehlung für das Marktsegment, in dem das Unternehmen tätig ist, erfolgt die Bewertung wieder branchenübergreifend.

- **Internationale Ausrichtung der Marke**

Der Faktor internationale Ausrichtung der Marke bezieht sich auf den Anteil des Auslandsumsatzes der Marke. Diese Größe stellt einen Indikator für die globale Entwicklungsfähigkeit einer Marke dar und wird wiederum branchenübergreifend bewertet.

- **Werbliche Unterstützung für die Marke**

Die werbliche Unterstützung der Marke ergibt sich aus dem auf die Marke verwendeten Werbebudget und ermöglicht eine Aussage darüber, wie stark die Marke durch das Unternehmen am Markt gefördert wird. Die Bewertung erfolgt auf Basis des prozentualen Anteils der Werbeausgaben am Vorsteuergewinn branchenintern.

- **Stärke der Marke innerhalb der eigenen Branche**

Diese bezieht sich auf die Umsatzstärke der Marke relativ zu Konkurrenzunternehmen der eigenen Branche und dient als Indikator für das Dominanzpotenzial der Marke innerhalb des relevanten Marktes. Die Bewertung erfolgt in diesem Kontext branchenintern auf Basis des Umsatzanteils der zu bewertenden Marke am Umsatz des Branchenführers.

- **Image der Marke**

Dieser ist ein Repräsentant für die Anziehungskraft und die Attraktivität der Marke aus dem Blickwinkel der in diesem Zusammenhang relevanten Stakeholder. Die Bewertung erfolgt auch hier wiederum branchenübergreifend.

- **Expertenurteil Markenwert**

Diese Determinante stellt im Vergleich zur früheren BEES-Methodik eine Neuerung bzw. eine Ergänzung um eine weitere branchenübergreifende Kenngröße dar. Sie wurde im Zuge der ständigen Weiterentwicklung und Verbesserung des Modells eingefügt. Sie reflektiert die Einschätzung der Marke durch die Fachwelt und greift explizit auf die Erfahrung von Experten zurück.

- **Korrigiertes EBIT**

Diese Größe dient als Indikator für das Wertpotenzial einer Marke und wird für die letzten drei Jahre betrachtet.[9]

---

8 Vgl. Sattler (1997), 46.

9 Im Vergleich zum ursprünglich bei BEES verwendeten Vorsteuergewinn werden beim korrigierten EBIT Korrekturen um Zinsaufwendungen, Zinserträge, Goodwill-Abschreibungen, weitere Sondereffekte aus Beteiligungen und Restrukturierungen vorgenommen.

Analysiert man nun den konkreten *Ablauf des Bewertungsverfahrens*, so ist die mehrstufige Vorgehensweise des Faktormodells gut erkennbar, da zunächst die Faktoren „Umsatzentwicklung", „Umsatzprofitabilität" und „Entwicklungsperspektiven", welche das Umfeld charakterisieren, in dem sich eine Marke befindet, zum Faktor „Markenqualität" aggregiert und verdichtet werden. Auf der nächsten Stufe wird der sich ergebende neue Faktor „Markenqualität" mit den verbleibenden vier Determinanten „Internationale Ausrichtung", „Werbliche Unterstützung", „Stärke in der eigenen Branche" und „Image" fusioniert und in einen neuen Gesamtfaktorwert überführt. Sowohl bei der Ermittlung des übergreifenden Faktors „Markenqualität" als auch bei der Bestimmung des Gesamtfaktorwertes gehen die einzelnen Faktoren der untersten Ebene ihrer Bedeutung entsprechend gewichtet in die Berechnung ein.

Der so ermittelte Gesamtfaktorwert wird im Sinne eines Gewichtungsfaktors für den verbleibenden Basisfaktor „Korrigiertes EBIT" interpretiert. Ebenso fließt auf dieser Stufe das „Expertenurteil Markenwert" ein. Diese drei Größen werden in einem letzten Schritt herangezogen, um den tatsächlichen monetären Wert der Marke zu ermitteln. Hierzu werden die beiden Gewichtungsfaktoren mit dem gewichteten Mittel der letzten drei Jahre des angesprochenen „Korrigierten EBIT" derart fusioniert, dass sich der monetäre Markenwert als Produkt aus diesen drei Größen ergibt.

Bezüglich des „Korrigierten EBIT", der, wie gezeigt, die Basis für die Ermittlung des monetären Markenwertes bildet, gilt es eine Reihe von Besonderheiten anzumerken. Diese Größe „EBIT" zeichnet sich zum einen dadurch aus, dass ihr mittlerweile der Status eines internationalen Standards zukommt und somit Unterschiede der verschiedenen Rechnungslegungstandards nicht mehr ins Gewicht fallen. Zudem werden diskretionäre Bilanzierungs- und Finanzierungseffekte auf die Unternehmensgewinne eliminiert. Diese EBIT-Größe wird des Weiteren von exogenen, temporär auftretenden Sondereffekten bereinigt. Weiterhin fließen bei Nicht-Hochtechnologie-Unternehmen die korrigierten EBIT-Ergebnisse der letzten drei Jahre ein, um eine homogenere finanzielle Basis zu realisieren.

Um der Tatsache gerecht zu werden, dass Vergangenheitsgewinne unterschiedliche Bedeutung haben sollten, wurden bei der Ermittlung des mittleren Gewinnes Gewinne aus weiter in der Vergangenheit liegenden Perioden weniger stark gewichtet als jüngere Gewinne, sodass „jüngere" Gewinne als wichtiger eingestuft werden als „ältere" Gewinne. Bei Hochtechnologie-Unternehmen, wie beispielsweise Infineon, Alcatel oder Nokia, bedarf es aufgrund ihrer teilweise extremen Konjunkturabhängigkeit jedoch einer besonderen Vorgehensweise. Es zeigte sich, dass Unternehmen dieser Branchen Zyklen unterworfen sind, die sich über die drei Jahre hinaus erstrecken.

Diesem Umstand wurde dadurch Rechnung getragen, dass der Beobachtungszeitraum zum einen auf fünf Jahre ausgedehnt und zum anderen eine Gleichgewichtung aller fünf Perioden vorgenommen wurde. Abbildung 2 soll den Bewertungsablauf schematisch verdeutlichen. Dabei wurde auf eine Darstellung der fast analogen Vorgehensweise für Hochtechnologie-Unternehmen aufgrund der Ähnlichkeiten verzichtet.

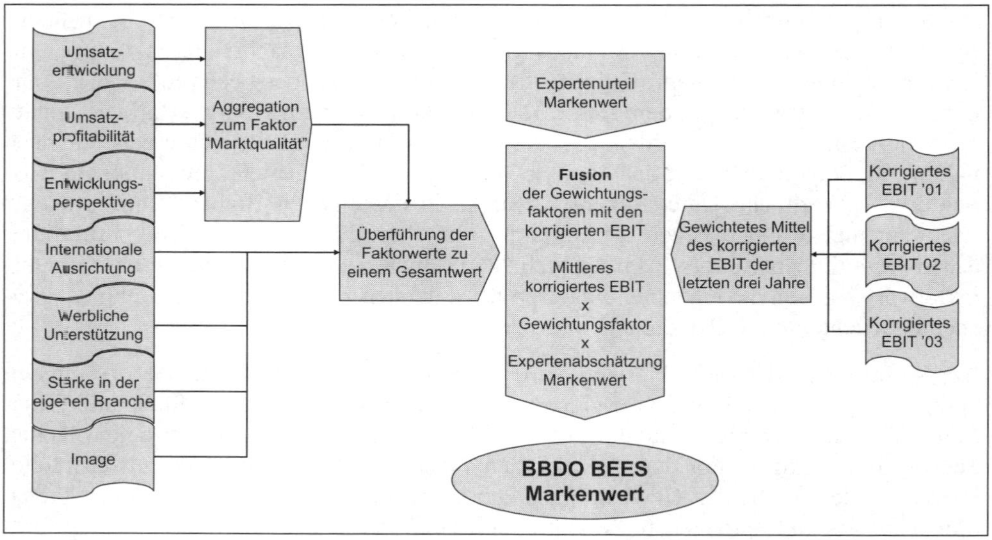

Abbildung 2: Ablauf des Bewertungsverfahrens von BEES

1.3 Möglichkeiten und Grenzen des Ansatzes

Führt man nun eine Würdigung des BEES-Ansatzes durch und vollzieht ein Benchmarking mit den anderen praxisrelevanten Ansätzen von Interbrand, Semion und ACNielsen, so zeigen sich folgende Ergebnisse. Zunächst ist zu sagen, dass dieses mehrstufige Faktormodell bei geeigneten Größen eine branchendifferenzierende Vorgehensweise beinhaltet, was besonders im Hinblick auf Daten wie zum Beispiel die werbliche Unterstützung der Marke besonders wichtig ist, da diese bei einer innerhalb der Branchen orientierten Betrachtung erheblichen Abweichungen unterliegen und somit keine direkte Vergleichbarkeit gegeben ist, was bei Nichtbeachten eine Verzerrung des Ergebnisses zur Folge hätte. Zudem bezieht dieser Ansatz einen umfangreichen Katalog für den Wert einer Marke relevanter Einflussgrößen sowohl aus dem direkten als auch aus dem indirekten Umfeld der Marke in die Analyse mit ein.

Darüber hinaus handelt es sich um einen sehr flexiblen, erweiterungsfähigen Ansatz, welcher durch Anpassung beziehungsweise Integration der relevanten Kennzahlen auch in der Lage ist, Marken aus dem Finanzbereich zu bewerten und vergleichbar zu machen. Ein weiterer Vorteil des Verfahrens besteht in der expliziten Aufnahme zukunftsorientierter Größen, welche das Entwicklungspotenzial und die Entwicklungsperspektiven der Marke erfassen. Ein aus operativer und durchführungsbezogener Sicht besonders relevanter Vorteil besteht in der guten Verfügbarkeit und Zugänglichkeit der für die Markenbewertung erforderlichen Daten. Dies ermöglicht im Allgemeinen eine schnelle und effektive und somit auch komparativ kostengünstige Bewertung der Marke.

Wie bereits angesprochen, eliminiert dieses Verfahren auch Größen, welche keinen Einfluss auf den ermittelten Wert einer Marke haben sollten, da sie sich dem direkten und auch indirekten Einfluss der markensteuernden Organe gänzlich entzieht. Dieser Forderung wird insbesondere dadurch Rechnung getragen, dass anstelle des Nachsteuergewinns – wie dies beispielsweise bei Interbrand der Fall ist – das korrigierte EBIT herangezogen wird. Hierdurch werden diskretionäre Bilanzierungs- und Finanzierungseffekte auf die Unternehmensgewinne sowie exogene, temporär auftretende Sondereffekte eliminiert und ein Einfluss des Steuersystems auf den Wert einer Marke vermieden. Zudem zeichnet sich das Verfahren durch eine validere Abbildung der Markenwerte von Unternehmen in zyklischen Märkten aus.

Es bleibt jedoch anzumerken, dass trotz aller Vorteile auch das BEES nicht alle Defizite der anderen dargestellten Ansätze ausgleichen kann. Dies liegt jedoch daran, dass es nicht möglich ist, diesbezüglich allgemeine Objektivitätsmaßstäbe zu definieren beziehungsweise ein „richtiges" Verfahren zu identifizieren. Vielmehr kann nur versucht werden, bekannte Defizite zu eliminieren und potenzielle Fehlerquellen auszuschließen, um ein System zu entwickeln, welches aufgrund seiner Vorteile und nur geringen Anzahl an Defiziten potenziell in der Lage ist, so breite Anerkennung zu finden, dass es sich als allgemein anerkannter Standard etablieren kann.

Diese Voraussetzungen werden von BEES weitestgehend erfüllt, da es nur den geringst möglichen subjektiven Einfluss im Rahmen der Auswahl sowie der Gewichtung der Faktoren zulässt und auf weitere subjektive Störgrößen, wie zum Beispiel die S-Kurve zur Multiplikatorbestimmung bei Interbrand, gänzlich verzichtet. Ebenso ist die Tatsache zu nennen, dass die Werbeausgaben als Bestimmungsgröße des Markenwertes herangezogen werden, was unter Umständen als angreifbar betrachtet werden kann, da eine inputorientierte Bewertung vorgenommen wird, der Wert einer Marke jedoch aus deren Output resultiert. Da dennoch von einem Zusammenhang zwischen der werblichen Unterstützung für die Marke und dem Wert der Marke ausgegangen werden kann, scheint diese Vorgehensweise berechtigt zu sein. Diesem vermeintlichen Problem wird zudem durch eine entsprechende Behandlung und Gewichtung dieses Faktors Rechnung getragen.

Abschließend bleibt festzuhalten, dass auch BEES in der hier vorgestellten Form nur Corporate Brands zu bewerten im Stande ist. Dies war jedoch im Hinblick auf das folgende Corporate Brand Ranking als Zielvorgabe definiert und kann leicht angepasst und abgewandelt werden, sodass auch Submarken bewertet werden können. Die Tabelle 1 beinhaltet einen zusammenfassenden direkten Vergleich der Vor- und Nachteile der in der Praxis dominierenden Ansätze und verdeutlicht noch einmal grafisch, warum BEES den anderen Modellen tendenziell überlegen ist und das Potenzial besitzt, sich als Standard zu etablieren.

Bewertung \ Anbieter	Interbrand	Semion	ACNielsen	BBDO BEES
Gemeinsame Nachteile	• Subjektive Faktorenauswahl • Subjektive Faktorengewichtung • Mangelnde Nachvollziehbarkeit	• Subjektive Faktorenauswahl • Subjektive Faktorengewichtung • Mangelnde Nachvollziehbarkeit	• Subjektive Faktorenauswahl • Subjektive Faktorengewichtung	• Subjektive Faktorenauswahl • Subjektive Faktorengewichtung
Hauptnachteile	• Zusätzliche subjektive Komponente durch die S-Kurve • Abgrenzung des relevanten Marktes nötig • Mangelnde Berücksichtigung kundenorientierter Größen • Mögliche Korrelation der Größen • Verwendung des Nachsteuergewinns	• Mögliche Korrelation der Größen • Keine Zukunftsorientierung • Aufwendige Generierung der Datengrundlage	• Teileweise unrealistische Annahmen • Keine Zukunftsorientierung im Sinne von Prognosedaten • Keine Imagedaten • Keine Kostengrößen des Markenaufbaus • Annahme eines direkten Zusammenhangs zwischen Markenstärke und Ertragspotenzial	• Bisher nur Bewertung von Corporate Brands
Vorteile	• Gut anwendbar • Breite Praxisdiffusion • Ranking der wertvollsten Marken	• Ranking der wertvollsten deutschen Marken	• Analyse im Kontext relevanter Konkurrenzmarken • Möglichkeit zur Bewertung von Konkurrenzmarken • Objektiv und in einem großen Umfang nachvollziehbar und reproduzierbar	• Branchendiffenrenzierende Vorgehensweise • Basiert auf korrigierten EBIT-Zahlen • Unterschiedlicher Einfluss der Inputdaten in Abhängigkeit vom Alter • Berücksichtigung dynamischer Komponenten (Entwicklungen) • Erfassung von Expertenurteilen • Erfassung von Imagedaten • Gute Zugänglichkeit der Daten und somit Möglichkeit zur schnellen und effektiven Bewertung

Tabelle 1: Benchmarking der vergleichbaren Ansätze

2. Das BBDO Brand Equity Evaluation System Ranking

In Tabelle 2 wird ein Ranking der DAX 30-Werte dargestellt, welches auf Basis des mit BEES ermittelten Markenwertes erstellt wurde. Das Ranking bezieht sich auf das Jahr 2003 und beinhaltet somit Datenmaterial aus den Beobachtungsperioden 2000, 2001 und 2002.[10] Seit diesem Zeitpunkt erfolgte Veränderungen in den Konzernstrukturen beziehungsweise durchgeführte Umbenennungen sind in diesem Ranking noch nicht erfasst. Wenn man sich das Ranking genauer ansieht, so fällt die Dominanz von DaimlerChrysler auf. Das Unternehmen konnte sich vom Rang 4 im Vorjahr auf den Rang 1 verbessern und die zweitplatzierte Deutsche Telekom (wie im Vorjahr auf Rang 2), die Allianz (Nr. 3 im Jahr 2003, Nr. 1 in 2002) aber die Deutsche Bank (Nr. 3 in 2002, jetzt Rang 4) weit hinter sich lassen.

10 Für Hochtechnologie-Unternehmen wurden zusätzlich die Daten aus 1998 und 1999 hinzugezogen.

Bei einer grundsätzlichen Betrachtung der Rangpositionen aller Unternehmen im DAX 30 in 2003 und deren Veränderungen gegenüber 2002 fällt auf, dass insbesondere HVB und E.ON zu den größten Verlierern gehören. Sie mussten 5 bzw. 4 Rangpositionen abgeben. Gewinner waren vor allem die Deutsche Post, welche sich im Jahresvergleich um fünf Rangpositionen verbessern konnte, und Infineon mit einer Verbesserung um vier Rangpositionen. Besonders interessant ist eine Betrachtung der Spannweite der Markenwerte der DAX 30-Unternehmen. Im Jahr 2003 müsste das letztplatzierte Unternehmen MLP seinen Markenwert um mehr als das 90-fache steigern, um im aktuellen Ranking die Spitzenposition zu erlangen.

Rang 2003	Rang 2002	Unternehmen	Markenwert in Mio. € 2003	Branche
1	4	DaimlerChrysler	25.299	Automobil
2	2	Deutsche Telekom	20.019	Telekommunikation
3	1	Allianz	15.758	Finanzsektor
4	3	Deutsche Bank	15.719	Finanzsektor
5	6	Volkswagen	15.699	Automobil
6	9	BMW	15.679	Automobil
7	7	Siemens	15.370	Technologie
8	8	RWE	10.878	Versorger
9	5	E.ON	10.790	Versorger
10	15	Deutsche Post	8.791	Transport/Verkehr
11	10	BASF	8.742	Chemie/Pharma/Gesundheit
12	13	Thyssen Krupp	8.729	Industrie
13	14	Metro	8.661	Diverse
14	11	Bayer	8.168	Chemie/Pharma/Gesundheit
15	16	Henkel	6.367	Chemie/Pharma/Gesundheit
16	17	TUI	5.845	Diverse
17	12	HVB	5.620	Finanzsektor
18	18	SAP	5.297	Software
19	19	Deutsche Lufthansa	4.251	Transport/Verkehr
20	21	Adidas-Salomon	3.884	Konsumgüter
21	22	Linde	3.639	Industrie
22	23	Münchner Rück	3.388	Finanzsektor

23	20	Schering	3.099	Chemie/Pharma/Gesundheit
24	27	Fresenius	2.811	Chemie/Pharma/Gesundheit
25	29	Infineon	1.372	Technologie
26	25	MAN	1.319	Industrie
27	24	Commerzbank	1.232	Finanzsektor
28	-	Altana	1.051	Chemie/Pharma/Gesundheit
29	-	Deutsche Börse	970	Finanzsektor
30	30	MLP	269	Finanzsektor

Tabelle 2: DAX Markenwertranking mit BEES (2002-2003)

Bei der Ermittlung der Markenwerte für die Unternehmen des Euro Stoxx 50 wurde die gleiche Methodologie wie bei den DAX 30-Unternehmen angewendet. Wie Tabelle 3 zeigt, führt die niederländische ING Groep die Liste mit einem Markenwert von ca. 47 Mrd. € an, gefolgt von der ebenfalls niederländischen Unilever mit ca. 41. Mrd. € und der italienischen ENI mit ca. 40. Mrd. €. DaimlerChrysler als Spitzenreiter des DAX 30-Rankings nimmt hier den Platz sieben ein. Zu den relativen Gewinnern des Rankings 2003 zählt das französische Bauunternehmen Saint-Gobain (plus 13 Ränge) und die Société Générale (plus 11 Ränge). Diese Unternehmen konnten Zugewinne in einem zweistelligen Bereich erzielen. Deutliche Verluste im Bezug auf die Position mussten hingegen E.ON (16 Positionen), Allianz (12 Positionen), AXA und Deutsche Bank (jeweils 11 Ränge) hinnehmen.

Auffällig am Euro Stoxx 50-Ranking ist zudem die starke Stellung der französischen und deutschen Unternehmen. So befindet sich unter den Top 20-(Top 50-)Unternehmen sieben (16) bzw. sechs (12) Vertreter aus diesen beiden Ländern. Betrachtet man die einzelnen Branchen, so fällt auf, dass die Unternehmen aus dem Finanzsektor die Spitzenposition dominieren. Neben der Spitzenposition können die Unternehmen dieses Industriezweiges weitere sechs Top-20-Positionen einnehmen und stellen mit insgesamt 16 Vertretern die mit Abstand größte Branchengruppierung. Auch im Euro Stoxx 50 ist die Spannweite der Markenwerte erheblich. So macht der Markenwert der führenden ING Groep das 40-fache des Markenwertes der letztplatzierten Alcatel aus.

Rang 2003	**Rang 2002**	**Unternehmen**	**Markenwert in Mio. € (2003)**	**Branche**	**Land**
1	1	ING Groep	46.743	Finanzsektor	NL
2	7	Unilever	40.628	Konsumgüter	NL
3	2	ENI	40.299	Versorger	I

4	11	Shell	30.357	Energie/Rohstoffe	NL
5	9	BNP Paribas	27.763	Finanzsektor	F
6	12	Nokia	26.268	Technologie	FIN
7	8	DaimlerChrysler	25.299	Automobil	D
8	4	Deutsche Telekom	20.019	Telekommunikation	D
9	10	France Télékom	19.246	Telekommunikation	F
10	19	Carrefour	19.186	Handel	F
11	24	Saint-Gobain	18.922	Bauindustrie	F
12	21	Total	18.237	Energie/Rohstoffe	F
13	14	Aventis	17.576	Chemie/Pharma/Gesundheit	F
14	16	BSCH	17.520	Finanzsektor	E
15	3	Allianz	15.758	Finanzsektor	D
16	5	AXA	15.720	Finanzsektor	F
17	6	Deutsche Bank	15.719	Finanzsektor	D
18	15	Volkswagen	15.699	Automobil	D
19	18	Siemens	15.370	Technologie	D
20	22	ABN Amro	14.904	Finanzsektor	NL
21	17	Fortis	14.864	Finanzsektor	B
22	31	BBVA	14.662	Finanzsektor	E
23	23	Telecom Italia	14.218	Telekommunikation	I
24	20	Suez	13.933	Versorger	F
25	30	Vivendi Universal	13.313	Diverse	F
26	37	Société Générale	13.174	Finanzsektor	F
27	25	Telefónica	11.141	Telekommunikation	E
28	27	RWE	10.878	Versorger	D
29	13	E.ON	10.790	Versorger	D
30	36	Endesa	10.780	Versorger	E
31	26	Aegon	9.784	Finanzsektor	NL
32	-	Lafarage	9.392	Bauindustrie	F
33	32	BASF	8.742	Chemie/Pharma/Gesundheit	D
34	28	ENEL	8.669	Diverse	I
35	42	Danone	8.324	Konsumgüter	F

36	33	Bayer	8.168	Chemie/Pharma/Gesundheit	D
37	38	Sanofi-Synthélabo	8.074	Chemie/Pharma/Gesundheit	F
38	46	L'Oreal	7.904	Konsumgüter	F
39	45	TIM	7.776	Telekommunikation	I
40	39	Generali	7.629	Finanzsektor	I
41	44	LVMH	6.795	Konsumgüter	F
42	41	UniCredito	6.545	Finanzsektor	I
43	40	Philips	6.404	Technologie	NL
44	45	HVB	5.620	Finanzsektor	D
45	34	Repsol	5.072	Energie/Rohstoffe	E
46	47	Air Liquide	3.785	Chemie/Pharma/Gesundheit	F
47	49	Münchner Rück	3.388	Finanzsektor	D
48	50	Sanpaolo IMI	2.380	Finanzsektor	I
49	48	Alcatel	1.186	Technologie	F

Tabelle 3: Euro Stoxx 50 Markenwertranking mit BEES (2002-2003)[11]

3. Fazit

Zusammenfassend kann festgehalten werden, dass es sich bei BEES um einen umfassenden und leistungsfähigen Ansatz vor allem zur regelmäßigen Bewertung von Corporate Brands handelt. Dieser Ansatz zieht neben Finanzdaten auch Imagedaten und zukunftsrelevante Prognosen heran und versucht zugleich, die den Bewertungsmodellen in der Regel immanente Subjektivität in erheblichem Maße zu reduzieren. Zudem eliminiert BEES Einflüsse auf den Wert der Marke, die in einer objektiven Bewertung, welche das Ziel hat, auch internationale Vergleichbarkeit zu schaffen, per se nicht erfasst werden sollten. Darüber hinaus ermöglicht die mehrstufige Vorgehensweise eine Erfassung einer Vielzahl an Parametern, ohne dabei die Nachvollziehbarkeit des Systems zu gefährden. Die branchendifferenzierende Vorgehensweise ist weiterhin besonders im Hinblick auf ein Benchmarking mit den relevanten Konkurrenten des bearbeiteten Marktes ein sehr hilfreiches Instrument. Abschließend bleibt zu sagen, dass durch die Berücksichtigung der Entwicklungen der relevanten und eingehenden Größen, die Statik vieler Modelle

11 Für Ahold konnte aufgrund fehlender Bilanzen noch kein Markenwert für 2003 berechnet werden.

überwunden wurde und dynamische Prozesse erfasst werden können. Es bleibt festzuhalten, dass der durchgeführte direkte Vergleich der Vor- und Nachteile der analysierten Ansätze verdeutlicht, dass BEES den anderen Modellen tendenziell überlegen ist und das Potenzial besitzt, sich als Standard zu etablieren.

Literaturverzeichnis

ESCH, F.-R. (2000), Ansätze zur Messung des Markenwertes, in: Esch, F.-R. (Hrsg.), Moderne Markenführung, 2. Auflage, Wiesbaden 2000, S. 937-965.

KOTLER, P./BLIEMEL, F. (1995), Marketing-Management, Stuttgart 1995.

O. V. (2003), Brands in an Age of Anti-Americanism, in: BusinessWeek (European Edition), 4.8.2003, S. 44-47.

PRICEWATERHOUSECOOPERS/SATTLER, H. (1999), Praxis von Markenbewertung und Markenmanagement in deutschen Unternehmen, Frankfurt am Main 1999.

SATTLER, H. (1997), Indikatoren für den langfristigen Markenwert, in: Markenartikel, Nr. 6, 1997, S. 46-50.

TOLLINGTON, A. (1995), Brand Accounting and the Marketing Interface, in: Management Accounting, 73. Jg., Nr. 4, 1995, S. 58-59.

WIRTZ, B.W./ROTH, K. (2004), Grundlagen der Markenbewertung, in: Wirtz, B.W./ Göttgens, O. (Hrsg.), Integriertes Marken- und Kundenwertmanagement, Wiesbaden 2004, S. 267-296.

Mark Esser, Andreas Schmidt und Alexander Granz

Markenbewertung etabliert sich auf der Top-Management Agenda

Dieser Beitrag leistet einen Überblick über die wichtigsten Aspekte der gegenwärtig intensiv diskutierten Markenbewertungsthematik. Dabei wird zunächst auf die Ausgangssituation eingegangen und begründet, warum sich gerade in den letzten Monaten ein signifikanter Bedeutungszuwachs ergeben hat und somit die Berücksichtigung von Markenwerten dringend geboten erscheint. Anschließend werden die wichtigsten Anwendungsgebiete von Markenbewertung und die damit verbundenen Ziele aus der Perspektive des Top-Managements dargelegt. Die daraus abgeleiteten methodischen sowie die ebenfalls einfließenden praxisbezogenen Anforderungen werden sodann anhand eines integrierten Bewertungsansatzes diskutiert. Dieser wird sowohl verhaltenswissenschaftlichen als auch wirtschaftsprüferischen Erfordernissen gerecht und weist schließlich einen monetären Markenwert aus.

1. Ausgangssituation

Markenwerte stellen eine der zentralen Ressourcen der Informations- und Wissensgesellschaft des 21. Jahrhunderts dar. Ihre steigende Bedeutung wird getrieben von Faktoren wie der zunehmenden Verflechtung von Kapital- und Produktmärkten, dem Aufweichen traditioneller Marktabgrenzungen sowie signifikanten Veränderungen des Kundenverhaltens. In diesem Zusammenhang ist über verschiedene Industrien hinweg eine zunehmende Relevanz von Marke und Marketing zu beobachten. Die hohe ökonomische Bedeutung der Marke kann beispielsweise mit dem Anteil des Markenwertes am gesamten Unternehmenswert operationalisiert werden.[1]

Parallel zu dieser Entwicklung haben die zunehmende Internationalisierung der Rechnungslegung, die wachsende Tendenz bei Unternehmen, Kapital auch an internationalen Finanzplätzen aufzunehmen (die Daimler-Benz AG erreichte als erstes deutsches Unternehmen die Zulassungskriterien der New York Stock Exchange) sowie Bemühungen bei der Schaffung von vergleichbaren Informationsgrundlagen für international agierende Investoren zu einer weiten Verbreitung der Rechnungslegungsstandards US-GAAP und vor allem IAS/IFRS geführt.[2] Gemäß dieser Vorschriften ist bereits heute erforderlich, alle erworbenen (derivativen) Markenwerte zu aktivieren. Dieser aktuelle Wert einer Marke wird im Rahmen einer Folgebewertung auf Werthaltigkeit überprüft, indem jährlich ein so genannter Impairment Test durchzuführen ist. Mit der Einführung dieser

1 Je nach Quelle und Operationalisierungsansatz werden hier Anteile von mehr als 50 % für Konsumgüter berichtet. Vgl. Sattler (2001).

2 So ist seit Einführung des Kapitalaufnahmeerleichterungsgesetz (KapAEG) 1998 ein Konzernabschluss nach IAS oder US-GAAP als Alternative zu HGB-Abschlüssen möglich. Vgl. BGBl. (1998), S. 707 ff.

Werthaltigkeitsprüfung wird die bisherige Regelung der planmäßigen Abschreibung einer Marke obsolet und die periodische Ermittlung des zu bilanzierenden Markenwerts sehr bedeutsam.

Der bilanzielle Ausweis von originären, also selbst geschaffenen Marken ist hingegen aufgrund der derzeitigen Bilanzierungsstandards nicht möglich. Wenngleich diese Bilanzierungspraxis auch in naher Zukunft als gleich bleibend angenommen werden darf, erfährt dieser Bereich der Berichterstattung dennoch aufgrund des neuen DRS 12 (de lege ferenda) wachsende Dynamik: So empfiehlt der Deutsche Standardisierungsrat mit dieser Norm die Aufhebung des Aktivierungsverbotes von selbst geschaffenen immateriellen Werten gemäß § 248 II HGB.[3] Unabhängig von der gegenwärtigen Rechtslage sei jedoch auf die Möglichkeit der freiwilligen Berichterstattung derartiger Markenwerte hingewiesen. Die Internationalisierung der Rechnungslegung spiegelt sich auch in der Tatsache wider, dass IAS/IFRS für kapitalmarktorientierte Unternehmen ab 2005 verpflichtend in die deutsche Konzernrechnungslegung Einzug hält.[4] Da den EU-Mitgliedsstaaten selbst das Wahlrecht eingeräumt werden soll, künftig die Anwendung von IAS/IFRS-Normen auch auf Einzelabschlüsse ausdehnen zu können, ist von einer zunehmenden Verdrängung nationaler Rechnungslegungsvorschriften auszugehen. Aktuell stellt kein Unternehmen im DAX den Konzernabschluss nach HGB auf, vielmehr legt die Hälfte dieser Standardwerte auf Basis von IAS/IFRS Rechnung (vgl. Abbildung 1).

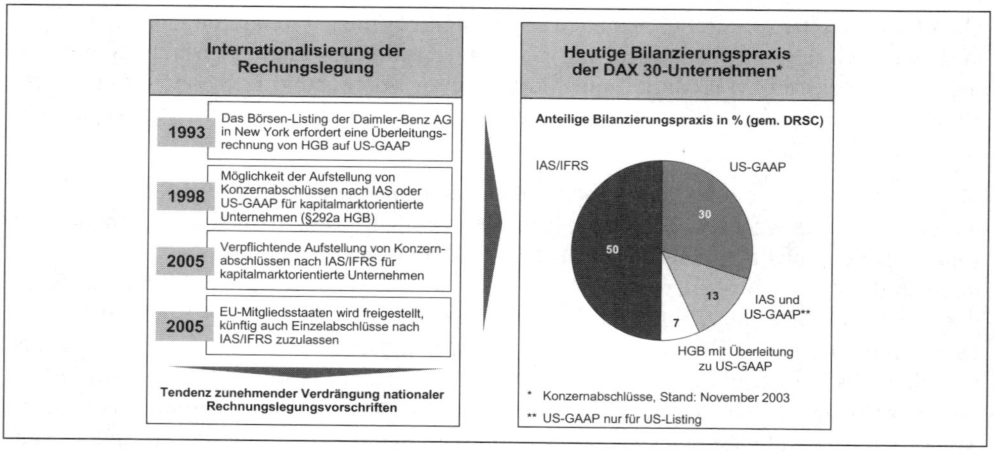

Abbildung 1: Internationalisierung der Rechnungslegung [5]

3 Vgl. Greinert (2003), S. 328.

4 Deutsche Unternehmen, die derzeit nach US-GAAP Rechnung legen, erhalten diese Auflage erst ab dem Berichtzeitraum 2007.

5 Vgl. insbesondere Ernst & Young (2003); Windmöller (2002).

Findet ergänzend hierzu die Tendenzaussage Beachtung, wonach IAS/IFRS-Standards bereits das größte Aktivierungspotenzial für immaterielle Werte aufweisen (vgl. Abbildung 2), erhält das Thema Markenbewertung bereits im Zuge der Internationalisierung der Berichterstattung zentrale Bedeutung für das Top-Management.

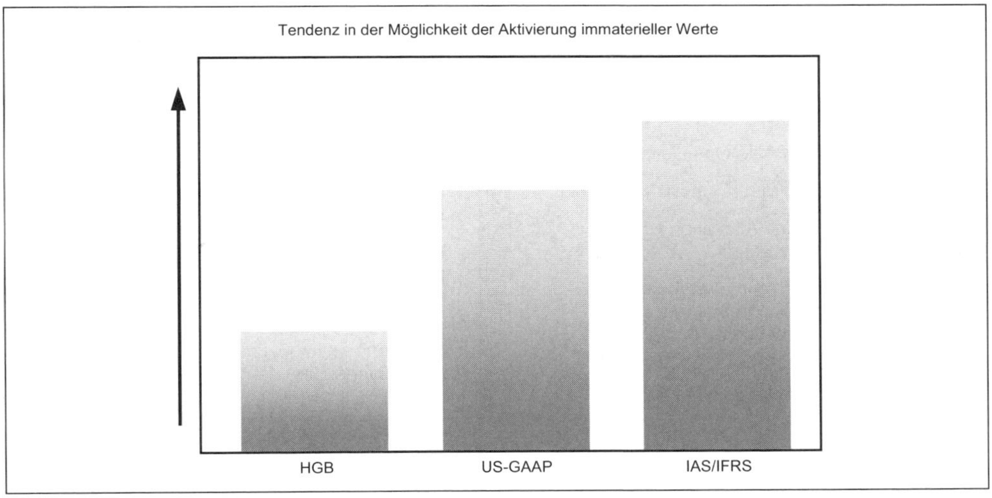

Abbildung 2: Aktivierungspotenzial von immateriellen Werten gemäß unterschiedlicher Standards[6]

Der zweite Abschnitt zeigt, dass ergänzend zum Wandel in der Berichterstattung von Unternehmen gerade bei international operierenden Corporate Brands Aspekte wie Unternehmensfinanzierung oder strategische Planung zunehmend in den Vordergrund rücken.

2. Anwendungsbereiche von Markenbewertung

Mit dem Thema Markenwert wird eine Reihe unterschiedlicher Fragestellungen verbunden. Typische Fragestellungen sind u. a. die Veränderung des Markenwertes im Zeitverlauf, die Markenstärke im Vergleich zu konkurrierenden Marken, der Wertschöpfungsbeitrag der Marke, die Bestimmung von Lizenzgebühren oder der Werthebel von

6 Vgl. Ranker/Wohlgemuth/Zwirner (2001).

Marken. Je nach Anlass steht somit ein unterschiedliches Interesse bei der jeweiligen Bestimmung von Markenwerten im Vordergrund. Zusammenfassend lassen sich diese Anwendungsgebiete in unternehmensinterne und unternehmensexterne Aspekte gliedern (vgl. Abbildung 3).

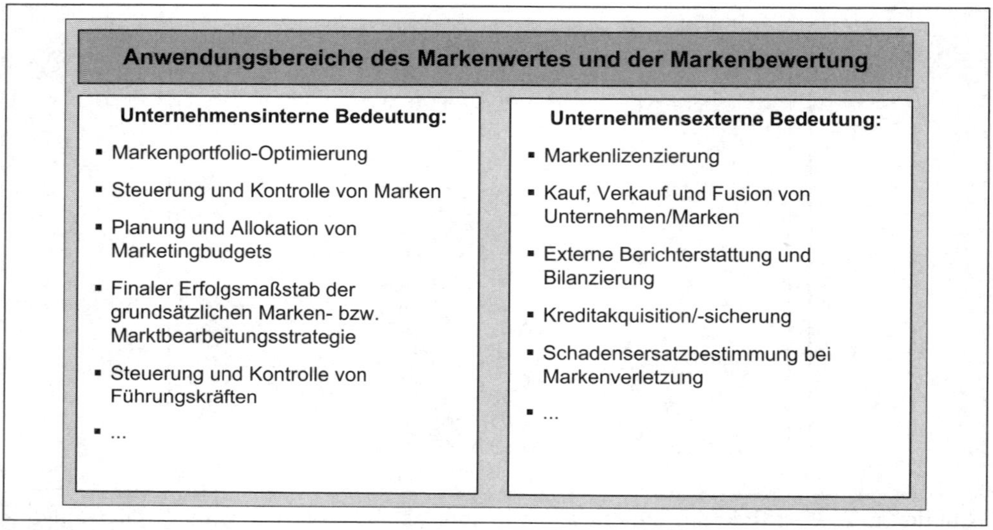

Abbildung 3: Anwendungsbereiche von Markenbewertung[7]

Eine unternehmensinterne Bedeutung hat die Markenbewertung insbesondere bezüglich der Steuerung und Kontrolle von Marken. So kann z. B. bei Markenportfolio-Optimierungen ein monetärer Maßstab geschaffen werden, der die Fokussierung auf die tatsächlich wertvollsten Marken erlaubt. Ebenso kann die Berechnung des Markenwertes Defizite bisheriger Steuerungsinstrumente kompensieren, indem Investitionen in Markenpflege/Markenaufbau nicht nur hinsichtlich ihrer Kosten, sondern auch hinsichtlich ihrer Wirkungen u. a. auf den Unternehmenswert abgebildet werden. Schließlich kann die Markenbewertung auch zur Allokation des Marketingbudgets eingesetzt werden und als objektive Grundlage für die konkrete Ausgestaltung und Dimensionierung der Marketingetats fungieren.

Einen Anwendungsbereich mit unternehmensexterner Bedeutung stellt die Markenbewertung bei der Übertragung von Markenrechten dar. Durch die Bestimmung des monetären Markenwertes wird eine objektive Basis zur Ermittlung von Lizenzsätzen bereitgestellt. Zudem werden durch die Lizenzierung über verschiedene Länder hinweg steuer-

7 Vgl. BBDO Consulting (2003).

liche Optimierungsmöglichkeiten eröffnet. Weiterhin lässt sich der Wert einer Marke heranziehen, um die Höhe eines Schadensersatzes infolge von Markenrechtsverletzungen oder der rechtswidrigen Verwendung von Markenzeichen (inkl. langfristiger „Markenschäden") zu bestimmen. Insbesondere für Fälle von Markenpiraterie ist diese Anwendungsmöglichkeit von zunehmender Bedeutung.

Besonders relevant erscheint für viele Unternehmen die Möglichkeit zur Generierung von Finanzierungs- bzw. Kreditierungsvorteilen durch Berichterstattung über Markenwerte. So konnte etwa der schwedische Entwickler von Lernprogrammen Celemi bereits Mitte der neunziger Jahre durch die Erstellung und Veröffentlichung des so genannten „Intangible asset monitor" (Darlegung des Verhältnisses von Forschungsleistungen zur Umsatzentwicklung, Dokumentation zukunftsschaffender Potenziale wie etwa langjährige Berufserfahrung der Mitarbeiter) die Transparenz seiner Außendarstellung deutlich erhöhen.[8]

Die Bewertung immaterieller Vermögenswerte durch monetäre und nicht-monetäre Indikatoren führt zu einer transparenteren Darlegung der Erfolgspotenziale, was sich positiv auf die Bewertung durch Analysten (Verbesserung von Ratingurteilen), Investoren und Kreditgebern auswirken kann. Die Nichtoffenlegung des Markenwertes kann daher zu einer relativen Schlechterstellung beim Kreditrating führen.

Alle hier beispielhaft aufgeführten Anwendungsbereiche verdeutlichen, dass die Bewertung von Marken ein wichtiges Instrument ist, um die gegenwärtige Stellung einer Marke im Markt zu analysieren und um marktpolitische Entscheidungen über den Ausbau, die Stärkung sowie die Pflege von Marken zielgerichtet zu treffen und die Ergebnisse kontrollieren zu können. Die Frage nach der Wahl eines zielführenden Bewertungsansatzes und -verfahrens wird im Anschluss diskutiert.

3. Markenbewertungsansätze und -verfahren

Folgt man den Empfehlungen der Bewertungspraxis, so sind kostenorientierte Ansätze und marktorientierte Ansätze weniger zur Markenbewertung geeignet.[9] Als praktikabel hingegen gilt der einkommensorientierte Ansatz, der markenbezogene Überschüsse über

---

8 Vgl. Celemi (2002), S. 10 ff.

9 Kostenorientierte Ansätze leiten den Markenwert aus bisherigen Marketingaufwendungen ab, marktorientierte Ansätze basieren hingegen in der Regel auf bereits stattgefundenen Kauf- und Verkaufstransaktionen. Während Erstere nicht das künftige Potenzial einer Marke einfangen, ist das Problem der zweiten Kategorie, dass Markentransaktionen zu selten stattfinden und deren bewertungsrelevante Eckpunkte nicht veröffentlicht werden.

den Planungszeitraum prognostiziert und mittels Barwertkalkül den monetären Wert einer Marke bestimmt (vgl. Abbildung 4).[10]

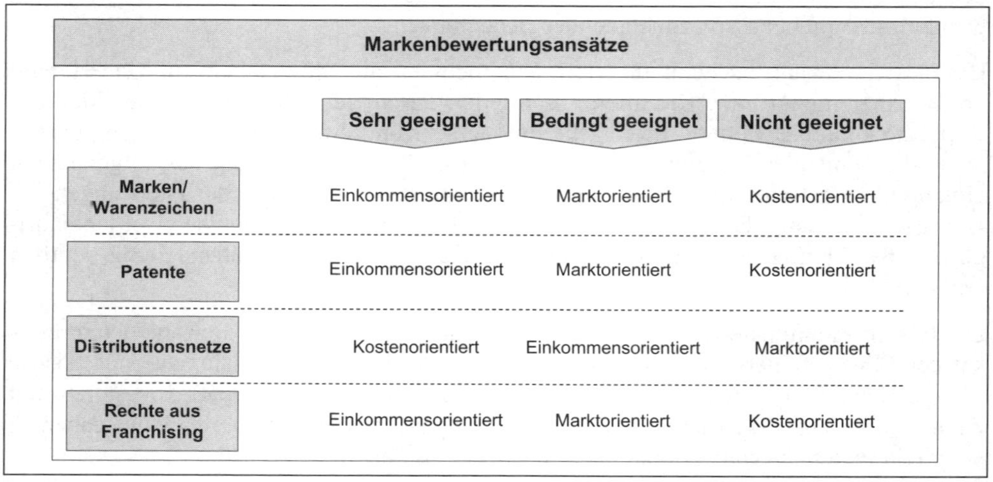

Abbildung 4: Bewertungsansätze im Überblick[11]

Neben diesen Praktikabilitätsansprüchen ist auch das je nach Anlass der Bewertung unterschiedliche Interesse des Top-Managements (beispielsweise Markenportfolioüberlegungen versus Bilanzierung von Markenwerten) zu betrachten. Dementsprechend lassen sich die gängigen Bewertungsverfahren in vier Gruppen unterteilen: finanzorientierte Modelle, verhaltensorientierte Markenwertmodelle, finanzorientierte-verhaltenswissenschaftliche Kombinationsmodelle, Input-/Output- und Portfoliomodelle. Dabei erscheint jedoch unabhängig von der Gruppenzuordnung hauptsächlich der ungenügende Abgleich von Kennzahlen aus dem Rechnungswesen mit verhaltenswissenschaftlichen Anforderungen problematisch.

10 Vgl. Schmidt (2002), S. 312 ff.

11 In Anlehnung an Smith (2004).

4. Kernbestandteile des Verfahrens "Brand Equity Valuation for Accounting" (BEVA)

Das Modell „Brand Equity Valuation for Accounting“ (kurz: „BEVA“) nimmt sich dieser Herausforderung der Einbeziehung beider Disziplinen an: Das BEVA-Modell beinhaltet eine strategisch-marketingorientierte Perspektive sowie eine bilanziell-finanzwirtschaftliche Sichtweise. So wurde bei der gemeinsamen Entwicklung eines integrierten Modells vonseiten BBDO Consulting die langjährige Erfahrung im Bereich verhaltenswissenschaftlich fundierter Markenbewertungsmodelle eingebracht, während Ernst & Young AG Wirtschaftsprüfungsgesellschaft die entsprechende Expertise einer der größten Prüfungs- und Beratungsgesellschaften der Welt verkörpert.

Verfolgt wird dabei ein „best of both worlds“-Anspruch: Mit der Bündelung von Expertise aus den Bereichen Markenwertmanagement und Finanzwirtschaft wurde die Grundlage für ein Markenbewertungsmodell geschaffen, das die häufig kritisierten Defizite der bisher üblichen, einseitig ausgerichteten Verfahren überwindet. Auf diese Weise kann das gemeinsame Modell die Gesamtheit der oben angesprochenen internen und externen Bewertungsperspektiven verlässlich abdecken. Dabei ist der Einklang des Modells mit den Bilanzierungsstandards besonders wichtig für viele Klienten.

BEVA stellt einen mehrstufigen modularen Ansatz dar, der den verhaltenswissenschaftlich abgesicherten Status der Marke (BBDO 5-Stufen-Modell der Markenführung©) mit einem quantitativ hergeleiteten Wertansatz (Relief-from-Royalty) verbindet. Dieses Lizenzpreisanalogieverfahren gilt in Kreisen von Wirtschaftsprüfungsgesellschaften als gängiges Verfahren zur Messung von Markenwerten.[12] Die dabei theoretisch zu ermittelnde Lizenzgebühr (auch Brand Profit Rate genannt) fungiert dabei als zentrale Größe bei der Ableitung von markenbezogenen Plan-Einnahmen. Abbildung 5 zeigt den Ansatz grafisch im Überblick.

Über das BBDO 5-Stufen-Modell der Markenführung©, das sich auf die potenziell relevanten Entwicklungsstufen einer Marke stützt, wird zunächst die Markenstärke aus Nachfragersicht auf Basis von Konsumentenbefragungen ermittelt. Diese wird sodann im Zusammenspiel mit am Markt ermittelbaren Lizenzgebühren und der relativen Markenbedeutung der betrachteten Branche in eine unternehmensspezifische Brand Profit Rate transformiert.

12 Vgl. Deloitte&Touche (2002), S. 3.

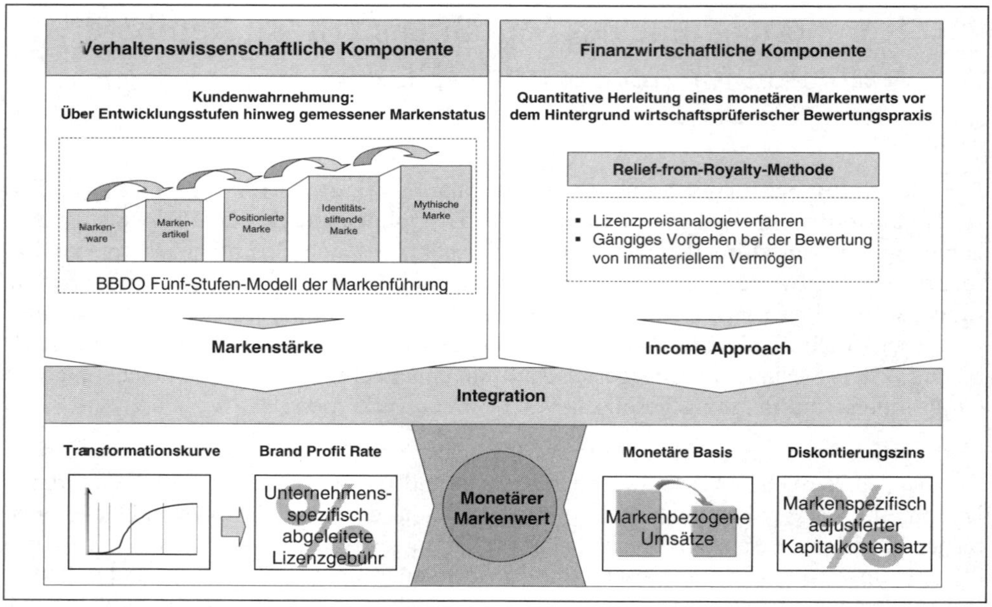

Abbildung 5: Kernelemente des BEVA-Modells[13]

In einem zweiten Schritt wird als Bezugsgröße für die Brand Profit Rate eine monetäre Basis errechnet, indem unter Rückgriff auf Daten des Rechnungswesens die markenbezogenen Umsätze ermittelt werden. Auf diese monetäre Basis wird sodann die Brand Profit Rate als Gewichtungsfaktor angewandt. Im Ergebnis werden so genannte Brand Profits geliefert, d. h. die markenbezogenen Einnahmen, die schließlich – analog zur Vorgehensweise bei Discounted-Cashflow-Verfahren für Zwecke der Unternehmensbewertung – mit einem adäquaten Diskontierungszinsfuß abgezinst werden. Die Summe der Barwerte bildet schließlich den Markenwert des BEVA-Ansatzes. Somit bildet der Markenwert den Barwert der über den Planungshorizont ermittelten ersparten Lizenzgebühren ab.

Zur Berücksichtigung strategischer Optionen kann auf den Markenwert ein so genannter Option Value aufgeschlagen werden.[14] Mit der Berücksichtigung des Option Value wird der Tatsache Rechnung getragen, dass der Wert einer Marke nicht nur durch die Verwendung in den aktuellen gegenwärtigen Geschäftsfeldern, sondern auch durch mögliche zukünftige Markenstrategien des betrachteten Unternehmens bestimmt wird. Neben der technischen Modellausgestaltung ist für die betriebliche Anwendung der Markenbe-

13 Vgl. BBDO Consulting (2003).

14 Der Begriff „Option Value“ wird häufig im Zusammenhang mit Markendehnung oder Brand Extension verwendet, vgl. ausführlich Keller (2002), S. 577 ff.

wertung die Adaption des Modells auf die konkreten Branchen- und Zielgruppengegebenheiten des Unternehmens wesentlich. So ist es für die Ermittlung eines validen Markenwertes unerlässlich, die Markenrelevanz im spezifischen Kaufentscheidungsprozess zu berücksichtigen. Der Umstand, dass hier je nach Region, Zielgruppe oder Industrie deutliche Unterschiede zu verzeichnen sind, ist eine Herausforderung an die Bewertungspraxis und muss sich zwangsläufig im monetären Wert der Marke niederschlagen.

Bei Unternehmen mit heterogenen Tätigkeitsfeldern ist demnach eine Differenzierung des Bewertungsansatzes zwingend erforderlich. Kennzeichnend für den hier vorgestellten Ansatz ist zudem ein hohes Maß an Praktikabilität. So sind die Markenstärketreiber durch Kundenbefragungen vergleichsweise einfach zu erheben und die für die weitere finanzwirtschaftliche Berechnung erforderlichen Daten in der Regel gut verfügbar. Ein-satz-bereiche und Modellgüte des Verfahrens lassen sich zusammenfassend wie folgt darlegen (vgl. Abbildung 6).

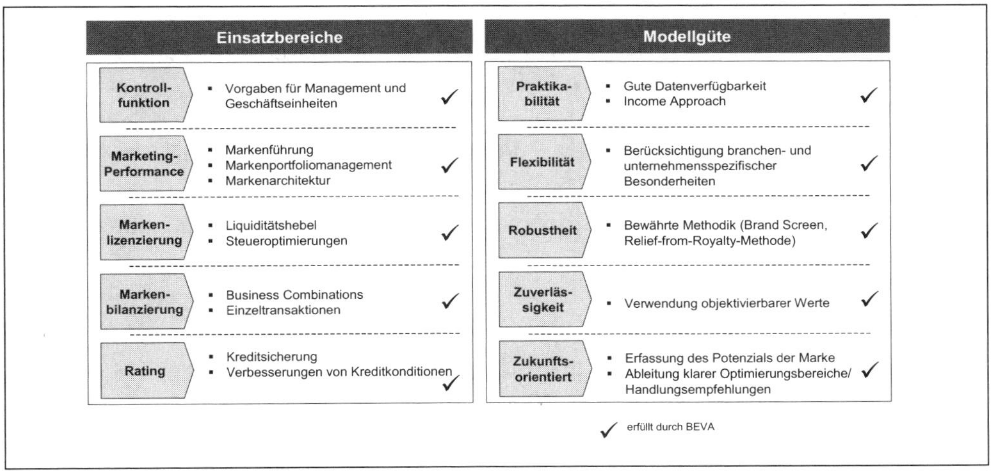

Abbildung 6: Einsatzbereiche und Modellgüte von BEVA[15]

Somit bleibt festzuhalten, dass BEVA vielfältig einsetzbar ist und gleichfalls den Anforderungen von Wirtschaftsprüfungsgesellschaften genügt. Da im Zuge der Einführung von IFRS ab 2005 in Deutschland die Bedeutung der Themen Markenbewertung und Markenbilanzierung weiter zunehmen wird,[16] ist von einer steigenden Standardisierung und Professionalisierung bei der Ermittlung von Markenwerten auszugehen.

15 Vgl. BBDO Consulting (2004).

16 Vgl. Schneider (2004), S. 27.

Literaturverzeichnis

BUNDESGESETZBLATT (BGBL.) (1998), Teil I, Nr. 22 vom 22.04.1998, S. 707-709.

CELEMI (HRSG.) (2002), Annual Report 2002.

DELOITTE&TOUCHE (HRSG.) (2002), Valuing Financial Institution Intangibles, Toronto 2002.

ERNST&YOUNG (HRSG.) (2003), IAS/IFRS Umstellung: Kulturelle Revolution statt einfacher Konvertierung, 2003.

GREINERT, M. (2003), Herstellungskosten einer Marke, in: Kapitalmarktorientierte Rechnungslegung, H. 7-8, 2003, S. 328-335.

KELLER, K.L. (2002), Strategic Brand Management: Building, Measuring, and Managing Brand Equity Upper Saddle River, N.J. 2002.

SATTLER, H. (2001), Praxis von Markenbewertung und Markenmanagement in deutschen Unternehmen, Frankfurt am Main 2001.

SCHMIDT, A. (2002), Immaterielle Vermögenswerte als Werttreiber der Unternehmen, in: Küting, K./Weber, C.-P. (Hrsg.), Vom Financial Accounting zum Business Reporting, Stuttgart 2002, S. 295-318.

SCHNEIDER, M. (2004), Markenwerte in der Bilanzierung, in: marketingjournal, H. 1, 2004, S. 26-29.

SMITH, G./PARR, R. (2004), Valuation of Intellectual Property and Intangible Assets, New York 2004.

WINDMÖLLER, R. (2002), Internationalisierung der Rechnungslegung – was bleibt Wahrheit?, in: Zeitschrift für das gesamte Kreditwesen, H. 1, 2002.

Zoltàn Bakay, Markus Zinnbauer und Manfred Schwaiger

Markenwert im Kontext elektronischer Märkte

1. Problemstellung

In der Literatur ist heute allgemein anerkannt, dass ein großer Anteil der Aktiva vieler Unternehmen in intangibler Form vorliegt. Nicht die greifbaren und bilanzierbaren Anlage- und Umlaufgüter, wie beispielsweise Maschinen oder fertige und unfertige Produkte, sondern vielmehr immaterielle Werte, wie das über die Mitarbeiter verankerte Wissen, die Marke, das Image und die Reputation eines Unternehmens sowie die daraus gefolgerten Zukunftsperspektiven machen einen bedeutenden Teil des Marktwertes aus.[1] Dies wird auch auf den Finanzmärkten bei praktisch allen börsennotierten Aktiengesellschaften durch die Differenz zwischen Markt- und Buchwert dokumentiert. Bekannte Marken sind als strategisch bedeutsamer Wettbewerbsvorteil anerkannt[2] und tragen positiv zur Unternehmensentwicklung an den Kapitalmärkten[3] bei.

Wie an der Entwicklung in den vergangenen Jahren eindrucksvoll nachvollziehbar ist, hat sich das Internet als zentrale Informations- und Transformationsumgebung der Informationsgesellschaft etabliert. Beziehungen zwischen Unternehmen und ihren Kunden werden zunehmend von virtuellen Interaktionen mitbestimmt. Nachteil der damit einhergehenden Zunahme an Markttransparenz ist die mittlerweile fast unüberschaubare und kaum verarbeitbare Menge an verfügbaren Informationen. Der Marke kommt gerade in diesem Kontext eine erhöhte Bedeutung zu: sie ermöglicht die Gewinnung von Aufmerksamkeit, wirkt vertrauensstiftend und vereinfacht die Informationsverarbeitung. Entsprechend haben gerade Unternehmen der New Economy in den letzten Jahren einen Großteil Ihres Budgets in den Aufbau der Markenbekanntheit investiert.

Umgekehrt wird aber auch das Markenbild selbst von der virtuellen Präsenz eines Unternehmens mitbestimmt. So ist zu vermuten, dass veränderte Nutzungsgewohnheiten, das Bedürfnis nach möglichst effizienter Informationsbeschaffung sowie der erfahrungsbedingte Abbau von Hemmungen dazu geführt haben, dass sich Kunden in ihrem realen Kaufverhalten zunehmend dem Internet als Transaktionsmedium öffnen. Der Erfolg diverser Online-Marken stützt diese Feststellung. Vieles spricht dafür, dass Kunden zunehmend den spezifischen Nutzen von eCommerce-Aktivitäten erkennen, was wiederum verstärkt die Wahrnehmung von Marken tangiert. Umgekehrt versuchen aber auch Unternehmen unter dem Stichwort eBranding den eigenen Markenwert über gezielte Internetaktivitäten zu steigern. Obwohl mangels empirischer Erkenntnisse diesbezüglich nur Mutmaßungen getroffen werden können, hat die elektronisch geprägte Seite eines Mar-

---

1 Vgl. z. B. Galbreath (2002); Kalafut/Low (2001).

2 Vgl. z. B. Schlaberg (1997), S. 12; Hammann (1992), S. 206.

3 Vgl. Aaker/Jacobson (2001).

kenprofils in den vergangenen Jahren sehr stark an Bedeutung gewonnen. Dies zeigt sich zum einen an den enormen Summen, die Unternehmen seit Beginn des Internetbooms in ihren Internetauftritt investiert haben, andererseits aber auch an der Tatsache, dass die Grenzen zwischen Online- und Offline-Unternehmen immer stärker verwischen.[4] Gerade traditionelle Unternehmen können es sich heutzutage kaum noch leisten, bei der Pflege ihres Markenauftritts gänzlich auf Online-Aktivitäten zu verzichten.[5]

Vor dem Hintergrund der überragenden und nach wie vor zunehmenden Bedeutung des Internets als Interaktionsmedium der Informationsgesellschaft stellt sich daher die Frage, inwiefern der Markenwert selbst von den Online-Aktivitäten eines Unternehmens abhängt. Der vorliegende Beitrag nähert sich diesem Problem auf konzeptioneller Ebene. Dazu werden Erkenntnisse bisheriger Forschungsarbeiten betrachtet, Erweiterungen hinsichtlich spezieller eCommerce-Markenwerttreiber vorgenommen und ein theoretisch begründetes Modell mit Ursache-Wirkungsrelationen zwischen den Treibern und dem Markenwert aufgestellt.

2. Begriffliche Grundlagen und Stand der Forschung

2.1 Marke und Markenwert

In der Literatur findet sich eine Vielzahl von Ansätzen und Definitionen, die sich mit dem Begriff der Marke auseinander setzen. Dabei wird häufig nach formalen und inhaltlichen Aspekten unterschieden.[6] Bei der formalen Betrachtung werden üblicherweise Aspekte der Markierung bzw. Kennzeichnung in den Vordergrund gestellt. So definiert die American Marketing Association eine Marke als „name, term, sign, symbol or design, or a combination of them which is intended to identify the goods or services of one seller or group of sellers to differentiate them from those of competitors"[7]. Im Gegensatz dazu fokussiert die inhaltliche Analyse Konsequenzen und Funktionen der Markierung.[8] Dabei sind der merkmalsorientierte Ansatz, der wirkungsorientierte Ansatz und der identitätsorientierte Ansatz zu unterscheiden: Gemäß dem merkmalsorientierten Markenansatz basiert eine Marke auf einem definierten Katalog von Merkmalen, wie z. B. einheitliche, verbesserte bzw. gleich bleibende Qualität, Rückkopplungsmöglichkeit zum Her-

4 Vgl. Wirtz (2001), S. 477.

5 Vgl. Kötting (1999), S. 2.

6 Vgl. Sander (1994), S. 5 f.

7 Vgl. American Marketing Association (1960), S. 9 f.

8 Vgl. Bekmeier-Feuerhahn (1998), S. 12.

steller oder Ubiquität.[9] Im Gegensatz dazu wird eine Marke gemäß dem wirkungsorientierten Markenbegriff an der Verbraucherreaktion gemessen.[10] So stellt z. B. Berekoven fest, „dass alles was Konsumenten als Markenartikel bezeichnen oder besser empfinden, tatsächlich ein solcher ist".[11] Gemäß dem identitätsorientierten Ansatz entspricht die Marke dem Leitmotiv – auch als Markenidentität bezeichnet – das hinter sämtlichen Produkten, der Kommunikation und Distribution steht.[12]

Angesichts der Tatsache, dass die formale Sichtweise weniger kontrovers diskutiert wird als die inhaltliche, wird im Weiteren der formalen Definition des deutschen Markenrechts gefolgt, wonach die Marke als Kennzeichen zu verstehen ist, das „der Unterscheidung einer unternehmerischen Leistung des Inhabers des Kennzeichens von Leistungen anderer Unternehmen" dient.[13] Darin enthalten sind alle Formen von Zeichen wie z. B. Wörter, Personennamen, Abbildungen, Buchstaben, Zahlen etc., die zur Unterscheidung von Waren oder Dienstleistungen beitragen.[14] Die mittlerweile hinzugekommene Komponente des elektronischen Vertriebs spannt ein Kontinuum von reinen digitalen Marken (so genannte „eBrands" wie eBay) bis hin zu reinen Offlinemarken, die lediglich eine Internetpräsenz besitzen (z. B. Gucci) auf. Eine konzeptuelle Differenzierung zwischen Old-Economy-Marken und New-Economy-eBrands scheint allerdings nicht erforderlich.

Ähnlich heterogen wie das Verständnis einer Marke ist auch die Auffassung des Markenwertes bzw. der Brand Equity. Eine wesentliche Unterscheidung differenziert zwischen einer eher konsumentenorientierten und einer finanzorientierten Perspektive.[15] Die finanzorientierte Sichtweise befasst sich in erster Linie mit dem monetären Wert einer Marke. Dabei wird der Markenwert als Summe der auf den gegenwärtigen Zeitpunkt diskontierten Zusatzgewinne definiert, die durch die Marke generiert werden.[16] Eine ähnliche Auffassung vertritt z. B. auch Sattler, wenn er von „den zukünftigen Ein- und Auszahlungen, die spezifisch d. h. ursächlich auf die Marke zurückzuführen sind" spricht.[17] Übergreifend bezeichnet man diese Ansätze als ertragswertorientiert, da sie auf diskontierten zukünftigen Ertrags- bzw. Gewinnströmen basieren.[18] Daneben gibt es

---

9 Vgl. Errichiello et al. (2001), S. 307.

10 Vgl. Irmscher (1997), S.13.

11 Berekoven (1978), S. 43.

12 Vgl. Kapferer (1992), S. 20.

13 Fezer (1997), S. 62.

14 Vgl. Bekmeier-Feuerhahn (1998), S. 13.

15 Vgl. Irmscher (1997), S. 56 f.

16 Vgl. Kern (1992); Kaas (1990); Simon/Sullivan (1993).

17 Sattler (2001), S. 145.

18 Vgl. Irmscher (1997), S. 57 ff.

auch einen substanzwertorientierten Ansatz, wobei versucht wird, den „Verkehrswert" einer Marke zu bestimmen, indem „[er] anhand der entstandenen Kosten für die Schaffung und Erhaltung einer Marke [...] berechnet" wird.[19]

Während sich finanzorientierte Ansätze vor allem an beobachtbaren Größen des Marktgeschehens orientieren, versucht die kundenorientierte Sichtweise Ursache-Wirkungsbeschreibungen zu liefern.[20] Dabei wird der Markenwert als etwas aufgefasst, das „in den Köpfen der potenziellen Konsumenten" entsteht.[21] Eine etwas präzisere Auffassung vertreten Vazquez et al., indem sie Markenwert aus Kundenperspektive als „the overall utility that the user associates to the use and consumption of the brand; including associations expressing both functional and symbolic utilities" definieren.[22] Im Vordergrund steht also nicht mehr der Wert einer Marke für das Unternehmen, sondern der Wert, der sich aus dem Nutzen der Marke für den Kunden ergibt. Eine Reihe von Autoren erweitert diese Sichtweise um die Reaktionen eines Kunden, die auf diese Haltung zurückgehen.[23] Schulz/Brandmeyer definieren beispielsweise den Markenwert als Gesamtheit aller positiven und negativen Vorstellungen, die im Konsumenten aktiviert werden, wenn er das Markenzeichen wahrnimmt.[24]

Für die Zwecke dieses Beitrags wird der Markenwert mit der konsumentenorientierten Perspektive gleichgesetzt, da es – angesichts der Neuartigkeit des Forschungsfeldes – zum gegenwärtigen Zeitpunkt lediglich um die Identifizierung von Ursache-Wirkungszusammenhängen gehen kann. Dies erscheint speziell aus Konsumentenperspektive relevant, da es letztendlich um die Fragestellung geht, inwieweit eCommerce-Aktivitäten für Kunden nutzen- und damit markenwertsteigernd sind. Synonym mit dem Begriff konsumentenoriertierter Markenwert im Folgenden der Begriff Customer-Based Brand Equity verwendet. Definiert werden kann ein derartiges Markenwertverständnis als die gefühls- und verstandesmäßige Wert- oder Geringschätzung einer Marke durch den Konsumenten, die sich als Reaktion eines Kunden auf die mit einer Marke verbundenen Marketingmaßnahmen äußert.

2.2 Stand der Forschung

In den nun folgenden Abschnitten sollen relevante Treiber des Markenwertes unter Berücksichtigung der eCommerce-Aktivitäten eines Unternehmens identifiziert werden.

19 Repenn (1998), S. 36.

20 Vgl. Bekmeier-Feuerhahn (1998), S. 34.

21 Kapferer (1992), S. 9.

22 Vazquez et al. (2002), S. 28.

23 Vgl. z. B. Keller (1993), S. 8; Yoo/Donthu (2001), S. 1; Schulz/Brandmeyer (1989), S. 365.

24 Schulz/Brandmeyer (1989), S. 365.

Dazu werden zunächst bestehende Forschungsansätze betrachtet, die sich dazu eignen, allgemeine Markenwerttreiber abzuleiten. Diese sollen um eine spezifische eCommerce-Komponente erweitert werden, um den entsprechenden Einfluss relativ zu bekannten Größen abschätzen bzw. diskutieren zu können. Vor dem Hintergrund der zumeist geringen theoretischen Fundierung bestehender Ansätze werden die für ein Erklärungsmodell relevanten Determinanten anschließend in einen theoretischen Rahmen eingebettet.

Zwei bekanntere Arbeiten zur Erklärung des Markenwertes aus Kundenperspektive stammen von Aaker (1992) und Keller (1993). Der Ansatz von Aaker erklärt das Zielphänomen auf Basis der Markenbekanntheit, Markenassoziationen, der angenommenen Qualität, Loyalität sowie weiterer Markenvorzüge.[25] Nach dieser Auffassung bilden diese Einflussgrößen die Grundlage für den Wert einer Marke, da sie die Ziele des Markeninhabers beeinflussen.

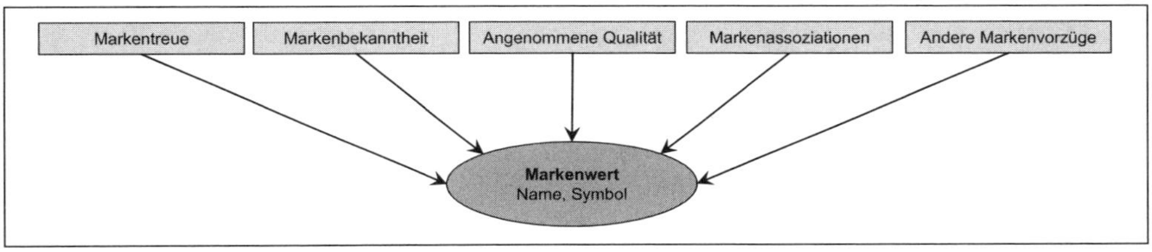

Abbildung 1: Das Markenwertmodell von Aaker [26]

Charakteristisch für den Ansatz von Keller ist die Rückführung des Markenwertes auf das Markenwissen der Konsumenten.[27] Dieses besteht nach seiner Auffassung aus der Markenbekanntheit und dem Markenimage. Das Konstrukt der Markenbekanntheit konzeptualisiert der Autor als Recall- und Recognition-Fähigkeit einer Marke durch den Kunden. Das Markenimage hingegen basiert grundsätzlich auf verschiedenen Aspekten von Markenassoziationen.

25 Vgl. Aaker (1992), S. 32; Aaker (1996), S. 102 ff.

26 Aaker 1992, S. 32.

27 Vgl. Keller (1993), S. 2 ff.

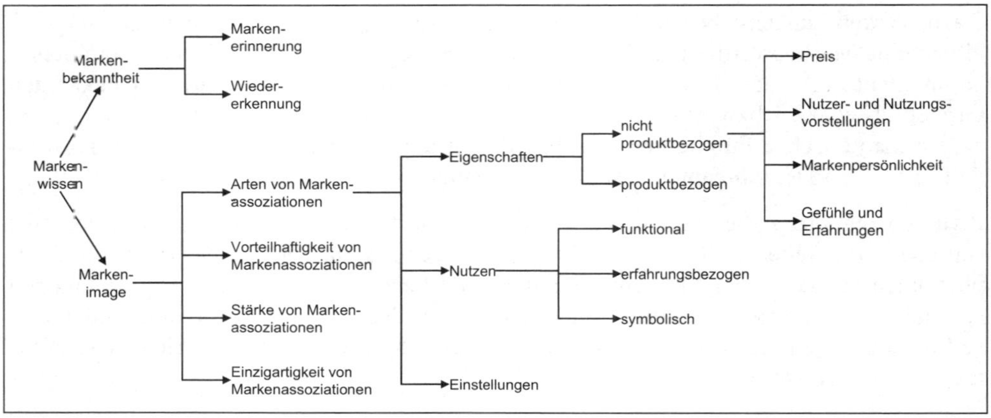

Abbildung 2: Die Grundlagen des Markenwerts nach Keller [28]

Vergleicht man beide Ansätze offenbart sich eine Reihe von Parallelen hinsichtlich der Determinanten des Customer-Based Brand Equity. Ausgangspunkt für den Markenwert ist in beiden Modellen die Markenbekanntheit. Diese Größe kann als Bezugspunkt der subjektiven Wissensstruktur eines Individuums betrachtet werden.[29] Auch die Markenassoziationen bilden in beiden Konzeptionen zentrale Elemente. Aaker sieht darin eine direkte Einflussgröße des Markenwertes[30], demgegenüber leitet Keller daraus zusätzlich funktionale Nutzenkomponenten ab[31]. Die Berücksichtigung der angenommenen Qualität bei Aaker kann als Parallele zum funktionalen Nutzen bei Keller betrachtet werden, sodass beide Autoren – zwar in verschiedenen Konstellationen – aber letztendlich dieselben nutzenbezogenen Einflussgrößen identifizieren.

Die Markenloyalität sieht Keller als Folge von Bekanntheit und positivem Image. Aus diesem Grund schließt er das Konstrukt als Determinante im engeren Sinne aus.[32] Obwohl auch Aaker auf diesen Zusammenhang verweist, berücksichtigt er diese Größe als Determinante im weiteren Sinne.[33] Die angenommenen Determinanten des Markenwertes konnten in verschiedenen Untersuchungen größtenteils bestätigt werden. Vazquez et al. identifizieren den symbolischen und funktionalen Nutzen als relevante Faktoren.[34] Yoo/Donthu zeigen, dass die Konstrukte Bekanntheit/Assoziationen, angenommene

28 Keller 1993, S. 7.
29 Vgl. Sattler (2001), S. 139.
30 Vgl. Aaker (1992), S. 139 f.
31 Vgl. Keller (1993), S. 4.
32 Vgl. Keller (1998), S. 53 f.
33 Vgl. Aaker (1992), S. 33.
34 Vgl. Vazquez et al. (2002), S. 35 ff.

Qualität und Markenloyalität für die Customer-Based Brand Equity verantwortlich sind.[35] Bekmeier-Feuerhahn erklärt die Markenstärke durch visuelle und verbal gespeicherte Markenassoziationen.[36]

Neben den genannten Determinanten werden in der Literatur noch weitere Größen diskutiert: Dabei sind vor allem die Markensympathie[37], die Markenreputation[38], die Zufriedenheit[39], das Markenvertrauen[40], die Klarheit/Attraktivität des inneren Markenbildes[41] sowie die Eigenständigkeit der Marke[42] zu nennen. Die Parallelen und Unterschiede dieser Konstrukte zu den obigen sollen im Folgenden diskutiert werden, um die Menge bisher identifizierter Einflussgrößen gegebenenfalls zu erweitern. Die Eigenständigkeit der Marke aus Sicht des Verbrauchers ist mit der Einzigartigkeit von Assoziationen in Bezug auf die Marke gleichzusetzen, welche einen wichtigen Baustein im Modell von Keller bilden.[43] Das innere Markenbild repräsentiert visuelle Assoziationen.[44] Auch diese können den Markenassoziationen zugerechnet werden. Die angenommene Qualität und Funktionalität lassen sich, wie bereits erwähnt, den funktionalen Nutzenkomponenten zurechnen.

Die Markensympathie wird als positive, emotionale Verbundenheit mit einer Marke verstanden und entspricht damit dem symbolischen Nutzen. Die Markenreputation ist dem funktionalen bzw. dem symbolischen Nutzen sehr ähnlich, was in der Kombination kognitiver und affektiver Komponenten zum Ausdruck kommt. Im Rahmen der Messung der Unternehmensreputation werden in diesem Zusammenhang die Konstrukte Kompetenz und Sympathie eingesetzt.[45] Die Zufriedenheit wird als Reaktion auf den Vergleich von Erwartungen und konkreten Erfahrungen verstanden.[46] Im Gegensatz dazu basiert das Konzept der Customer-Based Brand Equity auf dem Markenwissen potenzieller Konsumenten und ist vor diesem Hintergrund nicht an konkrete Leistungserfahrungen gebunden. In der vorliegenden Arbeit wird deshalb davon abgesehen, die Zufriedenheit als Konstrukt zu berücksichtigen. Lediglich das Markenvertrauen lässt sich nicht mit den beschriebenen Größen in Verbindung bringen, in diesem Sinne wird das Konstrukt als zusätzliche Erklärungsgröße mit berücksichtigt.

---

35 Vgl. Yoo/Donthu (2001), S. 1 ff.

36 Vgl. Bekmeier-Feuerhahn (1998), S. 187 ff.; Bekmeier-Feuerhahn (2000), S. 5 ff.

37 Vgl. Andresen/Esch (2000), S.991 ff.; Riedel (1996), S. 127.

38 Vgl. Kish et al. (2001), S. 93; de Chernatony/Harris (2001), S. 15.

39 Vgl. de Chernatony/Harris (2001), S. 15.

40 Vgl. Andresen/Esch (2000), S. 991 ff.; Ambler (1997), S. 283.

41 Vgl. Andresen/Esch (2000), S. 991 ff.

42 Vgl. Andresen/Esch (2000), S. 991 ff.; Kish et al. (2001), S. 93.

43 Vgl. Keller (1993), S. 5 f.

44 Vgl. Bekmeier-Feuerhahn (1998), S. 183.

45 Vgl. Schwaiger (2004).

46 Vgl. Oliver (1980).

2.3 Erweiterung

Zusätzlich zu den genannten Größen soll nunmehr auch der vom Kunden wahrgenommene Nutzen aus eCommerce-Aktivitäten eines Unternehmens als separate Einflussgröße berücksichtigt werden. Da durch eCommerce die Interaktion zwischen Anbieter/Marke und Konsument gefördert wird, ist grundsätzlich davon auszugehen, dass diese neue Nutzenkomponente auch einen Einfluss auf die Marke aus Konsumentensicht haben muss. Wesentlich für weitere konzeptionelle Gedanken ist dabei die Frage, welche Bedeutung den Internetaktivitäten eines Unternehmens zugeschrieben werden muss, und welche Aspekte beim Thema Markenwertaufbau im Internetzeitalter von Bedeutung sind. Dies wird zumeist unter dem Stichwort „Electronic Branding" diskutiert bzw. thematisiert.

Zymann/Miller sehen eine der wichtigsten Aufgaben in der Erzeugung von Markenwert im Internet in der Verbindung der Wünsche und Bedürfnisse der Verbraucher.[47] Nach Wirtz wird unter Electronic Branding der "Aufbau, die Entwicklung/Erweiterung und die Pflege von Marken auf Basis moderner Informations- und Kommunikationstechnologien"[48] verstanden. Bei dieser Definition ist zu berücksichtigen, dass sich der Wert einer Marke naturgemäß nur zum Teil aus den eCommerce-Aktivitäten eines Unternehmens speist. Diesbezüglich ist festzustellen, dass im Gegensatz zu den Frühzeiten der Internetökonomie die Grenzen zwischen Online- und Offline-Marken zunehmend verwischen.

Im Internet entstandene Marken wie Amazon.com und Yahoo! haben mittlerweile ihre Aktivitäten auch auf die Offline-Welt ausgebreitet, indem sie z. B. ihren Markenaufbau auch über traditionelle Marketingkanäle betreiben. Umgekehrt gibt es heutzutage viele Unternehmen der traditionellen Wirtschaft, die das große Potenzial des Internets erkannt haben und erfolgreich Online-Aktivitäten ausüben.[49] Entsprechend kann angenommen werden, dass sich der Wert einer Marke sowohl aus den traditionellen Effekten als auch auf moderne Informationstechnologien zurückgehende Effekte ergibt.

Zum Aufbau einer Electronic Brand beschreibt Wirtz ein fünfstufiges Modell:

---

47 Vgl. Zymann/Miller (2000), S. 74.

48 Wirtz (2001), S. 477.

49 Vgl. Wirtz (2001), S. 477.

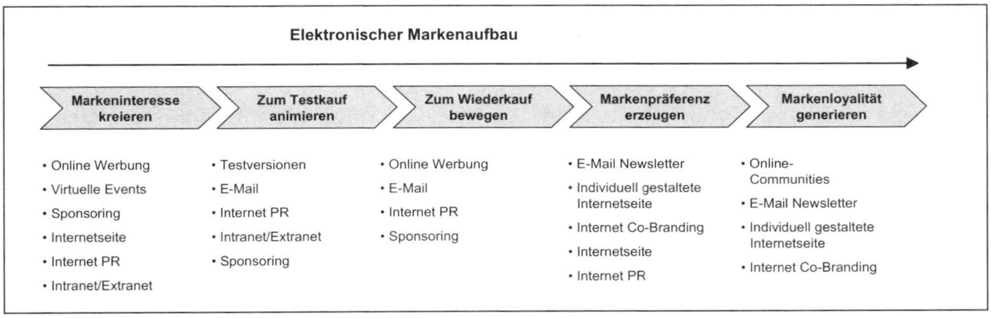

Abbildung 3: Schritte und Instrumente des Electronic Branding [50]

Übergreifend ist zu sagen, dass die aus eCommerce-Aktivitäten resultierenden Kundenvorteile sehr schwer mit traditionellen Treibern des Markenwertes zu vergleichen sind. Wie die Übersicht veranschaulicht, tragen vor allem die speziellen Kommunikationsformen des Internets dazu bei, eine Electronic Brand beim Kunden aufzubauen. Dabei zeigt sich, dass mit zunehmender Dauer einer Geschäftsbeziehung speziell der Gestaltung individualisierter Kommunikationsinhalte eine höhere Bedeutung zugeschrieben wird.[51] Mögliche Nutzenbestandteile des eBrandings sind demnach primär in den klassischen Vorteilen der Internettechnologien zu sehen. Dazu gehören vor allem ein hoher Grad an Individualität, Aktualität und Interaktivität.[52] Diese Eigenschaften vermitteln einen vergleichsweise neuartigen Kundennutzen, der sich nur bedingt den traditionellen Kategorien zuordnen lässt, zumal Kunden auch nur dann in den Genuss dieser Vorteile kommen, wenn sie ihr eigenes Nutzungsverhalten entsprechend verändern.

Zusammenfassend werden als Determinanten des konsumentenorientierten Markenwertes im angestrebten Erklärungsmodell daher:

- die Markenbekanntheit,
- die Markentreue,
- die angenommene Qualität,
- das Image / die Assoziationen,
- das Vertrauen,
- der Nutzen der Marke und
- der Nutzen aus eCommerce-Aktivitäten

50 Wirtz (2001), S. 484.

51 Vgl. Wirtz (2001), S. 485 f.

52 Vgl. Aaker/Joachimsthaler (2001), S. 253 f.; Zerdick et al. (2001), S. 236.

eines Unternehmens identifiziert. Das besondere Problem bei der Konzeption eines Erklärungsmodells ist darin zu sehen, dass einerseits die empirische Basis zur Wirkung dieser Determinanten sehr lückenbehaftet ist, andererseits ihre Wirkungen voraussichtlich nicht unabhängig voneinander sind. Aus diesem Grund wird im nun folgenden Abschnitt der Versuch unternommen, die Zusammenhänge zwischen den Determinanten theoretisch besser zu beleuchten und so ein Gesamtmodell mit vor- und nachgelagerten Wirkungsbeziehungen zu entwerfen.

3. Theoretische Fundierung

Vor dem Hintergrund der gewählten konsumentenorientierten Auffassung des Konstrukts Markenwert bietet es sich ich in Anlehnung an Roeb an, in erster Linie kaufentscheidungstheoretische Begründungen für die beschriebenen Zusammenhänge heranzuziehen.[53] Der Markenwert wurde weiter oben als „die gefühls- und verstandesmäßige Wert- oder Geringschätzung einer Marke durch den Konsumenten“ beschrieben. Entsprechend handelt es sich um eine der Kaufentscheidung vorgelagerte, einstellungsähnliche Größe, die sich aus dem Zusammenspiel aktivierender und kognitiver Prozesse ergibt.[54] Dabei beeinflusst eine Marke den Kaufentscheidungsprozess vor allem dann, wenn sie als *Schlüsselinformation* den Informationsverarbeitungsprozess eines Kunden überlagert.[55]

Bei Schlüsselinformationen handelt es sich um prägnante, direkt zur Kaufentscheidung beitragende, Einzelaspekte verdichtende Informationen.[56] Für die herausragende Bedeutung von Marken als Schlüsselinformation bei Kaufentscheidungen sprechen die Ergebnisse zahlreicher empirischer Untersuchungen.[57] Demnach hängt die Bewertung einer Marke aus Konsumentenperspektive davon ab, ob sie als Schlüsselinformation entscheidenden Einfluss auf den Kaufentscheidungsprozess hat. Zur theoretischen Begründung von Einflussfaktoren auf den Markenwert aus Kundenperspektive stellt sich daher primär die Frage, aus welchen Gründen eine Marke zur Schlüsselinformation wird.

---

53 Vgl. Roeb (1994).

54 Vgl. Kroeber-Riel/Weinberg (1999), S. 49 ff.

55 Vgl. Kroeber-Riel/Weinberg (2003), S. 286.

56 Vgl. Straßburger (1991), S. 197; Kroeber-Riel/Weinberg (1999), S. 374.

57 Vgl. Straßburger (1991), S. 196 ff.; Kroeber-Riel/Weinberg (1999), S. 300; Hoyer/Brown (1990), S. 145 ff.

Die Entwicklung von Informationen zu Schlüsselinformationen geschieht beim Konsumenten auf Basis von Erfahrungen.[58] Da Erfahrungen durchweg in Verbindung mit Lernprozessen gesehen werden, eignen sich zu ihrer theoretischen Erklärung insbesondere Lerntheorien.[59] In Übereinstimmung mit vergleichbaren Arbeiten spielt bei der Erklärung von Konsumentenreaktionen und -haltungen vor allem das Lernen nach dem Verstärkerprinzip („operant bzw. instrumental conditioning") eine wichtige Rolle.[60] Grundlegend wird dabei vermutet, dass eine Reaktion nicht unbewusst – wie z. B. bei der klassischen Konditionierung – abläuft, sondern dass das Individuum jene Reaktion wählt, die ihm die größte Befriedigung verschafft. Das Ausmaß der Belohnung, d. h. der Verstärkung („reinforcement"), bedingt letztendlich, welche Haltung bzw. welches Verhalten gelernt, d. h. konditioniert wird.[61] In Bezug auf die Entwicklung von Marken als Schlüsselinformation kann daher vermutet werden, dass regelmäßige positive Erfahrung den Kunden dazu bringt, die Wertschätzung einer Marke mit der Erwartung einer befriedigenden Erfahrung zu verknüpfen.[62]

Hat das befriedigende Element in diesem Zusammenhang in erster Linie etwas mit positiven Emotionen zu tun, liegt es nahe, darin jene Markenwertdeterminanten zu sehen, in denen das „Bauchgefühl" der Kunden zum Ausdruck kommt. Dies sind positive Assoziationen und subjektive Qualitätsurteile, die typischerweise z. B. mit dem Markenimage und subjektiven, wertenden Eindrücken zusammenhängen.[63] Ist das befriedigende Element eher rationaler Natur, liegt es nahe, Verstärkereffekte auf (subjektiv-rationale) Nutzenwahrnehmungen zurückzuführen. Allgemeine Nutzenwahrnehmungen beziehen sich z. B. auf einzelne Markenfeatures oder Faktoren wie soziale Anerkennung.[64]

Wie oben ausgeführt, kann die subjektive Nutzenwahrnehmung aus eCommerce-Aktivitäten vor allem auf die Faktoren Individualität, Aktualität und Interaktivität zurückgeführt werden. Die Ausformung und Verfestigung dieser Lernerfahrungen wird dabei auch vom Vertrauen in eine Marke bestimmt. Eine Vielzahl empirischer Studien konnte das Vertrauen als moderierende Größe zwischen z. B. zufriedenheitsbasierten Produkt- bzw. Markenerfahrungen und emotional geprägten, einstellungsnahen Konstrukten wie z. B. dem Commitment identifizieren.[65]

58 Vgl. Kroeber-Riel/Weinberg (2003), S. 385.

59 Vgl. z. B. Assael (1992), S. 66 ff.; Kroeber-Riel/Weinberg (1999), S. 392; Straßburger (1991), S. 228; Weinberg (1981), S. 97 und S. 136 ff.

60 Vgl. Assael (1992), S. 71 ff.; Hilgart/Bower (1975), S. 206 ff.

61 Vgl. Assael (1992), S. 71; Nord/Peter (1980), S. 38 ff.; Rothschild/Gaidis (1981), S. 70 ff.

62 Vgl. Assael (1998), S. 114.

63 Vgl. Aaker (1992), S. 135 f.; Yoo/Donthu (2001), S. 3.

64 Vgl. Keller (1993), S. 4.

65 Vgl. z. B. Hennig-Thurau et al. (1999), S. 113 f.; Garbarino/Johnson (1999), S. 71 f.

Obige Gedanken haben bislang die Markenbekanntheit und die Markentreue als Einflussfaktoren nicht erfasst. Lerntheoretisch ließe sich zwar erklären, wie Markenbekanntheit entsteht[66], relevant ist an dieser Stelle aber die Frage, weshalb eine hohe Markenbekanntheit zur Steigerung des Markenwertes aus Konsumentenperspektive beiträgt. Dazu kann das Konzept des Evoked Set aufgegriffen werden.[67] Demnach wird eine Marke nur dann in die engere Auswahl gezogen, wenn sie dem Konsumenten selbstständig bewusst wird, was mit zunehmender Bekanntheit wahrscheinlicher wird. Allerdings hängt die Auswahlwahrscheinlichkeit innerhalb des Evoked Set wiederum von anderen Kriterien ab, wozu insbesondere die oben diskutierten Lernkonstrukte (inklusive dem Vertrauen) gehören. Nach diesem Verständnis sorgt eine hohe Markenbekanntheit dafür, dass die Wahrscheinlichkeit, dass eine Marke grundsätzlich in die engere Auswahl gelangt, erhöht wird, wodurch sich indirekt auch die Wahrscheinlichkeit einer Vorziehenswürdigkeit erhöht. Diese Vorstellung deckt sich auch mit bekannten werbepsychologischen Modellen, wonach die Markenbekanntheit indirekt für eine erhöhte Zugriffswahrscheinlichkeit sorgt.[68]

Die Markentreue ist als psychischer Zustand aufzufassen, der sich aus der Verbundenheit und der Wiederwahlwahrscheinlichkeit eines Kunden ergibt.[69] Es bestehen somit nachhaltige Parallelen zu dem Konstrukt Kundenbindung.[70] Für das vorliegende Modell stellt sich nun die Frage, weshalb der Zustand hoher Markentreue beim Kunden bewirkt, dass dieser eine Marke auch höher wertschätzt. Analog zur vorherigen Argumentation ist auch hier zu folgern, dass eine hohe Markentreue die Wahrscheinlichkeit erhöht, dass ein Kunde eine Marke auch wertschätzt. Eine Erklärung dafür liefern Assimilationstheorien.[71] Kerngedanke dieser Ansätze ist die Vorstellung, dass nicht bestätigte Erwartungen bei einem Kunden psychisches Unbehagen hervorrufen, was dieser über Wahrnehmungsverzerrungen versucht zu kompensieren.[72]

Treue Kunden haben aufgrund langjähriger Produkterfahrungen meist relativ fundierte Erwartungen an eine Marke. Je länger eine Geschäftsbeziehung andauert, desto stärker sind Kunden von der Richtigkeit dieser Erwartungen überzeugt und desto eher neigen sie dazu, Erwartungsabweichungen zu assimilieren, d. h. ihre Wahrnehmungen den Erwartungen anzupassen.[73] Mit zunehmender Dauer einer Geschäftsbeziehung wird so das Bild einer Marke immer positiver, was naturgemäß auch die Wertschätzung der Marke erhöht.

---

66 Vgl. Roeb (1994), S. 147 ff.

67 Vgl. Roeb (1994), S. 150 f.

68 Vgl. Hoffmann (1972); Lavidge/Steiner (1961).

69 Vgl. Aaker (1992), S. 57.

70 Vgl. z. B. Peter (1997).

71 Vgl. Festinger (1957).

72 Vgl. Matzler (1997), S. 79.

73 Vgl. Johnson (2001), S. 161 ff. und die dort vermerkten empirischen Belege.

4. Das erweiterte Markenwertmodell

Der Aufbau von Markenbekanntheit ist seit längerem als der erste und bedeutendste Schritt im Kommunikationsprozess anerkannt.[74] Analog wird auch nach dem werbepsychologischen Impact Modell die Wahrscheinlichkeit einer positiven Kaufentscheidung von dem Bekanntheitsgrad der jeweiligen Marke determiniert. In vielen Produktbereichen gilt, je bekannter die Marke einem potenziellen Käufer ist, umso höher ist die Wahrscheinlichkeit, dass er die Marke beim Kauf auch tatsächlich wählt.[75] Die Markenbekanntheit trägt speziell deshalb zum Aufbau des Markenwertes bei, da sie einen Anker für Assoziationen bietet.[76] Erst durch die Bekanntheit des Namens wird es dem Konsumenten möglich, der Marke Eigenschaften zuzuordnen und die Marke für die Kaufentscheidung in Betracht zu ziehen. Ein Kunde wird zudem meist eine ihm bekannte Marke einer ihm unbekannten vorziehen, da er annimmt, dass eine bekannte Marke zuverlässiger ist, längerfristig auf dem Markt sein wird und vernünftigen Qualitätskriterien entspricht.[77] Eine theoretische Erklärung für diese Vermutungen liefert das Konzept des Evoked Set, wonach der Bekanntheitsgrand maßgeblich bestimmt, ob eine Marke überhaupt in die engere Auswahl eines Konsumenten gelangt, d. h. ob überhaupt eine mentale Auseinandersetzung stattfindet. Daher ist von einem indirekten positiven Zusammenhang zwischen der Bekanntheit und dem konsumentenbasierten Markenwert auszugehen, wobei das Konstrukt insbesondere die Lernkonstrukte Nutzenvorstellungen und Nutzenvorstellungen aus eCommerce-Aktivitäten verstärkt. Darüber hinaus kann sich auch das Vertrauen nur dann entwickeln, wenn eine mentale Auseinandersetzung stattfindet. Die Markenbekanntheit ist als Voraussetzung der Wirkung dieser Größen zu betrachten und entfaltet somit primär eine indirekte Wirkung auf die nachgelagerten Konstrukte.

These 1: Je bekannter eine Marke ist, umso höher ist der konsumentenorientierte Wert der Marke. Die Bekanntheit beeinflusst als vorgelagerte Größe die Lernkonstrukte Nutzenvorstellungen, Nutzenvorstellungen aus eCommerce-Aktivitäten und Vertrauen.

Insbesondere das Vertrauen verstärkt jede Form von Lernkonstrukten positiv. Dies ist insofern nachvollziehbar, als Vertrauen letztendlich Voraussetzung der subjektiven „Akzeptanz" einer Lernerfahrung ist. Ein Kunde wird ein positives emotionales Erlebnis oder eine rationale Nutzenwahrnehmung nur dann mit einer Marke in Verbindung bringen, wenn er darauf vertraut, dass diese Einzelerlebnisse dauerhaft übertragbar und

74 Vgl. Aaker (1992), S.85; Lavidge/Steiner (1961), S. 60.

75 Vgl. Hoffmann (1972), S. 52 ff.

76 Vgl. Aaker (1992), S. 85; Keller (1993), S. 1.

77 Vgl. Aaker (1992), S.35.

somit stabil sind. Nur dann wird der Kunde bereit sein, die Schlüsselinformation „Marke“ als solche zu akzeptieren und für sich positiv aufzuladen. Somit wirkt Vertrauen auch als eine Art Katalysator.

These 2: Je größer das Vertrauen eines Kunden ist, desto stärker bzw. positiver werden nachgelagerte Effekte auf emotionaler und kognitiver Ebene verstärkt. Dabei handelt es sich um die angenommene Qualität, die Markenassoziationen sowie die generellen und eCommerce-bezogenen Nutzenvorstellungen.

Als weitere mittelbare Determinante des Markenwerts wurde die angenommene Qualität definiert. Hierbei handelt es sich um das schlecht zu verbalisierende „Bauchgefühl“ gegenüber der Qualität eines Markenproduktes. Dieses Konstrukt beeinflusst als emotionale Größe die Markenassoziationen, was respektive den Wert der Marke steigert.[78] Dieser Zusammenhang lässt sich lerntheoretisch damit begründen, dass positive Erfahrungen Verstärkereffekte auslösen, auf deren Grundlage der Kunde lernt, eine Marke mit positiven Qualitätserwartungen zu verknüpfen. Die Annahmen über die Qualität beeinflussen somit mittelbar die Kaufentscheidung und Markenloyalität des Kunden.[79] Dieses Kaufargument gilt gleichsam im konventionellen Vertrieb, wie in elektronisch mediatisierten Distributionsformen. Die Marke wirkt jeweils als Qualitätssiegel und mindert für den Käufer das Produkt-Qualitätsrisiko[80] und rechtfertigt zudem höhere Preise[81]. Es wird also ein positiver Zusammenhang zwischen der Qualität und dem Markenwert vermutet:

These 3: Je höher die angenommene Qualität ist, desto positiver sind Assoziationen, die mit einem Markenprodukt verbunden werden.

Als eine weitere direkte und indirekte Determinante des konsumentenorientierten Markenwerts wurden die Nutzenvorstellungen des Kunden definiert. Als Nutzen wird dabei der Wert für den Konsumenten verstanden, den die Konsumenten von einem Produkt oder einer Dienstleistung subjektiv und für sich persönlich erwarten.[82] Je größer dieser erwartete Nutzen ist, um so eher wird der Konsument positive Assoziationen mit der Marke verbinden, bzw. sich der Marke gegenüber loyal verhalten und sich für die entsprechende Marke entscheiden. Wie oben dargelegt, ist auch diese Haltung lerntheoretisch begründbar.

Analog zu positiven Erfahrungen auf emotionaler Ebene ist gut vorstellbar, dass Teile einer Kundenbeziehung vom Kunden als eher rational geprägter Nutzen wahrgenommen werden. Im Gegensatz zu emotionalen Lernerfahrungen handelt es sich dabei um tendenziell leichter objektivierbare Vorteile, wie z. B. besonders günstige Preise, die Verfügbarkeit von Ansprechpartnern, kundenfreundliche Rabattstaffeln und Serviceleistun-

78 Vgl. Winters (1991), S. 72.

79 Vgl. Aaker (1992), S. 35.

80 Vgl. Dudenhöffer (2001), S. 138.

81 Vgl. Aaker (1992), S. 109.

82 Vgl. Keller (1993), S. 49.

gen etc. Die Erwartung solcher Vorzüge kann – analog zu Lernerfahrungen auf emotionaler Ebene – an eine bestimmte Marke gekoppelt werden, was letztendlich zur Steigerung des Markenwertes beiträgt.

These 4: Je größer die Nutzenvorstellungen des Konsumenten, desto positiver sind Assoziationen, umso höher ist die Loyalität und umso höher ist der konsumentenorientierte Markenwert.

Neben allgemeinen Nutzenvorstellungen bedarf die Isolierung spezifischer eCommerce-basierter Markenwertbeiträge einer gesonderten Konzeptualisierung. Wie bereits weiter oben diskutiert, können als Charakteristika dieser Determinante die starke Verwurzelung in Internettechnologien und die daraus resultierenden Nutzendimensionen hoher Aktualität, Interaktivität und teilweise Individualität gesehen werden. Markenwert wird beim Vertrieb über das Internet nicht nur durch das markierte Produkt bzw. die Leistung selbst, sondern durch die Lösung spezifischer Probleme, also prozessual, erzeugt.[83] Die Online-Interaktion und -Transaktion mittels einer Website tragen somit analog zu den allgemeinen Nutzenvorstellungen zum Markenwert bei, indem dem Kunden Informationen und auf Erfahrungen basierende Assoziationen vermittelt werden.[84] Darüber hinaus speisen sie auch die generellen Nutzenvorstellungen, da diese sozusagen eine Obermenge darstellen:

These 5-1: Je größer die Nutzenvorstellungen aus den eCommerce-Aktivitäten eines Unternehmens sind, umso höher sind die generellen Nutzenvorstellungen und umso positiver sind die mit der Marke verbundenen Assoziationen.

Die Wahrnehmung dieser Nutzenkategorie ist untrennbar mit dem Ausmaß der Ausrichtung der Vertriebs- und Interaktionsaktivitäten eines Unternehmens auf moderne Medien verbunden. Entsprechend lässt sich folgende weitere These formulieren:

These 5-2: Je mehr der Vertrieb eines Unternehmen elektronisch mediatisiert abläuft, um so höher ist der Beitrag der Nutzenvorstellungen aus den eCommerce-Aktivitäten zum konsumentenorientierten Markenwert.

Eine entscheidende Funktion bei dem Aufbau eines Markenwertes kommt, wie bereits oben thematisiert, den Assoziationen zu, die der Konsument mit dem Markenprodukt verbindet.[85] Assoziationen bilden dabei die Bedeutung des Namens für den Kunden ab. Assoziationen beeinflussen die Loyalität des Kunden positiv und erhöhen somit indirekt, aber auch direkt den Markenwert aus Konsumentensicht, da sie letztendlich kaufmotivierend wirken.[86] Eng damit zusammen hängt der Begriff des Images einer Marke. Dieses Image ist als Summe der Assoziationen definiert, die der Konsument mit der Marke ver-

83 Vgl. Wiechert (2001), S. 39.

84 Vgl. Aaker/Joachimsthaler (2000), S. 252.

85 Vgl. z. B. Keller (1993), S. 1; Roeb (1994), S. 162 f.

86 Vgl. Krishnan (1996), S. 397.

bindet.[87] In Verbindung mit der obigen lerntheoretischen Argumentation repräsentieren Assoziationen vor allem das Resultat sowohl emotional als auch kognitiv geprägter Lernprozesse. Kunden lernen dabei, die Erwartung positiver Emotionen bzw. Nutzen an bestimmte Marken zu knüpfen. Ein positives Markenimage wirkt sich demnach positiv auf die Kaufentscheidung und dadurch indirekt auf die Markenwahrnehmung von Konsumenten aus. Umso mehr positive Assoziationen ein Konsument mit einer Marke verbindet, um so eher wird er sie als vorziehenswürdig empfinden:

These 6: Je stärker positive Assoziationen mit einer Marke verbunden werden, umso höher ist die Markentreue und der Wert der Marke.

Als langfristige Komponente macht die Markentreue eines Kundenstamms oft den Kern des Markenwertes aus, da die Markentreue in einem engen Zusammenhang mit den zukünftigen Verkaufszahlen eines Markenprodukts steht.[88] Betrachtet man die Bedeutung aus Konsumentenperspektive, kann aufgrund von dissonanztheoretischen Gedanken vermutet werden, dass mit zunehmender Treue der Kunden die Wahrnehmung einer Geschäftsbeziehung tendenziell stärker von positiven, gelernten Erwartungen überlagert wird als bei kürzeren Geschäftsbeziehungen. Dies impliziert auch, dass die Markentreue indirekt von den Lernkonstrukten Markenassoziationen, Qualitätserwartungen und Nutzenvorstellungen beeinflusst wird.[89] Diese Gedanken erlauben die Vermutung, dass sich Markentreue generell positiv auf den Markenwert auswirkt.[90] Ferner wird das Konstrukt von den vorgelagerten Größen Markenassoziationen, Qualitätserwartungen und Nutzenvorstellungen positiv beeinflusst.

These 7: Je größer die Markentreue, umso größer ist der Markenwert.

Das Thesengerüst zusammenfassend ergibt sich somit folgendes Kausalmodell:

87 Vgl. Aaker (1992), S. 135.

88 Vgl. Aaker (1992), S. 57.

89 Vgl. Aaker (1992), S. 60.

90 Vgl. z. B. Chaudhuri/Holbrook (2001), S.81; Roeb (1994), S. 224.

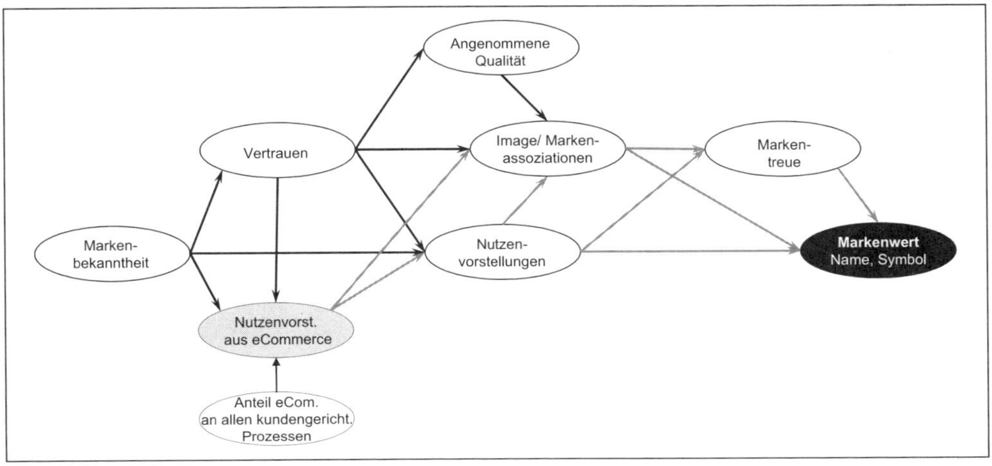

Abbildung 4: Erweitertes Markenwertmodell für eCommerce-Akteure

5. Fazit

In diesem Beitrag wurde erläutert, warum der Nutzen, der von einer elektronischen Interaktion und Transaktion gestiftet wird, speziell auf Märkten, die durch Online-Vertriebsstrategien gekennzeichnet sind, eine markenwertdeterminierende Rolle einnimmt. Deshalb wurden maßgebliche Ansätze zur Markenwertmessung und die darin behandelten Determinanten aufgearbeitet und einer theoretischen Fundierung unterzogen. Schließlich wurden diese Treiber mittels eines Thesengerüstes in ein um die e-Commerce-Nutzenkomponente erweitertes Markenwertmodell eingearbeitet.

Dieses Modell der identifizierten Einflussgrößen und ihrer Wirkung zeigt insbesondere vor- und nachgelagerte Effekte auf das Konstrukt des Markenwertes auf. Eine wichtige Erkenntnis für die strategische Marketing- und Kommunikationsarbeit ist somit der Hinweis, dass intervenierende Markenwertdeterminanten zu berücksichtigen und ebenfalls zu adressieren sind, um den Markenwert in der gewünschten Weise positiv zu beeinflussen.

Die Validität und Praxisrelevanz der im oben dargestellten Pfadmodell integrierten Determinanten wurde bereits in einer weiteren Arbeit, die jedoch noch ohne Einbeziehung des Konstruktes Vertrauen durchgeführt wurde, empirisch überprüft.[91] Die im vorangegangenen Kapitel hypothetisierten, ausführlichen Wirkbeziehungen bilden somit die Basis für weitere, günstiger Weise empirische, überprüfende Forschungsarbeiten, die dann auch die Vertrauenskomponente beinhalten. Diesbezügliche Ergebnisse in diesem aktuellen Forschungsfeld werden dann vor allem für Online-Anbieter auf Grund deren hoher Marketingausgaben von besonderem Interesse sein.

91 Vgl. Zinnbauer/Bakay (2003).

Literaturverzeichnis

AAKER, D.A. (1992), Managements des Markenwerts, Frankfurt/Main 1992.

AAKER, D.A. (1996), Measuring Brand Equity Across Product and Markets, in: California Management Review 38, No. 3, 1996, S. 102-120.

AAKER, D.A./JACOBSON, R. (2001), The Value Relevance of Brand Attitude in High Technology Markets, in: Journal of Marketing Research, Vol. 38, November, 2001, S. 485-493.

AAKER, D.A./JOACHIMSTHALER, E. (2000), Brand Leadership, New York 2000.

AMBLER, T. (1997), How much of brand equity is explained by trust?, in: Management Decision, Vol. 35, No. 4, 1997, S. 283-292.

AMERICAN MARKETING ASSOCIATION (HRSG.) (1960), Definition of Terms, Chicago 1960.

ANDRESEN, TH./ESCH, F.-R. (2000), Messung der Markenstärke durch den Markeneisberg, in: Franz R. Esch (Hrsg.), Moderne Markenführung: Grundlagen – Innovative Ansätze – Praktische Umsetzung, Wiesbaden 2000, S. 991-1011.

ASSAEL, H. (1992), Consumer Behavior and Marketing Action, 4. Aufl., Boston 1992.

ASSAEL, H. (1998), Consumer Behavior and Marketing Action, 6. Aufl., Cincinnati 1998.

BEKMEIER-FEUERHAHN, S. (1998), Marktorientierte Markenbewertungen – eine konsumenten- und unternehmensbezogene Betrachtung, Wiesbaden 1998.

BEKMEIER-FEUERHAHN, S. (2000), Nachfrageorientierte Bewertung von Marken, in: Thexis, No. 2, 2000, S. 54-58.

BEREKHOVEN, L. (1978), Zum Verständnis und Selbstverständnis des Markenwesens, in: Gabler-Verlag (Hrsg.), Markenartikel heute – Marke, Markt und Marketing, Wiesbaden 1978, S. 35-48.

CHAUDHURI, A./HOLBROOK, M.B. (2001), The Chain of Effects from Brand Trust and Brand Affect to Brand Performance: The Role of Brand Loyalty, in: Journal of Marketing, Vol. 65, April, 2001, S. 81-93.

DE CHERNATONY, L./HARRIS, F. (2001), Measuring the consumer-based equity of financial services brands, http://www.brandchannel.com/images/papers/Measuringequity.pdf, Abruf am: 13.01.2003.

DUDENHÖFFER, F. (2001), Markenführung im Internet, in: Jahrbuch für Absatz- und Verbrauchsforschung, Nr. 2, 2001, S. 136-153.

ERRICHIELLO, O.C./GROß, A./PIRCK, P./POSTLER, A. (2001), Forschungsbericht 2002/2003, in Brandmeyer, K./Deichsel, A./Prill, C. (Hrsg.), Jahrbuch Markentechnik, Frankfurt a.M. 2001, S. 305-346.

FESTINGER, L. (1957), A Theory of Congnitive Dissonance, New York 1957.

FEZER, K.-H. (1997), Markenrecht, Kommentar zum Markengesetz zur Pariser Verbandsübereinkunft und zum Madrider Markenabkommen, München 1997.

GALBREATH, J. (2002), Twenty-first century management rules: the management of relationships as intangible assets, in: Management Decision, Vol. 40, No. 2, 2002, S. 116-126.

GARBARINO, E./JOHNSON, M.S. (1999), The Different Roles of Satisfaction, Trust, and Commitment, in: Customer Relationships, in: Journal of Marketing, Vol. 63, April, 1999, S. 70-87.

HAMMANN, P. (1992), Der Wert einer Marke aus betriebswirtschaftlicher und rechtlicher Sicht, in: Dichtl, E./Eggers, W. (Hrsg.), Marke und Markenartikel als Instrument des Wettbewerbs, München 1992, S. 206-244.

HENNING-THURAU, T./KLEE, A./LANGER, M.F. (1999), Das Relationship Quality-Modell zur Erklärung von Kundenbindung: Einordnung und empirische Überprüfung, in: Zeitschrift für Betriebswirtschaft, Ergänzungsheft 1999, H. 2, 1999, S. 111-132

HILGARD, E.R./BOWER, G.H. (1975), Theories of Learning, 4. Aufl., New Jersey 1975.

HOFFMANN, H.J. (1972), Werbepsychologie, Berlin 1972.

HOYER, W.D./BROWN, S.P. (1990), Effects of Brand Awareness on Choice for a Common, Repeat-Purchase Product, in: Journal of Consumer Research, Vol. 17, September, 1990, S. 141-148.

IRMSCHER, M. (1997), Markenwertmanagement: Aufbau und Erhalt von Markenwissen und -vertrauen im Wettbewerb; eine informationsökonomische Analyse, Frankfurt a. M. u. a. 1997.

JOHNSON, M.D. (2001), Kundenorientierung und Markthandlung, München u. a. 2001.

KALAFUT, P. C./LOW, J. (2001), The value creation index: Quantifying intangible value, in: Strategy & Leadership, Vol. 29, No. 5, 2001, S. 9-15.

KAPFERER, J.-N. (1992), Die Marke – Kapital des Unternehmens, Landsberg a. L 1992.

KELLER, K.L. (1993), Conceptualizing, Measuring and Managing customer-based brand equity, in: Journal of Marketing, Vol. 57, 1993, S. 1-22.

KELLER, K.L. (1998), Strategic Brand Management – Building, Measuring and Managing Brand Equity, New Jersey 1998.

KERN, W. (1962), Bewertung von Warenzeichen, in: Betriebswirtschaftliche Forschung und Praxis, 14. Jg., H. 1, 1962, S. 17-31.

KISH, P./RISKEY, D.R./KERIN, R.A. (2001), Measurement and tracking of brand equity in the global marketplace, in: International Marketing Review, Vol. 18, No. 1, 2001, S. 91-96.

KÖTTING, T. (1999), Marketingkommunikation im Internet aus Sicht der Konsumgüterindustrie, Göttingen 1999.

KRISHNAN, H.S. (1996), Characteristics of Memory Associations: A Consumer-Based Brand Equity Perspective, in: International Journal of Marketing Research, Vol. 13, No. 4, 1996, S. 389-405.

KROEBER-RIEL, W./WEINBERG, P. (1999), Konsumentenverhalten, 7. Aufl., München 1999.

KROEBER-RIEL, W./WEINBERG, P. (2003), Konsumentenverhalten, 8. Aufl., München 2003.

LAVIDIGE, G./STEINER, G.A. (1961), A Model for Predictive Measurements of Advertising Effectiveness, in: Journal of Marketing, 4/1961, S. 59-62.

MATZLER, K. (1997), Kundenzufriedenheit und Involvement, Wiesbaden 1997.

NORD, W.R./PETER, J.P. (1980), A Behavior Modification Perspective on Marketing, in: Journal of Marketing, Vol. 44, Spring, 1980, S. 36-47.

OLIVER, R.L. (1980), A Cognitive Model of the Antecedents and Consequences of Satisfaction Decisions, in: Journal of Marketing Research, Vol. 17, 1980, S. 460-469.

PETER, I. (1997), Kundenbindung als Marketingziel: Identifikation und Analyse zentraler Determinanten, Wiesbaden 1997.

REPENN, W. (1998), Handbuch der Markenbewertung und -verwertung, Weinheim u. a. 1998.

ROEB, TH. (1994), Markenwert; Begriff, Berechnung, Bestimmungsfaktoren, Aachen u. a. 1994.

ROTHSCHILD, M.L./GAIDIS, W.C. (1981), Behavioral Learning Theory: Its Relevance to Marketing and Promotions, in: Journal of Marketing, Vol. 45, Spring, 1981, S. 58-70.

SANDER, M. (1994), Die Bestimmung und Steuerung des Wertes von Marken: eine Analyse aus Sicht des Markeninhabers, Heidelberg 1994.

SATTLER, H. (2001), Markenpolitik, Stuttgart u. a. 2001.

SCHLABERG, F. (1997), Wettbewerbsvorteil und Bewertung von Marken, Bamberg 1997.

SCHULZ, R./BRANDMEYER, K. (1998), Die Marken-Bilanz: Ein Instrument zur Bestimmung und Steuerung von Markenwerten, in: Markenartikel, 51, 1998, S. 364-370.

SCHWAIGER, M. (2004), Components and Parameters of Corporate Reputation - an Empirical Study, in: Schmalenbach Business Review, Vol. 56, No. 1, 2004, S. 46-71.

SIMON, C.J./SULLIVAN, M.W. (1993), The Measurements and Determinants of Brand Equity: A Financial Approach, in: Marketing Science, Vol. 12, 1993, S. 28-52.

STRAßBURGER, H. (1991), Wiederkaufentscheidungsprozeß bei Verbrauchsgütern – Ein verhaltenswissenschaftliches Erklärungsmodell, Frankfurt a. M. 1991.

VAZQUEZ, R./BELEN DEL RIO, A./IGLESIAS, V. (2002), Consumer-based Brand Equity: Development and Validation of a Measurement Instrument, in: Journal of Marketing Management, Vol. 18, No. 1-2, 2002, S. 27-48.

WEINBERG, P. (1981), Das Entscheidungsverhalten des Konsumenten, Paderborn u. a. 1981.

WIECHERT, L. (2001), Markenaufbau und Markenmanagement im Internet, Schriftenreihe Global Branding, Bd.1, München 2001.

WINTERS, L.C. (1991), Brand Equity Measures, Some Recent Advances, in: Marketing Research, Vol. 3, No. 12, 1991, S. 70-73.

WIRTZ, B.W. (2001), Electronic Business, 2. Aufl., Wiesbaden 2001.

YOO, B./DONTHU, N. (2001), Developing and validating a multidimensional consumer-based brand equity scale, in: Journal of Business Research, Vol. 52, No. 1, S. 1-14.

ZERDICK, A./PICOT, A./SCHRAPE, K./ARTOPÉ, A./GOLDHAMMER, K./HEGER, D.K. /LANGE, U.T./VIERKANT, E./LÓPEZ-ESCOBAR, E./SILVERSTONE, R. (HRSG.) (2001), Die Internet-Ökonomie – Strategien für die digitale Wirtschaft, 3. Aufl., Berlin u. a. 2001.

ZINNBAUER, M./BAKAY, Z. (2003), Der Einfluss von E-commerce auf den Markenwert, in: Schriften zur empirischen Forschung und quantitativen Unternehmensplanung, Ludwig-Maximilians-Universität München, 14/2003.

ZYMANN, S./MILLER, S. (2000), Building Brandwidht – Closing the Sale online, o. O. 2000.

Percy Smend

Markenorientierte Vertriebsstrategien im Automobilmarkt

1. Zunehmende Bedeutung von Absatzkanalentscheidungen im Automobilvertrieb

Vor dem Hintergrund einer wachsenden Austauschbarkeit von Produkten, Leistungen und den damit zusammenhängenden Kommunikationsbotschaften rückt in zunehmendem Maße die *Distribution als Quelle von nachhaltigen Wettbewerbsvorteilen* in den Mittelpunkt praktischer und wissenschaftlicher Diskussionen.[1] Dabei ist der Vertrieb seit geraumer Zeit einem *erheblichen Wandel* unterworfen, der sich insbesondere in Diskussionen um eine fortschreitende Händlerkonzentration und dem damit verbundenen Verlust an Autonomie der Hersteller widerspiegelt, um Trends im Konsumentenverhalten, die neue Anforderungen an die Absatzkanäle von Unternehmen bedingen, sowie um die Auswirkungen der Internetdiffusion auf die Distribution. Im Zuge veränderter Markt- und Umfeldbedingungen sowie technischer Neu- und Fortentwicklungen kommt es zur Entstehung und raschen Verbreitung *innovativer Betriebsformen* im Handel. Neue Akteure drängen in den Markt, tradierte Wertschöpfungsstrukturen werden in Frage gestellt und etablierte Konstellationen zwischen Hersteller und Handel von neuartigen Arrangements abgelöst. Mit dem Einzug neuer Marktteilnehmer und der Entwicklung neuer Betriebsformen im Handel erweitert sich für Hersteller das Optionsspektrum für Marktzugang und Marktabdeckung.

Während als Konsequenz Vertriebsinnovationen in den meisten Branchen seit geraumer Zeit allgegenwärtig sind, stellt sich der *Automobilvertrieb* in den vergangenen Jahrzehnten nahezu unverändert dar. Bis heute zeigt sich hier ein fast homogenes Bild der Distributionsstruktur: Die automobilwirtschaftlichen Distributionssysteme werden von flächendeckenden Netzen relativ kleiner, unabhängig geführter Autohäuser dominiert. Ein Wettbewerb zwischen unterschiedlichen Absatzkanälen und Handelsformen findet kaum statt. Geschützt wurden die vorherrschenden Distributionssysteme insb. durch die *Gruppenfreistellungsverordnung* für Vertriebs- und Kundendienstvereinbarungen über Kraftfahrzeuge 1475/95 (GVO). Sie nahm den Fahrzeugvertrieb vom Kartellverbot aus und ermöglichte Herstellern den Aufbau markenexklusiver Vertragshändlersysteme.

Doch kann das Inkrafttreten der GVO-Novelle im Oktober 2003 eine Aufweichung traditioneller Distributionsstrukturen bewirken, die die Automobilhersteller in ihrer Vormachtstellung im Absatzkanal herausfordert. Ziel dieses Artikels ist es mithin, die Treiber und Auswirkungen des fortschreitenden Strukturwandels im Automobilvertrieb zu

---

1 Vgl. Bauer (2000), S. 3. Homogenisierungstendenzen in der Produktpolitik „weaken the product's ability to differentiate the brand, thereby increasing the burden on the channel to do so." Mercer (1994), S. 104.

untersuchen sowie normative Handlungsempfehlungen für die künftige Gestaltung der Absatzwegepolitik zu treffen. Einen wesentlichen Bezugspunkt bildet dabei die Zugehörigkeit der Hersteller zu strategischen Markengruppen.

2. Struktureller Wandel im Automobilvertrieb

Organisationen entwickeln für ihr alltägliches Geschäft von sich und ihrer Umwelt ein bestimmtes Bild, das sich in ihrem Verhalten und in festgelegten Regeln widerspiegelt. Unternehmen lassen sich als Teilnehmer in einem Wettbewerb auf einer bestimmten *Spielarena* (Gesamtheit aller in einem bestimmten Markt relevanten Parteien) in einem bestimmten *Spiel* (Wettbewerbsinhalte bzw. -dimensionen in einem Markt) betrachten.[2] Dabei regeln bestimmte *Spielregeln* (formale oder informale „Gesetze“ eines Marktes) das *Spielverhalten* der Teilnehmer. Jegliche dieser Konzeptbausteine können Veränderungen unterliegen: So ändert sich die Spielarena durch Kooperationen und Fusionen sowie Marktein- und -austritte, das Spiel ändert sich durch das Hinzukommen neuer Wettbewerbsdimensionen, und Regeländerungen ergeben sich durch Umgestaltung der gesetzlichen Rahmenbedingungen oder endogener Standards.

Damit ist die *Veränderung ein fester Bestandteil des Geschäftslebens*, die Unternehmensreaktion alltäglich und wichtig. Zu hinterfragen ist jedoch stets das Ausmaß des Wandels und der notwendigen Reaktion. Wird als Reaktion auf jede geringfügige Veränderung im Markt die Strategie in Frage gestellt, verlieren Unternehmen Orientierung und operative Effizienz. Stellen Unternehmen ihre Strategie hingegen an den entscheidenden Wendepunkten nicht um, gefährden sie möglicherweise ihre Existenz. Die Herausforderung besteht folglich in der *Früherkennung jener Treiber des Wandels*, die die Dimensionen des Spiels nachhaltig verändern. Dabei können das Aufdecken von bestimmten Mustern und das Anwenden bestimmter Faustregeln von Hilfe sein. Von wesentlicher Bedeutung ist jedoch eine Kombination aus Wachsamkeit und Vision, die sich in der Führungsspitze der Unternehmen vereinen müssen.

Sind die Treiber erkannt, bedarf es der *Kreativität*, um neue Angebote mit neuen Nutzen entwickeln zu können, der *Flexibilität*, um das bestehende Geschäft neu ausrichten zu können und nicht zuletzt der *Risikobereitschaft*, Usancen einer Branche in Frage zu stellen, um in einer Weise auf Veränderungen zu reagieren, die dem Unternehmen zum Vorteil dient.[3] Die Teilnehmer im Automobilvertrieb sehen sich derzeit und künftig mit ei-

2 Vgl. Backhaus (2003), S. 10 ff.

3 “It is not the strongest in the species that survive, nor the most intelligent, but the one most responsive to change.” Darwin in: Miller/Hensley (2001), S. 2.

nem erheblichen *strukturellen Wandel* konfrontiert: Aus der aktuellen Diskussion in Forschung und Praxis werden hier die zentralen Treiber des Wandels herausgegriffen (vgl. Abbildung 1).

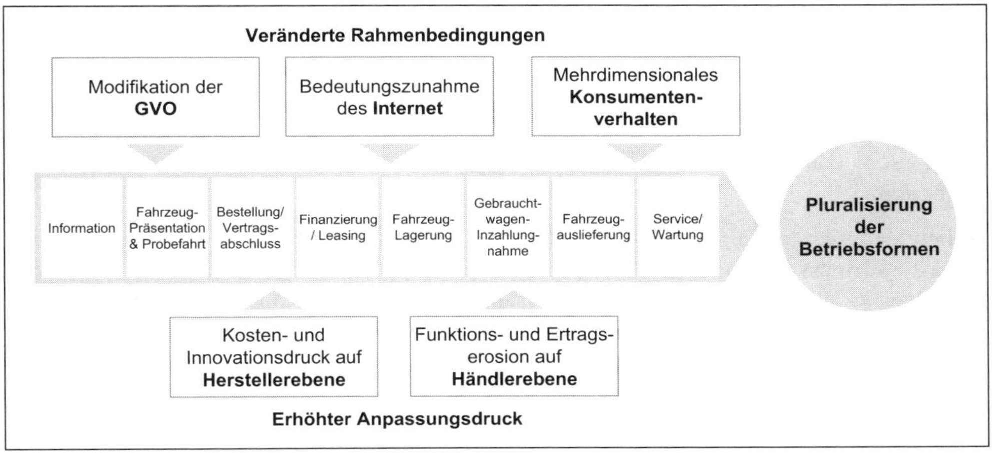

Abbildung 1: Treiber des Strukturwandels

Am 1. Oktober 2003 ist die neue GVO 1400/2002 endgültig in Kraft getreten, mit der „erhebliche Veränderungen in Bezug auf die Freistellung von Vertriebsvereinbarungen für neue Kraftfahrzeuge und Ersatzteile vorgenommen"[4] wurden. Die *Ziele der GVO-Novellierung* umfassen die Stärkung der Unabhängigkeit der Händler und Werkstätten gegenüber den Herstellern, die Erhöhung des Wettbewerbs zwischen den Händlern einer Marke und eine Flexibilisierung der Verhaltensvorschriften; ferner die langfristige Annäherung der Preise zwischen den EU-Staaten und dadurch eine verbesserte Wahrung der Verbraucherinteressen im Hinblick auf Kauf und Nutzung der Fahrzeuge innerhalb der EU, gleichzeitig jedoch auch eine Wahrung des Qualitätsniveaus von Wartungsleistungen. Die wichtigsten Änderungen für den Vertrieb von PKW betreffen:

1. Struktur des Vertriebssystems
   Hersteller müssen künftig *entweder qualitative oder quantitative Kriterien* zur Händlerselektion einsetzen. Es ist zu beobachten, dass sich die Hersteller nahezu geschlossen für das selektive System entscheiden, da die Wahl des exklusiven Systems faktisch mit dem Verlust an Kontrolle über die Absatzwege einhergeht.

4 Europäische Kommission (2002), S. 9.

2. Trennung von Vertrieb und Kundendienst
   Die modifizierte GVO hebt die Untrennbarkeit von Verkauf und Kundendienst auf, so dass autorisierte Werkstätten nicht zum Neuwagenverkauf verpflichtet werden können. Händlern wird damit umgekehrt ermöglicht, sich allein auf den Verkauf der Fahrzeuge zu spezialisieren.

3. Mehrmarkenvertrieb
   Händlern ist nun gestattet, Neuwagen verschiedener Hersteller in einem Verkaufsraum gemeinsam zu vertreiben. Zur Wahrung der Markenidentität dürfen Hersteller eine optische Separierung in Form markenspezifischer Verkaufsbereiche fordern, müssen jedoch Kosten für die Beschäftigung markenspezifischen Personals selbst tragen.

Neben Veränderungen der rechtlichen Rahmenbedingungen ist der *technologische Wandel* als Antriebskraft für eine Veränderung im Automobilvertrieb anzusehen. Elektronische Märkte liefern Herstellern eine effiziente Plattform, um mit Endkunden direkt in Kontakt zu treten und Geschäfte zu tätigen, ohne Intermediäre zwingend einschalten zu müssen.

Veränderte rechtliche und technologische Rahmenbedingungen wirken auf ein Distributionssystem, das in sich bereits erheblichen Anpassungsdruck aufweist:

- Die *Automobilhersteller* sehen sich einer kostspieligen und ungenügend kontrollierbaren Distribution ihrer Produkte gegenüber. Im homogenen Monokanalformat werden Differenzierungspotenziale nur unzureichend genutzt. Gleichzeitig werden Automobilhersteller in den Ländern der Triade mit einer abnehmenden Nachfrage konfrontiert, die zu teilweise dramatischen *strukturellen Überkapazitäten und anhaltendem Verdrängungswettbewerb* führt. Der Wettbewerbsdruck ist ursächlich für einen erhöhten Innovations- und Kostendruck auf die Distributionssysteme im Automobilvertrieb.

- Die *Automobilhändler* sind mit einem fortschreitenden Margenverfall und drohenden Funktionsverlust konfrontiert. In die lukrative Sparte des After-Sales-Geschäft drängen zunehmend Fast-Fit-Chains, preisaggressive Franchiseketten. Im Ergebnis zeigt sich, dass die durchschnittliche Umsatzrendite deutscher Händler nur noch ca. 0,5 Prozent beträgt; 40 Prozent der Händler arbeiten defizitär.[5] Viele Automobilhändler zeichnen sich infolge mehrperiodig geringer Renditen durch *existenzgefährdende Liquiditätsengpässe* aus.

- Die Anbieter sehen sich gleichzeitig einem veränderten Kaufverhalten der *Autokäufer* gegenüber. Dieses spiegelt sich in Diskussionen um eine zunehmende Fragmen-

5 Vgl. Mercer Management Consulting (2003), S. 2; Jullens/Smend (2003), S. 97.

tierung und Mehrdimensionalität der Autokäufer wider.[6] Unterschiedliche Distributionskanäle weisen aus Konsumentensicht differenzierte Potenziale bezüglich relevanter Leistungsdimensionen auf. Die in anderen Märkten gelernte und zunehmend nachgefragte Möglichkeit des *Wechsels zwischen Kanälen* zur Nutzung kanalspezifischer Vorteile wird in der Automobilwirtschaft bislang nur unzureichend angeboten.

Vor dem Hintergrund eines erhöhten Anpassungsdrucks im Distributionssystem sowie zusätzlicher Freiheitsgrade für die Marktteilnehmer durch veränderte rechtliche und technologische Rahmenbedingungen rücken *Entscheidungen zur Gestaltung des Distributionssystems* zunehmend in den Blickpunkt der Automobilhersteller. Die Wahl der Absatzwege stellt hierbei eine fundamentale strategische Entscheidung dar. Sie schafft die grundlegenden, langfristigen und nur schwer revidierbaren Rahmenbedingungen des Marktzugangs und der Marktabdeckung.

3. Alternative Vertriebskanäle als Ergebnis des Strukturwandels

3.1 Nutzenpotenziale aus den veränderten Rahmenbedingungen

Es ist zu erwarten, dass als Folge des Strukturwandels die über Jahrzehnte vorherrschende Trägheit der Systementwicklung in der Automobildistribution einer ungekannten Dynamik der Betriebsformen weicht und damit zu einer Zunahme alternativer Absatzkanäle führt. Als Impulsgeber zu ihrer Entdeckung sollen die aufgezeigten Veränderungen der rechtlichen und technologischen Rahmenbedingungen des Automobilvertriebs dienen. Sie eröffnen neuartige *Nutzenpotenziale* für Hersteller und Händler zur Überwindung ihres Anpassungsdrucks, die wiederum derivate Nutzenpotenziale für die Kunden freisetzen (vgl. Abbildung 2).

Wesentliche Chancen zur Überwindung ihres Anpassungsdrucks entstehen Herstellern durch die erweiterten Möglichkeiten in der Absatzwegepolitik, die ihnen das *Internet* verleiht. Das Internet kann im Automobilmarkt vor allem zum Aufbau zusätzlicher Vertriebswege sowie zur Unterstützung bestehender Distributionsarrangements beitragen. Vorteile einer ausschließlich *unterstützenden Rolle des Internet* im Automobilvertrieb

---

6 Vgl. Büchelhofer (2001), S. 25. Der Wandel im Konsumentenverhalten äußert sich u. a. in Trends wie dem Smart Shopping, der Erlebnis- und Convenienceorientierung, die den Verkaufsort selbst als eine zentrale Nutzenkomponente erscheinen lassen.

liegen in der Möglichkeit, Optimierungspotenziale zu nutzen und Zusatzleistungen anbieten zu können, ohne das traditionelle Vertriebsnetz in Frage zu stellen und bestehende Prozesse vollständig verändern zu müssen.

	Hersteller	Händler	Kunde
Nutzenpotenziale aus den veränderten rechtliche Rahmenbedingungen	▪ Nutzung **bestehender** Handelsstrukturen ▪ **Beziehungseffizienz** ▪ **Direktvertrieb** ▪ **Differenzierung** im Vertrieb ▪ Erhöhte **Kundenorientierung**	▪ **Mehrmarkenhandel** ▪ **Spezialisierung** ▪ **Marktarealausweitung** ▪ **Machtzunahme**	▪ Breitere **Auswahl** ▪ Verringerung des **Preisrisikos** ▪ **Preisreduktion** im Neuwagen- und Kundendienstgeschäft ▪ **Convenience** in der Informationssuche
Nutzenpotenziale aus den veränderten technologischen Rahmenbedingungen	▪ **Unterstützung** bestehender Absatzkanäle ▪ Aufbau **eigener** Absatzkanäle ▪ **Direktkontakt** zum Kunden	▪ **Effizienzgewinne** in der Wertschöpfung ▪ Höhere **Marktabdeckung**	▪ **Markttransparenz** ▪ Einsparung **Suchkosten** ▪ **Convenience** in der Informationssuche ▪ **Preisvorteile** ▪ Breitere **Auswahl**

Abbildung 2: Nutzenpotenziale aus den veränderten Rahmenbedingungen

Der *Aufbau eines eigenen Vertriebskanals* bietet sich zunächst aufgrund seiner relativ günstigen Kostenstrukturen an. Intermediäre lassen sich ausschalten und Kunden direkt ansprechen. Eine vollständige Umgehung der Zwischenstufe ist indes nicht zu erwarten, da die grundsätzliche Bereitschaft des Herstellers, den gesamten Absatz an den Kunden selbst abzuwickeln, sowie die Neigung des Kunden, Produkte ausschließlich direkt beim Hersteller zu beziehen, bezweifelt werden müssen: Mangelndes Know-how sowie das Ausbleiben von Verbund- und Skaleneffekten stellen in Frage, ob die Übernahme sämtlicher Distributionsfunktionen durch den Hersteller rentabel zu leisten ist; wesentliche Elemente des Kundenverhaltens (z. B. Vorbehalte und Sicherheitsbedenken im E-Commerce, Bedürfnis des Erlebens nicht-medialer Produkteigenschaften) werden vernachlässigt.

Vertragshändler in den selektiven Vertriebssystemen sind bislang an *enge Auflagen* und Vertriebsbindungen gebunden, die ihre Profilierungsmöglichkeiten einschränken. Die Novellierung der GVO verleiht ihnen verstärkte Autonomie: Nutzenpotenziale entstehen durch die Erleichterung der Aufnahme weiterer Marken in das Sortiment, der Aufhebung der zwingenden Verknüpfung von Verkauf und Kundendienst sowie durch den zu erwartenden Wegfall des Gebietsschutzes (vgl. Abbildung 3).

Von den zahlreichen Entwicklungssträngen in der gegenwärtigen Diskussion werden dem *Mehrmarkenhandel* nicht nur das größte Marktpotenzial zugeschrieben, sondern gleichsam auch die weitreichendsten Auswirkungen auf die bestehenden Vertriebssysteme. So erwägen in 2003 fast 60 Prozent der deutschen Autohändler, ihr Angebot auf weitere Marken auszudehnen.[7] Grundlegende *Beweggründe für die Aufnahme weiterer Marken* durch Automobilhändler sind die Erwartung von Kostendegressionseffekten, Umsatzsteigerung und der verstärkten Unabhängigkeit von der Distributions- und Produktpolitik des einzelnen Herstellers.[8]

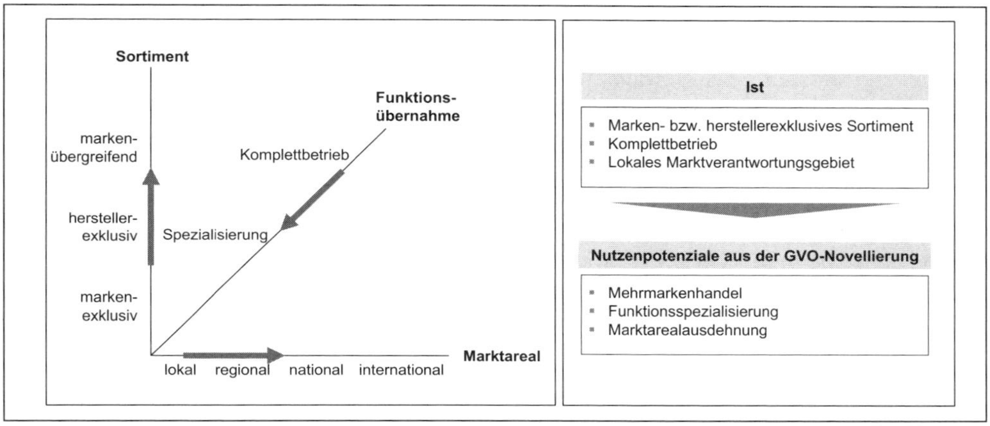

Abbildung 3: Nutzenpotenziale der Händler nach Novellierung der GVO

Auch für *Kunden* halten die Veränderungen der Rahmenbedingungen spezifische Nutzenpotenziale bereit. Sie sind derivater Natur und offenbaren sich erst, wenn die Anbieter ihre zuvor dargelegten Nutzenpotenziale im Sinne einer Angebotsdifferenzierung nutzen. Nutzenpotenziale der Kunden betreffen insbesondere *Aspekte der Informationsbeschaffung*. Das ausgeprägte Informationsbedürfnis der Kunden lässt sich zu weiten Teilen schnell, günstig und bequem im Internet befriedigen. Hinsichtlich der Breite und Transparenz objektiver Informationen erscheint das Internet anderen Informationsquellen überlegen.

Die Anonymität bei Informationssuche und Fahrzeugvergleich entlastet den Kunden im wahrgenommenen Kaufdruck. Daneben können Verbraucher von einer neuen *Vielfalt der Angebotsformen* profitieren. Bedürfnisgerechtere, typenspezifischere oder anderweitig differenzierte Angebotsformen können zusätzlichen Nutzen stiften. Besonders eine *markenübergreifende Produktpräsentation* erhöht die Transparenz der Angebote und

7 Vgl. o. V. (2003a), S. 15. N = 2310 Autohändler. Vgl. auch die Studien von Zielke/Preißer/Wierich (2002), S. 142 f.; Cap Gemini Ernst & Young (2002), S. 19; Booz Allen Hamilton (2003).

8 Vgl. Hoffmeister (1998), S. 201 ff.; Dreier (1999), S. 41.

ermöglicht schnell, bequem und günstig den direkten Vergleich von Preisen und Leistungspaketen: Bis zu 87 Prozent der Verbraucher würden beim Kauf des nächsten Fahrzeugs Mehrmarkenhändler als Alternative in Erwägung ziehen.[9]

3.2 Pluralisierung der Betriebsformen

Der Automobilvertrieb ist bislang einzig durch die Betriebsform des *Fachhandelsbetriebes* gekennzeichnet. Als Betriebstyp dominiert der *markenexklusive Komplettbetrieb*. Zwar wurde von bestehenden Marktteilnehmern und externen Wettbewerbern regelmäßig versucht, durch die Einführung andersartiger Betriebsformen und Betriebstypen Differenzierungsvorteile zu erlangen bzw. in den Markt einzutreten, doch konnte sich keine Alternative zum klassischen Autohaus etablieren. Die Integration alternativer Handelsformen scheiterte aus verschiedenen Gründen, vor allem güterspezifischen (z. B. Kundendienstbedarf von PKW), marktlichen (z. B. Informationsanspruch und -verhalten der Verbraucher) und wettbewerbsrechtlichen (z. B. Einheit von Vertrieb und Kundendienst).[10]

Die veränderten Rahmenbedingungen transformieren nun das Wettbewerbsumfeld nachhaltig. Nahezu alle der abgeleiteten Nutzenpotenziale für die Marktteilnehmer lassen auf eine *Neukonfiguration der Absatzkette* schließen. Zu erwartende Trends wie Spezialisierung, Vertikalisierung, Elektronisierung und Angebotsdifferenzierung haben gemeinsam, dass die Distributionsfunktionen in anderer Weise, Reihenfolge und Zusammensetzung geleistet werden. Da bei der Weiterentwicklung des Vertriebssystems durch Hersteller und Handel nicht allein nur einem dieser Trends gefolgt wird, bedingt eine Nutzbarmachung der Nutzenpotenziale die *Entstehung zusätzlicher Wertketten, die nebeneinander Bestand haben.*

Aus Kundenperspektive äußern sich diese in der Regel durch eine Pluralisierung von Angebotsformen am Markt. Anders als bislang vorherrschend, übernehmen die neuen Absatzformen nicht mehr zwingend jegliche der Distributionsfunktionen „ab Werk". Vielmehr sind durch Spezialisierung einzelner Marktpartner *mannigfaltige Zusammensetzungen der entstehenden Wertketten* denkbar. Für Hersteller gilt es nun, neuartige Betriebsformen, die durch eigene oder Aktivitäten des Handels entstehen, frühzeitig zu entdecken und hinsichtlich Marktpotenzial, Wirtschaftlichkeit und Markenadäquanz zu bewerten. Potenzielle neuartige Betriebsformen lassen sich entlang der *Stoßrichtungen* Mehrmarkenhandel und Internet identifizieren (vgl. Abbildung 4).

---

9 Vgl. TNS (2000), S. 12 f.; TNS Emnid (2001), o. S.; Cap Gemini Ernst & Young (2002), S. 16.

10 Vgl. Heß/Meinig (1996), S. 289.

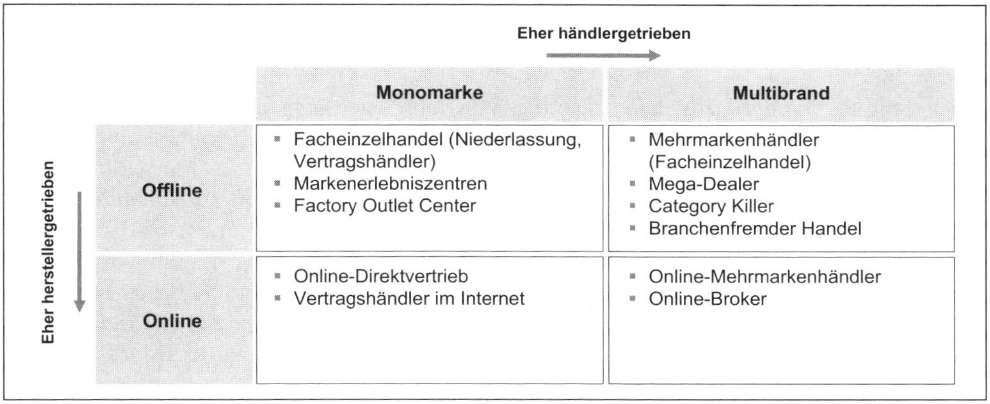

Abbildung 4: Aktuelle und potenzielle Betriebsformen im Automobilhandel

Ein Mehr an Betriebsformen erweitert das Spektrum von Absatzkanälen, mit denen die Hersteller den Markt bearbeiten können. Die Erkenntnis, dass der Strukturwandel zu einer Pluralisierung der Absatzkanäle führen kann, lässt eine Auseinandersetzung mit dem Themenkomplex der *Multikanaldistribution*, d. h. des Vertriebs gleicher oder ähnlicher Produkte eines Herstellers über mehr als einen Absatzkanal, für Automobilhersteller in der strategischen Absatzkanalplanung virulent erscheinen. Multikanalsysteme werden als Strategieoption betrachtet, um Märkte flächendeckend und effizient zu bearbeiten und die Kundenausschöpfung zu erhöhen, indem Konsumenten mit Hilfe unterschiedlicher Absatzkanäle eine Vielzahl von Kontaktpunkten für unterschiedliche Kauf- und Bedürfnissituationen angeboten wird.

Im Mittelpunkt der Multikanaldistribution steht dabei die Sicherstellung eines bipolaren Channel Fit:[11] Der *externe Fit* bezieht sich auf die *Kontingenz von Multikanalsystemen* und zielt auf weitmögliche Abstimmung der Absatzkanäle auf die Markt- und Wettbewerbssituation ab. Im Vordergrund steht nicht die schnelle und unüberlegte Erschließung einer Vielzahl von Kanälen aufgrund kurzfristiger Marktbewegungen und vermeintlich apodiktischer Konsumententrends, sondern die planvolle Ausrichtung des Distributionssystems an Kundenbedürfnissen und Profitabilitätsaspekten. Der *interne Fit* bezieht sich auf die *Konsistenz der Absatzkanäle* innerhalb des Multikanalsystems. Dies betrifft besonders die Gestaltung der Beziehungen zwischen den Absatzkanälen sowie die Abstimmung der internen Prozesse und Verhaltensprämissen zur Vermeidung, Minderung und frühzeitigen Begegnung von Doppelspurigkeiten, Widerständen und Konflikten. Auf Leitungsebene gilt es, eine klare Zuweisung von Rollen, Leistungen und Aufgaben auf die einzelnen Kanäle unter Berücksichtigung der vielfältigen Wechselwirkungen zwischen den Kanälen zu treffen.

11 Vgl. Tomczak (2001), S. 19 ff.; Schögel/Sauer (2002), S. 22.

3.3 Markenspezifische Heterogenisierung der Vertriebssysteme

Es ist somit davon auszugehen, dass die Vertriebssysteme in der Automobilindustrie, anderen Branchen folgend, komplexer und differenzierter werden. Zunehmend heterogene Geschäftsmodelle mit unterschiedlichen Leistungsangeboten werden miteinander konkurrieren. Der Absatzkanal gewinnt als *Profilierungsinstrument* an Bedeutung. Hersteller werden aktiv Differenzierungspotenziale durch bedürfnisorientierte Absatzkanalsysteme zu nutzen suchen. Dabei werden die Automobilhersteller von den sich abzeichnenden Veränderungen *nicht in gleichem Ausmaß und auf gleiche Weise betroffen.* Es stellen sich unterschiedliche Anforderungen an die künftige Ausgestaltung ihrer Distributionssysteme. Grund sind Abweichungen in der Ausgangssituation (Marktposition, Marktmacht und Marktabdeckung) und in der Bedeutung zentraler marketingpolitischer Determinanten auf das Kaufverhalten (Preis, Marke, Service) zwischen den Herstellern. So ist der Markt nicht als Ganzes zu behandeln sondern nach distributionsrelevanten Kriterien zu segmentieren. Für eine Einteilung in strategische Gruppen wird hier die *Produktmarke* als Anhaltspunkt gewählt: Sie determiniert weite Anforderungen der Hersteller an Kontrolle, Leistungen und Selektivität im Absatzkanal. Folgend wird der Automobilmarkt anhand von *drei möglichen Grundpositionierungen* eingeteilt: Für Emerging Brands, Value Brands und Premium Brands sollen nun zentrale Distributionsszenarien skizziert werden.[12]

Emerging Brands sind vergleichbar schwächere, im Markt wenig etablierte und bekannte Marken. Hinsichtlich ihres akquisitorischen Potenzials weisen sie gegenüber den anderen Markengruppen Nachteile auf. Sie verfügen zumeist nicht über flächendeckende Vertriebsnetze. Sie bieten Industriestandard zu günstigen Preisen und sind angewiesen auf kostengünstige Verfahren in Leistungserstellung und Leistungsvermarktung. Bezogen auf die Distribution legt das Ziel der Kostenführerschaft die Nutzung möglichst *kostengünstiger Distributionsalternativen* nah. Aufgrund der eher schwachen Marktposition steht die Erschließung neuer Vermarktungsräume zur Erreichung einer hohen kommunikativen und physischen Präsenz im Vordergrund.

Um den meist jungen Marken die angestrebte Breitenwirkung zur Markenprofilierung zu erlauben, empfiehlt sich die Nutzung *zahlreicher und vielfältiger kostengünstiger Absatzkanäle.* Eine breite Kanalauswahl sowie der Abbau restriktiver Auflagen für die Absatzmittler soll dem raschen Aufbau einer hohen Distributionsdichte dienlich sein. Vor

12 Vgl. Dietz/Klink/Laib (2000), S. 5 ff. Es ist zu beachten, dass die aufgezeigten Markengruppen nicht vollständig trennscharf sind. Ein Grund liegt insbesondere in der zunehmenden Tendenz, mit einer Marke eine Vielzahl von Kundensegmenten bearbeiten zu können (Produktproliferation; z. B. *Up-Trading* durch den Phaeton von Volkswagen bzw. *Down-Trading* durch die A-Klasse von Mercedes-Benz oder die 1er-Reihe von BMW). Doch wird unterstellt, dass das Gros der Marken über ein bestimmtes Leitprodukt verfügt, das die Marke in hervorgehobener Weise repräsentiert und als Markennukleus die Markenwahrnehmung übriger Modelle beeinflusst, z. B. der Golf für Volkswagen oder der 911er für Porsche. Vgl. Diez (2001), S. 5.

dem Hintergrund eines begrenzten finanziellen Spielraums in Folge relativ geringer Margen sollte ein besonderer Fokus auf innovativen, kostengünstigen Absatzkanälen, z. B. wie Mega-Dealer, Supermärkte und Internethandel liegen. Die Aufrechterhaltung eines flächendeckenenden, vollständig exklusiven Vertriebsnetzes erscheint für Emerging Brands allein aus Gründen des Kapitalsbedarfs nicht sinnvoll.

Vielmehr legt die geringe Bedeutung der Marke als Verkaufsargument einen weitmöglichen *Verzicht auf Markenexklusivität* nah. Einerseits sind dadurch *signifikante Kostensenkungen* auf Hersteller- (Koordination, PoS-Unterstützung) und auf Händlerseite (faktorspezifische Investitionen) möglich. Für Händler steigt damit die Attraktivität zur Listung der Marke. Ebenso verringert sich sein markenspezifisches Risiko. Andererseits haben Emerging Brands aufgrund von Preisen unter Marktdurchschnitt bei gleichzeitig marktdurchschnittlicher Qualität und Ausstattung der Fahrzeuge tendenziell ein höheres Interesse an *direkten Produktvergleichsmöglichkeiten* für den Kunden. Mit einer Aufgabe von Markenexklusivität und rigiden Händlerstandards geht ein *Verlust an Kontrolle* über die Aktivitäten im Absatzkanal einher. Die übergreifende Durchsetzung der herstellereigenen Vorstellung über einzusetzende Marketing-Mix-Instrumente ist tendenziell problembehaftet.

Premium Brands verfügen dagegen über relativ dichte Vertriebsnetze, teilweise mit einem marktüberdurchschnittlichen Vertikalisierungsgrad. Sie zeichnen sich durch ein hohes akquisitorisches Potenzial aus. Die Marke ist zentraler Leistungsbestandteil und soll sich in Produktqualität, Absatzkanal sowie Produkt- und Einkauferlebnis widerspiegeln. Kauffördernde Faktoren sind das Vorstellungsbild technischer und qualitativer Perfektion, der Erwerb einer Markenwelt sowie der soziale Status, den Premium Brands ausstrahlen. In ihren Distributionsbemühungen sind Premium Brands bestrebt, die *Markenwelt möglichst unverwässert über sämtliche Wertschöpfungsstufen hinweg zu transportieren.*

Vor dem Hintergrund der herausragenden Bedeutung der *Kontrolle über sämtliche Aktivitäten im Distributionssystem* gilt es für Premium Brands, mittels umfangreicher Händlerauflagen die Exklusivität im Markt zu sichern und die Händlerbeziehungen auf wenige langfristige und enge Bindungen zu beschränken. Diesen ausgewählten Haupthändlern sind frühzeitig größere Marktverantwortungsgebiete zur Verfügung zu stellen, um eine Beschränkung des Intrabrandwettbewerbs zu erwirken. Insbesondere wenn eine territoriale Beschränkung der Verkaufsgebiete untersagt wird, ist das Erwirken einer „kontrollierten" Abhängigkeit der Vertriebspartner durch Partnerschaft oder Beteiligung von Bedeutung.

Die vollständige Kontrolle erreichen Hersteller hingegen nur durch die *vertikale Vorwärtsintegration.* Besonders an strategisch bedeutsamen Punkten sollten Hersteller aggressiv Handelsbetriebe akquirieren. Die vertikale Integration schützt nicht nur die Reinheit der Marke, sondern ermöglicht die Kontrolle sämtlicher Kundenprozesse im Lebenszyklus sowie den Zugriff auf das After-Sales-Geschäft. Eine direkte Kontrolle der Handelsbetriebe erlaubt die aktive Konsolidierung im Vertriebsnetz und in der Folge die

Realisierung von Synergiepotenzialen in rückwärtigen Prozessen (z. B. IT, CRM, Lager, Verwaltung). Um ein nahtloses Kauferlebnis zu erwirken, sollten Premium Brands ein hohes Maß an *Einheitlichkeit marketingpolitischer Instrumente* in den Absatzkanälen vertraglich festlegen. Insbesondere die Wahrung des Preis-Premiums ist für eine Unterbindung unerwünschter Free-Riding-Effekte von Bedeutung. Gleichfalls sollten die Absatzkanäle weitgehend miteinander integriert sein. Speziell der Nutzung eines einheitlichen CRM-Systems in den Absatzkanälen kommt zur Ermöglichung einer einheitlichen Kundenansprache eine erhebliche Bedeutung zu.

Value Brands sind im Markt dominierende, etablierte Marken, die sich durch hohes Nachfragepotenzial und hohe Marktmacht auszeichnen. Sie verfügen über flächendeckende, meist überbesetzte Vertriebsnetze. Zentrale Verkaufsargumente sind das Angebot von Qualität und Solidität zu moderaten Preisen. Der Käufer geht ein nur geringes Markenrisiko ein. Der künftige Fokus der Distributionsaktivitäten von Value Brands liegt auf *Effizienzerhöhung* sowie auf Erringung von *Differenzierungsvorteilen im Distributionssystem*.

Somit sollte die *Konsolidierung der Händlerlandschaft* durch Händlerauflagen aktiv vorangetrieben werden. Neben den konventionellen markenexklusiven Autohäusern gilt es solche Handelsformate zu entdecken, die zwar markenkonsistent, aber doch kostengünstiger als bestehende sind. Beispielhaft sei eine „preferred partnership" von Mehrmarkenhändlern in kleineren Ortschaften genannt, in denen sich der Betrieb eines markenexklusiven Anbieters als nicht lohnenswert erweist. Auch bietet der *Internetdirekthandel* für Value Brands dadurch Potenziale, dass ihre Modelle weitgehend im Markt bekannte Güter mit nur geringen Leistungsdifferenzierungen darstellen. Dennoch wird erwartet, dass der Fokus auch künftig auf dem indirekten Vertrieb über *Vertragshändler als Lead Channel* liegt, der mit einer selektiven Reihe zusätzlicher Vertriebsalternativen kombiniert wird.

In der Konsequenz werden sich die Distributionssysteme der drei Markengruppen Emerging Brands, Value Brands und Premium Brands künftig *signifikant voneinander unterscheiden*. Eine empirische Marktpotenzialanalyse für das Jahr 2010 bestätigt, dass Premium Brands mehrheitlich über herstellereigene Niederlassungen und marken- bzw. herstellerexklusive Vertragshändler vertrieben werden (Abbildung 5).[13] Der *Grad der vertikalen Integration* wird sich signifikant erhöhen. Emerging Brands werden sich in weitaus stärkerem Maße *innovativer Vertriebsformen* bedienen.

Mehr als die Hälfte der Fahrzeuge werden über Absatzkanäle vertrieben, die derzeit im Markt bedeutungslos oder nicht existent sind. Relevant werden vor allem markenunabhängige Low-Cost-Formate sein, die preissensiblen Kunden den direkten Vergleich er-

---

13 Grundlage ist eine empirische Untersuchung über Multikanalsysteme in der Automobildistribution, durchgeführt im Jahre 2003. In einer prospektiven Delphi-Studie wurde ein hochrangiges Expertenpanel mit Entscheidern aus der Automobilindustrie, sowie hochrangigen Vertretern aus Wissenschaft, Beratung, Verbänden und Medien in mehreren Runden zur künftigen Ausgestaltung des Automobilvertriebs befragt.

möglichen. Auch Value Brands werden zumindest ein Viertel ihrer Fahrzeuge über neuartige Absatzkanäle vermarkten. Von allen alternativen Betriebsformen ist dem *Mehrmarkenhandel* das größte Potenzial zuzuschreiben. Fast ein Drittel der Fahrzeuge von Emerging Brands und jedes zehnte Fahrzeug von Value Brands wird nach Expertenmeinung im Jahre 2010 über markenunabhängige Verkaufsstätten abgesetzt.

Das *Internet* wird künftig eine wichtige Rolle in der Unterstützung stationärer Vertriebssysteme einnehmen. Im Vordergrund stehen dabei Kaufanbahnung und Kundenbindung. Insbesondere für preisorientierte Marken sowie für etablierte, standardisierte Fahrzeuge von Value Brands, wird das Internet auch als Transaktionsmedium Bedeutung erringen. Im Vordergrund steht dabei der Direktvertrieb „ab Werk", der erhebliche Produktivitätspotenziale bereithält.

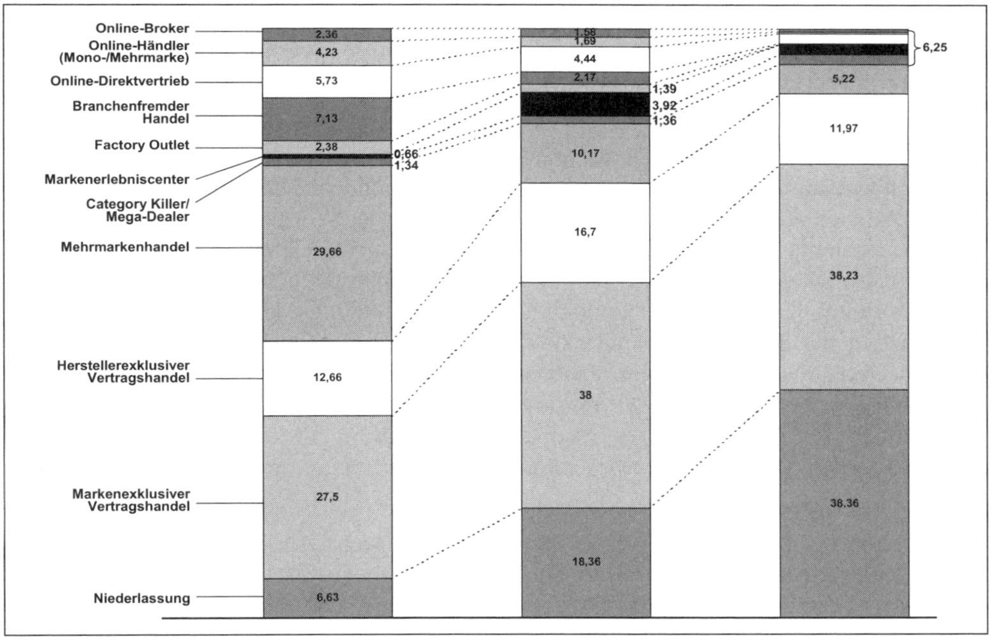

Abbildung 5: Marktpotenzialanalyse Automobilvertrieb 2010

Darüber hinaus werden sich über alle Markengruppen hinweg offenbar nur eine *geringe Anzahl neuartiger Betriebsformen etablieren können.* So wird den Betriebsformen Category Killer, Mega-Dealer, Factory Outlet Center und Online-Broker nahezu kein Marktpotenzial zugeschrieben. Eine nur schwache Bedeutung in der Distribution erlangen Online-Händler und Markenerlebniszentren.

Eine Pluralisierung der Betriebsformen hat erhebliche Auswirkungen auf die bestehende Handelslandschaft. Ein potenzieller Markteintritt neuer Anbieter sowie eine Marktausdehnung der bestehenden Marktteilnehmer lassen zunächst auf eine weitere Erhöhung des Intrabrandwettbewerbs schließen. *Zusätzliche Absatzkanäle erhöhen die Distributionsdichte*, ohne dass die Zahl der automobilen Bedarfsträger anwächst. Vielmehr buhlen noch mehr Handelsunternehmen als zuvor um attraktive Standorte und Kunden. In der Folge ist eine Zunahme des Preiskampfes im Fahrzeugmarkt zu erwarten.

Mit einer Verschärfung des Preiswettbewerbs gerät das Kostenmanagement auf Handelsebene in den Blickpunkt. Primär rückt dabei die *Erzielung von Skaleneffekten* durch produktivitätssteigernde Spezialisierung, Lernprozesse und Kapazitätsgrößenvorteile in den Vordergrund. Auch steigende Anforderungen der Kunden an Auswahl und Verfügbarkeit von Neuwagen sowie die notwendige Professionalität bei der Vermarktung von Fahrzeugen und Dienstleistungen erfordern tendenziell größere Handelsunternehmen. So ist zu vermuten, dass die Bedeutung der Betriebs- und insbesondere der Unternehmensgröße mit der Etablierung innovativer, zumal preisaggressiver Betriebsformen künftig zunimmt. Internes oder externes Anwachsen der Handelsunternehmen auf eine kritische Größe erfordert einen *hohen Kapitaleinsatz*.

Das Erreichen von kritischer Größe und Kapitalkraft ist indes für zahlreiche Unternehmen des Automobilhandels mit Schwierigkeiten verbunden. Die Branche ist von einer überreichlichen Anzahl Kleinstunternehmen geprägt, die mehrheitlich erhebliche Finanzierungsprobleme haben. Die schwache Kapitalbasis zahlreicher Händler fördert die *Konsolidierung in der Branche*. Insbesondere kleine Händler und Betriebe werden ohne das notwendige Know-how zur Entwicklung und Umsetzung zukunftsweisender Marketingkonzepte auf der Strecke bleiben. In der Konsequenz entstehen größere Handelsketten und Systemhändler. Die von zahlreichen Herstellern bereits vorangetriebene *Ausdünnung der Vertriebsnetze* wird durch die Etablierung zusätzlicher Absatzkanäle beschleunigt. In einem stagnierenden, in Teilen rückläufigen Markt verbleibt den bestehenden Kanälen im Sinne eines Nullsummenspiels ein *geringerer Anteil am Gesamtumsatz*.

Getrieben von Konsolidierung, Existenzängsten und Kannibalisierung erhöht sich das *Konfliktpotenzial im Vertriebssystem* signifikant. Ein hohes Maß an wahrgenommenen Konflikten führt zu einer nachhaltigen *Verschlechterung der Beziehung zwischen Hersteller und Händler*. Wahrgenommene Konflikte und eine Verschlechterung der Beziehungen zu den Herstellern wirken sich im Zeitablauf auf die Händlerzufriedenheit aus und führen zu einer Beeinträchtigung des erfolgswirksamen Verhaltens der Absatzmittler. In dem Bewusstsein der Schicksalsgemeinschaft im Gruppenwettbewerb bedarf es seitens der Hersteller Maßnahmen des *präventiven Konfliktmanagements*. Eine hohe Eignung kann dabei Instrumenten attestiert werden, die Bedürfnisse und Ansprüche des Handels bereits in der Planung berücksichtigen.

4. Implikationen für die Absatzwegeplanung

Die erwartete Diffusion alternativer Absatzwege verdeutlicht den Bedarf an einer frühzeitigen Beschäftigung mit der Multikanaldistribution. Diese erfordert von den Unternehmen eine einzelfallbezogene Analyse ihrer Ausgangssituation, der zu erreichenden Sollposition in der Distribution sowie der sich daraus ergebenden Ziellücken, die den konkreten Handlungsbedarf aufzeigen. Im Planungsprozess empfiehlt sich ein Vorgehen in drei Phasen mit branchenübergreifender Relevanz (vgl. Abbildung 6).

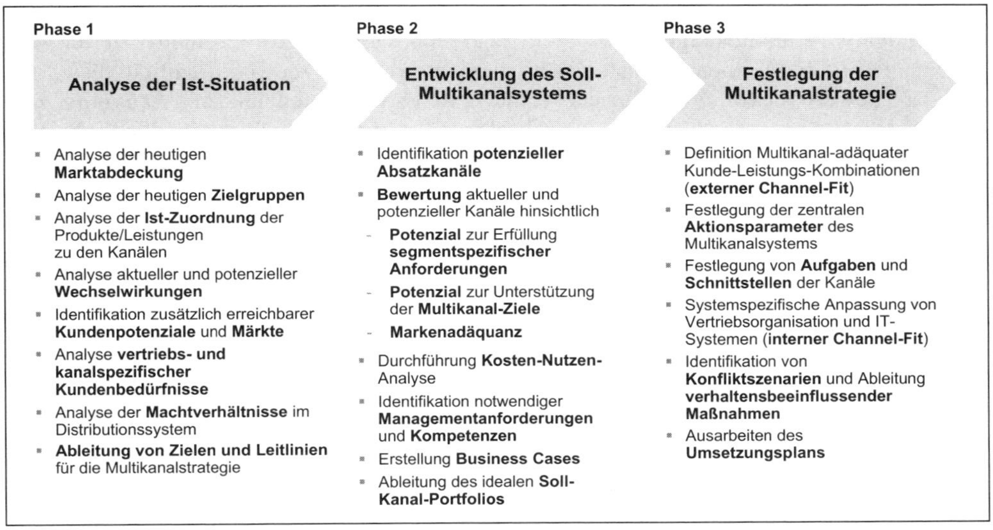

Abbildung 6: 3-stufige Konzeption von Multikanalsystemen

In einer ersten Phase ist die *bestehende Vertriebssituation zu analysieren.* Hierbei steht im Vordergrund, das aktuell genutzte Distributionssystem kritisch zu überprüfen und den Nutzen zusätzlicher Absatzkanäle zu bewerten. Dazu ist zunächst die aktuelle Marktabdeckung abzubilden, um „weiße Flecken" oder regionale Überdistribution zu identifizieren. Die derzeit bedienten Zielgruppen sind Kanälen und Leistungen zuzuordnen. Ziel ist eine segmentbezogene Erfassung der Inanspruchnahme von Leistungen und des tatsächlichen Kanalwahlverhaltens. Eine wesentliche Rolle spielt dabei die Aufdeckung von Wechselwirkungen zwischen den Absatzkanälen. Gleichsam dient die Analyse der *Identifikation zusätzlich erreichbarer Kundenpotenziale* und Märkte, die mit den bestehenden Absatzkanälen nicht oder nicht adäquat angesprochen werden. In einem nächsten Schritt ist ein Verständnis der häufig unartikulierten, vertriebs- und kanalspezifischen Kundenbedürfnisse in den unterschiedlichen Kaufphasen zu entwickeln. Im Zentrum steht die Beschreibung *idealer Verkaufs- und Betreuungsprozesse* aus Sicht der Kunden. Ebenso sind die Machtverhältnisse im Distributionssystem zu analysieren, die als Bestimmungs- und Begrenzungsfaktor absatzkanalpolitischer Entscheidungen wirken. Sie determinieren in hohem Maße die Durchsetzungskraft der eigenen Handlungspläne. Im Ergebnis der Analysephase sollte ein *differenziertes, zukunftsweisendes Zielsystem* für die Multikanaldistribution stehen.

Eine zweite Phase dient der *Entwicklung des Soll-Multikanalsystems*. Zunächst sind sämtliche relevanten Absatzkanäle zu identifizieren. Dabei ist die Differenzierungskraft der Absatzkanäle nicht zu unterschätzen: Wird sich bei der Kanalidentifikation ausschließlich an Branchengepflogenheiten orientiert, ist eine wirksame Differenzierung im Vertrieb nur schwer möglich. Vielmehr sind zwingend auch branchenfremde und gänzlich innovative Kanallösungen in Betracht zu ziehen. Die Menge aller identifizierten Absatzkanäle gilt es in einem nächsten Schritt anhand qualitativer und quantitativer Kriterien zu bewerten. Im Vordergrund steht erstens ihr Potenzial zur *Erfüllung der identifizierten Kundenbedürfnisse*. Da Absatzkanäle grundsätzlich unterschiedliche Bedürfnisse in verschiedenartigem Ausmaß zu erfüllen imstande sind, ist eine segmentorientierte Prüfung anzuraten. Zweitens müssen die Absatzkanäle hinsichtlich ihres Potenzials zur *Erfüllung der gewählten Ziele* bewertet werden.

Ist beispielsweise eine erhöhte Marktabdeckung vorrangiges Ziel der Multikanaldistribution, stellt ein Kernelement hierbei die Abschätzung der künftigen Bedeutung der Absatzkanäle im Markt dar. Steht hingegen die Differenzierung im Wettbewerb im Vordergrund, ist die Adaptionsgeschwindigkeit der betrachteten Absatzkanäle bei den übrigen Anbietern der Branche zu prognostizieren. Nicht zuletzt aufgrund der überragenden Bedeutung der integrierten Markenführung im Automobilmarkt sind die Absatzkanäle drittens hinsichtlich ihrer *Markenadäquanz* zu untersuchen. Im Zentrum steht hierbei die Imagewirkung, die vom Kanal ausgeht. Absatzkanäle, die den angesetzten Bewertungskriterien nicht standhalten, sind aus dem Spektrum der betrachteten Optionen zu eliminieren.

Die verbleibenden Kanäle lassen sich in einem nächsten Schritt einer kritischen *Kosten-Nutzen-Analyse* unterziehen. In der Unternehmenspraxis bewährt haben sich dabei Einnahmen-Ausgaben-Relationen, Absatzsegmentrechnungen, Potenzialanalysen und Kennzahlensysteme. Zudem empfiehlt sich, für ausgewählte Absatzkanäle umfassende *Business Pläne* zu erstellen. Im Ergebnis der zweiten Phase ist ein *ideales Soll-Kanal-Portfolio* abzuleiten. Der Vergleich mit der Ist-Situation erlaubt eine realistische Bewertung der Gaps und daraus folgend des Anforderungsniveaus, der kritischen Handlungsfelder und des Ressourcenbedarfs für die Umsetzung.

In einer dritten Phase erfolgt die *Festlegung der Multikanalstrategie* und Einleitung der Umsetzung der Neukonfiguration. Zunächst sind dazu Kunden-Leistungs-Kombinationen zu definieren, die einen externen Channel-Fit sicherstellen. Ausgehend von den Kundenbedürfnissen sind sämtliche marktseitigen Prozesse innerhalb der gesamten Anbietergruppe zu gestalten. Es ist zu entscheiden, wie die einzelnen Kanäle am Markt auftreten, welche Kunden sie mit welchen Leistungen ansprechen und welche Rolle sie im Gesamtsystem der Unternehmung erfüllen. Festzulegen ist, welche Aufgaben von den Absatzkanälen autark übernommen werden und bei welchen Prozessen eine synergetische Vorgehensweise angestrebt wird.

Insbesondere ist über die Anpassung von Vertriebsorganisation, Warenwirtschaftsprozessen und IT-Systemen zu befinden. Die Entscheidungen werden dabei wesentlich von dem gewünschten Integrationsgrad der einzelnen Absatzkanäle beeinflusst. Die kanalspezifischen Aufgaben und Verantwortlichkeiten müssen sich in Händlerstandards widerspiegeln und in Händlerverträgen kodifiziert werden. Im Rahmen der Planung sind *alternative Konfliktszenarien* zu durchdenken und geeignete verhaltensbeeinflussende Maßnahmen abzuleiten. Wesentliche Stakeholder im eigenen Unternehmen und im Distributionssystem sollten frühzeitig informiert und für die Handlungspläne gewonnen werden. Im Ergebnis ist ein Umsetzungsplan auszuarbeiten, der die gefasste Strategie in greifbare Umsetzungsschritte operationalisiert und Verantwortlichkeiten für alle Beteiligten zuweist. Messbare Zielgrößen und Meilensteine erlauben die kontinuierliche Überprüfung der Maßnahmen.

Literaturverzeichnis

BACKHAUS, K. (2003), Industriegütermarketing, 7. Aufl., München 2003.

BAUER, H.H. (2000), Megatrends in Handel und Distribution als Herausforderung für das Vertriebsmanagement, Arbeitspapier des Institut für Marktorientierte Unternehmensführung der Universität Mannheim, Mannheim 2000.

BIRKHOFER, B. (2001), E-Commerce als innovativer Absatzkanal: Ein entscheidungsorientiertes Modell, St. Gallen 2001.

BOOZ ALLEN HAMILTON (HRSG.) (2003), Zukunft des Automobilhandels liegt im Mehrmarkenvertrieb, Pressemitteilung, 10.06.2003, München.

BÜCHELHOFER, R. (2001), Wandel im Automobilvertrieb Zusammenfassung des Vortrags, in: Wissenschaftliche Gesellschaft für Marketing und Unternehmensführung e.V., 2001 (Hrsg.), Vertriebsmanagement im Wandel - Strategien im Spannungsfeld zwischen klassischem Vertrieb und E-Commerce, Dokumentation des 40. Münsteraner Führungsgespräches, Dokumentationspapier Nr. 146, Münster 2001, S. 25-30.

CAP GEMINI ERNST & YOUNG (HRSG.) (2002), Cars Online 2002, Präsentationsunterlagen zur Pressekonferenz, Frankfurt, 14.10.2002.

DHILLON, G./COSS, D./HACKNEY, R. (2001), Interpreting the role of disruptive technologies in e-business, in: Logistics Information Management, Nr. 1/2, 2001, S. 163-170.

DIETZ, F./KLINK, G./LAIB, P. (2000), Vorwärtsintegration als mögliche Antwort auf die Herausforderungen im Vertrieb, in: Zeitschrift für die gesamte Wertschöpfungskette der Automobilwirtschaft, Nr. 1, 2000.

DIEZ, W. (1999), Prozeßoptimierung im Automobilvertrieb - auf dem Weg zu einem integrierten Kunden- und Kostenmanagement, Wiesbaden 1999.

DIEZ, W. (2001), Herausforderungen und Perspektiven im Premiummarkt für Automobile, Forschungsbericht Nr. 22/2001 des Instituts für Automobilwirtschaft (IFA) an der Fachhochschule Nürtingen, 2001.

DIEZ, W. (2003), Sechs Trends prägen den Automobilvertrieb der Zukunft, Arbeitspapier Nr. 02/2003 des Instituts für Automobilwirtschaft (IFA) an der Fachhochschule Nürtingen, 2003.

DREIER, H. (1999), Absatzkanalstrategien für Automobilhersteller im Electronic Commerce, Siegen 1999.

EUROPÄISCHE KOMMISSION – GENERALDIREKTION WETTBEWERB (HRSG.) (2002), Kraftfahrzeugvertrieb und -kundendienst in der Europäischen Union - Verordnung (EG) Nr. 1400/2002 der Kommission vom 31. Juli 2002, Leitfaden, Brüssel 2002.

Heß, A. (1998), Markenmanagement und Vertriebspolitik - Teil 2, Aktivitäten von Automobil und Handel, in: Zeitschrift für die gesamte Wertschöpfungskette der Automobilwirtschaft, Nr. 3, Jg. 1998, S. 1-22.

Heß, A./Meinig W. (1996), Absatzkanalsysteme der Automobilwirtschaft: Eine deskriptive Analyse, in: Schmalenbachs Zeitschrift für betriebswirtschaftliche Forschung, Vol. 48, 1996, S. 280-299.

Hoffmeister, M. (1998), Multi-Franchise-Konzepte im Automobileinzelhandel, Wiesbaden 1998.

Homburg, C./Schneider, J./Schäfer, H. (2001), Sales Excellence - Vertriebsmanagement mit System, Wiesbaden 2001.

Jullens, J./Smend, P. (2003), Multi-Channel Management - the Future of Automotive Retailing, in: Ahlert, D./Hesse, J./Jullens, J./Smend, P. (Hrsg.), Multikanalstrategien. Konzepte, Methoden und Erfahrungen, Wiesbaden 2003, S. 93-110.

Mercer Management Consultants (Hrsg.) (2003), Tiefgreifender Strukturwandel durch neue Wettbewerber und Konsolidierung, Presseinformationen, München 2003.

Mercer, G.A. (1994), Don't just optimize – unbundle, in: The McKinsey Quarterly, Nr. 3, 1994, S. 103-116.

Motorpresse Stuttgart (Hrsg.) (2002), Autofahren in Deutschland 2002, Stuttgart 2002.

o. V. (2003), GVO sorgt für Umbruch im Autohandel, in: Handelsblatt, 12.09.03, S. 15.

Miller, R.J./Hensley, R. (2001), High performance at low cost: „Stay awake“ challenges for automotive companies, Andersen White Paper, o. O. 2001.

Schögel, M./Sauer, A. (2002), Mehrkanalsysteme der zweiten Generation, in: Frankfurter Allgemeine Zeitung, 09.12.2002, S. 22.

Schramm-Klein, H. (2002), Multi-Channel-Retailing. Verhaltenswissenschaftliche Analyse der Wirkung von Mehrkanalsystemen im Handel, Wiesbaden 2002.

Seeba, H.-G. (1995), Lean Dealership: Ein integrierter Bestandteil der Wertschöpfungskette für Automobile, in: Hünerberg, R./Heise, G./Hoffmeister, M. (Hrsg.), Internationales Automobilmarketing: Wettbewerbsvorteile durch marktorientierte Unternehmensführung, Wiesbaden 1995, S. 519-544.

Taylor Nelson Sofres Automotive (Hrsg.) (2000), Attitudes towards the European Distribution System, o. O. 2000.

TNS Emnid Automotive (Hrsg.) (2001), Autokauf im Wandel: Deutsche Onliner gehen informiert zum Autohändler, Pressemitteilung, Bielefeld, 2.7.2001.

Tomczak, T. (2001), Mehrkanalsysteme aus Sicht der Wissenschaft, in: Wissenschaftliche Gesellschaft für Marketing und Unternehmensführung e.V., 2001 (Hrsg.), Vertriebsmanagement im Wandel - Strategien im Spannungsfeld zwischen klassischem

Vertrieb und E-Commerce, Dokumentation des 40. Münsteraner Führungsgespräches, Dokumentationspapier Nr. 146, Münster 2001, S. 14-24.

ZIELKE, S./PREIßNER, M./WIERICH, R. (2002), Neue Betriebsformen im Automobilhandel, in: Handel im Fokus, Mitteilungen des Instituts für Handelsmanagement der Universität zu Köln, Heft II, 2002, S. 128-143.

Manfred Bruhn und Dominik Georgi

Kundenwertmanagement im Dienstleistungsbereich - Ergebnisse einer explorativen Studie

1. Bedeutung des Kundenwertmanagements in der Unternehmenspraxis

Im letzten Jahrzehnt haben verschiedene unternehmensinterne und -externe Entwicklungen zu einer hohen Relevanz des Kundenwertmanagements geführt. Unter Kundenwertmanagement (CVM) bzw. Customer Value Management wird die Analyse, Planung, Steuerung und Kontrolle sämtlicher Aktivitäten verstanden, die mit dem Ziel einer Steigerung des Kundenwertes eingesetzt werden. Kundenwert ist in diesem Zusammenhang definiert als der Wert, der von den Kundenbeziehungen eines Unternehmens generiert wird.[1] Der Hintergrund ist darin zu sehen, dass in gesättigten Märkten die (noch) bestehenden Kunden eine knappe Ressource sind. Sowohl in stagnierenden als besonders auch in schrumpfenden Märkten ist es sehr schwierig, neue Kunden zu akquirieren. Das ist auch der Grund dafür, dass das Thema der Kundenbindung und des Relationship Marketing immer stärker in das Zentrum der strategischen Ausrichtung des Marketing gelangt.[2] Der Fokus von Marketinganalysen und -maßnahmenprogrammen hat sich hin zur Kundenbindungsphase des Kundenbeziehungslebenszyklus verschoben. Im Hinblick auf die aktuellen Kunden haben die Unternehmen jedoch auch realisiert, dass sie relativ wenig Wissen über die Kunden, ihre Profitabilität und ihren Wert für das Unternehmen haben. In der Folge ist der „Kundenwert" ein in der Marketingliteratur sehr intensiv diskutiertes Thema.

Der Großteil der entsprechenden Literatur ist analytischer und teilweise operativer Art, vor allem werden zahlreiche unterschiedliche Modelle zur Bestimmung des Customer Lifetime Value (CLV) diskutiert.[3] Jedoch ist die Praktikabilität dieser Modelle bezüglich der Messbarkeit der Kundenwertelemente sowie die systematische Nutzung der Ergebnisse durch das Kundenwertmanagement nur in Ansätzen aufgezeigt. Diese Feststellung geht einher mit Kommentaren aus der Unternehmenspraxis in der Hinsicht, dass die Modelle und Ansätze aus der Marketingwissenschaft an den Bedürfnissen der Unternehmen vorbei entwickelt werden – obgleich Messung und Management des Kundenwertes durchaus als wichtige Themen angesehen werden. Ein Grund hierfür ist darin zu sehen, dass kaum Arbeiten existieren, die ein strategisches und implementierungsorientiertes Konzept des Kundenwertmanagements präsentieren.[4]

---

1 Vgl. Blattberg/Deighton (1996); Dwyer (1997); Hoekstra/Huizingh (1999).

2 Vgl. Reichheld/Sasser (1990); Blattberg/Deighton (1996).

3 Vgl. Bruhn et al. (2000); Rudolf-Sipötz (2001); Günther/Helm (2003).

4 Vgl. Rust/Lemon/Zeithaml (2000); Blattberg/Getz/Thomas (2001); Payne/Holt/Frow (2001).

Vor diesem Hintergrund ist es das Ziel dieses Beitrags, den Stand des Kundenwertmanagements aus einer praxis- und implementierungsorientierten Perspektive zu beleuchten. Hierzu wird im zweiten Abschnitt zunächst eine theoretische Fundierung des Kundenwertmanagements vorgenommen. Nach einer Literaturanalyse wird auf Basis des klassischen Managementprozesses ein Bezugsrahmen des Kundenwertmanagements entworfen, der als Grundlage für eine qualitative Unternehmensstudie mit ausgewählten Unternehmen dient. Das Design und die Ergebnisse dieser Studie sind Gegenstand des dritten Abschnitts. Es werden mögliche Ausgestaltungsformen, Entwicklungsphasen, Probleme und Implementierungsfaktoren des Kundenwertmanagements vorgestellt. Der Beitrag schließt mir Schlussfolgerungen aus der qualitativen Studie für Forschung und Praxis.

2. Theoretische Fundierung des Kundenwertmanagements

2.1 Stand der Literatur zum Kundenwertmanagement

In der Marketingliteratur werden die folgenden Facetten des Kundenwertmanagements behandelt: Kundenwertmodelle, Kundenwertkomponenten und -determinanten, Methoden zur Messung des Customer Lifetime Value, Kundenwertsegmentierung, Nutzung des Kundenwertes zur Steuerung von Kundenbeziehungen sowie kundenwertbezogene Managementkonzepte.

Intensive Forschungen wurden bereits im Bereich der *Kundenwertmodelle* betrieben. In diesem Bereich werden die Definition des Kundenwertes, seine Komponenten (Profitabilität, Lebensdauer usw.) sowie Formeln zur Berechnung des Kundenwertes diskutiert. Einen guten Überblick über entsprechende Modelle gibt Sargeant[5], der vier Ansätze zur Messung des Kundenwertes anhand von zwei Dimensionen unterscheidet: Zeitperspektive (historisch versus zukunftsorientiert) und Analyseeinheit (Individuum versus Segment).

Eine *Unterscheidung von Kundenwertmodellen in Abhängigkeit vom betrachteten Markt* hat Dwyer[6] eingeführt. Basierend auf der Differenzierung von Lost-for-good-Märkten (z. B. Banken, Telekommunikation) und Always-a-share-Märkten[7] (z. B. Kinos, Post) präsentiert er ein Retention-Modell für Lost-for-good-Märkte sowie ein Migrationsmo-

5 Vgl. Sargeant (2001).

6 Vgl. Dwyer (1997).

7 Vgl. Jackson (1985).

dell für Always-a-share-Märkte. Diese Unterscheidung hatte starke Auswirkungen auf die nachfolgenden Forschungen. Berger/Nasr[8] stellen mathematische Modelle für unterschiedliche Typen von Retention- und Migrationsmodellen vor. Pfeifer/Carraway[9] entwickeln einen Ansatz der Kundenbewertung, der Retention- und Migrationsmodelle – basierend auf Markovketten – kombiniert. Calciu/Salerno[10] entwickeln verschiedene Anwendungen der Retention-, Migrations- und kombinierten Modelle.

Eine andere Forschungsrichtung fokussiert auf die *Kundengruppen*, die bei der Kundenbewertung Berücksichtigung finden. Die angesprochenen Retention- und Migrationsmodelle haben ihren Ursprung im Relationship Marketing und konzentrieren sich daher auf die aktuellen Kunden eines Unternehmens, d. h. auf die Kundenbindungsphase im Kundenbeziehungslebenszyklus. Eine andere Kundengruppe, für die eine (zukunftsorientierte) Kundenbewertung sinnvoll ist, ist die der potenziellen Kunden. Ein Modell zur Bewertung potenzieller Kunden wurde von Hansotia/Wang[11] entwickelt. Blattberg/ Deighton[12] sowie Blattberg/Getz/Thomas[13] entwickelten ein Customer-Equity-Modell, das sowohl potenzielle als auch aktuelle Kunden einbezieht.

Eine weitere Forschungsrichtung zu Kundenwertmodellen betrifft spezifische Komponenten oder Dimensionen des Kundenwertes. Eine grundlegende Einteilung unterscheidet vier Komponenten des Kundenwertes anhand der beiden Dimensionen Zeitperspektive (historisch versus zukunftsorientiert) und Wertkomponente (Profitabilität versus Loyalität). Die resultierenden vier Komponenten sind die aktuelle (bisherige) Profitabilität und die aktuelle (bisherige) Beziehungsdauer sowie die potenzielle Profitabilität und die verbleibende Beziehungsdauer bzw. Kundenbindungswahrscheinlichkeit. Eine andere Kategorisierung basiert auf dem sog. RFM-Modell und unterscheidet die Komponenten „recency", „frequency" und „monetary".[14] Diese drei Komponenten zeigen, wie lange die letzte Nutzung der Anbieterleistungen her ist, wie häufig der Kunde die Unternehmensleistungen gewöhnlich nutzt(e) sowie seine durchschnittlichen Ausgaben für Leistungen des Anbieters.

Um die Entstehung des Kundenwertes besser zu verstehen, untersuchen einige Autoren die Beziehungen zwischen Kundenwertkomponenten sowie den Einfluss von Kundenwertdeterminanten auf diese Komponenten bzw. den Kundenwert insgesamt. Reinartz/ Kumar[15] analysieren die Kundenwertkomponenten Profitabilität und Lebensdauer. In ei-

8 Vgl. Berger/Nasr (1998).

9 Vgl. Pfeifer/Carraway (2000).

10 Vgl. Calciu/Salerno (2002).

11 Vgl. Hansotia/Wang (1997).

12 Vgl. Blattberg/Deighton (1996).

13 Vgl. Blattberg/Getz/Thomas (2001).

14 Vgl. Marcus (1998).

15 Vgl. Reinartz/Kumar (2000).

ner weiteren Arbeit[16] erweitern sie ihre vorherige Studie und untersuchen die Einflussfaktoren der Lebensdauer. Sie identifizieren – für ein Versandhandelsunternehmen – verschiedene signifikante Einflussfaktoren, wie Einkaufswert, Cross-Buying, durchschnittliche Zeitdauer zwischen zwei Käufen sowie Rückgaben. Aus einer eher operativen Perspektive analysieren Dias/Pihlens/Ricci[17] den Einfluss von Marketingaktivitäten auf die Kundenprofitabilität. Nach ihren Ergebnissen variieren die Wirkungen der Marketinginstrumente in Abhängigkeit vom Instrumentetyp (z. B. Kommunikation versus Preis) sowie von der Kundengruppe. Bei bestimmten Segmenten kann der Kundenwert relativ einfach durch Marketinginstrumente gesteuert werden, bei anderen weniger.

Eine weitere in der Literatur untersuchte Richtung ist die *Messung des Kundenwertes*. Bei der Kundenwertmessung entstehen Probleme in zwei Bereichen. Erstens muss zur Bestimmung der positiven, umsatzbezogenen Kundenwertkomponente das Kundenverhalten analysiert und geschätzt werden. Eine Schwierigkeit liegt hierbei in der Zuordnung des Kundenverhaltens (z. B. anhand des Umsatzes gemessen) zum einzelnen Kunden. Dias/Pihlens/Ricci[18] diskutieren dieses Problem beim Vergleich eines Makro- und Mikroansatzes der Kundenbewertung. Auch bei der negativen Wertkomponente, den Kosten einer Kundenbeziehung, bestehen Zurechnungsprobleme. Beispielsweise ist es schwierig, die für einen Bankangestellten entstehenden Kosten auf alle Kunden zu verteilen. Ness et al.[19] wenden die Prozesskostenrechnung zur Bestimmung der Beziehungskosten an. Basierend auf ihrer Analyse identifizieren sie – unter Heranziehen des Kundenbeziehungslebenszyklus – Akquisitions-, Erstellungs-, Betreuungs- und Bindungskosten.

Ein wichtiger Nutzen der Kenntnis des Kundenwertes liegt in der Möglichkeit, eine *kundenwertbasierte Segmentierung* vorzunehmen. Ness et al.[20] stellen einen Segmentierungsansatz vor, dessen Segmente durch die Variation der Umsatz- und Kostenkomponente des Kundenwertes entstehen. Dadurch resultieren „Champions“ (hoher Umsatz, geringe Kosten), „Demanders“ (hoher Umsatz, hohe Kosten), „Acquaintances“ (geringer Umsatz, geringe Kosten) und „Losers“ (geringer Umsatz, hohe Kosten). Marcus[21] kombiniert finanzielle und verhaltensbezogene Kennzahlen durch die Anwendung der Dimensionen „recency“, „frequency“ und „monetary“. Brusco/Cradit/Tashian[22] kombinie-

16 Vgl. Reinartz/Kumar (2003).

17 Vgl. Dias/Pihlens/Ricci (2002).

18 Vgl. Dias/Pihlens/Ricci (2002).

19 Vgl. Ness et al. (2001).

20 Vgl. Ness et al. (2001).

21 Vgl. Marcus (1998).

22 Vgl. Brusco/Cradit/Tashian (2003).

ren verhaltensbezogene (Kundenbindung) und psychologische Segmentierungskriterien (Kundenzufriedenheit). Hansotia/Wang[23] segmentieren potenzielle Kunden auf Basis des Kundenwertes.

Kundenwertanalysen und -segmentierungen sind nur dann effektiv, wenn sie zur *Steuerung der Kundenbeziehungen* genutzt werden, d. h. zur Entwicklung von kundenbezogenen Strategien und Maßnahmen. In diesem Zusammenhang entwickeln Blattberg/Deighton[24] und Blattberg/Getz/Thomas[25] ein Modell zur Budgetallokation zwischen Kundenakquisition und Kundenbindung. Ness et al.[26] zählen verschiedene Möglichkeiten auf, wie der Kundenwert zur Festlegung von Marketingmaßnahmen genutzt werden kann. Sargeant[27] identifiziert vier Elemente, für die der Kundenwert genutzt werden kann: Bestimmung der Akquisitionswürdigkeit, Zielgruppenspezifizierung bei Akquisitionsmaßnahmen, Festlegung von Selektionskriterien im Rahmen des Kundenmanagements und Bestimmung der Investitionswürdigkeit abgewanderter Kunden.

Bezüglich eines *Konzepts des Kundenwertmanagements* stellen Rust/Lemon/Zeithaml[28] ein Customer-Equity-Konzept vor. Weiterhin konzipieren Payne/Holt/Frow[29] ein Relationship Value Management. Basierend auf dem Beziehungslebenszyklus und der Erfolgskette stellen sie ein Konzept zur Steuerung des Kundenwertes auf einem hohen Abstraktionsniveau vor. Der Hauptfokus liegt auf den Verknüpfungen zwischen Kundenwert, Mitarbeiterwert und Unternehmenswert.

Dieser Literaturüberblick zeigt, dass es an Konzepten zur Strukturierung und Organisation von Kundenwertmaßnahmen fehlt. Vor dem Hintergrund des klassischen Planungsprozesses mit den Phasen Analyse, Planung, Implementierung und Kontrolle besteht ein starker Fokus auf der Analyse. Die Planung, Implementierung und (strategische) Kontrolle werden vernachlässigt. Ein umfassender Bezugsrahmen des Kundenwertmanagements sollte jedoch nicht nur einen Schwerpunkt auf der Analyse haben, sondern auf dem gesamten Managementprozess beruhen.

2.2 Bezugsrahmen des Kundenwertmanagements

Auf Basis des traditionellen Managementansatzes und der Literaturanalyse kann ein idealtypischer Prozess des Kundenwertmanagements definiert werden, der für jede Branche

23 Vgl. Hansotia/Wang (1997).

24 Vgl. Blattberg/Deighton (1996).

25 Vgl. Blattberg/Getz/Thomas (2001).

26 Vgl. Ness et al. (2001).

27 Vgl. Sargeant (2001).

28 Vgl. Rust/Lemon/Zeithaml (2000).

29 Vgl. Payne/Holt/Frow (2001).

und jedes Unternehmen entsprechend angepasst werden muss. Dieser Prozess umfasst fünf *Phasen* (vgl. Abbildung 1):

- *Kundenwertanalyse*: In der Analysephase werden der Kundenwert selbst und weitere Aspekte untersucht, die mit diesem in Zusammenhang stehen. Die Kundenwertanalyse ist der Ausgangspunkt für die folgenden Phasen des Prozesses. In Bezug auf die Kundenwertanalyse wird der Customer Lifetime Value in der Literatur am meisten diskutiert.[30] Basierend auf diesen Analysen werden Ziele auf der Gesamtkundenebene festgelegt (z. B. Steigerung des Gesamtkundenwertes um X %).

- *Kundenwertsegmentierung*: Die Ergebnisse der Kundenwertanalysen werden zur Kundensegmentierung genutzt.[31] Im Unterschied zur klassischen Marktsegmentierung werden dabei Daten eingesetzt, die direkt bei den aktuellen Kunden erhoben werden (z. B. über Transaktionsdatenbanken oder Kundenbefragungen). Anders als im Rahmen der generellen Kundenwertanalyse werden hier segmentspezifische Zielsetzungen festgelegt (z. B. Ertragssteigerung in einem bestimmten Segment, Kostenreduzierung in einem anderen Segment).

- *Kundenwertstrategien*: Basierend auf der Kundensegmentierung oder direkt auf der Kundenanalyse werden kundenwertorientierte Strategien entwickelt mit dem Ziel, individuelle, segmentbezogene Kundenwerte oder den Gesamtkundenwert zu verbessern.[32] Beispielsweise werden für unterschiedliche Segmente Strategien im Sinne von Portfoliostrategien festgelegt.

- *Kundenwertmaßnahmen*: In Abhängigkeit von den gewählten Strategien entwickeln Unternehmen konkrete Maßnahmen, die den Kundenwert als Selektionskriterium verwenden und das Ziel haben, durch einen spezifischen Instrumenteeinsatz den Kundenwert zu erhöhen.[33]

- *Controlling des Kundenwertmanagements*: Schließlich wird sowohl das Kundenportfolio selbst als auch die Strategien und Maßnahmen dahingehend kontrolliert, ob die gesetzten Ziele erreicht wurden.

Dieser Prozess – und vor allem die Reihenfolge der Phasen – ist schematisch und kann nicht als deterministischer Weg zur Durchführung und Umsetzung eines Kundenwertmanagements gesehen werden. In der Praxis bestehen unterschiedliche Herangehensweisen, und verschiedene unternehmensspezifische Faktoren bestimmen den Ansatz des Kundenwertmanagements, der für ein bestimmtes Unternehmen geeignet ist. Diese Faktoren können den Kategorien Unternehmensstruktur, -systeme und -kultur zugeordnet werden.

---

30 Vgl. Bruhn et al. (2000); Sargeant (2001); Berger et al. (2002); Calciu/Salerno (2002).

31 Vgl. Brusco/Cradit/Tashchian (2003).

32 Vgl. Payne/Holt/Frow (2001).

33 Vgl. Sargeant (2001).

Dieses Modell des Kundenwertmanagements ist der Bezugsrahmen für eine qualitative Studie, die eine Spezifizierung der Überlegungen zum Kundenwertmanagement zum Ziel hat.

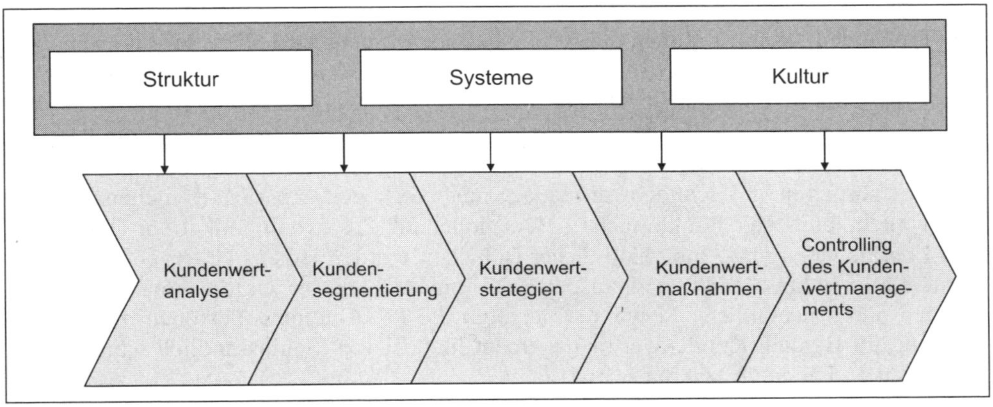

Abbildung 1: Bezugsrahmen des Kundenwertmanagements

3. Qualitative Studie zum Kundenwertmanagement in Dienstleistungsunternehmen

3.1 Design der Studie

Da es sich beim Kundenwertmanagement um einen relativ jungen Forschungsbereich handelt, eignen sich *qualitative Methoden* zur Generierung eines besseren Verständnisses des Phänomens. Die diesem Beitrag zugrunde liegende Studie basiert auf Tiefeninterviews mit Managern von Dienstleistungsunternehmen, die im Bereich Kundenwertmanagement tätig sind. Die Interviews wurden im September und Oktober 2003 durchgeführt und lehnten sich an einem Leitfaden an, der auf Grundlage des beschriebenen Bezugsrahmens entwickelt wurde. Die Interviewdauer betrug 45 bis 90 Minuten – abhängig von den Erfahrungen der Befragten in Sachen Kundenwertmanagement. Gemäß dem Zweck der Untersuchung wurden im Rahmen der Interviews explorative Fragen gestellt, d. h., die Probanden wurden durch die Fragestellung nicht in eine bestimmte Richtung gelenkt. In den meisten Interviews haben die Befragten zusätzliche Informationen in Form von unternehmensinternen Dokumenten zur Verfügung gestellt, die ebenfalls zur Analyse des Entwicklungsstands des Kundenwertmanagements in dem jeweiligen Unternehmen herangezogen wurden. Sämtliche Interviews wurden durch die selben zwei Personen durchgeführt, die sich zudem strikt an den Interviewleitfaden hielten, sodass die Interviews trotz der explorativen Fragestellungen so standardisiert wie möglich waren.

Die Probanden, die im Rahmen der Studie befragt wurden, sind Dienstleistungsmanager von deutschen und schweizerischen Unternehmen aus sechs Branchen. Es wurden Branchen ausgewählt, in denen erfahrungsgemäß (z. B. aus Unternehmenskontakten oder Presseinformationen) und/oder aus offensichtlichen Gründen (z. B. gesättigte Märkte) zum einen Kundenwertmanagement als wichtig erachtet wird und zum anderen bereits erste Erfahrungen mit Kundenwertmanagement vorliegen. Zu den Branchen gehören Flugverkehrsbranche, Bankbranche, Versandhandel, Telekommunikation, Tourismus und Energieversorgung. Innerhalb dieser Branchen wurden jeweils Unternehmen mit einem relativ hohen Marktanteil ausgewählt. Innerhalb dieser Unternehmen wiederum wurden durch persönliche Kontakte oder über die PR-Abteilung Personen mit Verantwortung im Bereich Kundenwertmanagement identifiziert. Schlussendlich wurden Vertreter von 15 Unternehmen interviewt.

Die Interviews wurden genutzt zur Identifizierung möglicher Ausgestaltungsformen, Entwicklungsphasen, Probleme sowie Implementierungsfaktoren des Kundenwertmanagements.

3.2 Ausgestaltungsformen des Kundenwertmanagements

Im Hinblick auf die Ausgestaltung des Kundenwertmanagements existieren in den verschiedenen Phasen des CVM-Managementprozesses unterschiedliche Ansätze, d. h. unterschiedliche Analyse- und Segmentierungsansätze, Vorgehensweisen bei der Ableitung von Kundenwertstrategien, Typen der eingesetzten Maßnahmen sowie Vorgehensweisen bei der Kontrolle des Kundenwertmanagements.

Im Rahmen der *Kundenwertanalyse* können drei Dimensionen des Kundenwertes unterschieden werden, die Kundenprofitabilität („past value"), die Lebensdauer/Loyalität („future value") und das Potenzial einer Kundenbeziehung („potential value"). Vor dem Hintergrund dieser Einteilung ist die Analyse der *Kundenprofitabilität* bei den untersuchten Unternehmen eindeutig dominant, allerdings vor allem, was eine Analyse des Kundenumsatzes anbelangt. Nur wenige Unternehmen untersuchen die Produktkosten, während die Betreuungskosten gar nicht betrachtet werden. Als Gründe hierfür wurden zum einen Datenprobleme genannt, d. h., dass die entsprechenden Prozesskosten nicht bekannt sind. Daneben sind einige Unternehmen nicht von der Zweckmäßigkeit einer Erfassung der entsprechenden Kosten überzeugt. So wurde angegeben, dass die Kundenkosten nur einen geringen Anteil an den Gesamtkosten ausmachen, nur eine Betrachtung derjenigen Kosten sinnvoll ist, die vom Kunden beeinflusst werden sowie eine hohe

Kundenzahl relevant für die Fixkostendegression ist. Eine Betrachtung der *Lebensdauer/Loyalität* wird in sehr unterschiedlicher Hinsicht vorgenommen. Teilweise wird die Beziehungsphase als Indikator der Kundenbedürfnisse herangezogen. In anderen Fällen erfolgt eine statistische Prognose der Lebensdauer. Einige Unternehmen ermitteln auf Segmentebene durchschnittliche Lebensdauern. Das *Kundenpotenzial* schließlich wird von einem Teil der Unternehmen analysiert, jedoch ausschliesslich das Cross-Selling-Potenzial, während andere Potenzialarten, wie das Referenz- oder das Innovationspotenzial, vernachlässigt werden. Bei der Ermittlung des Cross-Selling-Potenzials sind sehr unterschiedliche Ansätze zu beobachten. Ein eher pragmatischer Ansatz ermittelt das Kundenpotenzial gemäß des Share-of-Wallet-Ansatzes. In diesem Fall werden sämtliche Umsätze mit der Konkurrenz als Potenzial der entsprechenden Kundenbeziehung interpretiert. Voraussetzung für eine Anwendung dieses Ansatzes ist die Möglichkeit, den Umsatz des Kunden mit anderen Anbietern zu erfassen. Daneben existiert der Ansatz, ein Potenzialmodell auf Basis von Vergangenheitsdaten zu ermitteln, indem die Hauptfaktoren des zukünftigen Potenzials eines Kunden identifiziert werden (z. B. mit Regressionsanalysen). Diese Faktoren werden genutzt, um das zukünftige Potenzial bestehender Kundenbeziehungen abzuschätzen.

Die Ergebnisse der Kundenwertanalyse werden von vielen Unternehmen zur *kundenwertbasierten Segmentierung* genutzt, indem der Kundenwert zur Einteilung der Kundenbasis in einzelne Kundensegmente herangezogen wird. Dabei können die in den untersuchten Unternehmen eingesetzten Segmentierungsansätze nach zwei Dimensionen differenziert werden:

- Nach dem Differenzierungsgrad der Segmentierung kann unterschieden werden, ob eine einzelkundenorientierte Segmentierung („Segment of one“) oder eine kundengruppenorientierte Segmentierung (klassische Segmentierung) vorgenommen wird.
- Nach der Dimensionalität der Segmentierung werden eine eindimensionale und eine mehrdimensionale Segmentierung unterschieden. Die eindimensionale Segmentierung zieht zumeist nur eine einzelne Komponente des Kundenwertes (z. B. Umsatz) heran. Dagegen fließen bei der mehrdimensionalen Segmentierung mehrere Kundenwertkomponenten (z. B. Umsatz, Loyalität) und/oder darüber hinaus weitere kundenwertrelevante Kriterien (wie z. B. Kundenbedürfnisse) mit ein.

Die am weitesten verbreitete Segmentierungsmethode ist in der kundengruppenorientierten, eindimensionalen Segmentierung zu sehen, während die einzelkundenorientierte, mehrdimensionale Segmentierung von den befragten Unternehmen so gut wie nicht angewendet wird.

Bezüglich der Nutzung der Analyse- und Segmentierungsergebnisse für die Ableitung von *Kundenwertstrategien* können zwei grundsätzlich unterschiedliche Ansätze beobachtet werden. Ein minimaler Teil an Unternehmen hat seine Geschäftsplanung am Kundenwert ausgerichtet, indem auf Basis des Kundenwertes, z. B. für einzelne Kundenwertsegmente, spezifische Zielvorgaben und strategische Stoßrichtungen festgelegt werden. Häufiger nehmen Unternehmen eine Ressourcenallokation auf Basis des Kundenwertes vor. Wenn beispielsweise durch einen anderen Bereich die Budgets festgelegt wurden, erfolgt auf einer untergeordneten Ebene die Verteilung eines Budgets auf die Kundenwertsegmente. Eine strategische Ausrichtung des Kundenwertmanagements ist bei den untersuchten Unternehmen nicht weit verbreitet.

Ausgeprägter ist die Festlegung *kundenwertbasierter operativer Marketingmaßnahmen* durch die analysierten Unternehmen. Bei einer Differenzierung der Maßnahmen nach dem *Kundenbeziehungslebenszyklus* ist festzustellen, dass die auf Basis des Kundenwertes abgeleiteten Maßnahmen fast ausschließlich die Kundenbindungsphase betreffen. Auf die Neukundenakquisition und Kundenrückgewinnung ist das Kundenwertmanagement nicht fokussiert, obwohl in der Literatur entsprechende Einsatzmöglichkeiten aufgezeigt werden. Eine Differenzierung der kundenwertbasierten Maßnahmen nach dem *Marketingmix* bringt zum Vorschein, dass ein Schwerpunkt der Kundenwertmaßnahmen in der Kommunikationspolitik liegt. Beispielsweise wird der Kundenwert eingesetzt beim Routing im Call Center, der Differenzierung von Cross-Selling-Maßnahmen, der Differenzierung der Beschwerdereaktion sowie der Steuerung von Kontaktmaßnahmen. Im Rahmen der Leistungspolitik erfolgt teilweise eine Entwicklung von Leistungsbündeln in Abhängigkeit von der Beziehungsphase als Kundenwertkomponente sowie eine Kundenbevorzugung auf Basis des Kundenwertes. Bei der Preispolitik sind Rabattsysteme in Abhängigkeit des Kundenwertes sowie ein nach dem Kundenwert differenziertes Mahnwesen anzutreffen. Im Rahmen der Distributionspolitik wird der Kundenwert zur Differenzierung der Vertriebskanäle sowie zur Differenzierung der Qualifikation der Vertriebsmitarbeiter genutzt.

Schließlich ist die *Kontrolle des Kundenwertmanagements* in den untersuchten Unternehmen insgesamt schwach ausgeprägt. Insbesondere eine strategische Kontrolle, bei der beispielsweise Kundenwertsegmente regelmäßig kontrolliert werden, ist kaum anzutreffen. Dies ist die logische Konsequenz aus der mangelnden strategischen Ausrichtung des Kundenwertmanagements. In operativer Hinsicht werden einzelne Marketingmaßnahmen teilweise nach Kundenwertkalkülen beurteilt sowie Maßnahmen bewusst zur Generierung von Informationen über einen Kunden eingesetzt und kontrolliert.

3.3 Entwicklungsphasen des Kundenwertmanagements

Eine Betrachtung des Einsatzes des Kundenwertmanagements in den untersuchten Unternehmen, vor allem auch in dynamischer Hinsicht, macht deutlich, dass unterschiedliche Kriterien existieren, nach denen die Ausprägung des Kundenwertmanagements in einem Unternehmen bewertet werden kann. Es lassen sich die folgenden drei *Dimensionen der „CVM Excellence“* kennzeichnen:

- Reifegrad des Kundenwertmanagements,

- Planungsgrad des Kundenwertmanagements,
- Umsetzungsgrad des Kundenwertmanagements.

Anhand des *Reifegrades* des Kundenwertmanagements wird die Ausgestaltung der einzelnen Phasen des Planungsprozesses beurteilt. In sämtlichen Phasen lässt sich dabei ein breites Spektrum von eher pragmatischen bis hin zu eher ausgereiften Ansätzen des Kundenwertmanagements beobachten. Im Rahmen der Kundenwertanalyse ist beispielsweise der erwähnte Ansatz der Potenzialbestimmung über die Share of wallet eher als pragmatisch zu bezeichnen, während eine analytische Potenzialschätzung anhand unterschiedlicher Einzelmerkmale ausgereifter ist. Bei der Kundensegmentierung ist die weit verbreitete ABC-Analyse, die sämtliche Kunden beispielsweise anhand des Umsatzes in eine Rangfolge bringt, ein pragmatischer Ansatz, während eine Kundensegmentierung auf Basis statistischer Verfahren (z. B. Clusteranalyse) unter Heranziehen diverser Segmentierungskriterien (z. B. Profitabilität, Loyalität, Kundenbedürfnisse) als ausgereift angesehen werden kann.

Bezüglich der strategischen Ausrichtung des Kundenwertmanagements ist eine vollständige Geschäftsplanung und Zielfestlegung nach dem Kundenwert bzw. Kundenwertsegmenten ein ausgereifter Ansatz, während eine Verteilung vorgegebener Budgets auf einer untergeordneten Ebene eher pragmatisch ist. In ähnlicher Weise konnte beim Einsatz von Marketingmaßnahmen der pragmatische Ansatz beobachtet werden, dass Unternehmen bereits definierte Marketingmaßnahmen anhand des Kundenwertes differenzieren (z. B. die Selektion von Kunden für eine Direktmarketingmaßnahme anhand des Kundenwertes). Ein ausgereifter Einsatz kundenwertorientierter Marketingmaßnahmen ist beispielsweise in der Entwicklung spezifischer Leistungs- und Kommunikationsangebote für Kundenwertsegmente zu sehen. Eine pragmatische Kontrolle wird beispielsweise häufig dahingehend vorgenommen, dass einzelne Kundenwertkomponenten bei der Maßnahmenkontrolle, z. B. im Rahmen des Kampagnenmanagements, „mitkontrolliert" werden. Ein befragtes Unternehmen setzt ein ausgereiftes Instrument zur Kontrolle des Kundenwertmanagements ein, das speziell auf Basis der vorgenommenen Kundenwertdefinition und zur Kontrolle festgelegter Kundenwertstrategien und -maßnahmen sowie von kundenwertbezogenen Segmentwanderungen entwickelt wurde.

Der *Planungsgrad des Kundenwertmanagements* orientiert sich an dem beschriebenen Planungsprozess. Er gibt an, in welchen Phasen dieses Planungsprozesses ein Unternehmen Aktivitäten verfolgt. Einige der untersuchten Unternehmen führen derzeit beispielsweise nur Kundenwertanalysen durch und testen erste Ansätze einer Kundenwertsegmentierung. Andere Unternehmen fokussieren sich vor allem auf den Einsatz operativer Marketingmaßnahmen, z. B. mithilfe einer Kampagnenmanagementsoftware, und berücksichtigen dabei lediglich einzelne Kundenwertkomponenten (z. B. der durchschnittliche Kundenumsatz), ohne jedoch eine ausgeprägte Kundenwertdefinition festgelegt zu haben und entsprechende Kundenwertanalysen durchzuführen. Nur sehr wenige der betrachteten Unternehmen haben den Planungsprozess vollständig umgesetzt, inklusive der Ableitung von Kundenwertstrategien und des Einsatzes eines Instruments zur strategischen Kontrolle des Kundenwertmanagements.

Der *Umsetzungsgrad des Kundenwertmanagements* beschreibt, wie weit die Implementierung des Kundenwertmanagements vorangeschritten ist. Wenn Unternehmen sich überhaupt systematisch mit Kundenwertmanagement beschäftigen, wird ein geringer Umsetzungsgrad dadurch repräsentiert, dass Unternehmen sich noch mit der Entwicklung eines Konzepts für das Kundenwertmanagement auseinandersetzen. Bei der Konzeption geht es in den einzelnen Phasen des Planungsprozesses darum, die Durchführung der Aktivitäten in diesen Phasen vorzudenken, d. h., es geht beispielsweise um die Festlegung der zugrunde liegenden Kundenwertdefinition, die Entscheidung über die Art der kundenwertorientierten Kundensegmentierung und um die Festlegung von Marketingmaßnahmen, die anhand des Kundenwertes differenziert werden sollen. Das andere Extremum des Umsetzungsgrades ist demnach darin zu sehen, wenn das Kundenwertmanagement vollständig umgesetzt ist. Dies bedeutet nicht nur, dass die einzelnen Aktivitäten durch eine Abteilung „Kundenwertmanagement" o. Ä. durchgeführt werden, sondern dass der Kundenwert durch sämtliche Mitarbeiter des Unternehmens gelebt werden. Dieses „Leben" nach dem Kundenwert betrifft nicht nur die intern orientierten Mitarbeiter, z. B. Controllingmitarbeiter, die den Kundenwert als strategisch relevante Kennziffer akzeptieren und das Kundenwertmanagement entsprechend unterstützen. Auch extern orientierte Mitarbeiter, wie z. B. Kundenkontaktmitarbeiter, können nach dem Kundenwert „leben". Ein Negativbeispiel ist der Vertriebsmitarbeiter eines Mobilfunkanbieters, der einem Kunden mitteilt „Sie müssen den höheren Preis zahlen, weil Sie ein C-Kunde sind."

Anhand der drei Dimensionen des Entwicklungsstandes des Kundenwertmanagements kann dessen Entwicklung in Unternehmen skizziert werden. In Abhängigkeit von den Rahmenbedingungen im Unternehmen lassen sich ganz unterschiedliche Entwicklungswege hin zu einem umfassenden Kundenwertmanagement identifizieren. In manchen Unternehmen wird zunächst ein vollständiges Konzept des Kundenwertmanagements entwickelt, das dann systematisch umgesetzt wird. In anderen Unternehmen werden einzelne Bausteine (z. B. Einzelmaßnahmen) sofort umgesetzt, während die strategische Anbindung Jahre auf sich warten lässt. Unternehmensübergreifend können jedoch vier *idealtypische Entwicklungsphasen des Kundenwertmanagements* differenziert werden (vgl. Abbildung 2):

1. Die Phase der *Initiierung des Kundenwertmanagements* geht meistens entweder von der Marketingleitung oder der Unternehmensführung aus. Je nach Unternehmen, wird in dieser Phase ein mehr oder weniger umfangreiches und systematisches Konzept des Kundenwertmanagements entwickelt.
2. In der *Trial-and-Error-Phase des Kundenwertmanagements* werden erste Bausteine des Kundenwertmanagements umgesetzt. Auf jeden Fall werden mehr oder weniger umfassende Kundenwertanalysen durchgeführt und in einigen Fällen zudem eine

Kundenwertsegmentierung. Unternehmen mit einer relativ systematischen Umsetzung fahren an dieser Stelle einzelne Business Cases zur Überprüfung des zugrunde liegenden Kundenwertmodells. Bei eher pragmatischen Herangehensweisen werden ohne ein strategisches Konzept kundengerichtete Einzelmaßnahmen (z. B. Direct Mailings) durchgeführt.

3. In der Phase der *Optimierung des Kundenwertmanagements* werden auf Basis der Erfahrung in der Trial-and-Error-Phase Anpassungen an der Vorgehensweise vorgenommen. Ein typisches Beispiel besteht darin, dass die zugrunde liegende Kundenwertdefinition verfeinert wird, weil in der Zwischenzeit die Datenlage verbessert wurde (z. B. Integration von Kosteninformationen).
4. Schließlich ist das Konzept des Kundenwertmanagements in der *Phase der Kundenwertmanagement-Excellence* weitgehend umgesetzt. Da es sich beim Kundenwertmanagement um einen dynamischen Prozess handelt, werden kontinuierlich Anpassungen vorgenommen, aber im Unternehmen sind fundierte Ansätze der Analyse, Segmentierung, Strategie- und Maßnahmenfestlegung sowie Kontrolle des Kundenwertmanagements umgesetzt.

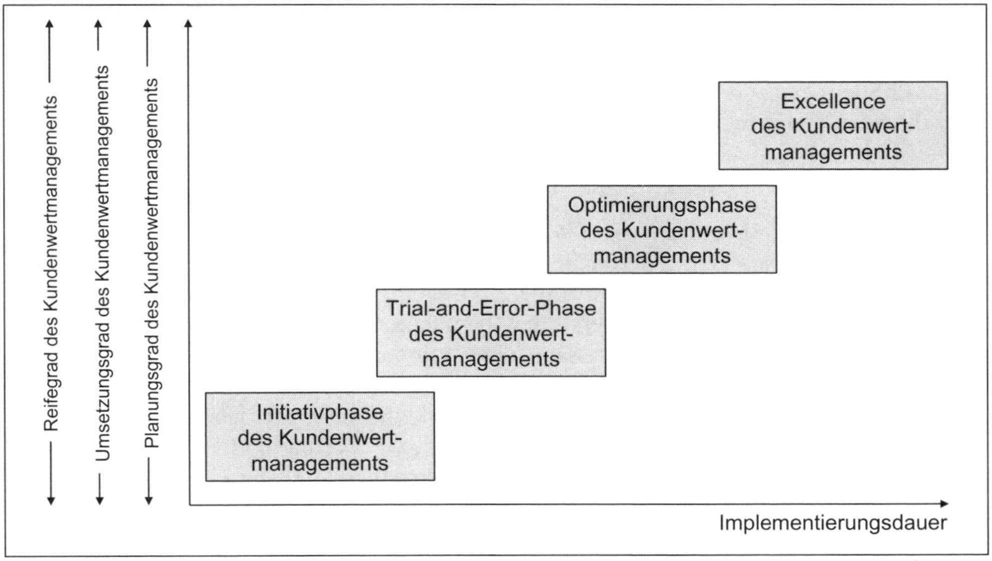

Abbildung 2: Entwicklungsphasen des Kundenwertmanagements

3.4 Probleme beim Einsatz des Kundenwertmanagements

In den verschiedenen Phasen des Prozesses des Kundenwertmanagements nehmen die befragten Unternehmen Probleme wahr, die der Umsetzung eines idealtypischen oder auch nur geplanten Kundenwertmanagements im Wege stehen.

Für die *Analysephase* wird an erster Stelle die Komplexität der Ansätze der Kundenwertanalyse genannt. Aus Sicht der Unternehmen setzen die in der Literatur vorgestellten Modelle häufig Daten voraus, die in den Unternehmen nicht vorliegen und nicht bzw. nur mit erheblichem Aufwand erhoben werden können. Insbesondere bei der zukunftsorientierten Kundenwertbestimmung werden Probleme gesehen. Weiterhin bestehen Akzeptanzprobleme im Hinblick auf die verwendeten Methoden. Oft sind die Methoden und demzufolge auch die Ergebnisse für andere Abteilungen als die Datamining-Abteilung o. ä. kaum nachvollziehbar. Da beim Kundenwertmanagement eine Vielzahl von Abteilungen involviert ist, kann dessen konsequente Umsetzung nur dann gelingen, wenn die eingesetzten Methoden von den übrigen Abteilungen nachvollzogen und akzeptiert werden. Weiterhin wird eine Schnittstellenproblematik vor allem bezogen auf die Schnittstellen Marketing – Marktforschung – Controlling gesehen (z. B. Kompetenz für Profitabilitätsbestimmung bei Controlling bei gleichzeitig geringem Interesse des Controlling an einer Kundenwertbestimmung). Bezogen auf die Kostenermittlung besteht vor allem eine Zurechnungsproblematik bei Maßnahmen, deren Nutzung durch den Einzelkunden kaum messbar ist. Schließlich wäre für eine umfassende Kundenwertanalyse eine Integration von Verhaltens- und Befragungsdaten erforderlich, die in vielen Fällen auf der Einzelkundenebene kaum möglich ist.

Im Rahmen der *Kundenwertsegmentierung* werden zunächst theoretisch vorgeschlagene Segmentbildungen als nicht praktikabel angesehen. Weiterhin existieren in den meisten Unternehmen Segmentierungen, die beibehalten werden sollen. Eine Integration der bestehenden und der kundenwertorientierten Segmentierung führt dann häufig zu einer Verwässerung der eigentlichen Aussage einer kundenwertorientierten Segmentierung. Wie auch bei der Kundenanalyse bestehen häufig Akzeptanzprobleme einer kundenwertorientierten Segmentierung auf den unterschiedlichen Unternehmensebenen. Eine weitere Problematik wird in dem Dilemma zwischen Fixierung und Dynamisierung der Segmentzugehörigkeit gesehen. Auf der einen Seite sollen Segmente dynamisch anpassbar sein, d. h. Segmentwanderungen von Kunden möglich sein. Auf der anderen Seite können kurzfristige Verhaltensänderungen von Kunden nicht sofort zu einer veränderten Segmentzuordnung führen. Wenn beispielsweise auf Basis der Segmentierung unterschiedliche Betreuungsmodelle festgelegt werden (z. B. persönliche Betreuung versus Call Center), würde eine kurzfristige Anpassung der Segmentzugehörigkeit zu einer ständig wechselnden Betreuung bestimmter Kunden führen.

Während die Kundenwertanalyse und -segmentierung häufig relativ weit fortgeschritten ist, da sie in der Marketingabteilung alleine durchgeführt werden können, ist die Ableitung von *Kundenwertstrategien* in den untersuchten Unternehmen kaum anzutreffen. Ein wesentlicher Grund hierfür wird in der mangelnden strategischen Verankerung des Themas in den Unternehmen gesehen. Meist wird das Kundenwertmanagement ausschließlich von den Marketingabteilungen getragen. In Abhängigkeit von der jeweiligen gesamtwirtschaftlichen und branchenspezifischen wirtschaftlichen Situation sieht sich in vielen Unternehmen die Geschäftsführung dringlicheren Problemen gegenüber, wie z. B. einem allgemeinen Kostensenkungsdruck, der zu einer kurzfristigeren Orientierung der Unternehmensaktivitäten führt. Darüber hinaus fehlt in zahlreichen der untersuchten Unternehmen die aufgrund des dynamischen Charakters des Kundenwertmanagements (z. B. Segmentwanderungen) notwendige Flexibilität in der Zielplanung und Strategiefestlegung. Die bestehenden Strategieansätze (z. B. produktorientierte Strategien) sind nicht geeignet, auf Veränderungen des Kundenverhaltens zu reagieren.

Obwohl in vielen Unternehmen bereits Einzelmaßnahmen auf Basis des Kundenwertes entwickelt werden, werden auch im Bereich der *operativen Maßnahmen* wesentliche Probleme gesehen. Zunächst werden fehlende Systeme zur Steuerung der Maßnahmen genannt. Darüber hinaus werden teilweise Vorbehalte des Vertriebs gesehen, die eine Umsetzung kundengerichteter Maßnahmen wesentlich erschwert. In vielen Unternehmen sind die Anreizsysteme nicht auf den Kundenwert ausgerichtet, sondern beispielsweise häufig auf den Gesamtumsatz. Dies führt zu grundsätzlich anderen Verhaltensrichtungen als eine Wert- und Einzelkundenorientierung. Ein weiteres Problem ist konzeptioneller Art. So ist aus Sicht der Unternehmen Kundenwertmanagement langfristig angelegt – dies entspricht auch der in der Literatur vorherrschenden Meinung. In der Folge sind die Grundzüge des Kundenwertmanagements zumindest nicht zur Ableitung kurzfristiger Marketingaktionen geeignet. Ein Schwerpunkt des Kundenwerteinsatzes in den befragten Unternehmen liegt auf Kommunikationsmaßnahmen. Eine grundlegende Kundenwertorientierung der Marketingmaßnahmen hat jedoch an der Leistungsentwicklung anzusetzen. Dies ist allerdings in den wenigsten Unternehmen der Fall. Schließlich werden auch auf der Kundenseite Probleme gesehen. Bei Sichtbarkeit individueller Marketingmaßnahmen für andere Kunden entstehen häufig Neid- und Akzeptanzprobleme, die zu Unzufriedenheit und Kundenabwanderung führen können. Selbst wenn es sich dabei nicht um die Topkunden eines Unternehmens handelt, ist dies eine Konsequenz, die von den meisten Unternehmen nicht erwünscht ist.

Die Probleme in der *Kontrollphase* des Kundenwertmanagements sind in den meisten Unternehmen direkt offensichtlich. Aufgrund der mangelnden strategischen Ausrichtung des Kundenwertmanagements existieren auch keine Konzepte für eine strategische Kontrolle. Darüber hinaus widersprechen sich die Langfrist- und Zukunftsorientierung des Kundenwertes und die Kurzfrist- und häufig Vergangenheitsorientierung der bestehenden Kontrollsysteme. Eng zusammen hängt dieses Problem mit einer Schnittstellenproblematik Marketing – Controlling, die in vielen der untersuchten Unternehmen festgestellt wird. Grundsätzlich kann konstatiert werden, dass Wirtschaftlichkeitsüberlegungen im Marketing- und Kundenbereich ein hoher Stellenwert beigemessen wird, die Entwicklung und Umsetzung entsprechender Kontrollsysteme jedoch nicht weit gediehen ist.

3.5 Determinanten des Entwicklungsstandes des Kundenwertmanagements

Der Entwicklungsstand des Kundenwertmanagements in den beobachteten Unternehmen hängt in wesentlichem Maße von den internen Rahmenbedingungen ab, die sich sowohl zwischen den Branchen, aber auch zwischen Unternehmen einer Branche stark unterscheiden. Die Rahmenbedingungen, die die Ausgestaltung des Kundenwertmanagements beeinflussen, betreffen die Unternehmensstruktur, die Unternehmenssysteme sowie die Unternehmenskultur. Es zeigt sich, dass das Kundenwertmanagement umso eher und besser umgesetzt ist, je eher Struktur, Systeme und Kultur kundenwertorientiert ausgeprägt sind.

Im Hinblick auf die *Unternehmensstruktur* ist eine wichtige Determinante der Umsetzung des Kundenwertmanagements die Festlegung der Verantwortung für das Kundenwertmanagement. Dabei zeigen sich in den untersuchten Unternehmen grundsätzlich zwei Arten der *Verantwortung für das Kundenwertmanagement* in Abhängigkeit von dessen Umsetzung. Zumeist liegt die *Verantwortung für die Konzeptionierung* und gegebenenfalls auch spätere Steuerung des Kundenwertmanagements in einer Zentralfunktion, und hier zumeist im Marketing, während die *Verantwortung für die Umsetzung* des Kundenwertmanagements sich in den Unternehmen nach der Kundenverantwortung generell richtet.

In Banken beispielsweise haben zumindest für bestimmte Kundengruppen die Kundenberater die Verantwortung für ihr „Kundenportfolio". Entsprechend haben sie dann auch die Verantwortung für die Erzielung eines hohen Kundenwertes in ihrem Portfolio. In sehr wenigen Unternehmen wurde mit der Einführung des Kundenwertmanagements eine explizite Verantwortung für den Kundenwert festgelegt und damit die zuvor bestehende Kundenverantwortung modifiziert. In einem Unternehmen wurden beispielsweise für die verschiedenen Kundenwertsegmente Segmentmanager etabliert, die für die Kundenwertentwicklung des jeweiligen Segments Verantwortung tragen. Hier zeigt sich ein wesentlicher Unterschied zum klassischen Kundenberater-Modell der Banken, bei denen die Kundenportfolios häufig nach geografischen Kriterien definiert sind. In dem genannten Unternehmen dagegen konzentrieren sich die entsprechenden Segmentmanager auf Kundensegmente einer bestimmten Wertigkeit. Unterstützt werden diese darüber hinaus durch sog. Kundensegmentteams, die sich aus verschiedenen Funktionen, wie Vertrieb, IT, Controlling u. ä. zusammensetzen.

Im Hinblick auf die *Schnittstellen zu anderen Funktionen* fällt auf, dass das Kundenwertmanagement dann einfacher umzusetzen ist, wenn die Zusammenarbeit der Verantwortlichen für die Konzeption des Kundenwertmanagements mit anderen Funktionen im Unternehmen ausgeprägt ist. Zu diesen Bereichen gehören beispielsweise das Controlling, das bei der Analyse und Kontrolle des Kundenwertes von Bedeutung ist, der Vertrieb, ohne dessen Unterstützung eine Vielzahl kundenwertorientierter Marketingmaßnahmen nicht durchführbar sind, sowie das Personalmanagement, das beispielsweise die interne Kommunikation der Kundenwertdefinition u. ä. mitgestalten kann. Weiterhin ist eine möglichst weit reichende *Kompatibilität zwischen Kundenwert- und Strategieverantwortung* ein wesentlicher Treiber einer erfolgreichen Umsetzung des Kundenwertmanagements. In Unternehmen, bei denen die Verantwortung für die Marketingstrategie und für die Konzeption des Kundenwertmanagements zusammen liegen, ist die Umsetzung des Kundenwertmanagements wesentlich problemloser als in Unternehmen, in denen die beiden Verantwortungen auseinanderfallen und beispielsweise die Marketingstrategie durch das Produktmanagement festgelegt wird, während das Kundenwertmanagement in einer kleinen Stabsabteilung konzipiert wird.

Neben der Unternehmensstruktur existieren sehr unterschiedliche *Unternehmenssysteme*, die die Umsetzung des Kundenwertmanagements determinieren. Zunächst ist das Kundenwertmanagement von *Datensystemen* abhängig, die überhaupt eine Analyse des Kundenwertes ermöglichen. In Abhängigkeit von der zugrunde gelegten Kundenwertdefinition sind unterschiedliche Daten erforderlich. Umgekehrt gesprochen, je besser die Datensysteme sind, desto anspruchsvoller kann der Kundenwert definiert und damit das Kundenwertmanagement gestaltet werden. Die meisten Unternehmen setzen einen sog. Datamart ein, in dem die für Kundenwertanalysen u. ä. benötigten Daten aus den unterschiedlichen Datentöpfen zusammengefasst werden. Nur wenige Unternehmen integrieren reale Kaufverhaltensdaten mit vorökonomischen Daten (z. B. aus einer Zufriedenheitsbefragung). Von einem Teil der Unternehmen werden die Kostenrechnungssysteme genutzt, um den Kundenwert zu ermitteln.

Weiterhin unterstützen kundenwertorientierte *Steuerungssysteme* den Erfolg des Kundenwertmanagements. Von den untersuchten Unternehmen setzte allerdings nur eines ein strategisch orientiertes Steuerungssystem ein, das das Kundenwertmanagement vollständig abbildet. In einigen Unternehmen wird eine Kampagnenmanagementsoftware zur Umsetzung operativer Marketingmaßnahmen, die teilweise auf dem Kundenwert beruhen, eingesetzt. Ebenso wird teilweise das bestehende Vertriebssteuerungssystem (Front-end-System) mit Daten zum Kundenwert gespeist, damit beispielsweise ein Kundenkontaktmitarbeiter erkennt, welchem Kundenwertsegment ein Kunde zugeordnet ist. Schließlich ist der Einsatz kundenwertorientierter *Anreizsysteme* wesentlich für eine erfolgreiche Umsetzung des Kundenwertmanagements.

Neben den Strukturen und Systemen ist eine kundenwertorientierte *Unternehmenskultur* eine wesentliche Voraussetzung für ein erfolgreiches Kundenwertmanagement. Bei den analysierten Unternehmen sind dabei drei Bereiche von zentraler Bedeutung. Erstens wird das Commitment des Topmanagements als wesentliche Voraussetzung einer Implementierung des Kundenwertmanagements gesehen. Unter den befragten Unternehmen sind solche, bei denen die Einführung des Kundenwertmanagements sogar durch das Topmanagement initiiert wurde. Dagegen ist Kundenwertmanagement in einigen Unternehmen auf der obersten Unternehmensebene kein Thema, so dass eine umfassende Implementierung ausgeschlossen ist. Für die Umsetzung des Kundenwertmanagements ist neben dem Topmanagement der Vertrieb genauso wichtig. Viele kundenwertorientierten Maßnahmen müssen durch Außendienst- und Kundenkontaktmitarbeiter realisiert werden. Ein großer Teil der befragten Unternehmen nannte die fehlende Kundenwertkultur des Vertriebs als Hauptimplementierungsproblem. Schließlich ist für eine erfolgreiche Umsetzung des Kundenwertmanagements relevant, inwiefern Unternehmen Maßnahmen zur Verbesserung der kundenwertorientierten Kultur, wie beispielsweise kundenwertorientierte Schulungen einsetzen. Dies ist in kaum einem der befragten Unternehmen der Fall.

4. Implikationen für Forschung und Praxis

Die vorgestellten Ergebnisse der qualitativen Studie zum Kundenwertmanagement lassen vielfältige Schlussfolgerungen für die Marketingforschung und die Unternehmenspraxis zu.

Für die *Marketingwissenschaft* lässt sich zunächst schlussfolgern, dass bestimmte Dimensionen existieren, anhand denen sich der Entwicklungsstand des Kundenwertmanagements im Unternehmen beschreiben lässt. Darüber hinaus existieren offensichtlich bestimmte Implementierungsfaktoren in den Bereichen Unternehmensstruktur, -systeme und -kultur, die eine Umsetzung des Kundenwertmanagements im Unternehmen beeinflussen. Es ist eine Aufgabe der Marketingwissenschaft, die Eignung der Dimensionen zur Beschreibung des Entwicklungsstandes des Kundenwertmanagements zu überprüfen, die erwähnten idealtypischen Entwicklungsstufen empirisch zu untersuchen sowie gegebenenfalls bestimmte Typen des Kundenwertmanagements zu identifizieren (z. B. operatives versus strategisches Kundenwertmanagement, konzeptionelles versus pragmatisches Kundenwertmanagement). Weiterhin gilt es, die in den Interviews identifizierten Zusammenhänge (z. B. Beeinflussung der Umsetzung des Kundenwertmanagements durch die Unternehmensstruktur, -systeme und -kultur) zu quantifizieren und auf repräsentativer Ebene abzubilden. Darüber hinaus ist von unterschiedlichen Zusammenhängen, beispielsweise in Abhängigkeit von der Branche, auszugehen. Auch diese stellen einen Untersuchungsgegenstand für die Forschung dar.

Für die *Unternehmenspraxis* zeigen insbesondere die Rahmenbedingungen in den Bereichen Unternehmensstruktur, Unternehmenssysteme und Unternehmenskultur auf, welche Implementierungstreiber als Stellhebel anzusehen sind, deren Beeinflussung die Steuerung der Implementierung des Kundenwertmanagements vereinfacht. Weiterhin dient der vorgestellte Bezugsrahmen einer Gestaltung der Implementierung des Kundenwertmanagements im Unternehmen. Anhand der Dimensionen des Entwicklungsstandes des Kundenwertmanagements können Unternehmen feststellen, auf welcher Stufe der Implementierung sie sich befinden und welches die Bereiche sind, in denen Implementierungsdefizite bestehen. Unter Zugrundelegung der Implementierungstreiber (Struktur, Systeme, Kultur) kann festgelegt werden, welche Maßnahmen zur Reduzierung dieser Implementierungsdefizite eingeleitet werden.

Sowohl für die Marketingwissenschaft als auch die Unternehmenspraxis liefert die vorgestellte Studie damit Ansatzpunkte für eine systematische Auseinandersetzung mit dem Kundenwertmanagement. Aufgrund der hohen Bedeutung des Kundenwertes in vielen Branchen auf der einen Seite und den zahlreichen Implementierungsproblemen auf der anderen Seite wird damit die Grundlage für eine intensivere Auseinandersetzung nicht nur mit der Gestaltung, sondern vor allem mit der Implementierung des Kundenwertmanagements geliefert.

Literaturverzeichnis

BERGER, P.D./BOLTON, R.N./BOWMAN, D./BRIGGS, E./KUMAR, V./PARASURAMAN, A./TERRY, C. (2002), Marketing Actions and the Value of Customer Assets: A Framework for Customer Asset Management, in: Journal of Service Research, Vol. 5, No. 1, 2002, S. 39-45.

BERGER, P.D./NASR, N.I. (1998), Customer Lifetime Value: Marketing Models and Applications, in: Journal of Interactive Marketing, Vol. 12, No. 1, 1998, S. 17–30.

BLATTBERG, R.C./DEIGHTON, J. (1996), Manage Marketing by the Customer Equity Test, in: Harvard Business Review, Vol. 74, No. 4, 1996, S. 136–144.

BLATTBERG R./GETZ, G./THOMAS, J. (2000), Customer Equity: Building and Managing Relationships as Valuable Assets, Boston 2000.

BRUHN, M./GEORGI, D./TREYER, M./LEUMANN, S. (2000), Wertorientiertes Relationship Marketing. Vom Kundenwert zum Customer Lifetime Value, in: Die Unternehmung, 54. Jg., Nr. 3, 2000, S. 167-188.

BRUSCO, M.J./CRADIT, J.D./TASHIAN, A. (2003), Multicriterion Clusterwise Regression for Joint Segmentation Settings. An Application to Customer Value, in: Journal of Marketing Research, Vol. 40, May 2003, S. 225–234.

CALCIU, M./SALERNO, F. (2002), Customer Value Modelling: Synthesis and Extension Proposals, in: Journal of Targeting, Measurement and Analysis for Marketing, Vol. 11, No. 2, 2002, S. 124-147.

DIAS, S./PIHLENS, D./RICCI, L. (2002), Understanding the Drivers of Customer Value. The Fusion of Macro and Micromodelling, in: Journal of Targeting, Measurement and Analysis for Marketing, Vol. 10, No. 3, 2002, S. 269-281.

DWYER, F.R. (1997), Customer Lifetime Valuation to Support Marketing Decision Making, in: Journal of Direct Marketing, Vol. 11, No. 4, 1997, S. 6-13.

GÜNTER, B./HELM, S. (HRSG.) (2003), Kundenwert. Grundlagen, Innovative Konzepte, Praktische Umsetzungen, Wiesbaden 2003.

HANSOTIA, B.J./WANG, P. (1997), Analytical Challenges in Customer Acquisition, in: Journal of Direct Marketing, Vol. 11, No. 2, 1997, S. 7-19.

HOEKSTRA, J.C./HUIZINGH, E.K.R.E. (1999), The Lifetime Value Concept in Customer-Based Marketing, in: Journal of Market Focused Management, Vol. 3, No. 3/4, 1999, S. 257-274.

JACKSON, B.B. (1985), Build Customer Relationships that Last, in: Harvard Business Review, Vol. 63, No. 6, 1985, S. 120-128.

MARCUS, C. (1998), A Practical Yet Meaningful Approach to Customer Segmentation, in: Journal of Consumer Marketing, Vol. 15, No. 5, 1998, S. 494-504.

NESS, J.A./SCHROECK, M.J./LETENDRE, R.A./DOUGLAS, W.J. (2001), The Role of ABM in Measuring Customer Value, part two, in: Strategic Finance, April, 2001, S. 44-49.

PAYNE, A./HOLT, S./FROW, P. (2001), Relationship Value Management: Exploring the Integration of Employee, Customer and Shareholder Value and Enterprise Performance Models, in: Journal of Marketing Management, Vol. 17, No. 7/8, 2001, S. 785-817.

PFEIFER, P.E./CARRAWAY, R.L. (2000), Modeling Customer Relationships as Markov Chains, in: Journal of Interactive Marketing, Vol. 14, No. 2, 2000, S. 43–55.

REICHHELD, F.F./SASSER, W. (1990), Zero Defections. Quality Comes to Services, in: Harvard Business Review, Vol. 68, No. 5, 1990, S. 105-111.

REINARTZ, W.J./KUMAR, V. (2000), On the Profitability of Long-Life Customers in a Non-Contractual Setting: An Empirical Investigation and Implications for Marketing, in: Journal of Marketing, Vol. 64, No. 4, 2000, S. 17-35.

REINARTZ, W.J./KUMAR, V. (2003), The Impact of Customer Relationship Characteristics on Profitable Lifetime Duration, in: Journal of Marketing, Vol. 67, No. 1, 2003, S. 77-99.

RUDOLF-SIPÖTZ, E. (2001), Kundenwert: Konzeption - Determinanten - Management, St. Gallen 2001.

RUST, R.T./LEMON, K.N./ZEITHAML, V.A. (2000), Driving Customer Equity: How Customer Lifetime Value Is Reshaping Corporate Strategy, New York 2000.

SARGEANT, A. (2001), Customer Lifetime Value and Marketing Strategy: How to Forge the Link, in: The Marketing Review, Vol. 1, No. 4, 2001, S. 427-440.

Vierter Teil

Integriertes Marken- und Kundenwertmanagement – Branchen Best Practice

Rüdiger Grube

Strategische Führung von Markenportfolios in der Automobilindustrie am Beispiel der DaimlerChrysler AG

1. Effektives Multibrand Management als Schlüssel zum Erfolg in der Automobilindustrie

1.1 Marken als strategischer Erfolgsfaktor

Die entscheidende Schlacht in der Automobilindustrie, an deren Ende voraussichtlich nur noch etwa ein Dutzend selbstständige Automobilkonzerne übrig bleiben, wird über Marken geschlagen! Markenwerte werden zur Überlebensfrage der Automobilindustrie! Solche plakativen Aussagen begleiten uns schon seit einigen Jahren. Wie sind diese Erwartungen zu begründen?

Gerne wird in diesem Zusammenhang auf sich schnell angleichende Entwicklungs- und Produktionsverfahren hingewiesen, die angeblich Produktdifferenzierungen in Feldern wie Qualität oder Sicherheit erschweren bzw. sogar langfristig unmöglich machen sollen. Aktuelle Beispiele wie Toyota und Lexus mit sehr klaren Qualitätsprofilierungen oder Renault im Bereich der Sicherheit (‚5 Sterne'-Sicherheit) belegen jedoch, dass je nach Schwerpunktsetzung der Unternehmen technische Differenzierungen nach wie vor markenprägende Elemente darstellen. Wir sind überzeugt, dass dies auch in Zukunft so sein wird.

Die zunehmende Bedeutung von Marken und Markenwerten in der Automobilindustrie steht damit aus meiner Sicht weniger in Zusammenhang mit technologischen Umfeldfaktoren als vielmehr mit einer Veränderung der Industriestruktur und des Käuferverhaltens. Angebotsorientiert führt die Konsolidierung in der Automobilindustrie zu komplexen Markenportfolios, die die Frage der Markendifferenzierung und der (ökonomischen) Lebensberechtigung von Marken immer stärker in den Vordergrund rückt. Aufseiten unserer Kunden ist die Kaufentscheidung ebenfalls komplexer geworden. Standen früher Fragen der Funktionalität des Produktes und seines hierarchischen Prestiges im Vordergrund, kommen heute weitere Werte- und Lebensstildimensionen hinzu – nicht nur beim Produkt selbst, sondern auch im Einkaufs- und Nutzungserlebnis.

In diesem Umfeld kaufen die Kunden primär ein Markenversprechen – ein Angebot zur persönlichen Selbstdarstellung und Differenzierung. Die Markenwelt wird damit vielfach zum kaufentscheidenden Differenzierungsfaktor im Wettbewerb.

Was macht eine starke Marke aus? Sie hat eine eindeutige Herkunft (geografisch und historisch) und steht für die Leistung und Substanz ihres Herstellers in der Vergangenheit. Sie repräsentiert die Unternehmensphilosophie und hat stolze Mitarbeiter. Für den Kunden ist sie sofort wiedererkennbar und schafft eine stabile Balance zwischen Vertrautheit und Innovation. Vertrauen der Kunden immunisiert gegenüber den Verlockungen des Wettbewerbs – die starke Marke schafft sich eine Monopolstellung in den Köpfen und Herzen ihrer Kunden. Im Idealfall fühlen sich die treuen Kunden als Gemeinschaft, die sich sogar aktiv für die Marke einsetzen, am häufigsten, indem sie diese weiterempfehlen.

Prototypisch für eine starke Automobilmarke ist sicherlich Mercedes-Benz. Autos dieser Marke genießen einen weltweit einzigartigen Ruf und sind in mehr als 200 Ländern präsent. Mercedes-Benz hat eine starke und unverwechselbare Markenidentität, die auf Exklusivität, Sicherheit, Qualität, Komfort und Langlebigkeit beruht – und das seit nunmehr 103 Jahren. Auch wenn konkurrierende Premiummarken in Teilaspekten zeitweise oder regional eine überzeugende Performance zeigen, gelingt es Mercedes-Benz immer wieder, neue Maßstäbe zu setzen. Es gibt keine Marke, welche die Mehrdimensionalität, die Vereinbarung scheinbarer Gegensätze zu einer ähnlichen Perfektion entwickeln konnte. Dieser ganzheitliche Anspruch, diese perfekte Symbiose von Rationalität und Emotionalität, bildete immer wieder und bildet auch heute das eigentliche psychologische Potenzial der Marke Mercedes-Benz.[1]

Bekanntlich kommt das schönste Lob von der Konkurrenz: Wolfgang Reitzle, ehemals BMW Vorstand und Chef der zu Ford gehörenden Premier Automotive Group, schreibt in seinem Buch „Luxus schafft Wohlstand“: „Sicherlich ist Mercedes unter allen Automarken die, [...] die am wenigsten leicht zu verletzen ist. Diese Marke übersteht vieles und [...] ist genau deshalb so wertvoll, weil sie ein großes Volumen bei gleichzeitig hohen Preisen zulässt.“[2] Natürlich werden wir die Grenzen der Belastbarkeit dieser einzigartigen Marke im Verbund unseres Mehrmarkenunternehmens nicht austesten. Vielmehr stellt der Schutz dieser Führungsmarke eines der höchsten Unternehmensziele von DaimlerChrysler dar.

Obwohl der Wert einer Marke in den Köpfen und Herzen der aktuellen und potenziellen Kunden und nicht im Unternehmen selbst liegt, stellt der Markenwert einen wesentlichen Bestandteil des Unternehmenswertes dar. Trotz intensiven Bemühungen von Unternehmensberatungen, Werbeagenturen, Investmentbanken wie auch der Wissenschaft existiert derzeit (und wohl noch auf längere Sicht) keine allgemein anerkannte Methode zur Messung des Markenwertes, die den Beitrag unserer Marke(n) zum Shareholder Value überzeugend quantifizieren könnte.

Vorliegende Studien geben jedoch erste Indikationen für den finanziellen Wert unserer Marken:

- Nach der wohl bekanntesten, jährlich durchgeführten Untersuchung von Interbrand (in Zusammenarbeit mit der Citibank) ist Mercedes-Benz die wertvollste Automo-

---

1 Vgl. zur Positionierung und Entwicklung der Marke Mercedes-Benz Hubbert (2003), S. 323 ff. sowie Brehm (2003), S. 111 ff. und Brehm (2004), S. 555 ff.

2 Reitzle (2001), S. 89.

bilmarke weltweit mit 21,4 Mrd. US$, dicht gefolgt von Toyota mit 20,8 Mrd. US$ Markenwert.[3]

- Auch nach der Bewertung von FutureBrand war Mercedes-Benz im Jahre 2003 mit 7,2 Mrd. US$ die wertvollste Marke im amerikanischen Automobilmarkt, gefolgt von BMW mit 5,2 Mrd. US$. Unsere weiteren Marken folgen auf den Plätzen 11 (Jeep mit 1,8 Mrd. US$), 15 (Chrysler mit 1 Mrd. US$) und 22 (Dodge mit 400 Mill. US$).[4]
- Nach Berechnung von Semion Brand Broker besitzt DaimlerChrysler mit seinen Marken den höchsten Markenwert von 33,5 Mrd. € unter 50 deutschen Marken im Jahr 2003, davon entfallen allein auf Mercedes-Benz 21,0 Mrd. €. Die Wettbewerber im Automobilmarkt folgen mit deutlichem Abstand (Volkswagen AG mit 21,0 Mrd. €, BMW Group mit 8,4 Mrd. €).[5]
- Im BEES Markenwert Ranking von BBDO führt DaimlerChrysler ebenfalls die Liste der DAX Unternehmen mit 25,3 Mrd. € Markenwert an.[6]

Angesichts dieser Indikationen für den Wert unserer Marken als Bestandteil des DaimlerChrysler Unternehmenswertes ist es nahezu selbstverständlich, dass die Weiterentwicklung unserer Marken neben einem alle Produktsegmente abdeckenden Produktportfolio, weltweiter Marktpräsenz und Technologieführerschaft eine zentrale Säule unserer Unternehmensstrategie darstellt.

1.2 Das Markenportfolio von DaimlerChrysler

Als Folge der Konsolidierung in der weltweiten Automobilindustrie agieren heute – sieht man von reinen Nischenanbietern wie Porsche ab – sämtliche großen Automobilhersteller mit mehreren Marken im Wettbewerb. Während sich die Zahl der unabhängigen PKW-Hersteller von 28 im Jahre 1980 auf heute elf reduziert hat, ist das durchschnittliche Portfolio von zwei auf heute sechs Marken pro Hersteller gewachsen.

Das Management komplexer Markenportfolios hat sich in den zurückliegenden Jahren damit zu einer der wesentlichen Herausforderungen in der Automobilindustrie entwickelt. Auch DaimlerChrysler – unter Berücksichtigung unseres Allianzpartners Mitsubishi – verfügt heute über ein umfassendes Markenportfolio von sieben PKW-, neun Nutzfahrzeug- und mehreren Komponenten- und Servicemarken.

---

3 Vgl. Interbrand (2003).

4 Vgl. FutureBrand (2003), S. 12.

5 Vgl. Semion Brand Broker (2003).

6 Vgl. Göttgens/Leach/Wirtz (2003).

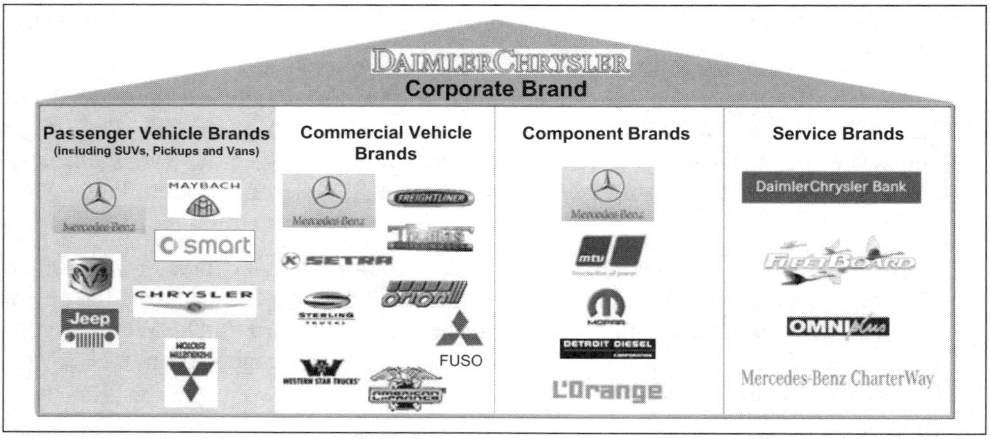

Abbildung 1: Markenportfolio von DaimlerChrysler und dem strategischen Allianzpartner Mitsubishi

1.3 Zentrale Herausforderungen im Management komplexer Markenportfolios

Die Herausforderung im Management unserer Fahrzeugmarken besteht generell darin, das Zusammenspiel zwischen Markendifferenzierung und Skaleneffekten zu optimieren. Dabei gilt es, die Identität der einzelnen Marken zu stärken und deren Wert zu steigern. Gleichzeitig sollen durch die markenübergreifende Zusammenarbeit sowie den Austausch und die gemeinsame Nutzung von Komponenten, Systemen oder Architekturen Skaleneffekte erzielt werden. Damit gelingt es, die Kostenposition zu verbessern und unser Unternehmen als Ganzes noch besser im Wettbewerb zu positionieren.

DaimlerChrysler ist der Automobilhersteller mit dem größten Anteil von Premiumfahrzeugen im Wettbewerb bei gleichzeitig starker Basis im Volumensegment. Heute liegt der Anteil des Premiumgeschäfts am Gesamtabsatz bei 30% (inkl. Mitsubishi 24%). Anders als bei primär auf das Volumensegment (z. B. PSA, Hyundai) bzw. Premiumsegment (z. B. BMW Group) fokussierten Herstellern liegt bei DaimlerChrysler die große Chance, aber auch eine zentrale Herausforderung darin, die unterschiedlichen Geschäftssysteme von Premium- und Volumenmarken so zu vernetzen, dass einerseits Skaleneffekte für alle Marken entstehen, andererseits das Premiumpotenzial der einzelnen Marken und Produkte (z. B. smart Roadster-Coupé, Jeep Grand Cherokee, Chrysler Pacifica) gezielt auszuschöpfen, ohne die ‚Führungsmarke' Mercedes-Benz in ihrer Einzigartigkeit zu gefährden. Dies bedeutet zum Beispiel, dass es gemeinsame Plattformen von Mercedes-Benz mit anderen Konzernmarken nicht geben wird.

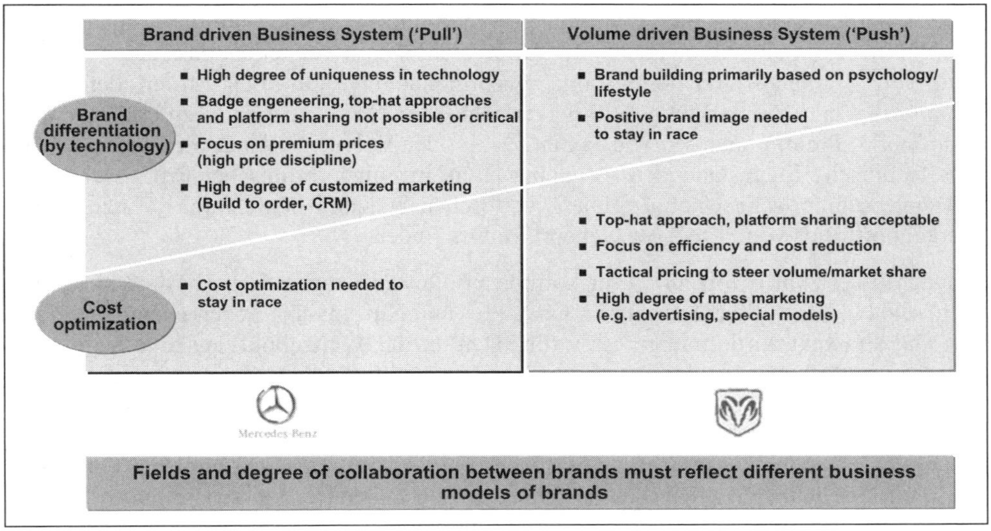

Abbildung 2: Unterschiede in den Geschäftssystemen von Premium- und Volumenmarken

Auf der Gratwanderung zwischen dem sinnvollen Erzielen von Synergien und der Aufrechterhaltung der einzelnen Markenidentitäten sind in der Vergangenheit auch in der Automobilindustrie häufig Fehler gemacht worden, indem das Pendel zu stark in Richtung Synergienutzung ausgeschlagen ist. Die Akquisitions- und Fusionswelle in der Automobilindustrie stand zunächst – vielleicht mit Ausnahme der Premier Automotive Group von Ford – weniger im Zeichen markenstrategischer Überlegungen als vielmehr im Fokus von Größenbestrebungen zur Sicherung einer Führungsposition im globalen Wettbewerb.

Bei der akribischen Suche nach immer höheren Einsparungen wurde nicht selten der Kern der Marken aus den Augen verloren. Oft wurde versäumt, die Suche nach weiterer Kostenreduzierung dort abzubrechen, wo die Seele der Marken tangiert wurde. Prototypisch für ein solches Verhalten standen exzessiv umgesetzte Plattformstrategien, unter denen nicht nur die Marken 'leiden', sondern sogar die Faszination Auto auf der Strecke zu bleiben drohte. Extremstes Beispiel war und ist das 'Badge Engineering', d. h. die Vermarktung baugleicher Fahrzeuge unter unterschiedlichen Markennamen.

Auch in unserem Hause haben wir diesbezüglich einen Lernprozess durchlaufen. Die Übernahme von SLK-Komponenten in den Chrysler Crossfire gilt heute in unserem Unternehmen als eine zu weit gegangene technische Unterstützung von Mercedes-Benz zu ihrer amerikanischen Schwestermarke. Sie wird in dieser Ausgestaltung in zukünftigen Produktgenerationen keine Fortsetzung finden.

Die im Vordergrund stehende und teilweise verkürzte Diskussion um die Sinnhaftigkeit von Plattformstrategien darf jedoch den Blick nicht darauf verstellen, dass eine Optimierung von Markendifferenzierung und Synergienutzung auf allen Stufen der Wertschöpfungs- und Vermarktungskette unverzichtbar ist. Wie sonst ist es zu erklären, dass imagestarke Premiummarken wie Jaguar, Saab oder Volvo, die lange Zeit auf vollständige technische Eigenständigkeit bedacht waren, in Folge chronischer Ertragsschwäche ihre unternehmerische Unabhängigkeit verloren haben und heute ihren ‚Platz' in den Markenportfolios von Ford bzw. General Motors finden.

Der Schlüssel zum Erfolg in dieser komplexen Optimierungsaufgabe besteht sicherlich darin, die einzelnen Marken in ihrem Charakter und Nutzenversprechen genau zu verstehen und so exakt zu definieren, dass für jeden an der Wertschöpfungskette beteiligten Mitarbeiter glasklar wird, was markenprägend ist und was nicht. Gelingt es die markenprägenden Elemente als Kernkompetenzen der jeweiligen Markenorganisation auszubauen oder neu aufzubauen, ist eine Synergieausschöpfung in den übrigen Elementen des Geschäftssystems Automobil unkritisch. Sie ist sogar eine wesentliche Voraussetzung, um den Kunden – insbesondere in einer Zeit äußerster Preissensibilität (‚Geiz ist geil') – ein attraktives Preis-/Wert-Verhältnis zu bieten.

Bis heute noch nicht klar entschieden ist die Frage, ob ein horizontal strukturiertes Portfolio, das nur aus Premiummarken oder nur aus Volumenmarken besteht, einem vertikal aufgebauten Portfolio aus Premium- und Volumenmarken über- oder unterlegen ist. Unter Marktausschöpfungs- und Risikodiversifikationsgesichtspunkten sehen wir im vertikalen Ansatz, wie wir ihn bei DaimlerChrysler verfolgen, klare Vorteile. Auch Toyota ist es mit der Entwicklung der Premiummarke Lexus – allerdings bisher nur in den USA – sehr gut gelungen, Volumen- und Premiumgeschäfte mit einer beeindruckenden Profitabilität zu integrieren. Demgegenüber ist die BMW Group angesichts der Erfahrungen mit Rover der Meinung, dass sich die Führung von Premium- und Volumenmarken in einer Organisation kaum realisieren lässt, weil die in Abbildung 2 dargestellten unterschiedlichen Geschäftssysteme andere Prioritäten, Strukturen und Prozesse erfordern.

Sicherlich stellt die Steuerung eines Markenportfolios, das alle Preissegmente von ‚Ultra-luxury' (Maybach) bis ‚Mainstream' (Dodge, Mitsubishi) sowie PKW und Nutzfahrzeuge/‚Light Trucks' in derselben Marke (Mercedes-Benz, Mitsubishi, Dodge) abdeckt, eine ganz besondere Herausforderung an die Qualität unseres ‚Multibrand Managements' dar.

2. Mehrmarkenmanagement bei DaimlerChrysler

2.1 Prozess und Organisation

Angesichts der beschriebenen Herausforderungen wird (Mehr-) Markenmanagement zur wichtigsten Zukunftsdisziplin der Automobilindustrie. Brand Management wird sich deshalb von einer Aufgabe, die typischerweise im Marketing angesiedelt war, zu einer Top-Management-Aufgabe wandeln. Es ist und wird zunehmend die Verantwortung des Vorstands, die Entwicklung der Marken über alle Wertschöpfungsstufen zu gestalten und Kannibalisierungen zwischen den einzelnen Marken zu vermeiden.

Starke Marken sind ohne ein eigenständiges starkes Markenmanagement in weitgehend unabhängigen Markenorganisationen nicht denkbar. Möglichst viele Mitarbeiter in einem Automobilkonzern sollten ausschließlich für ‚ihre' Marke wirken, um Identifikation und ‚entrepreneurship' innerhalb der Markenorganisationen und Business Units zu stärken. Hier gilt die Maxime: So viel Dezentralität wie möglich, so viel Zentralität wie nötig.

Zentralisation bzw. Koordination kommt dort ins Spiel, wo es um markenübergreifende Synergiepotenziale und die Entwicklung des gesamten Markenportfolios geht. Fragen wie ‚Welche strategischen Rollen erhalten die einzelnen Marken?', ‚Wie werden die Ressourcen verteilt?' oder ‚Welche Innovationen werden (zuerst) bei welcher Marke eingesetzt?' bedürfen einer Diskussion und Entscheidung auf Konzernebene.

Dabei hat sich in unserem Hause, das über eine stark dezentrale Organisationsstruktur verfügt, eine Planung im Gegenstromverfahren bewährt. Die einzelnen Marken und Business Units planen ihre Geschäftsentwicklung im Rahmen der strategischen Planung sowie die Weiterentwicklung der Markenpositionierungen zunächst ‚bottom-up'. Zur Sicherstellung des Gesamtoptimums im Sinne vollständig ausgeschöpfter Marktchancen (Produkt-, Kunden-, Preis- und regionaler Segmente), Vermeidung von Marken- und Produktkannibalisierungen sowie der Zusammenarbeit zwischen den Business Units in nicht markenprägenden Bereichen haben wir mit Instrumenten wie dem Konzernstrategiebericht, dem Joint Long Range Product and Powertrain Plan, den Brand Guidelines und dem Brand Performance Report ‚top-down'-Elemente zur Koordination in den Planungsprozess integriert. Alle in diesem Gesamtprozess identifizierten kritischen Themen werden entweder in den Business Units oder auf Gesamtkonzernebene diskutiert und entschieden.

Organisatorisch findet die Steuerung des DaimlerChrysler Markenportfolios somit auf zwei Ebenen statt. Auf der Ebene der Business Units steuert z. B. die Chrysler Group ihre drei typisch amerikanischen und auf die NAFTA-Region fokussierten Marken Chrysler, Dodge und Jeep weitgehend eigenständig, solange nicht andere Konzernmarken von deren Entscheidungen tangiert werden. Analog werden in der Anfang 2003 etablierten Mercedes Car Group (MCG) neben der Stammmarke Mercedes-Benz die in den letzten Jahren neu entwickelten Marken smart und Maybach sowie die Sub-Marken Mercedes-Benz-McLaren und Mercedes-Benz-AMG zusammengefasst und vom MCG-Bereichsvorstand gesteuert. Ähnliche Strukturen finden sich auch in der Commercial Vehicle Division (CVD). Auf der Gesamtkonzernebene koordiniert das Executive Automotive Committee (EAC) alle geschäftsfeldübergreifenden Themen bezüglich

- Marken- und Produktportfolio,
- Technologie und Innovation,
- Einkauf und Produktionskapazitäten,
- Vertriebs- und Serviceorganisation.

In diesem Gremium sind die Vorstände mit Business Unit-Verantwortung sowie ich als Vorstand für Corporate Development vertreten. Definitive und formelle Entscheidungen werden im Gesamtvorstand getroffen. Abbildung 3 zeigt zusammenfassend die DaimlerChrysler Multibrand-Gesamtorganisation. Zudem sind Schnittstellen zu unserem Allianzpartner Mitsubishi im Passenger Vehicle- (PV) und Commercial Vehicle- (CV) Geschäft dargestellt.

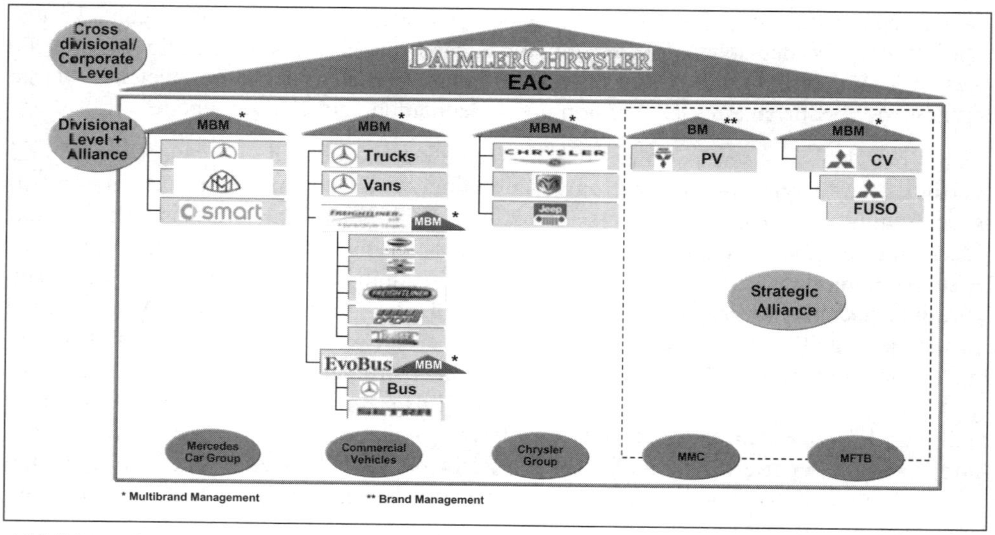

Abbildung 3: Organisation des Multibrand Managements (MBM) bei Daimler Chrysler und Abstimmung mit strategischen Allianzpartnern

Da Markenführung in der Automobilindustrie untrennbar mit der Unternehmensführung verbunden ist, lassen sich viele Instrumente der Unternehmensführung auch als Instrumente des Markenmanagements verstehen. Ich möchte an dieser Stelle jedoch nur auf drei Instrumente eingehen, die wir in den letzten Jahren speziell zur Steuerung unseres Markenportfolios entwickelt haben.

2.2 Brand Guidelines

Kern-Steuerungsinstrument für die konzernübergreifende Markenkoordination sind unsere ‚Brand Guidelines', die bereits kurz nach dem Merger von Daimler-Benz und Chrysler erstellt worden sind. Durch die Erweiterung der Marke smart in ein Mehrproduktunternehmen, die ‚Wiedergeburt' der legendären Marke Maybach sowie die Allianzpartnerschaft mit Mitsubishi sind diese Guidelines in den letzten Jahren ergänzt und systematisch weiterentwickelt worden. Die Brand Guidelines umfassen drei Kernelemente.

Erster und wesentlichster Bestandteil ist die Festlegung der zwischen allen Business Units und mit der Konzernstrategie abgestimmten Markenpositionierungen inklusive der zentralen Rollen und Marktaufgaben der einzelnen Marken. Die Markenpositionierungen werden in den Dimensionen ‚Core Character' und ‚Core Values' sowie in den kaufentscheidungsrelevanten Kriterien Styling, Sicherheit, Technologie und Fahreigenschaften beschrieben. Die Rollen und Marktaufgaben werden bezüglich der Fokussierung auf Produktsegmente, Preispositionierungen und regionaler Marktabdeckungen spezifiziert. Abbildung 4 zeigt die Struktur der Brand Guidelines im Überblick.

Im zweiten Kernelement wird für jede Marke eine Gruppe von Wettbewerbern festgelegt. Dies erlaubt zum einen eine bessere Beurteilung der Weiterentwicklungsrichtung der Marken an klaren Zielwettbewerbern. Zum anderen wird die ‚Brand Performance' speziell im Vergleich zu den definierten Hauptwettbewerbern gemessen, weil es insbesondere in vertikal geschichteten Markenportfolios wenig Sinn macht, eine Premiummarke wie Mercedes-Benz mit einer Volumenmarke wie Mitsubishi zu vergleichen.

Drittes Kernelement unserer Brand Guidelines ist die Festlegung klarer Regeln der Zusammenarbeit zwischen den Marken in allen Dimensionen der Wettschöpfungskette vom Einkauf über die Entwicklung bis hin zum Vertrieb und Service unserer Fahrzeuge. Diese Regeln beschreiben zum einen, in welchen nicht-markenprägenden Elementen des Geschäftssystems eine Zusammenarbeit zwischen den Marken wünschenswert ist (z. B. ‚Commodity'-Komponenten wie Sauerstoffsensoren oder Dichtungsringe in der Fahrzeugentwicklung, Back-office Funktionen wie Buchhaltung oder Gebäudemanagement im Mehrmarken-Händlerbetrieb). Zum anderen – und dies ist noch wichtiger – dienen diese Regeln dem Markenschutz. Gerade in einer Zeit höchsten Kostendrucks aufgrund teilweise ruinöser Rabattschlachten ist die Versuchung groß, mehr zu standardisieren oder zwischen den Marken auszutauschen als für die Schaffung differenzierter Markenpersönlichkeiten gut ist.

Abbildung 4: Struktur der Brand Guidelines für die PKW-Marken von DaimlerChrysler und Mitsubishi

Wir haben in den letzten Jahren die Erfahrung gemacht, dass viele Konzernmarken insbesondere am Einsatz von Mercedes-Komponenten interessiert sind und die Verwendung von Mercedes-Benz-Technologie in der externen Kommunikation (Presse, Internet, Verkaufsgespräche) sehr stark herausgestellt worden ist. Teilweise entstand der Eindruck, dass mehr über ‚Component sharing' mit Mercedes-Benz kommuniziert als faktisch realisiert worden ist. Wir haben diese Erfahrung zum Anlass genommen, die Regeln der technischen Zusammenarbeit und der Kommunikation in den Brand Guidelines nochmals zu spezifizieren und wo nötig zu verschärfen. Damit wird zum einen der Schutz unserer wertvollsten Marke Mercedes-Benz noch weiter verbessert. Zum anderen sind wir der Überzeugung, dass eine Marke nur dann eine starke Marke ist oder werden kann, wenn sie nicht auf eine andere Konzernmarke zur eigenen Profilierung Bezug nehmen muss.

2.3 Brand Performance Report

Stellen die in den Brand Guidelines festgelegten Markenpositionierungen wichtige – zum Teil erst mittel- bis langfristig zu realisierende – Zielgrößen des Markenmanagements dar, so wird im Brand Performance Report die aktuelle Zielerreichung überprüft. Im Einzelnen werden in diesem Bericht für das Executive Automotive Committee folgende Fragen beantwortet:

1. Wie ist die Position unserer Marken in Relation zu ihren aktuellen und strategischen Hauptwettbewerbern?
2. Wie stark ist das gesamte DaimlerChrysler Markenportfolio in den jeweiligen Hauptmärkten?
3. Wo sind die wichtigsten Lücken zwischen der aktuell erreichten Markenposition (Image) und den Zielpositionierungen der Marken? Und welche Hauptaktivitäten sind eingeleitet bzw. geplant, um die Ziellücken zu schließen?
4. Gibt es signifikante Überlappungen zwischen den einzelnen Marken im Portfolio?

Es wurde bereits darauf hingewiesen, dass die Meinungen in Wissenschaft und Praxis noch weit auseinander gehen, wie Markenwert und Markenstärke richtig zu messen ist. Auf Basis eines pragmatischen Ansatzes, der insbesondere auch die Informationsverfügbarkeit für unsere sieben PKW-Marken in den Triade-Märkten berücksichtigt, werden Marktforschungsdaten bezüglich der in Abbildung 5 dargestellten fünf Markenwertindikatoren ausgewertet und zu einem qualitativen Gesamturteil zusammengefasst.

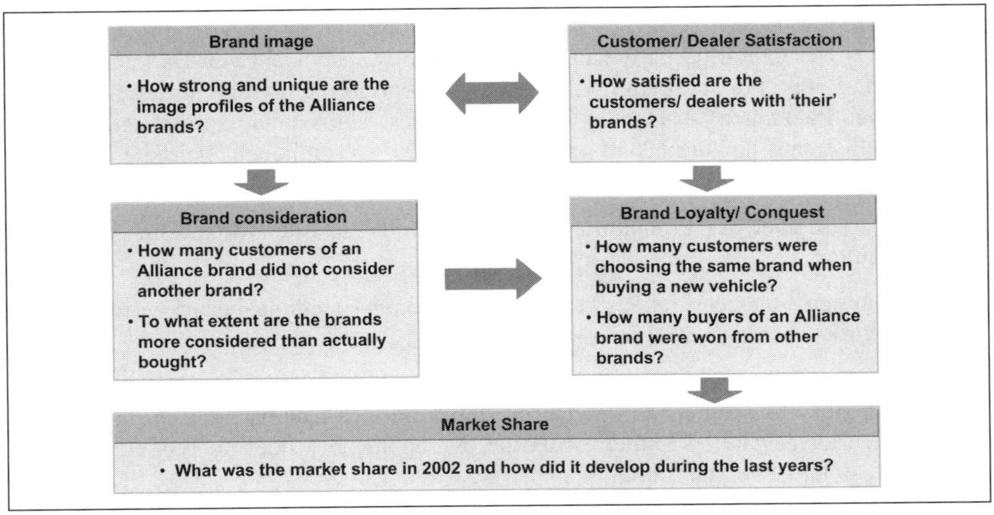

Abbildung 5: Indikatoren zur Bewertung der Stärke der PKW-Marken von DaimlerChrysler

Ist die Stärkung der Markenkraft sowie die Beseitigung von Positionierungslücken primär die Aufgabe der einzelnen Markenorganisationen und Business Units, so stellt die Transparenz über Markenüberlappungen und Markenkannibalisierungen eine der wesentlichsten Steuerungsinformationen für das Executive Automotive Committee auf Konzernebene dar.

Zur Bewertung und Verhinderung von Markenüberlappungen werden zum einen die relative Nähe bzw. Distanz unserer Marken in den klassischen ‚perceptual maps' als Bestandteil unserer Imageanalysen herangezogen. Des Weiteren erfolgt ein detaillierter Vergleich der zuletzt erreichten Kundengruppen. Von noch größerer Bedeutung ist darüber hinaus die Frage, wie viele Besitzer einer unserer Marken mit einer anderen Konzernmarke bereits ‚geflirtet' haben (Analyse der Cross-Considerations) oder ihr sogar durch Markenwechsel (migration) ‚untreu' geworden sind. Dabei ist zu berücksichtigen, dass ein Markenwechsel innerhalb unseres Markenportfolios zu einer höher positionierten Marke nicht negativ zu beurteilen ist, sondern vielmehr ein zentrales Ziel eines Multibrand Managements sein sollte, sofern das gekaufte Produkt der höher positionierten Marke höhere Deckungsbeiträge erwirtschaftet.

Insgesamt führten die diesjährigen Bewertungen zu dem Ergebnis, dass DaimlerChrysler über ein weitgehend überschneidungsfreies Markenportfolio verfügt und die erreichten Erfolge in der Synergieerzielung zu keinen negativen Markenüberschneidungen geführt haben.

2.4 Joint Long Range Product Plan

Ein weiteres wesentliches Instrument im Multibrand Management von DaimlerChrysler ist der Long Range Product Plan (LRPP). Dieser integriert die jährlich fortgeschriebenen strategischen Planungen der DaimlerChrysler Business Units sowie unseres Allianzpartners Mitsubishi auf der Produkt- und Marktseite. Die wesentlichen Ziele dieses Planes sind:

- Transparenz über das Produktportfolio der DaimlerChrysler/ Mitsubishi Allianz zu schaffen,
- die zentralen Chancen und Risiken im Portfolio mit Handlungsbedarf zu identifizieren sowie
- Lösungsansätze im Executive Automotive Committee aufzuzeigen, die in der Regel zu einer Beauftragung spezifischer Projekte im Bereich technischer Zusammenarbeit zwischen ausgewählten Marken (Module, Komponenten) oder zu Produktsegment- oder Regionalstrategien führen.

Zur Schaffung von Transparenz im Produktportfolio werden die heutigen und zukünftigen Produkte (im aktuellen LRPP 2003 bis zum Jahr 2013) nach den drei Dimensionen

Marke, Produktsegment und ‚Architektur' (als Oberbegriff für gemeinschaftlich genutzte technische Konzepte) klassifiziert. Speziell die Analyse unseres, von den Business Units geplanten Produktportfolios bis 2013 in Verbindung mit den Volumen- und Marktanteilsplanungen nach Marktregionen macht deutlich,

- inwieweit wir die attraktivsten (volumen- und wachstumsstärksten) Produktsegmente und Märkte bedienen (z. B. SUVs, MPVs und Sport Tourers),
- in welchen Produktsegmenten ‚white spots' bestehen bzw. subkritische Volumen und Marktanteile erzielt werden (auf Marken- und Konzernebene), aber auch
- ob sich in bestimmten Produktsegmenten neben herausragenden Chancen so genannte ‚Klumpenrisiken' bilden (z. B. kann die sehr starke Marktstellung von Jeep, Mercedes-Benz (M-Klasse) und Mitsubishi (Pajero) zu einer relativ hohen Abhängigkeit vom SUV-Segment führen).

Neben dieser gezielten Suche nach Marktlücken und Portfoliorisiken aus Konzern- und Allianzsicht werden alle heutigen und zukünftigen Produkte auf Produktüberlappungen untersucht. Dabei werden – nach einem groben Screening auf Basis von ‚Cross-considerations' und faktischen Kundenwanderungen – alle verbleibenden Produktkombinationen nach einem detaillierten Bewertungsraster beurteilt, das auf der Methodik zur Bewertung von Markenüberlappungen aufbaut. Die dabei zugrunde gelegten Kriterien sind in der Reihenfolge ihrer Bedeutung:

1. Erreichte Kundengruppe/ zukünftige Zielgruppe
2. Produktimage
3. Fahrzeugfunktionalität
4. Preis
5. Fahrzeugdimensionen.

Ergebnis dieses Bewertungsprozesses ist, dass – analog zur Markenebene – auch auf der Produktebene so gut wie keine Kannibalisierungen stattfinden. Allerdings werden bei den langen Entwicklungszyklen im Automobilgeschäft die Effekte von ‚Component sharing' und das Wissen darüber bei unseren Kunden häufig erst bei kommenden Markteinführungen wirksam. Daher werden wir die Kundenreaktion hinsichtlich technischer und stilistischer Markendifferenzierung sowie die Akzeptanz von Preisunterschieden von Produkten mit einigen gleichen ‚Genen' weiterhin sehr aufmerksam beobachten. Dabei sind Produktkliniken, in denen konzeptähnliche Konzernfahrzeuge gegeneinander und im Vergleich zum relevanten Wettbewerb getestet werden, ein im EAC fest vereinbartes Element im Entwicklungsprozess. Durch den rechtzeitigen Einsatz dieser ‚Clinics' wird es gelingen, die einzelnen Fahrzeuge hinreichend zu differenzieren und diese zu echten Botschaftern ihrer speziellen Marke werden zu lassen.

Neben der Bewertung von Marktchancen und –risiken sowie der Überprüfung von Produktüberlappungen stellt die Suche nach zusätzlichen Möglichkeiten der technischen Zusammenarbeit zwischen einzelnen oder sogar allen Marken das dritte wesentliche

Element unseres Long Range Product Plans dar. Wie bereits aufgezeigt, ist die Realisierung von Synergiepotenzialen im heutigen Automobilgeschäft eine unabdingbare Notwendigkeit, um den Kunden attraktive Preis-/Wert-Verhältnisse zu bieten und die Ertragskraft der Hersteller zu sichern. Da ‚Standardisierung' zunächst qua definitione das Gegenteil von ‚Differenzierung' als Primat des Markengeschäfts ist, kommt es entscheidend darauf an, ‚Commonization' ‚richtig' anzuwenden.

Gerade in vertikal geschichteten Markenportfolios ist die Frage besonders wichtig, ob bei allen Marken gleich viel standardisiert werden darf bzw. ob und wann Premiummarken mit Volumenmarken zusammenarbeiten dürfen. Anerkennenswerte Erfolge von Lexus als Premiummarke von Toyota oder auch Audi im Konzert mit den Volumenmarken der Volkswagen AG deuten auf durchaus gegebene Möglichkeiten hin.

Detaillierte Wettbewerbsuntersuchungen haben uns gezeigt, dass eine technische Zusammenarbeit zwischen Automobilmarken nur wenig risikobehaftet ist, wenn diese Marken die gleiche Qualitätswahrnehmung, ein vergleichbares Imageniveau im Sinne von ‚Premiumness' oder sogar ein faktisch gleiches Preisniveau aufzeigen. Auch die Konstellation ‚Spin-off einer neuen Marke aus einer Muttermarke' (z. B. Lexus aus Toyota, ‚smart aus Mercedes-Benz') begrenzt das Kundenakzeptanzrisiko deutlich. Demgegenüber ist das Markenrisiko insbesondere (primär für eine Premiummarke) dann besonders groß, wenn die Qualitäts-, Image- und Preiswahrnehmungen sehr unterschiedlich sind und keine vom Kunden wahrgenommene ‚natürliche' Beziehung zwischen den zusammenarbeitenden Marken besteht (wie im Falle von Mergern, Markenakquisitionen und –kooperationen).

Wendet man diese Erkenntnisse auf das Markenportfolio von DaimlerChrysler und unseres Allianzpartners Mitsubishi an, halten wir eine intensive technische Zusammenarbeit innerhalb unserer Markengruppen (z. B. Chrysler mit Dodge) oder zwischen Marken mit ähnlicher Wertpositionierung im Volumensegment (z. B. Dodge mit Mitsubishi) für weitgehend unkritisch, solange keine markenprägenden Elemente standardisiert werden. Demgegenüber ist ein intensives, vom Kunden wahrgenommenes bzw. dem Kunden bekanntes ‚Component sharing' mit Mercedes-Benz mit deutlich höheren Risiken verbunden. Auch bei Fahrzeugen, die konzeptionell und stilistisch keine wahrnehmbaren Ähnlichkeiten aufweisen wie z. B. die Mercedes E-Klasse und der neue Chrysler 300C, wird jeder ‚Commonality'-Prozentpunkt von Journalisten intensiv erfragt bzw. aufmerksam registriert und zumindest in der automobilkäuferorientierten Presse kritisch – für die Marke Mercedes-Benz – kommentiert.

Entsprechend setzen wir das ‚Arsenal' an Möglichkeiten der technischen Zusammenarbeit markenspezifisch sehr unterschiedlich ein. Abbildung 6 klassifiziert sechs verschiedene technische Konzepte nach Intensität der Standardisierung und Risiko der Markenverwässerung.

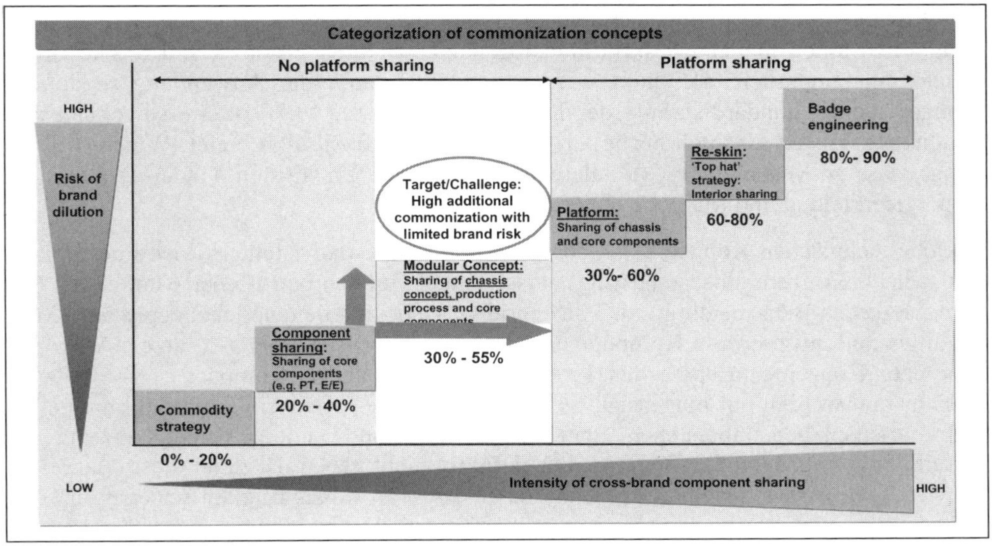

Abbildung 6: Klassifizierung von Gleichteilekonzepten nach Intensität der Standardisierung und Markenverwässerungsrisiko

Während in der in unserem Hause sehr intensiv eingesetzten ‚Commodity strategy' in der Regel nur von Zulieferern stammende und auch von Wettbewerbern genutzte Komponenten wie Gebläsemotoren oder Kühlaggregate markenübergreifend entwickelt und eingekauft werden, stellt das ‚Badge engineering', d. h. der Verkauf baugleicher Fahrzeuge unter unterschiedlichen Marken (im schlimmsten Fall in denselben Märkten) die kostengünstigste Variante der Fahrzeugentwicklung dar. Allerdings gibt es auch kein anderes technisches Konzept, dass Markenwerte schneller und zuverlässiger zerstört. ‚Badge engineering' ist in nahezu allen Fällen eine Todsünde für Hersteller, die Markenführung als markenorientierte Unternehmensführung und nicht als aktuelles Modethema im Management ansehen. Auch Re-skinning-Konzepte, d. h., bestehende Fahrzeuge mit einem markenspezifischen ‚neuen Hut' zu versehen, sind zumindest für Premiummarken nicht anwendbar.

Nachdem Plattformstrategien in den letzten Jahren – zum Teil aufgrund einer weniger intelligenten Anwendung und einer allzu offensiven Kommunikation – als markenschädigend in Verruf geraten sind, sucht die Automobilindustrie nach neuen unbelasteten Konzepten, die häufig als Modulstrategie bezeichnet werden – wobei hierunter jedoch jeder Hersteller etwas anderes versteht.

Die bei DaimlerChrysler präferierte Strategie der ‚Modularen Konzepte' bleibt hinter dem Standardisierungsgrad gemeinsamer Plattformen zurück. Wir verstehen darunter die gemeinsame Nutzung von Plattformkomponenten und anderer zentraler Fahrzeugkomponenten - z. B. Elektrik/ Elektronik und im Bereich des Antriebstranges (z. B. Getriebe). Im Gegensatz zu Plattformstrategien erlaubt dieses Konzept unterschiedliche Fahrzeugdimensionen in Länge, Breite und Radstand, wodurch Produkt- und Markendifferenzierungen deutlich erleichtert werden. Zudem erlaubt die Anwendung modularer Konzepte eine Standardisierung der Produktionsprozesse, was Vorteile sowohl in den Produktionskosten als auch bezüglich der Produktionsflexibilität bietet. Wir sind überzeugt, dass so verstandene ‚Modulare Konzepte' den günstigsten Trade-off zwischen Synergieerzielung und Markendifferenzierung bieten.

Welche technischen Konzepte aus dem in Abbildung 6 dargestellten ‚Instrumentenkasten' wir im Konzern einsetzen, hängt entscheidend von den betroffenen Marken ab. Sofern Mercedes-Benz beteiligt ist, konzentrieren sich die Gleichteilekonzepte auf Commodities und ausgewählte Komponenten des ‚Component sharing'-Ansatzes. Allenfalls modulare Konzepte in speziellen Produktsegmenten (SUVs, Compact cars) sind vorstellbar und werden nur eingesetzt, wenn überzeugende Kosteneinsparungen minimalen Markenrisiken gegenüberstehen. Plattformstrategien und weitergehende Konzepte mit Beteiligung von Mercedes-Benz wird es definitiv nicht geben. Dazu ist diese Marke ein zu wichtiges ‚Asset' für unser Haus und ein Verlust an Einzigartigkeit widerspricht den Wünschen und Erwartungen der Mercedes-Kunden. Demgegenüber wird die Anwendung modularer Konzepte bei anderen Markenkombinationen eher die Regel werden, wobei allerdings auch in besonders preiskritischen (Volumen-)Segmenten weitergehende Gleichteilestrategien zu prüfen sind.

Insgesamt verfügen wir mit dem Long Range Product Plan über ein Instrumentarium, das aus Sicht des Gesamtkonzerns und des gesamten Markenportfolios

- Marktchancen in den einzelnen Produktsegmenten und Regionen ausschöpft,
- Produktüberlappungen verhindert,
- sowie die markenspezifisch richtige Balance zwischen Kostensenkung und Markendifferenzierung sicherstellt.

3. Zusammenfassung und Ausblick

Erfolgreiches Markenmanagement ist eine der wichtigsten Zukunftsaufgaben im Automobilmanagement. Es ist zugleich eine der schwierigsten und komplexesten Aufgaben, insbesondere, wenn Marken aus verschiedenen Preissegmenten und Kulturen in einem Portfolio zu integrieren sind. Darum haben wir Mehrmarkenmanagement zur Chefsache gemacht: alle wichtigen markenübergreifenden Entscheidungen fallen im Executive Automotive Committee auf Vorstandsebene.

Obwohl wissenschaftliche Publikationen und Beraterkonzepte zum Thema Marke seit einiger Zeit geradezu explosionsartig zunehmen, sind Empfehlungen zum Mehrmarkenmanagement noch relativ selten und häufig noch sehr generisch. Dies mag zum einen an der späten Entdeckung dieser anspruchsvollen Aufgabe liegen, zum anderen zeigt zumindest unsere Erfahrung, dass ‚Lösungen von der Stange' nicht weiterhelfen. Die organisatorische Komplexität der verbliebenen Automobilkonzerne erfordert ‚maßgeschneiderte' Konzepte. DaimlerChrysler ist auf dem Weg zu einem professionellen Mehrmarkenmanagement in den letzten Jahren ein gutes Stück vorangekommen.

- Unsere Brand Guidelines definieren verbindlich die Positionierungen und Rollen der einzelnen Marken und die Regeln der Zusammenarbeit.
- Der Brand Performance Report überprüft regelmäßig die Stärke unserer Marken in ihrem relevanten Wettbewerbsumfeld und gibt Hinweise für ihre Weiterentwicklung.
- Der Long Range Product Plan schafft die produktseitigen Voraussetzungen für starke Marken in einem überschneidungsfreien, attraktiven Markenportfolio, das alle Marktchancen ausschöpft.

Die beschriebenen Optimierungen zwischen Markendifferenzierung und Synergieerzielung finden natürlich auch in den Vertriebs- und Servicenetzen statt. So unterstützt z. B. eine Integration aller Konzernmarken auf der Wholesale-Stufe in so genannten ‚Market Performance Centern' neben der Erzielung von Skaleneffekten auch ein erfolgreiches Mehrmarkenmanagement auf der Länder- und Regionalebene. Zudem tragen gemeinsame Prozesse wie z. B. in der Ersatzteillogistik oder eine einheitliche IT-Plattform im Customer Relationsship Management nicht nur zur Kostenoptimierung, sondern auch zur Qualitätssteigerung bei. Am ‚point of customer contact' gilt hingegen das Primat der Markendifferenzierung und –exklusivität.

Es würde den Umfang dieses Beitrages sprengen, auch nur die wichtigsten Herausforderungen im Mehrmarkenmanagement im Vertriebs- und Servicenetz wie z. B. das Vordringen konzernübergreifender Multibrand-Megadealer oder das Entstehen von Servicespezialisten (z. B. Quick-fit-Ketten wie Pitstop oder ATU) und unsere Antworten darauf (z. B. Mercedes-Benz Center als so genannte ‚Flagship Stores' zur Zelebrierung der Marken-Erlebniswelt) auch nur ansatzweise darzustellen. Aber überzeugende Lösungen im Vertriebs- und Servicenetz sind genauso wichtig und werden mit der gleichen Priorität und Konsequenz verfolgt wie die Gestaltung markenspezifisch differenzierter Produkte.

Unserem Ziel, wie im Fall von Mercedes-Benz alle unsere Marken in eine führende Position in ihren jeweiligen Segmenten zu entwickeln, sind wir in den letzten Jahren ein gutes Stück näher gekommen. Und wir werden weiterhin konsequent an dieser Aufgabe arbeiten – mit markenprägenden Produkten und Dienstleistungen, präsentiert in markenspezifischen Erlebniswelten, die den Verstand unserer Kunden überzeugen und ihre Herzen höher schlagen lassen.

Literaturverzeichnis

BREHM, H.-G. (2003), Einfach nur das Beste: Mercedes-Benz, in: Schmidt, K. (Hrsg.), Inclusive Branding – Methoden, Strategien und Prozesse ganzheitlicher Markenführung, München/Unterschleißheim 2003, S. 111-131.

BREHM, H.-G. (2004), Die strahlende Nummer 1 – Das Management der Führungsmarke, in: Ebel, B. et al (Hrsg.), Automotive Management, Berlin/ Heidelberg 2004, S. 555-573.

GÖTTGENS, O./LEACH, M./WIRTZ, B. (2003), Regelmäßiges Markenwert-Benchmarking – Markenbewertung der DAX 30 und Euro Stoxx 50 Unternehmen mittels BEES, http://www.handelsblatt.com/rd/pdf/markenwert_studie.pdf, Abruf: 08.12.2003.

FUTUREBRAND (HRSG.) (2003), Getting your Brand in Gear – The 2003 FutureBrand Automotive Study, 2003.

HUBBERT, J. (2003), Mercedes-Benz – Der Stern am Automobilhimmel, in: Gottschalk, B./ Kalmbach, R. (Hrsg.), Markenmanagement in der Automobilindustrie, Wiesbaden 2003, 323-334.

INTERBRAND (HRSG.) (2003), Interbrands Annual Ranking of 100 of the Best Global Brands 2003, http://www.interbrand.ch/pdf/03Global_Brands_Ranking.pdf, Abruf: 08.12.2003.

REITZLE, W. (2001), „Luxus schafft Wohlstand“: Die Zukunft der globalen Wirtschaft, Hamburg 2001.

SEMION BRAND BROKER (HRSG.) (2003), Berühmte deutsche Marken in Euro & Cent, http://www.semion.com/value/v_tab2003.htm, Abruf: 08.12.2003.

Peter Gerard und Mark Grether

Kundenwertmanagement in Handelsunternehmen

1. Handelsunternehmen vor neuen Herausforderungen

Handelskonzerne sehen sich in der aktuellen Wirtschaftslage mit einer ganzen Reihe von *Herausforderungen* konfrontiert: 1. Lahmende Konjunktur: das Statistische Bundesamt stellte einen Umsatzrückgang im Handel im November 2003 im Vergleich zum Vorjahr von -4,2 % fest.[1] 2. Bedarfsdifferenzierung und hybrides Kaufverhalten: Kunden werden immer anspruchsvoller, deren individueller Bedarf immer heterogener, und ein Smart-Shopping-Verhalten wird immer häufiger. 3. Marketingimmunität: Die klassischen Instrumente des Marketings wie beispielsweise unpersonalisierte Massenwerbung erweisen sich zunehmend als unwirksam. 4. Erosion der Profilierung durch die Kernleistung: Eine Profilierung über das eigentliche Kernprodukt ist heute kaum noch möglich, da sich Qualität und Preise der Konkurrenzprodukte zunehmend angleichen. 5. Variety Seeking-Tendenz: Das heutige Konsumentenverhalten ist durch eine hohe Bereitschaft gekennzeichnet, den eigenen Bedarf nicht nur bei einem einzigen Stammanbieter, sondern bei unterschiedlichen Anbietern zu decken.[2] Die Beschreibung dieser Ausgangssituation macht deutlich, dass Unternehmen ihre Unternehmensstrategie an diese Veränderungen anzupassen haben. Im Mittelpunkt der Neuausrichtung steht die *„Wiederentdeckung" des Stammkunden*. Die Einsicht, dass die Profitabilität eines Kunden mit der Länge der Geschäftsbeziehung steigt, während das Risiko und die Transaktionskosten sinken,[3] beeinflusst in zunehmender Weise unternehmerisches Handeln. Voraussetzung für diese Kunden- und Beziehungsorientierung ist, Kunden individuell anzusprechen und ihnen das Gefühl zu vermitteln, dass das Unternehmen den Kunden kennt und weiß, was dieser möchte.

2. Der Kundenwert im Handel

Im Mittelpunkt des Aufbaus dauerhafter Kundenbeziehungen steht der *Kundenwert* als zentrale Steuerungsgröße. Bei der großen Zahl von Kunden des Handels und den vielfältigen Kundenkontaktmöglichkeiten wird schnell offensichtlich, dass ein Handelskonzern nicht alle Kunden im gleichen Umfang kennen kann und dass es ökonomisch nicht sinn-

---

1 Vgl. Statistisches Bundesamt (2004).

2 Vgl. Bauer/Grether (2002), S. 2.

3 Vgl. Reichheld/Sasser (1990).

voll ist, auf alle Bedürfnisse individuell einzugehen. Vielmehr muss die Kundenbearbeitung entsprechend des Werts des Kunden für das Unternehmen priorisiert werden. Somit ist die *Segmentierung der Kundenbasis* für die Sicherstellung von profitablen Kundenbeziehungen notwendig (vgl. Abbildung 1).[4]

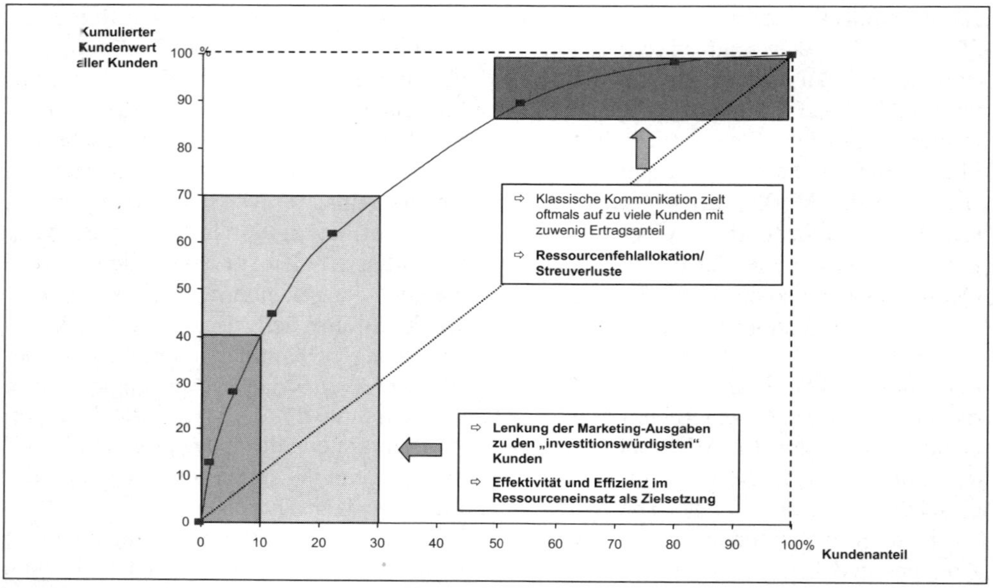

Abbildung 1: Segmentierung der Kundenbasis[5]

In dem vorliegenden Beitrag wird unter Kundenwert der Wert eines Kunden für ein Unternehmen verstanden.[6] Der Kundenwert aus Anbietersicht wird im Englischen häufig mit Customer Lifetime Value gleichgesetzt.[7] Der Customer Lifetime Value entspricht dem Barwert aller Ein- und Auszahlungen, die von einem Kunden während der Geschäftsbeziehung ausgelöst werden. Damit werden sowohl vergangenheits- als auch zukunftsorientierte Zahlungsströme berücksichtig. Zusätzlich müssen monetäre und nichtmonetäre Bestimmungsfaktoren berücksichtigt werden, um die Vielschichtigkeit des Kundenwertes aus Anbietersicht zu erfassen.[8]

---

4 Vgl. König (2001).

5 In Anlehnung an Merkel/Franz (2003), S. 791.

6 Vgl. Eberling (2002), S. 32.

7 Vgl. grundsätzlich Dwyer (1989); Blattberg/Deighton (1993); zur Übersicht Kerner (2002), S. 178 und auch Eberling (2002), S. 34.

8 Vgl. Kall/Leitner (2003), S. 26.

Zu den *monetären Einflussgrößen* des Kundenwertes gehören der Umsatz sowie die Kosten, die ein Kunde einbringt bzw. verursacht. Der Umsatz lässt sich wiederum in bereits getätigten Umsatz sowie in zukünftige Umsatzpotenziale untergliedern.[9] Der Vorteil eines Kundenbindungsprogramms bei einem Handelskonzern liegt darin, dass *Umsatzdaten* mit dem Karteneinsatz über das Kassensystem schnell und kostengünstig erfasst werden können.

Das *Umsatzpotenzial* ergibt sich zum einen aus dem zukünftigen Umsatz mit Produkten, die der Kunde bereits in der Vergangenheit gekauft hat, aus potenziell höheren Preisen bei diesen Produkten bedingt durch eine geringere Preissensibilität des Kunden im Laufe der Kundenbeziehung sowie aus dem Cross-Selling- und Up-Selling-Potenzial.[10] Dieses beinhaltet die Erlöspotenziale aus dem Absatz von Leistungen, die bisher noch nicht an diesen Kunden verkauft wurden.[11]

Um das zukünftige Umsatzpotenzial von Konsumenten zu ermitteln, kann dieses mit Hilfe von Data Mining-Methoden[12] prognostiziert werden.[13] Mit diesen Verfahren werden zielgenau Konsumentensegmente ermittelt, welche in den Folgeperioden mit hoher Wahrscheinlichkeit ihren Umsatz aufgrund von Zusatz-, Folge- oder Cross Selling-Käufen steigern beziehungsweise den ursprünglichen Umsatz konstant halten oder sogar verringern. Über die daraus abzuleitenden segmentspezifischen Wahrscheinlichkeiten und mathematischen Verknüpfungen mit den für die Produkte kalkulierten Preisen und den damit verbundenen Umsätzen gelangt man so zu den individuellen potenziellen Erlösen pro Kunde.[14]

In der folgenden Abbildung 2 werden die Cross-Selling Potenziale im Handel aufgezeigt. Hierbei wird unterschieden, ob das Kernprodukt und das Zusatzprodukt zur gleichen Produktkategorie (z. B. Hemd und Krawatte) oder zu zwei unterschiedlichen Kategorien (z. B. Sommerurlaub und Badehose) gehören. Studien zeigen, dass Handelsunternehmen durch die konsequente Ausschöpfung der Cross-Selling Potenziale ein Umsatzwachstum von bis zu 15 % erzielen können.

---

9 Vgl. Homburg/Schnurr (1999), S. 2.

10 Vgl. Reichheld/Sasser (1990).

11 Vgl. Reichheld/Sasser (1990).

12 Zu Data Mining vgl. u. a. Adriaans/Zantige (1996); Küppers (1999); Kerner (2002), S. 138 ff.

13 Zur Ermittlung zukunftsorientierter Kundenwerte vgl. Dwyer (1989); Krüger (1997), S. 142 ff., zum Modell zur Ermittlung von Kundenwertprognosen bei Bankkunden vgl. Kerner (2002), S. 205 ff.

14 Vgl. Kerner (2002), S.214 ff.

Kernprodukt / Zusatzprod.	Mode	Sport	Consumer Electronics	Hausrat	Nahrungsmittel	Touristik	Financial Services
Mode	● z.B. Krawatte zum Hemd	● z.B. Tennishose zum Schläger	○	○	○	◑ z.B. Bademode zum Strandurlaub	○
Sport	◔ z.B. neue Skateboardrollen zur Skaterhose	● z.B. Ballpumpe zum Fußball	○	○	◔ z.B. Springseil zu Diätprodukten	◑ z.B. Snowboard zur Winterreise	○
Consumer Electronics	○	◔ z.B. Walkman zur Joggingkleidung	● z.B. CD zum CD-Player	◔ z.B. Spülmaschine zur Küchen-einrichtung	◔ z.B. Toaster zum Toastbrot	◔ z.B. Video-kamera zu Reise	◔ z.B.Wasch-maschine an Kreditkunden
Hausrat	○	○	◔ z.B. TV-Rack zum Fernseher	● z.B. Tischdecke zum Geschirr	◔ z.B. Spargeltopf zum Spargel	◔ z.B. Picknick-Geschirr zum Campingurlaub	◔ z.B. Möbelangebot an Kunden mit einer Hausratvers.
Nahrungsmittel	○	◑ z.B. Isodrinks zu Kraftsportgeräten	◔ z.B. Kaffee zur Kaffeemaschine	◔ z.B. Bordeaux zur Weinkaraffe	● z.B. Käse zum Wein	◔ z.B. Fertiggerichte zum Camping-urlaub	○
Touristik	○	◑ z.B. Tauchreise zur Tauchaus-rüstung	○	○	○	● z.B. Mietwagen zur Reise	◔ z.B. große Urlaubsreise an Kreditkunden
Financial Services	◔ z.B. Finanzierung zum Pelzmantel	◔ z.B. Unfallver-sicherung zur Sportausrüstung	◑ z.B. verlängerte Garantie zum TV-Gerät	◔ z.B. Hausratvers. zur Wohnungs-einrichtung	○	◑ z.B. Auslandskranken-vers. zur Reise	● z.B. Kreditkarte zum Sparbrief

● Hohes Potenzial ◑ Mittleres Potenzial ◔ Geringes Potenzial ○ kein Potenzial

Abbildung 2: Cross-Selling Potenziale nach Produktkategorien

Ein weiterer, in der Praxis häufig angewandter Ansatz zur Ermittlung von Cross-Selling Potenzialen ist neben der Bestimmung der Affinitäten zwischen Produktkategorien das Lebensphasenkonzept, wonach mittels Kundenkriterien wie Alter, Geschlecht, Familienstand sowie Haushaltsgröße Rückschlüsse auf jeweilige Lebensphasen gezogen werden können. Hiervon ableitbar sind beispielsweise die aktuelle Haushaltsausstattung und der entsprechende zukünftige Bedarf. Dadurch können zukünftige Ausgaben- und damit Umsatzpotenziale prognostiziert werden.

Im Rahmen der Betrachtung der *Kosten* als Treiber des Kundenwertes ist entscheidend zu messen, welche Kosten mit der Existenz eines bestimmten Kunden entstehen und welche Kosten folglich entfallen, wenn dieser Kunde nicht mehr bedient wird.[15] Grundsätzlich sollte deshalb zur Bestimmung des Kundenwertes auch der Deckungsbeitrag bzw. das Deckungsbeitragspotenzial berücksichtigt werden.

Bei einem Handelskonzern unterscheiden sich die individuellen Kosten insbesondere aufgrund unterschiedlicher *Bonitäten der Kunden.*[16] Sollte ein Kunde beispielsweise ein Produkt auf Raten finanzieren, sind zwei Aspekte zu berücksichtigen: Zum einen ist das Forderungsausfallrisiko zu bestimmen und zum anderen die durch die Ratenfinanzierung zusätzlich generierbaren Zinszahlungen.

---

15 Vgl. Homburg/Schnurr (1999), S. 4; Haag (1992), S. 28 f.

16 Vgl. Bunk (2003), S. 26.

Die Zahl der Forderungsausfälle im Versandhandel stieg von 2001 bis 2003 um mehr als 60 % an. Seit November 2001 können Privatpersonen leichter Insolvenz beantragen und die Zahl der Insolvenzverfahren hat sich von November 2001 bis Juni 2003 dadurch fast verdreifacht (vgl. Abbildung 3). Aufgrund der zunehmenden Zahl von überschuldeten Haushalten in Deutschland darf das Bonitätsrisiko bei der Ermittlung des Kundenwertes somit nicht vernachlässigt werden. Die Bonitätsprüfung erfüllt aus Verbrauchersicht aber auch die Funktion eines Selbstschutzes, indem Käufe von Privatpersonen verhindert werden, die sich diese Käufe aufgrund ihrer Einkommenssituation nicht leisten können.

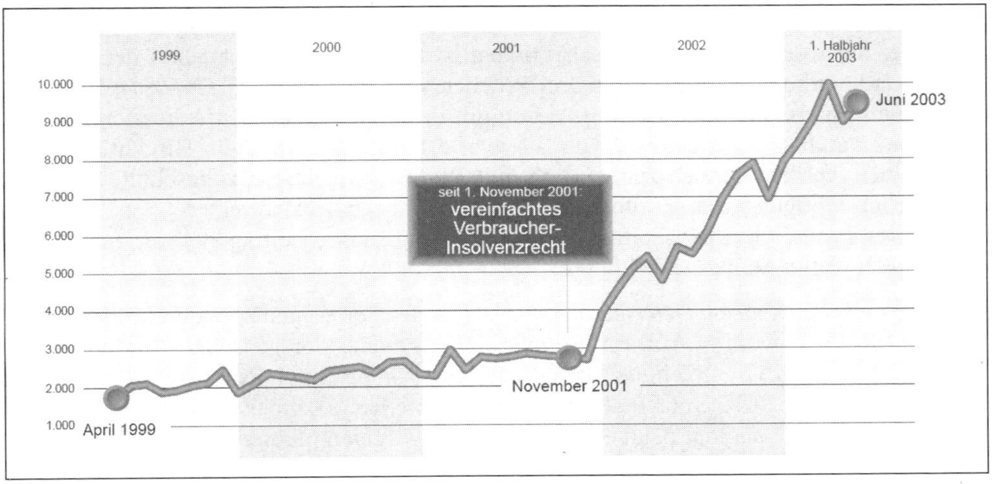

Abbildung 3: Entwicklung der Insolvenzen April 1999 - Juni 2003[17]

In Anlehnung an das Bonitäts-Scoring bei Kreditinstituten im Firmen- und Privatkundengeschäft können im Handel mit Hilfe von Data Mining-Verfahren risikobehaftete wie auch risikoarme Kundensegmente identifiziert und mit Ausfallwahrscheinlichkeiten bewertet werden. Letztere ergeben multipliziert mit dem Umsatz und einem internen Ausfallkostensatz die Bonitäts-Kosten. Durch die Finanzierung entsteht auf der anderen Seite ein Zinsertrag für das Handelsunternehmen und somit steigt der Kundenwert an, falls die Marge höher ist als der bei der Risikoermittlung des Kundenwertes zugrunde gelegte Diskontierungsfaktor.

Neben dem Kostenfaktor Bonitätsrisiko des Kunden bestehen noch zwei weitere kundenspezifische Kostentreiber: *Interaktionskosten* entstehen, wenn ein Kunde im Customer Interaction Center des Händlers anruft oder einen zu beantwortenden Brief an dieses

17 InFoScore (2003).

schreibt. Auf der Basis von Interaktionsdaten können die Interaktionskosten durch die Anzahl der Interaktionen pro Kommunikationskanal multipliziert mit dem damit verbundenen Kostenfaktor ermittelt werden.

Des Weiteren entstehen *Kosten im Rahmen von Direktmarketingkampagnen* wie etwa Mailings zu Themen, die für die jeweilige Zielgruppe aufgrund der ermittelten Umsatzpotenziale von Interesse sind. Je nach Aufwendigkeit und Komplexität einer Direktmarketingmaßnahme (z. B. Art des Mediums, Mehrstufigkeit der Kampagne, Response-Weg) können die Kosten den Kunden zugeordnet werden. Gleichzeitig werden diese Kosten den erzielten Umsätzen gegenübergestellt, um den Werbemittelerfolg zu kontrollieren. So werden zwar ca. 10 % des Umsatzes im Handel durch Mailing-Aktionen initiiert, aber die Kostendeckung dieser Aktionen ist häufig erst nach Auslauf der eigentlichen Werbewirkung nach zwei bis drei Wochen zu verzeichnen. Diese Zeitspanne und somit die Rentabilität einer Mailing-Aktion gilt es durch zielgenaues Adressieren zu reduzieren. Durch die Vermeidung von Streuverlusten im Rahmen von Direktmarketingkampagnen werden Kunden zudem nicht mit Werbemaßnahmen „zugeschüttet". Durch die Berücksichtigung dieser kundengruppenspezifischen Kostentreiber ist es möglich, statt eines Produktdeckungsbeitrags einen Kundendeckungsbeitrag bei der Ermittlung des Kundenwertes zu berücksichtigen.

Zu den *nicht-monetären Determinanten* des Kundenwertes gehören der Informations- und der Referenzwert.[18] Auf Basis einer umfangreichen empirischen Studie kommt Reichheld (2003) zu dem Schluss, dass die Anzahl von positiven Referenzen das Wachstum besser prognostizieren lässt als ein Kundenzufriedenheitsindex. Begründet wird dies dadurch, dass Personen nur dann ein Unternehmen weiterempfehlen und mit dieser Empfehlung die eigene Reputation in die Waagschale werfen, wenn sie selbst von den Leistungen des Unternehmens überzeugt und zu diesem loyal sind. In Anlehnung an Cornelsen (1996) kann das Referenzpotenzial definiert werden als die Anzahl der potenziellen Kunden, die ein Kunde innerhalb eines bestimmten Zeitraums aufgrund seines Weiterempfehlungsverhaltens und Einflussvermögens mit positiven, neutralen oder negativen Informationen bezüglich eines Anbieters oder eines Produkts erreichen und entsprechend beeinflussen kann.[19]

Die Messung des Referenzwertes gestaltet sich in der Praxis jedoch äußerst problematisch, da Referenzen außerhalb des Interaktionsbereichs zwischen Anbieter und Kunde vor dem Kauf bzw. Nicht-Kauf abgegeben werden. Folglich bleibt als Möglichkeit zur Bestimmung des Referenzwerts häufig nur die direkte Befragung der Neukunden, ob diese durch Altkunden geworben wurden. In diesem Fall kann jedem Kunden, der einen neuen Kunden und/oder einen neuen Teilnehmer des Kundenbindungsprogramms geworben hat, der monetäre Wert des Neuteilnehmers zugeordnet werden. Dieser Neukun-

---

18 Vgl. Cornelsen (1996), S. 15; Reichheld/Teal (1996), S. 48; Diller (1995), S. 42 f.

19 Vgl. Cornelsen (1996), S. 14 f.

denwert kann ein Durchschnittskundenwert über alle Kundenwerte sein oder in seiner Höhe davon abhängig gemacht werden, ob der Geworbene zu einem „wertvollen" oder weniger wertvollen Kundensegment mit entsprechenden Umsatzpotenzialen gehört.

Der *Informationswert* als weiterer nicht-monetärer Bestandteil des Kundenwertes ergibt sich aus der Gesamtheit der für das Unternehmen verwertbaren Informationen, die ihm durch den Kunden zufließen.[20] Die Informationen besitzen an sich noch keinen Wert, sondern gewinnen diesen erst durch ihre Verwendung in betrieblichen Prozessen.[21] Kostensenkungen im Direktmarketing können z. B. durch die Auskunftsbereitschaft eines Kunden hinsichtlich seiner Produktpräferenzen realisiert werden. Erlössteigerungen entstehen z. B. durch von Kunden angeregte neue Produkte. Beschwerden über Produktmängel helfen, die Produktqualität zu steigern, was wiederum sowohl zu Kostensenkungen in der Produktion als auch zu Erlössteigerungen aufgrund besserer Produktqualität führen kann.

Bei der Bestimmung des Informationswerts ergeben sich in der Praxis zwei Probleme: Zum einen müssen Konsumenten Informationen überhaupt an das Unternehmen weitergeben. Damit es zu einer Rückkopplung zwischen der vom Konsument wahrgenommenen bzw. erwarteten Leistung und der vom Unternehmen erbrachten bzw. intendierten Leistung kommt, müssen für den Kunden Anreize zum Feedback geschaffen werden. Auf der anderen Seite müssen die Informationen des Kunden beurteilt werden. Die monetäre Bewertung von Informationen ist jedoch nur schwer zu realisieren.[22]

3. Nutzung der Kundenwertberechung für Marketingmaßnahmen

Durch die Bestimmung des Kundenwertes werden Handelskonzernen eine Reihe von Chancen geboten, um den Bedürfnissen der Kunden besser gerecht zu werden und damit die Kundenzufriedenheit und schließlich die Kundenbindung zu steigern. Die aus dem Kundenwert abgeleiteten Möglichkeiten lassen sich in *kundenorientierte* und *unternehmensorientierte Maßnahmen* einteilen. So eignet sich der Kundenwert insbesondere für

20 Vgl. Schleuning (1994), S. 161; Eberling (2002), S. 154.

21 Vgl. Hoffmann (1991), S. 95.

22 Vgl. Rieker (1995), S. 57.

ein am Kunden orientiertes *Customer Relationship Management*. Je nach Einordnung in ein bestimmtes Kundenwertsegment (z. B. A-Käufer) können entsprechende Segmentstrategien und -maßnahmen geplant und durchgeführt werden:[23]

Aktivierungsmaßnahmen: Die Aktivierung der Konsumenten erfolgt im Rahmen von so genannten Community-Konzepten.[24] Zwei Aspekte sind für die Etablierung und Ausgestaltung einer Community relevant:[25] Zum einen muss es sich um ein für den Konsumenten wichtiges Thema handeln und damit in dessen Lebenskonzept passen sowie Auswirkungen auf sein Konsumverhalten haben. Zum anderen muss das Community-Konzept für den Handelskonzern relevant sein, d. h. es muss zu den Produkten des Konzerns passen, und die Anzahl der Kunden mit einer Affinität zu dem Thema sollte entsprechend groß sein. Diese Affinität lässt sich auf Basis der Kundengruppen-Auswertungen bestimmen und ergibt sich aus dem bisherigen Kaufverhalten sowie aus entsprechenden Persönlichkeitsprofilen, die einen Konsumenten auszeichnen. In der folgenden Abbildung 4 sind typische Communities auf Basis des Einkaufsverhaltens dargestellt, die als Basis für eine Kundensegmentierung dienen können.

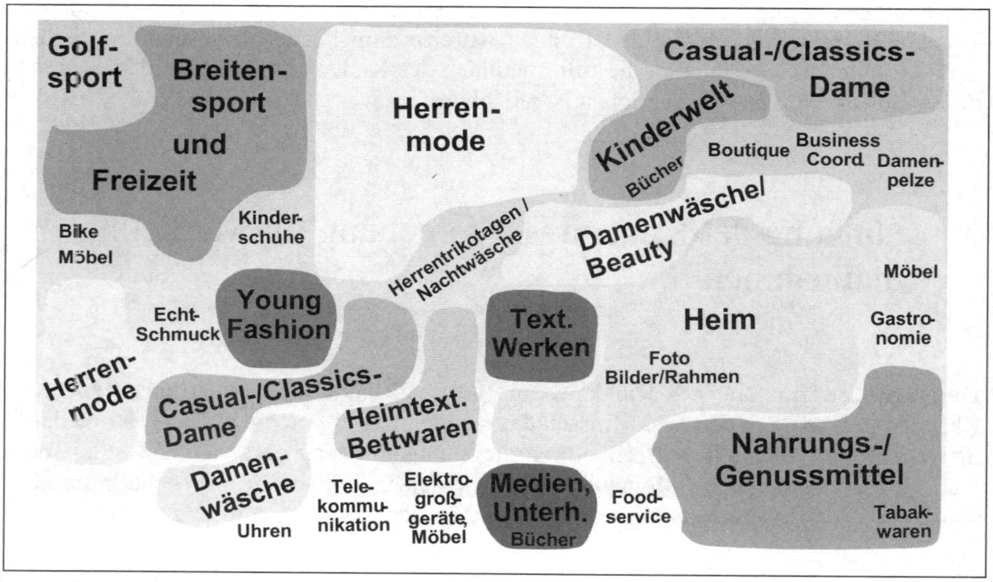

Abbildung 4: Zweidimensionale Darstellung von Kunden-Communities

23 Vgl. Kerner (2002), S. 239 ff.

24 Vgl. Bauer/Grether/Brünner/Leach (2001), S. 325 ff.

25 Vgl. Merkel/Franz (2003), S. 803.

Durch die Dreidimensionalität in Abbildung 5 ist es zudem möglich, die Größe der Kundensegmente zu visualisieren.

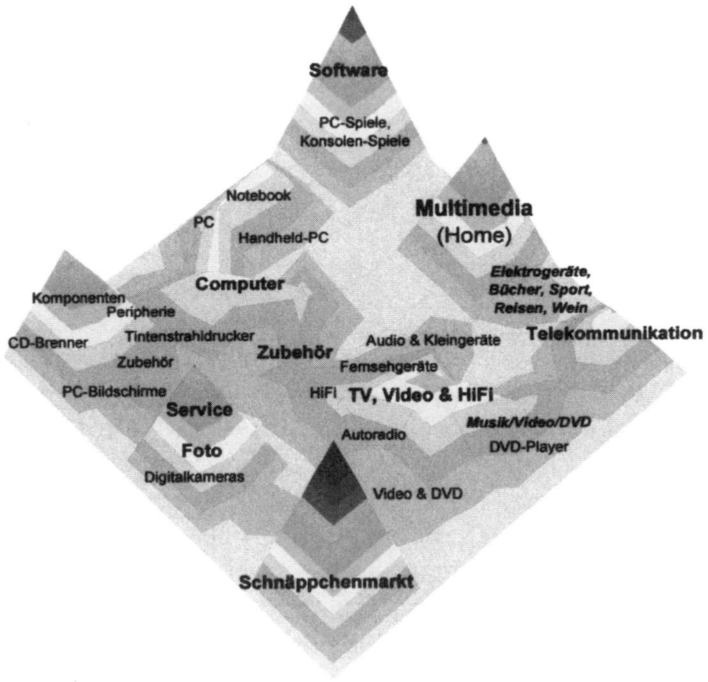

Abbildung 5: Dreidimensionale Darstellung von Kunden-Communities

Durch die Affinität zu einer Kundengruppe können auch die Konsumenten angesprochen werden, die mit großer Wahrscheinlichkeit ihren Bedarf noch nicht bzw. bisher in anderen Einkaufsstätten decken. Wein-affine Personen erhalten beispielsweise spezielle Einladungen zu Weinproben und Reisen in typische Weinregionen (vgl. Abbildung 6). Auf diese Weise sollen die Cross-Selling-Potenziale der Konsumenten ausgeschöpft werden.

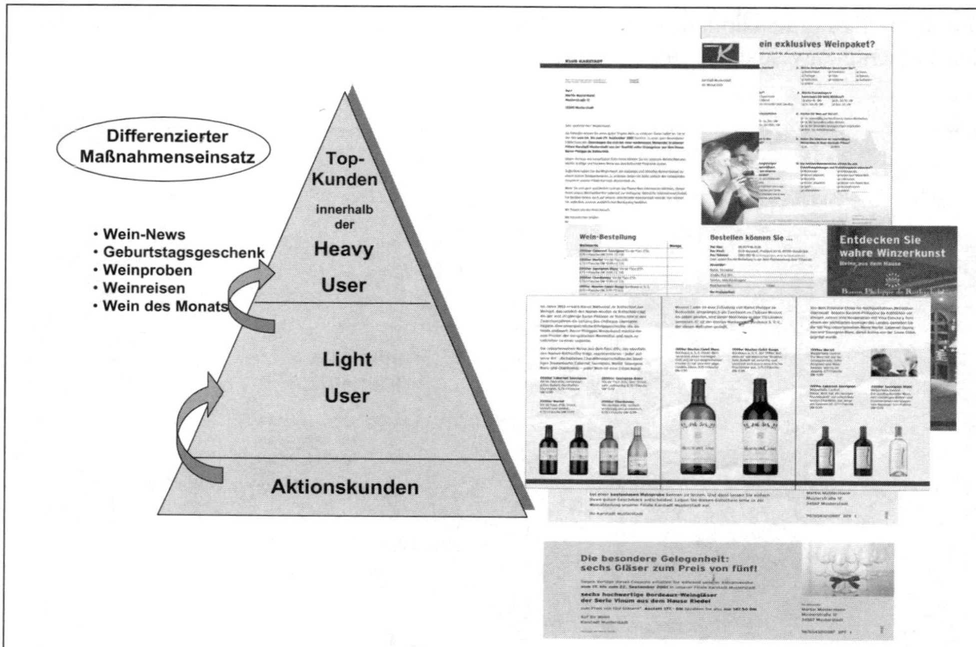

Abbildung 6: Aktivierungsmaßnahmen am Bespiel wein-affiner Kunden

Dieses Beispiel zeigt auch, wie durch individualisierte Kommunikationsmaßnahmen Streuverluste reduziert und somit Kosten eingespart werden können. Im Rahmen der individualisierten Kommunikationsmaßnahmen lassen sich folgende empirische Faustregeln formulieren:

1. Wird eine Zielgruppe zum ersten Mal durch Direktwerbung angesprochen, liegt die durchschnittliche Responsequote zwischen 0,5 und 3 %. Besonders erfolgreich hinsichtlich der Responsequoten ist eMail-Marketing: Hier werden zum Teil Responsequoten von 5-10 % erzielt.

2. Je entfernter das mit der Direktwerbung verfolgte Ziel von der Verkaufshandlung bzw. dem Kaufakt des Verbrauchers liegt, desto höher ist die Responsequote.

3. Personalisierte Direktmarketingaktionen erzielen gegenüber unpersonalisiert gestreuten Aktionen durchschnittlich eine zwei- bis dreifache Responsequote. Erzielt eine personalisierte Werbung jedoch nicht mindestens die doppelte Responsequote gegenüber einer entsprechenden unpersonalisierten Werbung, war die vorgenommene Adress-Selektion der personalisierten Zielgruppe unzureichend und die Personalisierung in der Regel unwirtschaftlicher als eine entsprechende unpersonalisiert gestreute Werbung.

Aufgrund dieser geschilderten Vorteile sollten im Handel nicht nur klassische Kommunikationsdisziplinen wie Print- und TV-Werbung („above-the-line"), sondern in zunehmendem Maße auch „below-the-line" Kommunikationsmittel wie Direktmarketing eingesetzt werden.[26]

Incentivierungsmaßnahmen: Kunden mit einem hohen Kundenwert sollten besondere Angebote offeriert werden: So erhalten sie zu besonderen Anlässen (Geburtstag, Jubiläum etc.) eine besondere Ansprache, regelmäßige Newsletter und Prämienofferten.

Churn-Prevention-Maßnahmen: Kunden mit einem hohen Kundenwert, deren Umsätze aktuell absinken, werden angesprochen und nach Gründen wie zum Beispiel Unzufriedenheit etc. befragt.

Im Rahmen der *unternehmensorientierten Möglichkeiten*, die sich aus der Kundenwertbestimmung ergeben, sind die Management-Unterstützung und die Optimierung aller Vertriebskanäle zu nennen. An dieser Stelle sollen jedoch nur einige Beispiele aufgeführt und auf die weiterführende Literatur verwiesen werden.[27] Im Mittelpunkt steht der Informationsgewinn. So können mit Hilfe der Ermittlung der Kundenwerte nicht nur die tatsächlichen Kunden und Kundenstrukturen einzelner Handelsfilialen und Branchen erkannt werden, sondern auch Kaufverhaltensänderungen. Die Optimierung der Kommunikationsinhalte wurde bereits angesprochen. Darüber hinaus können aus Umsatz- und Cross-Selling-Untersuchungen Sortiments- und Standortmaßnahmen entwickelt, Einzugsgebietanalysen erstellt und die Preispolitik mit Hilfe von Verbundstrategien verbessert werden. Des Weiteren können Käufertypen hinsichtlich ihres Preisbewusstseins ermittelt werden.

4. Voraussetzungen für ein kundenkartenbasiertes Kundenwertmanagement

Grundlegende *Voraussetzung* für die Berechnung des Wertes eines Kunden für ein Unternehmen ist die Erfassung von Informationen über den Kunden. Die Aufgabe der Beschaffung von Kundenwertinformationen ist die effiziente und effektive Gewinnung der notwendigen Eingangsinformationen für die Ermittlung des Kundenwertes.[28] Hauptlie-

---

26 Vgl. Hartwig (2003).

27 Vgl. Eberling (2002); Kerner (2002).

28 Vgl. Eberling (2002), S. 105.

feranten für die im Kundenwertmanagement zentralen Informationen zu Wertbeiträgen aus bestehenden Kundenbeziehungen sind vor allem das Rechnungswesen und die Marketingsysteme.[29]

Ein *kundenorientiertes Rechnungswesen* ist der Ausgangspunkt für die Gewinnung von kundenbezogenen Erfolgsinformationen, da es die kundenspezifische Zuordnung relevanter Kosten- und Erlösgrößen erlaubt. Im Rahmen der *Marketingsysteme* spielen insbesondere im Handel Scanner-Kassen in Verbindung mit einer Kundenkarte die entscheidende Rolle bei der Datengenerierung.

Die eiserne Regel in der *Verarbeitung von Konsumentendaten* ist die Einhaltung jeglicher gesetzlicher und ethischer Grundlagen. Im Mittelpunkt steht die Schaffung eines Vertrauensverhältnisses mit den Konsumenten. Sollte beispielsweise ein Konsument das Gefühl haben, die erhobenen Daten würden für andere als die vereinbarten Zwecke genutzt werden, wäre die Vertrauensbasis zerstört, und Handelsunternehmen hätten keine Chance mehr, eine langfristige Kundenbeziehung aufzubauen.[30]

Die zweite Voraussetzung für die Etablierung des Kundenbindungsprogramms durch das Medium Karte ist die *Nutzung der Kundenkarte* durch die Kunden. Etwa die Hälfte der zirka 70 Millionen Kundenkarten, die in Deutschland zirkulieren, bleibt ungenutzt.[31] Zumeist liegt dies an unzufriedenen Kunden mit unzureichenden Programmen, welche die noch genauer zu spezifizierenden Erfolgskriterien Frequency, Reach und Coverage nicht erfüllen. Darüber hinaus ist davon auszugehen, dass die deutschen Verbraucher maximal drei Bonusprogramme in ihrem Portemonnaie akzeptieren. Berücksichtigt man weiterhin, dass beispielsweise in Großbritannien Verbraucher, die danach befragt wurden, auf welche Leistungen und Einrichtungen sie bei einem Handelsunternehmen Wert legen, zu nur 5 % die Bonuskarten für besonders interessant erachten, wird deutlich, dass Anreize für Kunden geschaffen werden müssen, damit diese die Kundenkarten besitzen und einsetzen wollen.

Häufig stellen Kundenkartenprogramme nur eine Spielart von Rabattsystemen dar. Hierdurch kann jedoch weder eine Differenzierung vom Wettbewerb noch ein Zusatznutzen für den Konsument geschaffen werden. Vielmehr generiert eine erfolgreiche Kundenkarte einen Mehrwert für die Teilnehmer am Kundenbindungsprogramm: Kunden erhalten beispielsweise individualisierte Produktangebote, Zugang zu exklusiven Veranstaltungen oder einen besonderen Kundenservice. Hier sind kaum Grenzen gesetzt, um den Nutzen des Kundenbindungsprogramms für die Kunden zu steigern und damit die Einsatzhäufigkeit der Kundenkarte zu erhöhen. Dies soll am Beispiel von KarstadtQuelle aufgezeigt werden.

29 Vgl. Schulz (1995), S. 31 ff.

30 Vgl. Bauer/Grether/Leach (2001), S. 7.

31 Vgl. Willenbrock (2003), S. 1.

5. Der Handels- und Dienstleistungskonzern KarstadtQuelle

Neben den eingangs geschilderten Herausforderungen für Unternehmen ist der deutsche *Einzelhandel* durch folgende Rahmendaten charakterisiert:

- Sinkende Bevölkerungszahl: Bis zum Jahr 2050 12 bis 17. Mio. weniger Einwohner.
- Alternde Bevölkerung: Der Anteil der Personen, die älter als 60 Jahre sind, verdoppelt sich bis 2050.
- Stagnierende Kaufkraft: Von 1993 bis 2002 ist die Kaufkraft pro Kopf nominal durchschnittlich nur um 0,2 % pro Jahr gestiegen.
- Hohe Sättigung mit Konsumgütern: Durchschnittlich verfügt ein Haushalt beispielsweise über 1,4 Fernseher und 1,8 Fahrräder.
- Stimmung in Deutschland: Das Konsumentenverhalten ist negativ beeinflusst durch unsichere Arbeitsmarkt-, Vorsorge- und Rentensituation. Zwar pendelt die offizielle Zahl der Arbeitslosen um 4 Mio. Jedoch fallen immer mehr Beschäftigungslose durch die Maschen des Statistik-Netzes der Arbeitsämter. Die 1,5 Mio. Teilnehmer an ABM-Maßnahmen, Fortbildungskursen und anderen Programmen werden beispielsweise als nicht arbeitslos eingestuft, obwohl sie nach Meinung vieler Experten streng genommen zur offiziellen Arbeitslosenzahl hinzu gerechnet werden müssten. Rechnet man noch Frührentner, Jugendliche im „Sofortprogramm" usw. dazu, kommt man auf 8 Millionen tatsächliche Arbeitslose.

Diese Rahmendaten spiegeln sich auch in einer anhaltend negativen Entwicklung der Einzelhandelsumsätze wider. So sank der reale Einzelhandelsumsatz von 1991 bis 2003 um ca. 6,5 %.[32]

Um vor diesem Hintergrund dennoch wachsen zu können, vollzieht KarstadtQuelle einen Wandel vom reinen Handels- zu einem *integrierten Handels- und Dienstleistungskonzern*. Ein wichtiger Bestandteil hierbei ist eine starke Expansion im Geschäftsfeld Dienstleistungen, da die Dienstleistungsmärkte über ein hohes Wachstumspotenzial verfügen. Verschiedene dieser Dienstleistungsmärkte sind – von den Marktanteilen der Anbieter gesehen – in Deutschland stark fragmentiert und wenig erschlossen. KarstadtQuelle hat einige der renditeträchtigen Märkte besetzt und baut attraktive Wachstumsfelder auf. Diese Expansion basiert auf zwei Säulen. KarstadtQuelle nutzt zum einen die ohnehin vorhandenen Assets aus dem Handelsgeschäft und zum anderen arbeitet das Unternehmen mit Partnern zusammen, die jeweils die Besten in ihrem Marktsegment sind.

32 Vgl. Statistisches Bundesamt (2004).

Beispiele für die Assets des KarstadtQuelle-Konzerns:

- *Viele Kundenkontakte:* Die Zahl der Kundenkontakte pro Jahr ist einmalig: ca. 800 Mio. Besucher allein in den Warenhäusern, 37 Mio. verschiedene Kunden im Versandhandel und Mailings in einer Auflage von 20 Mio. an die Kundenkarteninhaber.
- *Hervorragende Kundenkenntnis:* KarstadtQuelle verfügt über Informationen der Kaufgewohnheiten von rund 21 Millionen kaufaktiven Kunden.
- *Starke Marken und Marktposition:* Die Kernmarken Karstadt, Quelle und Neckermann haben einen Bekanntheitsgrad von über 90 %.

Ergänzt werden diese Assets durch *Kooperationen* mit starken Partnern: Lufthansa (Thomas Cook), Ergo Versicherungsgruppe (KarstadtQuelle Financial Services) und Deutsche Telekom (Happy Digits), um nur drei Beispiele zu nennen.

In der folgenden Abbildung 7 sind die starken Marken des KarstadtQuelle-Konzerns und die vielfältigen Kundenkontaktmöglichkeiten zusammenfassend dargestellt.

Abbildung 7: Vielfältige Kundenkontakte über starke Marken des KarstadtQuelle-Konzerns

Mit dem Wandel zum integrierten Handels- und Dienstleistungsunternehmen rückt das *Multi-Channel-Netzwerk* in den Mittelpunkt der Strategie des KarstadtQuelle-Konzerns. Es ist das Ziel des Unternehmens, Spitzenpositionen in allen wesentlichen Vertriebskanälen zu erreichen und dabei, ausgehend von den Konsumenten, konsequent alle Vertriebs- und Kommunikationskanäle zu vernetzen, um ihnen damit ein umfassendes Angebot liefern zu können. Zu diesen Kundenkontaktkanälen gehören neben den klassischen Warenhäusern, Fachmärkten und dem Versand auch Reisebüros, das Internet sowie Telekommunikationsmedien und das Fernsehen (vgl. Abbildung 8). Diese Verzahnung im Rahmen des Multi-Channel-Netzwerkes setzt ein hohes Potenzial für Cross Marketing frei und führt damit zu einem entscheidenden Mehrwert im Wettbewerbsumfeld.

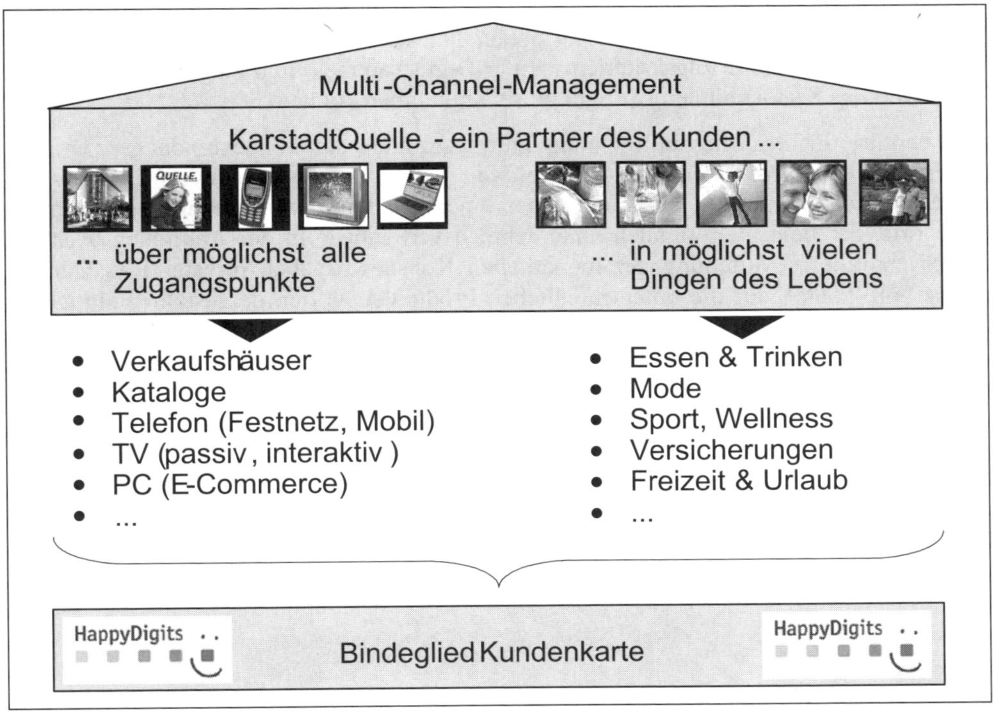

Abbildung 8: Multi-Channel-Management im KarstadtQuelle-Konzern

6. Das Multipartnerporgramm HappyDigits

Im Rahmen des Multi-Channel-Netzwerks spielen der *Kunde* und dessen Nutzenerwartungen die zentrale Rolle. Um die Kundenbedürfnisse zu erfüllen und einen Mehrwert für die Kunden zu schaffen, wurde das Kundenbindungsprogramm HappyDigits etabliert, bei dem der Kunde in Abhängigkeit seines Einkaufsvolumens Bonuspunkte (Digits) erhält.

Bei der Etablierung dieses Kundenbindungsprogramms hat die Wahrnehmung des Kunden bezüglich des zu erwartenden Mehrwerts durch das Programm die zentrale Rolle gespielt. Es orientiert sich deshalb an den drei Erfolgskriterien Frequency, Reach und Coverage: Der Konsument muss die Abdeckung möglichst aller Bedürfnisse (Coverage) flächendeckend (Reach) und mit einer hohen Transaktionszahl (Frequency) befriedigen können. Durch diese Erfolgskriterien wird er Digits sammeln und möglichst schnell den Mehrwert des Kundenbindungsprogramms wahrnehmen können.

Um den drei Erfolgskriterien Rechnung zu tragen, muss ein Kundenbindungsprogramm einen möglichst großen Teil des share-of-wallet abdecken. Der Begriff share-of-wallet bezeichnet den Anteil der Gesamtausgaben eines Kunden in einer bestimmten Produktkategorie, der beim betreffenden Unternehmen verbleibt.[33] In der Abbildung 9 ist die durchschnittliche Aufteilung der monatlichen Konsumausgaben privater Haushalte in Höhe von 2.500 € auf die unterschiedlichen Produktkategorien dargestellt. Folglich ist ein Kundenbindungsprogramm so einzurichten, dass dieses die verschiedenen Produktkategorien abdeckt, damit die Kunden bei großen Teilen ihrer Ausgaben mit dem Kundenbindungsprogramm in Berührung kommen und somit häufig die Gelegenheit haben, dessen Nutzen zu spüren.

33 Vgl. Hettich/Hippner/Wilde (2000), S. 1346.

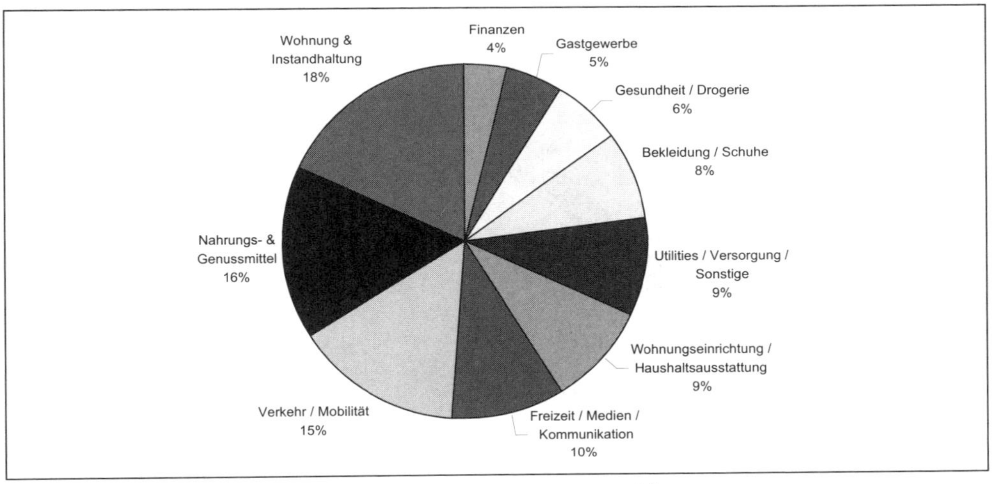

Abbildung 9: Konsumausgaben der privaten Haushalte[34]

Damit ein Kundenbindungsprogramm tatsächlich möglichst alle Bedürfnisse abdeckt, muss dieses also durch Unternehmen getragen werden, die sich komplementär ergänzen und viele der in Abbildung 9 dargestellten Bereiche abdecken. Deshalb wurde das *Multipartnerprogramm* HappyDigits, das „Programm der starken Partner", gegründet. Hierbei handelt es sich um ein Joint Venture von KarstadtQuelle mit der Deutschen Telekom.

An dieses Multipartnerprogramm docken andere starke Partner als Teilnehmer wie beispielsweise Kaiser`s Tengelmann und Sixt an (vgl. Abbildung 10). Damit gelingt es, den Erfolgskriterien Frequency, Reach und Coverage Rechnung zu tragen, d. h. Konsumenten können viele ihrer Bedürfnisse an vielen Orten mit einer hohen Häufigkeit im Rahmen des Multipartnerprogramms befriedigen.

34 Statistisches Bundesamt (2004).

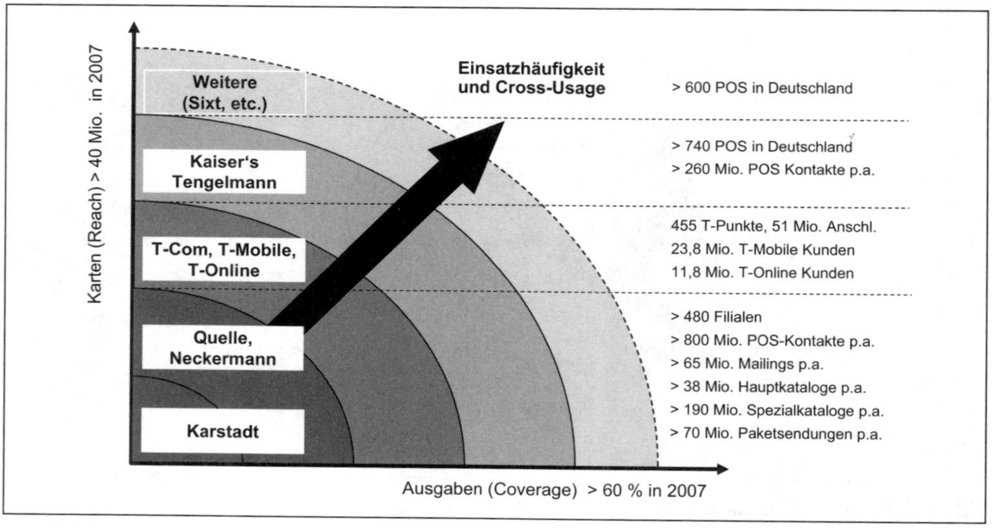

Abbildung 10: Programmpositionierung von HappyDigits

Der schematische Ablauf von der Gewinnung des Konsumenten für das Multipartnerprogramm über das Sammeln der Digits bis hin zum Einlösen ist in Abbildung 11 dargestellt.

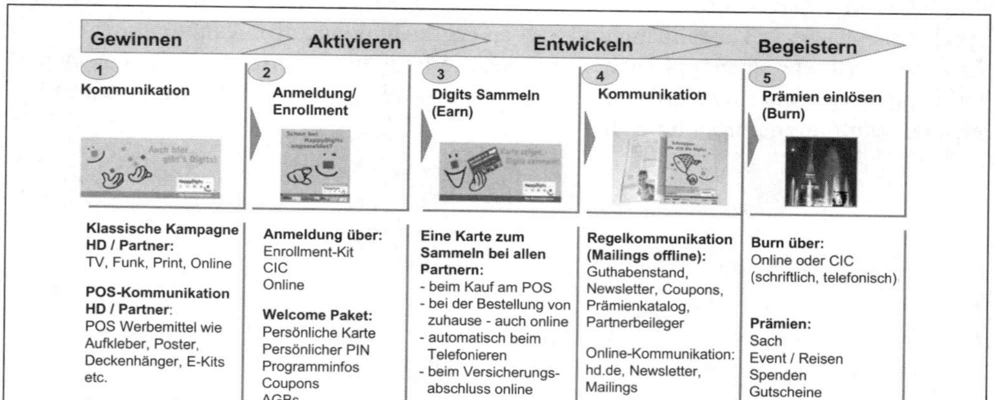

Abbildung 11: Systematischer Kundendialog bei HappyDigits

Das breit aufgestellte Kundenbindungsprogramm bietet im Rahmen dieses Prozesses vielfältige Ansatzpunkte, um Mehrwerte für die Kunden zu schaffen. So kann die HappyDigits-Karte als Mastercard genutzt werden, ohne dass hierfür eine Jahresgebühr anfällt. Durch die Akzeptanz in 29 Mio. Stellen weltweit wird den Kriterien Frequency, Reach und Coverage erneut Rechnung getragen. Des Weiteren kann die HappyDigits-Karte als Calling Card zum Telefonieren und als Debit Card zum Bezahlen genutzt werden. Außerdem ist es möglich, mit Hilfe der HappyDigits-Karte bei KarstadtQuelle einfacher Versicherungen wie etwa Garantieverlängerungen abzuschließen, da dies während des Bezahlvorgangs an der Kasse mit der HappyDigits-Karte fast papierlos möglich ist.

Beim Einlösen der Digits haben die Teilnehmer eine Vielzahl von unterschiedlichen Möglichkeiten, wie z. B.:

- Auswahl aus einem Prämiensortiment mit Sach-, Reise und Erlebnisprämien
    - Basis-Sortiment mit bis zu 400 Prämien
    - Events & Event-Reisen (z. B. Tour de France, Champions-League)
    - Limited Edition (z. B. Konzertkarten Rolling Stones, Grönemeyer)
- Prämieneinlösung am POS
    - Warengutschein für freien Einkauf oder bestimmte Sortimente
    - Mitnahme-Prämien (z. B. Merchandising, Prämien-Events)
    - Aktionsprämien oder Zuzahlungsoption mit Digits
    - POS Kiosk-Terminals (z. B. Downloads, Handy-Stuff, etc. via Infrarot und Bluetooth)

Darüber hinaus haben die Kunden die Möglichkeit, ihre Digits in eine Spende an SOS Kinderdörfer umzuwandeln.

Konsumenten assoziieren mit der Marke HappyDigits mehr als ein einfaches Rabattsystem, da HappyDigits sich als Allround-Karte mit einem breiten Partnerportfolio führender Unternehmen und als „Mehr-Programm“ positioniert hat, das nicht nur Rabatt, sondern Zusatznutzen bietet.

Die positive Resonanz der Konsumenten spiegelt sich in einer Untersuchung von tns emnid wider. Das Marktforschungsunternehmen kommt zu dem Schluss, dass Mitglieder von HappyDigits eine um 40 % höhere Bindung zu KarstadtQuelle aufweisen als Nicht-Mitglieder.

7. Fazit

Handelsunternehmen stehen heute unter starkem Wettbewerbs- und Ertragsdruck. Der Markt ist gesättigt, Konsumprodukte sind weitestgehend austauschbar und die Verbraucher kritischer und unabhängiger als je zuvor. Folglich ist die Entwicklung des Einzelhandels seit einigen Jahren durch eine wachsende Dynamik gekennzeichnet. Der Strukturwandel vom Tante Emma-Laden zum multifunktionalen Konsumtempel schreitet scheinbar unaufhaltsam fort.

Nach Fachmärkten und Einkaufszentren zeichnet sich durch *Urban Entertainment Center* erneut eine gravierende Veränderung der Einzelhandelslandschaft ab. Im Mittelpunkt steht hierbei nicht mehr nur das Anbieten von Waren, sondern die komplette Bedürfnisbefriedigung der Konsumenten durch Produkte und Dienstleistungen aus allen Lebensbereichen.

Vor dem Hintergrund dieser wirtschaftlichen und sozialen Entwicklung müssen sich Handelskonzerne neu positionieren und noch stärker an den individuellen Wünschen der Kunden orientieren. Dabei stellt sich für Unternehmen nicht die Frage, ob sie sich bemühen sollen, *langfristige Kundenbeziehungen* aufzubauen. Vielmehr muss diskutiert werden, wie die Beziehung zum Kunden initiiert und für beide Partien langfristig nutzvoll gestaltet werden kann. Das einfache Zusenden von Prospekten oder das Gewähren von Rabatten am Point of Sale reicht heute nicht mehr aus, um Kunden zu binden.

Die Dekomposition aller Wertschöpfungsketten und neue Partnerschaften zwischen Unternehmen bieten jedoch die Chance, durch einzigartige Bündelung von Produkten und Dienstleistungen individuellen Mehrwert für Kunden zu schaffen. Eine Kooperation starker Partner stellt das Multipartnerprogramm HappyDigits dar, mittels dessen flexibel und maßgeschneidert Zusatznutzen für Teilnehmer geboten werden kann. Die Voraussetzung für dieses Maßschneidern ist das Wissen über die individuellen Bedürfnisse der Kunden und deren wirtschaftliche Attraktivität, damit die Personalisierung der Leistung rentabel ist. Hierbei ist die Ermittlung des Kundenwertes auf Basis des Multipartnerprogramms HappyDigits die Voraussetzung zum Aufbau langfristiger Kundenbeziehungen im Rahmen des Customer Relationship Management.

Literaturverzeichnis

ADRIAANS, P./ZANTIGE, D. (1996), Data Mining, Harlow 1996.

BAUER, H.H./GRETHER, M. (2002), CRM - Ein Marketing-Tool und nicht nur Hard- und Software, in: THEXIS, o. Jg., Nr. 1, 2002, S. 2-5.

BAUER, H.H./GRETHER, M./BRÜNNER, D./LEACH, M. (2001), Die Virtuelle Gemeinschaft als Instrument des Customer Relationship Management, in: Fritz, W. (Hrsg.): Internet-Marketing, Wiesbaden 2001, S. 325-371.

BAUER, H.H./GRETHER, M./LEACH, M. (2001), Building Customer Relations over the Internet, in: Industrial Marketing Management, Special Issue on Internet Based Business-to-Business Marketing, 31. Jg., Nr. 2, 2001, S. 1-9.

BLATTBERG, R.C./DEIGHTON, J. (1993), Die neue Dimension: Immer enger, mein Kunde, mit Dir, in: Harvard Business Manager, 15. Jg., Nr. 1, 1993, S. 96-107.

BUCK, B. (2003), Beziehungsmanagement, Potenziale ausloten – in Kooperation wachsen, in: absatzwirtschaft, 45. Jg., Nr. 4, 2003, S. 26-33.

CORNELSEN, J. (1996), Kundenwert – Begriff und Bestimmungsfaktoren, Arbeitspapier Nr. 43 des Lehrstuhls für Marketing an der Universität Erlangen-Nürnberg, Nürnberg 1996.

CORNELSEN, J. (2000), Kundenwertanalysen im Beziehungsmarketing: Theoretische Grundlagen und Ergebnisse einer empirischen Studie im Automobilbereich, Nürnberg 2000.

DILLER, H. (1995), Beziehungsmanagement, in: Tietz, B./Köhler, R./Zentes, J. (Hrsg.): Handwörterbuch des Marketing, Stuttgart 1995, Sp. 285-300.

DWYER, F.R. (1989), Customer Lifetime Valuation to Support Marketing Decision Making, in: Journal of Direct Marketing, 3. Jg., Nr. 4, 1989, S. 8-15.

EBERLING, C. (2002), Kundenwertmanagement, Wiesbaden 2002.

HAAG, J. (1992), Kundendeckungsbeitragsrechnungen: Ein Prüfstein des Key-Account-Management, in: Die Betriebswirtschaft, 52. Jg., Nr. 1, 1992, S. 25-39.

HARTWIG, A. (2003), Das Ende der Werbegrenzen, BBDO Deutschland, Düsseldorf 2003.

HETTICH, S./HIPPNER, H./WILDE, K.D. (2000), Customer Relationship Management, in: Das Wirtschaftsstudium, 29. Jg., Nr. 10, 2000, S. 1346-1366.

HOFFMANN, A. (1991), Erfolgskontrolle von Beschwerdemanagementsystemen: theoretische und empirische Erkenntnisse zum unternehmerischen Nutzen von Beschwerdeabteilungen, Frankfurt 1991.

HOMBURG, C./SCHNURR, P. (1999), Was ist Kundenwert?, Management Know-how Papier Nr. M41, Institut für Marktorientierte Unternehmensführung, Universität Mannheim, Mannheim 1999.

INFOSCORE (2003), Entwicklung der Insolvenzverfahren von April 1999 bis Juni 2003, http://www.infoscore.de/presse/archiv/myfile_20030806111906.pdf.

KALL, D./LEITNER, A. (2003), Kundenwert- und Kundenverhaltenssegmentierung als zentraler Baustein des Customer Equity Management, in: Insights, o. Jg., Nr. 4, 2003, S. 25-26.

KERNER, S. (2002), Analytisches Customer Relationship Management in Kreditinstituten, Wiesbaden 2002.

KÖNIG, T. (2001), Nutzensegmentierung und alternative Segmentierungsansätze, Wiesbaden 2001.

KRÜGER, S.M. (1997), Profitabilitätsorientierte Kundenbindung durch Zufriedenheitsmanagement, München 1997.

KÜPPERS, B. (1999), Data Mining in der Praxis: Ein Ansatz zur Nutzung der Potentiale von Data Mining im betrieblichen Umfeld, Frankfurt a. M. 1999.

MERKEL, H./FRANZ, T. (2003), Customer Relationship Management im Warenhaus – Hype oder Königsweg?, in: Bruh, M./Homburg, C. (Hrsg.): Handbuch Kundenbindungsmanagement, Wiesbaden 2003, S. 789-804.

REICHHELD, F. (2003), The Number One You Need to Grow, in: Harvard Business Review, 81. Jg., 2003, Nr. 5, S. 105-111.

REICHHELD, F./SASSER, W.E. JR. (1990), Zero Defections: Quality comes to Services, in: Harvard Business Review, 68. Jg., Nr. 6, 1990, S. 2-111.

REICHHELD, F./TEAL, T. (1996), The Loyalty Effect: The Hidden Force Behind Growth, Profits, & Lasting Value, Boston 1996.

RIEKER, S.A. (1995), Bedeutende Kunden. Analyse und Gestaltung von langfristigen Anbieter-Nachfrager-Beziehungen auf industriellen Märkten, Wiesbaden 1995.

SCHLEUNING, C. (1994), Dialogmarketing: Theoretische Fundierung, Leistungsmerkmale und Gestaltungsansätze, Ettlingen 1994.

SCHULZ, B. (1995), Kundenpotentialanalyse im Kundenstamm von Unternehmen, Frankfurt 1995.

STATISTISCHES BUNDESAMT (2004), Binnenhandel und Tourismus, Wiesbaden 2004.

WILLENBROCK, H. (2003), Das ist MEHR für Sie drin, in: Brand Eins, 5. Jg., Nr. 9, 2003, S. 15-17.

Andreas Burkhart und C. Christian Rätsch

Premium-Branding im Investitionsgütermarkt - Markenführung bei Mercedes-Benz Lkw

1. Die zunehmende Bedeutung von Marken im Business-to-Business-Markt

Was in Konsumgütermärkten schon lange als selbstverständlich und unumgänglich erachtet wird, fand in der jüngeren Vergangenheit nun auch Einzug in die Investitionsgütermärkte: *Die Markenführung*.

Investitionsgütermärkte sind durch eine sehr hohe Komplexität und Spezialisierung der Güter sowie Marktintransparenz gekennzeichnet. Auch wenn lange Zeit die Hersteller davon ausgingen, dass die Markierung der Güter von nachrangiger Bedeutung war, so lange man die Funktionalität und Qualität der Produkte sicher stellte, schafft die Marke das in den B2B-Märkten notwendige Vertrauen und Transparenz. Dies ist insbesondere auch vor dem Hintergrund notwendig, dass sich in den letzten Jahren der Wirkungsradius von Marken – von der alleinigen Betrachtung der Kunden hin zu allen Anspruchsgruppen wie z. B. Mitarbeiter, Talente und Investoren – ständig erweitert hat.

Wie im Konsumgütermarkt bewährt, sollte auch in B2B-Märkten im Kern jeder Marke ein Leistungsversprechen stehen, um sich bei den Anspruchsgruppen mit einem relevanten Nutzen zu positionieren. Eine Marke sollte Kunden einen Wert bzw. Nutzen bieten, der als bedeutend und attraktiv empfunden wird. Denn einer so positionierten Marke gelingt es, auch in komplexen Märkten wie dem Markt für Lkw Geschäftskunden eine Orientierung zu geben und Vertrauen in die Marke aufzubauen.

Entscheidend für den Erfolg der Marke und damit Ziel der Markenführung ist aber nicht die Positionierung alleine, sondern die Sicherstellung der „Konformität", also die Übereinstimmung der Leistungserfüllung mit dem zuvor identifizierten Markenversprechen. Nur wenn die Marke ihre Wirkung an allen Kundenkontaktpunkten konsistent entfaltet, generiert die Marke größtmöglichen Wert.

Die Wirkung einer Marke kann dann in einen ökonomischen Mehrwert überführt werden, was sich in einem höheren Preispremium, Wiederverkaufsvorteilen der Produkte und einem höheren Absatz äußert. Dieser ökonomische Mehrwert erhöht letztendlich den Unternehmenserfolg und wirkt somit positiv auf den Unternehmenswert. Der Wirkungsprozess von erfolgreicher Markenführung ist in Abbildung 1 dargestellt.

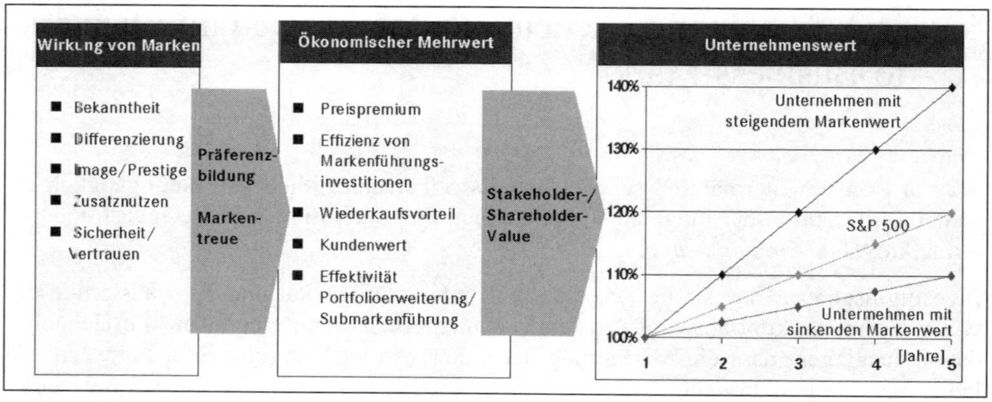

Abbildung 1: Die Markenwirkungskette[1]

2. Die Positionierung der Marke Mercedes-Benz

Die Marke Mercedes-Benz ist eine der traditionsreichsten und ältesten Automobil- und Lkw-Marken der Welt. Der Tendenz im Konsumgütersektor folgend, konzentrierte man sich im Geschäftsbereich Pkw schon früh auf Markenführung. Mercedes-Benz war eine der ersten Automobilmarken im Markt, die ein konsequentes Markenmanagement durchführte, das losgelöst vom Produktmanagement agierte.

In den 90er Jahren erkannte der Geschäftsbereich Lkw, dass die Marke Mercedes-Benz – auch resultierend aus Qualitätsproblemen mit der ersten Actros-Baureihe – vom Kunden nicht in der gewünschten Weise wahrgenommen wurde. Aus Kundensicht erfüllte die Marke nicht in vollem Umfang die historisch gewachsenen Werte Qualität, Zuverlässigkeit, Langlebigkeit und Robustheit. Es war klar geworden, dass eine Kurskorrektur der Marke und eine damit verbundene Repositionierung unumgänglich war, um die für Mercedes-Benz typischen Werte wieder zu erfüllen.

Das Image von Mercedes-Benz im Geschäftsfeld Pkw und Lkw musste aufgrund der Dachmarkenstrategie eine synchrone Grundausrichtung besitzen, um vom Kunden als eine Einheit wahrgenommen zu werden und gleichzeitig gegenüber anderen Marken klar differenzierend zu wirken. Durch die höhere Verkehrsgeltung im Pkw-Sektor, resultierend aus einem höheren Absatz an Personenwagen, verbindet das Gros der Konsumenten die Marke Mercedes-Benz eher mit Pkw als mit Lkw. Dementsprechend relevant ist das

1 Vgl. Meffert/Koers (2001), S. 299 ff.; Näher erläutert in Esch (2003), S. 16 und S. 62 ff.

beim Kunden bereits gefestigte Markenimage für Mercedes-Benz. Die Pkw-seitige Markenpositionierung war deshalb als Grundlage zu betrachten, die es aber logisch und mit Fokus auf Kundenanforderungen an den Lkw-Markt anzupassen galt.[2] Zielsetzung war daher eine Pkw-kompatible, Lkw-spezifische Positionierung zu entwickeln, die dem Markenerbe gerecht wird und die heutigen und zukünftigen spezifischen Marktbedürfnisse im Lkw-Markt adressiert.

2.1 Die Marke Mercedes-Benz im Geschäftsfeld Pkw

Die Positionierung der Marke Mercedes-Benz für das Geschäftsfeld Pkw gliedert sich in die Markenhaltung und drei Markenwertefelder, die logisch unterteilt und als Grund-, Trend- und Orientierungswerte definiert sind. Zunächst gilt es, die Markenhaltung zu betrachten. Diese sollte immer und mit jedem einzelnen Markenwert umgesetzt und erfüllt werden. Die Markenhaltung umfasst die Eigenschaften Fairness und Engagement. Was immer unter der Marke Mercedes-Benz angeboten oder geleistet wird, muss diese Eigenschaften erfüllen.[3]

Den Anforderungen, die in gesellschaftlichen Codes zusammengefasst wurden, wird durch die Wertefelder des Positionierungsmodells Rechnung getragen. Mithilfe dieses Modells hatte man eine Orientierungshilfe für die ganzheitliche Umsetzung markenrelevanter Inhalte erstellt. Nach dem Bauplan konnten sowohl produktseitige als auch kommunikations-, distributions- und preispolitische Handlungen überwacht und eingesteuert werden.[4]

Die Erfolgsstory der Marke Mercedes-Benz begründet sich durch die in den Grundwerten manifestierten Werte. Deshalb erfahren diese in der Positionierung eine höhere Gewichtung. Die Trendwerte ermöglichen eine stärkere Emotionalisierung, und die Orientierungswerte verdeutlichen, dass die Marke Mercedes-Benz die ihr zukommende gesellschaftliche Verantwortung übernimmt.[5]

2 Die bereits bestehende und erfolgreiche Markenpositionierung einer Dachmarke muss in der Positionierung aller Produktsparten berücksichtigt werden. Vgl. dazu auch Burkhart (1991), S. 24 ff.

3 Die Haltung einer Marke wird in der Literatur oft auch als Markenkern bezeichnet. Sie bildet die „Seele der Marke“ ab.

4 Siehe hierzu Karmasin (1998), S. 540 ff.

5 Vgl. Liebl (2003), S. 243 ff.

Abbildung 2: Das Positionierungsmodell Mercedes-Benz Pkw[6]

2.2 Anforderungen an die Marke im Lkw-Markt

Im Lkw-Markt war es wichtiger denn je festzustellen, wer der eigentliche Kunde ist, damit man die relevanten Anforderungen überhaupt erfüllen kann. Die Marke Mercedes-Benz ist im Markt besonders stark in mittelgroßen und großen Flotten vertreten, bei denen die Kaufentscheidung eher betriebswirtschaftlich getroffen wird. Die Kaufentscheidungen in diesen Segmenten werden vornehmlich von den Unternehmenseigentümern, respektive dem betrieblichen Einkauf oder Fuhrparkleitern übernommen. Der für die Marke als besonders relevant identifizierte Kunde ist deshalb der Unternehmer, bzw. der Fuhrparkleiter.[7]

6 In Anlehnung an Liebl (2003), S. 243.

7 Zur Kaufentscheidung in mittelgroßen bis großen Industrieunternehmen siehe Backhaus (2003), S. 65 ff.

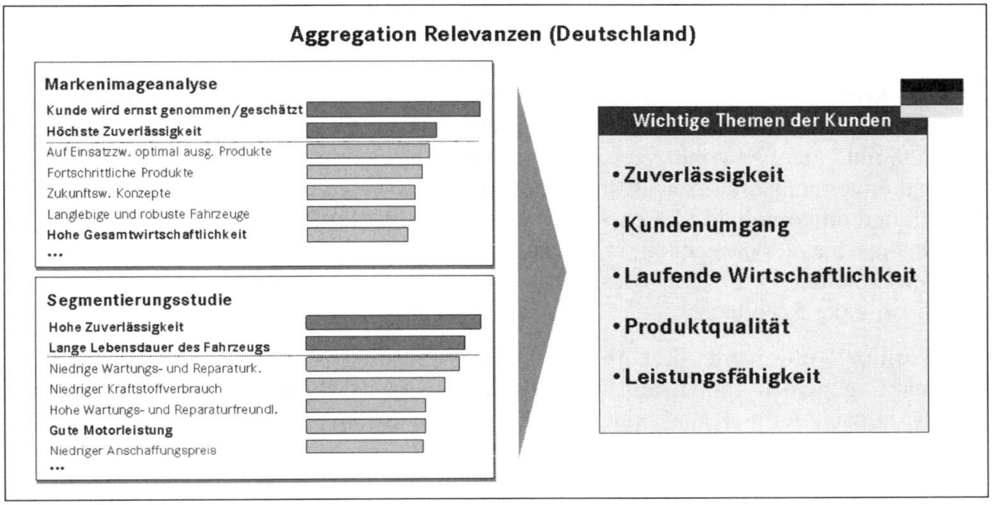

Abbildung 3: Die Kundenanforderungen am Beispiel Deutschland[8]

Umfangreiche Marktforschungen ergaben, dass Bedürfnisse von Kaufentscheidern vor allem durch den Wunsch nach „Verlässlichkeit" geprägt sind. Eine Konkretisierung der Bedürfnisse deckte auf, dass Kunden Verlässlichkeit „*immer und überall*" erleben wollen und im Interesse ihres Geschäftes auch müssen. Denn nur eine Verlässlichkeit in diesem Sinne gibt ihnen eine klare Kalkulationsbasis, eine Planbarkeit von Standtagen, eine Berechenbarkeit und somit auch den zentralen Beitrag zur laufenden Wirtschaftlichkeit.

Ein Abgleich nutzfahrzeugspezifischer Bedürfnisse mit der bestehenden Markenhaltung von Pkw (s. o.) legt offen, dass ein hohes Maß an Gemeinsamkeit besteht. So lässt sich der Lkw-spezifische Wunsch nach „Verlässlichkeit" mit der Pkw-Markenhaltung „Fairness" und „Engagement" harmonisieren. Um das bestehende Pkw-Positionierungsmodell jedoch noch Lkw-spezifischer zu gestalten, wurde es mit Bezug auf die divergierenden Kundengruppenspezifika leicht adaptiert (s. u.).

2.3 Weiterentwicklung der Markenpositionierung aus ganzheitlicher Sicht

Durch die teilweise konträren Kaufentscheidungsgründe in den Märkten Pkw und Lkw konnte die Pkw-Positionierung nicht vollständig auf den Lkw-Markt übertragen werden, sondern war anzupassen. Dafür wurden vorhandene Markenwerte auf die Lkw-Positio-

8 Marktforschung Mercedes-Benz Lkw.

nierung übertragen, andere adaptiert, neue hinzugefügt oder rein Pkw-spezifische Werte gestrichen.

Die Re-Positionierung der Marke Mercedes-Benz im Geschäftsfeld Lkw wurde mit dem Arbeitstitel „Verlässlicher Partner“ beschrieben. Dahinter steht das Kernbedürfnis der Kunden, mit einem Nutzfahrzeug zu wirtschaften, das kalkulierbar ist und nicht ausfällt. Für den unvermeidbaren Ausfall steht darüber hinaus ein Partner zur Seite, der Probleme schnell und umkompliziert beseitigt. Als Resultat dieser Positionierung erhält der Kunde die gewünschte Verlässlichkeit, eben „*immer und überall*“. Nutzfahrzeuge mit maximaler Verfügbarkeit sind nachgewiesenermaßen die zentralen Treiber für den wirtschaftlichen Erfolg der Spediteure.

Die Positionierung wurde deshalb auf „partnerschaftlichen Umgang durch Verlässlichkeit und Engagement“ sowie auf „Kompetenz“ fokussiert. Die Markenhaltung war somit Lkw-spezifisch definiert und bildete die Grundlage des Positionierungsmodells des Geschäftsbereichs Lkw von Mercedes-Benz.

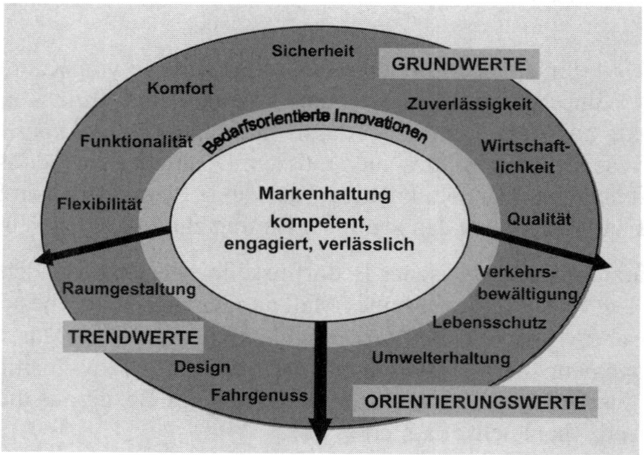

Abbildung 4: Das Positionierungsmodell Mercedes-Benz Lkw

Konkret wurden im Pkw-Markt nachgefragte Werte wie z. B. Prestige- und Insassensicherheits-unterstützende Werte eliminiert, die für Lkw-Kunden weniger kaufrelevant sind. Dagegen spielen im Lkw-Markt insbesondere Werte eine Rolle, die Gesamtwirtschaftlichkeit unterstützen.[9]

---

9 Generell zu Anforderungen auf Investitionsgütermärkten und Konsumgütermärkten Backhaus (2003), S. 410 f.; Die Relevanz in Lkw- und Pkw-Markt wurde von der Marktforschung Mercedes-Benz Lkw überprüft.

So wurden die Markenwerte „Flexibilität“ und „Funktionalität“ sowie „Wirtschaftlichkeit“ ergänzt. Letzterer Markenwert spielt im Privatkundensektor eine untergeordnete Rolle, hat jedoch – resultierend aus dem Geschäftsauftrag der Business-to-Business-Kunden im Lkw-Markt – eine immanent wichtige Bedeutung für die Geschäftskunden.

Aber auch Werte, die durch die enge Verbindung zur Marke aus der Pkw-Positionierung übernommen wurden, mussten modifiziert werden. Dies gilt zum Beispiel für den Markenwert „Sicherheit“. Während dieser Wert im Geschäftsfeld Pkw schwerpunktmäßig für überragende passive Sicherheit und darüber hinaus für die Entwicklung aktiver Sicherheitssysteme steht, liegt der Fokus dieses Wertes in der Lkw-Positionierung auf der aktiven Sicherheit, d. h. der Unfallvermeidung. Dies begründet sich unter anderem in den schweren Auswirkungen bei einem Unfall mit einem Lkw.

Im Ergebnis wurde durch die Adaption des Pkw-Positionierungsmodells ein Lkw-spezifisches Positionierungsmodell geschaffen, das sowohl die Truck-spezifischen Bedürfnisse aufnimmt als auch zentrale Pkw-Markenwerte berücksichtigt.

Eine Differenzierung der Positionierung als „verlässlicher Partner“ gegenüber dem Wettbewerb wurde durch Kundenmarktforschung bekräftigt und im Wesentlichen durch die Kraft der Marke Mercedes Benz („kompetent“, „verlässlich“) und die überlegene Servicequalität und Servicenetzdichte („engagiert, „verlässlich“) begründet. Somit erhielt die sprichwörtliche Mercedes-Benz-Qualität die drei Dimensionen Produktqualität, Servicequalität und Qualität im Kundenumgang. Jedoch ist die Differenzierung aus Kundensicht an eine unbedingte Leistungserfüllung geknüpft.

Nach der Definition der Positionierung galt es daher in einem zweiten Schritt, das Leistungsversprechen zu implementieren. Bekannterweise ist eine Strategie nur so gut wie ihre Umsetzung. Es galt daher die „Konformität“, also die Übereinstimmung der Leistungserfüllung mit der zuvor aufgestelltem Positionierung als „Verlässlicher Partner“ sicherzustellen.[10]

Die Umsetzung der Positionierung im Geschäftsfeld Lkw muss daher durch ein konsequentes Markenmanagement überwacht und steuernd bearbeitet werden. Dabei ist es wichtig, alle Einflussgrößen, die auf die Entwicklung der Marke wirken und deren Wahrnehmung den Kunden beeinflussen, messbar zu machen. Daraus sind Handlungsempfehlungen abzuleiten, die zur Erhöhung des Markenerfolges führen.

10 Vgl. Sander/Rätsch (2003), S. 107.

3. Markenmanagement im Lkw-Markt

Eine Marke sollte stets integriert gemanaged werden. Dadurch kann sicher gestellt werden, dass die Marke in allen Dimensionen gleichgerichtet und konsequent geführt wird. Nur diese Vorgehensweise gewährleistet, dass Entwicklung, Produktion, Vertrieb und Service-Organisation gemeinsam die gleichen strategischen Ziele verfolgen. Die organisationale Unterbringung des Markenmanagements sollte aus diesem Grund auch auf höchster hierarchischer Ebene in der Unternehmensstruktur vorgenommen werden.[11]

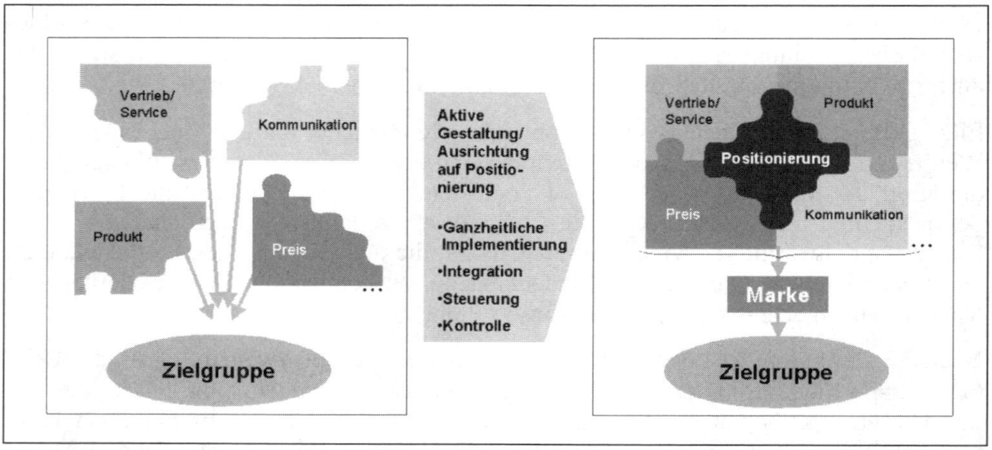

Abbildung 5: Nicht-integrierte vs. integrierte Markenführung[12]

Die Geschäftsbereichsleitung Mercedes-Benz Lkw hat deshalb ein Gremium ins Leben gerufen, das aus Mitgliedern aller Unternehmensbereiche (u. a. Entwicklung, Produktion, Services) besteht und von Vertretern des Marketings orchestriert wird. Gemeinsam werden auf diese Weise strategische Ziele der Marke definiert und die möglichen Umsetzungen bereichsbezogen diskutiert und veranlasst. Ebenso ist durch dieses Vorgehen eine ständige Vernetzung und der damit verbundene Informationsaustausch gesichert. Auf diese Weise gelingt es, Reaktanzen gegen markenstrategische Ziele abzubauen und deren Umsetzung zentral gesteuert, aber aus den jeweiligen Unternehmensbereichen heraus verantwortet, zu beschleunigen.

11 Vgl. Hammann (2001), S. 287 f.

12 In Anlehnung an Sander/Rätsch (2003), S. 121.

Die erfolgreiche gleichgerichtete Führung der Marke setzt zunächst einmal eine umfangreiche Kontrolle voraus. Das bedeutet, dass alle markenrelevanten Einflussfaktoren gemessen und bewertet werden müssen. Mithilfe der Bewertung lassen sich Handlungsfelder lokalisieren und konkrete Anweisungen operationalisieren, die letztlich zur Erhöhung des Markenerfolges durch eine ganzheitliche Umsetzung der Positionierung beitragen.

3.1 Ganzheitliche Markenkontrolle

Die ganzheitliche Markenkontrolle muss führungsrelevante Informationen über die Marke auswerten. Dabei kann die Markenpositionierung eine wichtige Filterfunktion erfüllen, so dass nur noch relevante Daten betrachtet werden müssen. Optimal wäre die Entwicklung eines einzelnen Informationsinstruments, das alle zur Steuerung benötigten Daten liefern kann. Eine möglichst umfangreiche Betrachtung der auf die Marke wirkenden Kriterien wird in der Praxis normalerweise durch die Nutzung unterschiedlicher Informationstools erreicht.[13] Bei Mercedes-Benz Lkw bedient man sich der Daten aus der Segmentierung und aus der Leistungs- und Imagemessung. Ein ganzheitliches Markensteuerungsinstrument ist bereits in der Abschlussphase.

Die Marktsegmentierung liefert Daten über die Kundenanforderungen innerhalb definierter Markt- und Kundensegmente. Deshalb ist die Segmentierungsstudie ein guter Spiegel für die strategische Ausrichtung der Marke. Der Markenmanager darf allerdings nicht bedingungslos die Kundenanforderungen über die Markenpositionierung stellen, zumal hier oft kurzfristige Tendenzen eine Rolle spielen. Dennoch erhält er wertvolle Informationen über Trends und erkennt, wenn bestimmte Anforderungen im Markt über einen längeren Zeitraum an Bedeutung gewinnen. In diesem Fall kann er steuernd eingreifen und eine strategische Position zu den neuen Anforderungen definieren.[14]

Die Leistungs- und Imagemessung sollte des besseren Verständnisses wegen geteilt betrachtet werden. Im Rahmen der Leistungsmessung werden sämtliche Leistungstreiber der Marke gemessen, die imagebildend wirken. Die imagebildenden Kriterien unterscheiden sich insbesondere durch ihre kurzfristige Wirkung von den Image-Kriterien. So kann beispielsweise die Kundenzufriedenheit mit der Ausfallsicherheit der Fahrzeuge abgefragt werden. Dieses Attribut zahlt auf das Konto des Image-Kriteriums „Zuverläs-

---

13 Dieser Zusammenhang begründet sich nicht zuletzt durch den hohen Kostenaufwand, der mit Marktforschungsstudien verbunden ist. Die Unternehmen versuchen daher oftmals, nur die notwendigsten Studien durchzuführen und die generierten Daten weitestgehend zu verknüpfen. Siehe Meffert/Koers (2001), S. 298.

14 Vgl. Kotler (2001), S. 441 f.

sigkeit“ ein. Würde man innerhalb kurzer Zeit, beispielsweise vor und direkt nach Ausfall eines Lkw dieses Attribut abfragen, so würde wahrscheinlich eine starke Abweichung der Ergebnisse vorliegen.[15]

Anders verhält es sich für die Image-Kriterien. Die Imagemessung bedient sich insbesondere der Abfrage von Assoziationen zur Marke. Dabei können durch gestützte Assoziationsfragen, die Ausprägung der Markenwerte geprüft werden. Die offenen, d. h. ungestützten Assoziationen geben Aufschluss darüber, ob die Marke differenzierend und besonders in der positionierungsrelevanten Form wahrgenommen wird. Aus der Perspektive des Herstellers ist es wünschenswert, dass der Kunde die abgefragten Markenwerte zum Einen positiv bewertet und diese zum Anderen als besonders typisch für die Marke wahrnimmt.

Im Rahmen der Imagemessung werden auch Determinanten abgefragt, die auf den Kaufprozess wirken und diesen für die Steuerung sinnvoll abbilden. Abgefragt werden dabei die Markenbekanntheit, das Relevant Set, die Kauf- und die Wiederkaufbereitschaft. Diese Analyse gibt Aufschluss darüber, inwiefern die Markenbekanntheit in den tatsächlichen Kauf und später in Loyalität beim Kunden überführt werden kann.[16]

3.2 Identifizierung von Handlungsfeldern

Die Daten werden nach der Erhebung ausgewertet und aufbereitet. Die in der Leistungsmessung erfassten Daten zeigen die Kundenzufriedenheit mit imagebildenden Kriterien. Wenn hier einzelne Kriterien schlecht bewertet werden, kann geprüft werden, ob es sich um kurzfristige „Ausreißer“ handelt oder ob Nachholbedarf besteht. Wenn zum Beispiel die Öffnungszeiten der Werkstätten schlecht bewertet werden, obwohl diese vor kurzer Zeit um täglich einige Stunden verlängert wurden, so liegt nahe, dass die Kunden noch nichts von dieser Veränderung erfahren haben und noch immer von alten Öffnungszeiten ausgehen. Dieses Beispiel verdeutlicht die vielseitige Interpretationsmöglichkeit der Ergebnisse. Ein schlechtes Ergebnis muss nicht zwingend mit einer schlechten Leistung des Kriteriums einhergehen. Es kann auch Nachholbedarf in der Kommunikationsleistung vorliegen. Durch die Messung kann eingegrenzt werden, an welchen Stellen zur Verbesserung angesetzt werden muss.

Wenn mehrere Kriterien, des gleichen Wirkungsfeldes negativ bewertet werden, so besteht ein stärkerer Handlungsbedarf, als wenn nur ein Kriterium schlecht bewertet wird. Darüber hinaus spielt die Relevanz der Kriterien aus Sicht des Kunden eine Rolle. Mit-

---

15 Vgl. Esch (2003), S. 467 ff.

16 Vgl. Böing/Huber/Schotte (2002), S. 32 f.

hilfe dieser Logik wird eine Rangfolge in der Abarbeitung der Handlungsanweisungen erstellt. Denn zunächst werden stets die dringlichsten und wichtigsten Aufgaben im Sinne der Positionierung erledigt.

Ähnliche Bedingungen gelten auch für die Ergebnisse der Imagemessung. Sollten besonders positionierungsrelevante Markenwerte im Vergleich zum Wettbewerb negativ bewertet werden, oder sollte der Kunde mit der Marke sogar positionierungsferne oder -fremde Werte verbinden, so besteht besonders dringender Handlungsbedarf. Ein Image zu verbessern oder zu verändern ist in der Regel ein langwieriger Prozess. Handlungen, die zur Imageänderung initiiert werden, verändern bereits nach kurzer Zeit die Kundenzufriedenheit. Das damit verbundene Image ändert sich aus Kundensicht jedoch erst nach Jahren anhaltender positiver Erfahrung.[17]

3.3 Erhöhung des Markenerfolges

Das Ziel der Markenführung ist die Erhöhung des Markenerfolges durch eine positivere Wahrnehmung der Marke aus Sicht des Kunden, d. h. eine Verbesserung des Markenimages. Durch die Verbesserung des Markenimages beim Kunden kann der Hersteller ein höheres Preispremium realisieren, weil der Kunde neben harten Nutzenvorteilen für den immateriellen Mehrwert der Marke bereit ist, einen höheren Preis zu zahlen. Dieser Umstand nützt dem Verkäufer insbesondere in Preisverhandlungen mit dem Kunden und verhilft ihm zu einer stärkeren Position gegenüber diesem.[18]

Im Lkw-Markt wurde in der Vergangenheit mit sehr hohen Preisnachlässen oder sonstigen Rabatten operiert. Wenn es der Marke gelingt, das Preisniveau hoch zu halten, manifestiert dies wiederum ein Zeichen für Hochwertigkeit. Zwischen dem erzielten Preispremium und dem Markenimage besteht ein Rückkoppelungseffekt.[19]

Durch ein positiv gestärktes Image können darüber hinaus höhere Absatzzahlen realisiert werden. Durch den erhöhten Absatz steigt die Geltung am Markt und damit auch die Bekanntheit der Marke und der unter ihr angebotenen Produkte und Leistungen. Eine hohe Markenbekanntheit geht in der Regel mit einem verbesserten Markenwissen einher, so dass der Kunde, wenn er an Lkw denkt, sich sofort an die Marke Mercedes-Benz erinnern und damit positionierungsrelevante Informationen verbinden können sollte.

Die Höhe des Markenerfolges respektive die Stärke des Markenimages und der Markenbekanntheit führt zur deutlichen Effektivitätssteigerung der Marketingmaßnahmen, wie beispielsweise der Kommunikation. Die Marketingausgaben können somit zielorientierter und auch effizienter eingesetzt werden.

---

17 Grundlegend dazu Kotler (2001), S. 889 ff.

18 Vgl. Aaker (1996), S. 320.

19 Detaillierter dazu Diller (1994), S. 1175.

Zuletzt sollte auch der langfristige Effekt des Markenerfolges betrachtet werden. Mit der Erhöhung des Markenerfolges erlebt der Kunde die Produkte und Leistungen positiver. Durch diese verbesserte Wahrnehmung steigt auch der Wiederverkaufswert der Produkte, weil die Kunden für Gebrauchtfahrzeuge den Mehrwert der Produkte durch höhere Gesamtwirtschaftlichkeit, Zuverlässigkeit, Qualität bereit sind zu zahlen.[20]

Um den Markenerfolg zu erhöhen, bedarf es jedoch mehrerer Schritte innerhalb und außerhalb des Unternehmens. Für die Umsetzung der Markenpositionierung ist es sehr wichtig, diese zunächst intern zu kommunizieren und umzusetzen, bevor der Kunde damit konfrontiert wird. Auf diese Weise stellt der Hersteller sicher, dass der Auftritt gegenüber dem Kunden einheitlich ist und keine Versprechungen gemacht werden, welche die Marke gegenüber dem Kunden nicht einhalten kann.[21]

3.3.1 Interne Implementierung der Markenpositionierung

Eine Marke muss zunächst in sich stimmig und konsistent sein und sollte sich für den Kunden auch so darstellen. Aus diesem Grund ist die anfängliche interne Implementierung der Markenpositionierung von größter Bedeutung für den nachhaltigen Markenerfolg.

Die unterschiedlichen Bereiche Entwicklung, Produktion, Vertrieb und After-Sales sollten anfänglich umfangreiche Informationen über den Sinn der Markenpositionierung erhalten, um diese zu verstehen und zu verinnerlichen. Dafür führte man bei Mercedes-Benz Lkw viele Workshops durch, in denen die einzelnen Bereiche geschult wurden und sämtliche Fragen zur Positionierung und den dahinter stehenden Inhalten geklärt werden konnten. Die Übertragung auf den eigenen jeweiligen Verantwortungsbereich und damit die Konkretisierung des Handlungsbedarfes konnte erfolgreich sichergestellt werden.

Im Zuge der Workshop-Phase, in der Aufmerksamkeit für das Thema Marke in allen Bereichen generiert worden ist, wurde ein bereichsübergreifendes Gremium – das Markenteam – ins Leben gerufen, das die strategische Ausrichtung der Marke überprüfen und die Umsetzung der Strategie garantieren konnte. Dieses Gremium wurde auf direkten Vorschlag des Bereichsvorstandes ins Leben gerufen. Die Tatsache, dass jeder Funktionalbereich in diesem Gremium vertreten war, ermöglichte es, das Engagement aller Bereiche zu nutzen. Außerdem wurde sicher gestellt, dass alle Funktionalbereiche gleichgerichtet arbeiten konnten und immer den aktuellsten Informationsstand besaßen. Durch den direkten Vorstandsauftrag erhält das Markenteam sehr starke Umsetzungsverantwor-

20 Godefroid stellt fest, dass auf dem Automobil- und Speditionsmarkt ein relativ starker Markeneinfluss herrscht. Vgl. Godefroid (1995), S. 173 ff.

21 Vgl. Sander/Rätsch (2003), S. 121 ff.

tung. Dies ist wichtig für die Umsetzungsgeschwindigkeit und -güte insgesamt. Erst wenn die Positionierung intern von allen Mitarbeitern verstanden, angenommen und verinnerlicht worden ist, können diese die Markenwerte „vorleben“ und im täglichen Arbeitsleben ausfüllen. Denn nur durch Leidenschaft und Engagement aller Mitarbeiter kann Mercedes-Benz zur begehrenswertesten Marke im Lkw-Markt werden.[22]

Die interne Umsetzung der Markenrepositionierung in Entwicklung und Produktion sorgt für eine konsequente Umsetzung in der Produktdimension durch Erhöhung der Produktqualität und -zuverlässigkeit. Das Produkt hat im Investitionsgütermarkt nach wie vor eine große Bedeutung und es sorgt dafür, dass der Kunde die mit der Marke verfolgten Ziele „erfährt“. Die interne Umsetzung im Vertriebsbereich und in der Serviceorganisation sorgt dafür, dass der Kunde die Marke im Kontakt zu den Mitarbeitern erlebt.

3.3.2 Externer Auftritt der Marke

Erst wenn die Markenpositionierung im Unternehmen verinnerlicht worden ist, kann mit der externen Präsentation und Kommunikation begonnen werden. Dies geschieht nach dem Motto: „Erst handeln, dann reden!“. Wenn die Marke nicht hält, was sie dem Kunden verspricht, dann wird dieser sich von der Marke abwenden.[23]

Die Umsetzung der Markenwerte muss in allen Dimensionen, d. h. durch Produkt, Service und Mitarbeiter, gewährleistet sein, damit man dem Kunden in der Kommunikation darüber berichten kann. Ansonsten würde der Kunde sehr schnell das Vertrauen in die Marke verlieren. Außerdem sollte man dem Kunden ermöglichen, seine eigenen Rückschlüsse zu ziehen. Das bedeutet, dass die direkte Kommunikation der Markenwerte nicht zielführend wäre. Die Wahl der Kommunikationsmittel und -inhalte sollten beim Kunden zu dem Schluss führen, dass die Marke für ihre Markenwerte steht.

Die Beziehung zwischen dem Kunden und der Marke gleicht einer zwischenmenschlichen Beziehung. Dies ist durch ein einfaches und jedem zugänglichen Beispiel zu verdeutlichen. Der Mensch schenkt in der Regel nicht dem sein Vertrauen, der ihm verspricht vertrauenswürdig und verlässlich zu sein, sondern er vertraut dem Menschen, der durch sein Handeln Vertrauenswürdigkeit und Verlässlichkeit beweist. Das gleiche Beispiel kann für alle Markenwerte einer Marke ebenfalls herangezogen werden.[24]

Die wertvollste und effektivste Kommunikation für Mercedes-Benz ist demnach nicht die, in der dem Kunden versprochen wird, die einzelnen Markenwerte zu erfüllen, sondern eine Kommunikation, die durch fokussierte Ansprache zu positionierungsrelevanten

22 Vgl. zur Bedeutung interner Kommunikation Sander/Rätsch (2003), S. 123 ff.

23 Vgl. Domizlaff (1992), S. 233 ff.

24 Vgl. Karmasin (1998), S. 504 ff.

Kriterien – in einer für den Kunden nachvollziehbaren Form – das Kundenerlebnis bezüglich der Markenwerte unterstützt. Dadurch erreicht man neben einer stärkeren Verankerung in der Wahrnehmung des Kunden auch eine stärkere Emotionalität für die Marke Mercedes-Benz. Das Zusammenspiel des Markenverständnisses und der emotionalen Bindung an die Marke versetzt Mercedes-Benz langfristig in die Lage, den Markenerfolg nachhaltig zu steigern und aus Kundensicht die wertvollste und begehrenswerteste Marke im Lkw-Markt zu sein.

Wie eingangs dargestellt, muss der externe Auftritt der Marke deshalb unbedingt integriert verlaufen. Alle Elemente des Marketing-Mix inklusive der Dienstleistungsdimension müssen die Marke gleichgerichtet darstellen und damit den Auftritt „one face to the customer“ garantieren.

4. Fazit

Die Realisierung der großen Potenziale einer Marke ist letztlich nur dann möglich, wenn Unternehmen die Markenführung nicht dem Zufall überlassen, sondern ein professionelles Brand-Management betreiben. Selbst Industrien, die vor einigen Jahren noch unberührt vom Einfluss der Markenführung waren, erleben derzeit eine verstärkte Aufbauphase in Sachen Brand-Management.

Am Ausgangspunkt eines integrierten Markenmanagements sollte die Positionierung stehen. Im Kern handelt es sich um eine präferenzbildende Verankerung einer Marke in der Wahrnehmung der Zielgruppe mittels einer eindeutigen und attraktiven Positionierung. Unklare Markenbilder führen zu mangelnder Durchsetzungskraft im Wettbewerbsumfeld – Marken werden auf das dahinter liegende Produkt reduziert und letztlich austauschbar oder stiften sogar Verwirrung. Eine klar und attraktiv positionierte Marke hingegen steht für ein relevantes, konkretes Nutzenversprechen, kann sich im Wettbewerbsfeld besser behaupten und als Preispremium durchsetzen.

Neben der Entwicklung einer präferenzbildenden Positionierung ist auch dem Anspruch einer konsequenten Implementierung Rechnung zu tragen. Übereinstimmung besteht, dass sich erfolgreiche Marken durch die Fähigkeit auszeichnen, ihr Leistungsversprechen stringent und nachhaltig umzusetzen, denn es gilt: „Strategie lebt von Umsetzung“.

Wenn die Voraussetzungen erfüllt werden, kann die Marke selbst in schwierigsten wirtschaftlichen Zeiten überleben und den Markt um einiges übertreffen. Interessanterweise verzeichnen insbesondere Premium- und Luxus-Marken in Konsumgütermärkten in wirtschaftlich schwierigen Zeiten unerwartete Zuwächse. Dieser Sachverhalt ist auch auf Investitionsgütermärkte übertragbar. Wenn ein konjunktureller Abschwung herrscht, sind Planungssicherheit und Qualität durch Langlebigkeit, Robustheit und Zuverlässigkeit der Produkte auch für Geschäftskunden besonders wichtig. Diese Werte verkörpert die Marke Mercedes-Benz.

Mercedes-Benz hat sich das Ziel gesetzt, innerhalb der nächsten Jahre ihre Markenpositionierung erlebbar zu machen und fest in der Psyche der Kunden und den potenziellen Kunden zu verankern. Durch integrierte Kommunikation wird Mercedes-Benz das Wissen der Kunden über die Vorzüge der Marke verbessern. Mithilfe verbesserten Kundenumgangs durch das Verkaufspersonal steigert die Marke den Markterfolg, und durch integriert vorgenommene Maßnahmen im After-Sales-Bereich wird die emotionale Beziehung des Kunden zur Marke Mercedes-Benz deutlich verbessert.

Damit strebt Mercedes-Benz an, innerhalb des nächsten Jahrzehnts vom Marktführer zum angesehensten und begehrenswertesten Lkw-Hersteller aufzusteigen.

Literaturverzeichnis

AAKER, D.A. (1996), Building strong brands, New York 1996.

BACKHAUS, K. (2003), Industriegütermarketing, 7. Aufl., München 2003.

BÖING, C./HUBER, A./SCHOTTE, T. (2002), Markenmanagement im Multikanalvertrieb - identitätsorientierte Markenführung über alle Absatzkanäle, in: BBDO: Insights, Nr. 3, 2002, S. 25-43.

BURKHART, R. (1991), Marken für den Markt von Morgen, in: Industriemagazin, Nr. 6, 1991, S. 22-30.

DILLER, H. (1994), Preismanagement in der Markenartikelindustrie, in: Bruhn, M. (Hrsg.), Handbuch Markenartikel, Stuttgart 1994.

DOMIZLAFF, H. (1992), Die Gewinnung des öffentlichen Vertrauens, Hamburg 1992.

ESCH, F.-R. (2003), Strategie und Technik der Markenführung, München 2003.

GODEFROID, P. (1995), Business-to-Business-Marketing, in: Weis, H.C. (Hrsg.), Ludwigshafen 1995.

HAMMANN, P. (2001), Markencontrolling: Motor oder Bremse für die Steigerung des Markenwerts?, in: Köhler, R./Maier, W./Wiezorek, H. (Hrsg.), Erfolgsfaktor Marke: Neue Strategien des Markenmanagements, München 2001.

KARMASIN, H. (1998), Produkte als Botschaften: individuelles Produktmarketing, konsumentenorientiertes Marketing, Bedürfnisdynamik, Produkt- und Werbekonzeptionen, Markenführung in veränderten Umwelten, 2. Aufl., Wien 1998.

KOTLER, P. (2001), Marketing-Management: Analyse, Planung und Verwirklichung, 10. Aufl., Stuttgart 2001.

LIEBL, C. (2003), Kommunikations-Controlling: Ein Beitrag zur Steuerung der Marketing-Kommunikation am Beispiel der Marke Mercedes-Benz, Wiesbaden 2003.

MEFFERT, H./KOERS, M. (2001), Integratives Markencontrolling auf Basis des Balanced-Scorecard-Ansatzes, in: Reinecke, S./Tomczak, T./Geis, G. (Hrsg.), Handbuch Marketingcontrolling: Marketing als Motor von Wachstum und Erfolg, Frankfurt 2001.

SANDER, B./RÄTSCH, C. (2003), Ganzheitliche Markenpositionierung – der Value Proposition- und Brand Change Management-Ansatz von BBDO-Consulting, in: Göttgens, O./Gelbert, A./Böing, C. (Hrsg.), Profitables Marken-Management: Strategien – Konzepte – Best Practices, Wiesbaden 2003.

Klaus Morwind und Franz Peter Hennemann

Strategische Markenarchitektur und Markenbewertung bei Henkel

1. Die Bedeutung von Markenarchitekturen

Für Hans Domizlaff, den Vater der Markentechnik, lautet eines der Grundgesetze der Markentechnik: „Eine Firma hat eine Marke. Zwei Marken sind zwei Firmen“[1]. Dieses Idealbild einer Marke gewährleistet eine klare Positionierung und eine eindeutige Markenidentität, die durch keine externen Faktoren gestört werden. Die Existenz einer solchen Marke wird immer seltener. Vielleicht ist heute noch die Marke „Underberg“ als Magenbitter ein typisches Beispiel dieser Kategorie.

Die Realität im Konsumgütergeschäft zeigt aber, dass die führenden Unternehmen mit einer Vielzahl von Marken im Markt vertreten sind. Dabei ist die Strategie, wie sie das Markenportfolio managen, sehr unterschiedlich, und auch der Einsatz der Corporate Brand ist von Fall zu Fall verschieden.

Wenn ein Unternehmen ein breit gefächertes Markenportfolio und eine starke Corporate Brand besitzt, stellt sich die Frage nach einer optimalen Markenarchitektur, um gegebenenfalls Synergien zu generieren. Grundsätzlich gibt es zwei polarisierende Strategien. Die eine besteht darin, dass man alle Produkte unter einer Corporate Brand (Dachmarke) vermarktet, die andere darin, dass man für jedes Produkt eine eigene Marke einsetzt. In der Realität bestehen als Mischform komplexe Markenstrukturen, die wie bei Henkel meistens historisch gewachsen sind oder sich aus der ökonomischen Notwendigkeit zu einer größeren Markenfamilie ergeben haben (vgl. Abbildung 1).

Das Dilemma in der Bewertung von Markenarchitekturen besteht darin, dass die breite Öffentlichkeit, die Medien, Geldgeber, Arbeitnehmer und Shareholder primär an der Corporate Brand Interesse haben, die Endverbraucher aber an der Einzelmarke[2]. Entscheidend ist, wie und in welcher Form eine positive Wirkung auf den Markterfolg des Unternehmens ausgeht. Dafür ist Voraussetzung, dass der Verbraucher diese unterschiedlichen Ansprachen überhaupt erkennt.

---

1 Domizlaff (1982).

2 Vgl. Esch (2003).

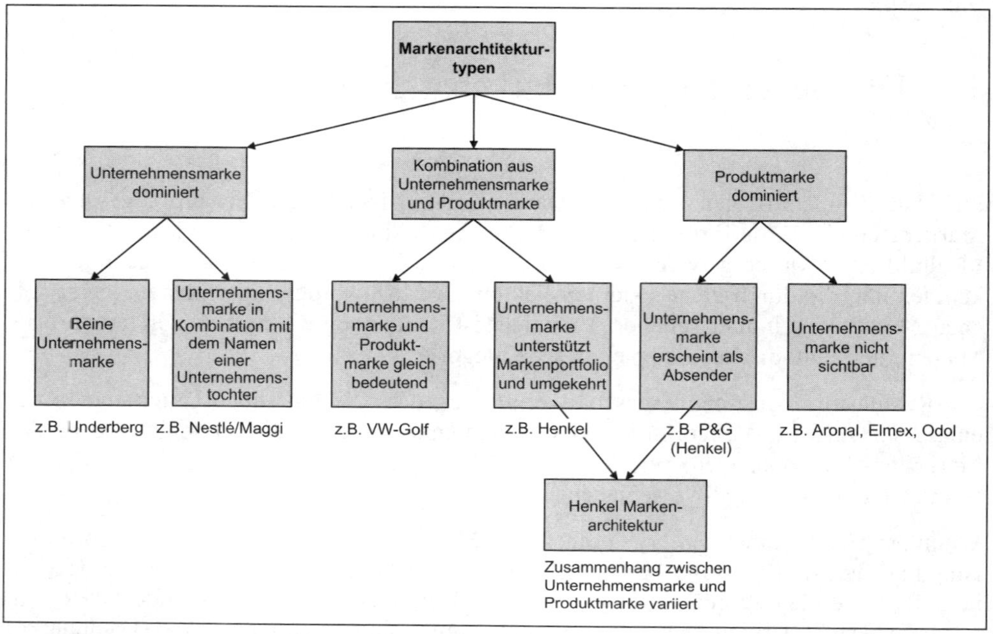

Abbildung 1: Markenarchitekturtypen[3]

2. Die Henkel-Markenarchitektur

Die Henkel-Markenarchitektur ist historisch gewachsen. Am Anfang stand Henkels Bleichsoda. Die Einführung von Persil, dem ersten selbsttätigen Waschmittel, im Jahr 1907 war die Geburtsstunde einer der erfolgreichsten Marken in Deutschland.

Henkel hat heute in den konsumorientierten Geschäftsbereichen viele große erfolgreiche Marken. In Deutschland sind das im Wasch- und Reinigungsmittelgeschäft neben Persil, z. B. Spee, Perwoll, Vernel, Sil, Pril, Der General, im Kosmetikbereich z. B. Fa, Poly, Taft, Schauma und im Unternehmensbereich Klebstoffe vor allem Pritt, Pattex, Ponal und Sista.

3 In Anlehnung an Laforet/Saunders (1994).

Abbildung 2: Markenarchitektur bei Henkel

Insgesamt spricht Henkel mit ca. 450 Marken weltweit die Verbraucher/Kunden an. Davon zählen ca. 200 zu den Wasch- und Reinigungsmittelmarken. Bei den Marken im Wasch- und Reinigungsmittelmarkt hat der Absender Henkel immer eine wichtige Rolle gespielt. Bereits auf der ersten Persil-Packung wurde der Verbraucher aufgeklärt: „Von Henkel auf wissenschaftlicher Grundlage hergestelltes, modernes Waschmittel". Auf den Packungen der 30iger Jahre wurden sogar die Markenlogos „Persil" und „Henkel" gleichgewichtig dargestellt.

Abbildung 3: Die Persil-Verpackung 1907 und 1931

Die große Zufriedenheit der Verbraucher mit Persil über Jahrzehnte hinweg ist ein wesentlicher Faktor für das hohe Qualitätsimage von Henkel. Auch im Unternehmensbereich Klebstoffe hat der Bezug auf Henkel immer eine große Rolle gespielt. Im Unternehmensbereich Kosmetik ist die Verbindung Henkel und Produktmarke historisch bedingt nicht so eng und durch verschiedene Akquisitionen sehr komplex. Durch die Verschmelzung Henkel mit Schwarzkopf wird heute die erweiterte Unternehmensmarke Schwarzkopf & Henkel eingesetzt.

Vor diesem Hintergrund ist zu vermuten, dass gegenseitige Transfereffekte zwischen Henkel und den Produktmarken stärker im Wasch- und Reinigungsmittelmarkt und bei den Klebstoffen gegeben sind. Allerdings könnte Henkel durch die Verbindung mit Schwarzkopf eine Imageerweiterung erfahren, die weniger chemisch geprägt ist. Die Marke Fa hat eine Sonderstellung, da sie am Anfang des Henkel-Kosmetikgeschäftes stand.

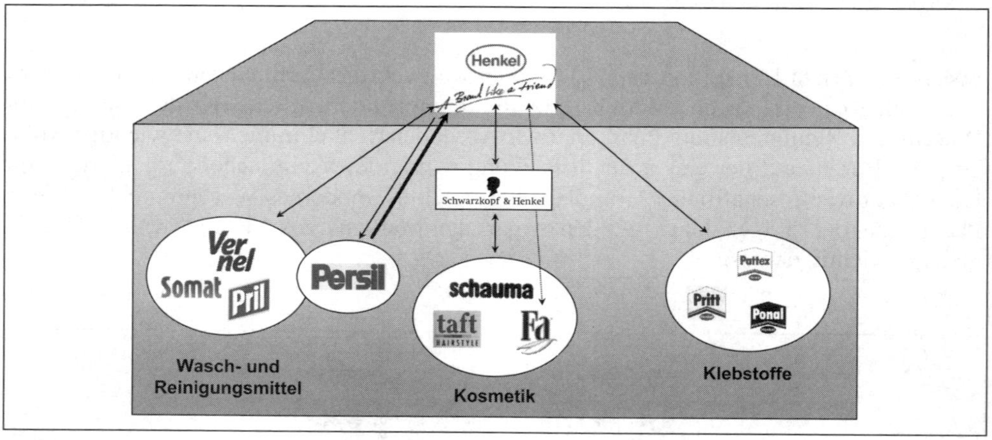

Abbildung 4: Transfereffekte zwischen Unternehmens- und Produktmarken

3. Markenwert und Unternehmensmarke

In regelmäßigen Abständen veröffentlicht die Wirtschaftspresse den Wert großer Marken. Das jährliche Markenranking von Interbrand unter dem Titel „Die 100 wertvollsten Marken", die Ergebnisse von BBDO Consulting und die Ergebnisse von Semion werden am häufigsten zitiert. Da die Messverfahren unterschiedlich sind, weichen die Ergebnisse, obwohl es sich in allen drei Fällen um betriebswirtschaftlich-verhaltensorientierte Modelle handelt, deutlich voneinander ab. So beträgt der Markenwert z. B. von „Volkswagen“ im Jahr 2003 nach Interbrand 6,9 Mrd. €, nach Semion 18,9 Mrd. € und nach BBDO Consulting 15,7 Mrd. €.

Auffallend ist, dass sich die veröffentlichten Werte nahezu ausschließlich auf Corporate Brands beziehen. Die Faktoren, die diesen monetären Markenwert prägen, unterscheiden sich, unabhängig von der eingesetzten Methode, von denen der Produktmarkenwerte. Während die Markenwerte der Produktmarken wesentlich von Faktoren aus dem Kreis der Konsumenten/Verbraucher geprägt werden, spielen bei den Corporate Brands auch Informationen aus der Öffentlichkeit, der Arbeitswelt und dem Finanzwesen eine wichtige Rolle. Da diese Beiträge in den unterschiedlichen Berechnungsmethoden auch unterschiedlich gewichtet werden und zusätzlich subjektive Expertenschätzungen eine große Rolle spielen, ist es nicht verwunderlich, wenn die Ergebnisse so unterschiedlich ausfallen. Es gibt kein einheitliches, anerkanntes Messverfahren, und so gleicht die aktuelle Markenwertermittlung einem Würfelspiel.

Marken sind für die Konsumgüterindustrie das wichtigste Asset. Hierfür gibt es deutliche Belege. Eine Analyse von McKinsey zeigte, dass Unternehmen mit starken Marken ein Return to Shareholder haben, der über dem Industriedurchschnitt liegt[4].

Wie hoch die Bedeutung des Markenkapitals im Vergleich zu anderen Vermögenswerten in der Markenartikelindustrie ist, zeigt sich zum Beispiel bei Markenakquisitionen und Akquisitionen von Markenartikelgeschäften mit der gesamten Wertschöpfungskette. Nach den Erfahrungen von Henkel mit beiden Akquisitionstypen ist von 70 bis über 100 Prozent für reine Markenakquisitionen relativ zu Akquisitionen der Geschäfte inklusive aller betriebswirtschaftlichen Funktionen auszugehen. Reine Markenakquisitionen können sogar für den Käufer mehr wert sein als das gesamte Geschäftssystem, wenn Freikapazitäten bei Produktion etc., vorhanden sind. Die Marke ist also für die meisten Unternehmen der Konsumgüterindustrie mit Abstand der wichtigste betriebswirtschaftliche Wert. Damit ergeben sich konsequenterweise die wichtigsten Fragestellungen für die Markenartikelindustrie: Wie hoch ist der Markenwert und wie kann er gemessen und gesteigert werden?

Henkel ist ein Unternehmen mit vielen Premium-Produktmarken, dessen Corporate-Markenwert nach BBDO Consulting sich in den letzten drei Jahren nahezu verdoppelt hat und dessen Markenwert heute einen Anteil von mehr als 70 % am Unternehmenswert darstellt.

4 Vgl. Esch (2003).

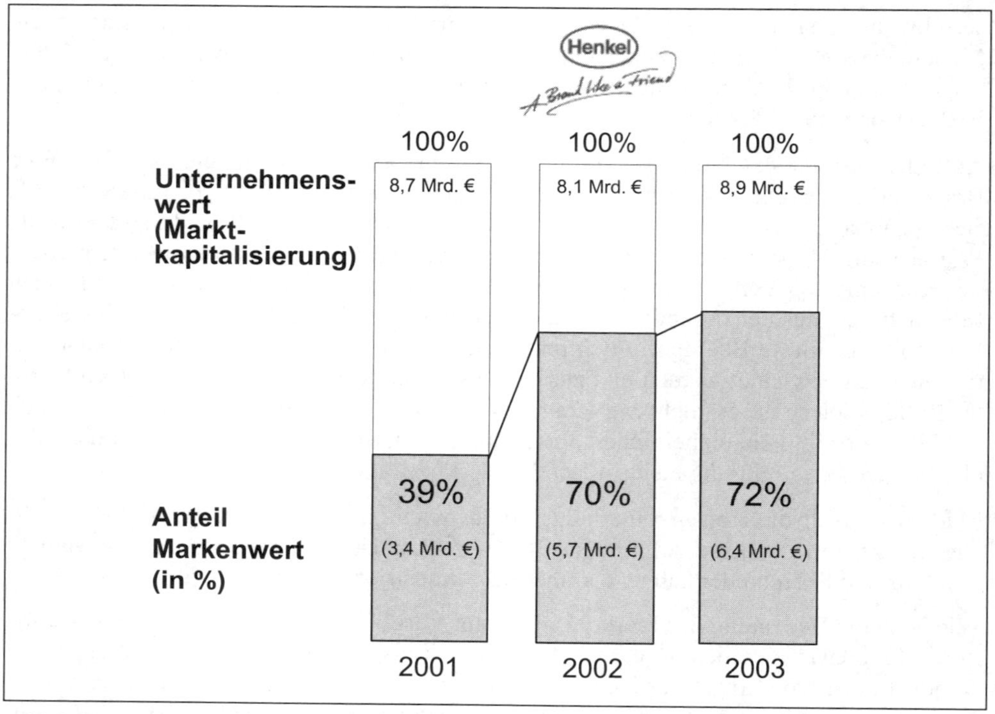

Abbildung 5: Henkel - Anteil des Markenwertes am Unternehmenswert[5]

Diese Darstellung wirft zwei wichtige Fragen auf. Zum einen: Was wird gemessen? Die Marke „Henkel" allein kann es nicht sein, denn ohne die vielen starken Produktmarken ist Henkel für einen Käufer relativ unattraktiv. Zum anderen stellt sich die Frage, wieso dieses Messsystem innerhalb eines Jahres (von 2001 auf 2002) einen Wertzuwachs von 2,3 Mrd. € signalisiert, ohne dass sich wesentliches bei der Stellung des Unternehmens im Markt verändert hat. An diesem Beispiel wird deutlich, wie problematisch es heute noch ist, den Wert einer Marke in € zu messen. Unabhängig von dem Versuch, den Wert der Unternehmensmarke Henkel monetär zu bestimmen, ist Henkel im Bewusstsein der Bevölkerung eine starke Marke.

Die Bekanntheit von Henkel in Deutschland mit 92 % ist kaum noch auszubauen, und das Ansehen bei Verbrauchern, Mitarbeitern und vor allem den Shareholdern ist auf einem sehr hohen Niveau.

5 Vgl. BBDO Consulting (2003).

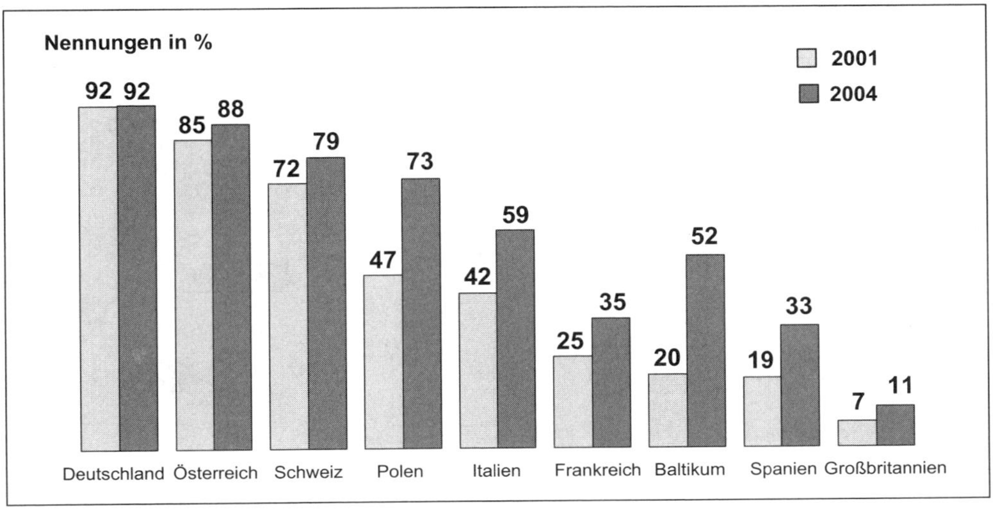

Abbildung 6: Henkel-Bekanntheit

Die Frage nach dem monetären Wert der Marke, also was ist Henkel oder Persil wert, ist zweitrangig und stellt sich eigentlich nur im Zusammenhang mit Merger & Acquisition. Viel wichtiger ist die Frage nach der Markenwirkung. Die Steigerung des Markenwerts setzt die Kenntnis der Wirkmechanismen der Marke voraus.

4. Markenwirkung und Markenwert

Da der Wert einer Marke in den Köpfen der Verbraucher entsteht, muss sich die Messung der Markenwirkung am Verbraucher und seinen Vorstellungen zur Marke ausrichten. Hier reichen rein quantitative Maßgrößen nicht aus. Zentrale verhaltenswissenschaftliche Größen der Markenwirkung müssen identifiziert werden. Die ökonomischen Ziele der Markenführung sind nur mittelbar durch Erreichung von verhaltenswissenschaftlichen Zielen zu erfüllen[6].

Das folgende Schaubild fasst den Prozess vom strategischen Einsatz der Marketing-Mix-Faktoren zum Aufbau der verhaltenswissenschaftlichen Zielgrößen zusammen, die im ökonomischen Markenwert resultieren.

6 Vgl. Esch/Geus/Langner (2002).

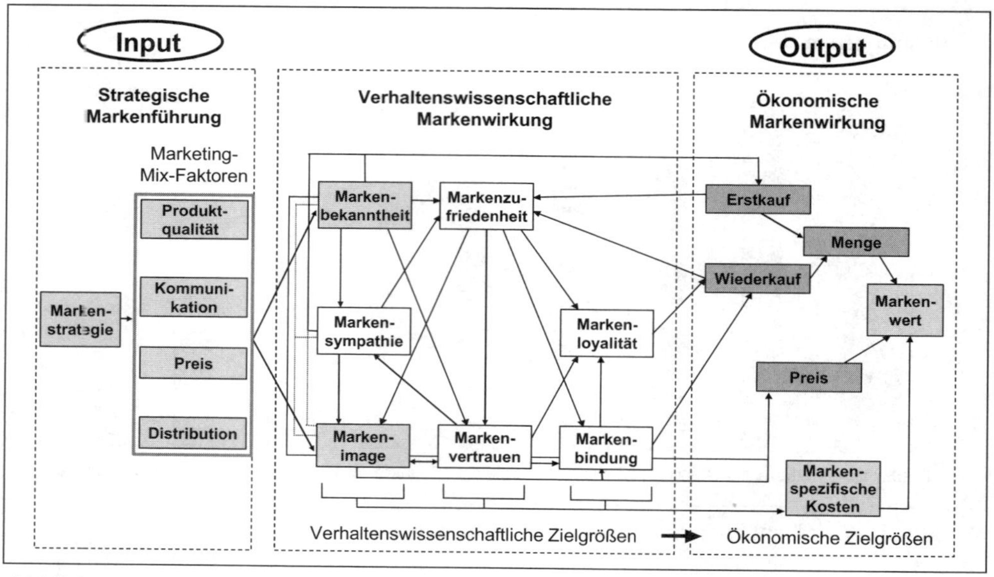

Abbildung 7: Zielsystem zur Markennavigation[7]

Im Fokus der verhaltenswissenschaftlichen Betrachtung stehen die Zielgrößen Markenimage und Markenbekanntheit. Das Markenwissen, operationalisierbar durch die Größen Image und Bekanntheit, ist der Schlüssel zum Markenerfolg[8]. Die Markensympathie ist Teil des Markenimages und spielt eine Zwischenrolle zwischen Markenbekanntheit und Image. Ein ständiger Kontakt mit der Marke lässt sie sympathisch erscheinen, und ein positives Image setzt eine gewisse Markensympathie voraus. Aus den Zielgrößen Markenimage und Bekanntheit lassen sich andere verhaltenswissenschaftliche Ziele wie Markenzufriedenheit, Markenvertrauen, Markenbindung sowie Markenloyalität ableiten. Davon haben Markenloyalität und die Markenbindung die größte Bedeutung[9]. Diese führen letztendlich zum ökonomischen Markenwert.

Während sich die ökonomische Markenwirkung durch Daten aus dem Haushalts- und Handelspanel leicht abbilden lässt, ist die verhaltenswissenschaftliche Markenwirkung viel schwieriger zu beschreiben. Welchen Einfluss die Werbung auf die Marke hat, zeigt das Advertising Tracking, das alle verhaltenswissenschaftlichen Elemente erfasst (siehe Abbildung 8). Die Absicht zum Kauf kann zu einem Erstkauf oder Wiederkauf führen.

---

7 In Anlehnung an Esch/Geus/Langner (2002).

8 Vgl Esch/Geus/Langner (2002).

9 Vgl Esch/Geus/Langner (2002).

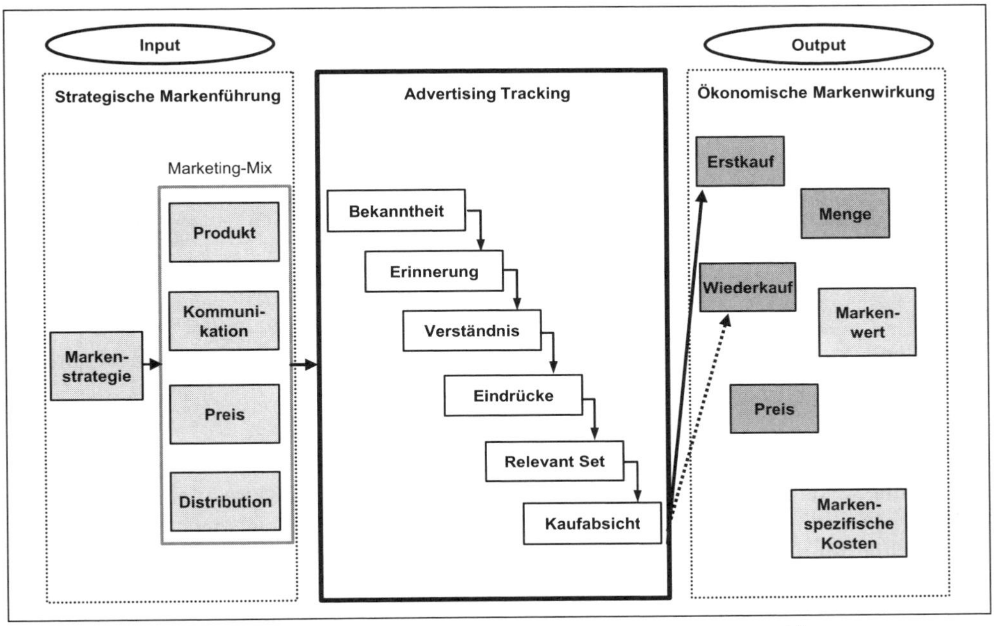

Abbildung 8: Advertising Tracking zur Messung der Werbewirkung[10]

Während beim Advertising Tracking die Effekte der Werbekampagnen gemessen werden, versucht das Brand Filter-Modell, das Henkel zusammen mit McKinsey entwickelt hat, relevante emotionale Nutzelemente bestehender Marken auf allen Kaufprozessstufen sichtbar zu machen. Basis war eine Befragungsstudie (über 1.000 persönliche computergestützte Interviews) mit Kausalanalyse.

Mit der Abfrage ausgewählter Einzelstatements wurde der Verhaltensablauf, besser gesagt die Einstellungsveränderung zur Marke, von der Aufmerksamkeit bis zu Loyalität beschrieben. Als Ergebnis wurden die wesentlichen „Loyalitäts-Treiber" herausgefiltert. Interessant ist, dass unabhängig von den einzelnen Stufen sich folgende drei Faktoren als relevante Treiber herauskristallisiert haben:

- Eine Marke für Leute wie mich.
- Die Marke gibt mir ein gutes, sicheres Gefühl.
- Diese Marke benutzen viele, die ich kenne.

10 In Anlehnung an Esch/Geus/Langner (2002).

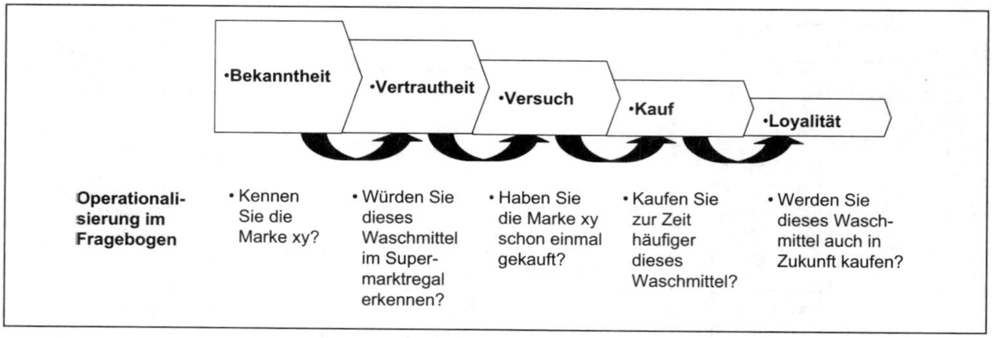

Abbildung 9: Der Kaufprozess als Grundlage der potenzialorientierten Einzelmarkenanalyse[11]

Die emotionale Bindung zur Marke, d. h. das allumfassende Vertrauen setzt nicht nur eine umfassende Kenntnis der Marke voraus, sondern auch ein klares positives Image, dass die Marke in den Köpfen der Konsumenten unverwechselbar macht und zur Markenloyalität führt. Letztlich muss die Loyalität zur Marke sich im Marktanteil und damit im Umsatz und Ergebnis widerspiegeln. Daraus ergibt sich dann der monetäre Teil des Markenwertes.

Bei Henkel im Unternehmensbereich Wasch- und Reinigungsmittel haben wir einen sehr pragmatischen und relativ einfachen Ansatz, um Wertveränderungen von Marken zu messen. Der Markenwert wird als eine Funktion von Deckungsbeitrag und Umsatz quartalsweise ermittelt. Aussagekräftig sind Trends über mehrere Jahre und Jahreswerte. Die Quartalswerte dienen zur besseren Trendbeurteilung und geben wesentlich bessere Hinweise auf verhaltenswissenschaftliche Zusammenhänge (ROI verschiedener Maßnahmen). Im Folgenden wird der Erfolg eines Waschmittels am monetären Teil des Markenwertes dargestellt.

11 McKinsey (2003).

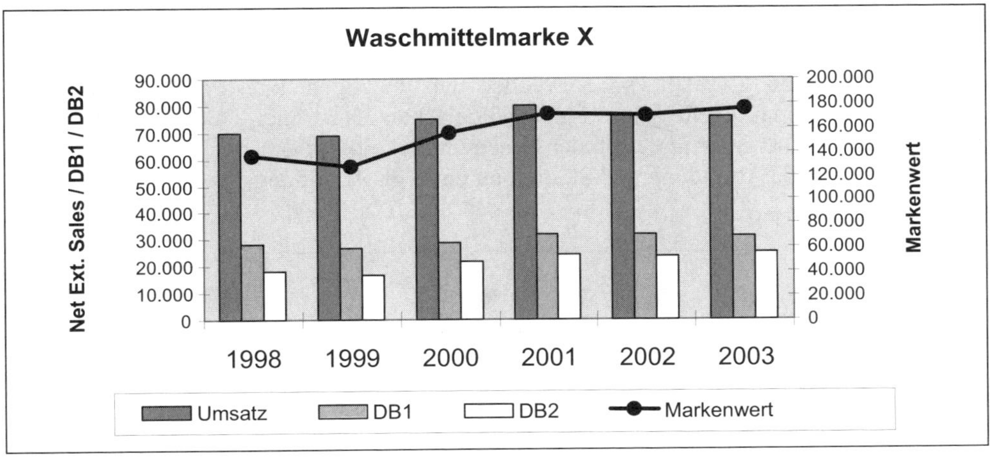

Abbildung 10: Exemplarische Markenwertdarstellung (jährliche Darstellung)

Die quartalsweise Darstellung macht es auch möglich, relativ kurzfristig auf Fehlentwicklungen zu reagieren.

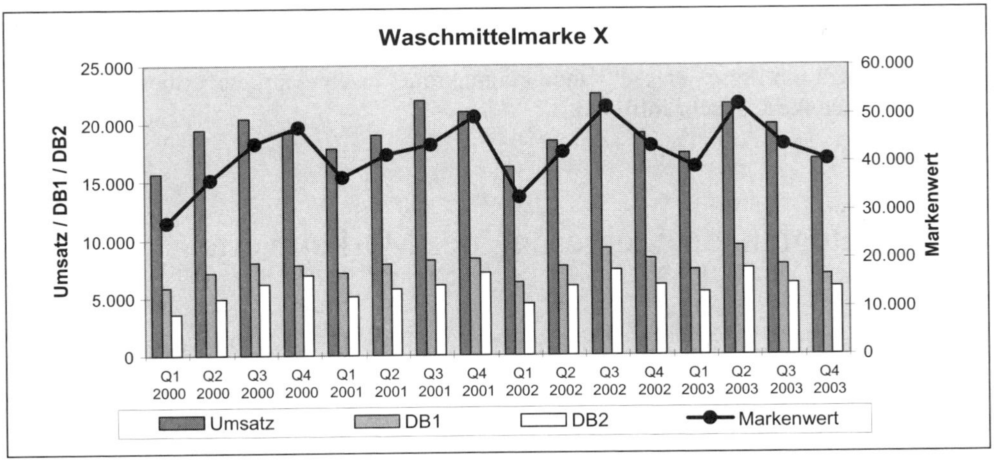

Abbildung 11: Exemplarische Markenwertdarstellung (quartalsweise Darstellung)

Um die Einflussfaktoren besser bewerten zu können, sind in den Abbildungen den Markenwerten die Umsätze und die Deckungsbeiträge zugeordnet.

Die Markenwertdefinition auf der Grundlage ökonomischer Ist-Werte hat allerdings nur bedingte prognostische Aussagekraft. Um einen Blick in die Zukunft werfen zu können, wird die Einstellung der Verbraucher zur künftigen Stärke der Marke einbezogen. Den Weg dazu bietet das Institut für Demoskopie Allensbach. Wenn man über eine positive Geschäftsentwicklung spricht, so verwendet man im allgemeinen Sprachgebrauch die Formulierung „es läuft sehr gut". Im psychologischen Hausfrauen-Panel nutzt das Institut dieses Bild in seiner Frage nach der Geschwindigkeit, mit der eine Marke „läuft". Es setzt dazu folgende Abbildung und Skalierung ein (vgl. Abbildung 12).

Abbildung 12: Skalierung zur Messung der Markenstärke im psychologischen Haushaltspanel[12]

Die Ergebnisse sind sehr aufschlussreich und insbesondere die Meinungsführer geben einen deutlichen Hinweis darauf, wie dynamisch die Marke im Verbraucherbewusstsein ist. Die Integration dieses „Geschwindigkeitsfaktors" in die Markenwertbetrachtung als prognostischer Wert ist sehr hilfreich.

5. Strategien zur Steigerung der Markenwerte

5.1 Synergien zwischen Unternehmensmarke und Produktmarke

Im Rahmen der Henkel-Markenarchitektur bieten sich verschiedene strategische Ansätze zur Markenwertsteigerung an, wobei zwei Ansätze stärker auf die Unternehmensmarke ausgerichtet sind und drei Ansätze direkt der Stärkung der Produktmarkenwerte dienen.

12 Institut für Demoskopie Allensbach (2002a).

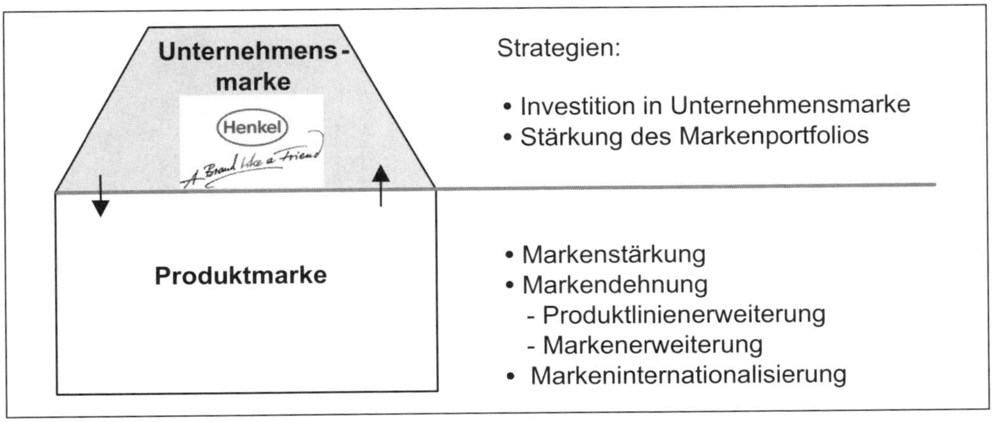

Abbildung 13: Strategien zur Markenwertsteigerung

Starke Produktmarken bei Henkel stärken die Unternehmensmarke, und die starke Unternehmensmarke hilft den Produktmarken. Da unter der Marke „Henkel" allein kein Produkt verkauft wird, kann man darüber streiten, ob eine Millionen-Direktinvestition in die Marke „Henkel" über die Sekundärwirkung auf die Produktmarken zu einem befriedigenden ROI führt.

Die Erfahrung generell zeigt, dass die Corporate Brand „Henkel" die Verbraucherakzeptanz der Produktmarken grundsätzlich unterstützen kann. Eine qualitative Studie zur Wirkung des Abbinders „Qualität von Henkel", der in allen TV-Spots der Henkel Wasch- und Reinigungsmittelmarken eingesetzt wird, zeigt, dass Marken mit geringer Bekanntheit und schwacher Qualitätswahrnehmung von diesem Hinweis besonders profitieren. Starke Marken wie Pril, Perwoll, Somat und Der General haben diese Unterstützung nicht unbedingt nötig. Hier dient der Hinweis auf die „Qualität von Henkel" als absichernde Maßnahme bei Produktinnovationen.

Die Qualitätswahrnehmung von Persil und Henkel in Deutschland ist vergleichbar und auf einem hohen Niveau. Hier kann man von einer gegenseitigen „Befruchtung" des Qualitätsimages ausgehen. Eine qualitative Studie in Österreich zeigt, dass Henkel für Persil allerdings in einigen Kriterien positive Impulse gibt. Das gilt unter anderem für Modernität, Vertrauenswürdigkeit und Größe. In Österreich hat Persil nicht die Dominanz wie in Deutschland, sodass hier Persil von dem Henkel-Image profitieren kann. Generell ist der Input der Produktmarken für die Unternehmensmarke Henkel in Deutschland historisch bedingt stärker als in Ländern wie z. B. Spanien oder Frankreich.

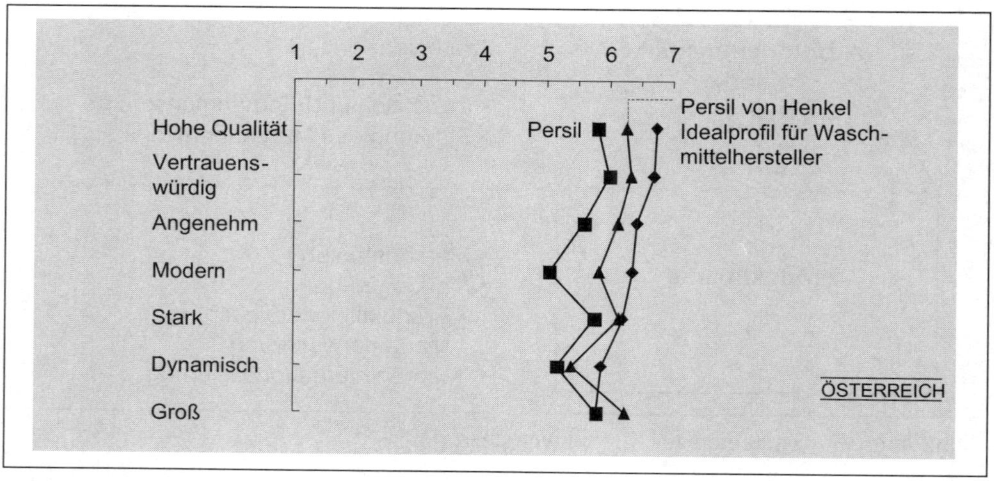

Abbildung 14: Potenzial für „Henkel“ (Österreich)[13]

Wenn heute jede der Henkel Wasch- und Reinigungsmittelmarken in Deutschland auf die „Qualität von Henkel“ Bezug nimmt und auf jeder Packung das Henkel-Oval deutlich sichtbar ist, heißt das nicht unbedingt, dass Henkel für den Verbraucher die Dachmarke ist. Die Einstellung des Verbrauchers ist entscheidend, und dieser kauft primär Persil, Spee, Perwoll, Pril und die anderen Marken. Den Hinweis auf die Qualität von Henkel muss man sehen wie den Hinweis „Made in Germany“. Er unterstützt die Akzeptanz und gibt Sicherheit, ist aber keine Dachmarke. Die Synergie der Markenarchitektur bei Henkel besteht also in einer Art von Reassurance.

Was den meisten Marken tendenziell hilft, kommt aber auch der Corporate Brand zu Gute. Das Henkel-Image war in Deutschland noch nie so gut, wie eine kürzlich durchgeführte Untersuchung zeigt. Henkel hat durch die Schlussaussage bei jeder der 21 im TV beworbenen Marken „Qualität von Henkel“ an Aktualität und Qualitätsrelevanz gewonnen.

Henkel ist es unter anderem dadurch gelungen, in die Image-Premium-Klasse der Automobilindustrie vorzudringen, bzw. stärker zu werden als die stärksten Konsumgüterdachmarken oder die stärksten Industriemarken.

---

13 INTEGRAL (2002); Einzelinterviews mit Frauen, die regelmäßig Waschmittel kaufen und die Marke kennen, Einstufung auf einer Skala von 1 (= trifft gar nicht zu) bis 7 (= trifft sehr gut zu), März 2002.

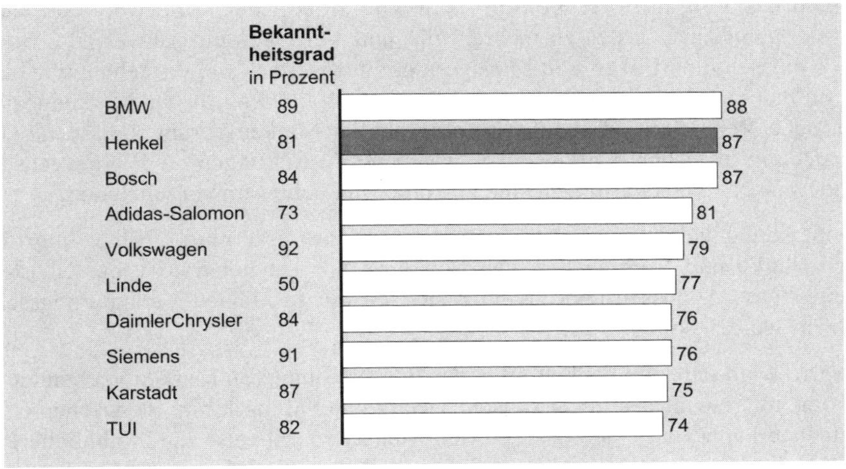

Abbildung 15: Imageindex[14]

5.2 Markenstärkungsstrategie

Marken bleiben nicht auf Dauer stark – sie bedürfen der ständigen Pflege. Wichtig ist es, die Marke immer wieder über rationale und emotionale Nutzenangebote zu differenzieren und die Markenpersönlichkeit zu stärken. Neben einem optimalen Marketing-Mix kommt es darauf an, das Markenprodukt ständig weiterzuentwickeln und einen permanenten Vorsprung durch Innovation und Qualität sicherzustellen.

Die Stärkung der Marke durch Steigerung der Konsumentenakzeptanz ist die Hauptaufgabe des Markenmanagements bzw. der Marketingfunktion in Markenartikelunternehmen. „Markenstärke liegt dann vor, wenn eine Marke in den Köpfen der Konsumenten über einzigartige und relevante Vorstellungen verfügt, die über produkt- oder branchengenerische Vorstellungen hinausgehen“[15]. Eine hohe Akzeptanz wird erreicht, wenn der Konsument, oder besser gesagt die Zielgruppe, ein möglichst klares Bild von den funktionalen und den Metanutzen der Marke hat und dieses Markenbild der Preispositionierung entspricht.

14 Vgl. INRA (2003). Basis: 1.000 Befragte ab 14 Jahren, die zum jeweiligen Unternehmen eine Meinung äußerten, Anteil „guter Eindruck“ minus Anteil „schlechter Eindruck“.

15 Esch (2003).

Hier spielt das Vertrauen der Konsumenten eine große Rolle. Und weil Vertrauen das wichtigste Kapital ist, das es zu mehren gilt, und Vertrauen ein schwer zu erringender Wert ist, müssen die Marken von Managern geführt werden, die verstehen, wie ein Vertrauensaufbau zustande kommt. Konsequenz und Konsistenz in der Markenpositionierung bringen Vertrauen. Brüche und Sprünge in der Markenführung sind meist Gift für die Beziehung zwischen Marke und Konsument. Anpassungen an Wertewechsel oder sich ändernde Nutzenerwartungen sind entsprechend behutsam vorzunehmen.

Markenpersönlichkeiten entwickeln sich langsam, zu starke chirurgische Eingriffe entfremden Marke und Verbraucher. Die Marke ist ein Zeichensystem, dessen Elemente zueinander passen müssen und das über die Zeit nur in kleinen Veränderungsschritten modifiziert werden sollte.

Der Begriff Markenpersönlichkeit – bei der Beschreibung von Marken verwendet – deutet auf eine interessante Parallele zwischen Marke und Mensch hin. Inzwischen ist in der Literatur anerkannt, dass sich Marken und Menschen teilweise durch ähnliche Persönlichkeitsmerkmale charakterisieren lassen und dass zwischen einer Marke und deren Nutzer ähnliche Beziehungen wie zwischen Menschen bestehen[16].

Das Institut für Demoskopie Allensbach beschäftigt sich schon seit längerer Zeit mit der Beschreibung und Messung von Markenstärke. Bereits 1990 wurde in einer Pilotstudie versucht, die Markenpersönlichkeit über Kriterien zu messen, die auch zur Messung der Persönlichkeit von Personen Anwendung finden[17].

Aktuelle Untersuchungen des Institutes im Waschmittelmarkt zeigen, dass das Element der Vertrautheit für die Stärkung einer führenden Marke ähnlich wichtig ist wie die Betonung der Qualität. Letztendlich beschreibt die Aussage „mir gefällt dieses Waschmittel, ich mag es gern“ am besten die Treue zu einer bestimmten Marke und damit die Stärke der Marke[18]. Alle Marketing-Mix-Faktoren müssen auf dieses Ziel ausgerichtet sein. Dabei hat die Werbekampagne einen entscheidenden Beitrag zu leisten, denn die Attraktivität einer Marke in der Wahrnehmung der Konsumenten wird wesentlich durch die emotionale Wertschätzung (neben der rationalen Bewertung) bestimmt[19]. Siehe dazu auch die Ausführungen in Kapitel 4 zum Markenwert.

Die Messung der Wirksamkeit der einzelnen Marketing-Mix-Faktoren stellt ein großes Problem dar. Henkel hat daher gemeinsam mit AC-Nielsen eine Software entwickelt, die besseren Aufschluss über die Wirkung der einzelnen Elemente des Absatzinstrumentariums geben soll. Die Antwort auf die Frage, warum Markt- und Markenentwicklung gerade so verlaufen und nicht anders, bringt uns hoffentlich näher zur optimalen Markenführung. Dies wäre eine der wichtigsten strategischen Investitionen in Marktforschung.

---

16 Vgl. Esch (2003).

17 Vgl. Institut für Demoskopie Allensbach (1990).

18 Vgl. Institut für Demoskopie Allensbach (2002b).

19 Vgl. Hupp/Hofmann (2003).

Trotzdem ist nicht zu erwarten, dass alles erklärt werden kann. Deshalb werden auch in Zukunft Erfahrung, Glück und Wettbewerbsfehler in der erfolgreichen Markenführung eine wichtige Rolle spielen.

Persil ist ein hervorragendes Beispiel für eine erfolgreiche Markenführung über viele Jahrzehnte. Persil ist eine Marke mit Tradition und dennoch modern und zeitgemäß. Als Innovationsführer steht sie immer für den neuesten Stand der Technik. Dieses einzigartige Spannungsfeld zwischen Tradition und Innovation sorgt jeden Tag dafür, dass Persil auch in Zeiten eines verschärften Wettbewerbs die große Marke bleibt. „Persil bleibt Persil, weil Persil nicht Persil bleibt", sagte dazu Helmut Sihler, ehemaliger Vorsitzender der Henkel KGaA.

Die Markenidentität und Positionierung von Persil hat eine unverwechselbare Markenpersönlichkeit mit einem sehr überzeugenden Image beim Verbraucher geschaffen. Entscheidend war dabei die große Umsicht, mit der man über viele Jahre die Geburtsmerkmale weiterentwickelt hat. Dabei spielt für den Vertrauensaufbau die Wahrung der Selbstähnlichkeit eine entscheidende Rolle[20]. Eine Marke muss sich den Kunden über längere Zeit in gleicher Gestalt präsentieren. Dadurch „gewöhnen sich die Menschen an ihre Formen, Farben, Klänge, Düfte, ihren Gestus und ihre Botschaften. Nur so kann sich eine Beziehung aufbauen und Vertrautheit entstehen."[21]. Und Vertrautheit ist die „unabdingbare Voraussetzung für Vertrauen"[22]. Das bedeutet auch, dass die Kreation in der Kommunikation mit dem „genetischen Code der Marke"[23] vereinbar sein muss.

Eine erfolgreiche dynamische Markenführung muss das Postulat der Umsetzung von Innovationen unter Beachtung des genetischen Codes der Marke erfüllen. Die Kunst der Markenführung und der Werbestrategie besteht darin, in einem klar definierten Rahmen einer Positionierung, durch Erneuerungen der Marke immer wieder Impulse zu geben – Impulse, die die Marke interessant, im Idealfall faszinierend machen.

5.3 Markendehnungsstrategie

Zwei Entwicklungen haben heute wesentlichen Einfluss auf das Markenportfolio eines Unternehmens.

1. Extrem hohe Markteinführungskosten für neue Marken.
2. Konzentration auf große Marken, da kleine Marken nicht das Ergebnispotenzial für eine kontinuierliche Kommunikationsunterstützung haben.

---

20 Vgl. Otte (1995).

21 Brandmeyer (2002).

22 Brandmeyer (2002).

23 Brandmeyer (2002).

Im Unternehmensbereich Henkel Wasch- und Reinigungsmittel gibt es ca. 200 Marken. Die drei stärksten Marken sind Persil, Dixan und Vernel (inklusive der konzeptgleichen Marken in Frankreich). Sie vereinen ca. 32 % des Gesamtumsatzes auf sich, die insgesamt 13 A-Marken bereits 58 %.

Vor diesem Hintergrund ist es nur zu verständlich, bei Einführung eines neuen Produktes zu prüfen, ob das Potenzial für eine Monomarke gegeben ist oder ob es nicht ökonomisch sinnvoll ist, stattdessen eine bestehende starke Marke zu nutzen und diese zu erweitern. Die neuen Produkte profitieren vom bereits aufgebauten bzw. weiterentwickelten Markenimage. Dieses Vorgehen setzt voraus, dass das Image der gewählten Marke zum neuen Produkt passt. Andernfalls würde es bei der Einführung wenig hilfreich sein und im schlimmsten Fall sogar das Markenimage der Ausgangsmarke verwässern.

Bei der Bildung von Markendehnungen sind zwei Anforderungen zu erfüllen:

- die ausreichende Selbstähnlichkeit zur Muttermarke und
- die notwendige Differenzierung und rasche Erkennbarkeit des spezifischen Produktnutzens.

Bei Markendehnungen unterscheidet man zwei Ausprägungen – die Verwendung der Marke für andere Produkte einer Produktkategorie (Line Extension) und die Verwendung der Marke für andere Produktkategorien (Brand Extension).

5.3.1 Produktlinienerweiterung (Line Extension)

Unter der Produktlinienerweiterung verstehen wir die Ausdehnung einer Marke auf Produkte der gleichen Produktkategorie, wie zum Beispiel im Waschmittelmarkt mit Persil. Alle Produkte dieser Kategorie haben eine enge Nutzenbeziehung zueinander, und häufig besteht eine direkte substitutive Beziehung. Persil Color hat eine Leistungsspitze in der Farberhaltung der Wäsche, verliert dadurch aber nicht seinen Charakter als Universalwaschmittel. Auf Grund der Nähe der Produkte zueinander bezüglich Anwendungsfeld und Nutzen ergeben sich in der Regel keine Imageprobleme. Völlig unproblematisch unter diesem Aspekt sind die reinen Produktvarianten, wie zum Beispiel die unterschiedlichen Angebotsformen Pulver, Konzentrate (Megaperls®), Tabs und flüssig. Die große strategische Frage ist, ob die Einführung immer neuer Produktvarianten die Innovationskraft und die Aktivierungsnotwendigkeit stärker fördert oder die Marke durch immer mehr neue Produkte den Orientierungsanspruch verliert. Henkel wird zunehmend kritischer gegenüber weiteren Line-Extensions. Konsumenten verlieren Orientierung, und Komplexitätskosten steigen bei ungehemmtem Sortimentsausbau.

5.3.2 Markenerweiterung (Brand Extension)

Bei der Markenerweiterung wird die Marke in anderen Produktkategorien, d. h. zusätzlichen Märkten eingesetzt, wodurch zusätzliche Umsatzpotenziale erschlossen werden können. Ein typisches Beispiel dafür ist die Marke Nivea. Das Image der Marke ist die „Hautpflege". Sie steht im Kern der Marke.

Die Voraussetzung für diese Strategie liegt in der relativen Offenheit des zentralen Markennutzens (Consumer Benefit). Dieses Image eignet sich für eine Vielzahl anderer Märkte, die mit der ursprünglichen Hautcreme in keiner substitutiven Beziehung stehen. Dennoch wurden zuerst solche Produktkategorien erschlossen, die nahe am Markenkern lagen. Durch sukzessive Bearbeitung benachbarter Märkte konnte man die Kompetenz der Marke erweitern ohne die Markenpositionierung „Hautpflege" zu verwässern.

Generell gilt, „je näher Marke, ursprüngliche Produktkategorie und Erweiterungsproduktkategorie in technologischen und emotionalen Wahrnehmungsräumen beieinander liegen, umso größer ist das Transferpotenzial der Marke"[24]. Im Waschmittelmarkt hat sich bisher in Deutschland eine Markenerweiterung noch nicht durchgesetzt. Zwei neue Anstöße gibt es zurzeit im Markt: Meister Proper Universalwaschmittel und Spee Feinwaschmittel. Da es sich im Wasch- und Reinigungsmittelmarkt um relativ große Märkte handelt, steht eine Markendehnung in andere Märkte nicht so im Vordergrund. Eine sehr starke Marke, die extrem an eine Produktgruppe gekoppelt ist, ist für Markenerweiterungen problematisch[25]. Erfahrungen mit Persil bestätigen das.

Dass Markenerweiterungen auch im Waschmittelmarkt erfolgreich sein können, zeigen die erfolgreichen Henkel-Marken Dixan in Italien und Mir in Frankreich. Dixan ist ein sehr erfolgreiches Waschmittel, aber auch im Geschirrspülmittelmarkt in einer Nr. 3 Position. Die Marke Mir in Frankreich hat in drei Märkten eine Nr. 1 oder Nr. 2 Position.

Auch in einigen außereuropäischen Ländern ist Henkel erfolgreich mit Marken, die mehrere Märkte abdecken. So wird z. B. die Marke DAC in Saudi-Arabien und den Golfstaaten nicht nur im Waschmittelmarkt, sondern auch in den unterschiedlichsten Reinigungsmittelmärkten erfolgreich eingesetzt.

5.4 Internationalisierung der Marken

Mit der Internationalisierung von Marken werden zwei grundlegende Ziele erreicht, zum einen die Nutzung von Kosteneinsparungspotenzialen und zum anderen der Aufbau eines internationalen Markenimages. Das Problem dieser Internationalisierung bzw. Glo-

24 Esch (2003).

25 Vgl. Esch (2003).

balisierung besteht aber darin, dass völlig standardisierte Marken und Marketingkonzepte wegen länderspezifischer Bedürfnisse nicht immer sinnvoll sind. Deshalb wird in der Konsumgüterindustrie die gemischte Markenführungsstrategie bevorzugt, die so viel Standardisierung wie möglich und so viel Differenzierung wie nötig zulässt. Zwei Beispiele aus dem Hause Henkel machen die Möglichkeiten dieser gemischten Strategie deutlich, die Marken Persil und Spee.

Das Markenzeichen Spee wird nur in Deutschland eingesetzt, das damit verbundene Konzept aber in vielen Ländern. Das Value-for-Money-Konzept dieser Marke mit dem Fuchs als Key-Visual wird heute unter mehreren Markenzeichen erfolgreich in 34 Ländern eingesetzt. Um Synergien für Kosteneinsparungen nutzen zu können, sind Konzepte, Kampagnen, Angebotsstrukturen und Rezepturen so weit wie möglich, das heißt unter Berücksichtigung nationaler Besonderheiten, harmonisiert worden.

Das Markenzeichen Persil steht für eine große internationale Marke und wird in nahezu 40 Ländern eingesetzt. In den letzten Jahren konnte sich Persil vor allem in den osteuropäischen Staaten einschließlich Russland und in den Ländern des Nahen / Mittleren Ostens erfolgreich durchsetzen. Heute ist Persil zum Beispiel in Ägypten, wo es vor acht Jahren eingeführt wurde, bereits stärker als in vielen europäischen Ländern. Bei der Internationalisierung dieser Marke müssen länderspezifische Besonderheiten stärker berücksichtigt werden als beim Spee-Konzept. Henkel kann in Frankreich auf Grund der markenrechtlichen Situation nicht die Marke Persil verwenden. Das internationale Persil-Konzept wird hier unter der Marke „Le Chat“ eingesetzt. Aber auch in den Ländern, wo es für den Einsatz des Markenzeichens Persil keine Einschränkungen gibt, ist eine international vollständig standardisierte Markenführung nicht sinnvoll. Unterschiedliche Verbraucherbedürfnisse, Waschgewohnheiten und Marktverhältnisse verlangen Differenzierung in der Markenführung und Produktpolitik.

Ungeachtet aller notwendigen Differenzierungen, die zu einer landesspezifischen Marketing-Mix-Optimierung führen, ist die Premium-Positionierung von Persil, basierend auf der gebotenen Spitzenqualität mit entsprechendem Premium-Preis, in allen Ländern gleich.

6. Fazit

Es gibt eine Vielzahl unterschiedlicher Markenarchitekturen. Markenarchitekturen sind für die einzelnen Unternehmen so individuell wie die Produktmarken selbst. Es gibt nicht die ideale Architektur, die den Erfolg garantiert. Jedes Unternehmen muss auf Basis seiner Geschichte und seiner strategischen Zielsetzung seine eigene optimale Form der Architektur finden, die den größtmöglichen Erfolg am Markt gewährleistet.

Das wesentliche Kennzeichen der Henkel-Markenarchitektur sind die starken Produktmarken, von denen vor allem Persil zur Bedeutung der Unternehmensmarke Henkel beigetragen hat. Die gewachsene Markenstärke der Unternehmensmarke Henkel hilft wiederum vielen Produktmarken, wenn sie die Zugehörigkeit zu Henkel signalisieren. Das trifft besonders auf die weniger bekannten Produktmarken im Henkel-Portfolio zu.

Für das Marketing im Unternehmensbereich Wasch- und Reinigungsmittel ist die Frage nach dem monetären Wert der Marken weniger wichtig als die Frage nach den Wertsteigerungsmöglichkeiten für die einzelnen Produktmarken. Das heißt, die Markenstärkungsstrategie steht im Mittelpunkt der Henkel-Markenwertdiskussion. Die Stärkung der Produktmarken hat direkten Einfluss auf die ökonomischen Ergebnisse des Gesamtunternehmens. Der Prozess der Bewusstseinsbildung für eine Marke im Kopf des Verbrauchers ist entscheidend dafür, ob es zum Kauf oder Wiederkauf kommt. Je transparenter wir diesen Prozess machen und je sicherer wir die Effekte der Einflussfaktoren messen können, um so effizienter können wir die richtigen Maßnahmen zur Markenstärkung ergreifen.

Literaturverzeichnis

BBDO CONSULTING (HRSG.) (2003), Interne Präsentation zur Markenbewertung bei Henkel, Düsseldorf 2003.

BRANDMEYER, K. (2002), Achtung Marke, Hamburg 2002.

DOMIZLAFF, H. (1982), Die Gewinnung des öffentlichen Vertrauens, Hamburg 1982.

ESCH, F.-R. (2003), Strategie und Technik der Markenführung, München 2003.

ESCH, F.-R./GEUS, P./LANGNER, T. (2002), Brand Performance Measurement zur wirksamen Markennavigation, Controlling, H. 8/9, 2002, S. 473-481.

HUPP, O./HOFFMANN, J. (2003), Wann ist eine Marke eine starke Marke, Markenartikel, H. 1, 2003, S. 14.

INRA (HRSG.) (2003), Top Companies Compass, zitiert in Financial Times Deutschland vom 10.04.2003.

INTEGRAL (Hrsg.) (2002), Interne Studie im Auftrag von Henkel, Düsseldorf 2002.

INSTITUT FÜR DEMOSKOPIE ALLENSBACH (HRSG.) (1990), Messung der „Markenstärke" als psychologischer Erfolgsfaktor im Markt, Interne Studie, Allensbach 1990.

INSTITUT FÜR DEMOSKOPIE ALLENSBACH (HRSG.) (2002A), Das Psychologische Hausfrauen-Panel, Allensbach 2002.

INSTITUT FÜR DEMOSKOPIE ALLENSBACH (HRSG.) (2002B), Die Verteidigung der Marke, Interne Studie, Allensbach 2002.

LAFORET, S./SAUNDERS, J. (1994), Managing Brand Portfolios: How the Leaders Do It, in: Journal of Advertising Research, September/October, 1994, S. 64-76.

MCKINSEY (HRSG.) (2003), Interne Studie im Auftrag von Henkel, Düsseldorf 2003.

OTTE, T. (1995), Die Selbstähnlichkeit der Marke, in: Brandmeyer, K./Deichsel, A./Otte, T. (Hrsg.), Jahrbuch Markentechnik, Frankfurt am Main 1995, S. 43-53.

Achim Berg

Marken- und Kundenwertmanagement bei T-Com

1. Einleitung

T-Com, die Festnetzsparte der Deutschen Telekom AG, ist Marktführer auf dem deutschen Markt für Festnetzkommunikation. Dieser Markt ist durch intensiven Wettbewerb und strenge Regulierung gekennzeichnet. Ziel der Regulierung ist es, Marktanteile von T-Com zu Wettbewerbern zu verlagern. Als dominierender Anbieter unterliegt T-Com einer so genannten asymmetrischen Regulierung. Bei den Fernverbindungen herrscht bereits seit einigen Jahren ein harter Konkurrenzkampf. Im April 2003 wurde in der Bundesrepublik das Call-by-Call-Verfahren auch für Ortsnetzverbindungen eingeführt, Preselection folgte im Juli. Mit diesem Verfahren kann ein fester Betreiber für alle Ortsgespräche ausgewählt werden. Aufgrund dieser Marktveränderungen intensivierte sich im Jahr 2003 der Wettbewerb zunehmend auch im Ortsnetz.

Insgesamt ist der deutsche Markt durch hohe Wettbewerbsintensität und scharfen Verdrängungswettbewerb gekennzeichnet, vor allem begründet durch hohe Penetrationsraten im Markt. Darüber hinaus gibt es Substitutionstendenzen zugunsten des Mobilfunkmarktes. Die über Jahrzehnte sehr stabile Kundenloyalität weicht auf, und der Verlust von Kundenbeziehungen führt in der Folge zum Verlust von Marktanteilen. Der Kampf der Unternehmen um den Kunden wird daher auf vielfältige Weise verstärkt geführt.

In diesem Marktumfeld verfolgt T-Com die Zielsetzung, ihre Marktführerschaft langfristig zu sichern und zu behaupten. Dem Marken- und Kundenwertmanagement kommt dabei eine wichtige strategische Bedeutung zu, da mit einem starken Markenauftritt in Verbindung mit überlegenen Kundenbeziehungen langfristige Wettbewerbsvorteile erzielt werden.

Für T-Com haben darüber hinaus beide Managementfunktionen einen hohen aktuellen Stellenwert: das Markenmanagement, weil T-Com im Rahmen der Dachmarkenstrategie der Deutschen Telekom im Sommer 2003 als eigenständige Marke eingeführt wurde; das Kundenwertmanagement, weil T-Com in Anbetracht intensiveren Wettbewerbs zu einer konsequenteren Wertorientierung beim Management von Kundenbeziehungen übergeht. Es gilt, durch entsprechend zielgerichtete Investitionen gleichzeitig den Markenwert und den Kundenwert zu erhöhen. Die mit dieser Zielsetzung zusammenhängende Ausrichtung der Geschäftstätigkeit ist die Grundlage zur Bestimmung der Qualität und der Effizienz der Marketing- und Vertriebsstrategie von T-Com.

2. Die Einführung der Marke T-Com

2.1 Deutsche Telekom AG und T-Com

Die Deutsche Telekom AG gliedert sich in vier strategische Geschäftseinheiten, die eigenständig in ihren jeweiligen Märkten agieren: T-Systems für IT- und TK-Services für Großkunden, T-Online für die Onlinekommunikation, T-Mobile für die Mobilkommunikation und T-Com für die Festnetzkommunikation.

Die strategische Geschäftseinheit T-Com ist aus dem inneren Kern der traditionellen Telefongesellschaft hervorgegangen und insbesondere für die Festnetzinfrastruktur und das Festnetzgeschäft verantwortlich. T-Com ist die Sparte mit dem höchsten Umsatz- und Gewinnbeitrag zum Konzernergebnis. Im Geschäftsjahr 2003 erwirtschaftete die Deutsche Telekom Umsatzerlöse in Höhe von 55,82 Milliarden Euro, wozu T-Com 29,2 Milliarden Euro beitrug. T-Com zählt heute rund 38 Millionen Privatkunden, 2,5 Millionen kleine und rund 440.000 mittelständische Geschäftskunden.

T-Com ist nicht nur Marktführer im deutschen Festnetzgeschäft, sondern gleichzeitig einer der größten Festnetzanbieter in Europa. Mit 55,5 Millionen Schmalbandanschlüssen (einschließlich ISDN-Kanälen) betreut T-Com Privat- und Geschäftskunden in Deutschland, Ungarn, Kroatien, Mazedonien und in der Slowakei. Darüber hinaus beliefert T-Com rund 200 Telekommunikationsunternehmen mit ihren Produkten. Als interner Dienstleister versorgt T-Com außerdem auch alle anderen Divisionen innerhalb der Deutschen Telekom AG.

Basis dieses Geschäfts ist eine Telekommunikationsinfrastruktur, die zu den modernsten der Welt zählt. T-Com verfügt über ein voll ausgebautes, intelligentes Netzwerk, das insgesamt rund 1,4 Millionen Kilometer Kupferkabel und knapp 195.000 Kilometer Glasfaserkabel umfasst. Mit einem hochmodernen Call- und Diagnosecenter wird ein großer Teil des Internetverkehrs in Deutschland gesteuert und eine extrem hohe Qualität der Internetkommunikation in der Bundesrepublik gewährleistet.

2.2 Markenstrategie der Deutschen Telekom AG

Die Dachmarkenstrategie der Deutschen Telekom AG wurde seit den neunziger Jahren konsequent aufgebaut und immer weiter verfeinert. Während die Geschäftseinheiten T-Mobile, T-Online und T-Systems als erste ihre eigenständige Markenstrategie entwickelten, blieb T-Com zunächst noch organisatorisch und in der Außenwahrnehmung weitgehend identisch mit dem Konzernkern der Deutschen Telekom. Die Markeneinführung T-Com war daher eine marktstrategische Notwendigkeit. Seit August 2003 tritt T-Com als vierte Geschäftseinheit mit eigenständiger Marke unter dem Dach der Deutschen Telekom auf. Der Konzern hat die Umsetzung seiner Vier-Säulen-Strategie mit diesem Schritt erfolgreich abgeschlossen.

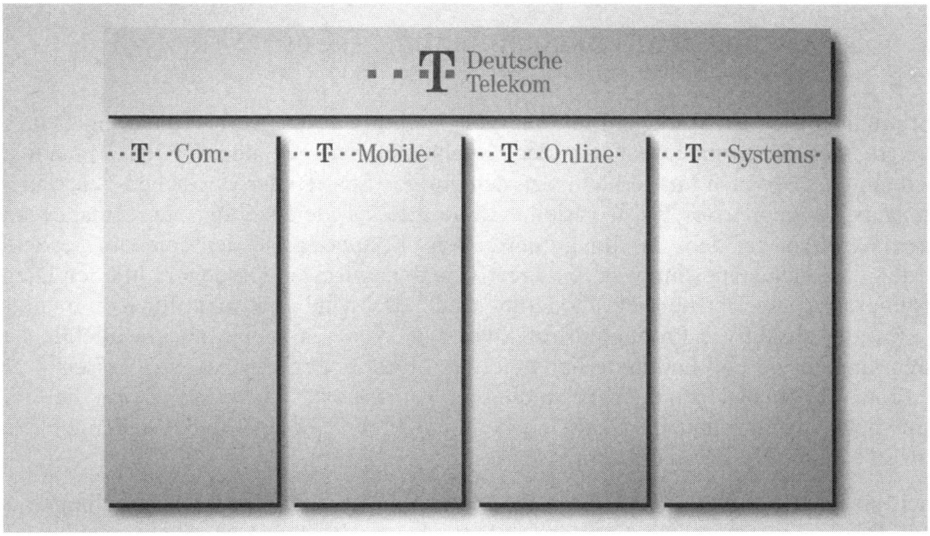

Abbildung 1: Markenfamilie „T“

Aus Marketingperspektive steht die Dachmarke T nunmehr für einen komplett abgerundeten Marken- und Leistungsverbund des Konzerns Deutsche Telekom:

- T-Mobile: Der Spezialist für mobile Kommunikation,
- T-Online: Der Spezialist für Internet,
- T-Systems: Der Spezialist für Großkunden,
- T-Com: Der Spezialist für Sprach- und Datenkommunikation im Festnetz.

Als Leitbildfunktion verkörpert das übergreifende T ein Eigenschaftsprofil, das der Konzern durch vielfältige Maßnahmen nach innen und nach außen verstärkt. Das T steht für:

- eine weitsichtige Unternehmensführung,
- einen neuen Unternehmensstil,
- ein neues Denken und Handeln,
- Kundenorientierung,

- Zukunftsorientierung,
- Performance, Effizienz und Qualität,
- Innovation und Flexibilität.

2.3 Zielsetzung der Markeneinführung T-Com

Vorrangiges Ziel der Markeneinführung von T-Com war der Aufbau einer eigenen, klar abgegrenzten Markenidentität, die der Geschäftseinheit gegenüber ihren Kunden und Lieferanten, aber auch im Verhältnis zu den übrigen Sparten der Deutschen Telekom AG ein sauber abgegrenztes Profil verleiht. Dabei galt es gleichzeitig, einen Imagewandel herbeizuführen, bei dem das Image der „alten" Festnetzsparte der Telekom gewandelt wird in das Image eines innovativen, kreativen, dynamischen, kundenorientierten Dienstleistungsanbieters, der über ein modernes Hochgeschwindigkeitsnetz für Kommunikation und ein attraktives Produktportfolio verfügt. Weiteres Ziel war es schließlich, die durch langjährige und kontinuierlich getätigte Investitionen geschaffenen Assets – Netze, Produkte, Dienstleistungen, Technologien, Know-how, Erfahrung – durch die Marke sichtbar zu machen und im Markt zu kommunizieren. Absatz- und Kundenpotenziale können dadurch besser ausgeschöpft werden.

Auch im Innenverhältnis wurden mit der Markeneinführung wichtige Zielsetzungen verfolgt. Die moderne Marke T-Com ist die Basis für rund 100 000 Mitarbeiter, um sich ihre eigenen Stärken bewusst zu machen, auch im gesunden Wettbewerb der Geschäftsfelder untereinander. T-Com steht für:

- knapp die Hälfte des Konzernumsatzes,
- über 40 Millionen Kunden,
- eine hochleistungsfähige Netzinfrastruktur, die die unverzichtbare Innovationsplattform für die übrigen Konzernsäulen ist,
- die kontinuierliche Erschließung neuer zukunftsweisender Wachstumsfelder.

2.4 Brand Mission der Marke T-Com

Vor dem Hintergrund dieser Zielsetzungen wurde die Brand Mission der Marke T-Com definiert: „T-Com eröffnet jedem die ganze Welt der Telekommunikation. Als Antrieb und Seele der Kommunikationsgesellschaft des 21. Jahrhunderts verbinden wir Sie mit der Zukunft. Einfach und sicher. Jederzeit."

Hinter dieser komprimierten Brandmission stehen eine Reihe von Einzelaspekten, die sich wie folgt aufschlüsseln:

Moderne Kommunikation erobert mehr und mehr Lebensbereiche. T-Com bringt die Welt zu jedem, bereichert das Leben Tag für Tag, in jeder Situation und an jedem Ort, beruflich und im privaten Alltag. Dabei fokussiert sich T-Com auf die menschlich-emotionalen Aspekte der Kommunikation. Es geht nicht um kalte Technologie, sondern um menschliche Bedürfnisse und um kundengerechte Lösungen. T-Com versteht sich dabei als nutzenorientierter Innovationstreiber und verbindet mit dieser Vorwärtsorientierung ihre Kunden mit der Zukunft. Lösungen der T-Com sind einfach zu benutzen und zu bedienen – „easy to use“, „plug and play“ – und sicher: Kunden von T-Com vertrauen auf die Solidität und Sicherheit der Produkte und Dienstleistungen eines traditionsreichen Marktführers.
Entsprechend der Brand Mission ist das Brand Positioning von T-Com definiert: „Mit T-Com ist man überall zu Hause.“ Mit immer neuen Ideen sorgt T-Com dafür, dass jeder die moderne Telekommunikation wie selbstverständlich nutzen kann, um sein Leben erfolgreich zu gestalten.

2.5 Maßnahmen zur Markeneinführung

Zur Einführung der Marke T-Com wurde ein Masterplan erstellt, in dem sämtliche relevanten Aspekte hinsichtlich des Marken-Launches erfasst, strukturiert und aufeinander abgestimmt wurden. Dabei stand die Maßnahmenplanung vor der besonderen Herausforderung, dass die Markeneinführung einerseits über alle marketingrelevanten Bereiche gleichzeitig erfolgen musste, dass andererseits diese Bereiche aber eine sehr große Bandbreite aufwiesen. Dies erforderte die optimierte Verkettung und Bündelung aller Marketingmaßnahmen. Die Lösung bestand in einem zielgruppenorientierten Stufenplan, ausgerichtet auf Mitarbeiter, Kunden und die Bevölkerung.

Die auf die Mitarbeiter ausgerichteten Maßnahmen zur Markeneinführung umfassten u. a.:

- transparente und stringente Kommunikation des neuen T-Com Profils,
- Motivation der Mitarbeiter zur Unterstützung des Aufbaus der T-Com Identität,
- Führungskräftekommunikation,
- ComMit: Mitarbeiter-Magazin 10 Ausgaben pro Jahr,
- ComMit Extra: Mitarbeiter-Magazin Sonderausgaben,
- ComIn: Intranet-Portal,
- ComOn: Chats im Intranet,

- ComTogether: Dachmarke für alle Führungskräfteveranstaltungen,
- ComPass: elektronischer Newsletter für Mitarbeiter,
- ComPact: Hintergrundinformationen für Führungskräfte.

Die kundenbezogenen Maßnahmen des Rebranding in der Fläche umfassten u. a.:

- gestaffelter Übergang von der alten Marke (Telekom) auf den neuen Markenauftritt T-Com in allen Kategorien,
- Call Center: neue Begrüßung,
- Internet: eigener Auftritt unter www.t-com.de,
- Endgeräteprodukte: neues Logo,
- Verpackung: neues Logo,
- Rechnung: neuer Briefkopf,
- Auskunft: 11833,
- Telefonzelle und Tele-Station: Rebranding,
- Fuhrpark: neue Fahrzeugkennzeichnung.

Der dritte Maßnahmenkatalog zur Markeneinführung T-Com bezog sich auf die Breitenkommunikation für die Bevölkerung. Die wesentlichen Kommunikationsziele waren erstens der schnelle Aufbau von Markenbekanntheit und eigenständiger Markenpersönlichkeit; zweitens die Positionierung von T-Com als dynamischer, kreativer Marktführer, der die Zukunft der Telekommunikation aktiv gestaltet und prägt; drittens der reibungslose Transfer der positiven Image-Faktoren von T zu T-Com; und viertens schließlich die Verbesserung der Imagewerte „flexibel", „kreativ", „sympathisch" und „attraktiv".

Inhaltlich wurde die Breitenkommunikation durch den Transport markenbildender Themen bestimmt, die sowohl die Vision als auch die Kompetenz von T-Com umschreiben. Gleichzeitig wurden die bisher unter „Deutsche Telekom" kommunizierten produkt- und angebotsorientierten Inhalte für die beiden Zielgruppen Consumermarkt und Businessmarkt unter der neuen Marke T-Com integriert.

Die Etablierung der Markenwelt T-Com erfolgte über eine breitenwirksame Kampagne mit dem Zweck, die Werte der Marke und den Nutzen für private und geschäftliche Anwendungen zu transportierten. Die Botschaft: T-Com erschließt neue, faszinierende Anwendungsmöglichkeiten der Telekommunikation und speziell der Datenkommunikation. Der Slogan: Magie im Alltag – „Einfach magisch.", ausgestattet mit einer neuen Musik zur akustischen Einprägung und Wiedererkennung der neuen Marke.

Darüber hinaus wurde mit dem FC Bayern München ein neuer Imageträger verpflichtet, wobei T-Com den Auftakt der Markenkampagne unter Einbeziehung von Spielern des FC Bayern mit der Zielsetzung gestaltete, den hohen Bekanntheitsgrad und die Faszination des „FCB“ für die Etablierung der kreativen Idee „Magie im Alltag“ zu nutzen. So wurden ausgewählte Protagonisten des FC Bayern München wie zum Beispiel der Spieler Michael Ballack in die Produkt- und Abverkaufswerbung einbezogen, um die Wiedererkennbarkeit der Marke T-Com über die ganze Breite der Werbemittel sicherzustellen.

Abbildung 2: Markenkampagne T-Com

Die dargestellte Einführung der Marke T-Com zeigt die konsequente Umsetzung der umfassenden und langfristig angelegten Markenstrategie, die nicht nur auf die Steigerung des Markenwertes der Deutschen Telekom AG ausgerichtet ist. Vielmehr zielen die hohen Investitionen in den Markenaufbau auch auf eine Erhöhung der Qualität der Kundenbeziehungen, die mithilfe eines offensiven Markenmanagements intensiviert werden sollen. Die Intensivierung der Kundenbeziehungen wiederum ist eine entscheidende Grundlage für die Steigerung des langfristigen Kundenwertes. Vor dem Hintergrund dieser Zielsetzung gewinnt das Kundenwertmanagement zunehmend an Bedeutung.

3. Kundenwertmanagement bei T-Com

3.1 Bestandteile des Kundenwertes

Die Pflege und der Ausbau der Kundenbeziehungen durch aktives Kundenwertmanagement stellt ein wichtiges strategisches Ziel für T-Com dar. Der aktuelle und zu erwartende Wert eines Kunden gewinnt in Zeiten zunehmenden Wettbewerbsdrucks und tendenziell schwindender Kundenloyalität an Bedeutung. Es geht in Zukunft nicht mehr allein darum, zufriedene Kunden zu haben, sondern mit den richtigen Kunden langfristige Partnerschaften aufzubauen, um eine gemeinsame hohe Wertschöpfung zu erzielen.

Um den Gesamtkundenwert jederzeit bestimmen zu können, arbeitet T-Com kontinuierlich an der umfassenden Weiterentwicklung und Differenzierung des Kundenwertmanagements.

Zu dieser Differenzierung des Kundenwertmanagements gehört es auch, Systeme und Methoden zu entwickeln und zu etablieren, mit denen die Gesamtbewertung eines T-Com-Kunden durch die Erfassung unterschiedlicher Wertbestandteile ermöglicht wird. Unter solche Wertbestandteile fallen vor allem die Profitabilität bzw. Rentabilität des Kunden, aber auch seine subjektive Zufriedenheit mit den angebotenen und erworbenen Produkten und Dienstleistungen von T-Com, und damit sein Bindungs- und Loyalitätspotenzial. Darüber hinaus wird das mögliche zukünftige Umsatzpotenzial des Kunden berücksichtigt, sowie gegebenenfalls seine Referenzfunktion, deren Wert wiederum von Faktoren wie der Zufriedenheit abhängen kann. Eine wichtige Größe ist für T-Com nicht zuletzt auch die Feedback-Funktion des Kunden, da Kundenfeedbacks für die Entwicklung und Optimierung von Produkten und Prozessen eingesetzt werden können.

Grundsätzliche Größe für strategische Leistungs- und Angebotsentscheidungen der T-Com ist allerdings die Profitabilität bzw. Rentabilität des Kunden. Aufgabe des Kundenwertmanagements ist es, auf der Basis von Deckungsbeitragsbetrachtungen die Kundenprofitabilität zu ermitteln und eine Segmentierung nach profitablen und weniger profitablen Kunden vorzunehmen. In diese Berechnung fließen alle relevanten Geschäftsfälle und Prozesse ein. Nicht jede Kundenbeziehung ist gleich profitabel, da die Kunden sehr verschieden in ihrem Telefonierverhalten und im Einsatz ihrer Telekommunikationsausstattung sind. Darüber hinaus nehmen Kunden unterschiedlich häufig und unterschiedlich intensiv Services in Anspruch, wie z. B. Produkt- und Tarifberatung im T-Punkt oder telefonische Auskünfte zu Rechnungsfragen etc. im Call Center.

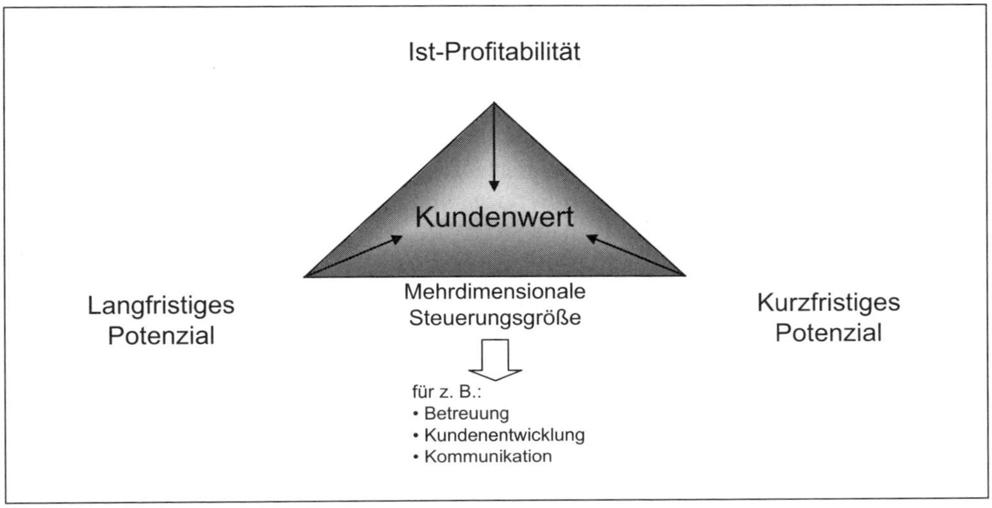

Abbildung 3: Einflussgrößen des Kundenwertes

3.2 Herausforderungen im Kundenwertmanagement

Bei der Ermittlung des Kundenwertes steht das Kundenwertmanagement von T-Com vor besonderen Herausforderungen. Eine dieser Herausforderungen besteht darin, dass die Kostentransparenz im Sinne des Verursacherprinzips nicht immer oder nicht unmittelbar gegeben ist. Dies liegt unter anderem darin begründet, dass es eine Reihe von Produkten und Serviceleistungen gibt, die innerhalb des Telekom-Konzerns spartenübergreifend angeboten werden, bzw. dass der gleiche Kunde Teilleistungen aus unterschiedlichen Sparten der Deutschen Telekom bezieht. Die saubere Abgrenzung dieser Leistungserbringung und ihre Bewertung für die Kundenprofitabilität aus Sicht der einzelnen Sparten wie der T-Com sind daher nicht immer ohne weiteres gegeben.

Eine weitere Herausforderung für das Kundenwertmanagement der T-Com stellt die große Anzahl an Kunden dar – mit insgesamt über 40 Millionen Kunden ist T-Com der Anbieter mit der größten Kundenbasis im Markt. Hier sind besonders effiziente Systeme gefordert, um eine aussagekräftige und schnelle Analyse des Kundenwerts vornehmen zu können.

3.3 Aufgaben des Kundenwertmanagements

Das Kundenwertmanagement ist bei T-Com darauf ausgelegt, sicherzustellen, dass mittelfristig sämtlichen Kunden die Leistungen angeboten werden, die ihrer jeweiligen Profitabilität entsprechen. Dazu werden differenzierte Betreuungslevels genutzt, wonach die Kunden jeweils auf sie ausgerichtete Service- und Betreuungsleistungen erhalten, wie die folgende Abbildung 4 schematisch darstellt.

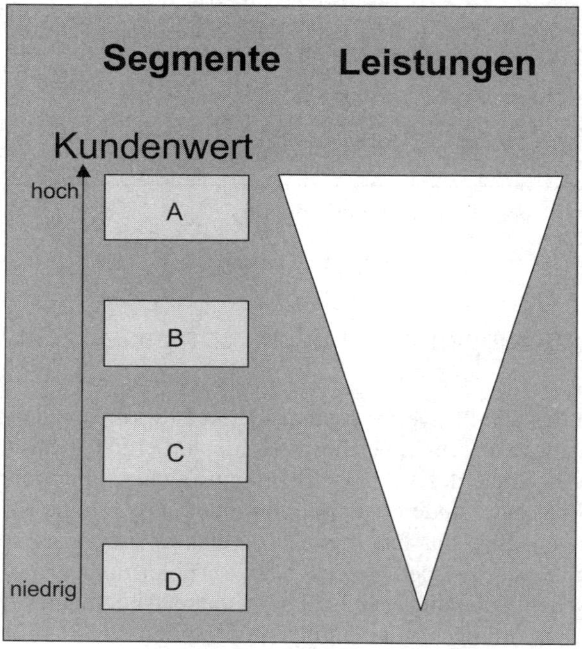

Abbildung 4: Kundenwertbezogenes Leistungsangebot

Denn Kundenwertmanagement hat letztendlich zum Ziel, die Kunden von T-Com effektiver zu betreuen. Aus dieser Perspektive ist Kundenwertmanagement ein am Kundenwert ausgerichtetes Marketing- und Vertriebsinstrument. Damit gelingt es T-Com, noch zielgerichteter in die Kundenzufriedenheit profitabler Kunden zu investieren. Diese Investitionen sind aber nur dann sinnvoll und rentabel, wenn sie dazu beitragen, die Kundenbindung langfristig zu intensivieren. Dem Kundenwertmanagement kommt damit die nicht zu unterschätzende Aufgabe zu, fundierte Informationen als Grundlage langfristiger Investitionsentscheidungen für Kundenbindungsmaßnahmen zu liefern. Im Ergebnis bestehen diese Informationen aus verdichteten Kennzahlen, die als Steuerungsgrößen für Kommunikation, Betreuung, Produktangebot und Vertriebskanalmix genutzt wird.

Die im Kundenwertmanagement gewonnenen Erkenntnisse werden im Vertrieb getestet und umgesetzt. Zur Steigerung der Kundenbindung wurde von T-Com im vergangenen Jahr eine Vielzahl von Maßnahmen durchgeführt. Ein wesentliches Kernelement ist das seit Mitte 2003 breit angelegte Qualitätsprogramm „Perform+“. Über Kundenbefragungen werden Qualitätsprobleme aus Kundensicht z. B. im Bereich technischer Service und Customer Care identifiziert. Geeignete Gegenmaßnahmen werden dann zunächst in einzelnen Niederlassungen getestet und bei Erfolg anschließend bundesweit umgesetzt. In regelmäßigen Untersuchungen wird die Wirkung der Maßnahmen auf die Kundenzufriedenheit nachvollzogen.

4. Die Integration von Marken- und Kundenwertmanagement

Die übergreifende Klammer zwischen Marken und Kundenwertmanagement definiert T-Com mit der gemeinsamen Zielsetzung beider Managementfunktionen, eine langfristige und emotionale Kundenbindung aufzubauen.

Während das Kundenwertmanagement die notwendigen ökonomischen und soziodemografischen Grundlagen für Investitions- und Segmentierungsansätze – und damit für aktive und passive Markt- bzw. Kundenangangsstrategien – bereitstellt, sorgt das Markenmanagement für die emotionale Aufladung der Marke T-Com, um mithilfe hoher Bekanntheits- und Imagewerte Vertrauen in das Unternehmen T-Com und seine Angebote zu schaffen.

Dies ist deshalb so wichtig, weil eine rein vertragliche Kundenbindung insoweit nicht effizient ist, als der Kunde nach Ablauf des Vertrags nicht mehr gebunden ist und den Anbieter wechselt, sobald dieser ihm ein attraktiveres Angebot unterbreitet. Durch den Aufbau einer emotionalen Markenwelt wird die emotionale Kundenbindung gefördert, und der Kunde wird als T-Com-Kunde bestätigt. Damit wird die Kaufentscheidung bzw. die Entscheidung für einen Anbieter nicht mehr allein durch Preise und Konditionen geprägt, sondern durch das Maß an Vertrauen und Erfahrung, das der Kunde mit der Beziehung zum Unternehmen gewonnen hat. Dabei muss berücksichtigt werden, dass Kunden langfristig keine Beziehung zu Anbietern halten, in der Geben und Nehmen nicht eindeutig klar definiert sind. Die Push- und Pull-Dynamik muss vielmehr ein gesteuerter Teil innerhalb des Managements sein. Diese Steuerung ist eine integrative Marketingaufgabe und muss daher von beiden Funktionen, dem Marken- und dem Kundenwertmanagement, gemeinsam wahrgenommen werden.

Die integrative Funktion von Marke und Kundenwert lässt sich für T-Com wie folgt veranschaulichen:

Kundenwertmanagement: Kundenanalyse und Segmentierung

- Kriterien für Kundenverhalten entwickeln,
- Kriteriengewichtung und -bewertung,
- Rentabilitätsbetrachtung,
- Segmentierung: profitable und unprofitable Kunden
- Identifikation von Wertsteigerungspotenzialen
- Strategien zur Neukundengewinnung,
- Strategien zur Bindung von profitablen Kunden,
- Strategien zur Bindung von potenziellen Abwanderern,
- Strategien zur Rückgewinnung abgewanderter Kunden,

Markenmanagement: Kundenverhalten beeinflussen

- Markenpersönlichkeit aufbauen,
- Markenbekanntheit erhöhen,
- Markenakzeptanz erhöhen,
- Marke emotional aufladen,
- Konkrete Kundenerfahrungen mit der Markenwelt herbeiführen,
- Vertrauen bilden.

5. Fazit

T-Com verfügt als Marktführer über eine jahrzehntelang gewachsene und umfangreiche Kundenbasis. Die Größe dieser Kundenbasis galt bei der Deutschen Telekom traditionell als Garant für steigende Umsätze, wobei steigende Umsätze marktstrukturbedingt mit steigendem Gewinn gleichgesetzt werden konnten. Aufgrund der aktuellen Wettbewerbssituation auf dem Telekommunikationsmarkt werden Kunden allerdings anbieterunabhängiger und weisen eine abnehmende Anbieterloyalität auf.

In Zeiten des verschärften Kosten- und Konkurrenzdrucks kommt es zukünftig jedoch nicht allein auf die Anzahl der Kunden an, sondern vielmehr auf die Rentabilität jedes einzelnen Kunden. Den Beitrag einzelner Kunden zum Geschäftsergebnis der T-Com bestimmt das Kundenwertmanagement. Durch die Ausdifferenzierung des Kundenwertmanagements ist es T-Com gelungen, eine genauere Segmentierung und eine größere Kundenbezogenheit der Marketingmaßnahmen zu erreichen. Damit wurde das Kosten-Nutzen-Verhältnis der Kundenbeziehungen deutlich verbessert. Ziel ist es, künftig den gesamten Marketing-Mix am Kriterium des Kundenwertes auszurichten.

Gleichzeitig wurde die Marke T-Com als eigenständige Marke innerhalb der T-Familie eingeführt. Mit dem damit verbundenen eigenständigen Markenmanagement können die Kundenbeziehungen in Zukunft besser „emotionalisiert" werden. Die Kundenbeziehung wird damit von zwei sich ergänzenden Funktionen innerhalb des Marketings optimiert und intensiviert. Diese Strategie ist bei T-Com langfristig angelegt. Dem integrierten Marken- und Kundenwertmanagement kommt bei T-Com daher eine wachsende Bedeutung zu.

Dirk Miller

Marken- und Kundenwertmanagement in komplexen Konglomeraten - Das Beispiel Siemens

1. Einleitung: Besonderheiten komplexer Konglomerate für das Marken- und Kundenwertmanagement

Das Wissen um den Wert einer starken Marke und deren Beitrag zur Unternehmenswertschöpfung hat bei Siemens Tradition. *„Es erscheint daher zweckmäßig, die gesamte Reklame des Konzerns auf eine einheitliche Markenbezeichnung einzustellen, um die Zugehörigkeit aller Fabrikate zu betonen. Für diese Bezeichnung kann nur Siemens in Betracht kommen. Mit der Einführung eines einheitlichen Markenzeichens auf allen Fabrikaten, Druckschriften und Anzeigen wird in erster Linie bezweckt, dass die gesamte Propaganda gleichzeitig für sämtliche Fabrikate indirekt nutzbar gemacht wird.“* So antiquiert dieser Auszug aus einem Vorstandsprotokoll von Siemens & Halske von 1930 sprachlich erscheinen mag, so aktuell ist die Kernaussage für die nach wie vor gültige markenstrategische Ausrichtung von Siemens: das Bekenntnis zur einheitlichen Unternehmensmarke.

Die konsequente Ausrichtung markenbezogener Aktivitäten auf die Stärkung der Unternehmensmarke Siemens lässt sich am Markenwert und dessen Beitrag zum Unternehmenswert ablesen, den Siemens über die Jahre aufbauen konnte: Die Marke Siemens wird von den marktgängigen Markenbewertungsverfahren[1] seit Jahren als eine der wertvollsten Unternehmensmarken überhaupt bewertet und macht demnach ein bis zwei Drittel des Unternehmenswertes von Siemens aus, soviel wie bei anderen, vermeintlich stärker markengetriebenen Unternehmen wie Henkel oder TUI (vgl. Abbildung 1).

---

1 Vgl. Wirtz/Göttgens/Dunz (2001); Esch (2003), S. 6 f., 529 ff.

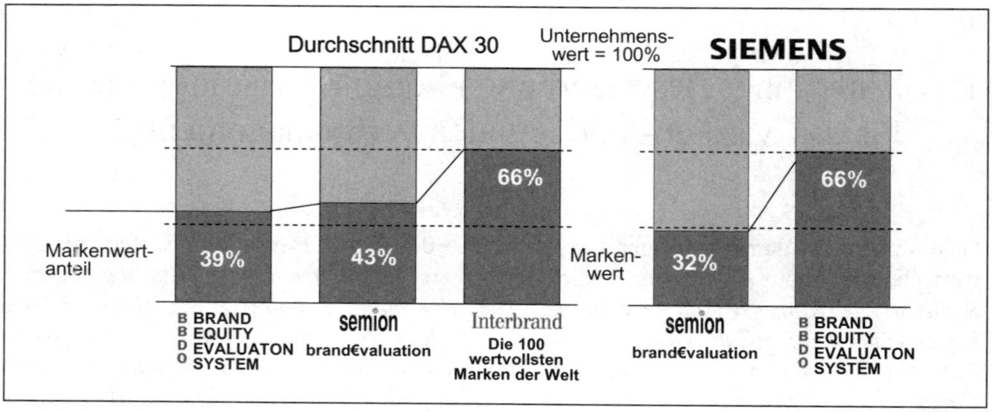

Abbildung 1: Markenwert und Unternehmenswert DAX 30-Durchschnitt im Vergleich zu Siemens[2]

An dieser Stelle sei erlaubt, mit einer häufig zu begegnenden Fehleinschätzung aufzuräumen, nämlich mit der Einschätzung „je weniger Marken, desto geringer die Komplexität des Markenwertmanagements", wonach Siemens mit der Fokussierung auf eine Marke auf der geringst möglichen Komplexitätsstufe des Markenwertmanagements operieren müsste. De facto kann das Gegenteil der Fall sein, wenn man einmal aus Markenführungssicht drei Komplexitätsstufen entlang dreier wesentlicher Komplexitätstreiber unterscheidet:

- *Große, international agierende Unternehmen*: Markenführung in größeren Unternehmen ist immer eine komplexe Aufgabe, zumal wenn Unternehmen international operieren und es um die Steuerung eines internationalen oder globalen Markenportfolios geht. Diese „natürliche" Komplexität kennen wir als Marken- und Kommunikationsverantwortliche bei Siemens gut, gilt es für uns immerhin, Markenführung über mehr als 190 Länder zu koordinieren.
- *Komplexe Konglomerate*: Die nächsthöhere Komplexitätsstufe ergibt sich, wenn zur oben beschriebenen geographischen Komplexität eine hohe Komplexität des Leistungsportfolios und der Kundenstruktur hinzukommt. Im Falle von Siemens ist dies ein Portfolio aus vielen Leistungsbereichen, vom Mobiltelefon bis zum Kraftwerk, vom Küchenherd bis zum ICE. Damit verbunden ist ein Kundenportfolio vom einzelnen Teenager bis hin zur Staatsregierung in einem Land. Die differenzierte Marktbearbeitung dieser sehr unterschiedlichen Geschäftsfelder erfolgt aus den vierzehn Geschäftsbereichen heraus, was zusätzlich zur Marktkomplexität eine beträchtliche organisatorische Komplexität schafft.

2 Quelle: Deutsche Börse Factbook 2002 (Marktkapitalisierung), Semion Brand Broker, BBDO, Interbrand (bei Interbrand kein Wert für Siemens im Jahr 2002 ausgewiesen)

- *Corporate Brand Conglomerate:* Die höchste Komplexitätsstufe für die Markenführung ergibt sich, wenn geographische Komplexität sowie die Komplexität des Angebots von einer Marke getragen werden muss. Im Falle von Siemens, wo dreizehn der vierzehn Leistungsbereiche unter der Marke Siemens (Ausnahme ist Osram) laufen, heißt dies, dass Marktaktivitäten des Bereiches Mobiltelefone (ICM) in Schweden den Markenwert ebenso beeinflussen wie Aktivitäten des Bereiches Energieerzeugung (PG) in China. Umgekehrt muss der markenstrategische Ordnungsrahmen beiden Geschäftsbereichen Rechung tragen. Die Herausforderung an das Markenwertmanagement von Corporate Brand Conglomerates besteht also darin, Markenkonsistenz und Marktdifferenzierung permanent auszubalancieren (vgl. Abbildung 2).

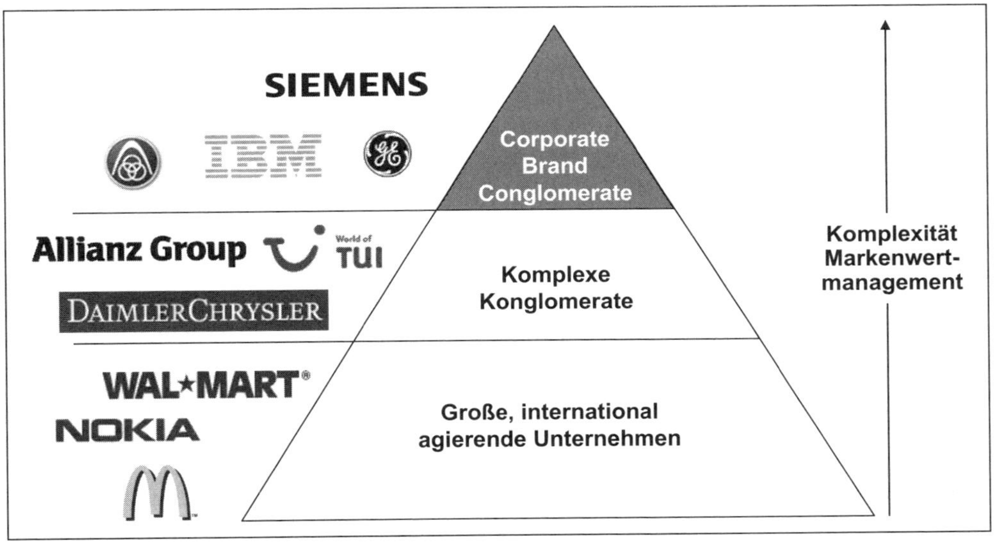

Abbildung 2: Komplexitätsstufen des Markenwertmanagements

Das Thema Kundenwertmanagement ist für ein Unternehmen wie Siemens, das über ein stark B2B-geprägtes Kundenportfolio verfügt, also den größten Teil des Geschäftes nicht mit privaten Endkunden, sondern mit Geschäftskunden macht, mindestens ebenso wichtig wie das Thema Markenwertmanagement. In einigen unserer Geschäftsbereichen haben wir es sprichwörtlich mit einer Handvoll Kunden pro Land zu tun, so zum Beispiel bei einem Großteil des Geschäftes, das den Geschäftsbereich Verkehrstechnik (TS) ausmacht. Hier ist der Kundenwert, also der Wert getätigter und potenzieller Geschäfte mit einem Kunden über die Zeit, die wesentliche Erfolgsgröße. Der Fokus auf den Kunden, das heißt auf den Aufbau und die Pflege stabiler, vertrauensvoller Kundenbeziehungen, ist nicht umsonst als eine der drei wesentlichen Aspekte im Siemens Management System festgeschrieben, neben dem Bekenntnis zur Innovationsführerschaft und zur globalen Wettbewerbsfähigkeit.

Diese einleitenden Ausführungen sollten deutlich machen, dass

- Marken- und Kundenwertmanagement für ein Unternehmen wie Siemens zu den wesentlichen wertschöpfenden Aktivitäten gehören und einen großen Einfluss auf den Unternehmenswert haben;
- Marken- und Kundenwertmanagement in einem komplexen Konglomerat wie Siemens etwas anders funktionieren muss als bei einem Automobilhersteller oder einem Konsumgüterhersteller.

Im Folgenden sollen die Prinzipien erläutert werden, die der Gestaltung von Marken- und Kundenwertmanagement bei Siemens zugrunde liegen.

2. Siemens' Gestaltungsprinzipien für das Marken- und Kundenwertmanagement

2.1 Konsequenter individueller B2C-Ansatz

Dieses Prinzip mag nach den einleitenden Ausführungen zunächst überraschen. Wie passt es zusammen mit der Tatsache, dass Siemens nur einen kleinen Teil seines Geschäftes mit privaten Einzelkunden macht, den größten Teil eben mit Geschäftskunden? Wie wird ein individueller B2C-Ansatz (Business to Consumer) im Marken- und Kundenwertmanagement dem Umstand gerecht, dass Entscheidungs- und Kaufprozesse im Anlagenbau oder in der Gebäudetechnik vollkommen anders funktionieren als in typischen B2C-Geschäften wie Konsumgüter?

Der konsequente B2C-Ansatz bei den Themen Marken- und Kundenwertmanagement steht für eine bestimmte Geisteshaltung, die sich an der einzigen wirklichen Gemeinsamkeit zwischen den unterschiedlichen Geschäften von Siemens orientiert: es geht letztlich immer um die Gestaltung von Beziehungen mit Individuen. Der Adressat jeder Kommunikation ist letztlich immer ein Mensch, nie ein Fabrikgebäude oder ein Regierungssitz. So verstanden, liegt der Unterschied zwischen B2C und B2B (Business to Business) darin, dass bei ersterem typischerweise ein Individuum Entscheider, Käufer und Nutzer in einem ist, während bei B2B beispielsweise Buying Center entscheiden, der eigentliche Kaufprozess durch den Einkauf abgewickelt wird, die Nutzung schließlich durch andere Gruppen erfolgt. Der Unterschied besteht letztlich in der Anzahl und den unterschiedlichen Motivationen beteiligter Individuen, was wiederum bedeutet, dass man noch sehr viel stärker als in anonymen Massenmärkten die kulturellen, sozialen, persönlichen und psychologischen Einflussfaktoren auf den Kaufprozess verstehen muss[3]. Diese Geisteshaltung, die sich immer stärker auch in der wissenschaftlichen Diskussion zum Thema Marken- und Kundenwertmanagement durchsetzt, besitzt bei Siemens eine lange Tradition. „*There are several important ways in which a B2B situation differs considerably from a B2C situation, and most of these differences make it even more critical for the B2B organisation to develop one-on-one customer relationships.*"[4] Diese Einschätzung von Peppers und Rogers reflektiert ziemlich genau Siemens' Ansatz an das Thema Marken- und Kundenwertmanagement.

Um Missverständnissen vorzubeugen: Selbstverständlich erfordern B2B-Märkte eine andere Vorgehensweise als B2C-Märkte, was den Einsatz kommunikativer Instrumente oder deren inhaltliche Gestaltung anbelangt.[5] Trotzdem sollte nach unserer Überzeugung der zugrunde liegende Prozess ein konsequent auf die Zielgruppe, d. h. auf Individuen, ausgerichteter sein, der die Kommunikation zwischen Menschen gestaltet.

2.2 Effizientes Zusammenspiel in der Matrix

Die eingangs beschriebene organisatorische Komplexität bei Siemens, die sich einfach aus der differenzierten Marktbearbeitung unseres heterogenen Leistungsportfolios ergibt, resultiert letztlich in einer organisatorischen Matrix mit drei Dimensionen:

- *Geschäftsbereiche*: Siemens bearbeitet die unterschiedlichen Märkte mit vierzehn Geschäftsbereichen mit jeweils klar definiertem und abgegrenztem Leistungsangebot. Die Verantwortung für einen Bereich ist global organisiert, das heißt, dass zum Beispiel der Geschäftsbereich Automatisierungs- und Antriebstechnik (A&D) seine Aktivitäten weltweit aus der Zentrale in Erlangen koordiniert.
- *Regionen*: Neben der Verantwortung der Geschäftsbereiche gibt es, als zweiten großen Strang, die regionale Verantwortung. Diese Verantwortung organisiert primär den integrierten Marktauftritt der unterschiedlichen Geschäftsbereiche in einer Region oder einem Land.
- *Zentralfunktionen*: In diesen Funktionen sind Aufgaben zusammengefasst, die bereichs- und regionenübergreifend angelegt sind, so z. B. die zentrale Kommunikationsabteilung (Corporate Communications) oder die Forschung und Entwicklung (Corporate Technology).

---

3 Vgl. Kotler/Bliemel (1999), S. 309 ff.

4 Peppers/Rogers (2001), S. 7.

5 Vgl. Kotler/Bliemel (1999), S. 367 ff.; Kleinaltenkamp (2001).

Das generell zugrundeliegende organisatorische Prinzip bei Siemens ist die Dezentralität. Dies bedeutet, dass den Unternehmensbereichen sehr große Freiheiten eingeräumt werden, um ihr spezifisches Geschäft weltweit durchsteuern zu können (der Siemens-typische Begriff hierfür ist „durchgestochen"). Das Prinzip der Dezentralität gilt auch für die regionale Verantwortung, um den unterschiedlichen Marktbedingungen in unterschiedlichen Regionen gerecht zu werden. Auch dieses Prinzip hat, wie so vieles, bei Siemens eine lange Tradition: Die erste der mittlerweile mehr als 60 Siemens Regionalgesellschaften wurde immerhin schon 1855 in Russland gegründet.

Insgesamt kann man das Prinzip der Dezentralität auch übersetzen mit „so viel dezentrale differenzierte Marktbearbeitung wie möglich, so wenig zentrale Steuerung wie nötig". Dies übersetzt sich auch für die Kommunikation bei Siemens in drei unterschiedliche Berichtslinien, mit unterschiedlichen Durchgriffsmöglichkeiten (vgl. Abbildung 3).

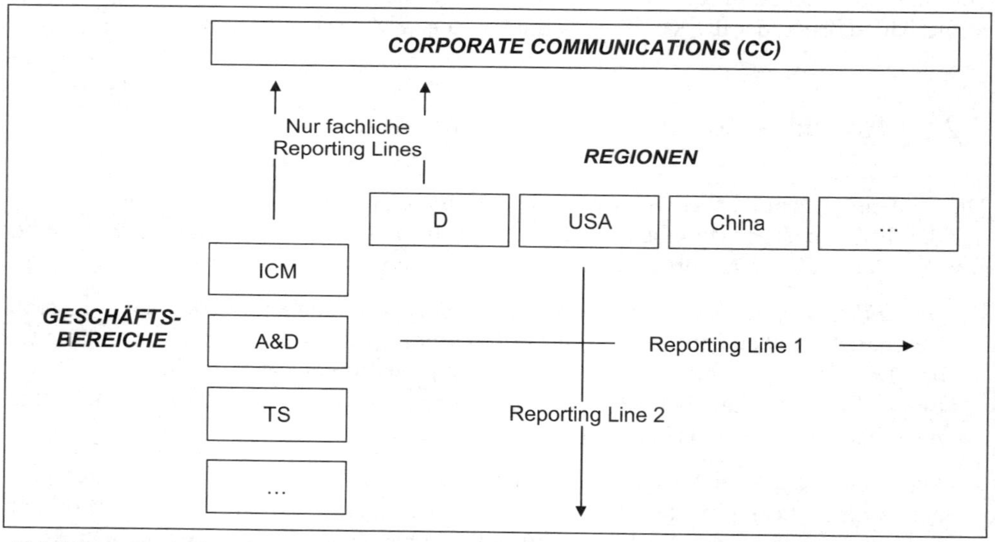

Abbildung 3: Grundstruktur und wesentliche Berichtslinien bei Siemens

Nun kommt aber der Umstand hinzu, dass Siemens ein Corporate Brand Conglomerate ist und damit eben, mit Ausnahme von Osram, letztlich überall mit einer Marke, nämlich Siemens, operiert. Daraus resultieren vor allem für das Markenwertmanagement erhebliche Herausforderungen, um trotz aller Dezentralität einen konsistenten Markenauftritt zu gewährleisten.

Effektives und effizientes Zusammenspiel marken- und kommunikationsbezogener Aufgaben in der Matrix wird bei Siemens vor allem über zwei Hebel erreicht:

- *Marktadäquate Aufgabenteilung*: Die grundsätzliche Aufteilung der unterschiedlichen marken- und kommunikationsbezogenen Aufgaben bei Siemens basiert auf einer Einordnung dieser Aufgaben in eine Matrix mit den Dimensionen inhaltliche Zuständigkeit und geographische Zuständigkeit. Daraus ergeben sich drei große Aufgabenblöcke:
  1. Globale, geschäftsfeldübergreifende Aufgaben werden von der zentralen Kommunikationsabteilung Corporate Communications übernommen. Hierzu gehören zum Beispiel die Entwicklung der Corporate-Kampagne, die Bereitstellung des marken- und kommunikationsstrategischen Rahmenwerkes wie CI/CD-Guides oder auch die Koordination des Erfahrungsaustausches über Best Practice-Foren.
  2. Regionale, geschäftsfeldübergreifende Aufgaben werden von den zentralen Kommunikationsabteilungen der Regionen wahrgenommen. Hierzu gehören zum Beispiel die regionale PR-Arbeit oder auch die Adaption des zentralen Markenleistungsversprechens auf die regionalen Marktgegebenheiten.
  3. Bereichsspezifische Aufgaben werden aus den Bereichen zentral gesteuert und mit den Kommunikationsverantwortlichen der Bereiche in den Regionen koordiniert (vgl. Abbildung 4).

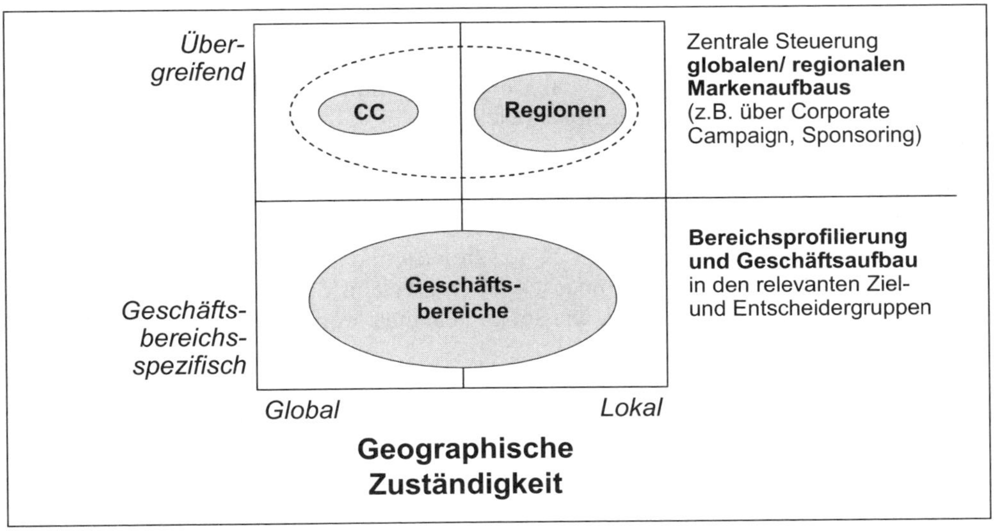

Abbildung 4: Grundsätzliche Aufgabenteilung im Bereich Markenführung/ Kommunikation

- *Aufgabenteilungsadäquate Prozesse*: Auf Basis der grundsätzlichen Aufgabenteilung sind Verantwortlichkeiten, Rollen und Beiträge der unterschiedlichen Beteiligten entlang wesentlicher Kommunikationsprozesse definiert. So muss zum Beispiel Corporate Communications entlang des Kernprozesses Kampagnenentwicklung festlegen, wo man mit Richtlinien unterstützt, wo man sich aktiv beteiligt und wo man ein Freigabe- bzw. Vetorecht für sinnvoll hält (vgl. Abbildung 5).

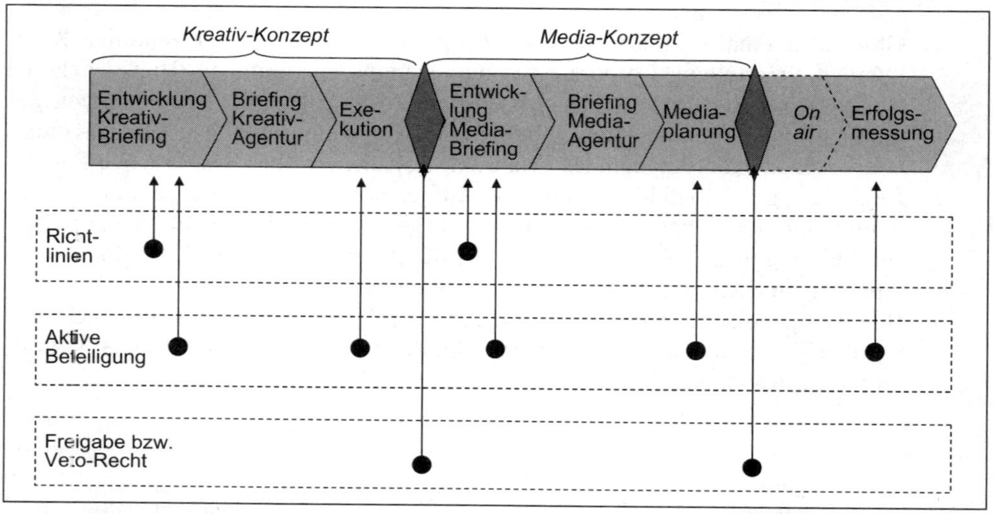

Abbildung 5: Interaktionspunkte von Corporate Communications entlang des Kernprozesses Kampagnenentwicklung

Mit diesen beiden Hebeln, marktadäquate Aufgabenteilung sowie aufgabenteilungsadäquate Prozesse, gelingt es Siemens, Dezentralität und differenzierte Marktbearbeitung weitgehend zuzulassen und trotzdem zu gewährleisten, dass marken- und kommunikationsbezogene Aktivitäten unternehmens- und weltweit in das Markenkonto der Unternehmensmarke Siemens einzahlen, wie am aufgebauten Markenwert abzulesen ist.

2.3 Organisatorische Trennung von Marken- und Kundenwertmanagement

Schon bei dieser Überschrift dürften sich bei einigen „Puristen“ der Themen Markenwertmanagement oder Kundenwertmanagement die Nackenhaare sträuben, die nicht müde werden, ihrer Forderung nach kompletter Integration von Marken- und Kundenwertmanagement Ausdruck zu verleihen. Entweder wird gefordert, dass Markenführende den Durchgriff über die Markenperformance entlang des gesamten Kundenbeziehungspfades haben müssen, also von der Markenbekanntheit bis zur Markenloyalität. Oder aber man fordert, dass Kundenmanager den vollen Durchgriff auch auf die Markengestaltung haben. Beides macht bei Siemens schlicht keinen Sinn.

In einem Corporate Brand Conglomerate braucht es eine Klammer um die markenbezogenen Aktivitäten rund um die gemeinsame Marke, sonst lässt sich Markenwert nur sehr bedingt aufbauen. Andererseits macht schon alleine die Unterschiedlichkeit der Geschäftsbereiche eine differenzierte Markt- und Kundenbearbeitung notwendig, wenn auch unter dem einheitlichen Markendach. Siemens löst dieses Problem über ein einfaches Prinzip, nämlich über die weitgehende organisatorische Trennung von Markenwertmanagement und Kundenwertmanagement:

- *Markenwertmanagement* obliegt primär den zentralen Kommunikationsabteilungen und ist fokussiert auf die Schaffung einer starken Markenplattform der Marke Siemens, also dem Auf- und Ausbau von Bekanntheit und Image.
- *Kundenwertmanagement* obliegt primär den Geschäftsbereichen und ist fokussiert auf Kauf-/Abschlussbereitschaft, Kauf/Abschluss und Loyalität bei den unterschiedlichen Kundengruppen.

Dieser Aufteilung liegt nicht zuletzt eine Einschätzung über die Wirkungsstärke unterschiedlicher Instrumente entlang dem Kundenbeziehungspfad zugrunde (vgl. Abbildung 6):

- Auf den „vorderen" Dimensionen Bekanntheit und Image beeinflussen Marken- und Imagekommunikation, also die Kerninstrumente der zentralen Kommunikationsabteilungen bei Siemens, bis zu 50 % der Entwicklung.
- Die „hinteren" Dimensionen Kauf-/Abschlussbereitschaft, Kauf/Abschluss und Loyalität werden nur noch zu 5-10 % von Marken- und Imagekommunikation beeinflusst. Hier zählt vor allem die vertriebliche Exzellenz auf Basis eines starken, marktfähigen Leistungsangebotes.

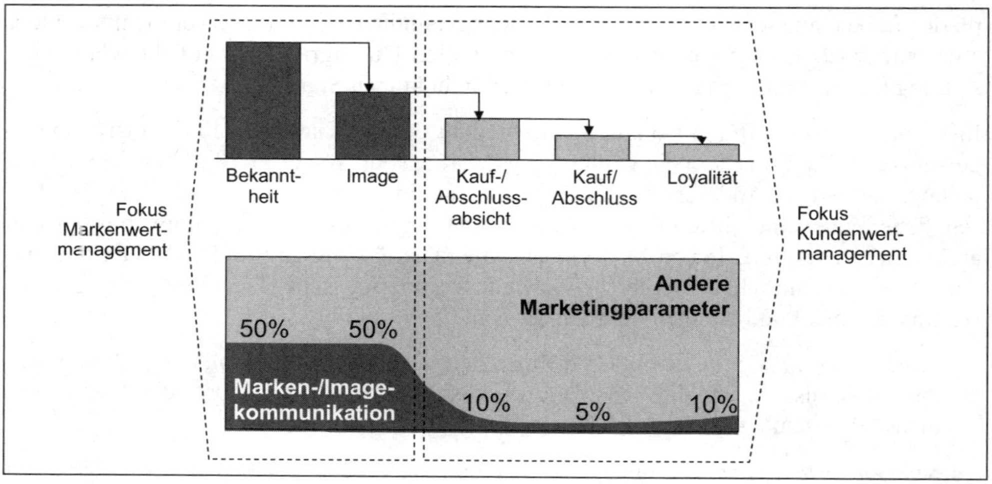

Abbildung 6: Wirkungsstärke von Marken- und Imagekommunikation entlang des Kundenbeziehungspfades[6]

Es ist eine fest verankerte Grundüberzeugung bei Siemens, dass wir diesem Prinzip sowohl unsere starke Marke als auch unsere herausragende Kundenposition verdanken. Zentrale Markenführung, dezentrales Kundenbeziehungsmanagement – dieses Prinzip erfährt nur dann eine Ergänzung, wenn der Markt danach verlangt. Dies ist zum Beispiel der Fall bei großen institutionellen Kunden, die eine bereichsübergreifende Lösung und Kundenschnittstelle aus einer Hand verlangen und von speziellen Teams („One Siemens") betreut werden können.

2.4 Langfristiger Zeithorizont

Während für das Markenwertmanagement eine längerfristige Zeitperspektive sowohl für B2C- als auch für B2B-Märkte mittlerweile typisch ist, gibt es beim Thema Kundenwertmanagement nach wie vor erhebliche Unterschiede. Hier scheint zu gelten: Je komplexer die Leistung, desto längerfristig die Zeitperspektive. Vergegenwärtigt man sich, dass der überwiegende Teil der Siemensgeschäfte komplexe Infrastruktur- oder Investitionsprojekte sind, wird unmittelbar klar, dass unser Zeithorizont im Thema Kundenwertmanagement eher in Jahrzehnten als in Jahren abzubilden ist. Wie groß unser Geschäftspotenzial z. B. im Bereich Gebäudetechnik bei Kunden wie der Stadt Shanghai ist, lässt sich nicht adäquat abschätzen, ohne einen Zeithorizont von Jahrzehnten zugrunde zu legen.

6 Datenquelle: BBDO Consulting (2003).

In solchen Fällen ergibt sich unser Geschäftspotenzial aus einer Abschätzung erstens der gesamten Infrastrukturinvestitionen im Bereich Gebäude über einen angemessen langen Zeitraum, zweitens unseres realisierbaren Kundenwertanteils an diesem Gesamtvolumen. In der Konsequenz kann man vermutlich schnell nachvollziehen, dass Kundenwertmanagement bei Siemens sehr viel weniger über Datenbanken als vielmehr über die auf Erfahrung und Kundennähe gestützten Managementfähigkeiten der entsprechenden Bereichs- oder Regionalverantwortlichen gesteuert wird. Hinzu kommt, dass viele unserer Geschäfte eine lange investive Phase, also einen langen Atem voraussetzen, bevor sich Investitionen in Erträgen materialisieren.

Hier geht Siemens seit Jahrzehnten einen konsequenten Weg, der eine bestimmte Geisteshaltung reflektiert: Wir denken nicht in Transaktionen, sondern in Kundenbeziehungen. Die wirkliche Herausforderung dabei sehen wir darin, Langfrist-Perspektive auszubalancieren mit der Fähigkeit, kontinuierlich Umsatz und Gewinne zu realisieren. Genau diese Balance fordern die internationalen Finanzmärkte ohnehin von einem Unternehmen unserer Größe und Bedeutung.

2.5 Prozessperspektive für das Kundenwertmanagement

Dieses Prinzip ist, ähnlich dem vorher erläuterten Prinzip des langfristigen Zeithorizontes, eine typische Maxime von Unternehmen, die stark in Infrastruktur- und Investitionsprojekten aktiv sind. Die meisten unserer Geschäfte sind Leistungen, die wir in eine größere Wertschöpfungskette einbringen, auch wenn der Anteil sogenannter Turnkey-Aufträge, also der schlüsselfertigen Lieferung z. B. eines Kraftwerkes, zunimmt. Unsere Leistungen wiederum decken selbst oft in sich eine eigene Wertschöpfungskette ab. So umfasst bspw. ein Projekt der Siemens Netzwerksparte ICN häufig Leistungen von der Bedarfsermittlung über die Projektierung und Realisierung bis zur Wartung und zum laufenden Betrieb.

Damit ist die Grundlage für das Kundenwertmanagement bei Siemens die gesamte Wertschöpfungskette, das Kundenwertpotenzial ergibt sich folglich aus unseren potenziellen Beiträgen entlang der gesamten Wertschöpfungskette. So ist es gut möglich, dass ein Bereich heute mit einem Kunden ein vollständig anderes Geschäft macht als noch vor wenigen Jahren, z. B. mehr Projektmanagement oder Wartungsleistung, weniger Produktgeschäft.

Die Prozessperspektive liegt auch dem Innovationsansatz von Siemens zugrunde und erklärt auch die deutliche Verlagerung unseres Geschäftes insgesamt vom Produkt- zum System- und Servicegeschäft (vgl. Abbildung 7).

Abbildung 7: Lichtsignalanlagen auf dem Potsdamer Platz in Berlin 1926 und Elemente intelligenter Verkehrssysteme 2003

3. Zusammenfassung und Ausblick

Die Bedeutung der beiden Themen Markenwertmanagement und Kundenwertmanagement wird für Siemens sicherlich noch zunehmen. Gerade in der jüngeren Vergangenheit, die vielerorts durch wirtschaftliche Stagnation und einem generellen Klima der Unsicherheit geprägt war, hat sich der Wert einer starken Marke sowie der Wert stabiler, vertrauensvoller Kundenbeziehungen noch mal nachdrücklich bestätigt. Zudem bewegen wir uns in vielen unserer Geschäftsfelder immer mehr in Wettbewerbsumfeldern, die eine Differenzierung über die Leistung alleine immer schwieriger machen. Trotz unserer Innovationsstärke wird Siemens in Zukunft noch mehr auf die Kraft der Marke und das Fundament stabiler Kundenbeziehungen setzen.

Die Marke wird einen wichtigen Beitrag leisten, dass wir unserem Anspruch eines „Premium-Konglomerates" gerecht werden können. Premium-Konglomerat bedeutet, dass das Unternehmen mehr ist als die Summe seiner Teile, in unserem Fall unserer Geschäftsbereiche, und gezielt die Synergiepotenziale ausschöpft. Hierfür hat Corporate Communications jüngst in Zusammenarbeit mit BBDO Consulting mit der Definition eines geschärften Leistungsversprechens der Marke Siemens als Grundlage zukünftiger Kommunikation einen wesentlichen Beitrag geleistet. Dieses Leistungsversprechen soll genau die inhaltliche Klammer sein, die den Mehrwert eines Konglomerates erklärt und damit die Basis für das angestrebte Premium legt.

Mit der zunehmenden Bedeutung der Marke für die Wertschöpfung des Unternehmens ist das Thema auf der Top Managementagenda von Siemens angekommen. Damit steigen aber auch die Anforderungen an das Markenwertmanagement. Investitionen in die Marke werden verstärkt beurteilt wie andere Investitionen auch, nämlich nach ihrem tatsächlichen Wertbeitrag. Auch für das Thema Synergiemanagement ist Marke ein wesentliches Handlungsfeld geworden und als eines der fünf wichtigsten Synergiefelder für Siemens definiert worden. Hierzu hat Corporate Communications jüngst, ebenfalls gemeinsam mit BBDO Consulting, eine Systematik zur synergetischen Kommunikationsplanung entlang des gesamten Kundenbeziehungspfades entwickelt, die zurzeit in Pilotprojekten validiert wird.

Beim Thema Kundenwertmanagement erhofft sich Siemens vor allem durch die „One Siemens"-Initiative einen Schub in der bereichsübergreifenden Bearbeitung großer Kunden. Hier gilt es sicherlich noch, einige organisatorische und kommunikative Herausforderungen zu lösen, um gleichzeitig bereichsspezifische differenzierte Marktbearbeitung zu gewährleisten und Cross-Selling-Potenziale verstärkt zu nutzen. Auch hierfür laufen gegenwärtig einige Projekte mit vielversprechenden Resultaten.

Literaturverzeichnis

AAKER, D.A./JOACHIMSTHALER, E. (2002), Brand Leadership, London 2002.

BBDO CONSULTING (HRSG.) (2003), Interne Präsentation einer Analyse für Siemens, Düsseldorf 2003.

DÖTZ, W./MILLER, D./GELBERT, A./THUN, S. (2003), Management eines heterogenen Leistungsportfolios unter einem Markendach - das Beispiel Siemens, in: Göttgens, O./Gelbert, A./Böing, C. (Hrsg.), Profitables Markenmanagement: Konzepte, Methoden und Best Practices, Wiesbaden 2003, S. 337-355

ESCH, F.-R. (2003), Strategie und Technik der Markengestaltung, München 2003.

GELBERT, A./GILOTH, M. (2003), Trend: Vom House of Brands zum Branded House, in: Göttgens, O./Gelbert, A./Böing, C. (Hrsg.), Profitables Markenmanagement. Konzepte, Methoden und Best Practices, Wiesbaden 2003, S. 149-171.

KLEINALTENKAMP, M. (2001), Ingredient Branding, Markenpolitik im Business-to-Business-Geschäft, in: Köhler, R./Majer, W./Wiezorek, H. (Hrsg.), Erfolgsfaktor Marke, Neue Strategien des Markenmanagements, München 2001, S. 261-270.

KOTLER, P./BLIEMEL, F. (1999), Marketing-Management: Analyse, Planung, Umsetzung und Steuerung, 9. Aufl., Stuttgart 1995.

PEPPERS, D./ROGERS, M. (2001), One to one B2B, Customer Development Strategies for the Business-to-Business World, Oxford 2001.

WIRTZ, B.W./GÖTTGENS, O./DUNZ, M. (2001), Markenbewertung als strategischer Erfolgsfaktor, in: Der Markt, 40. Jg., Nr. 159, 2001, S. 159-167.

Wolfgang Chur und Jürgen Riesner

Das Beispiel Bosch: Markenloyalität in der Automobilzulieferindustrie

1. Bosch im Markt der Automobilindustrie

Automobilmarken vermitteln ihren Kunden unterschiedliche Werte wie Sicherheit, Lifestyle oder Sportlichkeit. Erfolgreiche Marken heben sich dabei in der Regel durch wenige hervorstechende Merkmale von der Masse ab. Die Zulieferer sind dagegen in der Öffentlichkeit weit weniger für bestimmte Eigenschaften bekannt. So auch die Robert Bosch GmbH, der weltweit zweitgrößte Zulieferer der Automobilindustrie. Ohne Zweifel glänzt das Gute bisher nur allzu oft unter der Karosserie, wenngleich Innovationen von Bosch bei Autofahrern immer beliebter werden. Mit einer Vielzahl von Pionierleistungen auf den Gebieten Fahrsicherheit, Motorleistung, Verbrauch und Komfort hat Bosch Automobilgeschichte geschrieben: mit dem Antiblockiersystem ABS, dem Elektronischen Stabilitäts-Programm ESP, den Hochdruck-Dieseleinspritzsystemen Common Rail und Unit Injector, der automatischen Abstandskontrolle ACC, um nur wenige Beispiele zu nennen. Das ist Hightech, deren Wirkung der Autofahrer im Detail zwar nicht erfassen, dennoch aber spüren kann. Für ihn ist letztlich der tatsächliche Nutzwert entscheidend: Sei es, dass eine wohl dosierte Einspritzung selteneres Tanken erfordert, sei es, dass ABS und ESP den Ernstfall verhindern, oder dass ACC komfortables Fahren und entspanntes Ankommen ermöglicht.

So wichtig es ist, dass diese Systeme zuverlässig arbeiten, einige Zulieferer überlassen die Vermarktung nicht mehr nur allein den Automobilherstellern. Sie setzten verstärkt auf ein klares und eigenständiges Markenprofil. Denn die Kompetenz der Zulieferer steigert die Attraktivität der Fahrzeugmarke. Marken signalisieren Einkäufern Qualität und geben Orientierung beim Kauf. Eine hohe Wertschätzung der Marke schafft Markenloyalität und sichert langfristig profitables Wachstum.

1.1 Marktvolumina und Wachstumszentren

Die Automobilindustrie ist einer der weltweit bedeutendsten Industriezweige. Neben bahnbrechenden technologischen Errungenschaften im Automobil selbst haben dort Fertigungs- und Managementtechniken ihren Ursprung. Für kurze Zeit in den Schatten der „New Economy" getreten, hat die Automobilindustrie wieder an Attraktivität gewonnen. Dafür ausschlaggebend sind ihre Kontinuität und die Realität von geschaffenen Produkten.

Das Automobil ist aus unserem Leben nicht mehr wegzudenken. Beflügelt vom Bedarf nach individueller Freiheit und Mobilität ist es heute in den etablierten Märkten ein Artikel für jedermann. Von weltweit rund 9.000 gefertigten Fahrzeugen im Jahr 1900 ist die

Produktion in 2003 auf über 60 Mio. Fahrzeuge angewachsen. Dieses Volumen steigt bis 2015 noch einmal um rund 25 % auf über 75 Mio. Fahrzeuge an.

Die Wachstumsschwerpunkte der Automobilindustrie verlagern sich aus der Triade – Europa, USA und Japan – in die konjunkturstarken asiatischen Märkte. Dort liegt die Fahrzeugdichte in der Bevölkerung deutlich unter der westlicher Staaten. Insbesondere in China nimmt die Fahrzeugnachfrage durch das rasch ansteigende Pro-Kopf-Einkommen in den Industriezentren deutlich zu. Und das Auto ist mehr noch als im Westen ein Statussymbol, das den wirtschaftlichen Erfolg seines Besitzers zeigt.

Asien allein wird bis 2014 mehr als die Hälfte des weltweiten Anstiegs der Automobilproduktion auf sich vereinen. In zehn Jahren werden in der Region 30 % mehr Fahrzeuge gefertigt. Das entspricht einem Anstieg von 23 Mio. auf 30 Mio. Fahrzeuge. China wächst dabei am stärksten mit einem langfristigen Zuwachs von über 8 % jährlich. Und es wird nach unserer Einschätzung schon im Jahr 2005 Rang drei der Welt mit 6,3 Mio. produzierten Fahrzeugen hinter den USA und Japan erreichen. Weitere Impulse kommen aus Regionen wie Indien, den ASEAN-Staaten, Osteuropa und Lateinamerika, die das Wachstum der Automobilindustrie mitbestimmen werden (siehe Abbildung 1).[1]

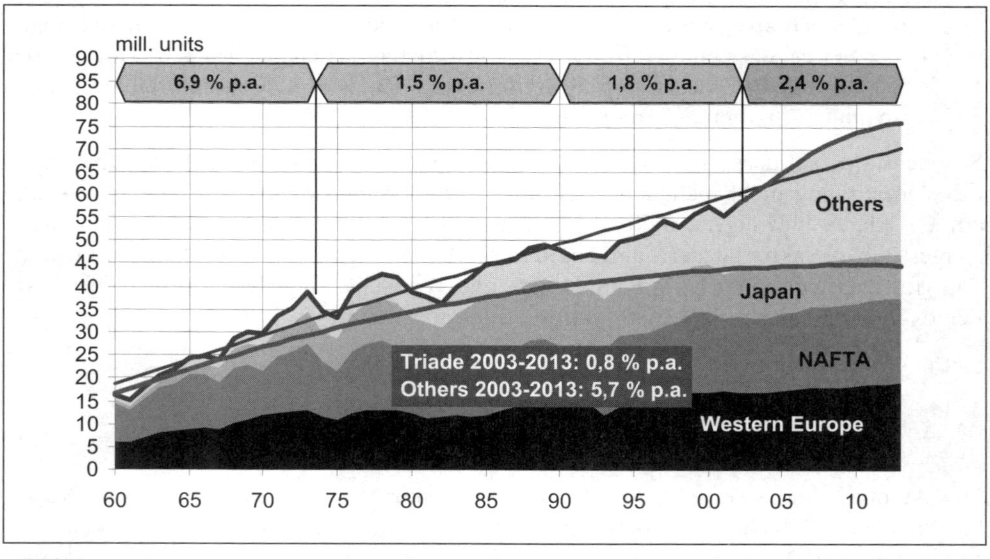

Abbildung 1: Trends in der weltweiten Fahrzeugproduktion

1 Vgl. Robert Bosch GmbH (2004b).

1.2 Veränderungen in der Automobilindustrie

1.2.1 Zusammenschlüsse bei Herstellern und Zulieferern

Die Automobilwelt befindet sich schon seit längerem im Umbruch. Immer weniger Großunternehmen produzieren immer mehr Fahrzeuge. In den vergangenen dreißig Jahren haben Kooperationen und Zusammenschlüsse dazu geführt, dass aus vierzig unabhängigen Herstellern heute ein knappes Dutzend geworden sind (siehe Abbildung 2).[2]

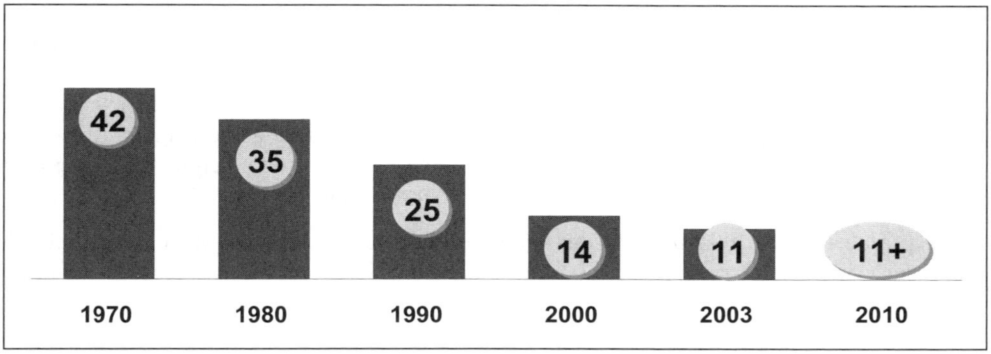

Abbildung 2: Konsolidierung der Automobilhersteller weltweit

Die Marken hingegen sind in den meisten Fällen erhalten geblieben. Mit ihnen werden unterschiedliche Fahrzeugsegmente und Zielgruppen bedient. Um nur ein Beispiel zu nennen, führt der Volkswagen-Konzern die Marken VW, SKODA, Bugatti, Bentley sowie Audi, SEAT und Lamborghini. Dies erfordert im Einzelnen eine differenzierte Führung der Marken. Neue Marken und Hersteller entstehen heute wieder in den neuen Märkten wie China und Indien.

In der Zulieferindustrie vollzieht sich ein vergleichbarer Konzentrationsprozess. Die Globalisierung, die Übernahme umfangreicher Entwicklungs- und Produktionsanteile sowie zunehmender Preisdruck sorgen für eine anhaltende Neuausrichtung der Zulieferer. Ihr zukünftiges Wachstum ergibt sich aus der Erhöhung des Produktionsvolumens, einer Werterhöhung bei Fahrzeugausrüstungen sowie aus der Verlagerung der Wertschöpfung vom Hersteller zum Zulieferer.[3] So wird sich in den kommenden zehn Jahren die Zahl der Zulieferer von heute rund 5.500 auf weniger als 3.000 weiter redu-

2 Vgl. Chur/Riesner (2004).

3 Vgl. Dudenhöffer (2002).

zieren. Gleichzeitig steigt der Marktanteil der größten Lieferanten deutlich an. Die so gestiegene Bedeutung der Zulieferer am Gesamtprodukt Automobil führt zu einer Neubewertung ihrer Marken.

1.2.2 Verlagerung von Wertschöpfungsanteilen

Die Wertschöpfungsstrukturen werden in der Automobilindustrie nachhaltig verändert. Für die Entwicklung und Produktion übernimmt zunehmend die Zulieferindustrie Verantwortung. Die Schwerpunkttätigkeiten der Fahrzeughersteller verlagern sich auf die der Herstellung nachgelagerten Aufgaben: Vertrieb, Dienstleistungen wie beispielsweise Finanzierung, Leasing und Versicherung, sowie Management der Kundenbeziehung. Einige Hersteller führen das Outsourcing kontinuierlich fort. Andere Hersteller wenden sich aber schon wieder vom Trend ab. Sie setzen auf den Erhalt des Know-hows im eigenen Haus und auf mehr eigene Entwicklungs- und Fertigungsleistungen. Abhängig von der angestrebten Marken- und Produktdifferenzierung werden sich so deutliche Unterschiede zwischen Premium- und Massensegment ergeben.[4]

Die Optimierung des gesamten Produktlebenszyklus bleibt dennoch vorrangiges Ziel. So wird der Anteil der Eigenleistung bei europäischen Herstellern von gegenwärtig noch 25-30 % auf rund 20-25 % in 2010 zurückgehen. Bei Zulieferern führen die höheren Anforderungen zu einem ansteigenden Investitionsbedarf für Forschung und Entwicklung, Simulation, Applikation und Konzeptentwicklung. Über die technische Problemlösung hinaus differenziert sich Bosch vermehrt über eine intensivere Kundenbetreuung. Die Zuliefermarke macht so über eine positive Markenwahrnehmung auf sich aufmerksam und rückt bei Entscheidern deutlicher ins Bewusstsein.

1.2.3 Internationale Markenführung

Die Wachstumsmärkte der Zukunft liegen außerhalb Europas. Hier warten neue Herausforderungen für die Markenführung auf die Zulieferer. In den „Emerging Markets" Asiens, Osteuropas und Südamerikas führt ein anderes Nachfrageverhalten zu Anpassungen im Leistungsspektrum, in der Preis- sowie der Markenpolitik. Wettbewerbsvorteile liegen in Produkten, die sich am Bedarf und an den Vorstellungen der Kunden orientieren. Die internationale Vernetzung des Marketing ist hier ein entscheidender Vorteil für Bosch. Das Wissen über Trends, Märkte und Kunden stellt nicht nur den Kundennutzen als treibende Kraft der Produktentwicklung in den Mittelpunkt, sondern schafft die Grundlage für eine internationale Markenführung. Markenerhebungen zur Ermittlung der Markenstärke bilden zunächst die Voraussetzung für die Ausrichtung der Markenpo-

4 Vgl. Mercer Management Consulting/Fraunhofer Gesellschaft (2003).

litik. Von besonderer Bedeutung sind Aspekte des Markenkerns, mit denen die Zielgruppen jeweils in den Regionen positive Assoziationen verbinden. Die Ergebnisse bilden letztlich die Basis für ein umfassendes Marketingkonzept.

1.2.4 Die Zukunft der Automobilzulieferer liegt im Systemgeschäft

Im Fahrzeugbau erfolgt eine Unterscheidung in Komponenten, Module und Systeme. Beispielsweise werden mehrere Komponenten wie Fensterhebermotor, Hebersystem und Türelektronik zu einem Türmodul vormontiert. Hingegen wirken bei den wesentlich komplexeren Systemen die Komponenten über eine intelligente Steuerung zusammen. Dazu kann beispielsweise im kompletten System ein Einklemmschutz beim Fensterheben im Funktionsumfang des Bordnetz-Steuergeräts berücksichtigt werden.

Viele Automobilzulieferer werden sich künftig verstärkt auf den wachstumsintensiven Bereich der Fahrzeugsysteme konzentrieren. Bosch ist einer der größten Systemlieferanten der Zulieferindustrie. Konsequent aufgebaute Kernkompetenzen, zu denen auch die Beherrschung der zunehmenden Komplexität von Software zählt, schaffen die Voraussetzung für Wachstum in diesem Bereich. So bringt Bosch zuverlässige und kreative Systemlösungen in seine Partnerschaften mit den Fahrzeugherstellern ein.[5]

1.3 Innovation als Wachstumsmotor

Anhaltend hohe Innovationskraft trägt wesentlich zur Bekanntheit von Zuliefermarken bei. Und es sind gerade Zulieferer, die mehr denn je für Innovationen in der Automobilindustrie sorgen.

Wenn Automobilzulieferer an ihre Kunden denken, dann zunächst an die Fahrzeughersteller. Für Bosch sind die Kunden jedoch immer auch die Autofahrer. So ist es ganz entscheidend, dass Bosch und seine Erstausrüstungskunden gleichermaßen nützliche Neuheiten hervorbringen, die aus Sicht des Konsumenten einen deutlich erkennbaren Mehrwert bieten.

Mehr Innovationen bedeuten aber auch mehr Risiken für Zulieferer. Sie müssen schon jetzt die Hauptlast im Vorfeld der Vermarktung einer Produktinnovation tragen. Erschwerend kommt hinzu, dass die Entwicklungszeiträume sich teilweise über fünf Jahre und mehr erstrecken, wodurch sie weit über denen von Konsumgütern liegen. Derartige Innovationsrisiken können Zulieferer jedoch nur tragen, wenn ausreichend Ertrag zur finanziellen Absicherung erzielt wird. Andernfalls kann die Innovationsleistung nicht

5 Vgl. Chur/Riesner (2004).

aufrechterhalten werden. Langfristig wird sich die Finanzkraft als Wettbewerbsvorteil herausbilden und das Markenbild des Zulieferers prägen. Nur wer diesen Ansprüchen gerecht wird, vermag dauerhaft zu wachsen. Potenziale für mehr Wachstum ergeben sich so insbesondere für weltweit tätige Unternehmen.

Zulieferer werden ihr Markenimage mit innovativen Dienstleistungen anhaltend beeinflussen: mit Trendanalysen, Marktforschungsstudien oder gemeinsamen Vermarktungsmaßnahmen mit dem Fahrzeughersteller.[6]

1.4 Die Kraftfahrzeugtechnik von Bosch

Die Kraftfahrzeugtechnik von Bosch erzielte in 2003 einen Umsatz von rund 24 Milliarden Euro. Sie ist mit einem Anteil von 65 % am Gesamtumsatz der größte Unternehmensbereich der Bosch Gruppe. Damit belegt Bosch unter den Automobilzulieferern in Europa den 1. Platz.

Als Innovationsführer baut Bosch auch künftig seine Marktposition in weiteren Regionen und Segmenten aus. Mit einem F&E-Etat (Forschung und Entwicklung) in der Kraftfahrzeugtechnik in Höhe von 9,2 % vom Umsatz investiert Bosch kontinuierlich, obwohl ansonsten in Deutschland derzeit die F&E-Aufwendungen zurückgehen. Von den 21.000 Mitarbeitern in der Forschung und Vorausentwicklung von Bosch sind 16.000 in der Kraftfahrzeugtechnik beschäftigt. Ihr Engagement führte allein in 2003 zu 2.750 Patentanmeldungen (siehe Abbildung 3).[7]

Die folgenden Geschäftsbereiche bilden den Unternehmensbereich Kraftfahrzeugtechnik: Benzinsysteme, Dieselsysteme, Chassissysteme, Energie- und Karosserie-Elektroniksysteme, Car Multimedia (Blaupunkt), Automobilelektronik und Automobiltechnik Handel. Ihre Produktpalette umfasst Hightech-Systeme zur

- aktiven und passiven Sicherheit, wie ABS, ESP, Airbagelektronik und Sensorik,
- Systeme zur Reduzierung von Verbrauch und Emissionen, wie Benzin- und Dieseldirekteinspritzung (DI-Motronic, Common Rail), Motormanagement, Starter und Generatoren sowie
- Komfortsysteme, wie ACC, Instrumentierung, Fahrerassistenzsysteme und Fahrzeugnavigation.

6 Vgl. Riesner (2004).

7 Vgl. Robert Bosch GmbH (2004a).

Abbildung 3: Kleinanzeige zu Patentmeldungen

Die Komplexität der Elektronik erfordert zunehmend moderne Prüf- und Diagnosegeräte zur Fehlersuche und Fehlererkennung. Denn der Autofahrer braucht für den Fall der Fälle eine leistungsfähige und gut ausgerüstete Werkstatt. Hier bietet der Bosch Service Wartung, Reparatur und Austausch an – für mehr Kundenzufriedenheit (siehe Abbildung 4).

Abbildung 4: „Bosch Service“ Hinweisschild

2. Kundenorientierung im Automobilmarkt

Kundenorientierung, Kundenzufriedenheit und mehr treue Kunden?

Ja

Denn bei Bosch steht der Kunde im Mittelpunkt.

So könnte eine Anzeige der aktuellen Werbekampagne von Bosch aussehen. Denn der Weg zur Markentreue führt über Kundenorientierung und Kundenzufriedenheit. Im kontaktintensiven B-to-B-Geschäft ist vor allem das Verhalten der Mitarbeiter wesentlich für die Wahrnehmung der Marke. Eine kurze Retrospektive zeigt, wie weit der Weg der Automobilindustrie zum heutigen Verständnis von Kundenorientierung war:

2.1 Vom Verkäufer- zum Käufermarkt

Die ersten Massenhersteller haben zu Beginn nur ein Modell im Angebot. Für Händler und Kunden gibt es zunächst keine Möglichkeit, individuelle Fahrzeugausführungen zu bestellen. Die Produktion richtet sich mehr nach der Auslastung der Fabrik, als nach Marktbedürfnissen. Reparaturen nehmen die automobilbegeisterten Kunden an ihren Fahrzeugen selbst vor. Ersatzteile können sie direkt vom Werk oder von einzelnen Fachhändlern beziehen. So sind Händler der damaligen Zeit weniger für die Betreuung von Kunden oder den Fahrzeugservice zuständig, vielmehr übernehmen sie für einige Hersteller eine reine Lagerhaltungsfunktion.

Als Wettbewerb aufkommt und die Nachfrage rasant ansteigt, ändern die Fahrzeughersteller ihre Vermarktungskonzepte. Die Angebote werden vielfältiger und orientieren sich jetzt deutlich an dem, was der Kunde tatsächlich benötigt. Mit steigender Bedeutung des Kundenbedarfs bei der Produktgestaltung entsteht schrittweise die Marketingorientierung. Durch die Erweiterung des Angebots beginnt sich der Markt vermehrt zu segmentieren. Über einzelne Differenzierungsmerkmale wenden sich schließlich Marken an unterschiedliche Käufergruppen.

Im Zuge der kundenorientierten Bearbeitung des Marktes rückt der Autokäufer mit seinen Bedürfnissen in den Fokus. Die Analyse von Kundenanforderungen, deren Bewertung und die Umsetzung in Produktkonzepte werden wichtige Elemente für den wirtschaftlichen Erfolg. Fühlten sich die Kunden in der Anfangszeit des Automobils nicht immer ausreichend berücksichtigt, stellen die Fahrzeughersteller jetzt zunehmend ihren Kunden zufrieden.[8]

2.2 Bosch konzentriert sich auf den Kunden

Die Zulieferer sind in den Entwicklungsprozess des Automobils von Beginn an mit einbezogen. Zunächst leisten sie einen entscheidenden Beitrag bei der Entwicklung des Automobils, dann unterstützen sie das Leistungsversprechen des Fahrzeugherstellers. Allerdings verschwinden ihre Produkte überwiegend unerkannt unter der Kühlerhaube. Robert Bosch ist es beispielsweise, der im Jahr 1902 Automobilen sozusagen das „Zünden“ und „Starten“ mit der Lieferung des ersten Hochspannungsmagnetzünders und der ersten Zündkerze „beibringt“ (siehe Abbildung 5).[9]

Abbildung 5: Plakatentwurf Zündkerze, 1926

8 Vgl. Womack/Jones/Roos (1991).

9 Vgl. Chur (2003).

Zielstrebig baut Bosch Mitarbeiterwissen zur technologischen Weiterentwicklung von Automobilen auf. Dies trägt maßgeblich zur Identitätsbildung der Marke bei. Um die Kunden bedarfsgerecht vor Ort zu bedienen, erfolgt bereits wenige Jahre nach Firmengründung die Internationalisierung nicht nur in Europa, sondern auch in Übersee (siehe Abbildung 6).

Abbildung 6: Postkarte Bosch Niederlassungen, ab 1911

Darüber hinaus sind es gerade Zuverlässigkeit und Qualität der Leistungen, die die Kunden von „ihrer" Marke fordern. So bleibt der Kunde treu, platziert weitere Bestellungen und empfiehlt Bosch auch an interessierte Kunden weiter. Hier findet frühes Loyalitätsmarketing statt, das den Kunden in den Fokus der Aktivitäten rückt. Es ist Bestandteil der Strategie, dass sich das Unternehmen am Markt mit seinem Profil deutlich von der Konkurrenz abhebt.

Bosch hat entscheidenden Anteil an der weiteren Entwicklung des Automobils. Neuheiten wie die Lichtmaschine (Generator), der Scheibenwischer, die Benzineinspritzung, oder Fahrzeugnavigationssysteme (Travelpilot) werden zur Marktreife geführt. Also Produkte, die dem Autofahrer erlebbaren Nutzen bringen. „Sicher, sauber, sparsam" lautet das Motto, nach dem Bosch seit vielen Jahren seine Produktpalette erweitert. Dieses Programm wird heute zunehmend um „komfortabel" erweitert.

2.3 Herausforderungen auf dem Weg zur verbesserten Kundenorientierung

Das Marketing in der Automobilbranche kann allerdings mit dem technischen Wettlauf seit Beginn der 70er-Jahre nicht Schritt halten. Das technisch Machbare wird angestrebt, und die Bedürfnisse des Konsumenten werden zu wenig beachtet. Heute stehen Zulieferer wie Hersteller vor einer Umkehr in ihren Differenzierungsstrategien, die lange einen Wettlauf um immer neue Kaufanreize auslösten. Denn für viele Konsumenten lautet das wichtigste Kaufkriterium: echter Gebrauchswert zu akzeptablem Preis.[10]

Seit einigen Jahren verbessern viele Zulieferer ihre Kundenorientierung, indem sie mit erheblichem Ressourcenaufwand Qualitätsmanagementsysteme oder Projektmanagement einführen. Im Allgemeinen werden grundlegende Veränderungen in Unternehmen von der Unternehmensführung eingeleitet. Es werden dann Regelwerke erzeugt, die die Form der Neuausrichtung beschreiben, Beziehungen regeln und Bewusstsein schaffen sollen. Oftmals sind die Mitarbeiter allerdings mit der Umsetzung überfordert, oder es fehlt am nötigen Verständnis für Tragweite und tatsächlichen Nutzen. So ist nur ein unbefriedigendes Bewusstsein für Kundenprobleme vorhanden, und sie werden teilweise bagatellisiert oder nicht als solche identifiziert. Eine einfache Formel für kurzfristige Verhaltensänderungen gibt es nicht, aber klare Konzepte, begleitet von aktivem Vorleben der Vorgesetzten, sind entscheidend für den Erfolg.

Bosch hat bereits seit längerem seine Initiative zur Verbesserung der Kundenorientierung umgesetzt. Dabei geht die konsequente Kundenorientierung über das Controlling der Kundenzufriedenheit – darunter verstehen wir den Abgleich der Kundenerwartungen mit den tatsächlich erhaltenen Leistungen – hinaus.

Die Kundenzufriedenheit wird anhand von Befragungen bei den Fahrzeugherstellern regelmäßig gemessen. Die Ergebnisse des so genannten CSI (Customer Satisfaction Index) fließen in ein qualifiziertes Bindungsmanagement ein. Zur Verbesserung der Kundenloyalität werden die einzelnen Kunden abgestimmt auf ihre Bedürfnisse betreut.

Kundenzufriedenheit geht alle Mitarbeiter bei Bosch an, auch wenn sie keinen unmittelbaren Kundenkontakt haben. Dabei wird den Mitarbeitern verdeutlicht, dass jeder Einzelne am betrieblichen Leistungsprozess für den Kunden beteiligt ist. Die Mitarbeiter sollen sich als Dienstleister verstehen, die ihrer individuellen Serviceverantwortung gerecht werden müssen und damit zur Wertschöpfung beitragen. Darüber hinaus ist es ganz entscheidend, Begeisterung und letztendlich Motivation in der Organisation zu erzeugen. Über Motivation wird Wissen gefördert, und es werden Fähigkeiten ausgebil-

10 Vgl. Kurek (2004).

det, die der Professionalisierung der Kundenorientierung dienen. Regelmäßiger Erfahrungsaustausch erhöht zudem die abteilungs- und funktionsübergreifende Nutzung des erworbenen „Know-hows“.

Heute hat Bosch zufriedene Kunden. Langfristig müssen deren Erwartungen allerdings übertroffen werden. Nur so entsteht über die Begeisterung der Mitarbeiter auch eine kontinuierlich steigende Markenloyalität unserer Kunden.

2.4 Maßnahmen zur Erhöhung der Kundenzufriedenheit

Kundenzufriedenheit ist maßgeblich für den anhaltenden wirtschaftlichen Erfolg von Bosch Der Grad der Kundenbindung steigt mit der Kundenzufriedenheit. Im Vergleich zu rein „zufriedenen Kunden“ verbessert sich die Kundenbindung deutlich bei „sehr zufriedenen“ oder sogar „begeisterten Kunden". Daraus leitet sich ein zentrales Unternehmensziel ab: Exzellenz in der Kundenorientierung.

Um unter den gegebenen Marktbedingungen langfristig erfolgreich zu sein, sind ständige Verbesserungen notwendig. Qualitative Ziele wie Kundenzufriedenheit, Kundenloyalität und Kundenbindung müssen dauerhaft verankert werden. Die dafür notwendige Voraussetzung schafft Bosch durch die Implementierung einer Kundenkultur, die Kundenbedürfnisse zu Haupttreibern bei der täglichen Arbeit macht. Ziel ist, tagtäglich und mit allen Bereichen, Funktionen und Mitarbeitern überragende Leistungs- und Servicestärke zu beweisen, die dauerhaft ein positives Markenbild vermitteln.

Bosch erweitert Kundenorientierung über das Produktangebot hinaus. Die Qualität von Prozessen und Dienstleistungen sowie die dauerhafte Pflege der Kundenbeziehungen wie auch die unmittelbare Nähe zum Kunden fließen hier mit ein. Wichtige Elemente sind weiterhin individuelle Bearbeitung von Kunden und Märkten sowie kontinuierliche Ableitung von Kundennutzen (siehe Abbildung 7).

Offenheit für Anregungen des Kunden und regelmäßiger Informationsaustausch schaffen Vertrauen. So muss der Kunde Kundenorientierung ständig erleben. Einstellungen und Verhaltensweisen müssen aber auch immer wieder selbstkritisch hinterfragt werden.

Mit Unterstützung des Marketing erarbeitet Bosch präferenzbildende Leistungsmerkmale, um seine Attraktivität für Automobilhersteller zu steigern. Dabei sind rein sachliche Merkmale wie Qualität und Liefererfüllung weniger zur Unterscheidung geeignet. Sie gehören zum Grundnutzen. Anders hingegen sieht es bei den „weichen“ Faktoren in Form von innovativen Dienstleistungen aus wie bei der proaktiven Betreuung und Beratung des Erstausrüsters hinsichtlich Konsumentenverhalten, Marktprognosen oder verkaufsunterstützenden Kommunikationsmaßnahmen am POS (Point of Sale). Mit sinnvollen, mehrwertbildenden Dienstleistungen kann Bosch die Kundenzufriedenheit erhöhen und sich so auch entscheidende Wettbewerbsvorteile erarbeiten.

Abbildung 7: Bosch Fertigungsstandorte für Kraftfahrzeugtechnik weltweit

3. Erfolgsfaktoren der Markenloyalität

Zum Ausbau von Markenloyalität im B-to-B-Geschäft gewinnt das Markenmanagement an Gewicht. Starke Zuliefermarken wie Bosch heben ihr Angebot aus der vergleichbaren Masse heraus. Entscheider ordnen einem Angebot über die Marke ein Leistungsversprechen eindeutig zu und haben so leichtere Auswahl des Lieferanten. Die Markenbildung bietet Wachstumsmöglichkeiten für Zulieferer und wirkt der Austauschbarkeit entgegen. Eine hohe Wertschätzung der Marke trägt zur Loyalisierung von Kunden bei. In der Zulieferindustrie werden professionell geführte Marken vermehrt den Markt prägen.

3.1 Identität der Marke Bosch

Es sind die Leistungen der Bosch Mitarbeiter, die die Marke geformt haben. Um die Identität zu bestimmen, empfiehlt sich ein Blick in die Markengeschichte.

Es ist das anhaltende Versprechen der Marke, das für ihre Persönlichkeit seit der Unternehmensgründung im Jahr 1886 steht. Robert Bosch macht sich einen Namen, indem er Leistungswillen mit einer Wertekultur verbindet. Die bekannte „Zuverlässigkeit und Güte“ seiner Produkte wird von Kunden hoch geschätzt. Bosch bringt aber darüber hinaus „Nützliches und Zweckmäßiges“ für Automobilkunden und Autofahrer. Diese konsequente Kundenorientierung wird ergänzt durch Merkmale wie Qualität und Innovation. Dadurch bleibt Bosch über die Zeit wiedererkennbar und bringt zum Ausdruck, wofür die Marke steht: für Glaubwürdigkeit und Kontinuität. Im zunehmenden Wettbewerb stellt Bosch die werteorientierte Assoziationskraft seiner Marke heraus. In der Unternehmenskommunikation werden dazu die relevanten Kernkompetenzen angesprochen. So wird die positive Wahrnehmung der Marke bei Kunden und in der Öffentlichkeit unterstützt.

„Von einem Haus wie dem unserigen erwartet man geschmacklich gute, vornehme Reklame und unter Wahrung dieser Eigenschaft muss sie auch einheitlich sein. Sie soll, ebenso wie unsere Ware, einen besonderen Charakter, einen guten Stil haben. (...) So wie der Name „Bosch“ nur auf guter Ware stehen darf, darf er auch nur im Zusammenhang mit guten Werbeäußerungen erscheinen.“[11]

Bosch meldet in 1918 eine Bildmarke zum Markenschutz an. Sie stellt das Kernstück des von Bosch entwickelten Magnetzünders zum Starten von Automobilen dar: den Doppel-T-Anker (siehe Abbildung 8).

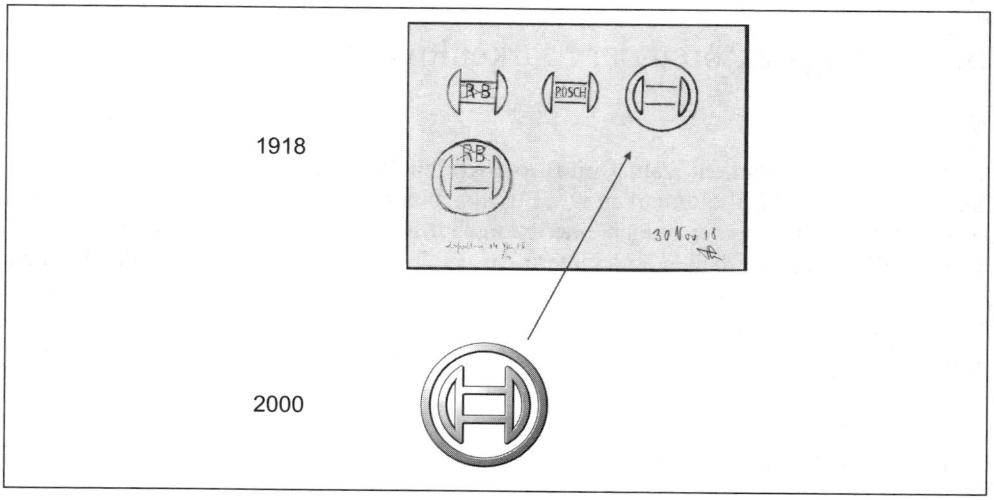

Abbildung 8: Bildmarke des Bosch Magnetankers

11 Zitat: Robert Bosch, 1919.

Im Jahr 1914 entsteht bereits eine Variante des Bosch-Schriftzuges als Vorläufer der heutigen Bildmarke. Auch die Wortmarke ist als Warenzeichen geschützt (siehe Abbildung 9).[12]

BOSCH

Abbildung 9: Heutige Wortmarke Bosch

Bis in die Gegenwart haben sich diese Markensymbole erhalten.

Die Marke Bosch ist verbunden mit starken Gebrauchswerten und unverwechselbaren emotionalen Werten. Ihre Kernelemente wie Kundennutzen, Umweltbewusstsein, Dynamik und Globalität, um nur einige zu nennen, liegen dem gesamten Wertschöpfungsprozess zugrunde. Im Rahmen des Markenmanagements ist die Identität der Marke in einem unternehmensinternen Markenhandbuch schriftlich fixiert. Das darin enthaltene "Markensteuerrad" (siehe Abbildung 10) visualisiert die erwünschte zukünftige Wahrnehmung der Marke anhand der Elemente Kompetenz, Tonalität, Nutzen und Markenbild.

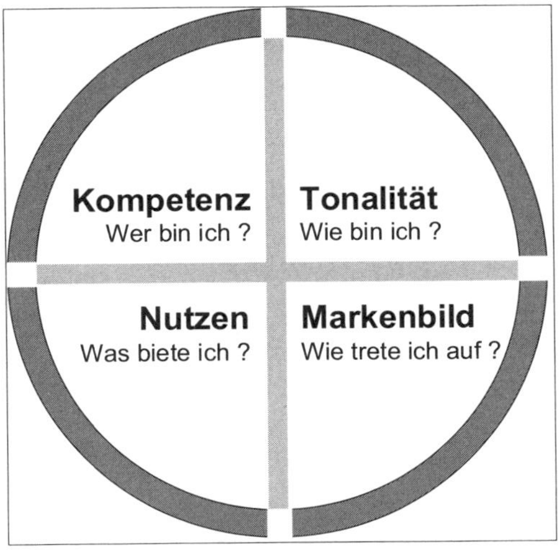

Abbildung 10: Markensteuerrad der Robert Bosch GmbH

12 Vgl. Chur (2003).

Das Markensteuerrad beschreibt die Schlüsselbotschaften der Marke an Automobilhersteller, Konsumenten und die Öffentlichkeit. Die festgeschriebene Markenidentität ist ein wesentliches Kontroll- und Steuerungsinstrument, mit dem der Markenwert gepflegt, überprüft und optimiert werden kann.[13] Die Kernelemente der Marke werden ergänzt durch ein übergreifendes internes Unternehmensleitbild: „BeQIK". Das bedeutet „Mit Tempo zu mehr Qualität, Innovation und Kundenorientierung". Ziel ist die Verbesserung der Kundenorientierung durch ganzheitliche Ausrichtung der Organisation auf Kunden und ihre Wünsche. In der Kraftfahrzeugtechnik attestieren Kunden mittlerweile, dass Bosch unbürokratischer und schneller geworden ist.

Bosch ist der Automobilzulieferer in Deutschland mit dem besten Image. Dies geht aus der Studie „Imageprofile 2004" des Manager Magazins hervor. Im Auftrag des Hamburger Wirtschaftsmagazins befragt das Emnid-Institut alle zwei Jahre mehr als 2.500 Führungskräfte über ihre Meinung zu den führenden Unternehmen Deutschlands. Mit 758 von 1.000 möglichen Punkten konnte Bosch in der Sparte „Automobilzulieferer" sein Ansehen erneut steigern und rangiert zum 7. Mal auf Platz 1.[14]

Letztendlich geben Menschen der Marke Bosch ein unverwechselbares Gesicht. So sind die Mitarbeiter in der Kraftfahrzeugtechnik stolz darauf, ihren Beitrag am faszinierenden Produkt „Automobil" zu leisten. Sie identifizieren sich mit ihrem Unternehmen und mit den Fahrzeugherstellern, die ihre Produkte einsetzen. Für sie ist aber auch entscheidend, dass ihre Marke als Technologiepartner der Automobilindustrie in der Öffentlichkeit anerkannt ist. Dazu müssen die Produkte zunächst bekannt gemacht werden, denn mit Bosch verbinden viele Kunden lediglich Bohrmaschinen, Kühlschränke und Waschmaschinen. Das Spannungsfeld zwischen dem B-to-B-Geschäft der Kraftfahrzeugtechnik einerseits und dem B-to-C-Geschäft der Gebrauchsgüter für Konsumenten andererseits kennzeichnet die Besonderheit bei der Führung der Marke Bosch.

3.2 Die Bedeutung der Zuliefermarke im Automobilmarkt

Das Automobil ist eine Gemeinschaftsleistung von Herstellern und Zulieferern, wobei ursprüngliche Herstellerdomänen heute von Zulieferern ausgefüllt werden. Die Kompetenzbreite der Fahrzeugmarke wird damit nicht mehr nur vom Fahrzeughersteller abgedeckt; jedoch Markenaufbau und -pflege liegen allein bei ihm. Das macht Sinn, denn das Image der Fahrzeugmarke kann nicht auf mehrere Marken verteilt werden.

Die Markenführung der Zulieferer wird zunehmend professioneller. Dies liegt zum einen an ihrem gewonnenen Selbstbewusstsein, zum anderen müssen sie sich verstärkt im globalen Wettbewerb profilieren. Ihr traditionell produktorientiertes „USP-Angebot"

---

[13] Vgl. Robert Bosch GmbH (2001).

[14] Vgl. Robert Bosch GmbH (2004c).

wird von bestehenden Kunden nicht mehr ausreichend honoriert, da Produkte sich technologisch annähern und vergleichbarer werden.[15] Für die Einkaufsentscheider wird es schwieriger, die vielen Unterscheidungsmerkmale objektiv zu beurteilen. In der Folge entsteht ein zunehmender Preis- und Kostendruck für die Zulieferer.

In diesem Marktumfeld positioniert Bosch seine Produkt- und Serviceleistungen über ein eigenständiges Markenbild bei den Mitarbeitern seiner Kunden. Ein übergeordnetes Ziel der Marketingaktivitäten liegt daher im Aufbau komparativer Konkurrenzvorteile.[16] Die Vermittlung von umfassendem Wissen über die Marke steigert Bekanntheit wie auch Akzeptanz. Sie zielt auf Aufbau, Verstärkung oder Veränderung der Einstellung bei den „Entscheidern" auf allen Ebenen.

Die Marke Bosch formt mit einem kundenorientierten Leistungsbündel eine eigene Identität. Zudem emotionalisiert sie, indem sie die Wertorientierung der Fahrzeughersteller unterstützt. Die Marke wird dadurch „Aushängeschild" für das „Buying Center" des Fahrzeugherstellers.

3.3 Kundenbindung und Markenführung

Die strukturellen Veränderungen in der Automobilbranche haben weitreichenden Einfluss auf das Selbstverständnis von Zulieferern, denn die Anforderungen an ein systematisches Vorgehen und marktorientiertes Handeln steigen. Ein zentrales Bestreben der Markenführung ist eine klare und eigenständige Positionierung gegenüber Konkurrenzmarken. Derartige Marken erhalten gegenüber anderen beim Kauf den Vorzug und verbessern die langfristige Kundenbindung.

3.3.1 Marke und Kundenloyalität

Neben weiteren Effizienzsteigerungen im Wertschöpfungsprozess richten sich Hersteller und Zulieferer zur Steigerung ihres Markenimages neu aus. Dabei ist das ganze Unternehmen mit allen Mitarbeitern gefordert, wenn es um die Verbesserung der Loyalität ihrer Kunden geht. Jeder, der im Vertrieb tätig ist, weiß, wie wichtig Loyalität ist. Es ist bedeutend teurer einen neuen Kunden hinzuzugewinnen, als eine Kundenbeziehung zu erhalten. Wir spüren es täglich: Loyale Kunden schließen mehr Verträge ab, das Auf-

---

15 Vgl. Dietrich (2000).

16 Vgl. Backhaus (1999).

tragsvolumen ist höher, und sie sind preisunempfindlicher. Hinzu kommt, dass das „Buying Center“ den Zulieferer aufgrund der positiven Erfahrungen loyalisiert und ihn für Folgeprojekte an Kollegen weiterempfiehlt.[17]

Heute steht das Marketing in der Automobilzulieferindustrie in der Tat vor neuen Herausforderungen auf dem Weg zu mehr Kundenloyalität. Zulieferer nutzen Marketing, um auf ihre Marke aufmerksam zu machen und ihre Attraktivität zu steigern. Erkennbar kundenorientiertes Handeln und grundlegendes Wissen über die speziellen Bedürfnisse des Kunden schaffen Vertrauen in den Zulieferer. Aus Vertrauen entsteht Kaufinteresse, und es ist entscheidend für Markenloyalität. Der persönliche Kontakt im B-to-B-Geschäft wird so zum Erfolgsfaktor.

Auch der Wiedererkennungswert trägt zur Kundenloyalität bei. Dies erreicht man mit einem konsequenten Corporate Design, das von Geschäftspapier über Druckschriften, Anzeigen, bis hin zur Kennzeichnung von Fahrzeugen und Gebäuden konsequent angewandt wird. Die Einhaltung erfordert Disziplin. Unnötige Kreativität mit regelmäßigen Veränderungen führt zu einem diffusen Markenbild und zu einem Mangel an Selbstähnlichkeit. Vertrauen entsteht aber gerade dann, wenn die Marke leicht wiedererkennbar und unverwechselbar ist.

Aufgabe der Markenführung bei Bosch ist die Bildung einer positiven Wahrnehmung in der Zielgruppe. Überdurchschnittliche Loyalität steigert dabei nicht nur den Wiederkauf und eröffnet Cross-Selling-Optionen, es entstehen dadurch langfristige Partnerschaften zwischen Bosch und den Fahrzeugherstellern, die für beide Seiten von Nutzen sind.

3.3.2 Werbung verstärkt die Markenbildung – Gestern und Heute

Bosch Produkte prägen den automobilen Fortschritt seit über hundert Jahren. Zu Beginn wird die Markenwahrnehmung durch die technische Leistungskraft bestimmt. Es sind vor allem die Betriebsangehörigen von Bosch, die die besten „Anpreiser und Verkäufer“ sind. Marktkommunikation durch Werbung spielt eine untergeordnete Rolle. Dennoch werden früh Werbebriefe verschickt und Anzeigen in Tageszeitungen geschaltet, mit denen gezielt Bedürfnisse geweckt werden. Bald reicht für das auch in Übersee erfolgreich expandierende Unternehmen die bis dahin übliche Werbung mit selbst gestalteten Zeitungsannoncen – meist reine Textanzeigen mit schlichten untergeordneten Zeichnungen – nicht mehr aus. Reklameagenturen und einzelne Künstler werden in den Folgejahren mit der Gestaltung von Anzeigen und Plakaten beauftragt. Denn Werbung erhöht die Sichtbarkeit der Marke in der Öffentlichkeit, und der bis dahin erworbene gute Ruf wird noch verstärkt.

17 Vgl. Schüller (2002).

Julius Klinger entwarf um 1909 das Plakat mit dem roten „Bosch-Mephisto", das auf den Rennfahrer Camille Jenatzy zurückgeht. Er ist es, der im Jahr 1903 mit dem neuartigen „Bosch Magneto" auf einem Mercedes das Gordon Bennet-Rennen in Irland gewinnt. Eine anspruchsvolle Motorsportveranstaltung vergleichbar mit einem heutigen Formel 1 Rennen (siehe Abbildung 11).

Abbildung 11: Plakatentwurf von Julius Klinger 1911

Gerade ein Jahr zuvor gelang Bosch die Erfindung des Hochspannungs-Magnetzünders, mit dem das schnelle „Laufen" des Automobils möglich wurde. Die Werbung mit Bosch Motorsporterfolgen hat bis in die heutige Zeit Bestand (siehe Abbildung 12 und 13).[18]

18 Vgl. Chur (2003).

Abbildung 12: Textanzeige 1926, Sieger mit Bosch Magnet

Abbildung 13: Anzeige 2004, Bosch in der DTM (Deutsche Tourenwagen Masters)

Eindrucksvoll ist die Blickführung über die zentrale Aussage „Sieger … Bosch Magnet“ von der Mitte nach außen. Schließlich sorgen im unteren Bereich fett gesetzte Zahlen dafür, dass auch die letzte Werbeaussage noch wahrgenommen wird.

Hinzu kommen Serien von Werbepostkarten, die nicht nur die Technik, sondern auch den Nutzen für den Kunden in Szene setzen. Auf ihnen wird der in den 20er-Jahren aufkommende Slogan „Mit Bosch gerüstet – gut die Fahrt“ bereits als Element eines einheitlichen „Corporate Design“ eingesetzt (siehe Abbildung 14).

Abbildung 14: Werbepostkarten 1928

Mit dem beginnenden Wirtschaftswunder der 60er-Jahre nimmt die Bedeutung der Werbung zwar stark zu, allerdings weniger in der Bosch Kraftfahrzeugtechnik. Bosch-Kunden kennen die Produkte und setzen sie ein.

Ein technischer Wettlauf unter den Automobilherstellern beginnt in den frühen 70er-Jahren, als die Elektronik vermehrt Einzug in das Automobil hält. Wegbereiter ist unter anderem die Bosch Gruppe, die sich so die Position des Innovationsführers erarbeitet. Noch ist die Anzeigenwerbung betont sachlich und zurückhaltend, und das Markenimage wird entscheidend geprägt durch die Anzeigen der Gebrauchsgüter wie Bohrmaschinen oder Kühlschränken. Erst in den 90er Jahren setzt mit der Etablierung vielfältigster neuer Medien die Werbung in der Kraftfahrzeugtechnik vermehrt Akzente. Im Jahr 1997 wird eine Pressekampagne gestartet, die der Öffentlichkeit einen umfassenden Überblick über die Geschäftsfelder von Bosch gibt (siehe Abbildung 15).

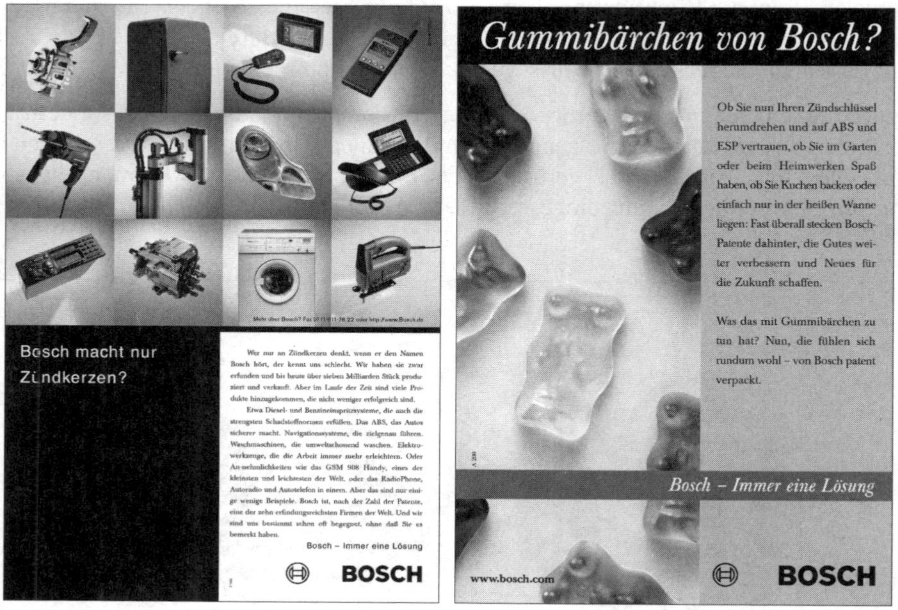

Abbildung 15: Unternehmenswerbung 1997

Die Kampagne läuft über mehrere Jahre mit großem Erfolg in Europa und Übersee. Obwohl sie in erster Linie informieren soll, unterstreicht sie den Neuaufbruch in der Bosch Markenführung. Der Bereich Kraftfahrzeugtechnik folgt mit einem neuen Anzeigenauftritt in 1999 bewusst etwas später. Die Anzeigen stellen bis heute den unmittelbaren Kundennutzen der Technik von Bosch heraus. Sie veranschaulichen, dass Bosch Systeme wie Diesel- und Benzindirekteinspritzung oder Produkte wie die Einparkhilfe den Autofahrer gezielt unterstützen und einen wahrnehmbaren Mehrwert bieten: weniger Spritverbrauch und dennoch mehr Sportlichkeit oder mehr Komfort beim Einparken (siehe Abbildung 16).[19]

19 Vgl. Chur (2003).

Abbildung 16: Kampagne „Kundennutzen von Produkten“

Mit Werbung in der Kraftfahrzeugtechnik macht Bosch seine Innovationen für heutige Autos bekannt. Steigende Bekanntheit soll schließlich zu hoher Wertschätzung und höherer Kaufbereitschaft auch beim Konsumenten führen.

Die Anzeigenkampagne wird ergänzt durch Textanzeigen, die in Tageszeitungen erscheinen. Bosch informiert darin über Neues aus seiner Zusammenarbeit mit Automobilherstellern, und – mit Zustimmung seiner Erstausrüstungskunden – über neue Fahrzeugmodelle, in denen Bosch-Technik zum Einsatz kommt. Die Schlüsselbotschaft „Ja“ und die Wortmarke Bosch sind auffällig und entsprechend dem Corporate Design in Rot gehalten (siehe Abbildung 17).

Abbildung 17: Kleinanzeigen für Tageszeitungen

Neben Autofahrern zählen zur angesprochenen Zielgruppe dieser internationalen Kampagne auch Entscheider aus der Automobilindustrie. In ausgewählten Automobiltiteln werden speziell für sie gestaltete Anzeigen veröffentlicht (siehe Abbildung 18).

Abbildung 18: Werbung Kraftfahrzeugtechnik für Entscheider

Die Darstellungsmerkmale der Kampagne verwendet Bosch auch zur Werbung von potenziellem Nachwuchs für technische und kaufmännische Berufe. Eigens gestaltete Stellenanzeigen, Informationsbroschüren und Plakate werden dazu in der Presse, auf Bewerbertagen oder auf dem Campus von Universitäten veröffentlicht (siehe Abbildung 19).[20]

Die Stilelemente der Anzeigenkampagne machen die Marke Bosch wiedererkennbar. Mit dem Slogan „Bosch hat die Lösung“ wird deutlich gemacht, wofür die Marke steht und welche Kernkompetenzen der Marke in der Öffentlichkeit zugesprochen werden. So wird der Slogan zum bestätigenden Element der Marke Bosch. Die Anzeigenkampagne ist eingebettet in das aktuelle Bosch Corporate Design, das ab 2005 unternehmensweit behutsam überarbeitet wird.

20 Vgl. Chur (2003).

Abbildung 19: Anzeigenwerbung für Nachwuchskräfte

3.3.3 Kooperation von Hersteller- und Zuliefermarke

Zulieferer wie Bosch nehmen verstärkt über unterschiedlichste Kommunikationskanäle Kontakt mit ihren Zielgruppen auf. Pressekonferenzen, Fachsymposien, Tagungsbeiträge, sprechen neben industriellen Entscheidern vermehrt Fachpublikum an. Hinzu kommen Imagekampagnen in der Werbung, die die Konsumenten über Produkte und Dienstleistungen informieren.

Einige Zulieferer überlassen den Absatz ihrer erklärungsbedürftigen Produkte nicht mehr nur allein dem Fahrzeughersteller. Bosch übernimmt es, neben seinen Produkten auch bedeutende Meilensteine bekannt zu machen. Ein gutes Beispiel dafür ist ESP (Elektronisches Stabilitäts-Programm). Es unterstützt den Autofahrer sinnvoll, weil es durch Abbremsen einzelner Räder das Auto stabilisiert und Schleudern verhindert. Dadurch wird das Unfallrisiko verringert. ESP ist spätestens seit dem „Elchtest" als Sicherheitsmerkmal nicht mehr wegzudenken. Um ganz konkret die Ausstattung von Neufahrzeugen zu erhöhen, hat Bosch ein ESP-Schulungskonzept initiiert. Am POS (Point of Sale), also dort, wo das System als Option beim Neuwagenkauf vermittelt wird, setzt es an. So hat Bosch in 2003 zum Beispiel 650 Peugeot-Händler über ESP geschult. Schulungsmaterialien und Testfahrten ergänzen das Programm. Bosch ist bestrebt, mit der Verstärkung des Kaufinteresses eine Sogwirkung, den „Pull-Effekt", über die Fahrzeughersteller auszulösen. Denn das schafft gemeinsamen Erfolg.

Marketingfachleute im Umfeld der Zulieferindustrie diskutieren einen anderen Weg der Markenpolitik: „Ingredient Branding". Dabei stellt sich die Frage, ob die Kennzeichnung von Produkten mit dem Markenzeichen des Zulieferers einen positiven Einfluss auf die Profilierung des Fahrzeugherstellers nehmen kann. Bei diesem Ansatz wirken die Fahrzeug- und Zuliefermarke in einer Art „Symbiose" zusammen und verbessern das Image beider Partner. Ergänzend kann das mitgeführte Markensymbol der „Ingredient Brand" die Trägermarke aus Konsumentensicht mit einem Mehrwert ausstatten. Der substantiell hinzugewonnene Kundennutzen steigert die Kaufpräferenz. Hier werden gern Beispiele wie Intel Inside oder Gore-Tex zitiert. Die Übertragung auf das B-to-B-Geschäft ist allerdings zweifelhaft. Kein Zulieferer ist in einer derart exponierten Position, dass sein System die bestimmende Größe eines Fahrzeugs ist wie die Beschichtung einer Outdoor-Jacke. Und die bloße Existenz vermag auch nicht die Kaufentscheidung zugunsten der Fahrzeugmarke auszulösen.

Für den Konsumenten ist die Herstellermarke umfassender Kompetenzträger. So hat der Hersteller sein Markenprofil durch die anhaltende Erfüllung von Kundenanforderungen mühsam und mit hohem Kommunikationsaufwand aufgebaut. Marken von Zulieferern haben an dieser Stelle keinen Platz, denn der Erhalt der Kernkompetenzen der Fahrzeugmarke ist für den Hersteller entscheidend. Grundsätzlich gilt dennoch: Wenn im Einzelfall beide Partner davon profitieren können – wie zum Beispiel im Falle der Blaupunkt-Navigation in der Kompaktklasse von Fiat – macht Ingredient Branding Sinn.

Zulieferer wie Bosch sind nicht nur bei der Produkt- und Systementwicklung anerkannter Partner, sondern auch bei der Marktkommunikation. Wenn auch das Markenzeichen nicht immer sichtbar ist, so gehen Funktionsbeschreibungen, Bilder oder auch gestaltende Elemente, in Broschüren der Fahrzeughersteller ein. Kooperationen dieser Art schaffen wertvolle Synergien. Sie unterstützen einerseits den Erstausrüster und können andererseits dem Zulieferer wertvolle Informationen aus dem Markt zurückspielen – beispielsweise zum Produkt selbst oder auch zur Ansprache des Endkunden. Bosch sieht auf diesem Gebiet für die Zukunft deutlich mehr Möglichkeiten zur Zusammenarbeit mit den Fahrzeugherstellern.[21]

21 Vgl. Chur (2003).

4. Marketing Management fördert Markentreue

Markenführung in der Automobilindustrie wird bisher meist mit der Führung von Automobilmarken gleichgesetzt. Die bedeutende Rolle der Zulieferer spiegelt sich im Aufbau einer eigenen Markenidentität wider. Die Führung der Marke wird zur Managementaufgabe. Sie erfordert aber zunächst neben der strategischen Marktpositionierung des Zulieferers systematisches Umsetzen des Marketing-Mix auf Basis von Markt- und Kundenanforderungen. Denn nur die so erreichte Kundenzufriedenheit führt zu mehr Markentreue.

4.1 Systematisches Marketing mit dem Marketing-COMPASS

Fahrzeughersteller stellen zunehmend höhere Ansprüche an die Fähigkeiten ihrer Zulieferer. So wird der Markterfolg künftig nicht mehr allein durch ausgeprägte Technikkompetenzen bestimmt. Das Marketing übernimmt eine wichtiger werdende Aufgabe, wenn es um die Kenntnis des Marktes und seine Einflussgrößen geht. Zulieferer müssen dazu mehr Wissen über die Kunden ihrer Kunden aufbauen, ihre Vorlieben und Bedürfnisse richtig einschätzen und Trends prognostizieren. Und wer dieses Mehr an Beratungsleistung für den Fahrzeughersteller aufbringen kann, hat seine Marke besser positioniert.

- Marketing-Mix

Die Einführung von Marketing in der Kraftfahrzeugtechnik von Bosch erfolgt anhand eines unternehmensspezifischen Marketinghandbuchs: dem Marketing-COMPASS. Er beschreibt die Organisation des Marketing, die operativen und strategischen Aufgaben sowie die Einbindung des Marketing in einen definierten Produktlebenszyklus. Der Marketing-COMPASS mit seinen 5Ps erweitert den klassischen Marketing-Mix um „People" und stellt somit die Menschen in den Mittelpunkt (siehe Abbildung 20):

- *Product:* Ziel der Produktpolitik ist es, die angebotenen Leistungen marktgerecht und kundennutzenorientiert zu gestalten.
- *Price:* Ziel der aktiven Preispolitik über den gesamten Produktlebenszyklus ist die Festlegung und Pflege eines Preisrahmens von Produkten und Dienstleistungen mit den Fahrzeugherstellern, die zu einem akzeptablen Endpreis für den Konsumenten führen.
- *Place:* Gegenstand der Distributionspolitik sind alle erforderlichen Maßnahmen, um Produkte und Dienstleistungen des Unternehmens dem richtigen Zielmarkt und Zielkunden zur Verfügung zu stellen.

- *Promotion:* Der Kommunikations-Mix steuert die auf den Markt ausgerichteten Informationen des Unternehmens, insbesondere über Produkte und Dienstleistungen.
- *People:* Im Mittelpunkt aller Marketingmaßnahmen stehen Interaktionen sowie Beziehungen zwischen Menschen – bei Kunden und Mitarbeitern.

Der Marketing-COMPASS liefert die Struktur um kundenorientiertes Marketing in der Bosch Kraftfahrzeugtechnik dauerhaft zu entwickeln. Er stellt die Grundlage für die tägliche Marketingarbeit in den Bereichen dar. Die 5P des Marketing-Mix sind Orientierungshilfe beim schnellen und treffsicheren Erkennen und Umsetzen von Kundenanforderungen. Wir wollen damit die Kundenzufriedenheit positiv beeinflussen und die Loyalität für unsere Marke Bosch weiter ausbauen.

Abbildung 20: Marketing-COMPASS der Kraftfahrzeugtechnik

Mit der Einführung des Marketing auf allen Ebenen durchlaufen die Mitarbeiter breit angelegte Qualifizierungsmaßnahmen. Sie erhalten so die Möglichkeit, mit ihrem erworbenen Wissen die Kulturveränderung mitzugestalten. Von Beginn an tragen sie so zur professionellen Anwendung des Marketing bei.

■ Strategisches Marketing

Die Umsetzung des Marketing findet in den einzelnen Geschäftsbereichen der Kraftfahrzeugtechnik statt. Dort ist jeweils das strategische Marketing als Kompetenzzentrum für die Anwendung des Marketing angesiedelt. Seine Zielsetzungen sind langfristig und produktbereichsübergreifend und sein Handeln proaktiv ausgerichtet. Im Marketing werden aktuelle und künftige Markttrends ermittelt, analysiert und Handlungsempfehlungen für die einzelnen Bereiche abgegeben. Weiterhin unterstützt es, Kundenanforderungen weltweit zu konsolidieren sowie die Effektivität des Marketing-Mix der 5P sicherzustellen. Bei diesen Mitarbeitern liegen Methodenkompetenz und Auswahl der Marketingwerkzeuge.

Das strategische Marketing hat auf Basis des Marketing-COMPASS die so genannten Marketingpläne konzipiert. Sie bilden die Grundlage für die Marketingarbeit in der Organisation. Ein Marketingplan bietet eine Systematik zur schrittweisen Bearbeitung von unterschiedlichen Analysekriterien. Neben Produkt-, Markt- und Wettbewerberszenarien bildet der Marketingplan auch Geschäftspotenziale mit einer entsprechenden Ertragsanalyse ab. Ein Marketingplan betrachtet den gesamten Produktlebenszyklus, einschließlich der After Sales Aktivitäten. Er dient zur Produkt-Portfolioplanung wie auch zur Langfristpositionierung der Bereiche in Märkten und Regionen.

- Marketing-Controlling

Die erfolgreiche Umsetzung des Marketing-Mix, des Marketing-COMPASS sowie der Marketingpläne steuert Bosch über das Marketing-Controlling. Die Hauptaufgabe des Marketing-Controlling ist die Entwicklung und Sicherstellung künftiger Ertragspotenziale. Es übernimmt dabei Informations-, Planungs-, Koordinations- und Steuerungsfunktionen. Bei auftretenden Soll-Ist-Abweichungen wird die Information schnellstmöglich an das Marketingmanagement weitergegeben.

Weitere Aufgaben des Marketing-Controlling liegen in der Koordination und Auswertung von Planungs- und Steuerungsdaten, wie beispielsweise Produkt-Markt-Beziehungen oder Marketingmaßnahmen. Die Zusammenfassung marktrelevanter Daten ist eine Kernaufgabe auf dem Weg zur Informationsbereitstellung. Überwiegend externe Informationen müssen beschafft, interpretiert und vor allen Dingen bewertet werden.[22]

4.2 Marktforschung in der Kraftfahrzeugtechnik

Eine besondere Rolle für die Markenführung bei Zulieferern spielt die Marktforschung. Mit der zunehmenden Bedeutung der Marke verändern sich nicht nur Verständnis von Marktforschung, sondern vor allem Zielgruppen, Aufgaben und Methoden.

Lange Zeit verstand die Zulieferindustrie Marktforschung als Auswertung bereits vorliegender interner und externer Informationen sowie fahrzeugbezogener Statistiken, was man klassischerweise als sekundäre Marktforschung bezeichnet. Denn die primäre Marktforschung, wie sie in der Konsumgüterindustrie üblich ist, war lange Zeit in der Kraftfahrzeugtechnik nicht relevant. Die wenigen Kunden für Kraftfahrzeugtechnik, die Automobilhersteller dieser Welt, sind bekannt. So liegt auch heute noch der Schwerpunkt auf den Prognosen der sekundären Marktforschung.

Bosch versteht unter Marktforschung die Untersuchung von Verhaltensweisen der Konsumenten, wie auch die Betrachtung des Wettbewerberverhaltens. Die Hauptaufgaben liegen in der Beschaffung und Interpretation von Marktinformationen, auf deren Basis Prognosen zur Einschätzung zukünftiger Marktsituationen erstellt werden (siehe Abbildung 21).

22 Vgl. Riesner (2004).

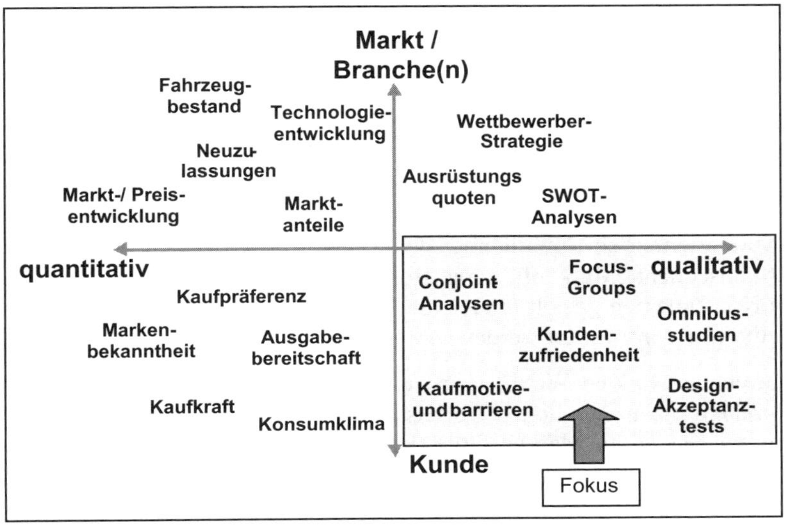

Abbildung 21: Marktforschung in der Kraftfahrzeugtechnik

Wenn auch die primäre Marktforschung früher eine Schlüsseldisziplin der Fahrzeughersteller war, so gehen die Zulieferer doch mehr und mehr dazu über, ihre Produkt- und Systemkonzepte auf Akzeptanz direkt beim Endverbraucher zu überprüfen. Für die primäre Marktforschung benutzt Bosch Befragungen und Tests direkt beim Endkunden, der die Produkte künftig auch tatsächlich nutzt. Somit ist nicht der Fahrzeughersteller unmittelbares Ziel der primären Marktforschung. Die Ergebnisse sind jedoch für Bosch und den Hersteller gleichermaßen richtungsweisend. Es gilt, die Auswahl von Innovationen systematisch zu verbessern und so marktfähige Produkte und Funktionen zu identifizieren. Die primäre Marktforschung bei Bosch stellt Daten über das Verhalten der Endverbraucher bereit, aus denen konkrete Nutzeneinschätzungen ermittelt werden können. Diese Daten leisten einen wichtigen Beitrag für ein effektives Innovationsmanagement.

Bosch setzt künftig in der Kraftfahrzeugtechnik verstärkt auf primäre Marktforschung. Bedürfnisse, Präferenzen und Zahlungsbereitschaften von Endverbrauchern sollen somit frühzeitig erkannt werden. Daraus lassen sich konsequent Produkteigenschaften ableiten. Der Endverbraucher darf dabei nicht überfordert werden. Er ist es, der über sein „Kaufvotum" den Markterfolg bestimmt.[23]

---

23 Vgl. Riesner (2004).

5. Ausblick

Bosch: fünf rote Buchstaben, die leicht wiederzuerkennen sind und Vertrauen schaffen. Die Marke Bosch ist unverzichtbar im globalen Wettbewerb und eines der kostbarsten Vermögenswerte des Unternehmens. Art und Qualität der Markenkommunikation, Leistungs- und Servicestärke sowie die Kundenorientierung aller Mitarbeiter leiten sich aus dem werteorientierten Unternehmensleitbild ab. Diese Kernelemente bilden die Eckpfeiler für konsequente Markenführung. Bosch macht das Profil seiner Marke bekannter, indem die Konsumenten gezielt über seine Rolle als Technologie- und Marktpartner der Automobilindustrie informiert werden.

Um in den neuen Märkten Wettbewerbsvorteile zu erzielen, wird Bosch die Marke als Erfolgsgröße einsetzen. Mit hohen Vorleistungen für neue Produkte und Funktionen im Fahrzeug trägt Bosch zur Markenstärke der Automobilhersteller bei. Heute und in Zukunft übernimmt Bosch damit eine große Verantwortung bei der Entstehung des Automobils.

Mit der Zulieferindustrie wird auch Bosch wachsen und seine Innovationskraft als Wachstumsmotor weiter stärken. Unverändert hohe Investitionen kann Bosch nur tätigen, wenn seine Produkte eine breite Marktakzeptanz erreichen und so der „Return on Invest" für auskömmliche Erträge sorgt.

Künftig bilden Produktlösungen mit hoher Zuverlässigkeit und weniger Komplexität den Maßstab für ökonomische Erfolge. Funktionen, die dem Konsumenten tatsächlich nützen, und die er auch bezahlen kann, schaffen Vertrauen. Diesen Weg geht Bosch.

Das Marketing bei Bosch ist Kompetenzzentrum für die Analyse von Kundenanforderungen, Märkten und Wettbewerbern. Um die Entwicklung des Markts besser abschätzen zu können, baut Bosch die Marktforschung in der Kraftfahrzeugtechnik weiter aus. Bedürfnisse von Hersteller und Konsument werden so systematisch in der Frühphase des Innovationsmanagements identifiziert und bewertet. Dadurch gewonnene empirische Ergebnisse dienen der Beurteilung künftiger Marktsituationen. So kann schon frühzeitig die Produktentwicklung effektiver gestaltet und das wirtschaftliche Risiko für Fahrzeughersteller und Bosch reduziert werden.

Mit der Markenführung „Made by Bosch" glänzt das Gute von Bosch nicht mehr nur allein unter der Karosserie heutiger Autos. „Bosch an Bord" ist und bleibt Gütesiegel für mehr Sicherheit, weniger Verbrauch, mehr Komfort und Fahrspaß.

Literaturverzeichnis

BACKHAUS, K. (1999), Industriegütermarketing, 6. Aufl., München 1999.

CHUR, W. (2003), Bosch - Innovation mit Tradition, Die Marke Bosch im Wandel der Zeit, in: Kalmbach, R./Gottschalk, B. (Hrsg.), Markenmanagement in der Automobilindustrie: Die Erfolgsstrategien internationaler Top-Manager, Ottobrunn 2003, S. 233-253.

CHUR, W./RIESNER, J. (2004), Marketing in der Automobilzulieferindustrie - das Beispiel Bosch, in: Backhaus, K./Voeth, M., (Hrsg.), Handbuch Industriegütermarketing, Wiesbaden 2004, noch nicht erschienen.

DIETRICH, F. (2000), Die Zukunft der Zulieferindustrie, Markenidentität als Strategie für den Wettbewerb, in: Der Wirtschaftsredakteur, Nr. 6, 2000, S. 16.

DUDENHÖFFER, F. (2002), Automobilzulieferer im Wachstumsstress, in: GAK - Fachmagazin für die Polymerindustrie, Nr. 01, 2002, S. 16-19.

KUREK, R. (2004), Interview, Die Automobilindustrie fährt mit Vollgas in die Innovationsfalle, VDI nachrichten, Ausgabe 23, vom 04.06.2004, S. 2.

MERCER MANAGEMENT CONSULTING/FRAUNHOFER GESELLSCHAFT (2003), Studie Future Automotive Industrie Structure (FAST).

SCHÜLLER, A.M. (2002), Loyalität als Geschenk vom Kunden, in: PROFirma, Nr. 09, 2002, S. 48-49.

RIESNER, J. (2004), Marketing Management in der Zulieferindustrie - das Beispiel Bosch, in: Ebel, B./Hofer, M.B./Al-Sibai, J. (Hrsg.), Automotive Management - Strategie und Marketing in der Automobilwirtschaft, Berlin [u. a.] 2004, S. 171-191.

ROBERT BOSCH GMBH (HRSG.) (2001), Zentralabteilung Werbung und Verkauf, Markenhandbuch der Marke Bosch, S. 1-35.

ROBERT BOSCH GMBH (HRSG.) (2004A), Zentrale Öffentlichkeitsarbeit, Presse Information: Bosch im Überblick - Industrieunternehmen mit starker weltweiter Präsenz, S. 1-3.

ROBERT BOSCH GMBH (HRSG.) (2004B), Zentrale Öffentlichkeitsarbeit, Presse Information: Bosch - die Weichen auf Wachstum gestellt, S. 1-14.

ROBERT BOSCH GMBH (HRSG.) (2004C), Zentrale Öffentlichkeitsarbeit, Presse Information: Bosch - Bestes Image aller Autozulieferer, S. 1.

WOMACK, J.P./JONES, D.T./ROOS, D. (1991), Die zweite Revolution in der Autoindustrie - Konsequenzen aus der weltweiten Studie aus dem Massachusetts Institute of Technology, 3. Aufl., Frankfurt/Main 1991, S. 178-179.

Stichwortverzeichnis

N

O

P